U0246369

内 容 简 介

本书是根据物理类“高等数学教学大纲”编写的教材，全书共分三册。第一册内容是一元函数微积分；第二册内容是向量代数与空间解析几何、多元函数微积分；第三册内容是级数、含参变量的积分与常微分方程等。本套书于 1989 年 7 月出版，印数达三万多套，现为修订版。经过十多年的教学实践，此次修订保留了第一版的优点，同时作者按新世纪的教学要求对全套书的内容进行了认真、系统的整合：对部分内容进行了调整，有些重点内容进行了改写，使之难点分散，便于读者理解与掌握；增补了部分典型例题，删减了类型重复的个别例题。具体修订内容请参见“修订版前言”。

本书为第一册，内容包括函数、极限、连续、导数、微分、不定积分、定积分及其应用等。本书总结了作者长期讲授物理类“高等数学”课程的教学经验，注重用典型而简单的物理、几何实例引进数学概念，由浅入深地讲授高等数学的核心内容——微积分。本书叙述简洁，难点分散，例题丰富，逻辑推导细致，对基本定理着重阐明它们的几何意义、物理背景以及实际应用价值，强调基本计算与物理应用，以培养学生解决物理问题的综合能力。根据教学需要，修订版各章配置了适量的习题，按难易程度将“习题”分为 A 组、B 组；书末附有习题答案与提示，便于教师和学生使用。

本书可作为综合性大学、高等师范院校物理学、无线电电子学、信息科学等院系各专业的本科生和工科大学相近专业大学生的教材或教学参考书。

高等学校数学基础课教材

高 等 数 学

（物 理 类）

（修 订 版）

第 一 册

文 丽 吴良大 编著

图书在版编目(CIP)数据

高等数学·第一册：物理类/文丽，吴良大编著.—修订版.—北京：北京大学出版社，2004.8

ISBN 978-7-301-07542-5

Ⅰ.高…　Ⅱ.①文…　②吴…　Ⅲ.高等数学-高等学校-教材　Ⅳ.O13

中国版本图书馆CIP数据核字(2004)第058373号

书　　名：高等数学(物理类)(修订版)(第一册)

著作责任者：文　丽　吴良大　编著

责 任 编 辑：刘　勇

标 准 书 号：ISBN 978-7-301-07542-5/O·0599

出 版 发 行：北京大学出版社

地　　址：北京市海淀区成府路205号　100871

网　　址：http://www.pup.cn

新 浪 微 博：@北京大学出版社

电 子 信 箱：zpup@pup.cn

电　　话：邮购部 62752015　发行部 62750672　编辑部 62752021
出版部 62754962

印　刷　者：北京虎彩文化传播有限公司

经　销　者：新华书店

850×1168　32开本　16.625印张　425千字

1989年7月第1版　　2004年8月修订版

2024年8月第8次印刷(总第16次印刷)

定　　价：59.00元

修订版前言

本书是综合性大学和高等师范院校物理类各专业本科生使用的教材。全套书分三册,讲授时间约为三个学期。自 1989 年 7 月出版以来,10 多年中已重印多次,印数达 3 万多套,拥有固定的读者群,受到了读者的广泛欢迎。

在广大师生多年使用本教材的过程中,我们陆续听取、收集了不少宝贵意见。对于一些比较细小的地方(包括印刷错误),编者已在每次重印时,尽量做了勘误。但是限于原书版面,只能在页码不动、甚至行距不变的前提下,进行有限的修改。经责编刘勇同志多次建议而促成的这次修订,则是一次很好的机会,终于让编者可以在保留第一版优点的同时,改正多年想修改而未能如愿的地方。

编者根据自己和其他任课教师多年积累的教学经验,对修订版内容倾注了大量心血和精力,力求使新版更有利于教和学。修订版对内容作了大量修改,有些内容进行了重写,并对第十七章常微分方程各小节内容进行了调整,较之第一版有了很大变化。这次修订,对理论的讲述,使其逻辑更加清晰;对例题的选取及其编排,更加典型、更加条理化;对过于细致的内容,进行了删繁就简;对于个别定理增补了必要的理论证明(如二阶线性齐次微分方程的通解结构定理);对语言的使用,编者也逐句审查,使之叙述更加准确、通俗易懂。

这套书是基础课教材,基本内容应有相对的稳定性,应格外注重基本知识的传授和基本能力的培养,要有一定的深度。同时要针对大学物理类学生的需要,使内容尽量丰富,并应有一定量的应用例题,启发学生学以致用。这次修订工作,保留了第一版的这些特色。但考虑到基础课也要尽量与后继课甚至其他学科接轨,因此在某些地方(比如第三册的傅氏级数部分),编者也简单地作了指引。

此外,这次修订编者也对习题进行了重新审视和选编,力求与正文配合更加紧密。并增加了一些加强演算能力、注重实际应用的题目。为了方便读者学习,第一册各章内的习题分为A组、B组两部分,对于一些较难的习题,还提供了解题思路。

新版全套书仍分十七章,次序未动。但使用时,可根据内容难易、前后衔接,或教学计划、学期安排而适当调整(比如学完一元函数微积分之后,接着学习微分方程。当然,如果这样做,那就需要把第十七章后面的附录放到无穷级数之后再讲)。

本套书中有些内容标有“*”号,均非基本要求,读者可根据实际情况自行选用。

编者文丽负责修订了全书除第一册的附录和第九章(空间解析几何)以外的全部章节,编者吴良大负责修订第一册的附录一、附录二,以及第九章,并修订了全部习题,给出了习题答案与提示。

修订版难免还有不少缺点,诚恳欢迎广大读者随时给予批评、指正。

编　者

2004年3月于北京大学

数学科学学院

序　言

本书是根据“全国理科教材编写大纲讨论会”所制定的“高等数学教学大纲”(物理类各专业用)、针对我校物理类各专业的教学要求编写的。

“高等数学”作为统称,它有许多重要的分支,内容极其丰富。“高等数学”作为一门具体课程,只是其中的一个基础部分。

“高等数学”作为理工科大学的一门重要基础理论课,其主要内容有

Ⅰ. 数学分析,包括:

一元函数微分学
一元函数积分学
多元函数微积分学(包括场论)
} 即微积分;

级数(数项级数、函数项级数、幂级数、泰勒级数、傅氏级数、傅氏积分);

Ⅱ. 向量代数,空间解析几何;

Ⅲ. 常微分方程;

Ⅳ. 高等代数。

其中高等代数另有教材,我们编著的这本《高等数学》书只包括前面三部分内容。全书分三册。第一册是一元微积分,第二册是多元微积分,第三册是级数与常微分方程。数学分析(主要内容是微积分)内容最多,向量代数和空间解析几何主要是为多元微积分服务的,而常微分方程则是微积分在自然科学、工程技术以及其他许多学科的最直接的应用。全书讲授时间为三个学期,约 200～210 学时。

本书是作者主要根据近几年在北京大学讲授物理类“高等数

学”课程的讲稿和讲义编写而成的。根据我们的教学经验，一元微积分是高等数学的基础，学好这一部分，以后几部分就不难学习了；尤其是学习第一册教材的同学大多是刚从中学来的，对于高等数学的学习方法还不太入门，因此，为了培养他们的自学能力，我们在第一册中，对一些概念的分析比较深入，逻辑推导比较细致，例题也比较多。而在后两册中，考虑到学生已有一定的自学能力，因此我们编写得相对简明些。

本教材对数学上的严谨性与学生计算能力的培养给予了充分重视，并注意与物理、无线电内容相配合，以适应物理类各专业的需要。

邓东皋教授悉心审阅了本书初稿，提出了许多宝贵的修改意见。田茂英、王卫华、刘勇同志对书中习题逐题计算，给出了答案。蒋定华同志为本书选配了插图。作者在此一并致谢。

还应当感谢我系其他许多长期从事物理类“高等数学”教学的老师。长期以来，他们积累了不少宝贵的经验和资料，这一切，无疑对于本书的编写有着重要的参考价值。

由于作者水平有限，书中缺点与错误在所难免，我们诚恳希望读者批评指正。

编　者

1986 年 4 月于北京大学数学系

目　　录

预 备 知 识

一、充分条件、必要条件及充要条件

一般说来，某件事情发生或者不发生，总是有条件的. 同样地，一个数学命题成立或者不成立，也有一定的条件. 通常我们所讨论的条件有：充分条件、必要条件，以及既充分又必要的条件简称充要条件.

充分条件 如果条件 A 成立时结论 B 一定成立，那么我们就说 A 是 B 的**充分条件**，记作 $A \Rightarrow B$，表示由 A 可以推出 B.

容易了解，能推出 B 的任何前提，都是 B 的充分条件.

例 1 若两数 a,b 都能被 5 整除，则和数 $a+b$ 也能被 5 整除. 这里，“a,b 都能被 5 整除”就是“$a+b$ 能被 5 整除”的充分条件.

例 2 如果三角形是等腰的，那么它的两底角相等.

“三角形等腰”是“两底角相等”的充分条件.

必要条件 如果条件 A 不成立时结论 B 一定不成立，那么我们就说 A 是 B 的**必要条件**.

显然，“A 不成立时 B 一定不成立”与“B 成立时 A 一定成立”是一回事，因此，“A 是 B 的必要条件”也记作 $B \Rightarrow A$. 由此可见，由 B 推出的任何结论，都是 B 的必要条件.

例 3 若 a,b 都是正数，则 ab 也是正数. 这里，“ab 是正数”就是“a,b 都是正数”的必要条件.

例 4 “三角形的两底角相等”是“三角形是等腰三角形”的必要条件.

在“$A \Rightarrow B$”中，既可以说 A 是 B 的充分条件，也可以说 B 是 A 的必要条件. 到底怎么说，要看在具体问题中，哪一个是条件，哪一个是结论.

充要条件 如果 A 既是 B 的充分条件，又是 B 的必要条件，那么我们就说 A 是 B 的**充分必要条件**，简称**充要条件**，记作 $B\Longleftrightarrow A$. 这时也称 A 与 B 是**等价**的.

例 5 $a^2+b^2=0$ 的充要条件是 $a=0$ 且 $b=0$.

思考题 (1) 下列结论是否正确？若正确，试给出证明，若不正确，试举出反例：

(a) 在"$A\Rightarrow B$"中，若 A 不成立，则 B 一定不成立.

(b) "$A\Rightarrow B$"表示：若 B 不成立，则 A 一定不成立.

(2) 试举出充分条件、必要条件、充要条件各一例.

二、实数及其绝对值

1. 实数

实数包括有理数和无理数. 正负整数、正负分数以及零，统称为**有理数**. 有理数可以表示为 p/q，其中 p,q 为整数，$q\neq 0$，并假定 p 与 q 无公因子. 无理数(例如$\sqrt{2}$，π，等等)不能表为 p/q 的形式. 我们可以列一个表加以说明：

$$\text{实数}\begin{cases}\text{有理数}\begin{cases}\text{正负整数；零}\\ \text{正负分数}\end{cases}\\ \text{无理数}\end{cases}$$

2. 数轴

规定了原点、单位长以及正方向的直线称为**数轴**.

若数轴为水平的，则习惯上规定向右为正，若数轴为竖直的，则规定向上为正.

我们用原点 O 表示数 0，用正半轴上的点表示正实数，用负半轴上的点表示负实数，如图 1 所示. 这样，便在实数与数轴上的点之间建立了一一对应的关系. 因此，我们以后不再区分"数"与"点". 可以说，"点"是"数"的形象表示(即几何图形)，"数"是"点"的代数刻画(即坐标表示). 有了数轴，就有了"形"与"数"对应的基础.

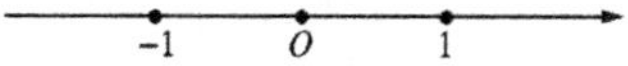

$-1 \quad O \quad 1$

图 1

3. 实数的绝对值

设 a 为一实数. a 的绝对值定义为

$$|a| = \begin{cases} a, & \text{当 } a \geqslant 0, \\ -a, & \text{当 } a < 0. \end{cases}$$

显然,数 a 的绝对值 $|a|$ 表示点 a 到原点 O 的距离.

由绝对值的定义容易了解:

$$|a| \geqslant 0,$$

$$|a| \geqslant \pm a \text{ 或 } -|a| \leqslant a \leqslant |a|,$$

$$|a| = \sqrt{a^2},$$

$$|ab| = |a||b|,$$

$$\left|\frac{a}{b}\right| = \frac{|a|}{|b|} \quad (\text{当 } b \neq 0).$$

4. 几个常用的绝对值不等式

(1) $|x|<b \Longleftrightarrow -b<x<b$;

(2) $|x-a|<b \Longleftrightarrow a-b<x<a+b$;

(3) 三角形不等式 $|a+b|\leqslant|a|+|b|$.

证 根据不等式

$$-|a| \leqslant a \leqslant |a|, \quad -|b| \leqslant b \leqslant |b|,$$

我们有

$$-(|a|+|b|) \leqslant a+b \leqslant |a|+|b|.$$

再由上面不等式(1),便得到

$$|a+b| \leqslant |a|+|b|. \quad \blacksquare$$

(4) $|a-b|\geqslant\big||a|-|b|\big|$.

证 由三角形不等式,有

$$|a| = |(a-b)+b| \leqslant |a-b|+|b|,$$

即

$$|a| - |b| \leqslant |a-b|.$$

又

$$|b| = |(b-a)+a| \leqslant |b-a| + |a| = |a-b| + |a|,$$

即

$$-|a-b| \leqslant |a| - |b|,$$

于是

$$-|a-b| \leqslant |a| - |b| \leqslant |a-b|.$$

再根据不等式(1),便得到

$$||a| - |b|| \leqslant |a-b|. \quad \blacksquare$$

三、集合及其表示法

具有某种(或某些)属性的一些对象的全体称为一个**集合**.集合中的每个对象称为该集合的**元素**.集合通常用大写的拉丁字母如 $A,B,C,\cdots$ 来表示,元素则用小写的拉丁字母如 $a,b,x,y,\cdots$ 来表示.当 x 是集合 E 的元素时,我们就说 x **属于** E,记作 $x\in E$;当 x 不是集合 E 的元素时,就说 x **不属于** E,记作 $x\overline{\in} E$ 或 $x\notin E$.

不包含任何元素的集合称为**空集**,记作 $\varnothing$.

例如,若记 $\boldsymbol{N}$ 为全体自然数的集合,$\boldsymbol{R}$ 为全体实数的集合,则

$$\frac{2}{3}\in \boldsymbol{R}, \quad \frac{2}{3}\overline{\in} \boldsymbol{N}, \quad \frac{2}{3}\overline{\in} \varnothing.$$

表示集合的方法通常有两种.把集合中的元素列举出来,这种表示集合的方法称为**列举法**.例如,自然数集合 $\boldsymbol{N}$ 可以表示为

$$\boldsymbol{N} = \{1,2,3,\cdots,n,\cdots\}.$$

把集合中元素所满足的条件写在元素的后面,用一条竖线隔开,外面写上大括号,这种表示集合的方法称为**描述法**.例如集合

$$E = \{x \mid x^2 \leqslant 1\}$$

表示所有满足不等式 $x^2\leqslant 1$ 的 x 的全体.

注 (1) a 与 $\{a\}$ 不同,a 表示元素,$\{a\}$ 表示只包含一个元素

a 的集合.因此，$\varnothing$与$\{\varnothing\}$不一样.

(2) 一个元素不能在同一个集合中重复出现.

四、区间

1. 有限区间(有穷区间)

设 a,b 为二实数,且 $a<b$. 满足不等式 $a\leqslant x\leqslant b$ 的所有实数 x 的集合称为一个**闭区间**,记作

$$[a,b]=\{x|a\leqslant x\leqslant b\}.$$

满足不等式 $a<x<b$ 的所有实数 x 的集合称为一个**开区间**,记作

$$(a,b)=\{x|a<x<b\}.$$

满足不等式 $a\leqslant x<b$ 或 $a<x\leqslant b$ 的所有实数的集合称为**半开区间**,记作

$$[a,b)=\{x|a\leqslant x<b\},$$

或

$$(a,b]=\{x|a<x\leqslant b\}.$$

以上各种区间都是有限区间(或有穷区间)，a 与 b 分别称为区间的**左、右端点**,数 $b-a$ 称为区间的**长度**.

2. 无穷区间

满足不等式$-\infty<x<+\infty$的所有实数 x 的集合称为**无穷区间**,记作

$$(-\infty,+\infty)=\{x|-\infty<x<+\infty\}.$$

可类似写出**半无穷区间**

$$(a,+\infty)=\{x|a<x<+\infty\},$$

$$[a,+\infty)=\{x|a\leqslant x<+\infty\},$$

$$(-\infty,a)=\{x|-\infty<x<a\},$$

$$(-\infty,a]=\{x|-\infty<x\leqslant a\}.$$

以点 a 为中心、以 $h(h>0)$为半径的对称开区间$(a-h,a+h)$称为点 a 的 h **邻域**,可记作 $S(a,h)$. 邻域 $S(a,h)$中除去点 a 的所有点的集合称为点 a 的**空心邻域**,记作 $S_0(a,h)$.

第一章 函　　数

函数是数学分析主要的研究对象，因此，我们这门课从函数概念讲起. 中学教材里已有函数概念和一些初等函数的性质与图形，本章将对原有知识进行复习、补充和提高.

§1　函数的概念

1.1　常量与变量

在自然现象里，在实践活动中，人们常会遇到这样或那样的量，如长度、面积、体积、重量、温度、湿度、时间、距离、质量、压强，等等. 在某一过程中，数值不变的量称为**常量**，数值变化的量称为**变量**. 例如把密闭容器内的气体加热时，气体的体积和分子数是常量，而气体的温度和压强是变量.

在习惯上，人们通常用英文字母表中的前几个字母(如 a,b,c,d 等)来记常量，用后面几个字母(如 x,y,z 或 u,v,w 等)来记变量.

一个量究竟是常量还是变量并不是绝对的，需要看具体情况. 比如重力加速度 g，在与地心的距离不同的点处，它的值是不同的，因而是变量；但在地球表面附近，在研究不太精密的问题时，g 的值变化不大，于是又可以把 g 看成常量($g=9.8\,\mathrm{m/s^2}$).

有时我们也把常量看作变量的特殊情形：它在某一变化过程中，始终取同一个数值.

在本书中，不论是变量还是常量，它们所取的值都是实数，换句话说，本书只在实数范围内讨论问题.

变量的变化范围(或取值范围)称为变量的**变化域**. 在许多情形中,变量的变化域是一个或几个区间.

1.2 变量之间确定的依赖关系——函数关系

1. 几个例子

在同一个问题中,往往同时出现好几个变量. 数学分析不研究孤立的变量,而研究变量之间的确定的依赖关系,即函数关系. 在实际问题中,这种函数关系是很多的.

例 1 离地面 h 处的物体在重力作用下自由下落,如果初速度为零,那么在时间间隔 t 内物体下落的距离 s 为

$$s = \frac{1}{2}gt^2. \tag{1}$$

这里有两个变量: t, s. t 的变化域为闭区间 $[0, \sqrt{2h/g}]$,其中 $\sqrt{2h/g}$ 为物体落到地面所需要的时间, g 是重力加速度. 当变量 t 在区间 $[0, \sqrt{2h/g}]$ 上变化时,对于 t 的每一个值,根据公式(1),变量 s 都有一个确定的值与它对应.

例 2 由实际测量得知,大气中空气的密度 ρ 随大气高度 h 的变化情况如下表所示:

h/m	0	500	1000	1500	2000	3000	4000
$\rho/\text{kg}\cdot\text{m}^{-3}$	1.22	1.17	1.11	1.06	1.01	0.91	0.82

这里也有两个变量: h, ρ. h 值的变化域是集合

$$\{0, 500, 1000, 1500, 2000, 3000, 4000\}.$$

对于该集合中的每一个 h 值,根据上表, ρ 都有惟一确定的值与它对应.

例 3 某气象站用自动记录器记录了某一天 24 h(小时)的气温变化曲线(图 1-1). 这里的变量是时间 t 与气温 T, t 值的变化域为闭区间 $[0, 24]$. 对于 $[0, 24]$ 中的每一个 t 值,根据这条曲线,

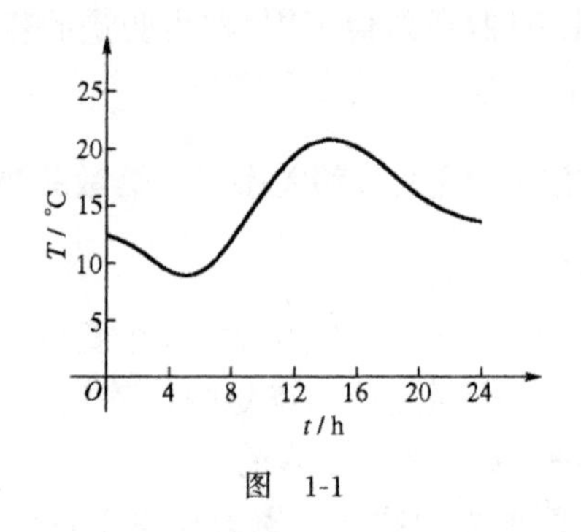

图 1-1

都有惟一确定的 T 值与它对应.

类似的例子还有很多. 虽然它们的具体背景不同,在数学上却有一个共同点: 都有两个变量,并且当其中一个变量的值在某一范围内取定后,根据某种规律或法则(它可能是公式,如例 1;也可能是表格,如例 2;或者是图像,如例 3),另一个变量的值便惟一地被确定下来.

2. 函数的定义

假定在某个变化过程中有两个变量 x 和 y, x 的变化域为 X. 如果对于 X 中的每一个 x 值,根据某一规律(或法则)f,变量 y 都有惟一确定的值与它对应,那么,我们就说 y 是 x 的**函数**[①],记作

$$y = f(x), \quad x \in X.$$

x 称为**自变量**, y 称为**因变量**.

自变量 x 的变化域 X 称为函数 $y=f(x)$的**定义域**. 因变量 y 的变化域称为函数 $y=f(x)$的**值域**,可以记作

$$f(X) = \{y | y = f(x), x \in X\}.$$

在函数的定义中,对应规律(即函数关系)及定义域是两个重要因素,而自变量和因变量采用什么符号来表示则是无关紧要的. 因此,函数

① 有时也称为"单值"函数.

$$y = f(x), \quad x \in X$$

与函数

$$s = f(t), \quad t \in X$$

表示同一个函数.

3. 求定义域

为了研究函数,首先要了解它在什么范围内有意义,即了解它的定义域.

例 4 在自由落体的运动规律 $s=\frac{1}{2}gt^2$ 中,函数的定义域是闭区间$[0,\sqrt{2h/g}]$.

在例 2 中,定义域是集合

$$\{0,500,1000,1500,2000,3000,4000\}.$$

在例 3 中,定义域是闭区间$[0,24]$.

例 5 求函数

$$y = \frac{1}{x} + \lg(1 - x^2)$$

的定义域.

解 此处 $1/x$ 要求 $x \neq 0$, $\lg(1-x^2)$要求 $1-x^2>0$,即 $x^2<1$,亦即$|x|<1$,此式等价于$-1<x<1$.综合起来,便得到定义域

$$-1 < x < 0 \quad 及 \quad 0 < x < 1.$$

如图 1-2 所示.

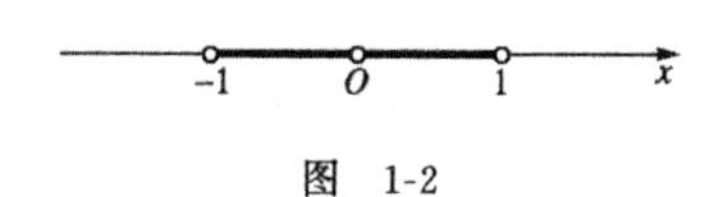

图 1-2

例 6 求 $y=\sqrt{\frac{5-x^2}{x-1}}$的定义域.

解 应分两种情况考虑:

(1) $\left.\begin{matrix} 5-x^2 \geqslant 0 \\ x-1>0 \end{matrix}\right\} \Leftrightarrow \left\{\begin{matrix} |x| \leqslant \sqrt{5}, \\ x>1, \end{matrix}\right.$ 即

$$1 < x \leqslant \sqrt{5}.$$

如图 1-3 所示.

(2) $\left.\begin{matrix} 5-x^2\leqslant 0 \\ x-1<0 \end{matrix}\right\} \Longleftrightarrow \begin{cases} x^2\geqslant 5, \\ x<1, \end{cases}$ 即

$$x \leqslant -\sqrt{5}.$$

如图 1-4 所示.

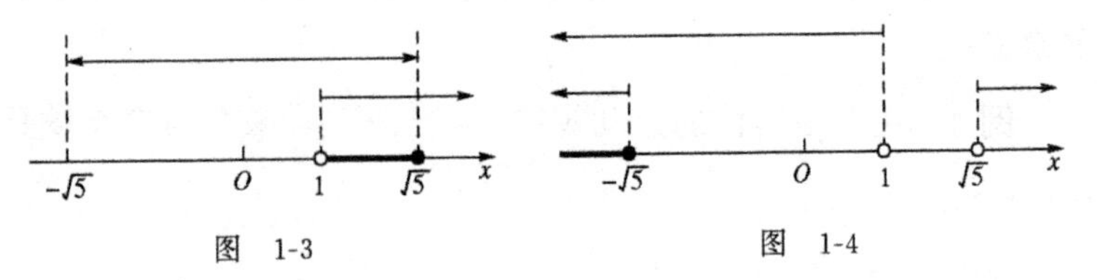

图 1-3　　图 1-4

因此，y 的定义域为

$$1 < x \leqslant \sqrt{5} \quad 或 \quad x \leqslant -\sqrt{5}.$$

4. 函数值的记号

设有函数

$$y = f(x), \quad x \in X,$$

当自变量 x 在 X 中取定某一个值 x_0 时，对应的因变量 y 的值称为函数 $y=f(x)$ 在点 $x=x_0$ 处的**值**，记作

$$f(x_0), \quad y(x_0) \quad 或 \quad y|_{x=x_0}.$$

例 7　设 $f(x)=\dfrac{x}{\sqrt{1+x^2}}$，则它在 $x=0,-3,x_0+h,f(x)$ 的值为

$$f(0) = \left.\frac{x}{\sqrt{1+x^2}}\right|_{x=0} = 0,$$

$$f(-3) = \left.\frac{x}{\sqrt{1+x^2}}\right|_{x=-3} = -\frac{3}{\sqrt{10}},$$

$$f(x_0+h) = \frac{x_0+h}{\sqrt{1+(x_0+h)^2}}$$

$$= \frac{x_0+h}{\sqrt{1+x_0^2+2x_0h+h^2}},$$

$$f[f(x)]=\frac{f(x)}{\sqrt{1+f^2(x)}}=\frac{\dfrac{x}{\sqrt{1+x^2}}}{\sqrt{1+\left(\dfrac{x}{\sqrt{1+x^2}}\right)^2}}$$

$$=\frac{x}{\sqrt{1+2x^2}}.$$

5. 函数的三种表示法

表示函数的方法最常用的有以下三种：

1) 公式法

用分析表达式[1]把函数关系表示出来的方法称为**公式法**，或**分析法**. 如

$$s=\frac{1}{2}gt^2,\quad y=\frac{1}{x}+\lg(1-x^2),\quad y=\sqrt{\frac{5-x^2}{x-1}},$$

等等，都是用公式法表示的函数.

2) 列表法

将自变量的一系列值与对应的函数值排列成表，这种表示函数的方法称为**列表法**. 上面的例 2(空气密度 ρ 与大气高度 h 的函数关系)就是用列表法给出的. 此外，大家所熟悉的平方表，平方根表，对数表，三角函数表，等等，也都是用列表法表示函数的例子.

3) 图像法

用坐标平面上的曲线来表示函数的方法称为**图像法**，或**图示法**. 上面例 3(气温 T 随时间 t 的变化曲线)就是用图像法表示函数的例子.

三种表示法各有自己的优点. 图像法能清楚、直观地表示出函数的许多性质，列表法使我们可以免去许多复杂计算而直接查到函数值，公式法便于我们对函数的性质作理论研究. 今后我们经常把三种方法结合起来使用，而以公式法为主.

---

① 对自变量及某些常数施行加、减、乘、除、乘方、开方、取对数、求三角函数值及其逆运算，以及极限运算等所得到的式子，称为**分析表达式**.

6. 函数的图形

我们知道,如果给了函数表达式

$$y = f(x), \quad x \in X,$$

要求画出图形时,在一般情况下,多采用“描点作图法”.即在定义域 X 内选出一些点 x,求出对应的函数值 $y=f(x)$,把一对对 x,y 排列成表,然后,把每一对 (x,y) 作为点画在坐标平面 Oxy 上,最后,用平滑曲线将这些点从左到右顺次连接起来,这样得到的曲线就是函数 $y=f(x)$ 的图形.例如平方抛物线 $y=x^2$ 及立方抛物线 $y=x^3$ 的图形就是这样画出来的.这是函数作图的常用方法.那么,什么是函数图形的确切定义呢?

设有函数 $y=f(x)$,$x\in X$.考虑直角坐标系 Oxy,以自变量的值为横坐标 x,以对应的函数值 $f(x)$ 为纵坐标 y,点 $M(x,y)=(x,f(x))$ 的全体所构成的集合

$$\{M(x,f(x)) \mid y = f(x), x \in X\}$$

称为函数 $y=f(x)$ 的**图形**(或**图像**).

一般说来,函数 $y=f(x)$ 的图形是一条或若干条曲线(包括直线).由函数的单值性知,任何一条平行于 y 轴的直线与 $y=f(x)$ 的图形至多相交于一点(图 1-5).

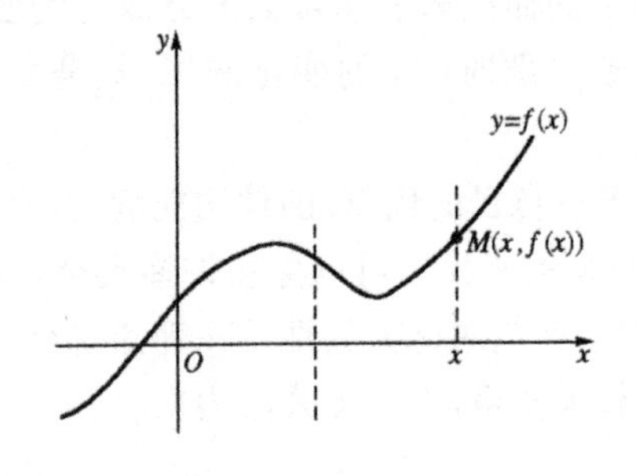

图 1-5

我们说曲线是函数 $y=f(x)$ $(x\in X)$的图形，一方面是指，曲线上每一点的坐标都可表为$(x,f(x))$，另一方面是指，坐标为$(x,f(x))$的每一点都在曲线上.

7. 分段函数

有时会遇到分段表达的函数：对于自变量的某些不同值，函数的表达式不同，这种函数称为**分段函数**.

举几个例子.

例 8 绝对值函数

$$y=|x|=\begin{cases} x, & \text{当 } x\geqslant 0, \\ -x, & \text{当 } x<0, \end{cases}$$

其定义域为$(-\infty,+\infty)$，但在正半轴及原点，即在$[0,+\infty)$上，函数用 $y=x$ 表达；在负半轴$(-\infty,0)$上，函数用 $y=-x$ 表达. 因此，这是一个分段函数，其图形如图 1-6 所示，由两段不同直线组成. 这个函数的值域是区间$[0,+\infty)$.

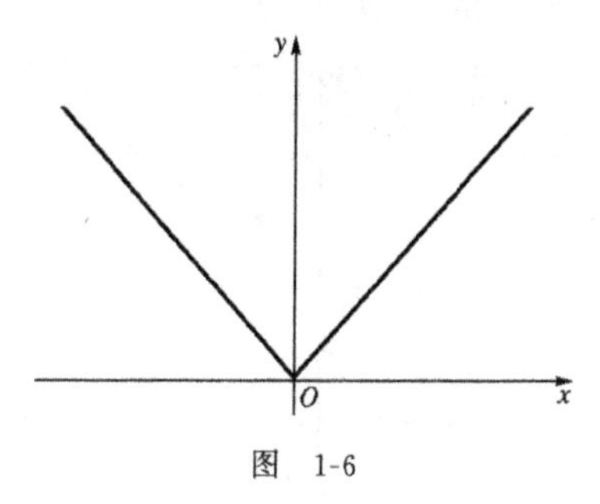

图 1-6

例 9 符号函数

$$y=\operatorname{sgn}x=\begin{cases} 1, & \text{当 } x>0, \\ 0, & \text{当 } x=0, \\ -1, & \text{当 } x<0 \end{cases}$$

也是一个分段函数，其定义域为$(-\infty,+\infty)$，值域为集合$\{-1,0,1\}$，图形由两段直线及一个点组成(图 1-7).

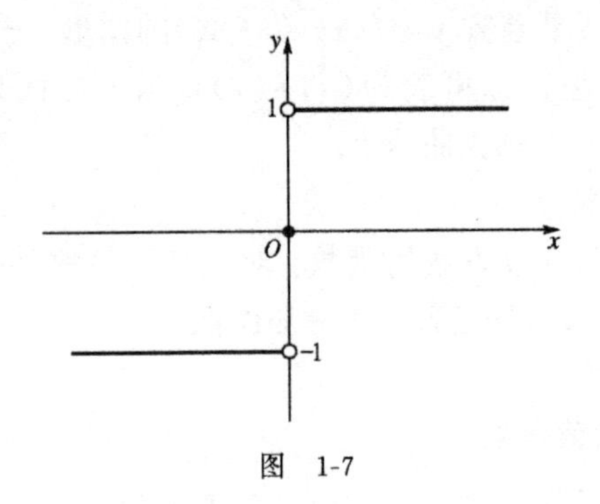

图 1-7

例 10 函数 $y=[x]$表示不超过 x 的最大整数(有时称为 x 的最大整数部分). 例如

$$[3.62]=3,\quad [-3.62]=-4,\quad [15]=15,$$

等等. 函数 $y=[x]$的定义域为$(-\infty,+\infty)$,值域为集合

$$\{0,\pm 1,\pm 2,\pm 3,\cdots\},$$

图形由无穷多条直线段组成(图 1-8).

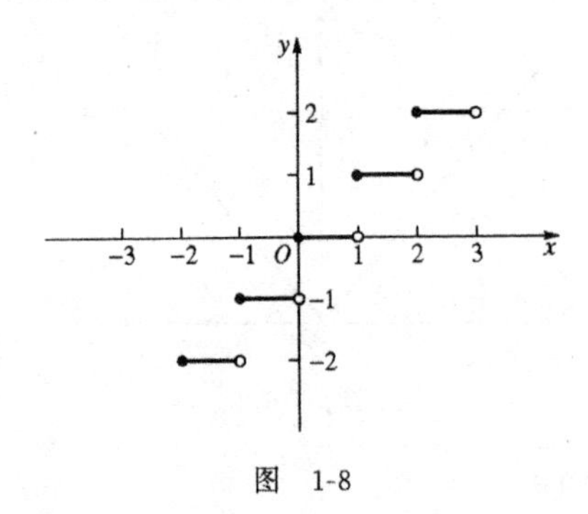

图 1-8

例 11 函数 $y=x-[x]$表示 x 的非负小数部分,有时记作

$$(x)=x-[x].$$

例如$(3.62)=0.62$,$(-3.62)=-3.62-(-4)=0.38$,$(15)=0$,等等. 函数 $y=(x)$的定义域为区间$(-\infty,+\infty)$,值域为$[0,1)$,图形由无穷多条直线段组成(图 1-9).

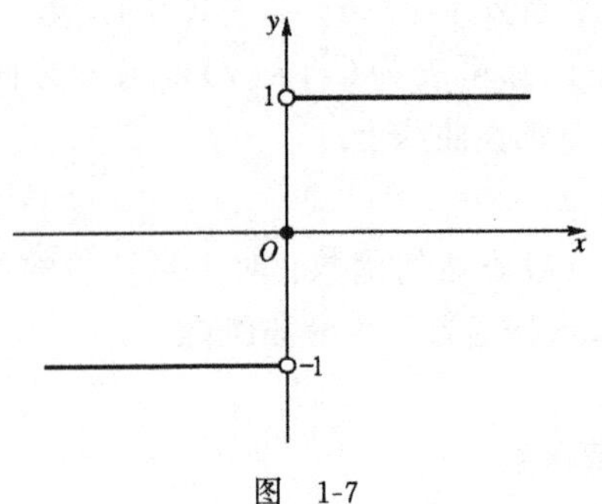

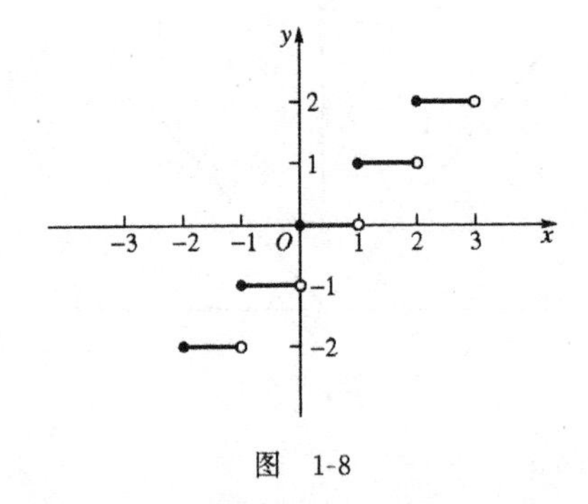

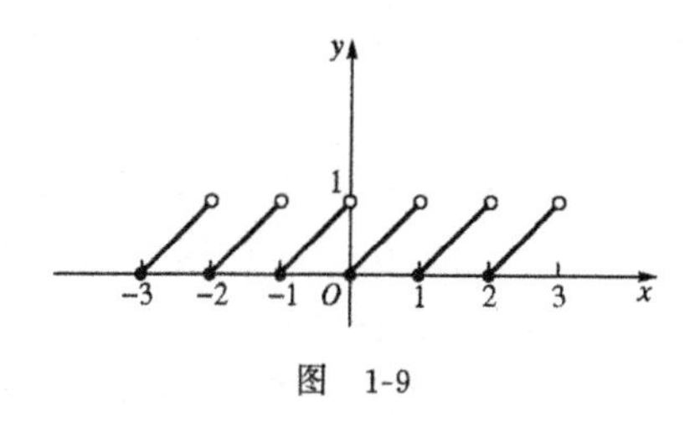

图 1-9

例 12 狄里克雷(Dirichlet)函数

$$y=\begin{cases}1, & \text{当 } x \text{ 为有理数},\\ 0, & \text{当 } x \text{ 为无理数}\end{cases}$$

是一个分段函数,其定义域为区间$(-\infty,+\infty)$,值域为两个数的集合 $\{0,1\}$.

由于任何两个有理数之间都有无理数,并且任何两个无理数之间也都有有理数,我们无法将有理数与无理数在坐标轴上划分开,因此画不出例 12 中这个函数的图形.

分段函数也属于用公式法所表示的函数,不过对于自变量的某些不同值,函数的表达式不同罢了.

§2 几类常见的函数

2.1 单调函数

定义 设函数 $y=f(x)$在区间(a,b)内有定义. 若对(a,b)内任意两点 x_1,x_2 $(x_1<x_2)$,都有

$$f(x_1)\leqslant f(x_2) \quad (\text{或 } f(x_1)\geqslant f(x_2)), \tag{2}$$

则称 $f(x)$是(a,b)内的**单调递增**(或**单调递减**)**函数**. (a,b)称为 $f(x)$的**单调区间**. 单调递增函数与单调递减函数统称为**单调函数**.

单调递增(或递减)有时也称为**单调上升**(或**下降**).

当(2)式为严格不等式时, $f(x)$称为**严格单调函数**.

例 1 函数 $y=x^2$ 在区间 $(0,+\infty)$ 内严格单调上升，在 $(-\infty,0)$ 内严格单调下降.

例 2 正弦函数 $y=\sin x$ 在区间 $(-\pi/2,\pi/2)$ 内严格单调上升，余弦函数 $y=\cos x$ 在区间 $(0,\pi)$ 内严格单调下降.

例 3 阶梯函数 $y=[x]$ 在区间 $(-\infty,+\infty)$ 内单调上升.

并非所有函数都具有单调性，例如狄利克雷函数，也就是说，狄利克雷函数不是单调函数.

2.2 奇函数与偶函数

定义 设函数 $y=f(x)$ 在对称区间 $(-a,a)$ (其中 $a>0$)内有定义.若对 $(-a,a)$ 内任一点 x，都有

$$f(-x)=-f(x) \quad (\text{或 } f(-x)=f(x)),$$

则称 $f(x)$ 在 $(-a,a)$ 内是**奇(或偶)函数**.

区间 $(-a,a)$ 也可以是 $(-\infty,+\infty)$.

例 4 $y=\sin x$ 在 $(-\infty,+\infty)$ 内是奇函数，$y=\cos x$ 在 $(-\infty,+\infty)$ 内是偶函数，$y=\tan x$ 在 $(-\pi/2,\pi/2)$ 内是奇函数.

例 5 $y=\sqrt{1-x^2}$ 在其定义域 $[-1,1]$ 上是偶函数.

例 6 $y=x$，$y=x^3$，$y=x^5$ 为奇函数；$y=x^2$，$y=x^4$，$y=x^6$ 为偶函数.

一般地，当 n 为奇数时，$y=x^n$ 为奇函数；当 n 为偶数时，$y=x^n$ 为偶函数.奇、偶函数的名称即由此而来.

容易证明：奇函数的图形对称于原点，偶函数的图形对称于 y 轴.

事实上，设 $y=f(x)$ 为奇函数，并设点 $M(x_0,y_0)$ 在它的图形上，即有 $y_0=f(x_0)$，则

$$-y_0=-f(x_0)\xlongequal{\text{奇函数}}f(-x_0),$$

这表明点 $N(-x_0,-y_0)$ 也在 $y=f(x)$ 的图形上，从而图形对称于原点(图 1-10).

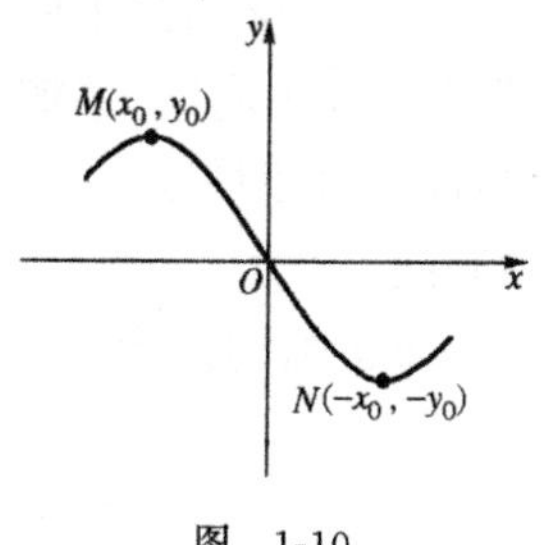

图 1-10

偶函数图形的对称性请读者证明.

奇、偶函数图形的对称性对于函数作图很有用处：只要作出右边(或左边)的一半,另一半即可根据对称性描出.

有的函数既非奇函数,又非偶函数.例如

$$y = x^3 + 1,\quad y = \sin x + \cos x,\quad y = \lg x$$

等,都没有奇、偶性.

思考题 证明狄利克雷函数

$$f(x) = \begin{cases} 1, & \text{当 } x \text{ 为有理数}, \\ 0, & \text{当 } x \text{ 为无理数} \end{cases}$$

是偶函数.

2.3 周期函数

定义 设有函数 $y=f(x), x\in X$.若存在常数 T $(T\neq 0)$,使得对任一点 $x\in X$,都有 $x+T\in X$,且有

$$f(x+T) = f(x),$$

则称 $f(x)$为**周期函数**,常数 T 称为 $f(x)$的**周期**.

任何一个周期函数都有无穷多个周期.事实上,若 T 为 $f(x)$ 的周期,则

$$K\cdot T\quad (K = \pm 1, \pm 2, \pm 3, \cdots)$$

也是 $f(x)$的周期.若在周期函数的无穷多个正周期中存在一个最小数,则称此数为函数的最小周期.例如，$\pm 2\pi, \pm 4\pi, \pm 6\pi, \cdots$都

是正弦函数 $y=\sin x$ 的周期，而 2π 为最小周期.

并非任何周期函数都有最小周期，例如函数 $y=1/2$，任何正实数都是它的周期，但是没有最小周期.

最小周期有时简称周期.

例 7 证明函数 $y=\cos^2 x$ 的周期为 π.

证 事实上，

$$y=\cos^2 x=\frac{1+\cos 2x}{2}=\frac{1}{2}+\frac{1}{2}\cos 2x,$$

$\cos 2x$ 的周期为 π，从而 $\frac{1}{2}+\frac{1}{2}\cos 2x$ 的周期为 π. ▌

例 8 $y=\sqrt{\tan\frac{x}{2}}$ 的周期为 2π.

思考题 试证明：任何一个有理数都是狄利克雷函数的周期（但是没有最小周期）.

2.4 有界函数

定义 设有函数 $y=f(x)$，$x\in X$. 若存在正数 M，使得对于所有 $x\in X$，都有

$$|f(x)|\leqslant M,$$

则称 $f(x)$ 是 X 上的**有界函数**，或者说 $f(x)$ 在 X 上**有界**.

例 9 $y=\sin x$，$y=\cos x$ 在 $(-\infty,+\infty)$ 上有界.

例 10 $y=(x)=x-[x]$ 在 $(-\infty,+\infty)$ 上有界.

例 11 $y=\sqrt{4-x^2}$ 在 $[-2,2]$ 上有界.

若对于任意正数 M，不论它多么大，总有一个 $x_1\in X$，使得

$$|f(x_1)|>M,$$

则称 $f(x)$ 在 X 上**无界**.

例 12 $y=x$，$y=x^2$，$y=x^3$ 在 $(-\infty,+\infty)$ 上无界.

例 13 $y=[x]$ 在 $(-\infty,+\infty)$ 上无界.

例 14 $y=\sqrt{x^2-4}$ 在 $(-\infty,-2]$，$[2,+\infty)$ 上无界.

由于 $|f(x)|\leqslant M\Leftrightarrow -M\leqslant f(x)\leqslant M$，因此从直观上看，有界

函数 $y=f(x)$的图形界于两条直线 $y=-M$ 与 $y=M$ 之间. 无界函数 $y=f(x)$的直观意义是：不论两条直线 $y=-M$ 与 $y=M$ 相距多么远，$y=f(x)$的图形都不会被“框住”，总有一些地方要跑到这两条直线的“外面”去.

例 15 作函数

$$y=f(x)=\begin{cases}\sin\dfrac{1}{x}, & \text{当 } x\neq 0,\\ 0, & \text{当 } x=0\end{cases}$$

的草图.

解 (1) 奇、偶性. 因为

$$f(-x)=\begin{cases}\sin\dfrac{1}{(-x)}=-\sin\dfrac{1}{x}, & \text{当 } -x\neq 0，\text{即 } x\neq 0,\\ 0, & \text{当 } -x=0，\text{即 } x=0,\end{cases}$$

所以 $f(-x)=-f(x)$，即 $y=f(x)$是奇函数，其图形对称于原点，因此只需讨论 $x\geqslant 0$ 的情形.

(2) 有界性. 显然，对一切实数 $x\neq 0$，有

$$\left|\sin\frac{1}{x}\right|\leqslant 1,$$

因此函数 $f(x)$有界.

(3) $f(x)$无周期性.

(4) $x=0$ 及 $x=1/n\pi$ $(n=\pm 1,\pm 2,\cdots)$是函数的零点. 事实上，有

$$\sin\frac{1}{\frac{1}{n\pi}}=\sin n\pi=0.$$

(5) 当 x 由$\dfrac{2}{(4n+1)\pi}$增加到$\dfrac{2}{(4n-1)\pi}$(其中 $n=1,2,\cdots$)时，$\dfrac{1}{x}$ 由$\left(2n+\dfrac{1}{2}\right)\pi$ 变为$\left(2n-\dfrac{1}{2}\right)\pi$，$\sin\dfrac{1}{x}$ 由 1 下降为 -1，因此，$\left(\dfrac{2}{(4n+1)\pi},\dfrac{2}{(4n-1)\pi}\right)$是函数的下降区间($n=1,2,\cdots$).

同理，$\left(\frac{2}{(4n+3)\pi},\frac{2}{(4n+1)\pi}\right)$是函数的上升区间(其中 $n=0,1,2,\cdots$).

当 $x=\frac{2}{\pi}$时，$\sin\frac{1}{x}=\sin\frac{\pi}{2}=1$；当 $x>\frac{2}{\pi}$时，$\frac{1}{x}<\frac{\pi}{2}$,从而 $\sin\frac{1}{x}$ 单调下降,并随 x 的无限增大而无限接近于 0.

因此有下面草图(图 1-11). 对应于 $x<0$ 的函数图形,可根据奇函数图形的特点描出来(此处从略).

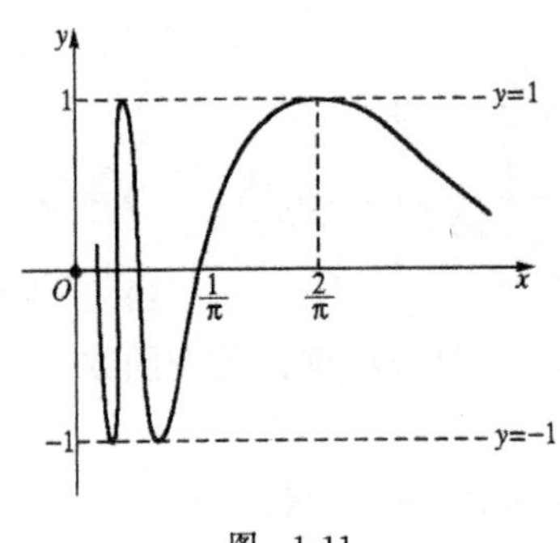

图 1-11

习 题 1.1

A 组

1. 在 Oxy 坐标平面上作出下列点集的图形：

(1) $D=\{(x,y)\,|\,x\in[a,b],y\in[c,d]\}$；

(2) $D=\{(x,y)\,|\,(x-1)^2+y^2\leqslant 1\}$；

(3) $D=\{(x,y)\,|\,x^2+y^2\leqslant 2y\}$；

(4) $D=\{(x,y)\,|\,x^2+y^2\leqslant 4x\}$.

2. 用区间或区间的并表示下列变量的变化范围：

(1) $2\leqslant x<7$；　　(2) $x>0$；

(3) $x^2>9$；　　(4) $0<|x-x_0|<\delta$；

(5) $|x-x_0|<\delta$；　　(6) $|x-1|\leqslant 5$.

3. 下列各题中,函数 $f(x)$与 $g(x)$是否一样？为什么？

(1) $f(x)=\frac{x-1}{x^2-1}$ 与 $g(x)=\frac{1}{x+1}$；

(2) $f(x)=x$ 与 $g(x)=\sqrt{x^2}$；

(3) $f(x)=x$ 与 $g(x)=(\sqrt{x})^2$；

(4) $f(x)\equiv 1$ 与 $g(x)=\sin^2 x+\cos^2 x$；

(5) $f(x)=\sqrt{x+1}\sqrt{x-1}$ 与 $g(x)=\sqrt{x^2-1}$；

(6) $f(x)=\lg x^2$ 与 $g(x)=2\lg|x|$；

(7) $f(x)=\lg x^3$ 与 $g(x)=3\lg x$.

4. 求函数

$$y=\begin{cases}\cos\frac{1}{x}, & x\neq 0,\\ 0, & x=0\end{cases}$$

的定义域与值域.

5. 求下列函数的定义域：

(1) $y=\frac{1}{1+x}$；

(2) $y=\sqrt{2x+1}$；

(3) $y=\sqrt{3x-x^2}$；

(4) $y=\sqrt{2-x}+\sqrt{4-x^2}$；

(5) $y=\frac{1}{2-\sin x}$；

(6) $y=\frac{\sqrt{x+1}}{\sin\pi x}$；

(7) $y=\ln(x-2)+\ln(x+2)$；

(8) $y=\ln(x^2-4)$；

(9) $y=\sqrt{x^2-4}$.

6. 求下列函数的值域：

(1) $y=x^2$, $x\in[-10,0]$；

(2) $y=\lg x$, $x\in(0,10]$；

(3) $y=\sqrt{x-x^2}$, $x\in[0,1]$；

(4) $y=\frac{1}{1-x}$, $x\in(0,1)$.

7. 求函数值：

(1) $f(x)=10^x-1$,求 $f(0),f(1),f(\lg 2)$；

(2) $f(x)=\frac{1-x}{1+x}$,求 $f(-x),f(x+1),f\left(\frac{1}{x}\right),f(x^2)$；

(3) $f(x)=\begin{cases}1+x, & x\in(-\infty,0],\\ 2x, & x\in(0,+\infty),\end{cases}$ 求 $f(-2),f(0),f(2)$；

(4) $f(x)=\lg x^2$,求 $f(-1),f(-0.001),f(100)$.

8. 设

$$g(x)=\begin{cases}|\sin x|, & |x|<\pi/3,\\ 0, & |x|\geqslant\pi/3,\end{cases}$$

求 $g(\pi/6), g(\pi/4), g(-\pi/4), g(\pi)$.

9. 设 $f(x)=\frac{1}{2}(a^x+a^{-x})\ (a>0)$,证明

$$f(x+y)+f(x-y)=2f(x)f(y).$$

10. 列出下列函数的函数式(注意应写出定义域):

(1) 已知三角形中两边长分别为 a 和 b,其夹角为 α. 试将三角形的面积表成角 α 的函数.

(2) 把一圆形铁片自中心处剪去中心角为 α 的一扇形后,围成一圆锥. 试将这圆锥的容积 A 表成 α 的函数.

(3) 某工厂有一水池,其容积为 $100\,\mathrm{m}^3$,原有水量为 $10\,\mathrm{m}^3$,以 $2\,\mathrm{m}^3/\mathrm{min}$("min"是时间"分"的符号)的速度向水池内注水,试把水池的水量表成注水时间的函数.

11. 设下面的函数的定义域都在 $(-l,l)$ 上,证明:

(1) 两个奇(或偶)函数的和是奇(或偶)函数;

(2) 两个奇(或偶)函数的积是偶函数;

(3) 两个奇(或偶)函数的商是偶函数;

(4) 奇函数与偶函数的积是奇函数.

12. 设 $f(x)$ 在 $\boldsymbol{R}$ 上定义,证明:

(1) $g(x)=f(x)+f(-x)$ 是偶函数;

(2) $h(x)=f(x)-f(-x)$ 是奇函数.

13. 证明在 $\boldsymbol{R}$ 上定义的函数,都可以分解为一个奇函数与一个偶函数之和(提示:利用上题结论).

14. 讨论下列函数在指定区间上的严格单调性:

(1) $y=x^2,\ x\in(-2,-1)$;

(2) $y=\lg x,\ x\in(0,+\infty)$;

(3) $y=\lg_{\frac{1}{10}}x,\ x\in(0,+\infty)$;

(4) $y=\sin x,\ x\in\left[\frac{\pi}{2},\frac{3}{2}\pi\right]$;

(5) $y=\cos x,\ x\in[-\pi,0]$;

(6) $y=x^3,\ x\in\boldsymbol{R}$.

15. 设 $f(x)$ 在对称区间上定义,证明:

(1) $f(x)$ 是偶函数的充要条件是 $f(x)+f(-x)=2f(x)$;

(2) $f(x)$ 是奇函数的充要条件是 $f(x)+f(-x)=0$.

16. 下列函数中，哪些是偶函数？哪些是奇函数？哪些是非奇非偶函数？

(1) $f(x)=x^3(1-x^2)$；　　(2) $f(x)=3x^3-x^2$；

(3) $f(x)=\frac{1-x^2}{1+x^2}$；　　(4) $f(x)=x(x-1)(x+1)$；

(5) $f(x)=\frac{1}{2}(a^x+a^{-x})$ $(a>0,a\neq1)$；

(6) $f(x)=\frac{1}{2}(a^x-a^{-x})$ $(a>0,a\neq1)$；

(7) $f(x)=\lg(x+\sqrt{x^2+1})$；　　(8) $f(x)=\sin x-\cos x+1$.

B 组

1. 已知 $f(10^x-1)=x^2+1$，求 $f(x)$的定义域.

2. 设函数 $f(x)$满足方程

$$f\left(\frac{x+1}{2x-1}\right)=2f(x)+x,$$

求 $f(x)$.

3. 设函数 $f(x)$在$(0,+\infty)$上定义，证明：

(1) 若$\frac{f(x)}{x}$单调下降，则有不等式

$$f(x_1+x_2)\leqslant f(x_1)+f(x_2)\quad(x_1>0,x_2>0);$$

(2) 若$\frac{f(x)}{x}$单调上升，则有不等式

$$f(x_1+x_2)\geqslant f(x_1)+f(x_2)\quad(x_1>0,x_2>0).$$

4. 设 $f(x)$在$(-\infty,+\infty)$上严格单调上升，且 $f[f(x)]=x$，证明 $f(x)=x$.

5. 设 $g(x)$为奇函数，$a>0$ 且 $a\neq1$，判别函数

$$f(x)=g(x)\left[\frac{1}{a^x-1}+\frac{1}{2}\right]$$

的奇偶性.

§3 复合函数与反函数

3.1 复合函数

复合函数是指由几个函数叠置(或复合)而成的函数. 例如,

$y=\lg\sin x$ 是由
$$y=\lg u \quad 和 \quad u=\sin x$$
叠置而成的. 此处要求 $u>0$,即 $\sin x>0$,也就是说,要求函数 $u=\sin x$ 的值域包含在函数 $y=\lg u$ 的定义域之内. 一般地,我们有

定义 设有函数
$$y=f(u),\quad u\in U,$$
及
$$u=\varphi(x),\quad x\in X,$$
记函数 $u=\varphi(x)$的值域为集合 $\varphi(X)$. 若 $\varphi(X)\subseteq U$,则在 X 上确定了一个新函数
$$y=f[\varphi(x)],\quad x\in X,$$
称为 $y=f(u)$与 $u=\varphi(x)$的**复合函数**. 也可记作
$$y=f\circ\varphi(x),\quad x\in X,$$
u 称为**中间变量**.

有时,复合的手续会有好几步. 例如,函数
$$y=\lg\sin x^2$$
是由三个函数
$$y=\lg u,\quad u=\sin v,\quad v=x^2$$
复合而成的.

例 1 设
$$f(x)=\begin{cases}0, & 当 x\leqslant 0,\\ x, & 当 x>0,\end{cases}$$
$$g(x)=\begin{cases}x, & 当 x\leqslant 0,\\ -x^2, & 当 x>0,\end{cases}$$
求 $g[f(x)]$.

解 (1) 当 $x\leqslant 0$ 时, $f(x)=0$,从而
$$g[f(x)]=g(0)=0.$$
(2) 当 $x>0$ 时, $f(x)=x$,从而
$$g[f(x)]=g(x)=-x^2,$$

于是 $$g[f(x)]=\begin{cases}0, & \text{当 } x\leqslant 0,\\ -x^2, & \text{当 } x>0.\end{cases}$$

试求出复合函数 $y=f[g(x)]$，并画出 $y=f(x)$，$y=g(x)$，$y=g[f(x)]$以及 $y=f[g(x)]$的图形.

3.2 反函数

定义 设有函数 $y=f(x)$ $(x\in X)$，其值域为 $Y=f(X)$. 如果对于 Y 中每一个 y 值，都可由方程 $f(x)=y$ 惟一确定出 x 值，那么就得到一个定义在集合 Y 上的新函数，称为 $y=f(x)$的**反函数**，记作

$$x=f^{-1}(y),\quad y\in Y.$$

"f^{-1}"读作"f 逆"，而不是"f 负一次方".

例 2 函数

$$y=x^3,\quad x\in(-\infty,+\infty)$$

的反函数是

$$x=\sqrt[3]{y},\quad y\in(-\infty,+\infty).$$

例 3 讨论 $y=x^2$ 的反函数.

解 从表达式 $y=x^2$ 反解 x 时，得到两个值

$$x=\pm\sqrt{y},$$

这说明，对于区间$[0,+\infty)$的每一个 y 值，同时有两个 x 值与它对应，不符合反函数的单值性要求.

我们分段考虑：

(1) 当 $x\in[0,+\infty)$时，$y=x^2$ 的反函数为

$$x=\sqrt{y},\quad y\in[0,+\infty).$$

(2) 当 $x\in(-\infty,0]$时，$y=x^2$ 的反函数为

$$x=-\sqrt{y},\quad y\in[0,+\infty).$$

此例说明，将函数

$$y=x^2,\quad x\in(-\infty,+\infty)$$

按其单调性分为两段,即

$$y = x^2, \quad x \in (-\infty, 0],$$

和

$$y = x^2, \quad x \in [0, +\infty)$$

考虑时,每一段上的对应关系都是双方单值的,也就是一一对应的,因此对于每一个 y 值,都只有惟一的一个 x 值与它对应,从而可以逐段求出反函数.

一般地,我们有

定理 设有函数

$$y = f(x), \quad x \in X.$$

若该函数在 X 内严格单调上升(或下降),则必存在反函数

$$x = f^{-1}(y), \quad y \in f(X),$$

且反函数在 $f(X)$内也是严格单调上升(或下降)的.

证 (1) 先证反函数存在.只须证:对于 $f(X)$内任何一个 y,在 X 内只有一个 x 与它对应.用反证法.

假设有两个 x 对应于同一个 y,即存在 $x_1, x_2 \in X$(不妨设 $x_1 < x_2$),使得 $f(x_1)=y, f(x_2)=y$.因为函数 $y=f(x)$是严格单调上升的,所以由 $x_1<x_2$,有 $f(x_1)<f(x_2)$,即 $y<y$,矛盾.于是证明了反函数存在.

(2) 再证反函数 $x=f^{-1}(y)$在 $f(X)$内严格单调上升.设 $y_1, y_2 \in f(X)$,且 $y_1<y_2$,又 $x_1=f^{-1}(y_1), x_2=f^{-1}(y_2)$,则必有 $x_1<x_2$.事实上,若 $x_1 \geqslant x_2$,则由于 $y=f(x)$是严格单调上升的,因而有 $y_1 \geqslant y_2$,这与 $y_1<y_2$ 矛盾.从而证明了 $x=f^{-1}(y)$在 $f(X)$内严格单调上升. ▌

在习惯上,我们通常用字母 x 表示自变量,用字母 y 表示因变量,因此,函数

$$y = f(x), \quad x \in X$$

的反函数常写成

$$y = f^{-1}(x), \quad x \in f(X).$$

$y=f(x)$与$x=f^{-1}(y)$的图形相同，而$y=f(x)$与$y=f^{-1}(x)$的图形关于直线$y=x$对称. 事实上，若$M(a,b)$为函数$y=f(x)$图形上的任一点，即

$$b = f(a),$$

则有

$$a = f^{-1}(b).$$

这表明，点$M'(b,a)$在反函数$y=f^{-1}(x)$的图形上. 容易看出，点M与点M'关于直线$y=x$是对称的（$\triangle MOP \cong \triangle M'OP$，直线$y=x$垂直平分线段$MM'$，即点$M$与点$M'$对称于直线$y=x$），见图1-12.

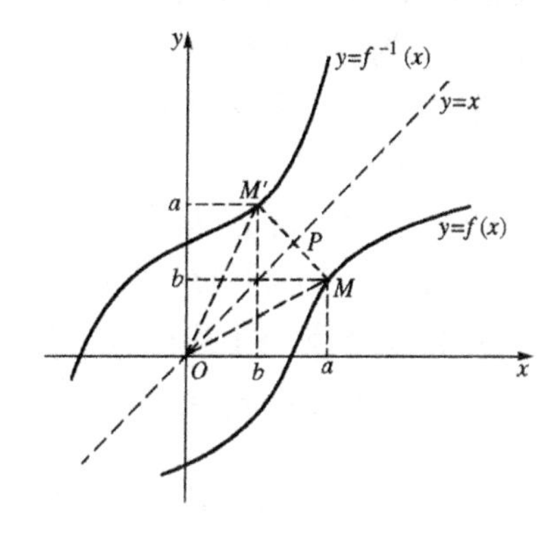

图　1-12

同理可证：对于反函数$y=f^{-1}(x)$图形上的任一点，在函数$y=f(x)$的图形上也有其对应点，并且这两点关于直线$y=x$对称.

思考题　证明：若函数$y=f(x)$是奇函数，且存在反函数$x=f^{-1}(y)$，则此反函数也是奇函数.

§4 基本初等函数的性质及图形

以下六类函数称为**基本初等函数**：常数函数，幂函数，指数函数，对数函数，三角函数，反三角函数.下面分别给予讨论.

4.1 常数函数

函数 $y=c$，$x\in(-\infty,+\infty)$称为**常数函数**，其中 c 为常数.

该函数图形是一条平行于 x 轴的直线，在 y 轴上的截距为 c.

4.2 幂函数

函数 $y=x^{\alpha}$ 称为**幂函数**，其中 $\alpha\neq 0$ 为常数.

(1) 定义域.幂函数 $y=x^{\alpha}$ 的定义域与其指数 α 有密切关系.

当 $\alpha=n$ $(n=1,2,\cdots)$时，定义域为$(-\infty,+\infty)$.

当 $\alpha=-n$ $(n=1,2,\cdots)$时，定义域为$(-\infty,+\infty)-\{0\}$，即 $x\neq 0$.

当 $\alpha=p/q$ 为正分数时：若 q 为奇数，则函数定义域为$(-\infty,+\infty)$，若 q 为偶数，则函数定义域为$[0,+\infty)$.

当 $\alpha=-p/q$ 为负分数时，则将上述区间除去点 0 即可.

当 α 为无理数时，规定 $y=x^{\alpha}=\mathrm{e}^{\alpha\ln x}$①，从而其定义域为$(0,+\infty)$.

因此，对于任意实数 $\alpha\neq 0$，幂函数 $y=x^{\alpha}$ 的公共定义域为$(0,+\infty)$.

(2) 对于任意实数 $\alpha\neq 0$，幂函数 $y=x^{\alpha}$ 的图形都经过点$(1,1)$，并且，当 $\alpha>0$ 时，图形经过原点$(0,0)$，当 $\alpha<0$ 时，图形不经过原点.

---

① e 是一个无理数，其近似值为 2.71828，$\ln x$ 是以 e 为底的对数 $\log_{\mathrm{e}}x$，称为自然对数.

(3) 可以证明(此处不证)：

当 $\alpha>0$ 时，$y=x^{\alpha}$ 在$(0,+\infty)$内严格单调上升，

当 $\alpha<0$ 时，$y=x^{\alpha}$ 在$(0,+\infty)$内严格单调下降.

(4) 对于同一个实数 α,幂函数 $y=x^{\alpha}$ 的图形与其反函数 $y=x^{\frac{1}{\alpha}}$的图形关于直线 $y=x$ 对称.

于是可以画出幂函数 $y=x^{\alpha}$ 在$(0,+\infty)$内的图形(图 1-13).

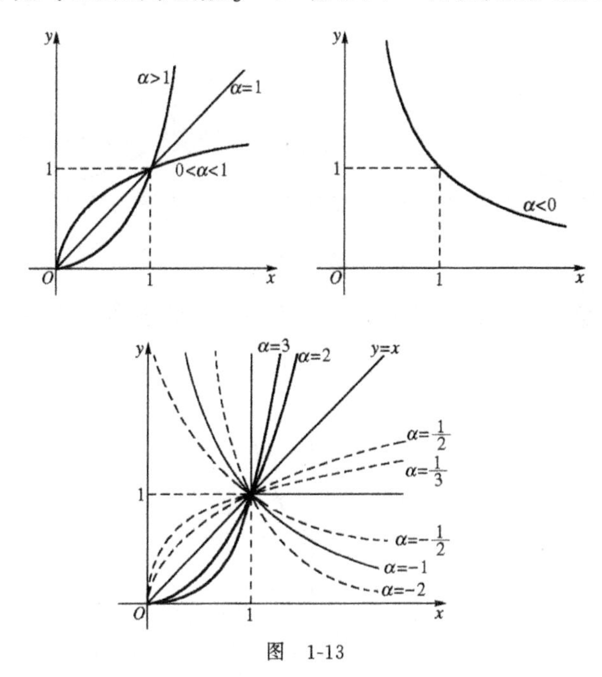

图 1-13

4.3 指数函数

函数 $y=a^{x}$ $(a>0,a\neq1)$称为**指数函数**.

(1) 定义域为$(-\infty,+\infty)$.

(2) 对于任何 a $(a>0,a\neq1)$,函数 $y=a^{x}$ 的图形都经过点$(0,1)$.

(3) 因为对任何 a $(a>0,a\neq1)$,都有 $a^{x}>0$,所以 $y=a^{x}$ 的图

形位于上半平面内.

(4) 可以证明(此处不证)：

当 $a>1$ 时，$y=a^x$ 在$(-\infty,+\infty)$内严格单调上升；

当 $0<a<1$ 时，$y=a^x$ 在$(-\infty,+\infty)$内严格单调下降.

上述两种情况下函数的图形如图 1-14 所示.

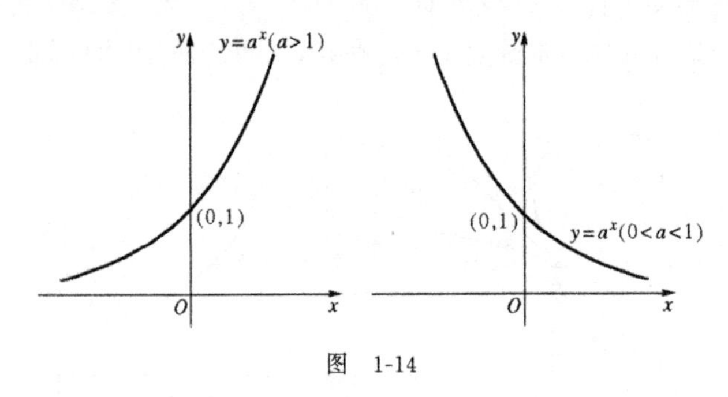

图 1-14

思考题 怎样证明：$y=e^x$ 与 $y=e^{-x}$的图形关于 y 轴对称(图 1-15)?

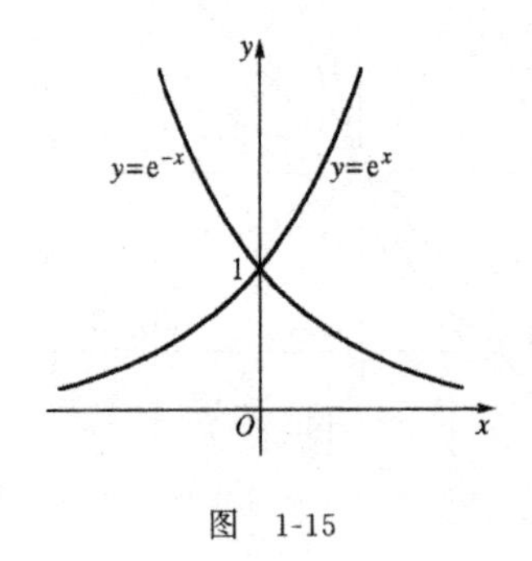

图 1-15

4.4 对数函数

函数 $y=\log_a x$ $(a>0,a\neq1)$，称为**对数函数**，其定义域为$(0,+\infty)$.

对数函数 $y=\log_a x$ 是指数函数 $y=a^x$ 的反函数，它们的图形

(3) 可以证明(此处不证):

当 $\alpha>0$ 时，$y=x^{\alpha}$ 在$(0,+\infty)$内严格单调上升，

当 $\alpha<0$ 时，$y=x^{\alpha}$ 在$(0,+\infty)$内严格单调下降.

(4) 对于同一个实数 α,幂函数 $y=x^{\alpha}$ 的图形与其反函数 $y=x^{\frac{1}{\alpha}}$的图形关于直线 $y=x$ 对称.

于是可以画出幂函数 $y=x^{\alpha}$ 在$(0,+\infty)$内的图形(图 1-13).

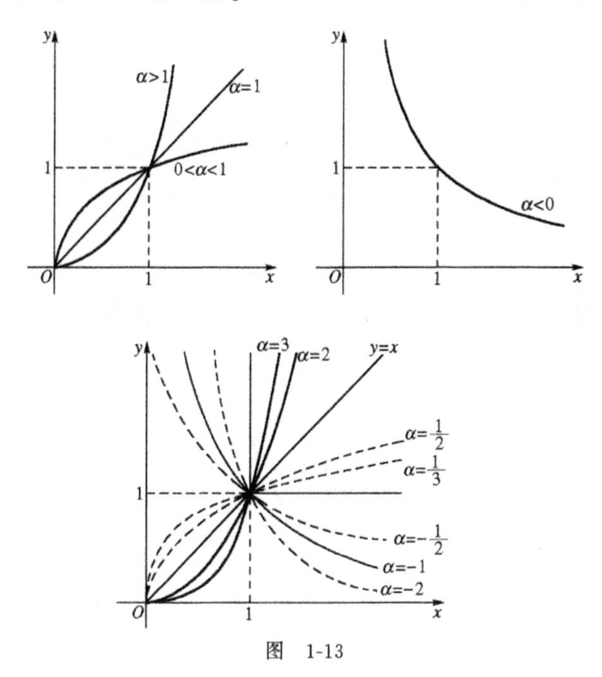

图 1-13

4.3 指数函数

函数 $y=a^{x}$ $(a>0,a\neq1)$称为**指数函数**.

(1) 定义域为$(-\infty,+\infty)$.

(2) 对于任何 a $(a>0,a\neq1)$,函数 $y=a^{x}$ 的图形都经过点$(0,1)$.

(3) 因为对任何 a $(a>0,a\neq1)$,都有 $a^{x}>0$,所以 $y=a^{x}$ 的图

形位于上半平面内.

(4) 可以证明(此处不证):

当 $a>1$ 时,$y=a^x$ 在 $(-\infty,+\infty)$ 内严格单调上升;

当 $0<a<1$ 时,$y=a^x$ 在 $(-\infty,+\infty)$ 内严格单调下降.

上述两种情况下函数的图形如图 1-14 所示.

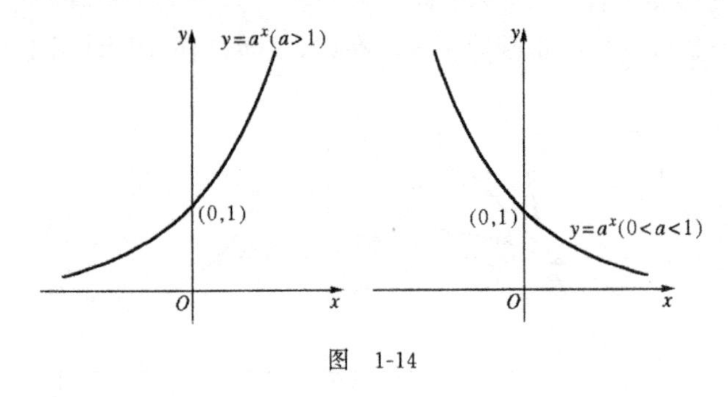

图 1-14

思考题 怎样证明:$y=\mathrm{e}^x$ 与 $y=\mathrm{e}^{-x}$ 的图形关于 y 轴对称(图 1-15)?

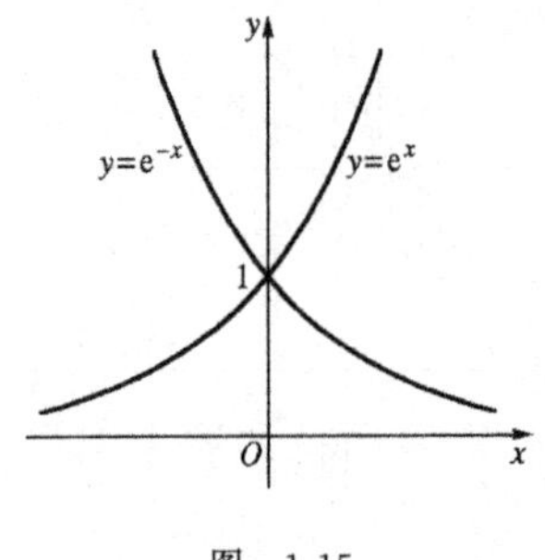

图 1-15

4.4 对数函数

函数 $y=\log_a x$ $(a>0, a\neq 1)$,称为**对数函数**,其定义域为 $(0,+\infty)$.

对数函数 $y=\log_a x$ 是指数函数 $y=a^x$ 的反函数,它们的图形

关于直线 $y=x$ 对称. 这样,根据 $y=a^x$ 的图形(图 1-14),以 $y=x$ 为对称轴,即可画出 $y=\log_a x$ 的图形(图 1-16). $y=\log_a x$ 当 $a>1$ 时单调上升,当 $0<a<1$ 时单调下降.

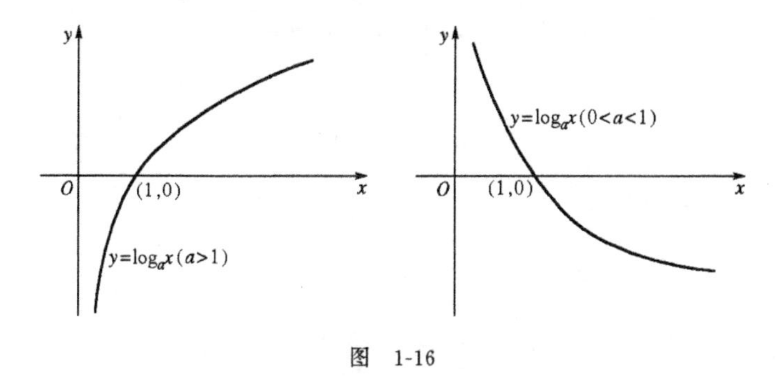

图 1-16

4.5 三角函数

(1) 正弦函数

$$y=\sin x,\quad x\in(-\infty,+\infty)$$

是奇函数,其图形对称于原点;它又是周期函数,周期为 2π;并且是有界函数: $|\sin x|\leqslant 1$. 其图形见图 1-17.

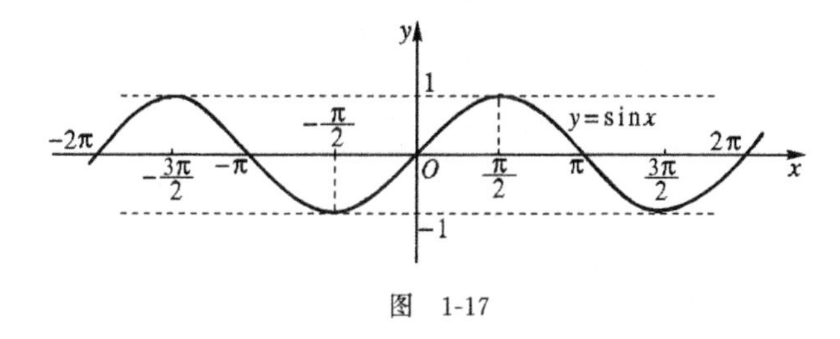

图 1-17

(2) 余弦函数

$$y=\cos x,\quad x\in(-\infty,+\infty)$$

是偶函数,其图形对称于 y 轴;它又是周期函数,周期为 2π;并且是有界函数: $|\cos x|\leqslant 1$. 其图形见图 1-18.

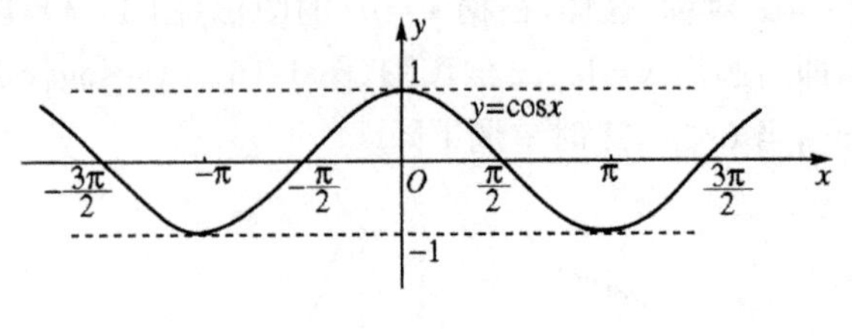

图 1-18

(3) 正切函数

$$y = \tan x, \quad x \in \left(n\pi - \frac{\pi}{2}, n\pi + \frac{\pi}{2}\right),$$

$$n = 0, \pm 1, \pm 2, \cdots$$

是奇函数,其图形对称于原点;它又是周期函数,周期为 π;但该函数是无界函数.其图形见图 1-19.

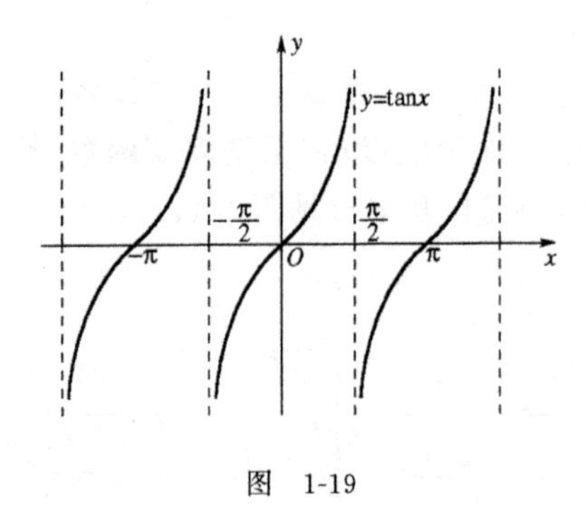

图 1-19

(4) 余切函数

$$y = \cot x, \quad x \in (n\pi, (n+1)\pi),$$

$$n = 0, \pm 1, \pm 2, \cdots$$

是奇函数,其图形对称于原点;又是周期函数,周期为 π;但该函数是无界函数.其图形见图 1-20.

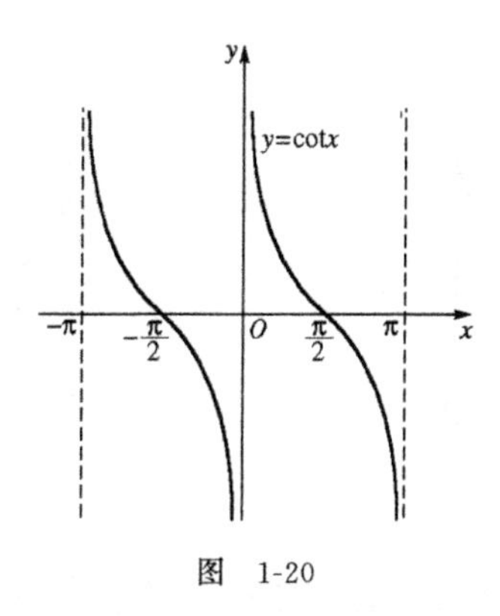

图 1-20

应当指出，在数学分析中，以上 4 种三角函数的自变量 x 都以弧度为单位.

4.6 反三角函数

由上面关于反函数的讨论知：求某个函数的反函数时，要在原来函数的单调区间上去考虑.

(1) 反正弦函数. 正弦函数 $y=\sin x$ 的单调区间有无穷多个，在每一个单调区间上，都可以考虑反函数. 如果取出单调区间 $[-\pi/2,\pi/2]$，那么所得到的反函数就是

$$y = \arcsin x, \quad -1 \leqslant x \leqslant 1 \quad (-\pi/2 \leqslant y \leqslant \pi/2),$$

称为反正弦函数的**主值**，有时简称**反正弦函数**，它的图形与函数

$$y = \sin x, \quad x \in [-\pi/2,\pi/2]$$

的图形关于直线 $y=x$ 对称，见图 1-21.

反正弦函数

$$y = \arcsin x \quad (-1 \leqslant x \leqslant 1)$$

是奇函数，且在区间 $[-1,1]$ 上严格单调上升且有界.

(2) 反余弦函数. 考虑函数

$$y = \cos x, \quad x \in [0,\pi]$$

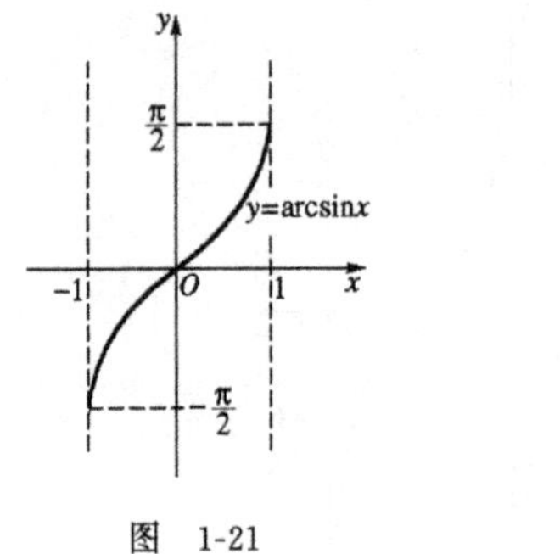

图 1-21

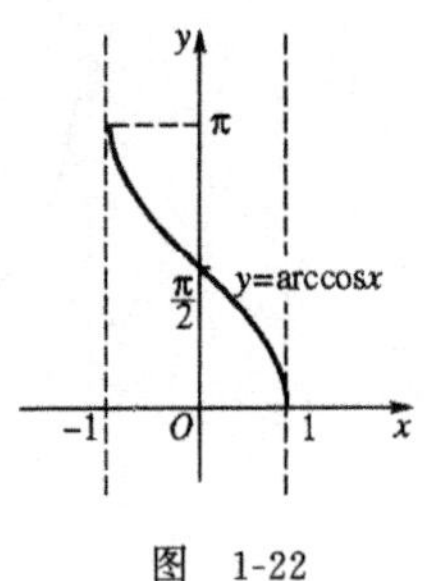

图 1-22

的反函数,便得到反余弦函数的**主值**,简称**反余弦函数**,记作

$$y = \arccos x, \quad -1 \leqslant x \leqslant 1 \ (0 \leqslant y \leqslant \pi),$$

它在区间$[-1,1]$上严格单调下降且有界. 见图 1-22.

(3) 反正切函数. 函数

$$y = \tan x, \quad x \in (-\pi/2, \pi/2)$$

的反函数称为反正切函数的**主值**,简称**反正切函数**,记作

$$y = \arctan x, \quad -\infty < x < +\infty \ (-\pi/2 < y < \pi/2),$$

它在区间$(-\infty,+\infty)$内严格单调上升且有界. 见图 1-23.

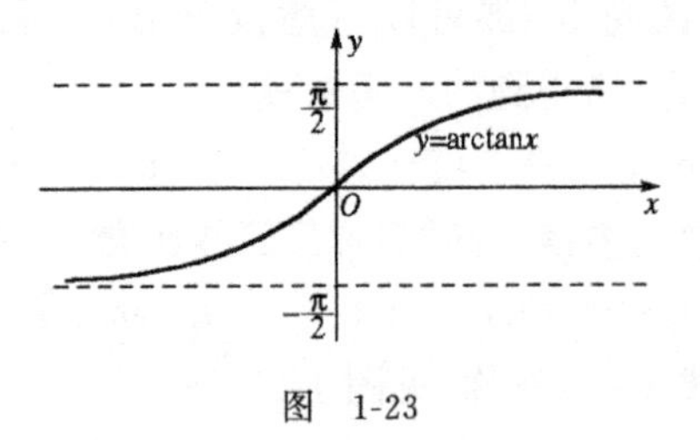

图 1-23

(4) 反余切函数. 函数

$$y = \cot x, \quad x \in (0, \pi)$$

的反函数称为反余切函数的**主值**,简称**反余切函数**,记作

$$y = \operatorname{arccot} x, \quad -\infty < x < +\infty \ (0 < y < \pi),$$

它在区间$(-\infty,+\infty)$内严格单调下降且有界. 见图 1-24.

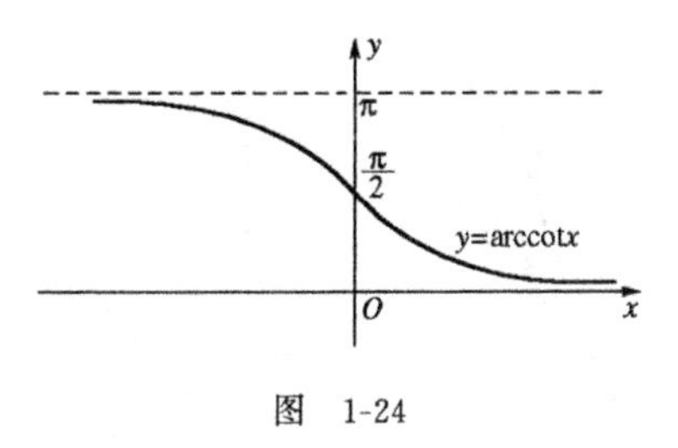

图 1-24

§5 初等函数

5.1 初等函数

由六类基本初等函数经过有限次四则运算(即+、-、×、÷)及有限次复合后所得到的函数,称为**初等函数**.例如,多项式

$$y = a_0 + a_1 x + a_2 x^2 + \cdots + a_n x^n,$$

有理函数

$$y = \frac{a_0 + a_1 x + a_2 x^2 + \cdots + a_n x^n}{b_0 + b_1 x + b_2 x^2 + \cdots + b_m x^m},$$

以及

$$y = x + 3\sin x^2, \quad y = \ln(x + \sqrt{1 + x^2})$$

等等,都是初等函数.

5.2 函数作图的几种常用的初等方法

1. 平移

例 1 作函数 $y=x^2+1$ 的图形.

解 将函数 $y=x^2+1$ 与函数 $y=x^2$ 相比较,易知:对于同一个点 x,函数值 $y=x^2+1$ 总比函数值 $y=x^2$ 大"1",因此,将曲线 $y=x^2$ 沿 y 轴向上平移 1 个单位,就得到曲线 $y=x^2+1$(图 1-25).

思考题 作下列函数的图形:

$$y = x^2 - 1, \quad y = \sin x + 1.$$

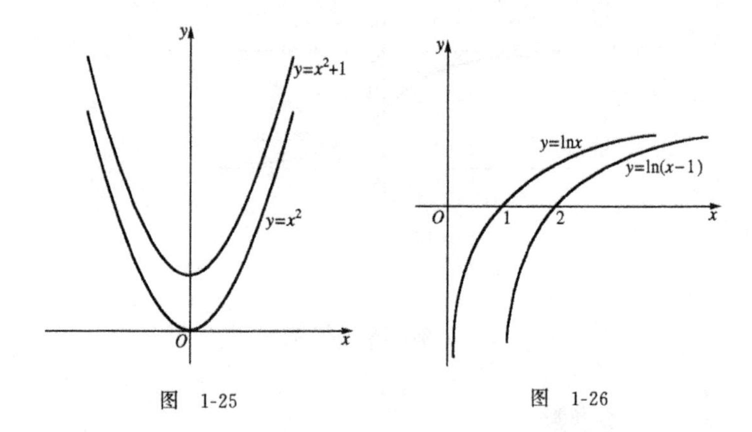

图 1-25　　　　图 1-26

例 2　作函数 $y=\ln(x-1)$的图形.

解　将函数 $y=\ln(x-1)$与函数 $y=\ln x$ 相比较,易知:$y=\ln x$ 在点 $x=x_0$ 处的值恰好等于 $y=\ln(x-1)$在点 $x=x_0+1$ 处的值,因此,我们将曲线 $y=\ln x$ 沿 x 轴向右平移 1 个单位,就得到曲线 $y=\ln(x-1)$(图 1-26).

思考题　作下列函数的图形:

$$y=\ln(x+1),\quad y=(x-1)^2,\quad y=(x+1)^2,$$

$$y=\sin\left(x-\frac{\pi}{2}\right),\quad y=\sin\left(x+\frac{\pi}{2}\right).$$

小结　(1) 若已知 $y=f(x)$的图形,则

$$y=f(x)+c\quad (c\text{ 为常数})$$

的图形可由曲线 $y=f(x)$沿 y 轴平移 $|c|$ 个单位而得到. 当 $c>0$ 时,向上平移;当 $c<0$ 时,向下平移.

(2) 若已知 $y=f(x)$的图形,则

$$y=f(x+a)\quad (a\text{ 为常数})$$

的图形可由曲线 $y=f(x)$沿 x 轴平移 $|a|$ 个单位而得到. 当 $a>0$ 时,向左平移;当 $a<0$ 时,向右平移.

2. 利用伸缩性作图

例 3 作函数 $y=2\sin x$ 的图形.

解 比较 $y=2\sin x$ 与 $y=\sin x$，易知：对于同一个 x 值，函数值 $y=2\sin x$ 是函数值 $y=\sin x$ 的两倍，因此，将曲线 $y=\sin x$ 上每一点到 x 轴的距离扩大两倍，就得到 $y=2\sin x$ 的图形(图 1-27).

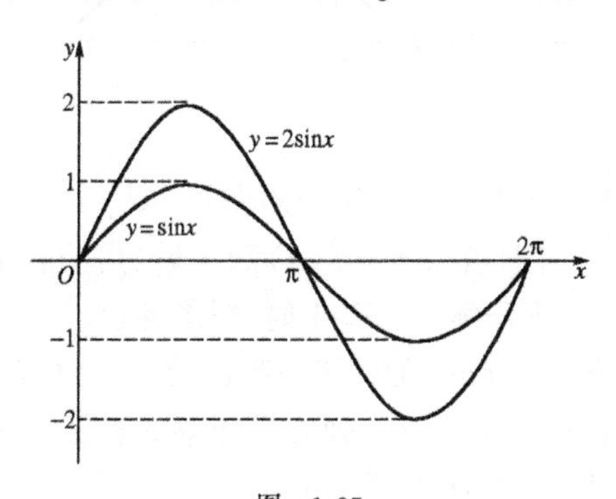

图 1-27

思考题 作函数 $y=\frac{1}{2}\sin x$ 的图形.

例 4 作函数 $y=\sin 2x$ 的图形.

解 函数 $y=\sin 2x$ 在点 $x=x_0$ 处的值恰好是函数 $y=\sin x$ 在点 $x=2x_0$ 处的值，换句话说，$y=\sin x$ 在点 x_0 处的值恰好是 $y=\sin 2x$ 在点 $x_0/2$ 处的值. 因此，将 $y=\sin x$ 的图形沿 x 轴方向"压缩"一半，就得到 $y=\sin 2x$ 的图形(见图 1-28 中实线).

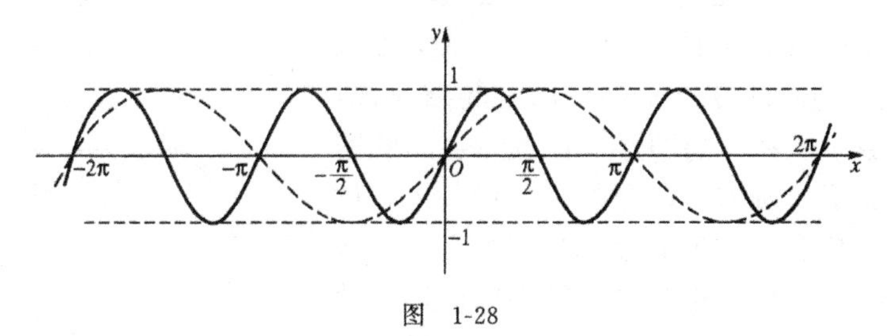

图 1-28

同理，将 $y=\sin x$ 的图形沿 x 轴方向"伸长"两倍，就得到 $y=$

$\sin\dfrac{x}{2}$的图形(图 1-29).

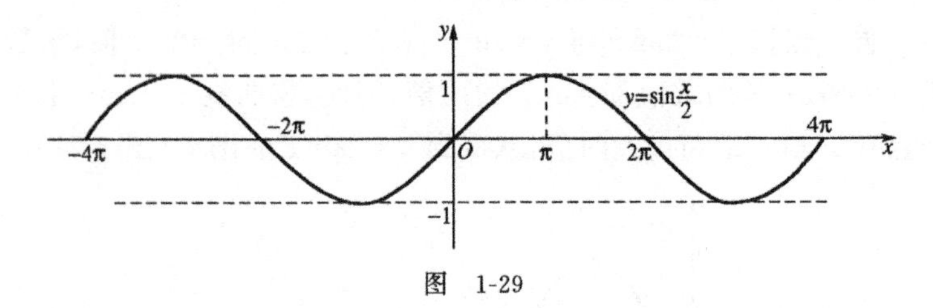

图 1-29

小结 (1) 若已知 $y=f(x)$的图形,则 $y=k\cdot f(x)$ (其中 $k>0$ 为常数)的图形可由 $y=f(x)$沿 y 轴方向压缩或伸长而得到. 当 $k<1$ 时,图形压缩;当 $k>1$ 时,图形伸长.

(2) 若已知 $y=f(x)$的图形,则 $y=f(kx)$ (其中 $k>0$ 为常数)的图形可由 $y=f(x)$沿 x 轴方向压缩或伸长而得到. 当 $k>1$ 时,图形压缩;当 $k<1$ 时,图形伸长.

思考题 作函数 $y=3\sin\left(2x+\dfrac{\pi}{2}\right)$的图形.

3. 利用对称性作图

例 5 作函数 $y=-x^3$ 的图形.

解 将函数 $y=-x^3$ 与函数 $y=x^3$ 相比较,易知: 对于同一个 x 值,函数值 $y=-x^3$ 与函数值 $y=x^3$ 的绝对值相等而符号相反. 因此,若点(x_1,y_1)在曲线 $y=x^3$ 上,则点$(x_1,-y_1)$在曲线 $y=-x^3$ 上. 反之,若点 (x_2,y_2) 在曲线 $y=-x^3$ 上,则点$(x_2,-y_2)$在曲线 $y=x^3$ 上. 这也就是说,函数 $y=-x^3$ 的图形与函数 $y=x^3$ 的图形关于 x 轴对称. 这样,将曲线 $y=x^3$ 位于 x 轴上方的部分"翻"到 x 轴下方;再将 $y=x^3$ 位于 x 轴下方的部分"翻"到 x 轴上方以后,就得到曲线 $y=-x^3$(图 1-30 中实线).

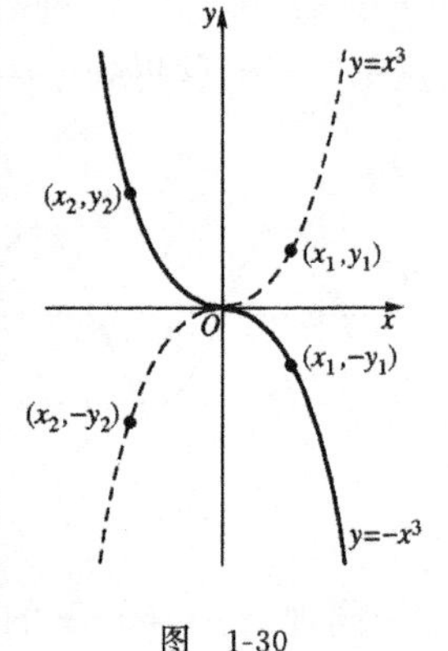

图 1-30

小结 函数 $y=f(x)$ 的图形与函数 $y=-f(x)$ 的图形关于 x 轴对称.

思考题 作函数 $y=-\sin x$ 的图形.

例 6 证明：函数 $y=f(x)$ 的图形与函数 $y=f(-x)$ 的图形关于 y 轴对称(图 1-31).

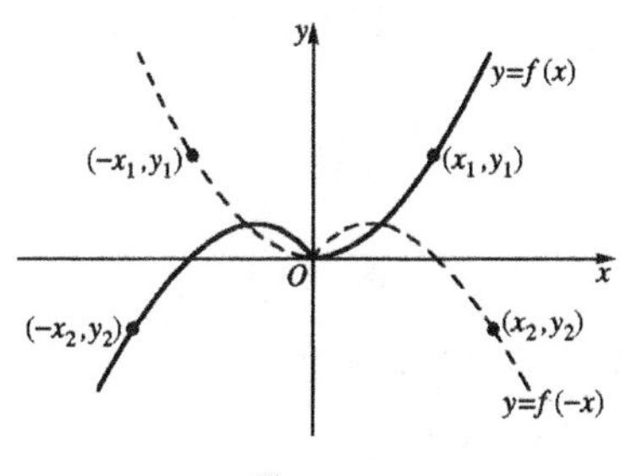

图 1-31

证 设点 (x_1,y_1) 在曲线 $y=f(x)$ 上，则有

$$y_1=f(x_1)=f[-(-x_1)],$$

这表明，点 $(-x_1,y_1)$ 在曲线 $y=f(-x)$ 上；反之，若点 (x_2,y_2) 在曲线 $y=f(-x)$ 上，则有

$$y_2=f(-x_2),$$

亦即点 $(-x_2,y_2)$ 在曲线 $y=f(x)$ 上. 因此，$y=f(x)$ 的图形与 $y=f(-x)$ 的图形关于 y 轴对称. ▌

思考题 作函数 $y=\ln(-x)$ 的图形.

注 前面 4.3 的思考题是例 6 的一个特例.

例 7 作函数 $y=\ln(1-x)$ 的图形.

解 已知 $y=\ln(x-1)$ 的图形如图 1-26 所示，即图 1-32 中虚线所示. 今有

$$y=\ln(1-x)=\ln[-(x-1)],$$

令 $x-1=x'$，即新坐标系原点为 $O'(1,0)$，则 $y=\ln[-(x-1)]$ 化为 $y'=\ln(-x')$. 其图形可由曲线 $y'=\ln x'$ 沿 y' 轴“翻”到左边而

得到(图 1-32 中实线所示).

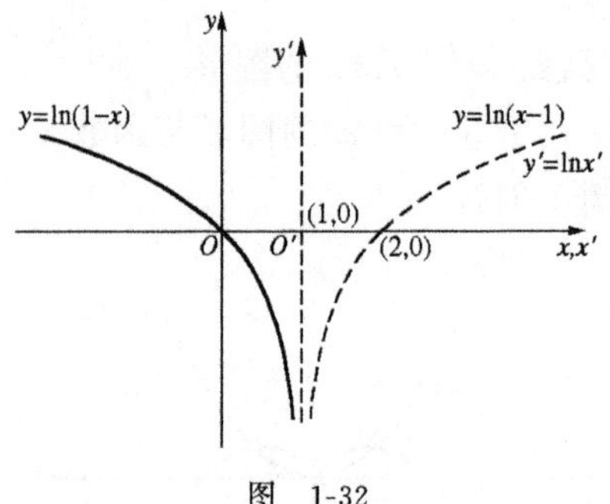

图 1-32

例 8 作函数 $y=|x^2-1|$的图形.

解 这是一个分段函数:

$$y=\begin{cases}x^2-1, & |x|\geqslant 1,\\ 1-x^2, & |x|<1.\end{cases}$$

在区间$(-1,1)$内画出曲线 $y=1-x^2$,在区间$(-\infty,-1)$及区间$(1,+\infty)$内画出曲线 $y=x^2-1$,便得到函数 $y=|x^2-1|$的图形(图 1-33 中实线所示).

思考题 作函数 $y=|\sin x|$的图形.

小结 若已知函数 $y=f(x)$的图形,则将 $y=f(x)$位于 x 轴下方的部分全部"翻"到 x 轴上方后,即为函数 $y=|f(x)|$的图形.

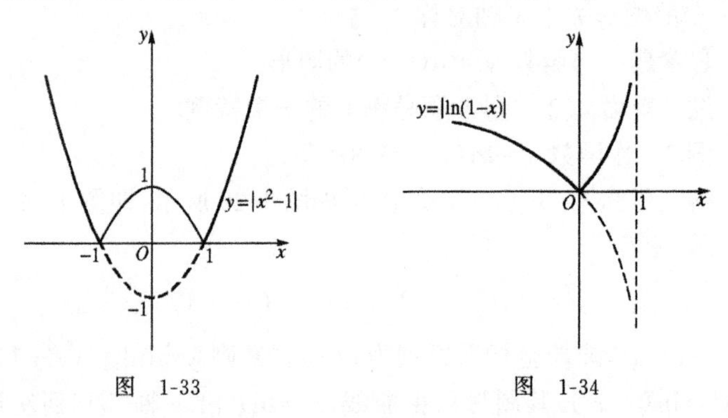

图 1-33　　图 1-34

例 9 作函数 $y=|\ln(1-x)|$的图形.

解 将图 1-32 中 $y=\ln(1-x)$的图形的位于 x 轴下方的部分(图 1-34 中虚线所示)沿 x 轴"翻"到上半平面去,便得到 $y=|\ln(1-x)|$的图形(图 1-34 中实线所示).

思考题 作函数 $y=|\ln(1+x)|$的图形.

例 10 假设已知 $y=f(x)$的图形,试写出 $y=f(|x|)$的作图步骤.

解 由$|-x|=|x|$知

$$f(|-x|)=f(|x|),$$

表明 $y=f(|x|)$是偶函数. 因此,画出曲线 $y=f(|x|)$相应于 $x\geqslant 0$(或 $x>0$)的右半支后,根据偶函数图形的特点,即可画出曲线 $y=f(|x|)$的左半支. 左、右两半支合起来,就是函数 $y=f(|x|)$的图形.

思考题 (1) 设 $f(x)=x^3$,试作函数 $y=f(|x|)$的图形.

(2) 设 $f(x)=1/x$,试作函数 $y=f(|x|)$的图形.

(3) 设

$$f(x)=\begin{cases}|x-1|, & 0<x\leqslant 2,\\ 0, & -2<x\leqslant 0,\end{cases}$$

试作函数 $y=f(|x|)$的图形.

5.3 双曲函数

有一类初等函数在工程技术中经常要用到,这就是双曲函数. 最常用的有

(1) 双曲正弦函数

$$y=\operatorname{sh}x=\frac{e^x-e^{-x}}{2}.$$

它的定义域是区间$(-\infty,+\infty)$. 在$(-\infty,+\infty)$上, $y=\operatorname{sh}x$ 是严

格单调上升的. 事实上,对于 $\forall\ x_1,x_2\in(-\infty,+\infty)$①,当 $x_1<x_2$ 时,我们有

$$\mathrm{sh}x_1-\mathrm{sh}x_2=\frac{\mathrm{e}^{x_1}-\mathrm{e}^{-x_1}}{2}-\frac{\mathrm{e}^{x_2}-\mathrm{e}^{-x_2}}{2}$$

$$=\frac{1}{2}\left[(\mathrm{e}^{x_1}-\mathrm{e}^{x_2})+\frac{\mathrm{e}^{x_1}-\mathrm{e}^{x_2}}{\mathrm{e}^{x_1}\mathrm{e}^{x_2}}\right]<0.$$

另外,在 $(-\infty,+\infty)$ 上, $y=\mathrm{sh}x$ 是奇函数. 事实上,我们有

$$\mathrm{sh}(-x)=\frac{\mathrm{e}^{-x}-\mathrm{e}^{-(-x)}}{2}=-\frac{\mathrm{e}^{x}-\mathrm{e}^{-x}}{2}=-\mathrm{sh}x.$$

作图时,可先作出函数

$$y_1=\mathrm{e}^x,\quad y_2=-\mathrm{e}^{-x}$$

的图形(图 1-35 中虚线),然后把对应于每一个 x 的两个纵坐标 y_1,y_2 相加再除以 2,作为曲线 $y=\mathrm{sh}x$ 上对应点的纵坐标,便可得到函数 $y=\mathrm{sh}x$ 的图形,见图 1-35.

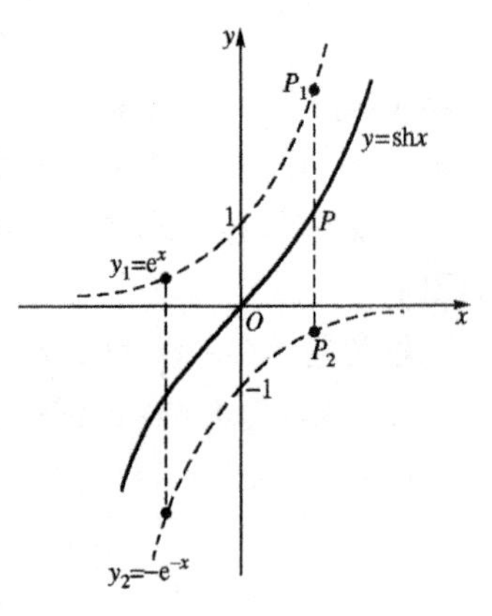

图 1-35

(2) 双曲余弦函数

$$y=\mathrm{ch}x=\frac{\mathrm{e}^x+\mathrm{e}^{-x}}{2}.$$

它的定义域是 $(-\infty,+\infty)$. 在区间 $[0,+\infty)$ 上, $y=\mathrm{ch}x$ 是严格单调上升的(请自己证明). 又由于 $y=\mathrm{ch}x$ 在 $(-\infty,+\infty)$ 上是偶函数,因此, $y=\mathrm{ch}x$ 在区间 $(-\infty,0]$ 上严格单调下降.

作图时,先画出函数

$$y_1=\mathrm{e}^x,\quad y_2=\mathrm{e}^{-x}$$

的图形,然后用类似的方法即可画出 $y=\mathrm{ch}x$ 的图形,见图 1-36.

此外,还有双曲正切函数

---

① 符号“∀”表示“任意的”,或“任给”.

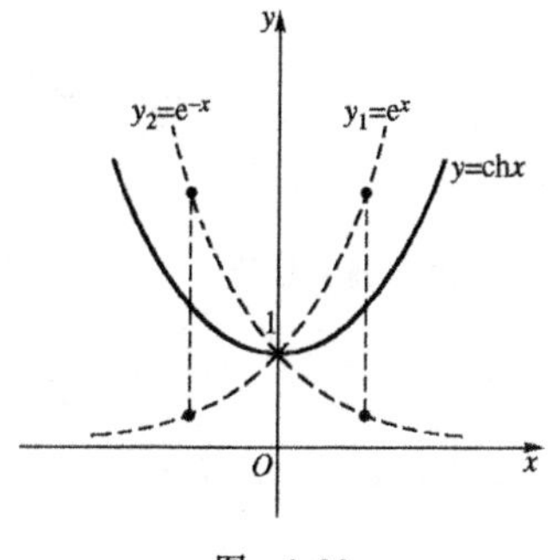

图 1-36

$$y = \text{th}x = \frac{\text{sh}x}{\text{ch}x} = \frac{e^x - e^{-x}}{e^x + e^{-x}},$$

双曲余切函数

$$y = \text{cth}x = \frac{\text{ch}x}{\text{sh}x} = \frac{e^x + e^{-x}}{e^x - e^{-x}}.$$

各双曲函数之间有类似于三角函数的公式:

$$\text{sh}(x \pm y) = \text{sh}x \cdot \text{ch}y \pm \text{ch}x \cdot \text{sh}y,$$

$$\text{ch}(x \pm y) = \text{ch}x \cdot \text{ch}y \pm \text{sh}x \cdot \text{sh}y,$$

$$\text{sh}2x = 2\text{sh}x \cdot \text{ch}x,$$

$$\text{ch}2x = \text{ch}^2x + \text{sh}^2x,$$

$$\text{ch}^2x - \text{sh}^2x = 1.$$

利用双曲函数的定义,不难证明这些公式.

习 题 1.2

A 组

1. 设 $f(x)=x^2, g(x)=2^x$,求

$$f[f(x)],\ g[g(x)],\ f[g(x)],\ g[f(x)].$$

2. 设

$$f(x) = \begin{cases} 0, & x \leqslant 0, \\ x, & x > 0; \end{cases} \quad g(x) = \begin{cases} x, & x \leqslant 0, \\ -x^2, & x > 0. \end{cases}$$

求：

(1) $f\circ g(x)$； (2) $\underbrace{f\circ f\circ\cdots\circ f}_{n次}(x)$；

(3) $\underbrace{g\circ g\circ\cdots\circ g}_{n次}(x)$.

3. 设 $f(x)=2\arcsin x$,求下列函数值：

$$f(0),\ f(-1),\ f\left(\frac{\sqrt{3}}{2}\right),\ f\left(-\frac{\sqrt{2}}{2}\right),\ f(1).$$

4. 设 $g(x)=\frac{1}{3}\arccos\frac{x}{2}$,求下列函数值：

$$g(0),\ g(-1),\ g(\sqrt{2}),\ g(-\sqrt{3}),\ g(-2).$$

5. 设

$$f(x)=\begin{cases}1, & |x|<1,\\ 0, & |x|=1,\\ -1, & |x|>1,\end{cases}\quad g(x)=\mathrm{e}^x,$$

求 $f[g(x)]$与 $g[f(x)]$.

6. 求下列函数的反函数：

(1) $y=\frac{1}{2}\left(x-\frac{1}{x}\right)$, $x\in(0,+\infty)$；

(2) $y=1+\lg(x+2)$, $x\in(-2,+\infty)$；

(3) $y=\frac{2^x}{2^x+1}$, $x\in(-\infty,+\infty)$；

(4) $y=\mathrm{sh}x$, $x\in(-\infty,+\infty)$；

(5) $y=\mathrm{ch}x$, $x\in[0,+\infty)$；

(6) $y=\mathrm{ch}x$, $x\in(-\infty,0]$.

7. 利用 $y=\sin x$ 的图形,作出下列函数的图形：

(1) $y=\frac{1}{2}+\sin x$； (2) $y=\sin\left(x+\frac{\pi}{3}\right)$；

(3) $y=2\sin x$； (4) $y=\sin 2x$；

(5) $y=2\sin\left(2x+\frac{2}{3}\pi\right)$.

8. 由基本初等函数的图形,用平移作图法作下列函数的图形：

(1) $y=x^2-2x$； (2) $y=\lg\left(\frac{2}{3}+x\right)$；

(3) $y=\lg(2+3x)$.

9. 设 $y=f(x)$在$(-\infty,+\infty)$上定义,证明 $y=f(x)$的图形与

$y=f(-x)$ 的图形关于 y 轴对称.

10. 设

$$f(x)=\begin{cases}|x-1|, & 0<x\leqslant 2,\\ x-1, & -2\leqslant x\leqslant 0,\end{cases}$$

作下列函数的图形：

(1) $y=f(x)$； (2) $y=|f(x)|$；

(3) $y=-f(x)$； (4) $y=f(-x)$；

(5) $y=f(|x|)$.

11. 证明：

(1) $\operatorname{sh}x+\operatorname{sh}y=2\operatorname{sh}\dfrac{x+y}{2}\operatorname{ch}\dfrac{x-y}{2}$；

(2) $\operatorname{ch}x-\operatorname{ch}y=2\operatorname{sh}\dfrac{x+y}{2}\operatorname{sh}\dfrac{x-y}{2}$.

B 组

1. 求下列函数的反函数：

(1) $y=\sin x$，$x\in\left[\dfrac{\pi}{2},\dfrac{3}{2}\pi\right]$；

(2) $y=\cos x$，$x\in[-\pi,0]$.

2. 已知

$$y=f(x)=\begin{cases}x, & x<1,\\ x^2, & 1\leqslant x<4,\\ 2^x, & 4\leqslant x<5,\end{cases}$$

求 $y=f(x)$的反函数.

3. 设

$$f(x)=\begin{cases}x^2, & x\geqslant 0,\\ 2x, & x<0,\end{cases}\quad g(x)=\begin{cases}x, & x\geqslant 0,\\ -2x, & x<0,\end{cases}$$

求当 $x\leqslant 0$ 时，函数 $f[g(x)]$的表达式.

4. 求 $y=\dfrac{1}{2}\left(x+\dfrac{1}{x}\right)$ 在 $|x|\geqslant 1$ 时的反函数.

5. 若 $f(x_0)=x_0$，称 x_0 是函数 $f(x)$的不动点. 如果 $f(x)$在$(-\infty,+\infty)$上定义，若 $f[f(x)]$存在惟一的不动点，证明 $f(x)$也存在惟一的不动点.

第二章　极限与连续性

极限概念是数学分析的一个最基本的概念，本书将要陆续讲到导数、定积分、无穷级数，等等，这些基本概念都建立在极限概念的基础之上．极限方法也是贯穿整个数学分析的一个基本方法．因此，极限的理论和计算是数学分析课的一个重点．

本章共分 10 节．前 6 节讲极限，分别讨论极限的概念，极限的基本性质，极限的四则运算，以及无穷小量与无穷大量等．后 4 节讲函数的连续性，主要讨论连续性的概念，连续函数的运算法则，以及初等函数的连续性等．

§1　极限的概念

1.1　数列的极限

1．数列的概念

定义 1　遵循某种规律，依照一定顺序排列起来的一串(无穷个)数

$$x_1,\ x_2,\ \cdots,\ x_n,\ \cdots$$

称为一个**数列**(或**序列**)，简记作 $\{x_n\}$．其中 x_1 称为该数列的第一项，x_2 称为第二项，…，以此类推．第 n 项 x_n 称为数列的**一般项**，或**通项**．n 称为**脚标**，或**附标**．

给出通项，就可以写出数列．

例 1　设 $x_n=\dfrac{n}{n+1}$，则数列 $\{x_n\}=\left\{\dfrac{n}{n+1}\right\}$ 为

$$\frac{1}{2},\ \frac{2}{3},\ \frac{3}{4},\ \frac{4}{5},\ \cdots,\ \frac{n}{n+1},\ \cdots.$$

例 2 设 $x_n=\frac{1+(-1)^n}{n}$,则数列$\{x_n\}=\left\{\frac{1+(-1)^n}{n}\right\}$为

$$0,\ 1,\ 0,\ \frac{1}{2},\ 0,\ \frac{1}{3},\ \cdots,\ \frac{1+(-1)^n}{n},\ \cdots.$$

给了数列,有时也可归纳出通项.

例 3 设数列$\{x_n\}$为

$$1,\ -2,\ 3,\ -4,\ 5,\ -6,\ \cdots,$$

则通项为

$$x_n=(-1)^{n-1}\cdot n.$$

思考题 (1) 设通项 $x_n=\frac{1+(-1)^n}{2}$,试写出数列$\{x_n\}$.

(2) 设数列$\{x_n\}$为

$$0,\ 1,\ 0,\ 2,\ 0,\ 3,\ 0,\ 4,\ \cdots,$$

试写出通项 x_n.

数列$\{x_n\}$也可看成函数:

$$y=f(n)=x_n,\quad n\in \boldsymbol{N},$$

其中自然数 n 为自变量,通项 x_n 为对应于 n 的函数值. 全体自然数的集合 $\boldsymbol{N}$ 是这个函数的定义域. 因此,数列有时也称为**整变数的函数**.

2. 子序列的概念

在序列$\{x_n\}$中,保持原有顺序,从左到右任取其中无穷多项所构成的新序列,称为序列$\{x_n\}$的**子序列**. 例如

$$x_1,\ x_3,\ x_5,\ \cdots,\ x_{2n-1},\ \cdots;$$

$$x_2,\ x_4,\ x_6,\ \cdots,\ x_{2n},\ \cdots;$$

$$x_4,\ x_6,\ x_{15},\ \cdots,\ x_{100},\ x_{212},\ \cdots$$

等等,都是子序列.

子序列一般记作

$$x_{n_1},\ x_{n_2},\ \cdots,\ x_{n_k},\ \cdots,$$

其中 $$n_1<n_2<\cdots<n_k<n_{k+1}<\cdots.$$

在这里, x_{n_k}中的 k 表示子序列的第 k 项, n_k 表示原来序列$\{x_n\}$中

的第 n_k 项. 很明显,有 $k \leqslant n_k$.

3. 有界数列

在第一章 § 2,我们介绍了有界函数的概念. 对于有界数列,可以类似地给出定义.

定义 2 设有数列 $\{x_n\}$. 若存在正数 M,使得对于所有 n ($n=1,2,\cdots$),都有

$$|x_n| \leqslant M,$$

则称 $\{x_n\}$ 为**有界数列**.

若对于任意正数 M,不论它多么大,总有一个正整数 n_1,使得

$$|x_{n_1}| > M,$$

则称 $\{x_n\}$ 为无界数列.

思考题 以上各例,哪些数列有界,哪些数列无界?

4. 数列的极限

这是本章的重点之一. 我们考查: 当 n 无限变大时, x_n 怎样变化,是否有固定的变化趋势.

先分析一个例子.

$x_n=\dfrac{1}{n}$,数列为

$$1, \frac{1}{2}, \frac{1}{3}, \frac{1}{4}, \cdots, \frac{1}{n}, \cdots.$$

显然,当 n 无限变大时, $x_n=1/n$ 有固定的变化趋势,这个趋势就是: 随着 n 的无限变大, $x_n=1/n$ 无限接近于常数 0. 我们把这个事实记作

$$\lim_{n \to +\infty} x_n = 0 \quad 或 \quad \lim_{n \to +\infty} \frac{1}{n} = 0.$$

这时就说: 当 n 趋向于无穷时,数列 $\{x_n\}=\{1/n\}$ 以 0 为极限,或者说当 n 趋向于无穷时,数列 $\{x_n\}=\{1/n\}$ 的极限为 0.

所谓"变化趋势",只是对极限的一种定性描述. 我们还必须从数量关系上,用不等式的语言,给出"当 n 无限变大时, $x_n=1/n$ 的极限是 0"的精确刻画,也就是说,对极限概念必须有定量刻画. 下

面来分析一下.

“n 无限变大”,就是“n 变得任意大”;

“$x_n=1/n$ 无限接近于 0”,就是“点 x_n 与点 0 的距离 $|x_n-0|=\frac{1}{n}$ 变得任意小”.

不过,这里的“任意大”和“任意小”并不是彼此无关的,只要 n 变得充分大, $|x_n-0|$ 就可以变得任意小. 比如

$$要使\ |x_n-0|=\frac{1}{n}<\frac{1}{100},\ 只要\ n>100,$$

$$要使\ |x_n-0|=\frac{1}{n}<\frac{1}{1000},\ 只要\ n>1000,$$

$$要使\ |x_n-0|=\frac{1}{n}<\frac{1}{10^{99}},\ 只要\ n>10^{99},$$

等等. 这就是说,要使 $|x_n-0|=\frac{1}{n}$ **任意小**,只要 n **充分大**.

那么,怎样刻画这个“任意小”和“充分大”呢?显然不能用一些具体的小正数,例如 $\frac{1}{10^{99}}$ 等等来表示“任意小”,因为 $\frac{1}{10^{99}}$ 是固定不变的,不能刻画小到“任意”的程度,所以必须用一个抽象的记号,这就是一般书上常用的希腊字母“ε”(读作“艾普西龙”)来表示. 于是上面的分析可以叙述为:

对于任意给定的小正数 ε,要使

$$|x_n-0|=\frac{1}{n}<\varepsilon, \tag{1}$$

只要

$$n>\frac{1}{\varepsilon}.$$

习惯上,总是希望能指出从第几项开始就有不等式(1),而这里的 $1/\varepsilon$ 未必是正整数,因而往往取号码 $N=[1/\varepsilon]$. 当 $n>N$ 时,必有 $n>1/\varepsilon$,从而有不等式(1).

于是,“当 n 无限变大时, $\{x_n\}=\{1/n\}$ 的极限是 0”的数量刻画就是: 对于任意给定的正数 ε,不论它多么小,都存在正整数 N,

使得当 $n>N$ 时，有

$$|x_n - 0| = 1/n < \varepsilon.$$

也就是说，从第 $N+1$ 项开始，其后所有项 x_n 与常数 0 的接近程度都小于 ε.

一般地，我们有

定义 3(数列的极限) 设有数列 $\{x_n\}$，常数 a. 若对任意给定的正数 ε，不论它多么小，总存在正整数 N，使得当 $n>N$ 时，恒有

$$|x_n - a| < \varepsilon,$$

则称**数列 $\{x_n\}$ 当 n 趋向于无穷时以 a 为极限**，或者说，**当 n 趋向于无穷时，数列 $\{x_n\}$ 的极限是** a，记作

$$\lim_{a\to\infty} x_n = a \quad 或 \quad x_n \to a \quad (当\ n \to \infty).$$

这里"$n\to\infty$"称为**极限过程**.

数列极限的这种叙述，有时也称为"ε-N 语言"，或"ε-N 说法".

有极限的数列，称为**收敛数列**；

没有极限的数列，称为**发散数列**.

例 4 用"ε-N"方法证明 $\lim\limits_{n\to+\infty} \dfrac{n}{n+1}=1$.

证 令

$$x_n = \frac{n}{n+1}, \quad |x_n - 1| = \left|\frac{n}{n+1} - 1\right| = \frac{1}{n+1}.$$

任给 $\varepsilon>0$，不妨取 $\varepsilon<1$，要使

$$|x_n - 1| = \frac{1}{n+1} < \varepsilon,$$

只要 $n+1>\dfrac{1}{\varepsilon}$，即 $n>\dfrac{1}{\varepsilon}-1$. 取 $N=\left[\dfrac{1}{\varepsilon}-1\right]$，则当 $n>N$ 时，有

$$n > \frac{1}{\varepsilon} - 1,$$

从而有

$$\frac{1}{n+1} < \varepsilon.$$

于是由数列极限的 ε-N 说法知

$$\lim_{n\to\infty}\frac{n}{n+1}=1. \qquad \blacksquare$$

例 5 设$|q|<1$,试证明 $\lim\limits_{n\to+\infty} q^n=0$.

证 令 $x_n=q^n$. 当 $q=0$ 时,结论显然成立. 以下设 $q\neq 0$.

任给 $\varepsilon>0$(不妨设 $\varepsilon<1$),要使

$$|x_n-0|=|q^n-0|=|q|^n<\varepsilon, \tag{2}$$

只须从这个不等式解出 n 来. 为此,可在不等式(2)的两边同时取对数,得到

$$n\lg|q|<\lg\varepsilon.$$

两边同除以 $\lg|q|$,注意到$|q|<1$,$\lg|q|<0$,因此有

$$n>\frac{\lg\varepsilon}{\lg|q|}.$$

取 $N=\left[\dfrac{\lg\varepsilon}{\lg|q|}\right]$,则当 $n>N$ 时,有

$$n>\frac{\lg\varepsilon}{\lg|q|},$$

即
$$n\lg|q|<\lg\varepsilon,\quad \lg|q|^n<\lg\varepsilon,$$

从而有
$$|q^n-0|=|q|^n<\varepsilon.$$

于是由极限定义知

$$\lim_{n\to+\infty}q^n=0 \quad (当\ |q|<1). \qquad \blacksquare$$

另法 下面用"适当放大"的方法.

因为$|q|<1$,所以可设

$$|q|=\frac{1}{1+h} \quad (h>0).$$

由二项式定理得

$$(1+h)^n=1+nh+[n(n-1)/2]h^2+\cdots+h^n>nh,$$

从而
$$|q|^n=\frac{1}{(1+h)^n}<\frac{1}{nh}.$$

任给 $\varepsilon>0$,要使

$$|q|^n<\varepsilon,$$

只要
$$\frac{1}{nh}<\varepsilon,$$
即
$$n>\frac{1}{h\cdot\varepsilon}.$$
取 $N=\left[\frac{1}{h\cdot\varepsilon}\right]$[①],则当 $n>N$ 时,有
$$n>\frac{1}{h\cdot\varepsilon},$$
即
$$\frac{1}{nh}<\varepsilon,$$
从而有
$$|q|^n=\frac{1}{(1+h)^n}<\frac{1}{nh}<\varepsilon.$$
于是证明了
$$\lim_{n\to+\infty}q^n=0\quad(当\ |q|<1).\qquad ▌$$

例 6 证明 $\lim\limits_{n\to+\infty}\sqrt[n]{n}=1$.

证 任给 $\varepsilon>0$,要使
$$|\sqrt[n]{n}-1|\overset{②}{=\!=}\sqrt[n]{n}-1<\varepsilon,$$
即,要使
$$n<(1+\varepsilon)^n,\tag{3}$$
注意到
$$(1+\varepsilon)^n=1+n\varepsilon+\frac{n(n-1)}{2}\varepsilon^2+\cdots+\varepsilon^n$$
$$>\frac{n(n-1)}{2}\varepsilon^2\quad(当\ n\geqslant 2),$$
因此,只要使
$$n<[n(n-1)/2]\varepsilon^2,\tag{4}$$

---

① 这里的 N 与上面证法中找到的 N 不一定相同,这说明:对于任意给定的 $\varepsilon>0$,正整数 N 的取法不是惟一的.

② 因为当 $n\geqslant 1$ 时,幂函数 $y=x^{1/n}$ 单调上升,即当 $x_1<x_2$ 时,有 $x_1^{1/n}<x_2^{1/n}$. 令 $1\leqslant n$,因此有 $1^{1/n}\leqslant n^{1/n}$,即 $n^{1/n}\geqslant 1$,或 $n^{1/n}-1\geqslant 0$.

便有 $$n<\frac{n(n-1)}{2}\varepsilon^2<(1+\varepsilon)^n,$$

即(3)式成立. 从(4)式解出

$$n>\frac{2}{\varepsilon^2}+1.$$

取 $N=\max\left\{\left[\frac{2}{\varepsilon^2}+1\right],2\right\}$①,则当 $n>N$ 时,(4)式成立,从而(3)式成立. 于是证明了

$$\lim_{n\to+\infty}\sqrt[n]{n}=1. \quad \blacksquare$$

思考题 (1) 例 5、例 6 都用到了“适当放大”法,例 5 利用的不等式是

$$(1+h)^n>nh,$$

例 6 利用的不等式是

$$(1+\varepsilon)^n>\frac{n(n-1)}{2}\varepsilon^2 \quad (\text{当 } n\geqslant 2),$$

我们是根据什么原则来选择这些不等式的?

(2) 用 ε-N 方法证明

$$\lim_{n\to+\infty}\sqrt[n]{a}=1 \quad (a>1).$$

证明与例 6 相仿:任给 $\varepsilon>0$,要使

$$|\sqrt[n]{a}-1|=\sqrt[n]{a}-1<\varepsilon,$$

即 $$a<(1+\varepsilon)^n,$$

注意到

$$(1+\varepsilon)^n=1+n\varepsilon+\cdots+\varepsilon^n>n\varepsilon,$$

因此只要使 $a<n\varepsilon$ 即可. 从这里解得 $n>a/\varepsilon$,于是可以取 $N=[a/\varepsilon]$. 当 $n>N$ 时,便有 $a<n\varepsilon<(1+\varepsilon)^n$,即 $|\sqrt[n]{a}-1|<\varepsilon$.

例 7 证明 $\lim\limits_{n\to+\infty}\frac{10^n}{n!}=0$.

---

① 设 $\{a_1,a_2,\cdots,a_n\}$ 为任意的实数集合,则记号 $\max\{a_1,a_2,\cdots,a_n\}$ 表示该集合的最大数. “max”是“maximum”的前三个字母.

证 当 $n>10$ 时,有

$$\frac{10^n}{n!}=\frac{(10\cdot10\cdots10)10\cdot10\cdot10\cdots10\cdot10}{(1\cdot2\cdots10)11\cdot12\cdot13\cdots(n-1)n}\text{(适当放大)}$$

$$<\frac{(10\cdot10\cdots10)}{1\cdot2\cdots10}\cdot1\cdot1\cdot1\cdots1\cdot\frac{10}{n}$$

$$=\frac{10^{10}}{9!}\cdot\frac{1}{n}.$$

任给 $\varepsilon>0$,要使

$$\left|\frac{10^n}{n!}-0\right|=\frac{10^n}{n!}<\varepsilon,$$

只要

$$\frac{10^{10}}{9!}\cdot\frac{1}{n}<\varepsilon,$$

即

$$n>\frac{10^{10}}{9!}\cdot\frac{1}{\varepsilon}.$$

取 $N=\max\left\{\left[\frac{10^{10}}{9!}\cdot\frac{1}{\varepsilon}\right],10\right\}$,则当 $n>N$ 时,有

$$n>\frac{10^{10}}{9!}\cdot\frac{1}{\varepsilon},$$

从而有

$$\frac{10^n}{n!}<\varepsilon.$$

于是证明了

$$\lim_{n\to+\infty}\frac{10^n}{n!}=0.\quad \blacksquare$$

一般地,我们有结论

$$\lim_{n\to+\infty}\frac{a^n}{n!}=0,$$

其中 a 为任意实数.请读者自己证明.

小结 用 ε-N 方法证明极限 $\lim\limits_{n\to+\infty}x_n=a$ 时,关键在于对任给的 $\varepsilon>0$,去解不等式 $|x_n-a|<\varepsilon$,以便找到正整数 N.这个 N 可以依赖于 ε,但不能与变量 n 有关.

5. 数列极限 $\lim\limits_{n\to+\infty} x_n=a$ 的几何意义

在实数轴上,作点 a 的 ε 邻域 $(a-\varepsilon,a+\varepsilon)$. 不等式 $a-\varepsilon<x_n<a+\varepsilon$ 表示点 x_n 在邻域 $(a-\varepsilon,a+\varepsilon)$ 之内. 极限 $\lim\limits_{n\to+\infty} x_n=a$ 的几何意义是:

对于点 a 的任意 ε 邻域 $(a-\varepsilon,a+\varepsilon)$,存在号码 N,使得当 $n>N$ 时,所有的点 x_n 即

$$x_{N+1},\ x_{N+2},\ \cdots,\ x_n,\ \cdots$$

全部落在此邻域之内,如图 2-1 所示.

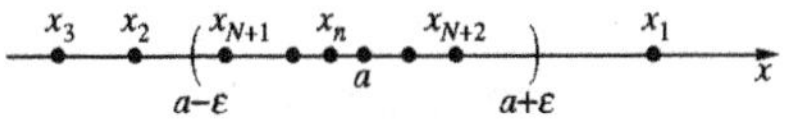

图 2-1

易知,在此邻域之外,至多有数列 $\{x_n\}$ 的 N 个点

$$x_1,\ x_2,\ \cdots,\ x_N.$$

换句话说,只有有限个点落在邻域 $(a-\varepsilon,a+\varepsilon)$ 的外面.

作为本段的结束,我们介绍一个重要而简单的定理.

定理 1 若数列 $\{x_n\}$ 有极限,则 $\{x_n\}$ 有界.

证 即要证明:存在正数 M,使得所有 x_n 都满足不等式

$$|x_n| \leqslant M \quad (n=1,2,\cdots).$$

设 $\lim\limits_{n\to+\infty} x_n=a$,则由定义知,对 $\varepsilon_1=1$,存在正整数 N,使得当 $n>N$ 时,有

$$|x_n-a|<1,$$

从而

$$\begin{aligned}|x_n| &= |(x_n-a)+a| \\ &\leqslant |x_n-a|+|a|<1+|a|.\end{aligned}$$

取 $M=\max\{1+|a|,|x_1|,|x_2|,\cdots,|x_N|\}$,则不等式

$$|x_n| \leqslant M$$

对一切正整数 n 成立,即 $\{x_n\}$ 有界. ▌

本定理指出了收敛与有界的关系:收敛数列必定是有界的.

思考题 (1) 有界数列是否一定收敛？试考查数列$\{(-1)^n\}$.
(2) 怎样说明“若数列$\{x_n\}$无界，则$\{x_n\}$发散”？

1.2 函数的极限

1. 当 $x\to\infty$时，函数的极限

先看一个例子.

在第一章，我们画过函数 $y=\dfrac{1}{x}$的图形(见图 2-2). 从图形及函数表达式容易看出：当$|x|$无限变大时，$y=f(x)=1/x$ 与常数 0 无限接近，即有

$$\lim_{x\to\infty}1/x=0.$$

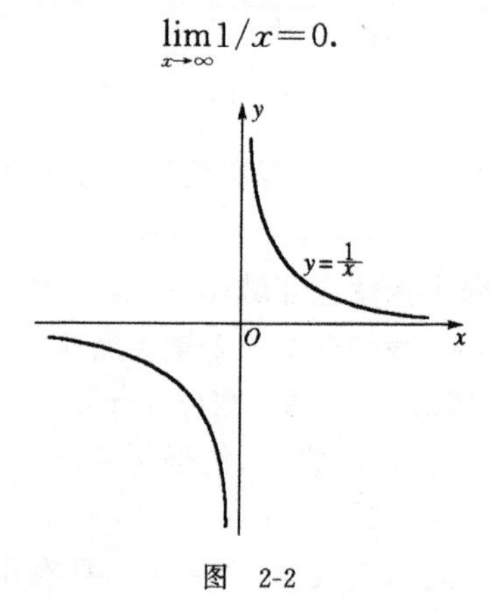

图 2-2

与数列极限的情形类似，这里的“$|x|$无限变大”与“$f(x)=\dfrac{1}{x}$与 0 无限接近”并不是彼此无关的. 也就是说，$|x|$应该大到什么程度，要看$|f(x)-0|=\dfrac{1}{|x|}$小到什么程度. 例如，对任给 $\varepsilon>0$，要使$|f(x)-0|=\dfrac{1}{|x|}<\varepsilon$，只要$|x|>\dfrac{1}{\varepsilon}$. 换句话说，若要$|f(x)-0|$任意小，只要$|x|$充分大.

定义 4(当 $x\to\infty$时，函数的极限) 设函数 $f(x)$在$|x|$充分大时有定义，A 是一个常数. 若对任给 $\varepsilon>0$，不论它多么小，总存在

正数 X，使得当 $|x|>X$ 时，恒有

$$|f(x)-A|<\varepsilon,$$

则称**当 x 趋向于无穷时，$f(x)$ 的极限是** A，记作

$$\lim_{x\to\infty}f(x)=A,$$

或
$$f(x)\to A\quad(\text{当 } x\to\infty).$$

这里“$x\to\infty$”是极限过程，表示点 x 从左、右两侧无限远离原点.

此定义也称为“ε-X 说法”.

请注意：这里的 X 表示一个正数，它与函数定义中的 X 不同，那里的 X 表示自变量 x 的变化域.

下面给出极限 $\lim\limits_{x\to\infty}f(x)=A$ 的几何解释.

不等式 $|x|>X$，即

$$x<-X\quad\text{或}\quad x>X,$$

表示点 x 位于区间 $[-X,X]$ 之外；不等式 $|f(x)-A|<\varepsilon$ 等价于

$$A-\varepsilon<f(x)<A+\varepsilon,$$

表示函数值 $f(x)$ 在 $A-\varepsilon$ 与 $A+\varepsilon$ 之间. 在直角坐标系 Oxy 中画出直线 $y=A-\varepsilon$ 及直线 $y=A+\varepsilon$，$y=A$，便知：

对任给 $\varepsilon>0$，在 x 轴上总存在一个充分大的区间 $[-X,X]$，使得当点 x 位于区间 $[-X,X]$ 之外时，相应的点 $(x,f(x))$ 全部落在图 2-3 中带斜线的区域内.

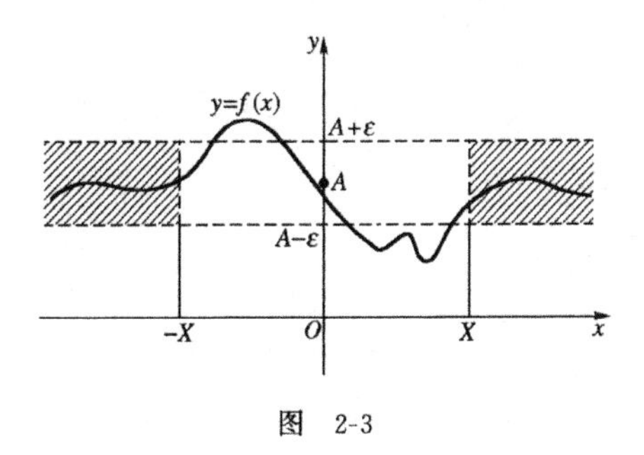

图 2-3

例 8 用 ε-X 方法证明 $\lim\limits_{x\to\infty}\dfrac{x^2}{x^2+1}=1$.

证 任给 $\varepsilon>0$,要使

$$\left|\frac{x^2}{x^2+1}-1\right|=\frac{1}{x^2+1}<\varepsilon,$$

注意到

$$\frac{1}{x^2+1}<\frac{1}{x^2}\quad\text{（适当放大）},$$

因此只要 $1/x^2<\varepsilon$,即 $x^2>1/\varepsilon$,亦即 $|x|>1/\sqrt{\varepsilon}$ 便可.

取 $X=1/\sqrt{\varepsilon}$,则当 $|x|>X$ 时,有 $|x|>1/\sqrt{\varepsilon}$,从而有

$$x^2>\frac{1}{\varepsilon},$$

又有
$$\frac{1}{x^2+1}<\frac{1}{x^2}<\varepsilon,$$

即
$$\left|\frac{x^2}{x^2+1}-1\right|=\frac{1}{x^2+1}<\varepsilon.$$

于是由极限定义知

$$\lim_{x\to\infty}\frac{x^2}{x^2+1}=1.\quad\blacksquare$$

思考题 证明 $\lim\limits_{x\to\infty}\dfrac{1}{x}=0$.

例 9 证明 $\lim\limits_{x\to\infty}\dfrac{x^2}{x^2-1}=1$.

证 任给 $\varepsilon>0$,怎样从不等式

$$\left|\frac{x^2}{x^2-1}-1\right|=\frac{1}{|x^2-1|}<\varepsilon$$

解出 $|x|>X$ 呢?

利用不等式

$$|a-b|\geqslant|a|-|b|,$$

得到
$$|x^2-1|\geqslant|x^2|-1=|x|^2-1.$$

因为极限过程为 $x\to\infty$,所以不妨设 $|x|>1$,于是

$$|x|^2-1>0,$$

$$\frac{1}{|x^2-1|} \leqslant \frac{1}{|x|^2-1},$$

即
$$\left|\frac{x^2}{x^2-1}-1\right| = \frac{1}{|x^2-1|} \leqslant \frac{1}{|x|^2-1}.$$

对任给的 $\varepsilon>0$,只要$\frac{1}{|x|^2-1}<\varepsilon$,即$|x|>\sqrt{1+\frac{1}{\varepsilon}}$,便有

$$\left|\frac{x^2}{x^2-1}-1\right| \leqslant \frac{1}{|x|^2-1} < \varepsilon.$$

因此取 $X=\sqrt{1+\frac{1}{\varepsilon}}$ 即可. 于是证明了

$$\lim_{x\to\infty}\frac{x^2}{x^2-1}=1. \quad ▌$$

2. 当 $x\to x_0$ 时,函数的极限

上面讨论的极限过程是 $x\to\infty$,现在考虑:当 x 与某个有限点 x_0 无限接近时,函数 $f(x)$ 的变化趋势.

先看一个例子.

设 $f(x)=-3x+1$,考虑极限过程 $x\to 1$,即 x 与 1 无限接近.

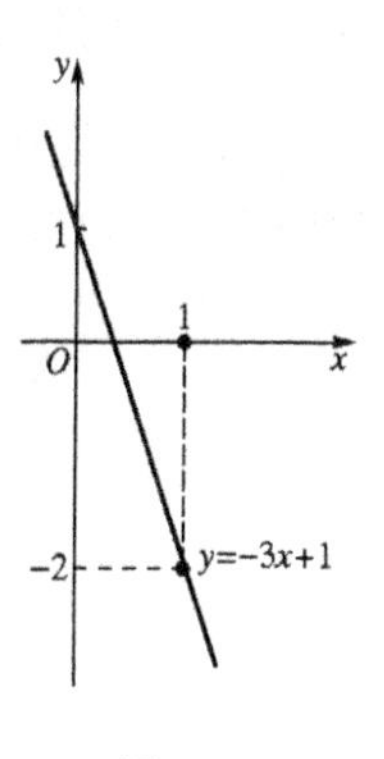

图 2-4

当 $x\to 1$ 时,无论从函数表达式还是从函数图形(图 2-4)上,都容易看出:此时 $f(x)=-3x+1$ 与常数 -2 可以任意接近. 也就是说,当 $|x-1|$ 任意小时,$|f(x)-(-2)|$ 可以任意小. 当然,这两个"任意小"不是彼此无关的. 事实上,对任给的 $\varepsilon>0$,要使

$$|f(x)-(-2)| = |-3x+3| = 3|x-1| < \varepsilon,$$

只要 $|x-1|<\varepsilon/3$ 即可.

因此,取正数 $\delta=\varepsilon/3$,则当 $|x-1|<\delta$ 时,便有

$$|f(x)-(-2)| < \varepsilon.$$

一般地,我们有

定义 5(当 $x\to x_0$ 时,函数的极限) 设函数 $f(x)$ 在点 x_0 附近有定义(在点 x_0 处可能无定义),A 是一个常数. 若对任给 $\varepsilon>0$,总存在正数 δ,使得当 $0<|x-x_0|<\delta$ 时,恒有

$$|f(x)-A|<\varepsilon,$$

则称**当 x 趋向于 x_0 时,$f(x)$ 的极限是** A,记作

$$\lim_{x\to x_0} f(x)=A \quad 或 \quad f(x)\to A\ (当\ x\to x_0).$$

这里"$x\to x_0$"是极限过程.

此定义也称为"ε-δ"说法. δ 是希腊字母,读作"德耳塔".

下面给出极限 $\lim\limits_{x\to x_0} f(x)=A$ 的几何解释.

不等式 $0<|x-x_0|<\delta$ 等价于 $x_0-\delta<x<x_0+\delta$,且 $x\neq x_0$,又,不等式 $|f(x)-A|<\varepsilon$ 等价于 $A-\varepsilon<f(x)<A+\varepsilon$,因此极限 $\lim\limits_{x\to x_0} f(x)=A$ 的几何意义是:

对任给 $\varepsilon>0$,存在 $\delta>0$,当点 $x\in(x_0-\delta,x_0+\delta)$ 但 $x\neq x_0$ 时,相应的点 $(x,f(x))$ 全部落在图 2-5 中带斜线的区域内.

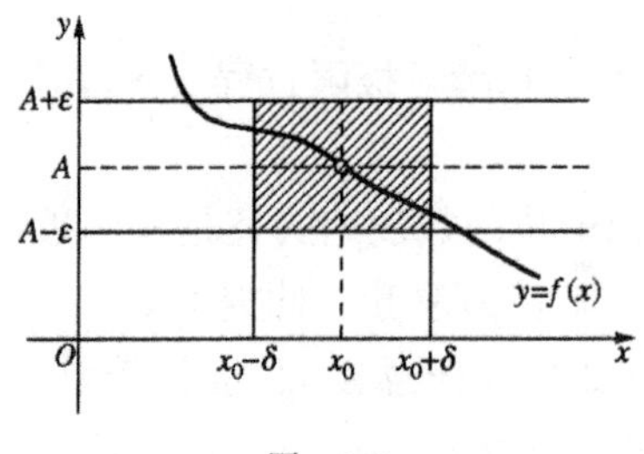

图 2-5

例 10 用 ε-δ 方法证明 $\lim\limits_{x\to x_0} c=c$ (其中 c 为常数).

证 设 $f(x)=c$,则有

$$|f(x)-c|=|c-c|=0,$$

任给 $\varepsilon>0$,可任取一个正数作为 δ,当 $0<|x-x_0|<\delta$ 时,恒有

$$|f(x)-c|=|c-c|<\varepsilon,$$

于是由极限定义知

$$\lim_{x \to x_0} c = c. \quad \blacksquare$$

例 11 用 ε-δ 方法证明 $\lim\limits_{x \to x_0} x = x_0$.

证 设 $f(x)=x$，则有 $|f(x)-x_0|=|x-x_0|$.

任给 $\varepsilon>0$，取 $\delta=\varepsilon$，则当 $0<|x-x_0|<\delta$ 时，恒有

$$|f(x)-x_0|=|x-x_0|<\varepsilon,$$

于是证明了

$$\lim_{x \to x_0} x = x_0. \quad \blacksquare$$

问：此处取 $\delta=\varepsilon/2$ 行不行？

例 12 用 ε-δ 方法证明 $\lim\limits_{x \to 2} x^3=8$.

证

$$\begin{aligned} |x^3-8| &= |(x-2)(x^2+2x+4)| \\ &= |x-2| \cdot |x^2+2x+4| \\ &\leqslant |x-2| \cdot (x^2+2|x|+4). \end{aligned}$$

因为 $x \to 2$，所以不妨设 $|x-2|<1$，从而有

$$|x|=|(x-2)+2| \leqslant |x-2|+2<1+2=3,$$

于是

$$x^2=|x|^2<9,$$

$$x^2+2|x|+4<9+6+4=19,$$

因此

$$\begin{aligned} |x^3-8| &\leqslant |x-2| \cdot (x^2+2|x|+4) \\ &< 19 \cdot |x-2| \text{（适当放大）}. \end{aligned}$$

任给 $\varepsilon>0$，要使 $|x^3-8|<\varepsilon$，只要 $19 \cdot |x-2|<\varepsilon$，即

$$|x-2|<\frac{\varepsilon}{19}.$$

取 $\delta=\min\left\{1,\frac{\varepsilon}{19}\right\}$①，则当 $0<|x-2|<\delta$ 时，有

$$|x^3-8|<\varepsilon,$$

于是由极限定义知

---

① 设 $\{\alpha_1,\alpha_2,\cdots,\alpha_n\}$ 为任意的实数集合，则记号 $\min\{\alpha_1,\cdots,\alpha_2,\cdots,\alpha_n\}$ 表示该集合的最小数. “min”是“minimum”的前三个字母.

$$\lim_{x \to 2} x^3 = 8. \quad \blacksquare$$

容易看出，δ 的选取不是惟一的.

例 13 证明：若 $\lim_{x \to x_0} f(x) = A$，则

$$\lim_{x \to x_0} |f(x)| = |A|.$$

证 利用不等式 $||a| - |b|| \leqslant |a - b|$，得到

$$||f(x)| - |A|| \leqslant |f(x) - A|.$$

由 $\lim_{x \to x_0} f(x) = A$ 知：

任给 $\varepsilon > 0$，存在 $\delta > 0$，使得当 $0 < |x - x_0| < \delta$ 时，有

$$|f(x) - A| < \varepsilon.$$

从而有
$$||f(x)| - |A|| \leqslant |f(x) - A| < \varepsilon,$$

于是证明了

$$\lim_{x \to x_0} |f(x)| = |A|. \quad \blacksquare$$

1.3 单侧极限

考查分段函数

$$f(x) = \begin{cases} x + 1, & \text{当 } x < 0, \\ x - 1, & \text{当 } x \geqslant 0 \end{cases}$$

的图形(图 2-6).

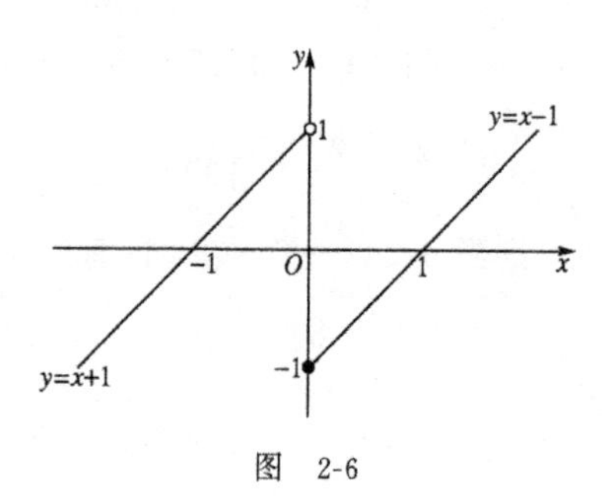

图 2-6

我们看到，当 x 同时从左、右两侧趋向于 0 时，函数 $f(x)$ 没有

$$\lim_{x\to x_0} c = c. \quad ▌$$

例 11 用 ε-δ 方法证明 $\lim\limits_{x\to x_0} x = x_0$.

证 设 $f(x)=x$,则有 $|f(x)-x_0|=|x-x_0|$.

任给 $\varepsilon>0$,取 $\delta=\varepsilon$,则当 $0<|x-x_0|<\delta$ 时,恒有

$$|f(x)-x_0| = |x-x_0| < \varepsilon,$$

于是证明了

$$\lim_{x\to x_0} x = x_0. \quad ▌$$

问:此处取 $\delta=\varepsilon/2$ 行不行?

例 12 用 ε-δ 方法证明 $\lim\limits_{x\to 2} x^3 = 8$.

证
$$\begin{aligned}|x^3-8| &= |(x-2)(x^2+2x+4)| \\ &= |x-2|\cdot|x^2+2x+4| \\ &\leqslant |x-2|\cdot(x^2+2|x|+4).\end{aligned}$$

因为 $x\to 2$,所以不妨设 $|x-2|<1$,从而有

$$|x| = |(x-2)+2| \leqslant |x-2|+2 < 1+2 = 3,$$

于是
$$x^2 = |x|^2 < 9,$$

$$x^2+2|x|+4 < 9+6+4 = 19,$$

因此

$$\begin{aligned}|x^3-8| &\leqslant |x-2|\cdot(x^2+2|x|+4) \\ &< 19\cdot|x-2| \text{ (适当放大)}.\end{aligned}$$

任给 $\varepsilon>0$,要使 $|x^3-8|<\varepsilon$,只要 $19\cdot|x-2|<\varepsilon$,即

$$|x-2| < \frac{\varepsilon}{19}.$$

取 $\delta=\min\left\{1,\dfrac{\varepsilon}{19}\right\}$[①],则当 $0<|x-2|<\delta$ 时,有

$$|x^3-8| < \varepsilon,$$

于是由极限定义知

---

① 设 $\{\alpha_1,\alpha_2,\cdots,\alpha_n\}$ 为任意的实数集合,则记号 $\min\{\alpha_1,\cdots,\alpha_2,\cdots,\alpha_n\}$ 表示该集合的最小数. “min”是“minimum”的前三个字母.

$$\lim_{x\to 2} x^3 = 8. \quad \blacksquare$$

容易看出，δ 的选取不是惟一的.

例 13 证明：若 $\lim\limits_{x\to x_0} f(x)=A$，则

$$\lim_{x\to x_0} |f(x)| = |A|.$$

证 利用不等式 $||a|-|b||\leqslant|a-b|$，得到

$$||f(x)| - |A|| \leqslant |f(x) - A|.$$

由 $\lim\limits_{x\to x_0} f(x)=A$ 知：

任给 $\varepsilon>0$，存在 $\delta>0$，使得当 $0<|x-x_0|<\delta$ 时，有

$$|f(x) - A| < \varepsilon.$$

从而有 $$||f(x)| - |A|| \leqslant |f(x) - A| < \varepsilon,$$

于是证明了

$$\lim_{x\to x_0} |f(x)| = |A|. \quad \blacksquare$$

1.3 单侧极限

考查分段函数

$$f(x) = \begin{cases} x+1, & \text{当 } x<0, \\ x-1, & \text{当 } x\geqslant 0 \end{cases}$$

的图形(图 2-6).

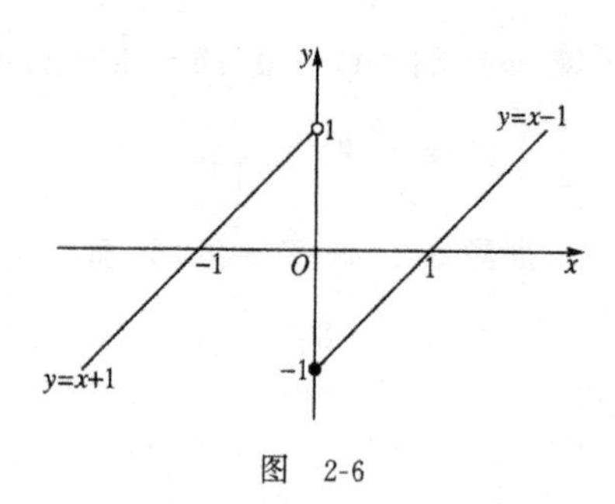

图 2-6

我们看到，当 x 同时从左、右两侧趋向于 0 时，函数 $f(x)$ 没有

极限，这时就说“双侧”极限 $\lim\limits_{x\to 0}f(x)$不存在.

但是，若考虑“单侧”极限，即当 x 从右侧趋向于 0(记作 $x\to 0+0$ 或 $x\to +0$)，或者当 x 从左侧趋向于 0(记作 $x\to 0-0$ 或 $x\to -0$)时，函数 $f(x)$的极限都是存在的. 事实上，从图 2-6 易知有

$$\lim_{x\to 0+0} f(x) = -1, \quad \lim_{x\to 0-0} f(x) = 1.$$

又如，对于反正切函数 $y = \arctan x$ 来说，“双侧”极限 $\lim\limits_{x\to\infty} \arctan x$ 不存在，但是两个“单侧”极限都存在：

$$\lim_{x\to +\infty} \arctan x = \frac{\pi}{2}, \quad \lim_{x\to -\infty} \arctan x = -\frac{\pi}{2}.$$

此处“$x\to +\infty$”表示 x 从右侧无限远离原点，“$x\to -\infty$”表示 x 从左侧无限远离原点(图 2-7).

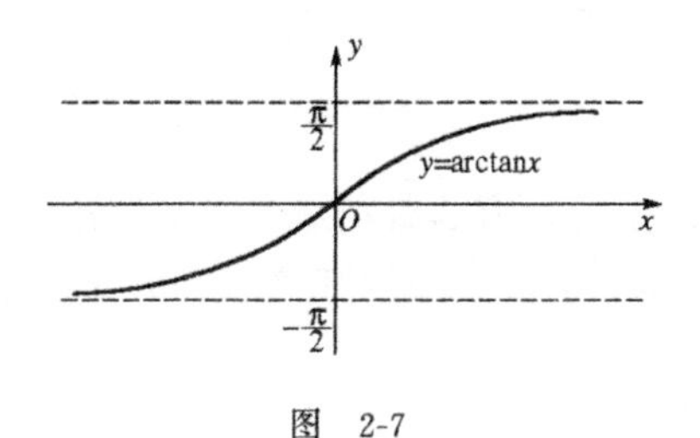

图 2-7

因此，有必要引进单侧极限的概念.

定义 6(右极限) 设函数 $f(x)$在点 x_0 的右近旁有定义(在点 x_0 处可能无定义)，A 是一个常数. 若对任给 $\varepsilon>0$，总存在 $\delta>0$，使得当 $0<x-x_0<\delta$ (或 $x_0<x<x_0+\delta$)时，恒有

$$|f(x) - A| < \varepsilon,$$

则称**当 x 从 x_0 的右侧趋向于 x_0 时，$f(x)$的极限是** A，记作

$$\lim_{x\to x_0+0} f(x) = A \quad 或 \quad f(x_0 + 0) = A.$$

这时也说 A **是 $f(x)$在点 x_0 处的右极限**. 极限过程为 $x\to x_0+0$.

定义 7(左极限) 设函数 $f(x)$在点 x_0 的左近旁有定义(在点 x_0 处可能无定义)，A 是一个常数. 若对任给 $\varepsilon>0$，总存在 $\delta>0$，

使得当 $0<x_0-x<\delta$ (或 $x_0-\delta<x<x_0$)时，恒有

$$|f(x)-A|<\varepsilon,$$

则称 A **为** $f(x)$**在点** x_0 **处的左极限**，记作

$$\lim_{x\to x_0-0} f(x)=A \quad 或 \quad f(x_0-0)=A.$$

左、右极限统称**单侧极限**. 定义 3 给出的极限称为**双侧极限**.

单侧极限的几何意义如图 2-8 所示(图中为右极限).

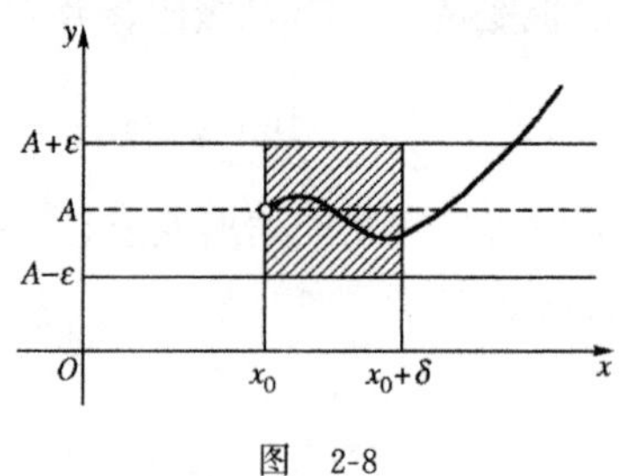

图 2-8

定义 8(函数在正无穷远处的极限) 设函数 $f(x)$在 x 充分大时有定义，A 是一个常数. 若对任给 $\varepsilon>0$，总存在 $X>0$，使得当 $x>X$ 时，恒有

$$|f(x)-A|<\varepsilon,$$

则称**当** x **趋向于正无穷时**，$f(x)$**的极限为** A，记作

$$\lim_{x\to+\infty} f(x)=A.$$

这时也说 A **是** $f(x)$**在正无穷远处的极限**.

极限 $\lim\limits_{x\to+\infty} f(x)=A$ 的几何意义如图 2-9 所示.

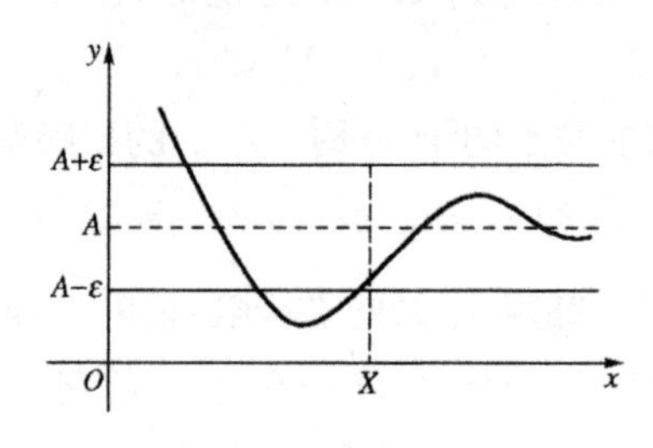

图 2-9

请读者给出极限 $\lim\limits_{x\to-\infty} f(x)=A$ 的定义,并作示意图表示其几何意义.

例 14 用极限定义证明 $\lim\limits_{x\to+\infty} a^{-x}=0$ (其中 $a>1$).

证 任给 $\varepsilon>0$,考查是否存在 $X>0$,使得当 $x>X$ 时,有

$$|a^{-x}-0|=a^{-x}<\varepsilon.$$

在该不等式两边同时取对数,得

$$-x\lg a<\lg\varepsilon,$$

此式等价于

$$x>\frac{-\lg\varepsilon}{\lg a}.$$

与例 4,例 5 类似,因为 ε 是任意给定的正数,所以不妨设 $0<\varepsilon<1$,于是 $\lg\varepsilon<0,-\lg\varepsilon>0$. 取

$$X=\frac{-\lg\varepsilon}{\lg a},$$

则当 $x>X$ 时,有

$$|a^{-x}-0|=a^{-x}<\varepsilon.$$

于是证明了

$$\lim_{x\to+\infty} a^{-x}=0 \quad (\text{当 } a>1). \quad \blacksquare$$

下面给出单侧极限和(双侧)极限的关系.

定理 2 函数 $f(x)$在点 x_0 处有(双侧)极限 A 的充要条件是 $f(x)$在点 x_0 处的左、右极限存在且都等于 A,即

$$\lim_{x\to x_0} f(x)=A \Longleftrightarrow \lim_{x\to x_0-0} f(x)=\lim_{x\to x_0+0} f(x)=A.$$

证 必要性 显然.

充分性 设 $\lim\limits_{x\to x_0-0} f(x)=\lim\limits_{x\to x_0+0} f(x)=A$,则由单侧极限的定义知:

任给 $\varepsilon>0$,存在 $\delta_1>0$,及 $\delta_2>0$,使得当 $x_0-\delta_1<x<x_0$ 时,有

$$|f(x)-A|<\varepsilon;$$

当 $x_0<x<x_0+\delta_2$ 时,有

$$|f(x)-A|<\varepsilon.$$

取 $\delta=\min\{\delta_1,\delta_2\}$，则当 $x_0-\delta<x<x_0+\delta$（且 $x\neq x_0$）时，有 $|f(x)-A|<\varepsilon$，亦即当 $0<|x-x_0|<\delta$ 时，有

$$|f(x)-A|<\varepsilon.$$

于是证明了

$$\lim_{x\to x_0}f(x)=A. \quad \blacksquare$$

由定理 2 知：

若 $\lim\limits_{x\to x_0-0}f(x)\neq\lim\limits_{x\to x_0+0}f(x)$，则（双侧）极限 $\lim\limits_{x\to x_0}f(x)$ 不存在.

类似地，可以证明

定理 3 $\lim\limits_{x\to\infty}f(x)=A\Longleftrightarrow\lim\limits_{x\to+\infty}f(x)=\lim\limits_{x\to-\infty}f(x)=A.$

请读者自己证明.

以上介绍了数列极限和几种函数极限，总共有七种极限过程：

$$n\to+\infty,\quad x\to x_0,\quad x\to x_0+0,\quad x\to x_0-0,$$

$$x\to\infty,\quad x\to+\infty,\quad x\to-\infty.$$

以后讨论极限问题时，一定要注意是哪一种极限过程.

1.4 数列极限与函数极限的关系

定理 4 $\lim\limits_{x\to a}f(x)=A$ 的充要条件是：对于任何趋于 a 的数列 $\{x_n\}$ $(x_n\neq a,n=1,2,\cdots)$，有

$$\lim_{n\to+\infty}f(x_n)=A.$$

证 *必要性* 设 $\lim\limits_{x\to a}f(x)=A$，则对任给 $\varepsilon>0$，存在 $\delta>0$，使得当 $0<|x-a|<\delta$ 时，有

$$|f(x)-A|<\varepsilon. \tag{5}$$

设 $\{x_n\}$ 是趋于 a 的任意数列 $(x_n\neq a)$，即 $\lim\limits_{n\to+\infty}x_n=a$（但 $x_n\neq a$），则对上面的 $\delta>0$，存在 $N>0$，使得当 $n>N$ 时，有

$$0<|x_n-a|<\delta.$$

从而由(5)式知

$$|f(x_n)-A|<\varepsilon.$$

于是证明了

$$\lim_{n\to+\infty} f(x_n)=A.$$

充分性 用反证法.

假设对任意趋向于 a 的数列 $\{x_n\}$ $(x_n\neq a)$，都有

$$\lim_{n\to+\infty} f(x_n)=A,$$

但是

$$\lim_{x\to a} f(x)\neq A.$$

这个不等式表明，存在某个正数 ε_0，对于它，我们找不到 $\delta>0$，使得当 $0<|x-a|<\delta$ 时，有 $|f(x)-A|<\varepsilon_0$. 也就是说，存在某个 $\varepsilon_0>0$，对任意正数 δ，总有某个点 x_δ，使得 $0<|x_\delta-a|<\delta$，有

$$|f(x_\delta)-A|\geqslant\varepsilon_0.$$

特别说来，可以取一串数

$$\delta_n=\frac{1}{n}\quad(n=1,2,\cdots),$$

相应地，有一串点 x_n $(n=1,2,\cdots)$，满足

$$0<|x_n-a|<\frac{1}{n},\tag{6}$$

但

$$|f(x_n)-A|\geqslant\varepsilon_0.\tag{7}$$

由(6)式知

$$\lim_{n\to+\infty} x_n=a\quad(x_n\neq a),$$

又由(7)式知

$$\lim_{n\to+\infty} f(x_n)\neq A,$$

显然，这与假设"$\lim\limits_{n\to+\infty} f(x_n)=A$ 对任意趋于 a 的数列 $\{x_n\}$（这里 $x_n\neq a$）都成立"相矛盾. 于是证明了

$$\lim_{x\to a} f(x)=A.\quad ▌$$

我们常常这样来应用定理 4：

若有两个不同的数列 $\{x_n\}$，$\{y_n\}$，满足

$$\lim_{n\to+\infty} x_n=a,\ x_n\neq a,\qquad \lim_{n\to+\infty} y_n=a,\ y_n\neq a,$$

但

$$\lim_{n\to+\infty} f(x_n)\neq\lim_{n\to+\infty} f(y_n),$$

则极限 $\lim\limits_{x\to a}f(x)$不存在.

例 15 证明:极限 $\lim\limits_{x\to 0}\sin\frac{1}{x}$不存在.

证 取

$$x_n=\frac{1}{2n\pi},\quad n=1,2,\cdots,$$

$$y_n=\frac{1}{2n\pi+\frac{\pi}{2}},\quad n=1,2,\cdots,$$

则 $$\lim_{n\to+\infty}x_n=0,\ x_n\neq 0,\quad \lim_{n\to+\infty}y_n=0,\ y_n\neq 0.$$

但 $$\lim_{n\to+\infty}\sin\frac{1}{x_n}=\lim_{n\to+\infty}\sin 2n\pi=0,$$

$$\lim_{n\to+\infty}\sin\frac{1}{y_n}=\lim_{n\to+\infty}\sin\left(2n\pi+\frac{\pi}{2}\right)=1,$$

即 $$\lim_{n\to+\infty}\sin\frac{1}{x_n}\neq\lim_{n\to+\infty}\sin\frac{1}{y_n}.$$

于是由定理 4 知,极限 $\lim\limits_{x\to 0}\sin\frac{1}{x}$不存在. ▍

习 题 2.1

A 组

1. 用数列极限定义证明下列各式:

(1) $\lim\limits_{n\to+\infty}\frac{3n^2+n}{n^2+1}=3$;

(2) $\lim\limits_{n\to+\infty}\left[\frac{1}{1\cdot 2}+\frac{1}{2\cdot 3}+\cdots+\frac{1}{(n-1)n}\right]=1$;

(3) $\lim\limits_{n\to+\infty}\left[\frac{1}{n^2}+\frac{1}{(n+1)^2}+\cdots+\frac{1}{(2n)^2}\right]=0$;

$\left(\text{提示: } |x_n|\leqslant\frac{n+1}{n^2}=\frac{1}{n}+\frac{1}{n^2}\leqslant\frac{2}{n}.\right)$

(4) $\lim\limits_{n\to\infty}\left(1-\frac{1}{2^2}\right)\left(1-\frac{1}{3^2}\right)\cdots\left(1-\frac{1}{n^2}\right)=\frac{1}{2}$;

$\left(\text{提示: 化简 } x_n,\ x_n=\frac{1}{2}\frac{n+1}{n}.\right)$

(5) 当 $\alpha>0$ 时，$\lim\limits_{n\to+\infty}\frac{1}{n^\alpha}=0$.

2. 设 $a_n\to a$，证明 a_n 的任何子列 $a_{n_k}\to a$.

3. 设 $a_{2k}\to a$，$a_{2k+1}\to a$，证明 $a_n\to a$.

4. 对 $\varepsilon=10^{-100}$，存在 N，当 $n>N$ 时，有 $|x_n-a|<\varepsilon$. 能否说 x_n 的极限是 a?

5. 若存在正整数 N，对任意的 $\varepsilon>0$，当 $n>N$ 时，有 $|x_n-a|<\varepsilon$，问数列 x_n 有什么性质？

6. 已知 $\lim\limits_{x\to+\infty}f(x)=A$，且 $\lim\limits_{n\to\infty}x_n=+\infty$，证明 $\lim\limits_{n\to\infty}f(x_n)=A$.

7. 用函数极限定义证明：

(1) $\lim\limits_{x\to\infty}\frac{x^2+1}{2x^2}=\frac{1}{2}$；　　(2) $\lim\limits_{x\to+\infty}\frac{\cos 2x}{\sqrt{x}}=0$.

8. 用函数极限定义证明下列各式：

(1) $\lim\limits_{x\to a}\sin x=\sin a$；　　(2) $\lim\limits_{x\to a}\cos x=\cos a$；

(3) $\lim\limits_{x\to a}\sqrt{x}=\sqrt{a}\ (a>0)$；　　(4) $\lim\limits_{x\to a}\sqrt[3]{x}=\sqrt[3]{a}\ (a\neq 0)$；

(5) $\lim\limits_{x\to 1}\frac{x-1}{x^2-1}=\frac{1}{2}$.

9. 设

$$f(x)=\begin{cases}\dfrac{1}{x-1}, & x<0,\\ x, & 0<x<1,\\ 1, & x>1,\end{cases}$$

问 $f(x)$ 在 $x=0$ 与 $x=1$ 两点的极限是否存在？为什么？

10. 设 $f(x)=|x|/x$，求 $f(0+0)$，$f(0-0)$.

11. 用单侧极限定义证明下列各式：

(1) $\lim\limits_{x\to 2+0}\frac{[x]^2-4}{x^2-4}=0$；　　(2) $\lim\limits_{x\to+0}x^\alpha=0\ (\alpha>0)$.

12. 证明：若极限 $\lim\limits_{x\to x_0}f(x)$ 存在，则函数 $f(x)$ 在 x_0 点的某去心邻域内有界.

13. 证明：若 $\lim\limits_{x\to+\infty}f(x)$ 与 $\lim\limits_{x\to-\infty}f(x)$ 都存在且相等，则极限 $\lim\limits_{x\to\infty}f(x)$ 也存在.

14. 证明极限 $\lim\limits_{x\to 0+0}\cos\frac{1}{x}$ 不存在.

B 组

1. 用数列极限定义证明：

(1) $\lim\limits_{n\to+\infty} nq^n=0\ (|q|<1)$；　　(2) $\lim\limits_{n\to+\infty}\dfrac{1}{\sqrt[n]{n!}}=0$.

2. 证明 $\lim\limits_{x\to0+0} x\left[\dfrac{1}{x}\right]=1$.

3. 已知 $\lim\limits_{n\to+\infty} a_n=a$，证明 $\lim\limits_{n\to+\infty}\dfrac{1}{n}(a_1+a_2+\cdots+a_n)=a$.

4. 若极限 $\lim\limits_{n\to+\infty} x_{2n}$，$\lim\limits_{n\to+\infty} x_{2n+1}$，$\lim\limits_{n\to\infty} x_{3n}$都存在，则极限 $\lim\limits_{n\to\infty} x_n$ 存在.

§2 极限的基本性质

以下定理，对于数列极限和各种极限过程中的函数极限(包括单侧极限)都成立. 为了叙述方便起见，我们只讲 $x\to x_0$ (x_0 为某个有限数)的情形. 其他情形请读者自己叙述和证明.

定理 1(极限的惟一性)　若 $\lim\limits_{x\to x_0} f(x)=A$，又 $\lim\limits_{x\to x_0} f(x)=B$，则 $A=B$.

证　用反证法.

设 $A\neq B$，则 $|A-B|>0$. 因为 $\lim\limits_{x\to x_0} f(x)=A$，所以对于 $\varepsilon_1=\dfrac{|A-B|}{2}>0$，存在 $\delta_1>0$，使得当 $0<|x-x_0|<\delta_1$ 时，有

$$|f(x)-A|<\frac{|A-B|}{2}.$$

又因为 $\lim\limits_{x\to x_0} f(x)=B$，所以对于 $\varepsilon_1=|A-B|/2>0$，存在 $\delta_2>0$，使得当 $0<|x-x_0|<\delta_2$ 时，有

$$|f(x)-B|<\frac{|A-B|}{2}.$$

取 $\delta=\min\{\delta_1,\delta_2\}$，则当 $0<|x-x_0|<\delta$ 时，有

$$|f(x)-A|<\frac{|A-B|}{2},\quad |f(x)-B|<\frac{|A-B|}{2}.$$

从而当 $0<|x-x_0|<\delta$ 时,有

$$\begin{aligned}0<|A-B|&=|A-f(x)+f(x)-B|\\&\leqslant|f(x)-A|+|f(x)-B|\\&<\frac{|A-B|}{2}+\frac{|A-B|}{2}=|A-B|,\end{aligned}$$

即
$$0<|A-B|<|A-B|,$$

矛盾. 于是证明了 $A=B$. ▌

在讲定理 2 之前,先介绍有界变量的概念.

有界变量包括有界数列(见本章 §1)与有界函数(见第一章 §2). 此处所讲的有界变量不是在某个区间上的有界变量,而是在某个极限过程中的有界变量,前者具有整体性,后者则是局部的概念.

定义 1(有界变量) 设有函数 $f(x)$. 若存在 $M>0$ 及 $\delta>0$,使得当 $0<|x-x_0|<\delta$ 时,有

$$|f(x)|\leqslant M,$$

则称 $f(x)$**在** $x\to x_0$ **时是有界变量**.

定义 2(有界变量) 设有函数 $f(x)$. 若存在 $M>0$ 及 $X>0$,使得当 $|x|>X$ 时,有

$$|f(x)|\leqslant M,$$

则称 $f(x)$**在** $x\to\infty$**时是有界变量**.

可类似定义函数 $f(x)$ 在 $x\to x_0+0$ 或 $x\to x_0-0$, $x\to+\infty$, $x\to-\infty$ 时有界的概念.

定理 2(有极限的变量与有界变量的关系) 若极限 $\lim\limits_{x\to x_0}f(x)$ 存在,则 $f(x)$ 在 $x\to x_0$ 时是有界的.

证 设 $\lim\limits_{x\to x_0}f(x)=A$,则对于 $\varepsilon=1$,存在 $\delta>0$,使得当 $0<|x-x_0|<\delta$ 时,有

$$|f(x)-A|<1.$$

于是当 $0<|x-x_0|<\delta$ 时,有

$$|f(x)| = |(f(x) - A) + A|$$
$$\leqslant |f(x) - A| + |A| < 1 + |A|.$$

取 $M=1+|A|$,则当 $0<|x-x_0|<\delta$ 时,有

$$|f(x)| \leqslant M,$$

即 $f(x)$在 $x\to x_0$ 时是有界变量. ▌

注 1 本定理的逆命题不成立,换句话说,有界变量未必有极限. 例如, $y=\sin\frac{1}{x}$,当 $x\to 0$ 时,由

$$\left|\sin\frac{1}{x}\right| \leqslant 1 \quad (当\ x \neq 0)$$

知, $\sin\frac{1}{x}$是有界变量,但是极限 $\lim\limits_{x\to 0}\sin\frac{1}{x}$不存在(见 § 1 例 15).

注 2 对于数列,我们在本章 § 1 中介绍过一个定理:若数列 $\{x_n\}$有极限,则$\{x_n\}$有界,这实际上是本定理的数列情形.

思考题 试证明:若 $\lim\limits_{x\to\infty} f(x)=A$ 存在,则 $f(x)$当 $x\to\infty$时是有界变量.

定理 2′ 若 $\lim\limits_{x\to x_0} f(x)=A$,且 $A\neq 0$,则$\frac{1}{f(x)}$在 $x\to x_0$ 时是有界变量. 即:极限存在但不等于 0 的变量,其倒数是该极限过程中的有界变量.

证 由 $\lim\limits_{x\to x_0} f(x)=A$ 及 § 1 例 13 知

$$\lim_{x\to x_0} |f(x)| = |A|. \tag{8}$$

因为 $A\neq 0$,所以 $|A|>0$. 由(8)式知,对于 $\varepsilon=\frac{|A|}{2}>0$,必存在 $\delta>0$,使得当 $0<|x-x_0|<\delta$ 时,有

$$||f(x)| - |A|| < \frac{|A|}{2}.$$

此式等价于

$$|A| - \frac{|A|}{2} < |f(x)| < |A| + \frac{|A|}{2}.$$

即有
$$|f(x)| > |A| - \frac{|A|}{2} = \frac{|A|}{2} > 0.$$

从而当 $0<|x-x_0|<\delta$ 时,有$\frac{1}{|f(x)|}<\frac{2}{|A|}$,即

$$\left|\frac{1}{f(x)}\right|<\frac{2}{|A|}.$$

于是证明了$\frac{1}{f(x)}$在 $x\to x_0$ 时是有界变量. ▌

定理 3(不等号对于函数的局部有效性) 设 $\lim\limits_{x\to x_0}f(x)=A$, $\lim\limits_{x\to x_0}g(x)=B$,且 $A<B$,则存在 $\delta>0$,使得当 $0<|x-x_0|<\delta$ 时,有

$$f(x)<g(x).$$

证 由 $\lim\limits_{x\to x_0}f(x)=A$ 知,任给 $\varepsilon>0$,存在 $\delta_1>0$,使得当 $0<|x-x_0|<\delta_1$ 时,有

$$|f(x)-A|<\varepsilon,$$

即

$$A-\varepsilon<f(x)<A+\varepsilon. \tag{9}$$

又因为 $\lim\limits_{x\to x_0}g(x)=B$,所以任给 $\varepsilon>0$,存在 $\delta_2>0$,使得当 $0<|x-x_0|<\delta_2$ 时,有

$$|g(x)-B|<\varepsilon,$$

即

$$B-\varepsilon<g(x)<B+\varepsilon. \tag{10}$$

从(9)式右端及(10)式左端看出,只要选择 ε,使满足

$$A+\varepsilon\leqslant B-\varepsilon, \tag{11}$$

就有

$$f(x)<A+\varepsilon\leqslant B-\varepsilon<g(x),$$

即

$$f(x)<g(x).$$

而(11)式即 $\varepsilon\leqslant\frac{B-A}{2}$. 由 ε 的任意性,不妨设

$$\varepsilon=\frac{B-A}{2}.$$

于是当 $0<|x-x_0|<\delta$(这里 $\delta=\min\{\delta_1,\delta_2\}$)时,有

$$f(x)<g(x). \quad ▌$$

推论 若 $\lim\limits_{x\to x_0}f(x)>l$ (或 $\lim\limits_{x\to x_0}f(x)<l$), l 为常数,则存在 $\delta>0$,使得当 $0<|x-x_0|<\delta$ 时,有

$$f(x)>l \quad (\text{或 } f(x)<l).$$

特别地,我们有

若 $\lim\limits_{x\to x_0}f(x)>0$ (或 $\lim\limits_{x\to x_0}f(x)<0$),则存在 $\delta>0$,使得当 $0<|x-x_0|<\delta$

时，有

$$f(x)>0 \quad (\text{或 } f(x)<0).$$

这表明，若极限值 $\lim\limits_{x\to x_0}f(x)$大于 0(或小于 0)，则当点 x 充分接近 x_0 时，函数 $f(x)$也会大于 0(或小于 0). 这个事实从极限的几何意义上去理解，是很直观的.

定理 4(极限的不等式运算法则) 若存在一个正数 γ，使得当 $0<|x-x_0|<\gamma$ 时，有

$$f(x)\leqslant g(x).$$

又
$$\lim_{x\to x_0}f(x)=A,\quad \lim_{x\to x_0}g(x)=B,$$

则
$$A\leqslant B,$$

即
$$\lim_{x\to x_0}f(x)\leqslant \lim_{x\to x_0}g(x).$$

证 用反证法.

设 $A>B$，则由定理 3 知，存在 $\delta>0$，使得当 $0<|x-x_0|<\delta$ 时，有

$$f(x)>g(x).$$

取 $\delta_1=\min\{\gamma,\delta\}$，则当 $0<|x-x_0|<\delta_1$ 时，既有

$$f(x)\leqslant g(x),$$

又有
$$f(x)>g(x),$$

矛盾. 于是证明了 $A\leqslant B$. ▌

注意 当 $f(x)<g(x)$时，只能推出 $\lim\limits_{x\to x_0}f(x)\leqslant\lim\limits_{x\to x_0}g(x)$，而不能推出 $\lim\limits_{x\to x_0}f(x)<\lim\limits_{x\to x_0}g(x)$. 例如 $f(x)=\frac{1}{2x}$，$g(x)=\frac{1}{x}$，当 $x>0$ 时，有 $f(x)<g(x)$，但是

$$\lim_{x\to+\infty}f(x)=\lim_{x\to+\infty}g(x)=0.$$

推论 若存在一个正数 γ，使得当 $0<|x-x_0|<\gamma$ 时，有

$$f(x)>0 \quad (\text{或 } f(x)<0).$$

又，极限 $\lim\limits_{x\to x_0}f(x)$存在，则

$$\lim_{x\to x_0}f(x)\geqslant 0 \quad (\text{或 } \lim_{x\to x_0}f(x)\leqslant 0).$$

定理 5(夹逼定理) 若存在 $\gamma>0$，使得当 $0<|x-x_0|<\gamma$ 时，有

$$f(x)\leqslant h(x)\leqslant g(x), \tag{12}$$

且
$$\lim_{x\to x_0} f(x) = \lim_{x\to x_0} g(x) = A,$$
则
$$\lim_{x\to x_0} h(x) = A.$$

证 因为 $\lim\limits_{x\to x_0} f(x)=\lim\limits_{x\to x_0} g(x)=A$，所以对任给 $\varepsilon>0$，总存在 $\delta_1>0,\delta_2>0$，使得当 $0<|x-x_0|<\delta_1$ 时，恒有
$$A-\varepsilon<f(x)<A+\varepsilon; \tag{13}$$
当 $0<|x-x_0|<\delta_2$ 时，恒有
$$A-\varepsilon<g(x)<A+\varepsilon. \tag{14}$$
取 $\delta=\min\{\delta_1,\delta_2\}$，则当 $0<|x-x_0|<\delta$ 时，(13)式与(14)式同时成立. 再由(12)式便知，当 $0<|x-x_0|<\delta$ 时，恒有
$$A-\varepsilon<f(x)\leqslant h(x)\leqslant g(x)<A+\varepsilon,$$
即
$$A-\varepsilon<h(x)<A+\varepsilon,$$
亦即
$$|h(x)-A|<\varepsilon.$$
因此 $\lim\limits_{x\to x_0} h(x)=A$. ▌

夹逼定理的数列形式为：

若存在一正整数 N，使得当 $n>N$ 时，有 $x_n\leqslant z_n\leqslant y_n$，且
$$\lim_{n\to+\infty} x_n = \lim_{n\to+\infty} y_n = a,$$
则
$$\lim_{n\to+\infty} z_n = a.$$

请读者自己证明.

夹逼定理很有用处，它不仅可以用来判断极限的存在，有时还可以用来求出某些具体的极限.

例 设 $a>0,b>0$，试求极限
$$\lim_{n\to+\infty} \sqrt[n]{a^n+b^n}.$$

证 令 $E=\max\{a,b\}$，则有
$$\sqrt[n]{E^n}<\sqrt[n]{a^n+b^n}\leqslant\sqrt[n]{E^n+E^n}=E\cdot\sqrt[n]{2},$$
即
$$E<\sqrt[n]{a^n+b^n}\leqslant E\cdot\sqrt[n]{2}.$$
而 $\lim\limits_{n\to+\infty} E=E$（见§1例10），$\lim\limits_{n\to+\infty}\sqrt[n]{2}=1$（§1例6后面思考题

(2)),并易证明 $\lim\limits_{n\to+\infty} E\cdot\sqrt[n]{2}=E$,于是由夹逼定理得到

$$\lim_{n\to+\infty}\sqrt[n]{a^n+b^n}=E=\max\{a,b\}.$$

§3 极限的运算法则

3.1 四则运算法则

四则运算法则对于数列极限和各种函数极限(包括单侧极限)都是成立的.为了叙述方便起见,与§2的处理类似,我们仍以极限过程 $x\to x_0$ 为代表进行讨论.

定理(四则运算法则) 若极限 $\lim\limits_{x\to x_0}f(x)$,$\lim\limits_{x\to x_0}g(x)$都存在,则

(1) 极限 $\lim\limits_{x\to x_0}[f(x)\pm g(x)]$存在,且

$$\lim_{x\to x_0}[f(x)\pm g(x)]=\lim_{x\to x_0}f(x)\pm\lim_{x\to x_0}g(x).$$

(2) 极限 $\lim\limits_{x\to x_0}[f(x)\cdot g(x)]$存在,且

$$\lim_{x\to x_0}[f(x)\cdot g(x)]=\lim_{x\to x_0}f(x)\cdot\lim_{x\to x_0}g(x).$$

特例:$\lim\limits_{x\to x_0}kf(x)=k\lim\limits_{x\to x_0}f(x)$,其中 k 为常数.

(3) 当极限 $\lim\limits_{x\to x_0}g(x)\neq 0$ 时,极限 $\lim\limits_{x\to x_0}\dfrac{f(x)}{g(x)}$存在,且

$$\lim_{x\to x_0}\frac{f(x)}{g(x)}=\frac{\lim\limits_{x\to x_0}f(x)}{\lim\limits_{x\to x_0}g(x)}.$$

证 设 $\lim\limits_{x\to x_0}f(x)=A$, $\lim\limits_{x\to x_0}g(x)=B$.这里仅证明两个函数的情形.

(1) 由假设知:任给 $\varepsilon>0$,存在 $\delta_1>0$,$\delta_2>0$,使得当 $0<|x-x_0|<\delta_1$ 时,有

$$|f(x)-A|<\varepsilon/2;$$

当 $0<|x-x_0|<\delta_2$ 时,有

$$|g(x)-A|<\varepsilon/2.$$

取 $\delta=\min\{\delta_1,\delta_2\}$，则当 $0<|x-x_0|<\delta$ 时，有

$$|[f(x)+g(x)]-(A+B)|=|[f(x)-A]+[g(x)-B]|$$

$$\leqslant |f(x)-A|+|g(x)-B|<\frac{\varepsilon}{2}+\frac{\varepsilon}{2}=\varepsilon.$$

因此 $$\lim_{x\to x_0}[f(x)+g(x)]=A+B,$$

即 $$\lim_{x\to x_0}[f(x)+g(x)]=\lim_{x\to x_0}f(x)+\lim_{x\to x_0}g(x).$$

关于两个函数之差的情形，请读者自己证明.

(2) $|f(x)\cdot g(x)-AB|$

$$=|f(x)\cdot g(x)-f(x)\cdot B+f(x)\cdot B-AB|$$

$$\leqslant|f(x)|\cdot|g(x)-B|+|B|\cdot|f(x)-A|.$$

由 $\lim\limits_{x\to x_0}f(x)$存在及§2 定理 2 知：存在 $\delta_1>0$ 及 $M>0$，使得当 $0<|x-x_0|<\delta_1$ 时，有

$$|f(x)|\leqslant M.$$

令 $C=\max\{M,|B|\}$，则由 $\lim\limits_{x\to x_0}f(x)=A$，$\lim\limits_{x\to x_0}g(x)=B$ 知：任给 $\varepsilon>0$，存在 $\delta_2>0$，及 $\delta_3>0$，使得当 $0<|x-x_0|<\delta_2$ 时，有

$$|f(x)-A|<\frac{\varepsilon}{2C};$$

当 $0<|x-x_0|<\delta_3$ 时，有

$$|g(x)-B|<\frac{\varepsilon}{2C}.$$

取 $\delta=\min\{\delta_1,\delta_2,\delta_3\}$，则当 $0<|x-x_0|<\delta$ 时，有

$$\begin{aligned}&|f(x)\cdot g(x)-AB|\\&\quad\leqslant|f(x)|\cdot|g(x)-B|+|B|\cdot|f(x)-A|\\&\quad<M\cdot\frac{\varepsilon}{2C}+|B|\cdot\frac{\varepsilon}{2C}\\&\quad\leqslant C\cdot\frac{\varepsilon}{2C}+C\cdot\frac{\varepsilon}{2C}=\varepsilon.\end{aligned}$$

因此 $$\lim_{x\to x_0}f(x)\cdot g(x)=AB=\lim_{x\to x_0}f(x)\cdot\lim_{x\to x_0}g(x).$$

(3) 由上述乘法运算知，只需证明：当 $\lim\limits_{x\to x_0} g(x)=B\neq 0$ 时，有 $\lim\limits_{x\to x_0}\frac{1}{g(x)}=\frac{1}{B}$.

考查

$$\left|\frac{1}{g(x)}-\frac{1}{B}\right|=\frac{|g(x)-B|}{|g(x)|\cdot|B|}$$
$$=\frac{1}{|B|}\cdot\frac{1}{|g(x)|}\cdot|g(x)-B|.$$

由假设及 §2 定理 2′知：存在 $\delta_1>0$ 及 $M>0$，使得当 $0<|x-x_0|<\delta_1$ 时，有

$$\frac{1}{|g(x)|}\leqslant M.$$

又由 $\lim\limits_{x\to x_0} g(x)=B$ 知：任给 $\varepsilon>0$，存在 $\delta_2>0$，使得当 $0<|x-x_0|<\delta_2$ 时，有

$$|g(x)-B|<\frac{|B|}{M}\cdot\varepsilon.$$

取 $\delta=\min\{\delta_1,\delta_2\}$，则当 $0<|x-x_0|<\delta$ 时，有

$$\left|\frac{1}{g(x)}-\frac{1}{B}\right|=\frac{1}{|B|}\cdot\frac{1}{|g(x)|}\cdot|g(x)-B|$$
$$<\frac{1}{|B|}\cdot M\cdot\frac{|B|}{M}\cdot\varepsilon=\varepsilon.$$

因此 $$\lim_{x\to x_0}\frac{1}{g(x)}=\frac{1}{B}=\frac{1}{\lim\limits_{x\to x_0} g(x)}.$$ ▌

说明 极限的加法法则、减法法则、乘法法则，不仅对两个函数的情形成立，也对任意有限个函数的情形成立.

思考题 试对数列情形叙述极限的四则运算法则.

利用极限的四则运算法则，可以很方便地求出许多极限.

例 1 求 $\lim\limits_{x\to x_0} x^n$.

解 原式 $=\lim\limits_{x\to x_0} x\cdot\lim\limits_{x\to x_0} x\cdot\cdots\cdot\lim\limits_{x\to x_0} x=x_0\cdot x_0\cdot\cdots\cdot x_0=x_0^n$,

其中 n 为正整数.

例 2 求 $\lim\limits_{x\to -1}(2x^3-4x+5)$.

解 原式$=\lim\limits_{x\to -1}(2x^3)-\lim\limits_{x\to -1}(4x)+\lim\limits_{x\to -1}5$

$$=2\lim_{x\to -1}x^3-4\lim_{x\to -1}x+5$$

$$=2(-1)^3-4(-1)+5=7.$$

一般地,我们有结论:

若 $f(x)=a_0+a_1x+a_2x^2+\cdots+a_nx^n$ 为 n 次多项式, x_0 为任何有限数,则

$$\lim_{x\to x_0}f(x)=\lim_{x\to x_0}a_0+a_1\lim_{x\to x_0}x+a_2\lim_{x\to x_0}x^2+\cdots+a_n\lim_{x\to x_0}x^n$$

$$=a_0+a_1x_0+a_2x_0^2+\cdots+a_nx_0^n$$

$$=f(x_0).$$

这说明,在极限过程 $x\to x_0$ (其中 x_0 为有限数)中求多项式函数的极限时,可将 $x=x_0$ 直接代入函数表达式.

例 3 求 $\lim\limits_{x\to 2}\dfrac{x^2-4}{x^3+8}$.

解 由分母的极限 $\lim\limits_{x\to 2}(x^3+8)=2^3+8=16\neq 0$ 知,可利用极限的除法法则:

$$\lim_{x\to 2}\frac{x^2-4}{x^3+8}=\frac{\lim\limits_{x\to 2}(x^2-4)}{\lim\limits_{x\to 2}(x^3+8)}=\frac{2^2-4}{2^3+8}=0.$$

例 4 求 $\lim\limits_{x\to -2}\dfrac{x^2-4}{x^3+8}$.

解 因为分母的极限 $\lim\limits_{x\to -2}(x^3+8)=(-2)^3+8=0$,所以本题不能像例 3 那样直接利用极限的除法法则.

注意到

$$x^2-4=(x+2)(x-2),\quad x^3+8=(x+2)(x^2-2x+4),$$

当 $x\to -2$ 时, $x\neq -2$,即 $x+2\neq 0$,于是可约去$(x+2)$,即有

$$\lim_{x\to -2}\frac{x^2-4}{x^3+8}=\lim_{x\to -2}\frac{(x+2)(x-2)}{(x+2)(x^2-2x+4)}$$

$$= \lim_{x\to -2} \frac{x-2}{x^2-2x+4} = \frac{\lim\limits_{x\to -2}(x-2)}{\lim\limits_{x\to -2}(x^2-2x+4)}$$

$$= \frac{-2-2}{(-2)^2+4+4} = -\frac{1}{3}.$$

3.2 复合函数求极限

定理 设函数 $y=f(u)$ 及 $u=\varphi(x)$ 构成复合函数 $y=f[\varphi(x)]$. 若

$$\lim_{x\to x_0}\varphi(x)=l, \quad \lim_{u\to l}f(u)=B,$$

且当 $x\neq x_0$ 时，$u\neq l$，则复合函数 $f[\varphi(x)]$ 在 $x\to x_0$ 时的极限为 B，即

$$\lim_{x\to x_0}f[\varphi(x)]=B. \tag{15}$$

证 因为 $\lim\limits_{u\to l}f(u)=B$，所以任给 $\varepsilon>0$，存在 $\gamma>0$，使得当 $0<|u-l|<\gamma$ 时，有

$$|f(u)-B|<\varepsilon. \tag{16}$$

又因为 $\lim\limits_{x\to x_0}\varphi(x)=l$，所以对于 $\gamma>0$，存在 $\delta>0$，使得当 $0<|x-x_0|<\delta$ 时，有

$$|\varphi(x)-l|=|u-l|<\gamma. \tag{17}$$

由假设：当 $x\neq x_0$ 时，$u\neq l$，即当 $|x-x_0|>0$ 时，有

$$|u-l|>0. \tag{18}$$

将(16)，(17)，(18)三式结合起来便知，当 $0<|x-x_0|<\delta$ 时，有 $0<|u-l|<\gamma$，从而有

$$|f[\varphi(x)]-B|=|f(u)-B|<\varepsilon.$$

于是证明了

$$\lim_{x\to x_0}f[\varphi(x)]=B. \quad \blacksquare$$

说明 由假设 $\lim\limits_{u\to l}f(u)=B$ 及(15)式知

$$\lim_{x\to x_0}f[\varphi(x)]=\lim_{u\to l}f(u).$$

这相当于对复合函数求极限时，可以作变换：$u=\varphi(x)$，而得到

$$\lim_{x\to x_0}f[\varphi(x)] \xlongequal{令\, u=\varphi(x)} \lim_{u\to l}f(u).$$

不过要注意，作了变换以后，极限过程也要从“$x\to x_0$”变为“$u\to l$”.

习 题 2.2

A 组

1. 用极限四则运算法则求下列各极限：

(1) $\lim\limits_{n\to+\infty}\left(\dfrac{1}{\sqrt{n^2+1}}+\dfrac{1}{\sqrt{n^2+2}}+\cdots+\dfrac{1}{\sqrt{n^2+n}}\right)$；

(2) $\lim\limits_{n\to+\infty}\dfrac{n^2-n+2}{3n^2+2n+4}$；　　(3) $\lim\limits_{n\to\infty}\dfrac{(-2)^n+3^n}{(-1)^{n+1}+3^{n+1}}$；

(4) $\lim\limits_{n\to+\infty}\dfrac{\sqrt{n+1}-\sqrt{n}}{\sqrt{n+2}-\sqrt{n}}$；

(5) $\lim\limits_{n\to+\infty}\dfrac{a_0n^k+a_1n^{k-1}+\cdots+a_k}{b_0n^m+b_1n^{m-1}+\cdots+b_m}$ $\left(\begin{array}{l}a_0\neq0,b_0\neq0,\\ k,m\text{ 为自然数且 }k\leqslant m\end{array}\right)$；

(6) $\lim\limits_{n\to+\infty}\sqrt[n]{a_1^n+a_2^n+\cdots+a_k^n}$ $(a_i>0,i=1,\cdots,k)$；

(7) $\lim\limits_{n\to+\infty}\dfrac{a^n-a^{-n}}{a^n+a^{-n}}$ $(a>0)$.

2. 用极限四则运算法则求下列各极限：

(1) $\lim\limits_{x\to\infty}\dfrac{x^2-1}{2x^2-x-1}$；　　(2) $\lim\limits_{x\to1}\dfrac{x^2-1}{2x^2-x-1}$；

(3) $\lim\limits_{x\to4}\dfrac{x^2-6x+8}{x^2-5x+4}$；　　(4) $\lim\limits_{x\to0}\dfrac{x^4+3x^2}{x^5+x^3+2x^2}$；

(5) $\lim\limits_{x\to+\infty}(\sqrt{x^2+x}-x)$；　　(6) $\lim\limits_{x\to0}\dfrac{5x}{\sqrt[3]{1+x}-\sqrt[3]{1-x}}$；

(7) $\lim\limits_{x\to0}\dfrac{\sqrt[3]{1+3x}-\sqrt[3]{1-2x}}{x+x^2}$；

(8) $\lim\limits_{x\to a+0}\dfrac{\sqrt{x}-\sqrt{a}+\sqrt{x-a}}{\sqrt{x^2-a^2}}$ $(a>0)$；

(9) 设 $a_i>0$ $(i=1,2,\cdots,k)$，令 $f(p)=\left(\sum\limits_{i=1}^{k}a_i^p\right)^{\frac{1}{p}}$，求 $\lim\limits_{p\to+\infty}f(p)$；

(10) $\lim\limits_{x\to1}\dfrac{\sqrt{3-x}-\sqrt{1+x}}{x^2-1}$；

(11) $\lim\limits_{x\to-\infty}[\sqrt{x^2+x+1}-\sqrt{x^2-x+1}]$.

3. 若 $x_n\to a$，且 $a>b$. 则存在 N，当 $n>N$ 时，有 $x_n>b$.

4. 若 $\lim\limits_{x\to+\infty}f(x)=A$，$\lim\limits_{x\to+\infty}g(x)=B$ 且 $A<B$，则存在 $X>0$，当 $x>X$ 时，

有 $f(x)<g(x)$.

B 组

设 $a>0$,证明 $\lim\limits_{n\to\infty}\dfrac{a^n}{(1+a)(1+a^2)\cdots(1+a^n)}=0$.

§4 数列极限存在的一个定理

4.1 有上界或有下界的数列

在本章§1的1.1之(3)中,我们曾介绍过有界数列.这里要讨论的是有上界或有下界的数列.

定义 若存在常数 M,使得对于一切 n $(n=1,2,\cdots)$,有

$$x_n\leqslant M\quad(\text{或 } x_n\geqslant M),$$

则称数列 $\{x_n\}$ **有上界** M(或**有下界** M).

例1 数列

$$-1,\ -2,\ -3,\ \cdots,\ -n,\ \cdots$$

有上界,但无下界.数列

$$-1,\ 0,\ 1,\ 2,\ 3,\ \cdots,\ n,\ \cdots$$

有下界,但无上界.数列

$$1,\ -2,\ 3,\ -4,\ 5,\ -6,\ \cdots,\ (-1)^{n-1}\cdot n,\ \cdots$$

既无上界,又无下界.

问:对于 $x_n=-2+\dfrac{1}{n}$,数列 $\{x_n\}$ 是否有上、下界?

4.2 单调数列

定义 若数列 $\{x_n\}$ 具有以下性质

$$x_1\leqslant x_2\leqslant\cdots\leqslant x_n\leqslant\cdots$$

$$(\text{或 } x_1\geqslant x_2\geqslant\cdots\geqslant x_n\geqslant\cdots),$$

则称数列 $\{x_n\}$ 是**单调上升**(或**单调下降**)的.

4.3 单调有界数列的极限存在定理

定理(极限存在定理) 单调上升且有上界的数列必有极限.

本定理是实数的一个基本定理,它是实数连续统假设的一种等价形式.此处不证.在附录一中我们承认实数的完备性定理而证明了本定理(见本书第456页).

推论 单调下降且有下界的数列必有极限.

证 设数列$\{x_n\}$单调下降且有下界,则数列$\{-x_n\}$单调上升且有上界.由定理知,极限$\lim\limits_{n\to+\infty}(-x_n)=A$存在,从而

$$\lim_{n\to+\infty}x_n=\lim_{n\to+\infty}-(-x_n)=-\lim_{n\to+\infty}(-x_n)=-A.$$

即$\{x_n\}$有极限. ▌

例2 设$x_1=\sqrt{2}$,$x_2=\sqrt{2+\sqrt{2}}$,$x_3=\sqrt{2+\sqrt{2+\sqrt{2}}}$,$\cdots$,$x_n=\underbrace{\sqrt{2+\sqrt{2+\cdots+\sqrt{2}}}}_{n层}$,$\cdots$,证明$\lim\limits_{n\to+\infty}x_n$存在,并求其值.

解 $x_1=\sqrt{2}$,

$x_2=\sqrt{2+\sqrt{2}}>\sqrt{2+0}=\sqrt{2}=x_1$,

$x_3=\sqrt{2+\sqrt{2+\sqrt{2}}}>\sqrt{2+\sqrt{2+0}}=\sqrt{2+\sqrt{2}}=x_2$,

……

不难用数学归纳法证明

$$x_{n+1}>x_n\quad(n=1,2,\cdots),$$

即数列$\{x_n\}$单调上升.又

$$x_1=\sqrt{2}<2,$$

$$x_2=\sqrt{2+x_1}<\sqrt{2+2}=2,$$

$$x_3=\sqrt{2+x_2}<\sqrt{2+2}=2,$$

……

$$x_n = \sqrt{2 + x_{n-1}} < \sqrt{2 + 2} = 2,$$

$$\cdots\cdots$$

即$\{x_n\}$有上界.

由极限存在定理知,数列$\{x_n\}$有极限,设极限为 A,即

$$\lim_{n\to+\infty} x_n = A.$$

为了求出此极限值,将 $x_n=\sqrt{2+x_{n-1}}$两端平方,得

$$x_n^2 = 2 + x_{n-1}.$$

令 $n\to+\infty$,则

$$\lim_{n\to+\infty} x_n^2 = \lim_{n\to+\infty} x_n \cdot \lim_{n\to+\infty} x_n = A^2.$$

又 $\lim\limits_{n\to+\infty} x_{n-1}=A$,于是 $\lim\limits_{n\to+\infty} x_n^2=\lim\limits_{n\to+\infty}(2+x_{n-1})$化为

$$A^2 = 2 + A.$$

解出 $A=2,-1$. 由极限的惟一性知,应舍去一个值. 又由假设知 $x_n>0\ (n=1,2,\cdots)$,因此极限 $\lim\limits_{n\to+\infty} x_n=A\geqslant 0$. 于是得知 $A=2$,即 $\lim\limits_{n\to+\infty} x_n=2$.

例 3 设常数 $B>0$,又数列$\{x_n\}$满足

$$x_1 > 0,$$

$$x_{n+1} = \frac{1}{2}\left(x_n + \frac{B}{x_n}\right) \quad (n = 1,2,\cdots), \tag{19}$$

求 $\lim\limits_{n\to+\infty} x_n$.

解 $x_{n+1}=\frac{1}{2}\left(x_n+\frac{B}{x_n}\right)=\frac{1}{2}\left(\sqrt{x_n}-\sqrt{\frac{B}{x_n}}\right)^2+\sqrt{B}$,

显然

$$x_{n+1} \geqslant \sqrt{B} \quad (n = 1,2,\cdots), \tag{20}$$

即数列

$$x_2,\ x_3,\ \cdots,\ x_n,\ x_{n+1},\ \cdots \tag{21}$$

有下界$\sqrt{B}$.

又由(20)式知，$B \leqslant x_{n+1}^2$. 因此

$$x_{n+2}=\frac{1}{2}\left(x_{n+1}+\frac{B}{x_{n+1}}\right)$$
$$\leqslant \frac{1}{2}\left(x_{n+1}+\frac{x_{n+1}^2}{x_{n+1}}\right)=x_{n+1}(n=1,2,\cdots),$$

即数列(21)单调下降.

于是由极限存在定理知，数列(21)的极限必存在，假设为 a，即

$$\lim_{n\to+\infty} x_n = a.$$

由(20)式知 $\lim\limits_{n\to+\infty} x_n \geqslant \sqrt{B}$，即 $a \geqslant \sqrt{B} > 0$，亦即 $a>0$.

又，在(19)式两端取极限，得

$$a=\frac{1}{2}\left(a+\frac{B}{a}\right),$$

即 $$a^2=B,$$

解出 $a=\pm\sqrt{B}$. 由 $a>0$ 知应舍去 $-\sqrt{B}$，得 $a=\sqrt{B}$，即

$$\lim_{n\to\infty} x_n=\sqrt{B}.$$

这个例子为我们提供了用计算机来计算平方根的一种程序.

§5 两个重要极限

本节要介绍的两个重要极限是

$$\lim_{x\to 0}\frac{\sin x}{x}=1, \quad \lim_{x\to\infty}\left(1+\frac{1}{x}\right)^x=\mathrm{e}.$$

它们在高等数学中经常会遇到. 证明前者要用到夹逼定理，证明后者要用到数列极限存在的定理.

5.1 证明 $\lim\limits_{x\to 0}\frac{\sin x}{x}=1$

作半径为 1 的圆. 设锐角$\angle AOB$ 的弧度数为 x(图 2-10). 显然有

$\triangle AOB$ 的面积<扇形 AOB 的面积<$\triangle AOC$ 的面积,即

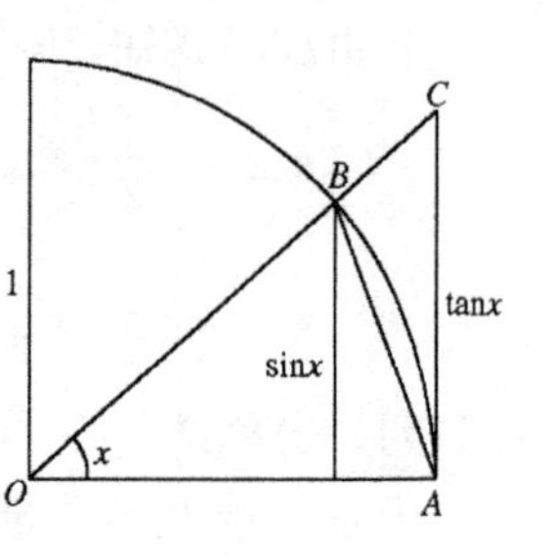

图 2-10

$$\frac{1}{2}\sin x < \frac{1}{2}x < \frac{1}{2}\tan x,$$

$$x \in (0,\pi/2).$$

(注意,只有采用弧度制时,扇形面积公式才是 $S=\frac{r^2\theta}{2}$.)亦即

$$\sin x < x < \tan x, \quad x \in (0,\pi/2). \tag{22}$$

当 $x\in(-\pi/2,0)$ 时,则 $-x\in(0,\pi/2)$.由(22)式知

$$\sin(-x) < (-x) < \tan(-x),$$

即

$$-\sin x < -x < -\tan x, \quad x \in (-\pi/2,0). \tag{23}$$

将(22)与(23)式结合起来,得到

$$|\sin x| < |x| < |\tan x| \quad (0 < |x| < \pi/2). \tag{24}$$

注意到当 $|x|>0$ 时, $|\sin x|>0$,用 $|\sin x|$ 去除(24)式,得

$$1 < \frac{|x|}{|\sin x|} < \frac{|\tan x|}{|\sin x|} = \frac{1}{|\cos x|},$$

或 $$|\cos x| < \frac{|\sin x|}{|x|} < 1, \quad 当\ 0 < |x| < \frac{\pi}{2}.$$

因为当 $0<|x|<\frac{\pi}{2}$ 时, $|\cos x|=\cos x>0$, $\frac{\sin x}{x}>0$,所以上式即

$$\cos x < \frac{\sin x}{x} < 1, \quad 当\ 0 < |x| < \frac{\pi}{2}.$$

从而当 $0<|x|<\pi/2$ 时,有

$$0 < 1 - \frac{\sin x}{x} < 1 - \cos x = 2\sin^2\frac{x}{2} \leqslant 2\left(\frac{x}{2}\right)^2 = \frac{x^2}{2}.$$

令 $x\to 0$,有 $\lim\limits_{x\to 0}0=0$, $\lim\limits_{x\to 0}\frac{x^2}{2}=0$,于是由夹逼定理知

$$\lim_{x\to 0}\left(1 - \frac{\sin x}{x}\right) = 0,$$

即
$$\lim_{x\to 0}\frac{\sin x}{x}=1.$$

注 1 不等式(24)很重要，我们还可用它来证明下列重要结论：

$$\lim_{x\to x_0}\sin x=\sin x_0, \tag{25}$$

$$\lim_{x\to x_0}\cos x=\cos x_0, \tag{26}$$

其中 x_0 为任何实数. 下面以 $\cos x$ 为例证明(26)式：

$$\begin{aligned}|\cos x-\cos x_0| &= \left|-2\sin\frac{x+x_0}{2}\cdot\sin\frac{x-x_0}{2}\right| \\ &= 2\left|\sin\frac{x+x_0}{2}\right|\cdot\left|\sin\frac{x-x_0}{2}\right| \\ &\leqslant 2\cdot 1\cdot\left|\sin\frac{x-x_0}{2}\right| \quad (\text{由(24)式}) \\ &\leqslant 2\cdot\left|\frac{x-x_0}{2}\right|=|x-x_0|.\end{aligned}$$

任给 $\varepsilon>0$，取 $\delta=\varepsilon$，则当 $0<|x-x_0|<\delta$ 时，有
$$|\cos x-\cos x_0|<\varepsilon.$$

于是证明了
$$\lim_{x\to x_0}\cos x=\cos x_0.$$

请读者证明(25)式.

注 2 由(25)式知
$$\lim_{x\to 0}\sin x=0.$$

因此极限 $\lim\limits_{x\to 0}\dfrac{\sin x}{x}$ 也称为“$\dfrac{0}{0}$”型的未定式. 一般说来，若函数 $\dfrac{f(x)}{g(x)}$ 的分子、分母在某一极限过程(例如 $x\to x_0$)中都以 0 为极限，则极限

$$\lim_{x\to x_0}\frac{f(x)}{g(x)}$$

称为“$\frac{0}{0}$”**型未定式**. 求这种未定式的值时，不能用极限的除法法则，因为此时分母的极限 $\lim\limits_{x \to x_0} g(x)=0$，不满足除法运算的要求.

利用重要极限 $\lim\limits_{x \to 0} \frac{\sin x}{x}=1$，可以求出许多“$\frac{0}{0}$”型未定式的值. 在第四章 § 2 洛必达法则中，我们还将深入讨论未定式求值的问题.

例 1 求 $\lim\limits_{x \to 0} \frac{\tan x}{x}$.

解 原式$=\lim\limits_{x \to 0} \frac{\sin x}{x} \cdot \frac{1}{\cos x}=\lim\limits_{x \to 0} \frac{\sin x}{x} \cdot \lim\limits_{x \to 0} \frac{1}{\cos x}$

$$=1 \cdot \frac{1}{\lim\limits_{x \to 0} \cos x} \xlongequal{(26)\text{式}} 1 \cdot \frac{1}{1}=1.$$

例 2 求 $\lim\limits_{x \to 0} \frac{1-\cos x}{x^2}$.

解 原式$=\lim\limits_{x \to 0} \frac{2\sin^2 \frac{x}{2}}{x^2}=\lim\limits_{x \to 0} \frac{2\left(\sin \frac{x}{2}\right)^2}{\left(\frac{x}{2}\right)^2 \cdot 4}=\frac{1}{2}\lim\limits_{x \to 0} \frac{\left(\sin \frac{x}{2}\right)^2}{\left(\frac{x}{2}\right)^2}$

$$=\frac{1}{2}\lim\limits_{x \to 0} \frac{\sin \frac{x}{2}}{\frac{x}{2}} \cdot \lim\limits_{x \to 0} \frac{\sin \frac{x}{2}}{\frac{x}{2}}=\frac{1}{2}.$$

例 3 求 $\lim\limits_{x \to \frac{\pi}{3}} \frac{1-2\cos x}{\sin\left(x-\frac{\pi}{3}\right)}$.

解 作变换 $x-\frac{\pi}{3}=u$，则 $x=\frac{\pi}{3}+u$. 且 $x \to \frac{\pi}{3}$ 与 $u \to 0$ 等价. 又

$$\begin{aligned} 1-2\cos x &= 1-2\cos\left(\frac{\pi}{3}+u\right) \\ &= 1-2\left(\cos \frac{\pi}{3} \cdot \cos u-\sin \frac{\pi}{3} \cdot \sin u\right) \\ &= 1-\cos u+\sqrt{3}\sin u. \end{aligned}$$

于是由§3之3.2知

$$\lim_{x\to\frac{\pi}{3}}\frac{1-2\cos x}{\sin\left(x-\frac{\pi}{3}\right)}=\lim_{u\to 0}\frac{1-\cos u+\sqrt{3}\sin u}{\sin u}$$

$$=\lim_{u\to 0}\frac{1-\cos u}{\sin u}+\sqrt{3}$$

$$=\lim_{u\to 0}\frac{2\sin^2\frac{u}{2}}{2\cdot\sin\frac{u}{2}\cdot\cos\frac{u}{2}}+\sqrt{3}$$

$$=\lim_{u\to 0}\sin\frac{u}{2}\cdot\lim_{u\to 0}\frac{1}{\cos\frac{u}{2}}+\sqrt{3}$$

$$=\sqrt{3}.$$

5.2 证明 $\lim\limits_{x\to\infty}\left(1+\frac{1}{x}\right)^x=\mathrm{e}$

分两步证明.

1. 证明数列极限 $\lim\limits_{n\to+\infty}\left(1+\frac{1}{n}\right)^n=\mathrm{e}$

设

$$x_n=\left(1+\frac{1}{n}\right)^n.$$

由二项式定理得

$$x_n=1+n\cdot\frac{1}{n}+\frac{n(n-1)}{2!}\cdot\frac{1}{n^2}$$

$$+\frac{n(n-1)(n-2)}{3!}\cdot\frac{1}{n^3}+\cdots+\frac{n(n-1)\cdots3\cdot2\cdot1}{n!}\cdot\frac{1}{n^n}$$

$$=1+1+\frac{1}{2!}\left(1-\frac{1}{n}\right)+\frac{1}{3!}\left(1-\frac{1}{n}\right)\left(1-\frac{2}{n}\right)+\cdots$$

$$+\frac{1}{n!}\left(1-\frac{1}{n}\right)\left(1-\frac{2}{n}\right)\cdots\left(1-\frac{n-1}{n}\right).$$

同理可得

$$x_{n+1}=1+1+\frac{1}{2!}\left(1-\frac{1}{n+1}\right)+\frac{1}{3!}\left(1-\frac{1}{n+1}\right)\left(1-\frac{2}{n+1}\right)$$
$$+\cdots+\frac{1}{n!}\left(1-\frac{1}{n+1}\right)\left(1-\frac{2}{n+1}\right)\cdots\left(1-\frac{n-1}{n+1}\right)$$
$$+\frac{1}{(n+1)!}\left(1-\frac{1}{n+1}\right)\left(1-\frac{2}{n+1}\right)\cdots\left(1-\frac{n}{n+1}\right).$$

比较 x_n 和 x_{n+1} 的右端，从项数看，x_{n+1} 比 x_n 多了最后一项，并且这一项显然是正的；而除第一、二项外，从第三项起直到第 $n+1$ 项止，x_n 的每一项都小于 x_{n+1} 的相应项. 事实上，有

$$\left(1-\frac{1}{n}\right)<\left(1-\frac{1}{n+1}\right),$$
$$\left(1-\frac{2}{n}\right)<\left(1-\frac{2}{n+1}\right),$$
$$\cdots\cdots$$
$$\left(1-\frac{n-1}{n}\right)<\left(1-\frac{n-1}{n+1}\right),$$

因此 $$x_n<x_{n+1}\quad(n=1,2,\cdots),$$

即 $\{x_n\}$ 是单调上升数列.

又 $\{x_n\}$ 有上界. 事实上，有

$$x_n<1+1+\frac{1}{2!}+\frac{1}{3!}+\cdots+\frac{1}{n!}$$
$$<1+1+\frac{1}{1\cdot 2}+\frac{1}{2\cdot 3}+\cdots+\frac{1}{(n-1)n}$$
$$=1+1+\left(1-\frac{1}{2}\right)+\left(\frac{1}{2}-\frac{1}{3}\right)+\cdots+\left(\frac{1}{n-1}-\frac{1}{n}\right)$$
$$=1+1+1-\frac{1}{n}=3-\frac{1}{n}<3.$$

根据数列极限存在的定理知，$\{x_n\}$ 必有极限. 可以证明这个极限是一个无理数(此处不证)，通常记作 e，即

$$\mathrm{e}=\lim_{n\to+\infty}\left(1+\frac{1}{n}\right)^n.$$

这就是自然对数的底. 以后我们可以对 e 作近似计算，得到

$$e \approx 2.7182818.$$

2. 证明函数极限 $\lim\limits_{x\to\infty}\left(1+\frac{1}{x}\right)^{x}=e$

根据双侧极限和单侧极限的关系，即

$$\lim_{x\to\infty} f(x) = A \Longleftrightarrow \lim_{x\to+\infty} f(x) = \lim_{x\to-\infty} f(x) = A,$$

只需分别证明

$$\lim_{x\to+\infty}\left(1+\frac{1}{x}\right)^{x} = e, \quad \lim_{x\to-\infty}\left(1+\frac{1}{x}\right)^{x} = e.$$

先证 $\lim\limits_{x\to+\infty}\left(1+\frac{1}{x}\right)^{x}=e$. 因为 $x\to+\infty$，所以不妨设 $x>1$. 令 $[x]=n$，则

$$n \leqslant x < n+1,$$

从而

$$\frac{1}{n+1} < \frac{1}{x} \leqslant \frac{1}{n}, \quad 1+\frac{1}{n+1} < 1+\frac{1}{x} \leqslant 1+\frac{1}{n}.$$

于是 $$\left(1+\frac{1}{n+1}\right)^{n} < \left(1+\frac{1}{x}\right)^{x} < \left(1+\frac{1}{n}\right)^{n+1}.$$

注意到

$$\lim_{n\to+\infty}\left(1+\frac{1}{n+1}\right)^{n} = \lim_{n\to+\infty}\frac{\left(1+\frac{1}{n+1}\right)^{n+1}}{1+\frac{1}{n+1}}$$

$$= \frac{\lim\limits_{n\to+\infty}\left(1+\frac{1}{n+1}\right)^{n+1}}{\lim\limits_{n\to+\infty}\left(1+\frac{1}{n+1}\right)} = \frac{e}{1} = e,$$

$$\lim_{n\to+\infty}\left(1+\frac{1}{n}\right)^{n+1} = \lim_{n\to+\infty}\left(1+\frac{1}{n}\right)^{n}\cdot\left(1+\frac{1}{n}\right) = e.$$

又，当 $x\to+\infty$时，有 $n=[x]\to+\infty$. 于是由夹逼定理知

$$\lim_{x\to+\infty}\left(1+\frac{1}{x}\right)^{x} = e.$$

再证 $\lim\limits_{x\to-\infty}\left(1+\frac{1}{x}\right)^{x}=e$. 因为 $x\to-\infty$，所以不妨设 $x<0$. 令

$y=-x$,则 $y>0$,且

$$\left(1+\frac{1}{x}\right)^{x}=\left(1-\frac{1}{y}\right)^{-y}=\left(\frac{y}{y-1}\right)^{y}=\left(1+\frac{1}{y-1}\right)^{y}$$

$$=\left(1+\frac{1}{y-1}\right)^{y-1}\cdot\left(1+\frac{1}{y-1}\right).$$

当 $x\to-\infty$时, $y\to+\infty$,于是 $y-1\to+\infty$,从而

$$\lim_{x\to-\infty}\left(1+\frac{1}{x}\right)^{x}=\lim_{y-1\to+\infty}\left(1+\frac{1}{y-1}\right)^{y-1}\cdot\lim_{y-1\to+\infty}\left(1+\frac{1}{y-1}\right)$$

$$=\mathrm{e}\cdot 1=\mathrm{e}.$$

极限 $\lim\limits_{x\to\infty}\left(1+\frac{1}{x}\right)^{x}=\mathrm{e}$ 有时也写成 $\lim\limits_{\alpha\to0}(1+\alpha)^{\frac{1}{\alpha}}=\mathrm{e}$.

例 4 求 $\lim\limits_{x\to\infty}\left(1+\frac{3}{x}\right)^{x}$.

解 原式$=\lim\limits_{x\to\infty}\left[\left(1+\frac{3}{x}\right)^{\frac{x}{3}}\right]^{3}=\mathrm{e}^{3}$.

例 5 求 $\lim\limits_{x\to\infty}\left(1-\frac{3}{x}\right)^{x}$.

解 原式$\xlongequal{\text{令}-3/x=\alpha}\lim\limits_{\alpha\to0}(1+\alpha)^{-\frac{3}{\alpha}}$

$$=\lim_{\alpha\to0}[(1+\alpha)^{1/2}]^{-3}=\frac{1}{\lim\limits_{\alpha\to0}[(1+\alpha)^{1/2}]^{3}}=\frac{1}{\mathrm{e}^{3}}.$$

例 6 求 $\lim\limits_{x\to0}(1+\sin x)^{\frac{1}{\sin x}}$.

解 原式$\xlongequal{\text{令}\sin x=\alpha}\lim\limits_{\alpha\to0}(1+\alpha)^{\frac{1}{\alpha}}=\mathrm{e}$.

例 7 求 $\lim\limits_{x\to\infty}\left(\frac{x^{2}-3}{x^{2}+2}\right)^{2x^{2}}$.

解 由于$\frac{x^{2}-3}{x^{2}+2}=\frac{x^{2}+2-5}{x^{2}+2}=1-\frac{5}{x^{2}+2}$, 令$-\frac{5}{x^{2}+2}=\alpha$,则

$x^{2}=-2-\frac{5}{\alpha}$,于是

$$\lim_{x\to\infty}\left(\frac{x^{2}-3}{x^{2}+2}\right)^{2x^{2}}=\lim_{\alpha\to0}(1+\alpha)^{-4-\frac{10}{\alpha}}$$

$$= \lim_{\alpha\to 0}\frac{1}{(1+\alpha)^4}\cdot\lim_{\alpha\to 0}\frac{1}{[(1+\alpha)^{1/\alpha}]^{10}} = \frac{1}{e^{10}}.$$

习 题 2.3

A 组

1. 用单调有界数列必有极限的定理证明下列数列的极限存在：

(1) $x_n=1+\frac{1}{2^2}+\cdots+\frac{1}{n^2}$；

(2) $x_n=\frac{1}{5+10}+\frac{1}{5^2+10}+\cdots+\frac{1}{5^n+10}$；

(3) $x_n=\frac{1}{2}\cdot\frac{3}{4}\cdot\cdots\cdot\frac{2n-1}{2n}$；　　(4) $x_n=\frac{1}{n}+\frac{1}{n+1}+\cdots+\frac{1}{2n}$.

2. 求下列数列的极限：

(1) $x_1=\sqrt{2}$，…，$x_{n+1}=\sqrt{2x_n}$，$n=1,2,\cdots$；

(2) $x_0=1$，$x_{n+1}=1+\frac{x_n}{1+x_n}$；

(3) $x_1=\sin x$，$x_{n+1}=\sin x_n$，$n=1,2,\cdots$.

3. 求下列各极限：

(1) $\lim\limits_{x\to 0}\frac{\sin\alpha x}{\sin\beta x}\ (\beta\neq 0)$；　　(2) $\lim\limits_{x\to a}\frac{\cos x-\cos a}{x-a}$；

(3) $\lim\limits_{x\to a}\frac{\sin x-\sin a}{x-a}$；　　(4) $\lim\limits_{x\to 0}\frac{\arcsin x}{x}$；

(5) $\lim\limits_{x\to 0}\frac{\arctan x}{x}$；　　(6) $\lim\limits_{x\to \pi}\frac{\sqrt{1+\tan x}-\sqrt{1-\tan x}}{\sin 2x}$；

(7) $\lim\limits_{x\to\infty}x\sin\frac{1}{x}$；　　(8) $\lim\limits_{x\to 0}x\sin\frac{1}{x}$.

4. 设在某变化过程中 $u(x)\neq 0$. 若 $\lim u(x)=0$ 且

$$\lim u(x)v(x) = a,$$

则 $\lim[1+u(x)]^{v(x)}=e^a$.

5. 求下列各极限：

(1) $\lim\limits_{x\to 0}\sqrt[x]{1-2x}$；　　(2) $\lim\limits_{x\to\infty}\left(1+\frac{k}{x}\right)^{mx}$ (k,m 为正整数)；

(3) $\lim\limits_{x\to\infty}\left(\frac{x-2}{x+2}\right)^{2x}$；　　(4) 若 $\lim\limits_{x\to\infty}\left[\frac{x+2a}{x-a}\right]^x=8$，求 a；

(5) $\lim\limits_{x\to 1}(1+\sin\pi x)^{\cot\pi x}$.

B 组

求下列各极限：

1. $\lim\limits_{x\to\frac{\pi}{2}}[\sec x-\tan x]$.

2. $\lim\limits_{x\to 0}\dfrac{\sqrt{1+\tan x}-\sqrt{1+\sin x}}{x^3}$.

3. $\lim\limits_{x\to\frac{\pi}{4}}\tan 2x\tan\left(\dfrac{\pi}{4}-x\right)$.

4. $\lim\limits_{x\to\frac{\pi}{4}}(\tan x)^{\tan 2x}$.

5. $\lim\limits_{x\to\infty}\left(\cos\dfrac{a}{x}\right)^{x^2}$ $(a\neq 0)$.

§6 无穷小量与无穷大量

6.1 无穷小量的概念

定义 1 在某一极限过程(如 $n\to+\infty$;或 $x\to x_0, x\to x_0+0, x\to x_0-0$;或 $x\to\infty, x\to+\infty, x\to-\infty$)中,以 0 为极限的变量(数列或函数)称为该极限过程中的**无穷小量**.

例如,当 $n\to+\infty$时,

$$\frac{1}{n},\ \frac{1}{n^2},\ \frac{1}{2^n},\ q^n\quad(\text{当 } |q|<1)$$

是无穷小量. 当 $x\to 0$ 时,

$$\sqrt{x},\ x,\ x^2,\ x^3,\ \sin x,\ 1-\cos x$$

是无穷小量. 当 $x\to 1$ 时,

$$\sqrt[3]{x-1},\ (x-1)^2,\ x^2-1,\ x^3-x^2+x-1,\ \frac{x-1}{x+2}$$

是无穷小量. 当 $x\to\infty$时, $\dfrac{\sin x}{x}$是无穷小量.

思考题 (1) 越变越小的量是不是无穷小量?

(2) 绝对值越变越小的量是不是无穷小量?

6.2 无穷小量阶的比较

在同一极限过程中出现的几个无穷小量,尽管都以 0 为极限,

但趋于0的“快”和“慢”却往往不一样，在某些问题中，需要比较它们趋于0的“速度”.

定义2 设α,β是同一极限过程中的两个无穷小量.

若$\lim \frac{\alpha}{\beta}=c\neq 0$，则称$\alpha$与$\beta$是**同阶**(或**同级**)无穷小量. 特别地，

若$\lim \frac{\alpha}{\beta}=1$，则称$\alpha$与$\beta$是**等价**无穷小量，记作

$$\alpha \sim \beta;$$

若$\lim \frac{\alpha}{\beta}=0$，则称$\alpha$是比$\beta$更**高阶**的无穷小量，记作

$$\alpha = o(\beta);$$

若$\lim \frac{\alpha}{\beta}$不存在，则称$\alpha$与$\beta$无法比较.

例如，当$n\to+\infty$时

$$\frac{1}{n^2} \text{ 与 } \frac{-1}{n^2+3} \text{ 是同阶无穷小量,}$$

$$\frac{1}{n^2} \sim \frac{1}{n^2+1},$$

$$\frac{1}{n^2} = o\left(\frac{1}{n}\right);$$

当$x\to 0$时，有

$$\sin x \sim x, \quad \tan x \sim x,$$

$$-3x^2 = o(x), \quad 1-\cos x = o(x) \quad \text{(请自己证明).}$$

定义3 设α,β是同一极限过程中的两个无穷小量. 若$\lim \frac{\alpha}{\beta^k}=c\neq 0$(其中$k>0$)，则称$\alpha$是关于$\beta$的**$k$阶无穷小量**.

例如，由

$$\lim_{x\to 0}\frac{1-\cos x}{x^2}=\frac{1}{2}\neq 0$$

知，当$x\to 0$时，$1-\cos x$是关于x的二阶无穷小量.

6.3 无穷小量的性质

定理 1(有极限的变量与无穷小量的关系)

$$\lim_{x \to x_0} f(x) = A \Longleftrightarrow f(x) = A + \alpha(x),$$

其中 $\alpha(x)$ 当 $x \to x_0$ 时是无穷小量,即 $\lim\limits_{x \to x_0} \alpha(x) = 0$.

证 必要性 设 $\lim\limits_{x \to x_0} f(x) = A$,则由定义知,任给 $\varepsilon > 0$,存在 $\delta > 0$,使得当 $0 < |x - x_0| < \delta$ 时,有

$$|f(x) - A| < \varepsilon.$$

令 $\alpha(x) = f(x) - A$,则当 $0 < |x - x_0| < \delta$ 时,有

$$|\alpha(x)| = |\alpha(x) - 0| < \varepsilon,$$

即

$$\lim_{x \to x_0} \alpha(x) = 0.$$

于是得到 $f(x) = A + \alpha(x)$,其中 $\lim\limits_{x \to x_0} \alpha(x) = 0$.

充分性 设 $f(x) = A + \alpha(x)$,其中 $\lim\limits_{x \to x_0} \alpha(x) = 0$. 由此式知,任给 $\varepsilon > 0$,存在 $\delta > 0$,使得当 $0 < |x - x_0| < \delta$ 时,有

$$|\alpha(x)| = |f(x) - A| < \varepsilon.$$

于是证明了 $\lim\limits_{x \to x_0} f(x) = A$. ▌

说明 定理 1 对于其他极限过程也是成立的,例如有

$$\lim_{n \to \infty} x_n = A \Longleftrightarrow x_n = A + \alpha_n,$$

其中 $\lim\limits_{n \to \infty} \alpha_n = 0$.

$$\lim_{x \to \infty} f(x) = A \Longleftrightarrow f(x) = A + \alpha(x),$$

其中 $\lim\limits_{x \to \infty} \alpha(x) = 0$. 等等.

定理 1 指出,有极限的变量可以表为它的极限值与一个无穷小量之和.

定理 2 两个无穷小量的代数和仍是无穷小量.

证 我们以极限过程 $x \to x_0$ 为例给出证明.

设 $f(x)$,$g(x)$ 当 $x \to x_0$ 时是无穷小量,即

$$\lim_{x \to x_0} f(x) = 0, \quad \lim_{x \to x_0} g(x) = 0.$$

则由极限的加、减法运算知

$$\lim_{x \to x_0} [f(x) \pm g(x)] = \lim_{x \to x_0} f(x) \pm \lim_{x \to x_0} g(x) = 0,$$

即当 $x \to x_0$ 时，$f(x) \pm g(x)$ 是无穷小量． ▌

定理 2 可以推广到任意**有限个**无穷小量的情形．

定理 3 两个无穷小量的积仍是无穷小量．

（请读者自己证明．）

思考题 两个无穷小量的商是不是无穷小量？

定理 4 无穷小量与有界变量的乘积是无穷小量．

证 设 $\lim\limits_{x \to x_0} f(x) = 0$．又，存在 $\gamma > 0$ 及 $M > 0$，使得当 $0 < |x - x_0| < \gamma$ 时，有

$$|g(x)| \leqslant M.$$

由 $\lim\limits_{x \to x_0} f(x) = 0$ 知，任给 $\varepsilon > 0$，存在 $\delta_1 > 0$，使得当 $0 < |x - x_0| < \delta_1$ 时，有

$$|f(x)| < \varepsilon / M.$$

于是当 $0 < |x - x_0| < \delta = \min\{\gamma, \delta_1\}$ 时，有

$$|f(x) \cdot g(x)| = |f(x)| \cdot |g(x)| < \varepsilon / M \cdot M = \varepsilon,$$

即

$$\lim_{x \to x_0} f(x) \cdot g(x) = 0. \quad ▌$$

定理 5（**等价无穷小量的代换定理**） 假设在同一极限过程中有变量 u 及非零无穷小量 $\alpha, \alpha_1, \beta, \beta_1$，且 $\alpha \sim \alpha_1, \beta \sim \beta_1$；又，$\lim u \cdot \dfrac{\alpha}{\beta} = A$，则

$$\lim u \cdot \frac{\alpha}{\beta} = \lim u \cdot \frac{\alpha_1}{\beta_1} = A.$$

证 $\lim u \cdot \dfrac{\alpha}{\beta} = \lim u \cdot \dfrac{\alpha}{\alpha_1} \cdot \dfrac{\alpha_1}{\beta_1} \cdot \dfrac{\beta_1}{\beta}$

$$= \lim \frac{\alpha}{\alpha_1} \cdot \lim u \cdot \frac{\alpha_1}{\beta_1} \cdot \lim \frac{\beta_1}{\beta}$$

$$=1\cdot\lim u\cdot\frac{\alpha_1}{\beta_1}\cdot 1=\lim u\cdot\frac{\alpha_1}{\beta_1}=A. \quad \blacksquare$$

定理 5 表明,求极限时,函数式中的无穷小量**因子**可用其等价无穷小量来替换.

6.4 无穷大量

定义 4(数列为无穷大量的情形) 设有数列 $\{x_n\}$. 当 $n\to+\infty$ 时,若绝对值 $|x_n|$ 无限变大,即对任给 $M>0$,不论它多么大,总存在自然数 N,使得当 $n>N$ 时,有

$$|x_n|>M,$$

则称数列 $\{x_n\}$ 当 $n\to+\infty$ 时为**无穷大量**,记作

$$\lim_{n\to+\infty}x_n=\infty.$$

例如,当 $n\to+\infty$ 时,

$$\sqrt{n},\ n,\ n^2,\ -3n^2,\ (-1)^n2^n,\ n!,\ n^n$$

都是无穷大量.

思考题 当 $n\to+\infty$ 时,$\dfrac{1+(-1)^n}{2}\cdot n$ 是不是无穷大量?

定义 5(函数为无穷大量的情形) 设有函数 $f(x)$. 当 $x\to x_0$ 时,若绝对值 $|f(x)|$ 无限变大,即对任给 $M>0$,不论它多么大,总存在 $\delta>0$,使得当 $0<|x-x_0|<\delta$ 时,有

$$|f(x)|>M,$$

则称函数 $f(x)$ 当 $x\to x_0$ 时为**无穷大量**,记作

$$\lim_{x\to x_0}f(x)=\infty.$$

例如,当 $x\to0$ 时,$\dfrac{1}{x}$ 是无穷大量;当 $x\to-1$ 时,$\dfrac{1}{(x+1)^2}$ 是无穷大量.

思考题 (1) 试叙述

$$\lim_{x\to\infty}f(x)=\infty,\quad \lim_{x\to x_0}f(x)=+\infty,$$

$$\lim_{x\to x_0}f(x)=-\infty,\quad \lim_{n\to+\infty}x_n=\pm\infty,$$

以及 $\lim\limits_{x\to x_0+0} f(x)=\pm\infty$，$\lim\limits_{x\to x_0-0} f(x)=\pm\infty$，……的定义.

(2) 证明

$$\lim_{x\to 1}\frac{1}{(x-1)^2}=+\infty,\quad \lim_{x\to -1-0}\frac{1}{x+1}=-\infty,$$

$$\lim_{x\to 0+0} e^{\frac{1}{x}}=+\infty,\quad \lim_{x\to +\infty}\log_{\frac{1}{2}}x=-\infty,$$

$$\lim_{x\to 0+0}\log_{\frac{1}{2}}x=+\infty.$$

读者不妨画出各示意图,从直观上再看一看.

(3) 当 $x\to+\infty$ 时，$x\cdot\sin x$ 是不是无穷大量?

注 定理 5 中的 A,可以是无穷大量.

6.5 无穷大量与无穷小量的关系

定理 6 在同一极限过程中,无穷大量的倒数是无穷小量,非零无穷小量的倒数是无穷大量.

证 我们以极限过程 $x\to x_0$ 为例给出证明.

(1) 要证：若 $\lim\limits_{x\to x_0} f(x)=\infty$,则 $\lim\limits_{x\to x_0}\frac{1}{f(x)}=0$,即需要证明：任给 $\varepsilon>0$,存在 $\delta>0$,使得当 $0<|x-x_0|<\delta$ 时,有

$$\left|\frac{1}{f(x)}-0\right|=\frac{1}{|f(x)|}<\varepsilon.$$

由 $\lim\limits_{x\to x_0} f(x)=\infty$ 知,任给 $\varepsilon>0$,对于正数 $M=1/\varepsilon$,必存在 $\delta>0$,使得当 $0<|x-x_0|<\delta$ 时,有

$$|f(x)|>M.$$

于是有

$$\frac{1}{|f(x)|}<\frac{1}{M}=\varepsilon,$$

即

$$\lim_{x\to x_0}\frac{1}{f(x)}=0.$$

(2) 要证：若 $\lim\limits_{x\to x_0} g(x)=0$,且 $g(x)\neq 0$,则 $\lim\limits_{x\to x_0}\frac{1}{g(x)}=\infty$,即需要证明：任给 $M>0$,存在 $\delta>0$,使得当 $0<|x-x_0|<\delta$ 时,有

$$\left|\frac{1}{g(x)}\right| > M.$$

由假设 $\lim\limits_{x\to x_0} g(x)=0$(且 $g(x)\neq 0$)知,对于任给 $M>0$,及正数 $\varepsilon=1/M$,必存在 $\delta>0$,使得当 $0<|x-x_0|<\delta$ 时,有

$$|g(x)-0| = |g(x)| < 1/M.$$

于是有

$$\left|\frac{1}{g(x)}\right| = \frac{1}{|g(x)|} > M,$$

即

$$\lim_{x\to x_0}\frac{1}{g(x)} = \infty. \quad \blacksquare$$

例如,当 $x\to+\infty$ 时,e^x 是无穷大量,因此 $e^{-x}=\frac{1}{e^x}$ 是无穷小量. 当 $x\to 0$ 时,x^3 是无穷小量,因此 $\frac{1}{x^3}$ 是无穷大量.

6.6 无穷大量阶的比较

定义 6 设 y,z 是同一极限过程中的两个无穷大量.

若 $\lim\frac{z}{y}=c\neq 0$,则称 z 与 y 是**同阶**(或**同级**)无穷大量;

若 $\lim\frac{z}{y}=\infty$,则称 z 是比 y 更**高阶**的无穷大量;

若 $\lim\frac{z}{y^k}=c\neq 0$ ($k>0$ 为常数),则称 z 是关于 y 的 k **阶无穷大量**.

例如,当 $x\to\infty$ 时,$1+3x^2-4x^3$ 是 x 的三阶无穷大量.

习 题 2.4

A 组

1. 设数列 x_n 是无穷小,y_n 与 z_n 都是无穷大,问:

(1) x_ny_n 是否是无穷小,为什么?

(2) y_n+z_n 是否是无穷大,为什么?

(3) $\frac{x_n}{y_n}$ 是否是无穷小,为什么?

(4) y_nz_n 是否是无穷大,为什么?

2. 证明下列各关系式:

(1) $(1+x)^k=1+kx+o(x)$ $(x\to0)$, k 为正整数;

(2) $(1+x)^k=x^k+o(x^k)$ $(x\to\infty)$, k 为正整数;

(3) $\frac{1-x}{1+x}\sim1-\sqrt{x}$ $(x\to1)$;

(4) $\sqrt{x+\sqrt{x+\sqrt{x}}}\sim\sqrt{x}$ $(x\to+\infty)$;

(5) $\sqrt{x+\sqrt{x+\sqrt{x}}}\sim\sqrt[8]{x}$ $(x\to+0)$.

3. 当 $x\to0$ 时,试确定下列各无穷小关于基本无穷小 x 的阶数:

(1) $x^3+10^2x^2$;

(2) $\sqrt[3]{x^2}-\sqrt{x}$ $(x>0)$;

(3) $\frac{x(x+1)}{1+\sqrt{x}}$ $(x>0)$;

(4) $\sqrt{5+x^3}-\sqrt{5}$;

(5) $\sqrt[3]{\tan x}$;

(6) $\ln(1+x)$;

(7) $x+\sin x$;

(8) $\sin x-\tan x$.

4. 当 $x\to\infty$ 时,证明:

(1) $x^2\sin x+x=o(x^3)$;

(2) $x^2+|x|=o(x^3)$;

(3) $x\arctan x=o(x^2)$;

(4) $\sqrt{x^2+\sqrt{x^2}}\sim|x|$.

5. 用 ε-X 与 ε-N 的语言叙述下列无穷大量:

(1) $\lim\limits_{x\to+\infty}f(x)=-\infty$;

(2) $\lim\limits_{x\to-\infty}f(x)=-\infty$;

(3) $\lim\limits_{x\to\infty}f(x)=-\infty$;

(4) $\lim\limits_{n\to\infty}a_n=-\infty$.

6. 用定义证明下列极限(提示:用适当放大法或适当缩小法):

(1) $\lim\limits_{x\to-\infty}\frac{x^2+x}{x+4}=-\infty$;

(2) $\lim\limits_{x\to2}\frac{x^2}{x^2-4}=\infty$.

B 组

定出适当的 p,使下面各式成立.

1. $\sqrt{1-\cos x}+\sqrt[3]{x\sin x}\sim x^p$ $(x\to0)$.

2. $(1+x)(1+x^2)\cdots(1+x^n)\sim x^p$ $(x\to+\infty)$.

3. $\sin(2\pi\sqrt{n^2+1})\sim\frac{\pi}{n^p}$ $(n\to\infty)$.

§7 函数连续性的概念

在许多问题中，经常会遇到连续函数. 连续函数也是高等数学这门课的主要研究对象. 这类函数的特点是：当自变量变化很小时，相应的函数值变化也很小.

7.1 函数连续性的定义

我们先从直观上看一看.

设函数 $y=f(x)$在某区间 E 上有定义. 不难了解，如果 $y=f(x)$的图形是一条连续不断的曲线，那么我们就认为函数 $y=f(x)$在区间 E 上是连续的. 例如，$y=x$, $y=x^2$, $y=\sin x$ 等在$(-\infty,+\infty)$上连续，$y=\tan x$ 在$\left(-\frac{\pi}{2},\frac{\pi}{2}\right)$内连续.

但是，下面几个函数的图形却在某一点处断开了：

$$y=1,\quad 当\ x\neq 0\ (图\ 2\text{-}11).$$

$$y=\begin{cases}1, & 当\ x\neq 0,\\ 2, & 当\ x=0\ (图\ 2\text{-}12).\end{cases}$$

$$y=\begin{cases}x+1, & 当\ x>0,\\ x-1, & 当\ x<0\ (图\ 2\text{-}13).\end{cases}$$

$$y=\begin{cases}-1, & 当\ x\leqslant 0,\\ \dfrac{1}{x}, & 当\ x>0\ (图\ 2\text{-}14).\end{cases}$$

这几个图形都在点 $x=0$ 处断开了，左、右两分支没有连上. 分析其原因，不外有三种：在点 $x=0$ 处，函数没有定义(图 2-11, 2-13)；在点 $x=0$ 处，函数没有极限(或者是左、右极限都存在，但不相等，如图 2-13 所示；或者是至少有一个单侧极限不存在，如图 2-14 所示)；在点 $x=0$ 处，函数值不等于极限值(图 2-12).

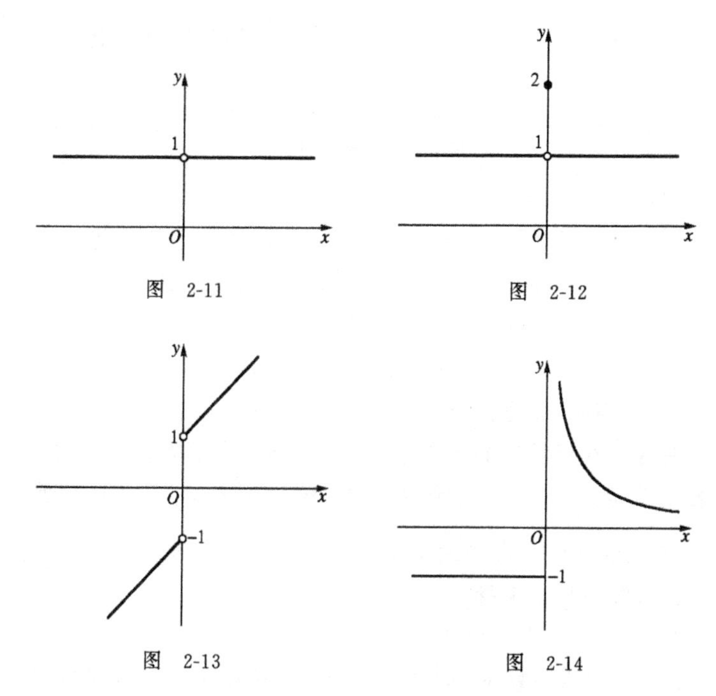

图 2-11　　图 2-12

图 2-13　　图 2-14

不难理解：要使函数 $y=f(x)$ 的图形在相应于点 $x=x_0$ 处不断开，必须且只需函数在点 $x=x_0$ 处有定义、有极限，并且极限值等于函数值. 于是我们可以给出函数在某一点处连续性的定义.

1. 函数在某一点处的连续性定义

定义 1　设函数 $y=f(x)$ 在点 x_0 及其附近有定义. 若极限 $\lim\limits_{x \to x_0} f(x)$ 存在，并且等于函数值，即

$$\lim_{x \to x_0} f(x) = f(x_0),$$

则称函数 $f(x)$ **在点 x_0 处连续**，此时 x_0 称为 $f(x)$ 的**连续点**.

若 $f(x)$ 在点 x_0 处不连续，则称 x_0 为 $f(x)$ 的**间断点**.

例 1　$y=c$ 在任一点 $x_0 \in (-\infty, +\infty)$ 处连续(见 §1 例 10). $y=\sin x$, $y=\cos x$ 在任一点 $x_0 \in (-\infty, +\infty)$ 处连续(见 §5 的(25)及(26)式).

又 $y=\tan x$ 在任一点 $x_0\in\left(-\frac{\pi}{2},\frac{\pi}{2}\right)$ 处连续. 事实上

$$\lim_{x\to x_0}\tan x=\lim_{x\to x_0}\frac{\sin x}{\cos x}=\frac{\lim\limits_{x\to x_0}\sin x}{\lim\limits_{x\to x_0}\cos x}=\frac{\sin x_0}{\cos x_0}=\tan x_0.$$

同理可证：$y=\cot x$ 在任一点 $x_0\in(0,\pi)$处连续.

用 ε-δ 语言，可以给出函数在一点处连续的等价定义.

定义 1′ 设函数 $f(x)$在点 x_0 及其附近有定义. 若对任给 $\varepsilon>0$，存在 $\delta>0$，使得当 $|x-x_0|<\delta$ 时，恒有

$$|f(x)-f(x_0)|<\varepsilon,$$

则称 $f(x)$**在点** x_0 **处连续**.

注意 在连续性的定义中，点 x_0 不能除外，因为 $f(x)$在点 x_0 处必须有定义. 这一点与函数极限 $\lim\limits_{x\to x_0}f(x)$的定义不同，在那里，点 x_0 可能除外，因为讨论极限时，只考虑 x 与 x_0 无限接近的情形，而不涉及点 x_0 本身.

利用定义 1′可以证明

例 2 指数函数 $y=a^x$ $(a>0,a\neq1)$在点 $x=0$ 处连续，即有

$$\lim_{x\to0}a^x=a^0=1\quad(a>0,a\neq1).$$

证 (1) 设 $a>1$.

先证右极限 $\lim\limits_{x\to0+0}a^x=1$.

由 §1 例 6 的思考题(2)知

$$\lim_{n\to\infty}a^{\frac{1}{n}}=1\ (a>1).$$

在那里，对任给 $\varepsilon>0$，我们取 $N=\left[\frac{a}{\varepsilon}\right]$，证明了当 $n>N$ 时，有

$$|a^{\frac{1}{n}}-1|=a^{\frac{1}{x}}-1<\varepsilon,$$

即
$$a^{\frac{1}{n}}<1+\varepsilon.$$

特别地，有

$$a^{\frac{1}{N+1}}<1+\varepsilon.$$

今取 $\delta=\frac{1}{N+1}$,则当 $0<x<\delta$ 时,有

$$1 < a^x < a^{\frac{1}{N+1}} < 1 + \varepsilon.$$

从而

$$\lim_{x\to 0+0} a^x = 1.$$

再证左极限 $\lim\limits_{x\to 0-0} a^x=1$.

令 $x=-t$,则 $t>0$,且 $a^x=\frac{1}{a^t}$,于是

$$\lim_{x\to 0-0} a^x = \lim_{t\to 0+0} \frac{1}{a^t} = \frac{1}{\lim\limits_{t\to 0+0} a^t} = 1,$$

因此

$$\lim_{x\to 0} a^x = 1.$$

(2) 设 $0<a<1$.

此时$\frac{1}{a}>1$,于是由(1)知

$$\lim_{x\to 0}\left(\frac{1}{a}\right)^x = 1.$$

从而

$$\lim_{x\to 0} a^x = \lim_{x\to 0} \frac{1}{\left(\frac{1}{a}\right)^x} = \frac{1}{\lim\limits_{x\to 0}\left(\frac{1}{a}\right)^x} = 1. \quad \blacksquare$$

推论 指数函数 $y=a^x$ $(a>0, a\neq 1)$在任一点 $x_0\in(-\infty,+\infty)$处连续.

证 $\lim\limits_{x\to x_0} a^x = \lim\limits_{x\to x_0} a^{x-x_0}\cdot a^{x_0}$(由极限乘法法则)

$$= a^{x_0}\lim_{x\to x_0} a^{x-x_0} \xlongequal{令 u=x-x_0} a^{x_0}\lim_{u\to 0} a^u$$

$$= a^{x_0}\cdot 1 = a^{x_0}.$$

这表明 $y=a^x$ $(a>0, a\neq 1)$在点 x_0 处连续. $\blacksquare$

思考题 利用定义 1′证明:若 $f(x)$在点 x_0 处连续,则$|f(x)|$在点 x_0 处也连续(提示:利用不等式$||a|-|b||\leqslant|a-b|$).

由此可知,函数 $y=|x|$在任一点 $x_0\in(-\infty,+\infty)$处连续.

函数在某一点处的连续性还有一个等价的定义.这个定义是

用改变量(或增量)的语言给出的.

先介绍改变量(增量)的概念.

设函数 $y=f(x)$ 在点 x_0 及其附近有定义,当自变量从 x_0 变到 x 时,“终值”与“初值”之差 $x-x_0$ 称为**自变量的改变量**(或**增量**),记作

$$\Delta x = x - x_0.$$

相应地,两函数值之差 $f(x)-f(x_0)$ 称为**函数的改变量**(或**增量**),记作

$$\Delta y = f(x) - f(x_0).$$

由 $\Delta x=x-x_0$ 知, Δy 又可表为

$$\Delta y = f(x_0 + \Delta x) - f(x_0).$$

注意到连续性的定义 1 可写为 $\lim\limits_{x\to x_0\to 0}[f(x)-f(x_0)]=0$,即 $\lim\limits_{\Delta x\to 0}\Delta y=0$,因此我们有

定义 1″ 设函数 $y=f(x)$ 在点 x_0 及其附近有定义. 给 x_0 以改变量 Δx,相应地,函数有改变量 $\Delta y=f(x_0+\Delta x)-f(x_0)$. 令 $\Delta x\to 0$,若有 $\Delta y\to 0$,即有

$$\lim_{\Delta x\to 0}\Delta y = 0, \tag{27}$$

或
$$\lim_{\Delta x\to 0}[f(x_0 + \Delta x) - f(x_0)] = 0,$$

则称函数 $y=f(x)$ **在点 x_0 处连续**.

(27)式表明,当自变量的变化很小时,相应的函数值变化也很小. 这正是函数连续性的含义.

2. 单侧连续性

定义 2 函数 $f(x)$ 在点 x_0 处**左连续**,是指

$$\lim_{x\to x_0-0} f(x) = f(x_0);$$

函数 $f(x)$ 在点 x_0 处**右连续**,是指

$$\lim_{x\to x_0+0} f(x) = f(x_0).$$

左连续与右连续统称**单侧连续**.

定理 $f(x)$在点 x_0 处连续$\Longleftrightarrow f(x)$在点 x_0 处左连续并且右连续.

根据双侧极限和单侧极限的关系,即可证明本定理.

3. 函数在一个区间内(或区间上)的连续性

定义 3 若函数 $f(x)$在区间(a,b)的每一点处都连续,则称 $f(x)$**在**(a,b)**内连续**.

若函数 $f(x)$在闭区间$[a,b]$的每一个内点 x(即 $x\in(a,b)$)处连续,并且在左端点 a 处右连续,在右端点 b 处左连续,则称 $f(x)$ **在闭区间**$[a,b]$**上连续**.

7.2 间断点的分类

根据我们对图 2-11,2-12,2-13,2-14 的分析,以及对函数在一点处连续性的定义,可将间断点分为以下几类.

1. 可去(或可改)间断点

若函数 $f(x)$在点 x_0 处没有定义,但极限 $\lim\limits_{x\to x_0}f(x)=A$ 存在;或者 $f(x)$在点 x_0 处有定义,但是 $\lim\limits_{x\to x_0}f(x)=A\neq f(x_0)$,则称点 x_0 为函数 $f(x)$的**可去间断点**.

如果补充或改变函数在可去间断点 x_0 处的值,那么就可将该函数改变成为在点 x_0 处连续的函数.

例如,函数 $f(x)=\dfrac{\sin x}{x}$在点 $x=0$ 处无定义,但极限 $\lim\limits_{x\to 0}f(x)=\lim\limits_{x\to 0}\dfrac{\sin x}{x}=1$ 存在,因此 $x=0$ 是函数 $f(x)=\dfrac{\sin x}{x}$的可去间断点.这时,若补充定义函数在点 $x=0$ 处的值为极限值 1,则新函数

$$g(x)=\begin{cases}\dfrac{\sin x}{x}, & 当\ x\neq 0,\\ 1, & 当\ x=0\end{cases}$$

在点 $x=0$ 处连续.

思考题 图 2-11 和图 2-12 中的函数在点 $x=0$ 处间断,该点

是否为可去间断点?

2. 第一类间断点

若函数 $f(x)$ 在点 x_0 处左、右极限都存在,但不相等,即

$$f(x_0 - 0) \neq f(x_0 + 0),$$

则称 x_0 为 $f(x)$ 的**第一类间断点**.

第一类间断点的例子见图 2-13.

3. 第二类间断点

若函数 $f(x)$ 在点 x_0 处的左、右极限至少有一个不存在,则称 x_0 为 $f(x)$ 的**第二类间断点**.

图 2-14 中的点 $x=0$ 就是第二类间断点.

思考题 讨论函数 $f(x)=\dfrac{|x|}{\sin x}$ 的间断点的类型.

§8 连续函数的运算法则

8.1 连续函数的四则运算

定理 若函数 $f(x)$, $g(x)$ 在点 x_0 处连续,则

(1) 它们的和、差、积

$$f(x) \pm g(x), \quad f(x) \cdot g(x)$$

在点 x_0 处也连续.

(2) 如果 $g(x_0) \neq 0$,那么商

$$\frac{f(x)}{g(x)}$$

在点 x_0 处也连续.

这个定理是极限四则运算定理的直接推论. 例如(2),由

$$\lim_{x \to x_0} f(x) = f(x_0),$$

$$\lim_{x \to x_0} g(x) = g(x_0), \text{ 且 } g(x_0) \neq 0,$$

利用极限的除法法则,立即可得

$$\lim_{x \to x_0} \frac{f(x)}{g(x)} = \frac{\lim\limits_{x \to x_0} f(x)}{\lim\limits_{x \to x_0} g(x)} = \frac{f(x_0)}{g(x_0)}.$$

这表明,函数$\frac{f(x)}{g(x)}$在点 x_0 处连续.

利用本定理,容易推知以下结果.

例 1 $f(x)=x^n$ $(n=1,2,\cdots)$在区间$(-\infty,+\infty)$内连续.

例 2 多项式 $f(x)=a_0x^n+a_1x^{n-1}+\cdots+a_{n-1}x+a_n$ 在区间$(-\infty,+\infty)$内连续.

例 3 有理函数

$$R(x) = \frac{P(x)}{Q(x)} = \frac{a_0x^n + a_1x^{n-1} + \cdots + a_{n-1}x + a_n}{b_0x^m + b_1x^{m-1} + \cdots + b_{m-1}x + b_m}$$

在分母 $Q(x)\neq 0$ 的所有点 x 处连续.

例 4 $y=\tan x$ 在其定义域内连续,即当

$$x \neq n\pi + \frac{\pi}{2} \quad (n = 0, \pm 1, \pm 2,\cdots)$$

时连续. 事实上,有

$$\tan x = \frac{\sin x}{\cos x},$$

而 $\sin x,\cos x$ 是连续函数,并且当 $x\neq n\pi+\frac{\pi}{2}$ $(n=0,\pm 1,\pm 2,\cdots)$时,分母 $\cos x\neq 0$.

同理, $y=\cot x$ 在其定义域内连续,即当

$$x \neq n\pi \quad (n = 0, \pm 1, \pm 2,\cdots)$$

时连续.

8.2 复合函数的连续性

定理 设函数 $y=f(u)$与函数 $u=\varphi(x)$构成复合函数 $y=f[\varphi(x)]$. 若 $u=\varphi(x)$在点 x_0 处连续, $f(u)$在对应点 $u_0=\varphi(x_0)$处连续,则复合函数 $f[\varphi(x)]$在点 x_0 处连续.

证 由假设知,有

$$\lim_{x \to x_0} \varphi(x) = \varphi(x_0),$$

即
$$\lim_{x \to x_0} u = u_0,$$

及
$$\lim_{u \to u_0} f(u) = f(u_0).$$

利用复合函数求极限的法则(§3 的 3.2)知

$$\lim_{x \to x_0} f[\varphi(x)] \xlongequal{令 u = \varphi(x)} \lim_{u \to u_0} f(u) = f(u_0) = f[\varphi(x_0)],$$

即 $f[\varphi(x)]$在点 x_0 处连续. ▌

例 5 双曲正弦函数

$$\sin x = \frac{e^x - e^{-x}}{2}$$

及双曲余弦函数

$$\mathrm{ch} x = \frac{e^x + e^{-x}}{2}$$

在区间$(-\infty,+\infty)$内连续. 试说明理由.

8.3 反函数的连续性

在第一章中,我们证明了一个定理: 严格单调上升(或下降)的函数必有反函数,并且反函数也是严格单调上升(或下降)的. 下面叙述反函数的连续性.

定理 若函数 $y=f(x)$在闭区间$[a,b]$上严格单调上升(或下降),并且连续,则其反函数 $x=f^{-1}(y)$在闭区间$[f(a),f(b)]$(或$[f(b),f(a)]$)上也严格单调上升(或下降),并且连续.

注 1 对本定理的证明,我们不要求.

注 2 将闭区间$[a,b]$改为开区间(a,b),或无穷区间,仍有类似结论.

利用本定理,可以推出以下几个重要结果.

例 6 对数函数的连续性. 对数函数

$$y = \log_a x \quad (a > 0, a \neq 1)$$

在定义域$(0,+\infty)$内连续.

证 指数函数 $x=a^y$ $(a>0,a\neq 1)$在区间$(-\infty,+\infty)$内严格单调(第一章§4中4.3),并且连续(本章§7例2的推论),因此由上面定理知,反函数 $y=\log_a x$ $(a>0,a\neq 1)$在区间$(0,+\infty)$内连续. ▌

例7 幂函数的连续性. 幂函数

$$y = x^{\alpha} \quad (\alpha \neq 0 \text{ 为任意实数})$$

在定义域$(0,+\infty)$内连续.

证 $y=x^{\alpha}$ 可化为

$$y = \mathrm{e}^{\alpha \ln x} \quad (x > 0),$$

这是两个函数 $y=\mathrm{e}^u$,$u=\alpha\ln x$ 的复合函数,而 e^u 连续,且 $u=\alpha\ln x$ 连续(例6),因此由复合函数的连续性知

$$y = \mathrm{e}^{\alpha \ln x}$$

连续,即幂函数 $y=x^{\alpha}$ 连续. ▌

例8 反三角函数的连续性. 反三角函数

$$y = \arcsin x, \quad x \in [-1,1],$$
$$y = \arccos x, \quad x \in [-1,1],$$
$$y = \arctan x, \quad x \in (-\infty, +\infty),$$
$$y = \operatorname{arccot} x, \quad x \in (-\infty, +\infty)$$

在各自的区间上都是严格单调的连续函数.

证 事实上,$x=\sin y$ 在$[-\pi/2,\pi/2]$上严格单调上升并且连续,因此其反函数 $y=\arcsin x$ 在$[-1,1]$上严格单调上升并且连续(图1-21). 又,$x=\cot y$ 在$(0,\pi)$内严格单调下降并且连续,因此其反函数 $y=\operatorname{arccot} x$ 在$(-\infty,+\infty)$内严格单调下降并且连续(图1-24). 其余类似. ▌

§9 初等函数的连续性

综合以上讨论,我们有

定理1 六类基本初等函数在各自的定义域内是连续的. 即

(1) 常数函数

$$y = c$$

在区间$(-\infty,+\infty)$内连续(§7 例 1).

(2) 幂函数

$$y = x^{\alpha} \quad (\alpha \neq 0)$$

在区间$(0,+\infty)$内连续(§8 例 8).

(3) 指数函数

$$y = a^{x} \quad (a > 0, a \neq 1)$$

在区间$(-\infty,+\infty)$内连续(§7 例 2 的推论).

(4) 对数函数

$$y = \log_{a}x \quad (a > 0, a \neq 1)$$

在区间$(0,+\infty)$内连续(§8 例 6).

(5) 正弦函数

$$y = \sin x$$

及余弦函数

$$y = \cos x$$

在区间$(-\infty,+\infty)$内连续(§7 例 1). 正切函数

$$y = \tan x$$

在任一点 $x \neq n\pi + \frac{\pi}{2}$ $(n=0,\pm1,\pm2,\cdots)$处连续，余切函数

$$y = \cot x$$

在任一点 $x \neq n\pi$ $(n=0,\pm1,\pm2,\cdots)$处连续(§8 例 4).

(6) 反三角函数的连续性见§8 例 8.

定理 2 所有初等函数在它们的定义域内都是连续的.

因为初等函数是由六类基本初等函数经过有限次四则运算及有限次复合运算而得到的，所以由定理 1 及连续函数的四则运算和复合函数的连续性知，所有初等函数在它们的定义域内都是连续函数.

由连续性定义

$$\lim_{x \to x_0} f(x) = f(x_0) = f(\lim_{x \to x_0} x)$$

及复合函数连续性定理

$$\lim_{x\to x_0} f[\varphi(x)] = f[\varphi(x_0)] = f[\lim_{x\to x_0}\varphi(x)]$$

知，对于连续函数 $f(x)$ 或 $f[\varphi(x)]$ 取极限时，可将极限符号移至函数符号里面去.

例 1 求 $\lim\limits_{x\to\infty}\left(1+\dfrac{1}{3x}\right)^{x}$.

解 原式 $\xlongequal{令 1/x=y} \lim\limits_{y\to 0}\left(1+\dfrac{y}{3}\right)^{\frac{1}{y}} = \lim\limits_{y\to 0}\left[\left(1+\dfrac{y}{3}\right)^{\frac{3}{y}}\right]^{\frac{1}{3}}$

$$= \left[\lim_{y\to 0}\left(1+\frac{y}{3}\right)^{\frac{3}{y}}\right]^{\frac{1}{3}} = e^{\frac{1}{3}}.$$

例 2 证明

(1) $\lim\limits_{x\to 0}\dfrac{\ln(1+x)}{x}=1$;

(2) $\lim\limits_{x\to 0}\dfrac{a^x-1}{x}=\ln a \ (a>0)$，特例 $\lim\limits_{x\to 0}\dfrac{e^x-1}{x}=1$.

证 (1) 由 $\dfrac{\ln(1+x)}{x}=\dfrac{1}{x}\ln(1+x)=\ln(1+x)^{\frac{1}{x}}$ 得

$$\lim_{x\to 0}\frac{\ln(1+x)}{x} = \lim_{x\to 0}\ \ln(1+x)^{\frac{1}{x}}$$

$$= \ln[\lim_{x\to 0}(1+x)^{\frac{1}{x}}] = \ln e = 1.$$

(2) 令 $a^x-1=t$，则 $x=\log_a(1+t)=\dfrac{\ln(1+t)}{\ln a}$，从而

$$\frac{a^x-1}{x} = \frac{\ln a}{\ln(1+t)}\cdot t = \frac{t}{\ln(1+t)}\cdot \ln a.$$

因此

$$\lim_{x\to 0}\frac{a^x-1}{x} = \lim_{t\to 0}\frac{t}{\ln(1+t)}\cdot\ln a$$

$$= \frac{1}{\lim\limits_{t\to 0}\dfrac{\ln(1+t)}{t}}\cdot\ln a = \ln a. \quad \blacksquare$$

例 2 的结论说明：

$$\ln(1+x) \sim x \quad (x \to 0),$$
$$e^x - 1 \sim x \quad (x \to 0).$$

形如

$$y = f(x)^{g(x)} \quad (\text{其中 } f(x) > 0)$$

的函数称为**幂指函数**. 利用指数函数和对数函数的连续性,可以推出幂指函数的极限运算法则.

例 3 极限的幂指运算法则.

设有幂指函数 $f(x)^{g(x)}$(其中 $f(x)>0$). 若

$$\lim_{x\to a} f(x) = A \ (A > 0), \quad \lim_{x\to a} g(x) = B,$$

则
$$\lim_{x\to a} f(x)^{g(x)} = A^B = [\lim_{x\to a} f(x)]^{\lim\limits_{x\to a} g(x)}.$$

证 因为 $f(x)^{g(x)} = e^{g(x)\cdot\ln f(x)}$,而指数函数和对数函数都是连续函数,所以有

$$\begin{aligned}\lim_{x\to a} f(x)^{g(x)} &= \lim_{x\to a} e^{g(x)\cdot\ln f(x)} = e^{\lim\limits_{x\to a}[g(x)\cdot\ln f(x)]} \\ &= e^{\lim\limits_{x\to a} g(x)\cdot\lim\limits_{x\to a}[\ln f(x)]} = e^{B\cdot\lim\limits_{x\to a}[\ln f(x)]} \\ &= e^{B\cdot\ln[\lim\limits_{x\to a} f(x)]} = e^{B\cdot\ln A} = e^{\ln(A^B)} = A^B. \quad \blacksquare\end{aligned}$$

注 定理中的极限过程"$x\to a$",包括 a 为有限数 x_0 及 a 为无穷大的情形.

例如,

$$\begin{aligned}\lim_{x\to\infty}\left(\frac{x^2-1}{3x^2+1}\right)^{\frac{2x-1}{x+5}} &= \left[\lim_{x\to\infty}\frac{x^2-1}{3x^2+1}\right]^{\lim\limits_{x\to\infty}\frac{2x-1}{x+5}} \\ &= \left(\frac{1}{3}\right)^2 = \frac{1}{9}.\end{aligned}$$

例 4 讨论函数

$$f(x) = \begin{cases} \dfrac{\sqrt{1+x}-1}{x}, & \text{当 } x > 0, \\ \dfrac{1}{2}, & \text{当 } x = 0, \\ e^{-\frac{1}{x}}, & \text{当 } x < 0 \end{cases}$$

的连续性.

解 当 $x>0$ 时，$f(x)=\frac{\sqrt{1+x}-1}{x}$ 是初等函数，当 $x<0$ 时，$f(x)=e^{-1/x}$ 也是初等函数，它们都是连续函数，因此，只需讨论函数在"交接点"即 $x=0$ 处的情况.

由假设知，$f(0)=\frac{1}{2}$. 又

$$
\begin{aligned}
\lim_{x\to0+0} f(x) &= \lim_{x\to0+0} \frac{\sqrt{1+x}-1}{x} \\
&= \lim_{x\to0+0} \frac{(\sqrt{1+x}-1)(\sqrt{1+x}+1)}{x(\sqrt{1+x}+1)} \\
&= \lim_{x\to0+0} \frac{x}{x(\sqrt{1+x}+1)} \\
&= \lim_{x\to0+0} \frac{1}{\sqrt{1+x}+1} = \frac{1}{\sqrt{1+0}+1} = \frac{1}{2},
\end{aligned}
$$

因此有 $\lim\limits_{x\to0+0} f(x)=f(0)=1/2$，表明函数 $f(x)$ 在点 $x=0$ 处右连续.

另外，

$$
\lim_{x\to0-0} f(x) = \lim_{x\to0-0} e^{-\frac{1}{x}} \xlongequal{\text{令 } u=-1/x} \lim_{u\to+\infty} e^{u} = +\infty,
$$

即左极限 $\lim\limits_{x\to0-0} f(x)$ 不存在.

综合之，点 $x=0$ 是函数 $f(x)$ 的第二类间断点(但函数 $f(x)$ 在该点右连续)；而函数在所有点 $x\neq0$ 处都是连续的.

§10 闭区间上连续函数的性质

在闭区间上连续的函数，具有四条基本性质. 这些性质在数学分析的理论和应用中非常重要. 证明这些性质，需要用到较深的理论(实数的连续性)，超出了本课程的基本要求，因此，我们把这些证明放在附录一中，这里对定理只作叙述.

10.1 中间值定理(介值定理)

定理 1(零点存在定理, B. Bolzano) 若函数 $f(x)$ 在闭区间 $[a,b]$ 上连续,且 $f(a)$ 与 $f(b)$ 异号,则在 (a,b) 内至少存在一点 ξ,使得

$$f(\xi)=0 \quad (a<\xi<b).$$

证明见附录一(本书第 459 页定理 1).

这个定理说明,一条连续曲线从上(或下)半平面到达下(或上)半平面时,至少穿过 x 轴一次(图 2-15).

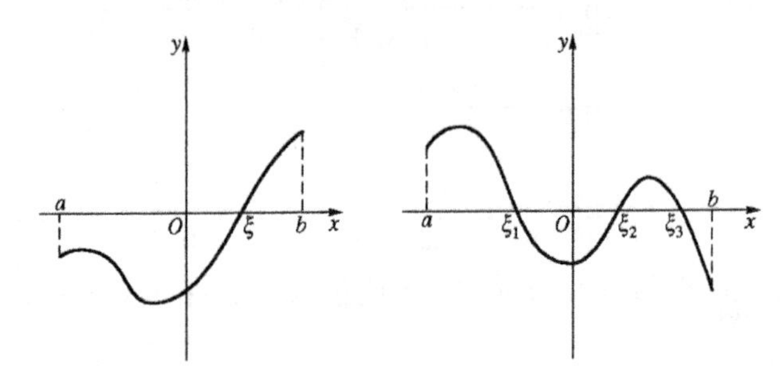

图 2-15

例 1 证明方程 $x^5-3x=1$ 在区间 $(1,2)$ 内至少有一个根.

证 考虑函数 $f(x)=x^5-3x-1$ 及闭区间 $[1,2]$. 易知 $f(x)$ 在 $[1,2]$ 上连续. 又

$$f(1)=1-3-1=-3<0,$$

$$f(2)=2^5-6-1=25>0,$$

$f(1)$ 与 $f(2)$ 异号. 于是由定理 1 知,至少存在一点 $\xi\in(1,2)$,使得

$$f(\xi)=\xi^5-3\xi-1=0,$$

即 $\xi^5-3\xi=1$. ξ 就是方程 $x^5-3x=1$ 的一个根. ▍

思考题 证明:任一奇数次多项式至少有一个零点,或任一奇数次代数方程至少有一个实根.

定理 2(中间值定理或介值定理) 若函数 $f(x)$ 在闭区间

$[a,b]$上连续，且 $f(a)\neq f(b)$，μ 是介于 $f(a)$ 与 $f(b)$ 之间的任何一个数，则在 (a,b) 内至少存在一点 ξ，使得

$$f(\xi)=\mu \quad (a<\xi<b).$$

证 令 $\varphi(x)=f(x)-\mu$，则 $\varphi(x)$ 在 $[a,b]$ 上连续. 又

$$\varphi(a)=f(a)-\mu,$$
$$\varphi(b)=f(b)-\mu,$$

μ 介于 $f(a)$ 与 $f(b)$ 之间，因此 $\varphi(a)$ 与 $\varphi(b)$ 异号. 于是由定理 1 知，至少存在一点 $\xi\in(a,b)$，使得 $\varphi(\xi)=0$，即

$$f(\xi)-\mu=0,\quad f(\xi)=\mu,$$

其中 $a<\xi<b$. ▌

定理 2 说明，闭区间 $[a,b]$ 上的连续函数 $f(x)$，在从 $f(a)$ 变到 $f(b)$ $(f(a)\neq f(b))$ 时，必定要经过一切中间值而连续不断地变化.

定理 2 实际上是定理 1 的一个推论.

10.2 最大值、最小值定理

先介绍函数最大值与最小值的概念.

定义 设函数 $f(x)$ 在集合 X 上有定义. 若存在一点 $x_1\in X$，使得

$$f(x)\leqslant f(x_1),\quad \forall\, x\in X,$$

则称 $f(x_1)$ 为 $f(x)$ 在 X 上的**最大值**. 若存在一点 $x_2\in X$，使得

$$f(x)\geqslant f(x_2),\quad \forall\, x\in X,$$

则称 $f(x_2)$ 为 $f(x)$ 在 X 上的**最小值**.

例如，$y=\sin x$ 在区间 $(-\infty,+\infty)$ 的最大值为 1，最小值为 -1. 事实上，我们有

$$-1\leqslant \sin x\leqslant 1,\quad \forall\, x\in(-\infty,+\infty).$$

但是，并非每一个函数在某范围内都有最大值与最小值. 例如，函数

$$f(x)=x,\quad x\in[0,1)$$

只有最小值 0,而无最大值(图 2-16).

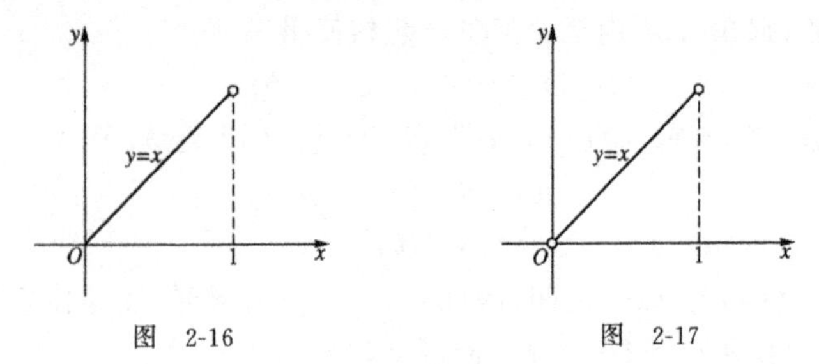

图 2-16　　　　图 2-17

函数 $f(x)=x,\ x\in(0,1)$既无最大值,又无最小值(图 2-17).分析其原因,都是因为区间不是闭的.但是,函数

$$f(x)=\begin{cases} x, & 0<x<1, \\ 1/2, & x=0, \\ 1/2, & x=1 \end{cases}$$

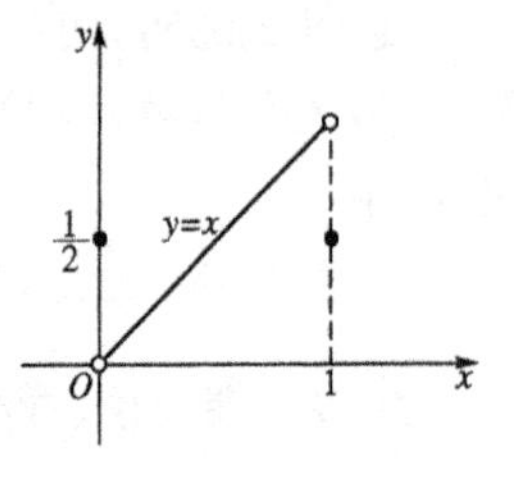

图 2-18

在$[0,1]$上既无最大值又无最小值(图 2-18).这是因为函数 $f(x)$在区间$[0,1]$上不连续.

我们问:如果所讨论的区间是闭区间,并且函数在该闭区间上连续,那么,这函数是否一定有最大值与最小值呢?

回答是肯定的.这就是

定理 3(最大值、最小值定理)　若函数 $f(x)$在闭区间$[a,b]$上连续,则 $f(x)$在$[a,b]$上一定有最大值和最小值,即至少存在两点 $\xi,\eta\in[a,b]$,使得

$$f(\xi)\leqslant f(x)\leqslant f(\eta),\quad \forall\, x\in[a,b].$$

即

$$f(\xi)=\min_{x\in[a,b]} f(x),\quad f(\eta)=\max_{x\in[a,b]} f(x).$$

证明见附录一(第 459 页定理 2).

推论　若 $f(x)$在$[a,b]$上连续,则 $f(x)$在$[a,b]$上有界.

证　由定理 3 知,存在 $\xi,\eta\in[a,b]$,使得

$$f(\xi) \leqslant f(x) \leqslant f(\eta), \quad \forall\, x \in [a,b].$$

令 $M=\max\{|f(\xi)|,|f(\eta)|\}$,则有

$$f(x) \leqslant f(\eta) \leqslant |f(\eta)| \leqslant M,$$

$$f(x) \geqslant f(\xi) \geqslant -|f(\xi)| \geqslant -M,$$

即
$$-M \leqslant f(x) \leqslant M, \quad \forall\, x \in [a,b],$$

亦即
$$|f(x)| \leqslant M, \quad \forall\, x \in [a,b].$$

因此 $f(x)$ 在 $[a,b]$ 上有界. ▌

例 2 证明:若 $f(x)$ 在 $[a,b]$ 上连续,则 $f(x)$ 可以取到介于其最大值与最小值之间的一切值. 即:设 $f(x)$ 在 $[a,b]$ 上的最大值为 M,最小值为 m,又,$m<\mu<M$,则至少存在一点 $\xi\in(a,b)$,使得 $f(\xi)=\mu$.

证 由定理 3 知,存在 $\xi_1,\xi_2\in[a,b]$,使得

$$f(\xi_1)=m, \quad f(\xi_2)=M\ (\text{不妨设 } m\neq M).$$

考虑闭区间 $[\xi_1,\xi_2]$,或 $[\xi_2,\xi_1]$,如图 2-19 所示. 由 $f(x)$ 在 $[a,b]$ 上连续知,$f(x)$ 在 $[\xi_1,\xi_2]$ 或 $[\xi_2,\xi_1]$ 上连续. 又,μ 是介于 M 与 m 之间的任一数,即

$$f(\xi_1) < \mu < f(\xi_2).$$

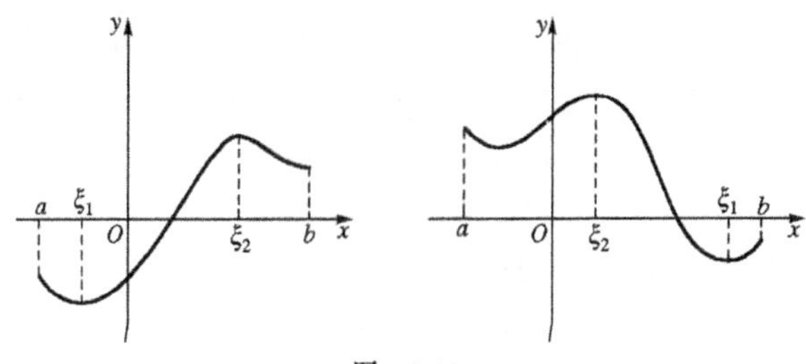

图 2-19

根据定理 2,至少存在一点 $\xi\in(\xi_1,\xi_2)$ 或 (ξ_2,ξ_1),使得 $f(\xi)=\mu$,于是证明了

$$f(\xi)=\mu, \quad a<\xi<b. \quad ▌$$

*10.3 一致连续性

以上所讲的连续性，都是建立在某一点处的连续性概念的基础之上的. 回忆“$f(x)$在点 x_0 处连续”的定义：

设 $f(x)$在点 x_0 及其附近有定义. 任给 $\varepsilon>0$，若存在 $\delta=\delta(\varepsilon,x_0)>0$，使得当$|x-x_0|<\delta$时，恒有

$$|f(x)-f(x_0)|<\varepsilon,$$

则称 $f(x)$在点 x_0 处连续.

在这个定义中，$\delta=\delta(\varepsilon,x_0)$，一般说来，$\delta$ 除了与 ε 有关之外，还与点 x_0 有关. 因此连续性是一个局部的概念.

例如，对连续函数

$$f(x)=\frac{1}{x}\quad(x>0)$$

来说，对于同一个 $\varepsilon>0$，当点 x_0 离原点较远时，相应的 δ_0 就大一些；当 x_1 离原点较近时，δ_1 就小一些(图 2-20).

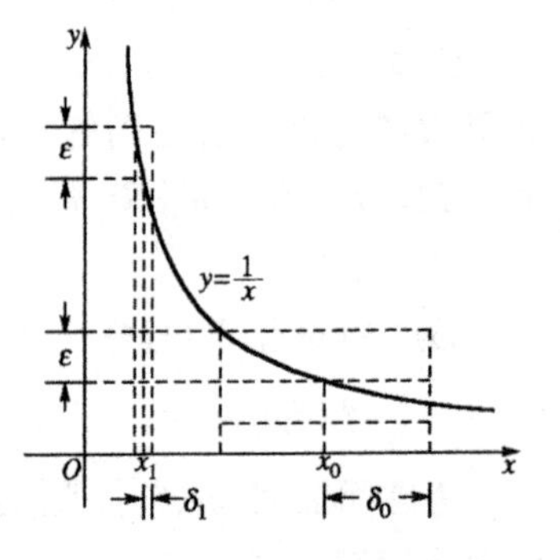

图 2-20

下面要讨论的问题是：函数 $f(x)$定义在某区间 X(或开，或闭，或为无穷区间)上，如果对于任给的 $\varepsilon>0$，总能找到一个公共的 $\delta=\delta(\varepsilon)>0$，适用于一切点 $x\in X$，那么就说 $f(x)$在 X 上一致连续. 我们有

定义(一致连续性) 设函数 $f(x)$在区间 X(开，闭，或无穷区间)上有定义. 任给 $\varepsilon>0$，若存在仅与 ε 有关而与 X 上的点 x 无关的正数 $\delta=\delta(\varepsilon)$，使得对于 X 上的任意两点 x_1,x_2，当$|x_1-x_2|<\delta$时，有

$$|f(x_1)-f(x_2)|<\varepsilon,$$

则称函数 $f(x)$在区间 X 上**一致连续**.

例 3 证明：$f(x)=\sin x$ 在$(-\infty,+\infty)$上一致连续.

证 对任意 $x_1,x_2\in(-\infty,+\infty)$，有

$$\begin{aligned}|\sin x_1-\sin x_2|&=2\left|\cos\frac{x_1+x_2}{2}\right|\cdot\left|\sin\frac{x_1-x_2}{2}\right|\\&\leqslant 2\left|\sin\frac{x_1-x_2}{2}\right|\leqslant 2\cdot\left|\frac{x_1-x_2}{2}\right|=|x_1-x_2|.\end{aligned}$$

任给 $\varepsilon>0$,取 $\delta=\varepsilon$(这个 δ 只与 ε 有关),则对 $\forall\ x_1,x_2\in(-\infty,+\infty)$,只要 $|x_1-x_2|<\delta$,就有

$$|\sin x_1-\sin x_2|<\varepsilon,$$

于是证明了 $f(x)=\sin x$ 在 $(-\infty,+\infty)$ 上一致连续. ▌

例 4 证明:$f(x)=1/x$ 在 $(0,1)$ 内连续,但不一致连续.

证 $f(x)=1/x$ 在 $(0,1)$ 内是初等函数,因此连续. 另外,从图 2-20 我们看到,曲线 $y=1/x$ 在原点附近很"陡",很可能是在原点附近破坏了一致连续性. 下面的论述证明了这种想法是正确的.

取 $x_n'=\dfrac{1}{n}$,$x_n''=\dfrac{1}{n+1}$,则

$$|x_n'-x_n''|=\frac{1}{n}-\frac{1}{n+1}=\frac{1}{n(n+1)}<\frac{1}{n^2}.$$

上式右端可以任意小(只要 n 足够大),而

$$|f(x_n')-f(x_n'')|=|n-(n+1)|=1,$$

因此,对某个小于 1 的正数 ε(例如 $\varepsilon=1/2$),存在两点 x_n' 和 x_n'',它们可以任意靠近(只要 n 充分大),但相应的 $|f(x_n')-f(x_n'')|$ 却大于 ε. 这就证明了 $f(x)=1/x$ 在 $(0,1)$ 内不一致连续. ▌

证明函数 $f(x)$ 在区间 X 内不一致连续的**思路**是:

存在 $\varepsilon_0>0$,使得 $\forall\ \delta>0$(不论 δ 多么小),都能找到两点 $x_1,x_2\in X$,满足 $|x_1-x_2|<\delta$,然而 $|f(x_1)-f(x_2)|\geqslant\varepsilon_0$.

例 5 证明:$f(x)=1/x$ 在区间 $[a,1)$ 内一致连续,其中 $0<a<1$.

证 对任意 $x_1,x_2\in[a,1)$,有

$$\left|\frac{1}{x_1}-\frac{1}{x_2}\right|=\frac{|x_1-x_2|}{|x_1|\cdot|x_2|}\leqslant\frac{1}{a^2}|x_1-x_2|.$$

任给 $\varepsilon>0$,取 $\delta=a^2\varepsilon$(δ 显然只与 ε 有关),则当 $|x_1-x_2|<\delta$ 时,有

$$\left|\frac{1}{x_1}-\frac{1}{x_2}\right|<\varepsilon.$$

因此 $f(x)=1/x$ 在 $[a,1)$ (其中 $0<a<1$)内一致连续. ▌

一致连续性定义中的 $\delta=\delta(\varepsilon)$,只与 ε 有关,而与区间 X 内的点无关,因此对一切点 $x\in X$ 都一致地适用. 从这里,我们看到,一致连续性是一个整体概念. 在 X 内一致连续的函数无疑地在 X 内连续. 但是,在 X 内连续的函数却未必一致连续(例 4).

下面这个定理,对于我们判断一个函数的一致连续性很有用处.

定理 4(G. Cantor)　若函数 $f(x)$ 在闭区间 $[a,b]$ 上连续，则 $f(x)$ 在 $[a,b]$ 上一致连续.

证明见附录一(第 460 页定理 3).

习　题　2.5

A　组

1. 求下列函数的间断点,并指出其类型:

(1) $f(x)=\begin{cases} x^2+1, & x\in[0,1], \\ 2-x^2, & x\in(1,2]; \end{cases}$

(2) $f(x)=\dfrac{x^2}{1+x}$;　　(3) $f(x)=\dfrac{1-x^2}{1-x}$;

(4) $f(x)=\cot\left(2x+\dfrac{\pi}{6}\right)$;　　(5) $f(x)=\ln(x^2-4)$;

(6) $f(x)=\begin{cases} -1, & x<0, \\ 0, & x=0, \\ 1, & x>0; \end{cases}$　　(7) $f(x)=x\sin\dfrac{1}{x}$;

(8) $f(x)=\sin\dfrac{1}{x}$.

2. 选择 a 的值,使下列函数处处连续:

(1) $f(x)=\begin{cases} e^x, & x<0, \\ a+x, & x\geqslant 0; \end{cases}$

(2) $f(x)=\begin{cases} \dfrac{2}{x}, & x\geqslant 1, \\ a\cos\pi x, & x<1. \end{cases}$

3. 设 $f(x)$ 在 x_0 点连续,且 $f(x_0)>0$,则存在 $\alpha>0$ 与 $\delta>0$,使得当 $x\in(x_0-\delta,x_0+\delta)$ 时,有

$$f(x)>\alpha.$$

4. 利用函数的连续性求下列极限:

(1) $\lim\limits_{x\to 0}\dfrac{\sqrt[3]{x+1}\lg(2+x^2)}{(1-x)^2+\cos x}$;

(2) $\lim\limits_{x\to 1}\dfrac{x^2+e^{1-x}}{\tan(x-1)+\ln(2+x)}$;

(3) $\lim\limits_{x\to 0}\arcsin\dfrac{1-x}{1+x}$;　　(4) $\lim\limits_{n\to\infty}\ln\left(1+\dfrac{1}{2n}\right)^n$;

(5) $\lim\limits_{n\to\infty}e^{n\sin\frac{1}{n}}$.

5. 求下列极限：

(1) $\lim\limits_{x\to\infty}\left(\dfrac{2x+2}{2x+1}\right)^{x}$；　　(2) $\lim\limits_{x\to1}\left(\dfrac{1-x}{1-x^{2}}\right)^{\frac{1-\sqrt{x}}{1-x}}$；

(3) $\lim\limits_{x\to\infty}\left(\dfrac{2x^{2}-x}{x^{2}+1}\right)^{\frac{3x-1}{x+1}}$；

(4) $\lim\limits_{x\to\infty}\left(\cos\dfrac{a}{x}+k\sin\dfrac{a}{x}\right)^{x}$ $(a\cdot k\neq0)$.

6. 设 $f(x)$在$[a,+\infty)$上连续，且 $\lim\limits_{x\to+\infty}f(x)$存在，证明 $f(x)$在$[a,+\infty)$上有界.

7. 设 $f(x)$在(a,b)上连续，且 $\lim\limits_{x\to a+0}f(x)=\lim\limits_{x\to b-0}f(x)=B$，又存在 $x_1\in(a,b)$，使得 $f(x_1)\geqslant B$，证明 $f(x)$在(a,b)上达到最大值.

（提示：补充定义极限值为函数值，使得 $f(x)$在$[a,b]$上连续，可证 $f(x)$在$[a,b]$上的最大值一定在(a,b)上能够达到.）

8. 设 $f(x)$在(a,b)上连续，任意的 $x_i\in(a,b)$，$i=1,2,\cdots,n$. 证明存在 $\xi\in(a,b)$，使得 $f(\xi)=\dfrac{1}{n}\sum\limits_{i=1}^{n}f(x_i)$.

（提示：$x_i(i=1,2,\cdots,n)$中一定有最小者 a' 与最大者 b'，若 $a'=b'$，结论显然成立. 若 $b'>a'$，$f(x)$在$[a',b']$上有最大值 M 与最小值 m，易证 $\dfrac{1}{n}\sum\limits_{i=1}^{n}f(x_i)$在两值之间.）

9. 设 $f(x)$在$[a,+\infty)$上连续，且极限 $\lim\limits_{x\to+\infty}f(x)=b$，证明 $f(x)$在$[a,+\infty)$上一致连续.

10. 设 $f(x)$在$[a,b]$，$[b,+\infty)$上分别一致连续，求证 $f(x)$在$[a,+\infty)$上一致连续.

11. 证明 $y=\sqrt[3]{x}$ 在$(-\infty,+\infty)$上一致连续.

12. 设 $f(x)$，$g(x)$分别在区间 I 上一致连续，证明 $f(x)+g(x)$也在 I 上一致连续.

B 组

1. 设 $f(x)$在开区间(a,b)内连续，且

$$\lim_{x\to a+0}f(x)=\lim_{x\to b-0}f(x)=+\infty,$$

证明 $f(x)$在(a,b)内取到最小值.

2. 设 $f(x)$在$(-\infty,+\infty)$上连续,且对任意的 x,y 满足

$$|f(x)-f(y)|\leqslant q|x-y|,\quad q\in(0,1),$$

求证:

(1) $\lim\limits_{x\to+\infty}[x-f(x)]=+\infty$;

(2) $\lim\limits_{x\to-\infty}[x-f(x)]=-\infty$;

(3) $\exists\ \xi\in(-\infty,+\infty)$,使得 $f(\xi)=\xi$.

3. 证明 $y=\ln x$ 在$(0,1)$上不一致连续.

4. 设 $f(x)$在$(0,+\infty)$上定义,且在 $x=1$ 点连续,并满足关系式 $f(x^2)=f(x)$,$x\in(0,+\infty)$. 证明 $f(x)$为常数.

(提示:考查 $f(x)=f(\sqrt{x})=f(\sqrt[4]{x})=\cdots$.)

第三章　导数与微分

前两章的内容是数学分析的基础部分.从本章开始,我们学习数学分析的主要内容——微分学与积分学(统称微积分学).第三、四、五章属于一元函数微分学,内容包括:

两个概念——导数与微分;

六个法则——四则运算法则、复合函数求导法则、反函数求导法则;

几个基本定理——中值定理、洛必达法则、泰勒公式;

若干应用——函数作图、最大(小)值问题、弧微分、曲率.

§1　导数的概念

1.1　导数的概念

在自然科学和工程技术问题中,往往需要考虑某个函数的因变量随自变量变化的快慢程度(即变化速率).导数的概念正是从求函数变化率的问题中概括、抽象出来的.先看两个例子.

1. *求函数变化率的两个实例*

例 1　质点作变速直线运动的瞬时速度.

大家知道,匀速直线运动的速度就是平均速度.但对变速直线运动来说,只知道平均速度是不够的,还需要知道运动质点在每个时刻的瞬时速度.怎样求瞬时速度呢?

设质点 P 沿一直线作变速运动.用 s 表示从某一选定的时刻开始到时刻 t 为止质点所走过的路程,则 s 是 t 的函数: $s=s(t)$.现在的问题是:已知质点 P 的运动规律 $s=s(t)$,试求质点 P 在时

刻 t_0 的瞬时速度 $v(t_0)$.

当时间从时刻 t_0 变到时刻 $t_0+\Delta t$(其中 $\Delta t \gtrless 0$)时,质点 P 所走过的路程为

$$\Delta s = s(t_0+\Delta t) - s(t_0).$$

如果质点作匀速运动,那么,速度是一个常数,它可以用质点所走过的路程 Δs 与所用时间 Δt 的比值即平均速度来计算:

$$\bar{v} = \frac{\Delta s}{\Delta t} = \frac{s(t_0+\Delta t) - s(t_0)}{\Delta t},$$

这也是质点在时刻 t_0 的瞬时速度 $v(t_0)$.

当质点 P 作变速直线运动时,速度每时每刻都可能不同,因此,比值 $\bar{v}=\frac{\Delta s}{\Delta t}$ 不能表示质点 P 在时刻 t_0 的速度,而只能表示质点 P 在 Δt 这段时间内的平均速度. 不过,一般说来,当 $|\Delta t|$ 很小时,质点的运动速度来不及有多大改变,因此可以把运动近似看成是匀速的,这样,平均速度 $\bar{v}=\frac{\Delta s}{\Delta t}$ 就可以近似地描述瞬时速度 $v(t_0)$. 一般说来,当 $|\Delta t|$ 越小,则 $\bar{v}=\frac{\Delta s}{\Delta t}$ 越接近于 $v(t_0)$,因而当 $\Delta t \to 0$ 时,平均速度的极限就是瞬时速度,即

$$v(t_0) = \lim_{\Delta t \to 0} \frac{\Delta s}{\Delta t} = \lim_{\Delta t \to 0} \frac{s(t_0+\Delta t) - s(t_0)}{\Delta t}.$$

例 2 曲线上一点处切线的斜率.

先明确一个问题:什么是曲线的切线?

在中学数学里,大家学过圆的切线,它的定义是:与圆(周)只有一个交点的直线(图 3-1).

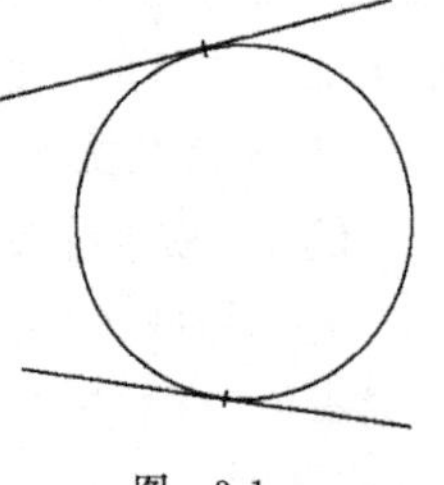

图 3-1

但是,对于一般曲线,这种用交点个数来定义切线的做法是不适用的. 例如,抛物线 $y=x^2$ 与 y 轴只有一个交点,然而 y 轴显然不是它的切线. 又如,在图 3-2 中,直线 M_0M_1 与曲线 C 的交点不止一个,但从直观上看,却没有理由说 M_0M_1 不是曲线 C 在点 M_0 处的切线.

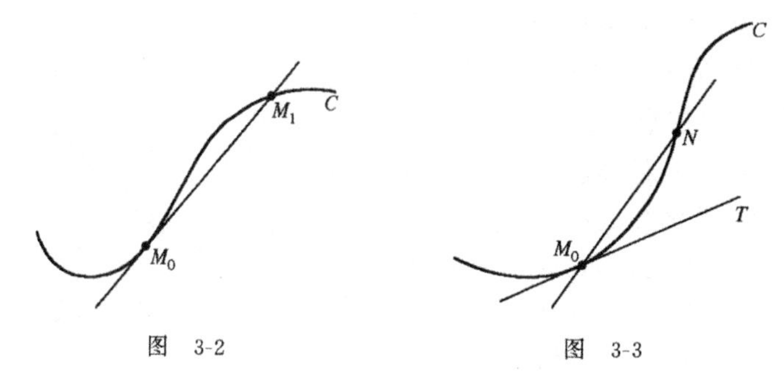

图 3-2　　　　图 3-3

因此，对于一般曲线的切线，需要重新下定义.

设有曲线 C. 为了求出它在点 M_0 处的切线，我们在曲线 C 上任取另外一点 N，联结点 M_0 和 N，得到割线 M_0N. 让点 N 沿着曲线 C 朝着点 M_0 移动，于是割线 M_0N 便绕着点 M_0 转动；当点 N 无限接近于点 M_0 时，若割线 M_0N 有一个极限位置 M_0T，则称直线 M_0T 为曲线 C 在点 M_0 处的**切线**(图 3-3). 简言之，**割线的极限位置就是切线.**

显然，切线的这个定义对于圆也是适用的.

有了切线的定义，我们来讨论例 2.

设有曲线 C，其方程为 $y=f(x)$，$M_0(x_0,f(x_0))$为其上一点. 为了求曲线 C 在点 M_0 处切线的斜率，我们在曲线 C 上另取一点 N，设其坐标为$(x_0+\Delta x,f(x_0+\Delta x))$，联结点 M_0 和 N. 易知割线 M_0N 的斜率为

$$\frac{\Delta y}{\Delta x}=\frac{f(x_0+\Delta x)-f(x_0)}{\Delta x}.$$

当点 N 沿曲线 C 移动并无限接近于点 M_0(即 $\Delta x\to 0$)时，割线 M_0N 也随之变化而趋近于切线 M_0T，于是割线的斜率就趋向于切线的斜率，即有

$$\tan\theta=\lim_{\Delta x\to 0}\frac{\Delta y}{\Delta x}=\lim_{\Delta x\to 0}\frac{f(x_0+\Delta x)-f(x_0)}{\Delta x},$$

其中 θ 为切线 M_0T 与 x 轴正向的夹角(图 3-4).

以上两例，虽然一个是运动学问题，另一个是几何学问题，但是它们在数学的处理方法上却是相同的，都是求函数的局部变化率，即函数的改变量与自变量的改变量之比（这是平均变化率）当后者趋向于 0 时的极限. 这类求函数变化率的问题在科学技术领域中是很多的，例如瞬时功率问题，比热问题，温度梯度问题，线密度问题，瞬时电流问题，化学反应速率问题，生物繁殖率问题，等等. 这些概念都是用函数在某点处的变化率来刻画的. 这种变化率在数学上称为导数.

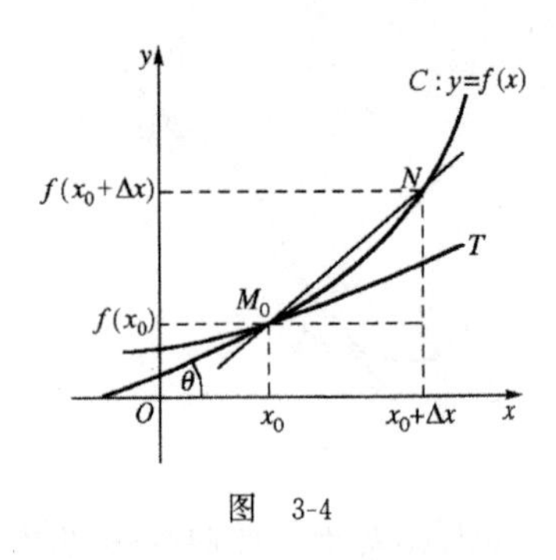

图 3-4

2. 导数的定义

定义 1 设函数 $y=f(x)$ 在点 x_0 及其附近有定义. 给 x_0 以任意改变量 Δx ($\Delta x \gtreqless 0$)，得到函数 y 的相应改变量

$$\Delta y = f(x_0+\Delta x) - f(x_0).$$

作比值 $\dfrac{\Delta y}{\Delta x}$. 令 $\Delta x \to 0$，若极限

$$\lim_{\Delta x\to 0}\frac{\Delta y}{\Delta x} = \lim_{\Delta x\to 0}\frac{f(x_0+\Delta x)-f(x_0)}{\Delta x}$$

存在，则称此极限值为函数 $y=f(x)$ 在点 x_0 处对 x 的**导数**（或**微商**），记作

$$f'(x_0),\quad y'(x_0),\quad y'|_{x=x_0}\quad 或\quad \left.\frac{\mathrm{d}y}{\mathrm{d}x}\right|_{x=x_0}.$$

这时，称函数 $y=f(x)$ 在点 x_0 处**可导**.

在导数的定义中，极限过程是 $\Delta x\to 0$，但是 $\Delta x\neq 0$.

回到上面两例，容易了解：质点作变速直线运动的瞬时速度，就是路程函数 $s(t)$ 对时间 t 的导数，即

$$v(t_0) = s'(t_0).$$

曲线 $y=f(x)$ 在点 $M_0(x_0, f(x_0))$ 处切线的斜率，就是函数

$f(x)$在点 x_0 处的导数 $f'(x_0)$.

由此得到**导数 $f'(x_0)$的几何意义**：函数 $y=f(x)$在点 x_0 处的导数 $f'(x_0)$，就是曲线 $y=f(x)$在点 $M_0(x_0,f(x_0))$处切线的斜率. 因此，函数 $y=f(x)$在点 x_0 处可导，就表示曲线 $y=f(x)$在点 $M_0(x_0,f(x_0))$处有不垂直于 x 轴的切线，切线的斜率就是导数 $f'(x_0)$.

定义 2 若函数 $y=f(x)$在开区间 X(有限或无穷)的每一点 x 处都可导，则对应于 X 内的每一个 x 值，都有一个确定的导数值 $f'(x)$与之对应，于是确定了一个新的函数：

$$y' = f'(x), \quad x \in X,$$

称为函数 $y=f(x)$的**导函数**.

观察导数

$$f'(x_0) = \lim_{\Delta x \to 0} \frac{f(x_0 + \Delta x) - f(x_0)}{\Delta x} \tag{1}$$

及导函数

$$f'(x) = \lim_{\Delta x \to 0} \frac{f(x + \Delta x) - f(x)}{\Delta x}, \tag{2}$$

我们发现，它们的结构完全一样，只不过 $f'(x_0)$是把 $f'(x)$中的 x 换成 x_0 而已，也就是说，在(2)式中，令 $x=x_0$，便得到(1)式. 这说明

$$f'(x_0) = f'(x)\big|_{x=x_0},$$

因此，导数 $f'(x_0)$就是导函数 $f'(x)$在点 x_0 处的函数值.

例 3 设 $y=x^3$，求 y'及 $y'(2)$.

解 给 x 以任意改变量 $\Delta x \neq 0$，得到

$$\begin{aligned}\Delta y &= (x + \Delta x)^3 - x^3 \\ &= x^3 + 3x^2(\Delta x) + 3x(\Delta x)^2 + (\Delta x)^3 - x^3 \\ &= 3x^2(\Delta x) + 3x(\Delta x)^2 + (\Delta x)^3.\end{aligned}$$

$$\frac{\Delta y}{\Delta x} = 3x^2 + 3x(\Delta x) + (\Delta x)^2.$$

令 $\Delta x \to 0$，则

$$y' = \lim_{\Delta x \to 0} \frac{\Delta y}{\Delta x} = \lim_{\Delta x \to 0} [3x^2 + 3x(\Delta x) + (\Delta x)^2] = 3x^2,$$

即
$$(x^3)' = 3x^2,$$

从而
$$y'(2) = 3x^2|_{x=2} = 12.$$

例 4 曲线 $y=x^3$ 上哪一点的切线与直线 $y=4x-1$ 平行？并写出抛物线在该点的切线方程.

解 由 $y=x^3$ 及例 3 知

$$y' = 3x^2,$$

这是曲线 $y=x^3$ 在点(x,y)处切线的斜率.要使切线平行于直线 $y=4x-1$，只需它们的斜率相同，即

$$3x^2 = 4.$$

由此解出 $x=\pm 2/\sqrt{3}$.代入方程 $y=x^3$ 得

$$y = \left(\pm \frac{2}{\sqrt{3}}\right)^3 = \pm \frac{8}{3\sqrt{3}}.$$

于是得到两点

$$M_1\left(\frac{2}{\sqrt{3}}, \frac{8}{3\sqrt{3}}\right), \quad M_2\left(-\frac{2}{\sqrt{3}}, -\frac{8}{3\sqrt{3}}\right).$$

曲线 $y=x^3$ 在这两点的切线与直线 $y=4x-1$ 平行.

曲线 $y=x^3$ 在点 M_1 及点 M_2 处的切线方程为

$$y - \frac{8}{3\sqrt{3}} = 4\left(x - \frac{2}{\sqrt{3}}\right),$$

及
$$y - \left(-\frac{8}{3\sqrt{3}}\right) = 4\left[x - \left(-\frac{2}{\sqrt{3}}\right)\right],$$

即
$$y = 4x - \frac{16}{3\sqrt{3}} \quad 及 \quad y = 4x + \frac{16}{3\sqrt{3}}.$$

例 5 不均匀细杆的线密度.

设有一根由某种物质做成的细杆[1]AB,其上质量分布不均匀[2],求细杆 AB 在点 M_0 处的线密度.

解 取细杆 AB 所在直线为 x 轴,细杆一端为原点,并设 AB 长度为 l,如图 3-5 所示.

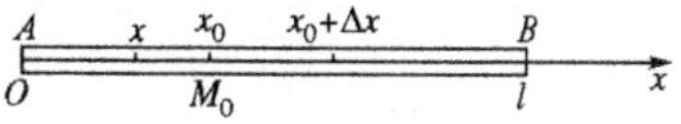

A x x_0 $x_0+\Delta x$ B
O M_0 l x

图 3-5

令 m 表示从左端点 O 到细杆上任一点 x 之间的那一段的质量,则 m 显然是 x 的函数:

$$m = m(x), \quad x \in [0,l].$$

记线密度为 μ,点 M_0 的坐标为 x_0. 考虑从点 x_0 到点 $x_0+\Delta x$ $(\Delta x \neq 0)$这一段细杆,其质量为 $\Delta m = m(x_0+\Delta x) - m(x_0)$. 若细杆是均匀的,则比值

$$\frac{\Delta m}{\Delta x} = \frac{m(x_0 + \Delta x) - m(x_0)}{\Delta x}$$

是一个常数,它既表示这一段细杆的平均线密度,也表示细杆在点 x_0 处的线密度 $\mu(x_0)$. 但是,此处细杆是不均匀的,因此,平均线密度$\frac{\Delta m}{\Delta x}$不能表示 $\mu(x_0)$. 不过,当$|\Delta x|$很小时,一般说来,$\frac{\Delta m}{\Delta x}$可以近似地描述 $\mu(x_0)$;并且容易了解,$|\Delta x|$越小,$\frac{\Delta m}{\Delta x}$越接近于 $\mu(x_0)$,于是当 $\Delta x \to 0$ 时,就得到

$$\mu(x_0) = \lim_{\Delta x \to 0} \frac{\Delta m}{\Delta x} = \lim_{\Delta x \to 0} \frac{m(x_0 + \Delta x) - m(x_0)}{\Delta x} = m'(x_0).$$

这就是说,细杆的线密度是质量函数 $m(x)$对细杆长度 x 的导数.

例 6 电流.

---

① 细杆是指:横截面很小,且处处的横截面有相同面积. 另外,与杆的长度相比,横截面积可忽略不计.

② 指细杆上长度相同的两段的质量未必相等.

在电流随着时间变化的电路中，令 Q 表示从时刻 0 到时刻 t 这段时间内流过导线截面的电量，则 Q 是时间 t 的函数：

$$Q = Q(t).$$

试求 t 时刻的电流 $i(t)$.

解 考虑时间间隔 $\Delta t(\Delta t \neq 0)$. 在从 t 到 $t+\Delta t$ 这段时间内，流过导线截面的电量为 $\Delta Q = Q(t+\Delta t) - Q(t)$，平均电流为

$$\frac{\Delta Q}{\Delta t} = \frac{Q(t+\Delta t) - Q(t)}{\Delta t}.$$

令 $\Delta t \to 0$，平均电流的极限就是 t 时刻的电流 $i(t)$，即

$$i(t) = \lim_{\Delta t \to 0} \frac{\Delta Q}{\Delta t} = \lim_{\Delta t \to 0} \frac{Q(t+\Delta t) - Q(t)}{\Delta t} = Q'(t).$$

这表明，电流是电量对时间的导数.

至此我们已经了解了导数的几何意义(切线斜率)、物理意义(瞬时速度)以及电学意义(电流).

3. 可导与连续的关系

定理 若函数 $y=f(x)$ 在点 x_0 处可导，则它在点 x_0 处连续.

证 给 x_0 以任意改变量 Δx，于是得到函数改变量 Δy. 由连续性的定义 1″(见第 106 页(27)式)知，只需证明：$\lim\limits_{\Delta x \to 0} \Delta y = 0$.

由 $y=f(x)$ 在点 x_0 处可导，即 $f'(x_0) = \lim\limits_{\Delta x \to 0} \dfrac{\Delta y}{\Delta x}$ 存在知，当 $\Delta x \neq 0$ 时，有

$$\begin{aligned}\lim_{\Delta x \to 0} \Delta y &= \lim_{\Delta x \to 0} \frac{\Delta y}{\Delta x} \cdot \Delta x = \lim_{\Delta x \to 0} \frac{\Delta y}{\Delta x} \cdot \lim_{\Delta x \to 0} \Delta x \\ &= f'(x_0) \cdot 0 = 0.\end{aligned}$$

又，当 $\Delta x = 0$ 时，显然 $\Delta y = f(x_0+\Delta x) - f(x_0) = 0$，因此不论 Δx 是否为 0，都有

$$\lim_{\Delta x \to 0} \Delta y = 0.$$

这样，我们就证明了函数 $y=f(x)$ 在点 x_0 处连续. ▌

从几何上看，本定理是很清楚的：若曲线 $y=f(x)$ 在点 $M_0(x_0, f(x_0))$ 处有不垂直于 x 轴的切线，则此曲线在点 M_0 处必

定是连续不断的.

但是,反过来未必正确. 请看下例.

例 7 证明: 函数 $y=|x|$ 在点 $x=0$ 处连续,但不可导.

证 连续性显然(见第 105 页的思考题). 现在证明不可导.

给 $x_0=0$ 以改变量 $\Delta x\neq 0$,得到

$$\Delta y = |0+\Delta x| - |0| = |\Delta x|,$$

$$\frac{\Delta y}{\Delta x} = \frac{|\Delta x|}{\Delta x}.$$

于是
$$\lim_{\Delta x\to +0}\frac{\Delta y}{\Delta x} = \lim_{\Delta x\to +0}\frac{|\Delta x|}{\Delta x} = \lim_{\Delta x\to +0}\frac{\Delta x}{\Delta x} = 1,$$

$$\lim_{\Delta x\to -0}\frac{\Delta y}{\Delta x} = \lim_{\Delta x\to -0}\frac{|\Delta x|}{\Delta x} = \lim_{\Delta x\to -0}\frac{-\Delta x}{\Delta x} = -1.$$

这表明极限 $\lim\limits_{\Delta x\to 0}\dfrac{\Delta y}{\Delta x}$ 不存在,从而 $y=|x|$ 在点 $x=0$ 处不可导. ▌

从几何上看,曲线 $y=|x|$ 在原点是连续的,但是在这一点没有切线,因为左边一支的切线为 $y=-x$(斜率为 -1),右边一支的切线为 $y=x$(斜率为 1),没有统一的切线.

4. 单侧导数,导数不存在的情形

定义 3 设函数 $y=f(x)$ 在点 x_0 及其右近旁(或左近旁)有定义. 若极限

$$\lim_{\substack{\Delta x\to 0+0\\(\Delta x\to 0-0)}}\frac{\Delta y}{\Delta x} = \lim_{\substack{\Delta x\to 0+0\\(\Delta x\to 0-0)}}\frac{f(x_0+\Delta x)-f(x_0)}{\Delta x}$$

存在,则称此极限值为 $y=f(x)$ 在点 x_0 处的**右**(或**左**)**导数**,记作

$$f'_+(x_0) \quad 或 \quad f'_-(x_0).$$

左、右导数统称**单侧导数**.

由单侧极限和双侧极限的关系知,下面的定理成立.

定理 函数 $y=f(x)$ 在点 x_0 处可导的充要条件是: $f(x)$ 在点 x_0 处的左、右导数都存在并且相等,即

$$f'(x_0)\ 存在 \Longleftrightarrow f'_+(x_0) = f'_-(x_0).$$

例 7 说明,函数 $y=f(x)=|x|$ 在 $x_0=0$ 处的左、右导数都存在:

$$f'_+(0)=1,\quad f'_-(0)=-1,$$

但不相等,因而导数 $f'(0)$不存在.

这种左、右导数都存在但不相等的情况,从几何上看是表示曲线在相应点 M_0 处有左、右两条不同切线,如图 3-6 所示. 这时我们就说,在曲线上有一个**尖点** M_0.

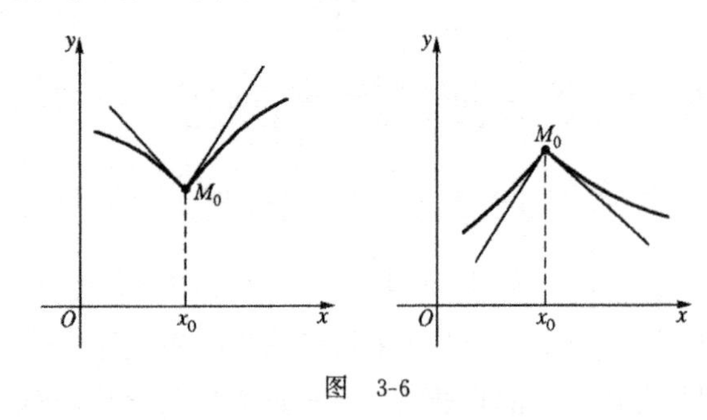

图 3-6

导数不存在的另一种情形是无穷导数(即切线垂直于 x 轴)的情形.

例 8 设 $f(x)=x^{1/3}$,试说明 $f(x)$在点 $x=0$ 处不可导.

解 考虑比值: $\dfrac{\Delta y}{\Delta x}=\dfrac{f(0+\Delta x)-f(0)}{\Delta x}=\dfrac{(\Delta x)^{1/3}}{\Delta x}=\dfrac{1}{(\Delta x)^{2/3}}$,

令 $\Delta x\to 0$,则

$$\lim_{\Delta x\to 0}\frac{\Delta y}{\Delta x}=\lim_{\Delta x\to 0}\frac{1}{(\Delta x)^{2/3}}=+\infty,$$

表明 $f(x)=x^{1/3}$在点 $x=0$ 处不可导,此时曲线 $y=f(x)=x^{1/3}$在原点 $O(0,0)$处有一条垂直切线.

一般说来,常见的无穷导数有以下几种情况:

(1) $\lim\limits_{\Delta x\to 0}\dfrac{\Delta y}{\Delta x}=\lim\limits_{\Delta x\to 0}\dfrac{f(x_0+\Delta x)-f(x_0)}{\Delta x}=+\infty$ (图 3-7);

(2) $\lim\limits_{\Delta x\to 0}\dfrac{\Delta y}{\Delta x}=\lim\limits_{\Delta x\to 0}\dfrac{f(x_0+\Delta x)-f(x_0)}{\Delta x}=-\infty$ (图 3-8);

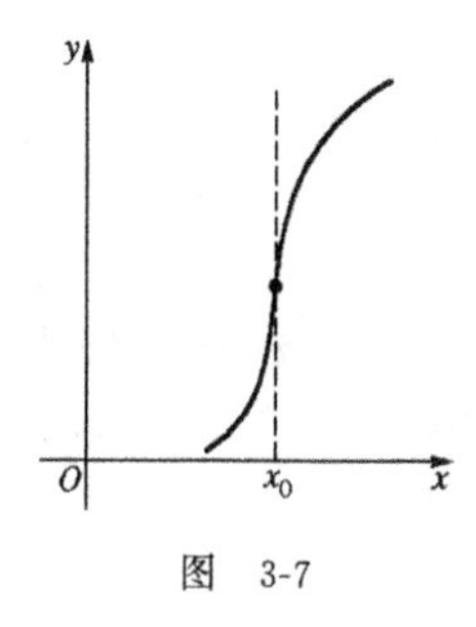

图 3-7

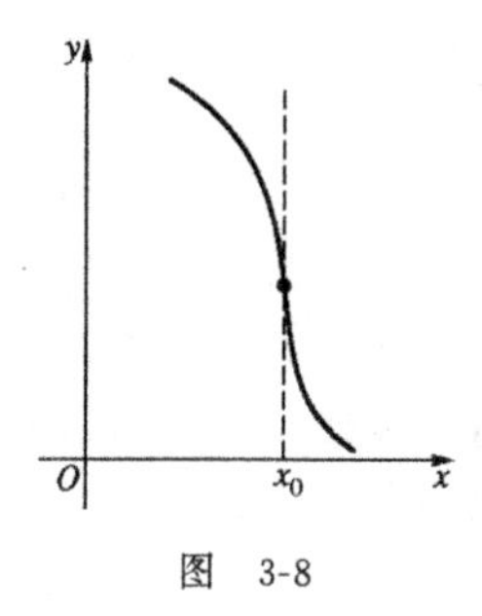

图 3-8

(3) $\lim\limits_{\Delta x \to 0-0} \dfrac{\Delta y}{\Delta x} = +\infty$, $\lim\limits_{\Delta x \to 0+0} \dfrac{\Delta y}{\Delta x} = -\infty$ (图 3-9);

(4) $\lim\limits_{\Delta x \to 0-0} \dfrac{\Delta y}{\Delta x} = -\infty$, $\lim\limits_{\Delta x \to 0+0} \dfrac{\Delta y}{\Delta x} = +\infty$ (图 3-10).

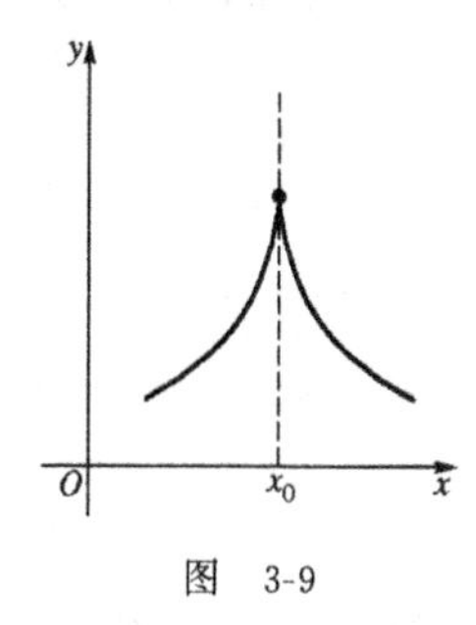

图 3-9

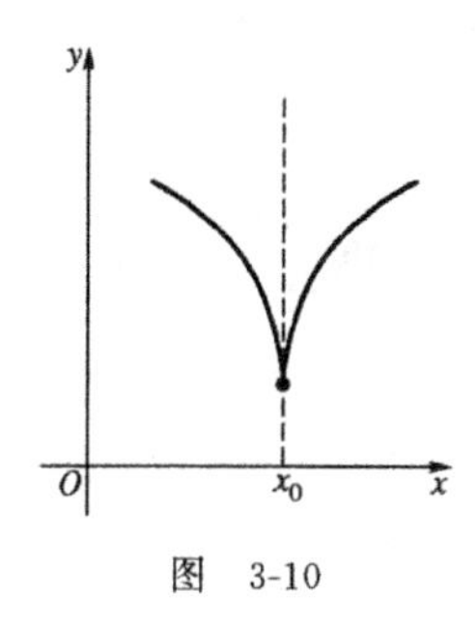

图 3-10

1.2 利用定义求导数的例子

今后,当我们说求某函数的导数时,如果不特别声明,总是指求其在所有可导点处的导数,因此,我们不再标明 x_0,而是用 x 来表示任意固定的点.

例 9 设 $y=f(x)=c$ (c 为常数),求 y'.

解 给 x 以改变量 Δx,得到

$$\Delta y = f(x+\Delta x) - f(x) = c - c = 0.$$

作比值

$$\frac{\Delta y}{\Delta x} = \frac{f(x+\Delta x) - f(x)}{\Delta x} = \frac{0}{\Delta x} = 0,$$

令 $\Delta x \to 0$,得

$$y' = \lim_{\Delta x \to 0} \frac{\Delta y}{\Delta x} = \lim_{\Delta x \to 0} 0 = 0.$$

即:常数的导数为 0.

从几何上看,函数 $y=c$ 的图形是一条直线,直线在其上任一点处的切线就是它本身,而直线 $y=c$ 的斜率为 0,即 $y'=c'=0$.

例 10 设 $y=x^n$ $(n=1,2,\cdots)$,证明

$$y' = (x^n)' = nx^{n-1}.$$

证 给 x 以改变量 $\Delta x \neq 0$,由二项式定理得到

$$\begin{aligned}\Delta y &= (x + \Delta x)^n - x^n \\ &= nx^{n-1}(\Delta x) + \frac{n(n-1)}{2!}x^{n-2}(\Delta x)^2 + \cdots + (\Delta x)^n,\end{aligned}$$

于是

$$\begin{aligned}y' &= \lim_{\Delta x \to 0} \frac{\Delta y}{\Delta x} \\ &= \lim_{\Delta x \to 0}\left[nx^{n-1} + \frac{n(n-1)}{2!}x^{n-2}(\Delta x) + \cdots + (\Delta x)^{n-1}\right] \\ &= nx^{n-1}. \quad \blacksquare\end{aligned}$$

对于一般幂函数 $y=x^\alpha$ (α 为任意实数),仍有导数公式

$$(x^\alpha)' = \alpha x^{\alpha-1}.$$

我们将在第 142 页 § 2 的例 2 给出证明.

例 11 证明导数公式

$$(\sin x)' = \cos x.$$

证 令 $y=\sin x$. 给 x 以改变量 $\Delta x \neq 0$,得到

$$\begin{aligned}\Delta y &= \sin(x + \Delta x) - \sin x \\ &= 2\cos\left(x + \frac{\Delta x}{2}\right) \cdot \sin\frac{\Delta x}{2}.\end{aligned}$$

于是

$$y' = \lim_{\Delta x \to 0} \frac{\Delta y}{\Delta x} = \lim_{\Delta x \to 0} \cos\left(x + \frac{\Delta x}{2}\right) \cdot \lim_{\Delta x \to 0} \frac{\sin \frac{\Delta x}{2}}{\frac{\Delta x}{2}} = \cos x.$$

即
$$(\sin x)' = \cos x. \quad ▌$$

思考题 证明导数公式

$$(\cos x)' = - \sin x.$$

注 在这两个公式的证明中,用到了重要极限

$$\lim_{x \to 0} \frac{\sin x}{x} = 1.$$

需要说明的是:这个结果只有当角度单位采用弧度制时才成立,否则 $\lim\limits_{x \to 0} \frac{\sin x}{x} = \frac{\pi}{180}$. 当我们采用弧度制时,三角函数的导数公式才显得比较简单. 这正是数学分析采用弧度制的原因.

例 12 证明导数公式

$$(\log_a x)' = \frac{1}{x \ln a} \quad (a > 0, a \neq 1).$$

证 令 $y = \log_a x$,给 x 以改变量 $\Delta x \neq 0$,得到

$$\begin{aligned} \Delta y &= \log_a(x + \Delta x) - \log_a x \\ &= \log_a \frac{x + \Delta x}{x} = \log_a\left(1 + \frac{\Delta x}{x}\right), \end{aligned}$$

$$\begin{aligned} \frac{\Delta y}{\Delta x} &= \frac{1}{\Delta x} \log_a\left(1 + \frac{\Delta x}{x}\right) = \log_a\left(1 + \frac{\Delta x}{x}\right)^{\frac{1}{\Delta x}} \\ &= \log_a\left(1 + \frac{\Delta x}{x}\right)^{\frac{x}{\Delta x} \cdot \frac{1}{x}} = \frac{1}{x} \log_a\left(1 + \frac{\Delta x}{x}\right)^{\frac{x}{\Delta x}}. \end{aligned}$$

于是

$$\begin{aligned} y' &= \lim_{\Delta x \to 0} \frac{\Delta y}{\Delta x} = \frac{1}{x} \lim_{\Delta x \to 0} \log_a\left(1 + \frac{\Delta x}{x}\right)^{\frac{x}{\Delta x}} \\ &= \frac{1}{x} \log_a\left[\lim_{\Delta x \to 0}\left(1 + \frac{\Delta x}{x}\right)^{\frac{x}{\Delta x}}\right] = \frac{1}{x} \log_a e \end{aligned}$$

$$= \frac{1}{x} \cdot \frac{1}{\log_e a} = \frac{1}{x \ln a}.$$

即
$$(\log_a x)' = \frac{1}{x \ln a}. \quad \blacksquare$$

特例 当 $a=\mathrm{e}$ 时,有公式

$$(\ln x)' = \frac{1}{x}.$$

例 13 证明导数公式

$$(a^x)' = a^x \ln a \quad (a > 0, a \neq 1).$$

证 令 $y=a^x$. 给 x 以改变量 $\Delta x \neq 0$,得到

$$\Delta y = a^{x+\Delta x} - a^x = a^x (a^{\Delta x} - 1).$$

$$\frac{\Delta y}{\Delta x} = a^x \frac{a^{\Delta x} - 1}{\Delta x}.$$

令 $\Delta x \to 0$,利用第 113 页 § 9 例 2,即

$$\lim_{x \to 0} \frac{a^x - 1}{x} = \ln a,$$

得到
$$y' = \lim_{\Delta x \to 0} \frac{\Delta y}{\Delta x} = a^x \lim_{\Delta x \to 0} \frac{a^{\Delta x} - 1}{\Delta x} = a^x \ln a,$$

即
$$(a^x)' = a^x \ln a. \quad \blacksquare$$

特例 当 $a=\mathrm{e}$ 时,有公式

$$(\mathrm{e}^x)' = \mathrm{e}^x.$$

这是初等函数中惟一的一个其导数等于函数本身的函数.

§ 2 导数的计算法则

2.1 导数的四则运算法则

定理 若函数 $u(x), v(x)$ 在点 x 处可导,则它们的和 $u(x)+v(x)$,差 $u(x)-v(x)$,积 $u(x) \cdot v(x)$,商 $\frac{u(x)}{v(x)}$(这里要求 $v(x) \neq 0$)都在点 x 处可导,且有

$$[u(x) \pm v(x)]' = u'(x) \pm v'(x), \tag{3}$$

$$[u(x) \cdot v(x)]' = u'(x) \cdot v(x) + u(x) \cdot v'(x), \tag{4}$$

$$\left[\frac{u(x)}{v(x)}\right]' = \frac{u'(x) \cdot v(x) - u(x) \cdot v'(x)}{v^2(x)} \quad (v(x) \neq 0). \tag{5}$$

证 (1)"和"的情形.

设 $y=u(x)+v(x)$. 给 x 以改变量 $\Delta x\neq 0$,得到

$$\begin{aligned}\Delta y &= [u(x+\Delta x)+v(x+\Delta x)]-[u(x)+v(x)] \\ &= [u(x+\Delta x)-u(x)]+[v(x+\Delta x)-v(x)] \\ &= \Delta u + \Delta v,\end{aligned}$$

从而
$$\frac{\Delta y}{\Delta x} = \frac{\Delta u}{\Delta x} + \frac{\Delta v}{\Delta x}.$$

令 $\Delta x\to 0$,由 $u'(x)$,$v'(x)$存在知

$$\begin{aligned}y' &= \lim_{\Delta x\to 0}\frac{\Delta y}{\Delta x} = \lim_{\Delta x\to 0}\left[\frac{\Delta u}{\Delta x}+\frac{\Delta v}{\Delta x}\right] \\ &= \lim_{\Delta x\to 0}\frac{\Delta u}{\Delta x} + \lim_{\Delta x\to 0}\frac{\Delta v}{\Delta x} = u'(x)+v'(x),\end{aligned}$$

即

$$[u(x)+v(x)]' = u'(x)+v'(x).$$

关于"差"的情形,请读者自己证明.

(2)"积"的情形.

设 $y=u(x)\cdot v(x)$. 给 x 以改变量 $\Delta x\neq 0$,得到

$$\begin{aligned}\Delta y &= u(x+\Delta x)\cdot v(x+\Delta x) - u(x)\cdot v(x) \\ &= [u(x+\Delta x)-u(x)]v(x+\Delta x) \\ &\quad + u(x)[v(x+\Delta x)-v(x)] \\ &= (\Delta u)\cdot v(x+\Delta x) + u(x)\cdot \Delta v,\end{aligned}$$

$$\frac{\Delta y}{\Delta x} = \frac{\Delta u}{\Delta x}\cdot v(x+\Delta x) + u(x)\cdot\frac{\Delta v}{\Delta x}.$$

令 $\Delta x\to 0$,注意到 $\lim\limits_{\Delta x\to 0} v(x+\Delta x)=v(x)$(因为当 $v'(x)$存在时,$v(x)$必定连续),得

$$y' = \lim_{\Delta x\to 0}\frac{\Delta y}{\Delta x}$$

$$= \lim_{\Delta x \to 0} \frac{\Delta u}{\Delta x} \cdot \lim_{\Delta x \to 0} v(x + \Delta x) + u(x) \cdot \lim_{\Delta x \to 0} \frac{\Delta v}{\Delta x}$$

$$= u'(x) \cdot v(x) + u(x) \cdot v'(x),$$

即 $$[u(x) \cdot v(x)]' = u'(x) \cdot v(x) + u(x) \cdot v'(x).$$

特例 若 $u(x)$在点 x 处可导，k 为常数，则有

$$[k \cdot u(x)]' = k \cdot u'(x).$$

(3)“商”的情形.

设 $y=\frac{u(x)}{v(x)}$. 给 x 以改变量 $\Delta x \neq 0$，得到

$$\Delta y = \frac{u(x + \Delta x)}{v(x + \Delta x)} - \frac{u(x)}{v(x)}$$

$$= \frac{u(x + \Delta x) \cdot v(x) - u(x) \cdot v(x + \Delta x)}{v(x + \Delta x) \cdot v(x)}.$$

将分子改写为

$$[u(x + \Delta x) - u(x)] \cdot v(x) - u(x) \cdot [v(x + \Delta x) - v(x)],$$

于是

$$\frac{\Delta y}{\Delta x} = \frac{\frac{u(x + \Delta x) - u(x)}{\Delta x} \cdot v(x) - u(x) \cdot \frac{v(x + \Delta x) - v(x)}{\Delta x}}{v(x + \Delta x) \cdot v(x)}$$

$$= \frac{\frac{\Delta u}{\Delta x} \cdot v(x) - u(x) \cdot \frac{\Delta v}{\Delta x}}{v(x + \Delta x) \cdot v(x)}.$$

令 $\Delta x \to 0$，由 $\lim\limits_{\Delta x \to 0} v(x+\Delta x)=v(x)$，得

$$y' = \lim_{\Delta x \to 0} \frac{\Delta y}{\Delta x} = \lim_{\Delta x \to 0} \frac{\frac{\Delta u}{\Delta x} \cdot v(x) - u(x) \cdot \frac{\Delta v}{\Delta x}}{v(x + \Delta x) \cdot v(x)}$$

$$= \frac{\lim\limits_{\Delta x \to 0} \frac{\Delta u}{\Delta x} \cdot v(x) - u(x) \lim\limits_{\Delta x \to 0} \frac{\Delta v}{\Delta x}}{\lim\limits_{\Delta x \to 0} v(x + \Delta x) \cdot v(x)}$$

$$= \frac{u'(x) \cdot v(x) - u(x) \cdot v'(x)}{v^2(x)} \quad (v(x) \neq 0),$$

即

$$\left[\frac{u(x)}{v(x)}\right]' = \frac{u'(x)\cdot v(x) - u(x)\cdot v'(x)}{v^2(x)} \quad (v(x)\neq 0). \quad \blacksquare$$

注 定理中的加、减、乘法法则,都可以推广到任意有限个函数的情形. 例如,若

$$y = u(x)\cdot v(x)\cdot w(x),$$

且 $u'(x), v'(x), w'(x)$都存在,则

$$\begin{aligned} y' &= [u(x)\cdot v(x)\cdot w(x)]' \\ &= u'(x)\cdot v(x)\cdot w(x) + u(x)\cdot v'(x)\cdot w(x) \\ &\quad + u(x)\cdot v(x)\cdot w'(x). \end{aligned}$$

例 1 证明导数公式

$$(\tan x)' = \frac{1}{\cos^2 x}.$$

证 由求导数的除法法则,得到

$$\begin{aligned} (\tan x)' &= \left(\frac{\sin x}{\cos x}\right)' = \frac{(\sin x)'\cdot\cos x - \sin x\cdot(\cos x)'}{\cos^2 x} \\ &= \frac{\cos x\cdot\cos x - \sin x\cdot(-\sin x)}{\cos^2 x} = \frac{1}{\cos^2 x}. \quad \blacksquare \end{aligned}$$

思考题 证明导数公式

$$(\cot x)' = -\frac{1}{\sin^2 x}.$$

2.2 复合函数求导法则

定理 设函数 $y=f(u)$ 与 $u=\varphi(x)$ 构成复合函数 $y=f[\varphi(x)]$. 若 $u=\varphi(x)$在点 x 处有导数 $u'_x=\varphi'(x)$, $y=f(u)$在对应点 u 处有导数 $y'_u=f'(u)$,则复合函数 $y=f[\varphi(x)]$在点 x 处有导数,且

$$y'_x = y'_u \cdot u'_x.$$

证 给 x 以改变量 $\Delta x(\neq 0)$,得到函数 $u=\varphi(x)$的改变量 Δu(这里的 Δu 可能是 0);同时,由 Δu 又得到函数 $y=f(u)$的改变量 Δy.

由定理条件：$y=f(u)$对 u 可导，得

$$\lim_{\Delta u\to 0}\frac{\Delta y}{\Delta u}=y'_u\ (\text{其中 }\Delta u\neq 0).$$

根据第二章§6中定理1(有极限的变量与无穷小量的关系)，我们有

$$\frac{\Delta y}{\Delta u}=y'_u+\alpha,$$

其中 $\lim\limits_{\Delta u\to 0}\alpha=0$. 由 $\Delta u\neq 0$ 知，上式可化为

$$\Delta y=y'_u\cdot\Delta u+\alpha\cdot\Delta u\quad(\text{其中 }\lim_{\Delta u\to 0}\alpha=0).$$

当 $\Delta u=0$ 时，显然 $\Delta y=0$，这时，我们补充定义 $\alpha=0$，于是不论 Δu 是否为 0，都有

$$\Delta y=y'_u\cdot\Delta u+\alpha\cdot\Delta u\quad(\text{其中 }\lim_{\Delta u\to 0}\alpha=0).$$

以 Δx 除上式两端，得

$$\frac{\Delta y}{\Delta x}=y'_u\cdot\frac{\Delta u}{\Delta x}+\alpha\cdot\frac{\Delta u}{\Delta x}.$$

令 $\Delta x\to 0$，因为 $u=\varphi(x)$可导，所以连续，于是有 $\Delta u\to 0$，从而 $\alpha\to 0$，这样便得到

$$\begin{aligned}\lim_{\Delta x\to 0}\frac{\Delta y}{\Delta x}&=\lim_{\Delta x\to 0}\left(y'_u\cdot\frac{\Delta u}{\Delta x}+\alpha\cdot\frac{\Delta u}{\Delta x}\right)\\&=y'_u\cdot\lim_{\Delta x\to 0}\frac{\Delta u}{\Delta x}+\lim_{\Delta x\to 0}\alpha\cdot\lim_{\Delta x\to 0}\frac{\Delta u}{\Delta x}\\&=y'_u\cdot u'_x+\lim_{\Delta u\to 0}\alpha\cdot u'_x=y'_u\cdot u'_x,\end{aligned}$$

即

$$y'_x=y'_u\cdot u'_x.\quad\blacksquare$$

上式也可写为

$$\frac{\mathrm{d}y}{\mathrm{d}x}=\frac{\mathrm{d}y}{\mathrm{d}u}\cdot\frac{\mathrm{d}u}{\mathrm{d}x}.$$

例 2 证明一般幂函数的导数公式

$$(x^\alpha)'=\alpha x^{\alpha-1},$$

其中 α 为实数，$x>0$.

证 令 $y=x^\alpha$，则 $y=x^\alpha=\mathrm{e}^{\alpha\ln x}$. 设 $y=\mathrm{e}^u$，$u=\alpha\ln x$，于是由复合

函数求导公式得

$$y'_x = y'_u \cdot u'_x = (\mathrm{e}^u)'_u \cdot (\alpha \ln x)'_x = \mathrm{e}^u \cdot \alpha \cdot \frac{1}{x}$$

$$= \mathrm{e}^{\alpha \ln x} \cdot \alpha \cdot \frac{1}{x} = x^\alpha \cdot \frac{1}{x} \cdot \alpha = \alpha x^{\alpha-1},$$

即

$$(x^\alpha)' = \alpha x^{\alpha-1}. \quad \blacksquare$$

例如：

$$(\sqrt{x})' = (x^{1/2})' = \frac{1}{2}x^{\frac{1}{2}-1} = \frac{1}{2}x^{-1/2}$$

$$= \frac{1}{2\sqrt{x}} \quad (x > 0), \tag{6}$$

$$\left(\frac{1}{x}\right)' = (x^{-1})' = (-1) \cdot x^{-2} = -\frac{1}{x^2}. \tag{7}$$

这两个结果以后经常要用到.

例 3 设 $y=\sqrt{1+x^2}$，求 y'.

解 令 $y=\sqrt{u}$，$u=1+x^2$，则

$$y'_x = y'_u \cdot u'_x = (\sqrt{u})'_u \cdot (1+x^2)'_x \quad \text{(由(6)式)}$$

$$= \frac{1}{2\sqrt{u}} \cdot 2x = \frac{x}{\sqrt{1+x^2}}.$$

例 4 证明

$$[\ln(x+\sqrt{x^2+1})]' = \frac{1}{\sqrt{x^2+1}}.$$

证 令 $y=\ln u$，$u=x+\sqrt{x^2+1}$，则

$$y'_x = y'_u \cdot u'_x = (\ln u)'_u \cdot (x+\sqrt{x^2+1})'_x$$

$$= \frac{1}{u} \cdot [1+(\sqrt{x^2+1})'] \quad \text{(由例 3)}$$

$$= \frac{1}{u}\left[1+\frac{x}{\sqrt{x^2+1}}\right]$$

$$= \frac{1}{x+\sqrt{x^2+1}} \cdot \frac{\sqrt{x^2+1}+x}{\sqrt{x^2+1}} = \frac{1}{\sqrt{x^2+1}},$$

即 $$[\ln(x+\sqrt{x^2+1})]' = \frac{1}{\sqrt{x^2+1}}. \quad \blacksquare$$

对于多层复合函数,有类似的求导法则. 例如,若 $y=y(u)$对 u 可导, $u=u(v)$对 v 可导, $v=v(w)$对 w 可导, $w=w(x)$对 x 可导,则复合函数 y 对 x 也可导,且有

$$y'_x = y'_u \cdot u'_v \cdot v'_w \cdot w'_x.$$

例 5 设 $y=\tan^2\dfrac{1}{x}$, 求 y'.

解 设 $y=u^2, u=\tan v, v=1/x$,这里有两个中间变量: u,v. 于是有

$$\begin{aligned} y'_x &= y'_u \cdot u'_v \cdot v'_x \\ &= (u^2)'_u \cdot (\tan v)'_v \cdot \left(\frac{1}{x}\right)'_x \quad (\text{由(7)式}) \\ &= 2u \cdot \frac{1}{\cos^2 v} \cdot \left(-\frac{1}{x^2}\right) = -2\tan v \cdot \frac{1}{\cos^2 v} \cdot \frac{1}{x^2} \\ &= -\frac{2}{x^2} \cdot \frac{\sin\frac{1}{x}}{\cos^3\frac{1}{x}} = -2\left(\tan\frac{1}{x}\right) \cdot \frac{1}{\cos^2\frac{1}{x}} \cdot \frac{1}{x^2}. \end{aligned}$$

计算比较熟练以后,中间变量就可以省略了. 例如

$$\begin{aligned} &\left\{\ln\left[\tan\left(\frac{x}{2}+\frac{\pi}{4}\right)\right]\right\}' \\ &\quad = \frac{1}{\tan\left(\frac{x}{2}+\frac{\pi}{4}\right)} \cdot \frac{1}{\cos^2\left(\frac{x}{2}+\frac{\pi}{4}\right)} \cdot \left(\frac{x}{2}+\frac{\pi}{4}\right)' \\ &\quad = \frac{1}{\sin\left(\frac{x}{2}+\frac{\pi}{4}\right) \cdot \cos\left(\frac{x}{2}+\frac{\pi}{4}\right) \cdot 2} \\ &\quad = \frac{1}{\sin\left(x+\frac{\pi}{2}\right)} = \frac{1}{\cos x}. \end{aligned}$$

例 6 设 $y=\ln|x|$, 求 y'.

解 这是一个分段函数：

$$y=\begin{cases}\ln x, & \text{当 } x>0,\\ \ln(-x), & \text{当 } x<0.\end{cases}$$

当 $x>0$ 时，$y'=(\ln x)'=1/x$；

当 $x<0$ 时，$y=\ln(-x)$是一个复合函数，因此

$$y'=\frac{1}{(-x)}\cdot(-x)'=\frac{1}{-x}(-1)=\frac{1}{x},$$

于是有

$$(\ln|x|)'=1/x,\quad x\neq 0.$$

亦即：$\ln|x|$的导数与$\ln x$的导数有相同的公式，只是x的取值范围不同.

一般地，当$f(x)$可导时，函数$\ln|f(x)|$的导数公式与$\ln f(x)$的导数公式相同. 事实上，当$f(x)>0$时，有

$$[\ln f(x)]'=\frac{1}{f(x)}\cdot f'(x)=\frac{f'(x)}{f(x)}.$$

又，
$$\ln|f(x)|=\begin{cases}\ln f(x), & \text{当 } f(x)>0,\\ \ln[-f(x)], & \text{当 } f(x)<0,\end{cases}$$

当$f(x)>0$时，有

$$[\ln|f(x)|]'=[\ln f(x)]'=f'(x)/f(x);$$

当$f(x)<0$时，由复合函数求导法则知

$$\begin{aligned}[\ln|f(x)|]'&=\{\ln[-f(x)]\}'\\ &=\frac{1}{-f(x)}[-f(x)]'=\frac{f'(x)}{f(x)},\end{aligned}$$

于是得到

$$[\ln|f(x)|]'=[\ln f(x)]'=f'(x)/f(x),\ \text{当 } f(x)\neq 0.\quad(8)$$

2.3 隐函数求导法则

函数$y=f(x)$也称为**显函数**，这是因为因变量y直接用自变量x的一个式子表示了出来，y与x之间的函数关系很明显.

有时，因变量y与自变量x之间的对应关系**没有**用公式$y=$

$f(x)$明显地给出，或者**不能**用 $y=f(x)$明显给出，而是用 x,y 之间的一个方程式例如 $F(x,y)=0$ 来表示的，这时，我们有

定义(隐函数) 由方程 $F(x,y)=0$ 所确定的函数称为**稳函数**.

例如，方程

$$3x+5y+1=0,\quad x^2+y^2=R^2\ (R>0),$$

$$\frac{x^2}{a^2}+\frac{y^2}{b^2}=1\ (a>0,b>0),\quad y=\cos(x+y)$$

等等，都能确定 y 是 x 的函数，这些就是隐函数.

从方程 $F(x,y)=0$ 中有时可以解出 y 来，这时便得到了显函数. 例如，可从方程 $3x+5y+1=0$ 解出显函数

$$y=-\frac{3}{5}x-\frac{1}{5}.$$

有时，从方程 $F(x,y)=0$ 中可以解出不止一个显函数. 例如从方程 $x^2+y^2=R^2\ (R>0)$中可解出

$$y=\pm\sqrt{R^2-x^2}.$$

上式中包含两个显函数，其中 $y=\sqrt{R^2-x^2}$代表上半圆周，$y=-\sqrt{R^2-x^2}$ 代表下半圆周.

但是，有时隐函数并不能表为显函数的形式. 例如，我们可以证明(此处不证)：方程

$$y-x-\varepsilon\sin y=0\quad(0<\varepsilon<1)$$

确定 y 是 x 的隐函数，但从这个方程中却解不出 y 来(即 y 不能表示为 x 的初等函数).

以下要讨论的问题是：假定方程 $F(x,y)=0$ 确定 y 是 x 的隐函数，并且 y 对 x 可导，那么，在不解出 y 的情况下，怎样求导数 y'？

我们的办法是：在方程 $F(x,y)=0$ 中，把 y 看成 x 的函数：$y=y(x)$，于是方程可看成关于 x 的恒等式：

$$F[x,y(x)]\equiv 0,$$

在此式两端同时对 x 求导(要用到复合函数求导法则),然后解出 y' 即可.

例 7 求方程

$$x^2+y^2=R^2 \quad (R>0)$$

所确定的隐函数的导数 y'.

解 因为 y 是 x 的函数: $y=y(x)$,所以 $y^2=y^2(x)$ 是 x 的复合函数,于是由复合函数求导法则知

$$(y^2)'_x=(y^2)_y\cdot y'_x=2y\cdot y',$$

这里的 y 相当于中间变量.

这样,在方程 $x^2+y^2=R^2$ 两端同时对 x 求导,便有

$$2x+2y\cdot y'=0,$$

于是得到

$$y'=-\frac{x}{y} \quad (\text{当 } y\neq 0).$$

此式右端的 y 可不必解出.

思考题 证明:圆 $x^2+y^2=R^2$ $(R>0)$ 在点 $M_0(x_0,y_0)$ 处的切线方程为

$$x_0x+y_0y=R^2.$$

并求法线方程.

例 8 求幂指函数 $y=(\sin x)^{\cos x}$ 的导数 y'.

解 对原式两边取对数,得到隐函数

$$\ln y=\cos x\cdot\ln(\sin x).$$

在上式两边对 x 求导,得到

$$\begin{aligned}\frac{1}{y}\cdot y'&=(-\sin x)\cdot\ln(\sin x)+\cos x\cdot\frac{1}{\sin x}\cdot(\sin x)'\\&=\frac{\cos^2 x}{\sin x}-\sin x\cdot\ln(\sin x).\end{aligned}$$

于是

$$y'=y[\cos^2 x/\sin x-\sin x\cdot\ln(\sin x)]$$

$$= (\sin x)^{\cos x} \cdot \left[\frac{\cos^2 x}{\sin x} - \sin x \cdot \ln(\sin x)\right].$$

注意 $(\ln y)'_x = \frac{1}{y} \cdot y'$，而不是$(\ln y)'_x = \frac{1}{y}$.

在例 8 中，我们采用了"先取对数，再求导，最后解出 y'"的方法. 这种方法称为**"对数求导法"**或**"对数微商法"**. 不仅在求幂指函数的导数时要用到它，而且也常用来求那些含乘、除、乘方、开方因子较多的函数的导数.

例 9 设 $y = \sqrt[3]{\frac{(x^2-1)(2-x)}{3x+5}}$，求 y'.

解 先对原式取绝对值

$$|y| = \sqrt[3]{\frac{|x^2-1| \cdot |2-x|}{|3x+5|}},$$

再对上式取对数：

$$\ln|y| = \frac{1}{3}[\ln|x^2-1| + \ln|2-x| - \ln|3x+5|],$$

然后两边求导：根据(8)式知

$$\frac{1}{y} \cdot y' = \frac{1}{3}\left[\frac{1}{x^2-1} \cdot (x^2-1)' + \frac{1}{2-x} \cdot (2-x)' - \frac{1}{3x+5}(3x+5)'\right]$$

$$= \frac{1}{3}\left[\frac{2x}{x^2-1} + \frac{1}{x-2} - \frac{3}{3x+5}\right],$$

再解出 y'即可.

2.4 反函数求导法则

定理 设(1) 函数 $y=f(x)$在开区间 X(有限或无穷)内严格单调，并且连续；(2) $y=f(x)$在点 x_0 ($x_0 \in X$)处可导，且 $f'(x_0) \neq 0$，则 $y=f(x)$的反函数 $x=\varphi(y)$在对应点 y_0 (这里 $y_0=f(x_0) \in f(X)$.)处也可导，且导数为$\frac{1}{f'(x_0)}$.

证 我们根据导数的定义来证明.

给 y_0 以改变量 Δy,得到反函数 $x=\varphi(y)$ 的相应改变量 $\Delta x=\varphi(y_0+\Delta y)-\varphi(y_0)$. 由条件(1)知,反函数 $x=\varphi(y)$ 在区间 $f(X)$ 内严格单调(见第 26 页第一章 §3 的 3.2),因此,当 $\Delta y\neq 0$ 时,也有 $\Delta x\neq 0$,于是

$$\frac{\Delta x}{\Delta y}=\frac{1}{\dfrac{\Delta y}{\Delta x}}.$$

又由条件(1)知,反函数 $x=\varphi(y)$ 连续(见第 110 页 8.3),从而当 $\Delta y\to 0$ 时,有 $\Delta x\to 0$. 再利用条件(2),便得到

$$\lim_{\Delta y\to 0}\frac{\Delta x}{\Delta y}=\lim_{\Delta x\to 0}\frac{1}{\dfrac{\Delta y}{\Delta x}}=\frac{1}{\lim\limits_{\Delta x\to 0}\dfrac{\Delta y}{\Delta x}}=\frac{1}{f'(x_0)},$$

即

$$\varphi'(y_0)=\frac{1}{f'(x_0)} \quad 或 \quad \left.\frac{\mathrm{d}x}{\mathrm{d}y}\right|_{y=y_0}=\frac{1}{\left.\dfrac{\mathrm{d}y}{\mathrm{d}x}\right|_{x=x_0}}. \quad ▌$$

本定理从几何上看是很清楚的(图 3-11):

函数 $y=f(x)$ 与 $x=f^{-1}(y)$ 代表同一条曲线. 设点 M_0 的坐标为 (x_0,y_0),即 $(x_0,f(x_0))$, M_0T 为曲线 $y=f(x)$ 在点 M_0 处的切线, M_0T 与正 x 轴夹角为 α,与正 y 轴夹角为 β. 由导数的几何意义知

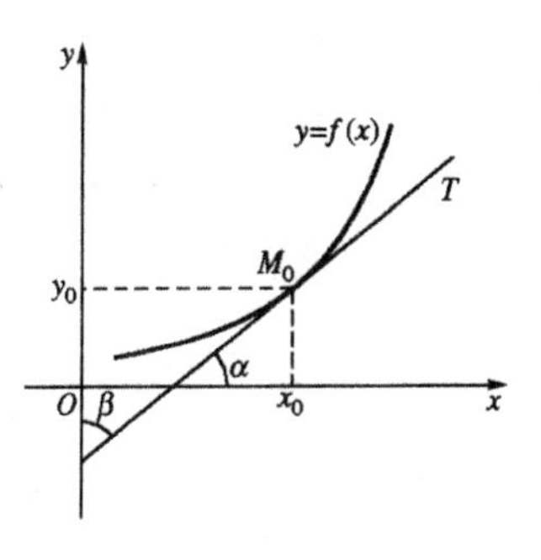

图 3-11

$$f'(x_0)=\tan\alpha, \quad \varphi'(y_0)=\tan\beta.$$

$\alpha+\beta=\pi/2$,因此有 $\tan\alpha\cdot\tan\beta=1$,即

$$f'(x_0)\cdot\varphi'(y_0)=1 \quad 或 \quad \varphi'(y_0)=\frac{1}{f'(x_0)}.$$

例 10 证明导数公式

$$(\arcsin x)' = \frac{1}{\sqrt{1-x^2}} \quad (|x| < 1);$$

$$(\arccos x)' = -\frac{1}{\sqrt{1-x^2}} \quad (|x| < 1);$$

$$(\arctan x)' = \frac{1}{1+x^2}; \quad (\operatorname{arccot} x)' = -\frac{1}{1+x^2}$$

$$(-\infty < x < +\infty).$$

证 (1) 令

$$y = \arcsin x(-1 < x < 1),$$

它是函数 $x=\sin y(-\pi/2<y<\pi/2)$ 的反函数. 根据反函数求导法则,有

$$y'_x = \frac{1}{x'_y} = \frac{1}{(\sin y)'_y} = \frac{1}{\cos y}$$

$$= \frac{1}{\sqrt{1-\sin^2 y}} = \frac{1}{\sqrt{1-x^2}} \quad (|x| < 1),$$

即
$$(\arcsin x)' = \frac{1}{\sqrt{1-x^2}} \quad (|x| < 1).$$

在上述证明中,因为 $-\pi/2<y<\pi/2$, $\cos y>0$,所以

$$\cos y = \sqrt{1-\sin^2 y}.$$

(2) 请读者证明

$$(\arccos x)' = -\frac{1}{\sqrt{1-x^2}} \quad (|x| < 1).$$

(3) 令

$$y = \arctan x \quad (-\infty < x < +\infty),$$

它是函数 $x=\tan y(-\pi/2<y<\pi/2)$ 的反函数,因此

$$y'_x = \frac{1}{x'_y} = \frac{1}{\frac{1}{\cos^2 y}} = \frac{1}{1+\tan^2 y} = \frac{1}{1+x^2},$$

即
$$(\arctan x)' = \frac{1}{1+x^2} \quad (-\infty < x < +\infty).$$

(4) 请读者证明

$$(\mathrm{arccot}x)' = -\frac{1}{1+x^2}. \quad \blacksquare$$

至此,我们推导出了全部六类基本初等函数的导数公式.为了今后运用方便,现列表如下:

$(c)'=0$ (c 为常数);

$(x^\alpha)'=\alpha x^{\alpha-1}$ (α 为任意实数),

特例 $\left(\frac{1}{x}\right)'=-\frac{1}{x^2}$, $(\sqrt{x})'=\frac{1}{2\sqrt{x}}$;

$(a^x)'=a^x\ln a$ ($a>0,a\neq 1$),

特例 $(\mathrm{e}^x)'=\mathrm{e}^x$;

$(\log_a x)'=\frac{1}{x\ln a}$ ($a>0,a\neq 1$),

特例 $(\ln x)'=\frac{1}{x}$;

$(\sin x)'=\cos x$;

$(\cos x)'=-\sin x$;

$(\tan x)'=\frac{1}{\cos^2 x}=\sec^2 x$;

$(\cot x)'=-\frac{1}{\sin^2 x}=-\csc^2 x$;

$(\arcsin x)'=\frac{1}{\sqrt{1-x^2}}$;

$(\arccos x)'=-\frac{1}{\sqrt{1-x^2}}$;

$(\arctan x)'=\frac{1}{1+x^2}$;

$(\mathrm{arccot}x)'=-\frac{1}{1+x^2}$.

我们还证明了导数的四则运算法则和复合函数求导法则.由于初等函数是由六类基本初等函数经过有限次四则运算和有限次复合运算而生成的,因此,现在我们已经会求任何初等函数的导数(当导数存在时),并且知道,初等函数的导数仍是初等函数.

思考题 试证明导数公式

$$(\mathrm{sh}x)' = \mathrm{ch}x, \quad (\mathrm{ch}x)' = \mathrm{sh}x,$$

$$(\mathrm{th}x)' = \frac{1}{\mathrm{ch}^2 x}, \quad (\mathrm{cth}x)' = -\frac{1}{\mathrm{sh}^2 x}.$$

2.5 由参数方程所表示的函数的求导公式

1. 曲线的参数方程

平面曲线一般可用方程 $F(x,y)=0$或 $y=f(x)$来表示. 但有时动点坐标 x,y 之间的关系没有直接给出，而是通过另一个变量 t 间接给出的，例如圆心在原点$(0,0)$，半径为 R 的圆周可用方程组

$$\begin{cases} x = R\cos t, \\ y = R\sin t, \end{cases} \quad t \in [0, 2\pi]$$

表示. 一般说来，如果平面曲线 L 上的动点坐标 x,y 可表为如下形式：

$$\begin{cases} x = \varphi(t), \\ y = \psi(t), \end{cases} \quad t \in [\alpha, \beta], \tag{9}$$

则称方程组(9)为曲线 L 的**参数方程**，t 称为参数. 当 t 在区间$[\alpha,\beta]$上取定一个值时，便得到一个数对(x,y)，它对应着曲线 L 上一个点. 当 t 取遍$[\alpha,\beta]$上的所有值时，对应的点(x,y)便组成曲线 L.

例 11 在不计空气阻力的情况下，以初速 $\boldsymbol{v}_0$、发射角 α_0射出的炮弹，其运动轨道由参数方程

$$\begin{cases} x = (v_0\cos\alpha_0)t = v_0 t\cos\alpha_0, \\ y = (v_0\sin\alpha_0)t - \dfrac{1}{2}gt^2 = v_0 t\sin\alpha_0 - \dfrac{1}{2}gt^2 \end{cases}$$

给出，其中 t 为时间参数. 试求炮弹在任意时刻 t 的水平分速度和垂直分速度，以及炮弹运动的方向.

解 炮弹的轨道曲线是一条抛物线(图 3-12).

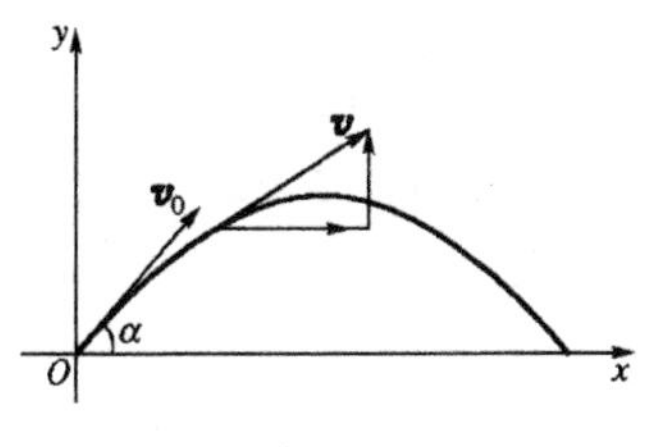

图 3-12

设 t 时刻炮弹的速度为矢量 $\boldsymbol{v}(t)$，则

$$\boldsymbol{v}(t) = \{x'(t), y'(t)\},$$

其中 $x'(t)$ 及 $y'(t)$ 分别为水平分速度与垂直分速度. 易知

$$x'(t) = (v_0 t \cos\alpha_0)' = v_0 \cos\alpha_0,$$

$$y'(t) = (v_0 t \sin\alpha_0)' - \frac{1}{2} g (t^2)'$$

$$= v_0 \sin\alpha_0 - gt.$$

于是炮弹运动的速度为矢量

$$\boldsymbol{v}(t) = \{x'(t), y'(t)\} = \{v_0 \cos\alpha_0, v_0 \sin\alpha_0 - gt\},$$

这个矢量的方向就是炮弹运动的方向.

2. 当函数 $y=f(x)$ 由参数方程(9)给出时，怎样求导数 y_x'?

设 $\varphi'(t)$, $\psi'(t)$ 都存在，$\varphi'(t) \neq 0$，且函数 $x=\varphi(t)$ 存在可导的反函数 $t=\varphi^{-1}(x)$，则 y 通过 t 成为 x 的复合函数

$$y = \psi(t) = \psi[\varphi^{-1}(x)],$$

由复合函数求导法则知

$$y_x' = y_t' \cdot t_x',$$

又由反函数求导法则知

$$t_x' = \frac{1}{x_t'} = \frac{1}{\varphi'(t)},$$

从而得到

$$y_x' = y_t' \cdot t_x' = \frac{\psi'(t)}{\varphi'(t)}, \quad \varphi'(t) \neq 0. \tag{10}$$

例 12 求椭圆

$$\begin{cases} x = a\cos t, \\ y = b\sin t \end{cases}$$

在 $t=\pi/4$ 处的切线方程.

解 当 $t=\dfrac{\pi}{4}$时,

$$x = a\cos\frac{\pi}{4} = \frac{a}{\sqrt{2}}, \quad y = b\sin\frac{\pi}{4} = \frac{b}{\sqrt{2}},$$

于是得到椭圆上的切点 $M_0(a/\sqrt{2}, b/\sqrt{2})$.

再求切线斜率 $\left.\dfrac{\mathrm{d}y}{\mathrm{d}x}\right|_{t=\pi/4}$: 已知 $\varphi(t)=a\cos t$, $\psi(t)=b\sin t$, 由公式(10)知

$$\frac{\mathrm{d}y}{\mathrm{d}x} = \frac{\psi'(t)}{\varphi'(t)} = \frac{b\cos t}{-a\sin t},$$

因此椭圆在点 M_0 处的切线斜率为

$$\left.\frac{\mathrm{d}y}{\mathrm{d}x}\right|_{t=\frac{\pi}{4}} = -\frac{b}{a}\frac{\cos\dfrac{\pi}{4}}{\sin\dfrac{\pi}{4}} = -\frac{b}{a}.$$

于是得到所求切线的方程

$$y - \frac{b}{\sqrt{2}} = -\frac{b}{a}\left(x - \frac{a}{\sqrt{2}}\right),$$

即

$$y = -\frac{b}{a}x + \sqrt{2}b.$$

2.6 导数计算法则小结

(1) 四则运算法则:

设 $u'(x)$, $v'(x)$存在,则

$$(u \pm v)' = u' \pm v';$$

$$(u \cdot v)' = u' \cdot v + u \cdot v';$$

$$(k \cdot u)' = k \cdot u', \quad k \text{ 为常数};$$

$$\left(\frac{u}{v}\right)' = \frac{u' \cdot v - u \cdot v'}{v^2} \quad (v(x) \neq 0).$$

(2) 复合函数求导法则：

设 $y=y(u)$，$u=u(x)$，且 y 对 u 可导，u 对 x 可导，则 y 对 x 可导，且

$$y_x' = y_u' \cdot u_x'.$$

(3) 隐函数求导法则；对数求导法.

(4) 反函数求导法则：

设 $y=f(x)$ 存在可导的反函数 $x=\varphi(y)$，且 $f'(x)\neq 0$，则

$$\varphi'(y) = \frac{1}{f'(x)} \quad \text{或} \quad x_y' = \frac{1}{y_x'}.$$

(5) 参数方程所表示的函数的求导法：

设 $\begin{cases} x=x(t), \\ y=y(t), \end{cases}$ 其中 $x(t)$，$y(t)$ 可导，且 $x'(t)\neq 0$，则

$$\frac{\mathrm{d}y}{\mathrm{d}x} = \frac{y'(t)}{x'(t)}.$$

习　题　3.1

A　组

1. 一条粗细一致的金属棒，棒上各点的温度 T 是位置 x 的函数，温度 T 对位置 x 的变化率叫做温度梯度. 试用微商表示温度梯度.

2. 物体所做的功 W 对时间 t 的变化率叫做功率，试用微商来表示它.

3. 若一轴的热膨胀是均匀的，则当温度升高 1℃时，单位长度的改变量就叫做该轴的线膨胀系数. 但实际上热膨胀是非均匀的，设轴长 l 是温度 t 的函数，$l=l(t)$，试用微商表示线膨胀系数.

4. 根据导数定义求下列函数的导数：

(1) $y=ax+c$；　　(2) $y=\frac{1}{x}$；

(3) $y=\sqrt{x}\ (x>0)$；　　(4) $y=x^2+x$；

(5) $f(x)=\begin{cases} x^2\sin\frac{1}{x}, & x\neq 0, \\ 0, & x=0, \end{cases}$ 求 $f'(0)$.

5. 证明 $y=|\sin x|$ 在 $x=0$ 点不可导.

6. 如果 $f(x)$ 是偶函数,且 $f'(0)$ 存在,试证 $f'(0)=0$(提示:求出 $x=0$ 点的左、右导数).

7. 设

$$f(x)=\begin{cases} a+bx^2, & |x|\leqslant c, \\ \dfrac{m^2}{|x|}, & |x|>c, \end{cases}$$

其中 $c>0$. 求适当的 a,b,使得 $f(x)$ 在 c 点、$-c$ 点有连续的导数.

8. 证明 $y=x^{\frac{2}{3}}$ 在 $x=0$ 点的右导数为 $+\infty$,而左导数为 $-\infty$.

9. 求下列函数的导数:

(1) $y=x-\dfrac{1}{2}x^2+\dfrac{1}{3}x^3$;　　(2) $y=\dfrac{1}{x}+\dfrac{1}{\sqrt{x}}+\dfrac{1}{\sqrt[3]{x}}$;

(3) $y=\dfrac{ax+b}{cx+d}$;　　(4) $y=(x-a)(x-b)^2(x-c)^3$;

(5) $y=x\sin x+\dfrac{\sin x}{x}$;　　(6) $y=x\cdot 10^x$.

10. 下列各题算得对不对?如不对指出错误,并加以改正.

(1) $\left(\sin\dfrac{1}{x}\right)'=\cos\dfrac{1}{x}$;

(2) $[\cos(1-x)]'=-\sin(1-x)$;

(3) $[x\ln(2x+1)]'=(x)'\cdot[\ln(2x+1)]'=\dfrac{1}{2x+1}$;

(4) $(x+\sqrt{3+2x})'=\left(1+\dfrac{1}{2\sqrt{3+2x}}\right)(3+2x)'=2\left(1+\dfrac{1}{2\sqrt{3+2x}}\right)$.

11. 求下列函数的导数:

(1) $y=\mathrm{e}^{ax}\sin bx$;　　(2) $y=\arcsin\dfrac{x}{a}$;

(3) $y=\dfrac{1}{a}\arctan\dfrac{x}{a}$;　　(4) $y=\cos^5 x$;

(5) $y=\ln\tan 3x$;

(6) $y=\ln\dfrac{t^2}{\sqrt{1+t^2}}$;

(7) $y=\arcsin\dfrac{2x}{x^2+1}$;

(8) $y=\dfrac{2}{\sqrt{a^2-b^2}}\arctan\left(\sqrt{\dfrac{a-b}{a+b}}\tan\dfrac{x}{2}\right)$　$(a>b\geqslant 0)$;

(9) $y=\frac{1}{2a}\ln\left|\frac{x-a}{x+a}\right|$；

(10) $y=\frac{x}{2}\sqrt{x^2+a^2}+\frac{a^2}{2}\ln|x+\sqrt{x^2+a^2}|$，$a$ 为非零常数；

(11) $y=\frac{x}{2}\sqrt{x^2-a^2}-\frac{a^2}{2}\ln|x+\sqrt{x^2-a^2}|$，$a$ 为非零常数.

12. 求由下列方程确定的隐函数 y 的导数：

(1) $\sqrt{x}+\sqrt{y}=\sqrt{a}$；　　(2) $x^3+y^3-3axy=0$；

(3) $y=\cos(x+y)$；　　(4) $y\sin x-\cos(x-y)=0$；

(5) $y=1+xe^y$；　　(6) $x+\sqrt{xy}+y=0$；

(7) $x^{\frac{2}{3}}+y^{\frac{2}{3}}=a^{\frac{2}{3}}$.

13. 求下列隐函数在指定点的导数 $\frac{dy}{dx}$：

(1) $y=\cos x+\frac{1}{2}\sin y$，点$\left(\frac{\pi}{2},0\right)$；

(2) $ye^x+\ln y=1$，点$(0,1)$.

14. 用取对数再求导的方法，求下列函数的导数：

(1) $y=\sqrt[x]{\frac{1-x}{1+x}}$；　　(2) $\frac{x^2}{1+x}\sqrt{\frac{x+1}{1+x+x^2}}$；

(3) $y=(x-b_1)^{a_1}(x-b_2)^{a_2}\cdots(x-b_n)^{a_n}$；

(4) $y=(1+x^2)^x$；　　(5) $y=f(x)^{g(x)}$ $(f(x)>0)$.

15. 求下列函数的导数并作函数及导函数的图形：

(1) $y=x|x|$；　　(2) $y=\ln|x|$.

B 组

1. 求出表示和式 $P_n=1+2x+3x^2+\cdots+nx^{n-1}$ 及 $Q_n=1+2^2x+3^2x^2+\cdots+n^2x^{n-1}$的公式.

2. 若函数 $f(x)$在$(-\infty,+\infty)$上是可导的奇(或偶)函数，则 $f'(x)$在$(-\infty,+\infty)$上是偶(或奇)函数.

3. 设 $f(x)$在$(-\infty,+\infty)$上可导，且在 $x=1$ 的邻域 $D=(1-\delta,1+\delta)$上满足

$$\frac{d}{dx}f(x^2)=\frac{d}{dx}f^2(x),$$

求证 $f(1)=1$ 或 $f'(1)=0$.

4. 设 $f(x)$在 x_0 点可导，α_n,β_n 分别为趋于零的正数列，求证：

$$\lim_{n\to\infty}\frac{f(x_0+\alpha_n)-f(x_0-\beta_n)}{\alpha_n+\beta_n}=f'(x_0).$$

§3 导数的简单应用

导数的应用比较广泛,我们将在第五章着重介绍函数作图、极值应用等问题.这里要讲的是基于导数概念及复合函数求导法则的简单应用——切线与法线问题以及相关变化率问题.

3.1 切线与法线问题

例1 求曲线 $y=\sin x$ 在 $x=\frac{\pi}{3}$处的切线方程与法线方程.

解 当 $x=\pi/3$ 时, $y=\sin(\pi/3)=\sqrt{3}/2$,于是得到切点

$$M_0(\pi/3,\sqrt{3}/2).$$

又, $y'|_{x=\pi/3}=(\sin x)'|_{x=\pi/3}=\cos x|_{x=\pi/3}=1/2$ 是切线的斜率,从而得到切线方程

$$y-\frac{\sqrt{3}}{2}=\frac{1}{2}\left(x-\frac{\pi}{3}\right),$$

即
$$y=\frac{1}{2}x+\left(\frac{\sqrt{3}}{2}-\frac{\pi}{6}\right).$$

法线与切线互相垂直,它们的斜率互为负倒数,因而法线的斜率为-2.于是得到法线方程

$$y-\frac{\sqrt{3}}{2}=-2\left(x-\frac{\pi}{3}\right),$$

即
$$y=-2x+\left(\frac{\sqrt{3}}{2}+\frac{2}{3}\pi\right).$$

例2 证明:双曲线 $xy=1$ 上任一点处的切线与两坐标轴组成的三角形的面积等于常数.

证 如图 3-13 所示,我们先写出切线方程;再求出切线在 x

轴及 y 轴上的截距 X,Y;最后写出三角形面积 $A=\frac{1}{2}X\cdot Y$.

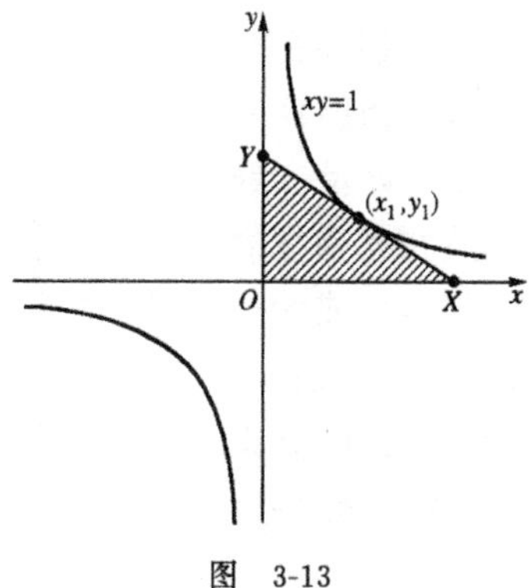

图 3-13

由 $xy=1$,即 $y=1/x$ 知,$y'=-1/x^2$. 设(x_1,y_1)为双曲线 $xy=1$ 上任一点,则双曲线过此点的切线方程为

$$y-y_1=-\frac{1}{x_1^2}(x-x_1).$$

令 $y=0$,得

$$-y_1=-\frac{1}{x_1^2}(x-x_1),$$

解出横截距

$$X=x_1^2\left(\frac{1}{x_1}+y_1\right)=x_1^2\left(\frac{1}{x_1}+\frac{1}{x_1}\right)=2x_1.$$

再令 $x=0$,得

$$y-y_1=-\frac{1}{x_1^2}(-x_1)=\frac{1}{x_1},$$

解出纵截距

$$Y=y_1+\frac{1}{x_1}=\frac{1}{x_1}+\frac{1}{x_1}=\frac{2}{x_1}.$$

于是得到图 3-13 中带斜线的三角形的面积

$$A=\frac{1}{2}X\cdot Y=\frac{1}{2}\cdot 2x_1\cdot\frac{2}{x_1}=2.$$

这说明，过双曲线 $xy=1$ 上任一点 (x_1,y_1) 的切线与两坐标轴所成的三角形的面积是常数 2. ▌

例 3 探照灯的反光镜面是一个旋转抛物面，它是由抛物线绕其对称轴旋转而成的. 证明该反光镜的一个特点：把光源放在抛物线的焦点上，光线经镜面反射后，成为一束平行光(平行于镜面的对称轴).

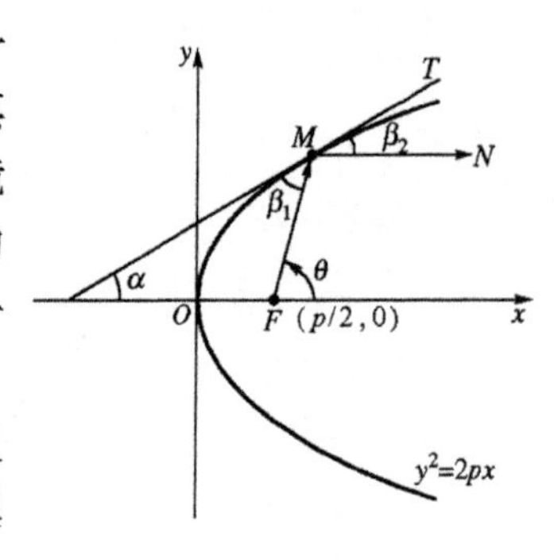

图 3-14

证 我们根据导数的几何意义来证明此特点. 取坐标系如图 3-14 所示. 抛物线方程为

$$y^2 = 2px \quad (p > 0).$$

焦点 F 的坐标为 $(p/2,0)$.

设 $\overrightarrow{FM}$ 是从焦点射出的任意一条光线，其反射线为 $\overrightarrow{MN}$，MT 是抛物线过点 $M(x,y)$ 的切线，它与正 x 轴的夹角为 α. 又设 FM 与 MT 的夹角为 β_1，MN 与 MT 的夹角为 β_2，FM 与正 x 轴的夹角为 θ(图 3-14).

由导数的几何意义知，切线 MT 的斜率为

$$\tan\alpha = y' = (\sqrt{2px})' = \sqrt{2p}\cdot\frac{1}{2\sqrt{x}} = \frac{p}{y}. \tag{11}$$

因为入射角等于反射角，所以有 $\beta_1=\beta_2$. 为了证明 $\overrightarrow{MN}/\!/\overrightarrow{Ox}$，即 $\beta_2=\alpha$，我们考虑

$$\tan\theta = \tan(\alpha+\beta_1) = \tan(\alpha+\beta_2) = \frac{\tan\alpha+\tan\beta_2}{1-\tan\alpha\cdot\tan\beta_2}$$

$$= \frac{\dfrac{p}{y}+\tan\beta_2}{1-\dfrac{p}{y}\tan\beta_2} = \frac{p+y\tan\beta_2}{y-p\tan\beta_2}. \tag{12}$$

又从图 3-14 易知

$$\tan\theta = -\frac{y}{\frac{p}{2}-x} = \frac{2y}{2x-p}. \tag{13}$$

由(12)及(13)式,得

$$\frac{2y}{2x-p} = \frac{p+y\tan\beta_2}{y-p\tan\beta_2},$$

解出

$$\begin{aligned}\tan\beta_2 &= \frac{y^2+p^2}{2xy+py} \quad (\text{由 } y^2=2px)\\ &= \frac{2px+p^2}{2xy+py} = \frac{p}{y}\cdot\frac{2x+p}{2x+p}\\ &= \frac{p}{y} \xlongequal{(11)\text{式}} \tan\alpha.\end{aligned}$$

因此 $\beta_2=\alpha$,即 $\overrightarrow{MN}//\overrightarrow{Ox}$. ▍

旋转抛物面的这种性质,有时也被用来制造太阳能灶,因为平行于镜面对称轴的光线,经反射后,都聚集在焦点上.

例 4 利用图形及导数的几何意义,找出方程

$$x^3-px+q=0 \quad (p>0) \tag{14}$$

具有(1) 两个实根的条件;(2) 三个实根的条件.

解 方程(14)可化为方程

$$x^3=px-q \quad (p>0). \tag{15}$$

显然,解方程(15)等价于解联立方程组

$$\begin{cases} y=x^3, \\ y=px-q \quad (p>0). \end{cases} \tag{16}$$

因此,求方程(14)或(15)的实根问题,可以转化为求曲线 $y=x^3$ 与直线 $y=px-q$ $(p>0)$的交点问题.

(1) 从图 3-15 容易看出,当直线 $y=px-q$ $(p>0)$与曲线 $y=x^3$ 相切而成为切线 l_1,l_2 时,它们有两

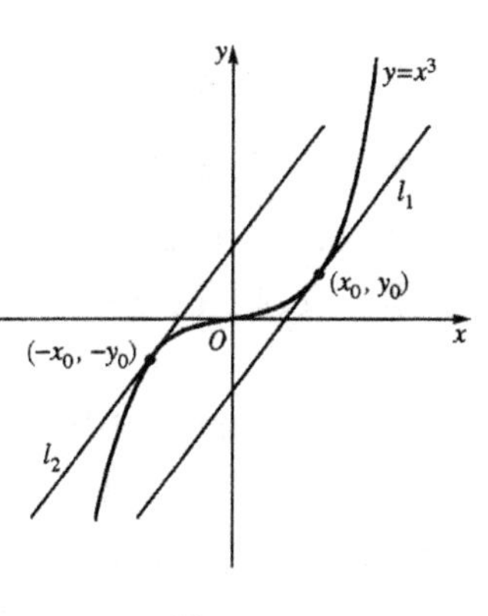

图 3-15

个交点：(x_0, y_0)及$(-x_0, -y_0)$.

由导数的几何意义知，曲线 $y=x^3$ 在点(x_0, y_0)处的切线 l_1 的斜率为 $y'|_{x=x_0}=3x_0^2$，它应等于直线 $y=px-q\ (p>0)$的斜率 p，即 $3x_0^2=p$，因此有

$$x_0 = \sqrt{p/3}. \tag{17}$$

又由(15)式知

$$x_0^3 = px_0 - q. \tag{18}$$

将(17)式代入(18)式，得

$$\left(\frac{p}{3}\right)^{3/2} = p \cdot \left(\frac{p}{3}\right)^{\frac{1}{2}} - q,$$

解出
$$q = 2\left(\frac{p}{3}\right)^{3/2}.$$

即：当 $q=\pm 2(p/3)^{3/2}$时，直线 $y=px-q\ (p>0)$与曲线 $y=x^3$ 相切(因为$-q$ 为截距，所以 q 的正值是切线 l_1 在 y 轴上的截距，q 的负值是切线 l_2 在 y 轴上的截距)，此时，方程(14)有两个实根.

(2) 当$-2(p/3)^{3/2}<q<2(p/3)^{3/2}$时，直线 $y=px-q\ (p>0)$平行地夹于切线 l_1 与 l_2 之间，这时，直线 $y=px-q\ (p>0)$与曲线 $y=x^3$ 有三个交点，即方程(14)有三个实根.

3.2 相关变化率问题

例 5 一块金属圆板因受热而膨胀，其半径以 0.01 cm/s 的速率增加. 问：当半径为 2 cm 时，圆板面积的增加率是多少？

解 设圆半径为 r，则圆面积为

$$A = \pi r^2. \tag{19}$$

容易了解，在受热过程中，面积 A、半径 r 都是时间 t 的函数：

$$A = A(t), \quad r = r(t).$$

现在问：当 $r=2$ cm 时，$A'(t)=?$

由于 $A(t)$及 $r(t)$都是未知的，不能直接求得 $A'(t)$，因而只能

从已知公式(19)出发考虑问题.

在(19)式两边对 t 求导,根据复合函数求导公式,得

$$A'(t) = (\pi r^2)'_t = 2\pi r \frac{\mathrm{d}r}{\mathrm{d}t}. \tag{20}$$

已知 $r=2\,\mathrm{cm}$ 时,$\frac{\mathrm{d}r}{\mathrm{d}t}=0.01\,\mathrm{cm/s}$,代入(20)式,得

$$\begin{aligned} A'(t)\big|_{r=2} &= 2\pi\cdot(2)\cdot(0.01)\mathrm{cm}^2/\mathrm{s} = 0.04\,\pi\mathrm{cm}^2/\mathrm{s} \\ &\approx 0.1256\,\mathrm{cm}^2/\mathrm{s}. \end{aligned}$$

这就是当半径为 2 cm 时,圆板面积的增加率.

这里的问题是要求某个量 A 对自变量 t 的变化率 $A'(t)$,但函数 $A(t)$是未知的,我们只知道 A 与另一个变量 r 的关系式:$A=\pi r^2$. 由于已知$\frac{\mathrm{d}r}{\mathrm{d}t}$即 $r'(t)$,从而可用复合函数求导法则把 $A'(t)$求出来. 在这里,r 是中间变量,有时称为**相关变量**,方程(19)称为**相关方程**. 这种利用相关变量的变化率去求未知函数的变化率的问题,就是**相关变化率**问题. 在实际问题中,求相关变化率的问题是不少的,我们再举几个例子.

例 6 一个圆锥形的蓄水池,高 H 为 10 m,底半径 R 为 4 m,水以 $5\,\mathrm{m}^3/\mathrm{min}$ 的速率流进水池. 试求当水深为 5 m 时,水面上升的速率.

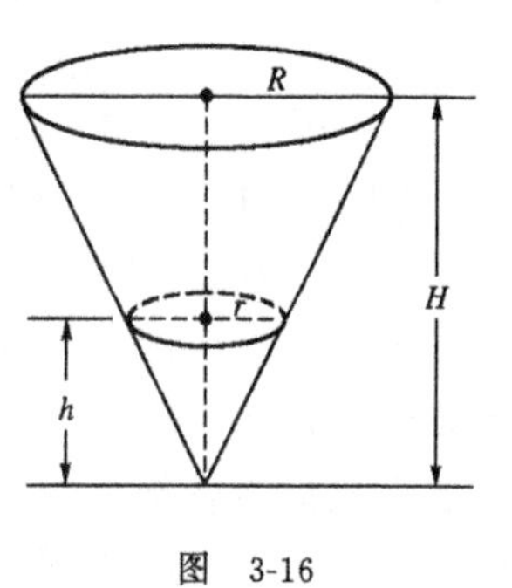

图 3-16

解 令 h 表示在时刻 t 水池内的水面高度(图 3-16). 显然,h 是 t 的函数:$h=h(t)$. 现在问:当 $h=5\,\mathrm{m}$ 时,$\frac{\mathrm{d}h}{\mathrm{d}t}=?$

与例 5 相仿,直接写出函数 $h=h(t)$是困难的. 但是可以写出 h 与图 3-16 中小圆锥体积(即水池内的水在时刻 t 的体积)v 之间的关系式

$$v = \frac{1}{3}\pi r^2 h, \tag{21}$$

其中 r 是小圆锥的底半径. 利用相似三角形知识,有

$$\frac{r}{R}=\frac{h}{H},$$

解出 $r=\frac{R}{H}h$,代入(21)式,得

$$v=\frac{1}{3}\pi\left(\frac{R}{H}h\right)^{2}\cdot h=\frac{1}{3}\cdot\frac{\pi R^{2}}{H^{2}}\cdot h^{3}. \tag{22}$$

这就是 h 与相关变量 v 之间的一个相关方程. 我们之所以选择 v 为相关变量,是因为 $\frac{\mathrm{d}v}{\mathrm{d}t}=5\,\mathrm{m}^3/\mathrm{min}$ 是已知的.

在(22)式两端对 t 求导,根据复合函数求导法则,有

$$\frac{\mathrm{d}v}{\mathrm{d}t}=\frac{1}{3}\cdot\frac{\pi R^{2}}{H^{2}}\cdot 3h^{2}\frac{\mathrm{d}h}{\mathrm{d}t},$$

于是

$$\frac{\mathrm{d}h}{\mathrm{d}t}=\frac{H^{2}}{\pi R^{2}}\cdot\frac{1}{h^{2}}\frac{\mathrm{d}v}{\mathrm{d}t}.$$

当 $h=5\,\mathrm{m}$ 时,有

$$\left.\frac{\mathrm{d}h}{\mathrm{d}t}\right|_{h=5}=\frac{H^{2}}{\pi R^{2}}\cdot\frac{1}{25}\cdot\frac{\mathrm{d}v}{\mathrm{d}t}.$$

再将数据 $H=10\,\mathrm{m}$,$R=4\,\mathrm{m}$,$\frac{\mathrm{d}v}{\mathrm{d}t}=5\,\mathrm{m}^3/\mathrm{min}$ 代入上式,便得到

$$\left.\frac{\mathrm{d}h}{\mathrm{d}t}\right|_{h=5}=\frac{100}{\pi\cdot 16}\cdot\frac{1}{25}\cdot 5\,\mathrm{m/min}=\frac{5}{4\pi}\ \mathrm{m/min}.$$

例 7 有一起重机装置,如图 3-17 所示. OA 为吊臂,长 8 m,可绕 O 点旋转. OB 为固定杆,长 10 m. 绳子的一端结在吊臂的顶点 A 上,并通过点 B 处的滑轮把重物 W 拉住. 已知绳子以 0.5 m/s 的速率收拉. 设吊臂与定杆之间的夹角为 θ. 求当 $\cos\theta=0.8$ 时,重物 W 的上升速率.

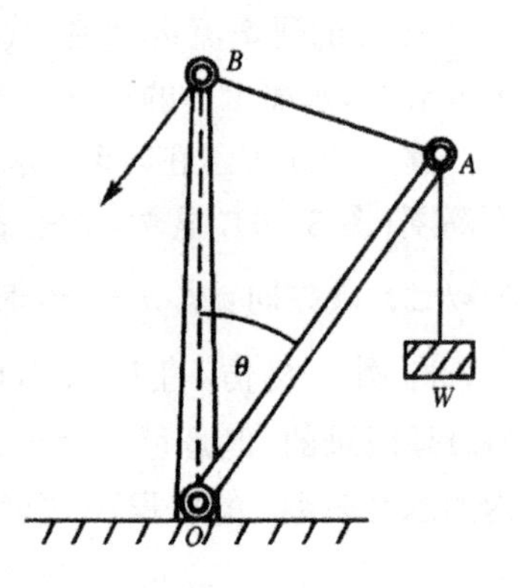

图 3-17

解 设 OA,AB,BO 三边长分别为 a,l,b,则由余弦定理知

$$l^{2}=(a^{2}+b^{2}-2ab\cos\theta). \tag{23}$$

因为重物 W 与点 A 是等距上升的，所以 W,A 的上升速率相同. 设点 A 的高度为 z，则 $\cos\theta=\frac{z}{a}$. 由(23)式得

$$z=a\cos\theta=a\frac{a^2+b^2-l^2}{2ab}=\frac{a^2+b^2-l^2}{2b}. \tag{24}$$

这就是变量 z 与相关变量 l 之间的相关方程. 我们要求的是 $\left.\frac{\mathrm{d}z}{\mathrm{d}t}\right|_{\cos\theta=0.8}$，但不知道 z 与 t 之间的函数关系，因而通过 l 的变化率来求.

已知绳子以 0.5 m/s 的速率收拉，即

$$l'(t)=-0.5\,\mathrm{m/s}^{①}.$$

在相关方程两端对 t 求导，由复合函数求导法则知

$$\frac{\mathrm{d}z}{\mathrm{d}t}=\frac{-2l\cdot l'(t)}{2b}=-\frac{l\cdot l'(t)}{b}. \tag{25}$$

由所设 $a=8\,\mathrm{m}$，$b=10\,\mathrm{m}$，当 $\cos\theta=0.8$ 时，从(23)式知

$$l=\sqrt{8^2+10^2-2\times8\times10\times0.8}\,\mathrm{m}=6\,\mathrm{m}.$$

将 $l=6\,\mathrm{m}$ 及 $l'(t)=-0.5\,\mathrm{m/s}$ 代入(25)式，得

$$\left.\frac{\mathrm{d}z}{\mathrm{d}t}\right|_{\cos\theta=0.8}=-\frac{1}{10}\cdot6\cdot(-0.5)\mathrm{m/s}=\frac{3}{10}\,\mathrm{m/s}.$$

这就是当 $\cos\theta=0.8$ 时，重物 W 的上升速率.

§4 高阶导数

4.1 定义

设函数 $y=f(x)$ 的导函数 $y'=f'(x)$ 存在. 若 $y'=f'(x)$ 在点 x_0 处的导数存在，则称它为函数 $y=f(x)$ 的**二阶导数**，记作

$$f''(x_0),\quad y''(x_0)\quad 或\quad \left.\frac{\mathrm{d}^2y}{\mathrm{d}x^2}\right|_{x=x_0},$$

---

① 因为 l 随时间的增长而减少，所以 $l'(t)<0$.

即 $$f''(x_0)=\lim_{\Delta x\to 0}\frac{f'(x_0+\Delta x)-f'(x_0)}{\Delta x}.$$

若函数 $y=f(x)$在区间 X 内每一点 x 处都有二阶导数,则得到二阶导函数

$$f''(x),\quad y''(x)\quad 或\quad \frac{\mathrm{d}^2y}{\mathrm{d}x^2}.$$

同样地,可以定义函数 $y=f(x)$在点 x_0 处的三阶、四阶,…导数

$$f'''(x_0),\quad f^{(4)}(x_0),\quad \cdots$$

以及三阶、四阶,…导函数

$$f'''(x),\quad f^{(4)}(x),\quad \cdots.$$

一般地,若函数 $y=f(x)$的$(n-1)$阶导数 $f^{(n-1)}(x)$在点 x_0 处的导数存在,则称它为 $y=f(x)$的 n **阶导数**,记作

$$f^{(n)}(x_0)=\lim_{\Delta x\to 0}\frac{f^{(n-1)}(x_0+\Delta x)-f^{(n-1)}(x_0)}{\Delta x},$$

有时也写作

$$f^{(n)}(x_0)=\lim_{x\to x_0}\frac{f^{(n-1)}(x)-f^{(n-1)}(x_0)}{x-x_0}. \tag{26}$$

若 $y=f(x)$在区间 X 内每一点 x 处都有 n 阶导数,则得到 n 阶导函数 $f^{(n)}(x)$,$y^{(n)}$或 $\frac{\mathrm{d}^ny}{\mathrm{d}x^n}$.

二阶导数 $y''=f''(x)$的力学意义:

若质点作变速直线运动,其运动规律为 $s=s(t)$,则一阶导数 $s'(t)=v(t)$表示质点的瞬时速度;二阶导数 $s''(t)=a(t)$表示质点的瞬时加速度(因为 $s''(t)=[v(t)]'$是速度对时间的变化率,所以是加速度).

4.2 例子

例 1 设 $y=x^n$ $(n=1,2,\cdots)$,求 $y',y'',\cdots,y^{(n)},y^{(n+1)}$.

解 $y'=nx^{n-1}$,

$$y''=n(n-1)x^{n-2},$$

$$\cdots\cdots$$

$$y^{(n)}=n!,$$

$$y^{(n+1)}=y^{(n+2)}=\cdots=0.$$

例 2 设 $y=x^{\alpha}$ $(x>0,\alpha$ 为常数$)$，求 $y^{(n)}$.

解 $y'=\alpha x^{\alpha-1},$

$$y''=\alpha(\alpha-1)x^{\alpha-2},$$

$$\cdots\cdots$$

$$y^{(n)}=\alpha(\alpha-1)(\alpha-2)\cdots(\alpha-n+1)x^{\alpha-n}.$$

特例 设 $y=1/x$，即 $\alpha=-1$，于是由例 2 知

$$\left(\frac{1}{x}\right)^{(n)}=(-1)(-2)(-3)\cdots(-1-n+1)x^{-1-n}$$

$$=\frac{(-1)^n\cdot n!}{x^{n+1}}. \tag{27}$$

由此不难推出

$$\left(\frac{1}{x-1}\right)^{(n)}=\frac{(-1)^n\cdot n!}{(x-1)^{n+1}},$$

$$\left(\frac{1}{1-x}\right)^{(n)}=\left(-\frac{1}{x-1}\right)^{(n)}$$

$$=-\left(\frac{1}{x-1}\right)^{(n)}=-\frac{(-1)^n\cdot n!}{(x-1)^{n+1}}$$

$$=\frac{n!}{(1-x)^{n+1}}.$$

例 3 设 $y=a^x$ $(a>0,a\neq1)$，求 $y^{(n)}$.

解 $y'=a^x\ln a,$

$$y''=a^x(\ln a)^2,$$

$$\cdots\cdots$$

$$y^{(n)}=a^x(\ln a)^n.$$

特例 $(\mathrm{e}^x)^{(n)}=\mathrm{e}^x.$

例 4 设 $y=\ln x$，求 $y^{(n)}$.

解 由 $y'=1/x$ 知

$$y^{(n)}=\left(\frac{1}{x}\right)^{(n-1)} \quad (\text{由(27)式})$$

$$=\frac{(-1)^{n-1}\cdot(n-1)!}{x^n},$$

即

$$(\ln x)^{(n)}=\frac{(-1)^{n-1}\cdot(n-1)!}{x^n}.$$

例 5 证明 n 阶导数公式

$$(\sin x)^{(n)}=\sin\left(x+n\cdot\frac{\pi}{2}\right), \tag{28}$$

$$(\cos x)^{(n)}=\cos\left(x+n\cdot\frac{\pi}{2}\right). \tag{29}$$

证 这里只证明(28)式.

$$(\sin x)'=\cos x=\sin\left(x+\frac{\pi}{2}\right),$$

$$(\sin x)''=\left[\sin\left(x+\frac{\pi}{2}\right)\right]_x'=\cos\left(x+\frac{\pi}{2}\right)$$

$$=\sin\left(x+2\cdot\frac{\pi}{2}\right),$$

$$(\sin x)'''=\left[\sin\left(x+2\cdot\frac{\pi}{2}\right)\right]_x'=\cos\left(x+2\cdot\frac{\pi}{2}\right)$$

$$=\sin\left(x+3\cdot\frac{\pi}{2}\right),$$

……

用数学归纳法不难证明：

$$(\sin x)^{(n)}=\sin\left(x+n\cdot\frac{\pi}{2}\right). \quad \blacksquare$$

请读者证明(29)式.

4.3 运算法则

定理 设函数 $u(x)$,$v(x)$有 n 阶导数,则

(1) $(u \pm v)^{(n)} = u^{(n)} \pm v^{(n)}$.

(2) $(k \cdot u)^{(n)} = k \cdot u^{(n)}$ （k 为常数）.

(3) $$(u \cdot v)^{(n)} = u^{(n)} \cdot v + nu^{(n-1)} \cdot v' + \frac{n(n-1)}{2!} u^{(n-2)} \cdot v'' + \cdots + \frac{n(n-1)\cdots(n-k+1)}{k!} u^{(n-k)} \cdot v^{(k)} + \cdots + u \cdot v^{(n)} = \sum_{k=0}^{n} C_n^k u^{(n-k)} \cdot v^{(k)}, \tag{30}$$

其中规定

$$u^{(0)} = u, \quad v^{(0)} = v.$$

此式称为**莱布尼兹**(Leibniz)**公式**.

证 (1),(2)显然.这里用数学归纳法证明公式(30).

当 $n=1$ 时,有

$$(u \cdot v)' = u'v + uv',$$

公式(30)显然成立.

设(30)式对 n 成立,即有

$$(u \cdot v)^{(n)} = \sum_{k=0}^{n} C_n^k u^{(n-k)} \cdot v^{(k)},$$

要证(30)式对 $n+1$ 也成立.

在(30)式两端对 x 求导,得到

$$\begin{aligned}(u \cdot v)^{(n+1)} &= \left[\sum_{k=0}^{n} C_n^k u^{(n-k)} \cdot v^{(k)}\right]' = \sum_{k=0}^{n} C_n^k [u^{(n-k)} \cdot v^{(k)}]' \\ &= \sum_{k=0}^{n} C_n^k [u^{(n-k+1)} \cdot v^{(k)} + u^{(n-k)} \cdot v^{(k+1)}] \\ &= \sum_{k=0}^{n} C_n^k u^{(n-k+1)} \cdot v^{(k)} + \sum_{k=0}^{n} C_n^k u^{(n-k)} \cdot v^{(k+1)} \\ &= u^{(n+1)} \cdot v + \sum_{k=1}^{n} C_n^k u^{(n-k+1)} \cdot v^{(k)} \\ &\quad + \sum_{k=0}^{n-1} C_n^k u^{(n-k)} \cdot v^{(k+1)} + u \cdot v^{(n+1)},\end{aligned} \tag{31}$$

易知，(31)式右端第三项可以这样改写：令 $k_1=k+1$,则

$$\sum_{k=0}^{n-1} C_n^k u^{(n-k)} \cdot v^{(k+1)} = \sum_{k_1=1}^{n} C_n^{k_1-1} u^{(n-k_1+1)} \cdot v^{(k_1)},$$

它又可记作

$$\sum_{k=1}^{n} C_n^{k-1} u^{(n-k+1)} \cdot v^{(k)}.$$

代入(31)式,得

$$(u \cdot v)^{(n+1)} = u^{(n+1)} \cdot v + \sum_{k=1}^{n} [C_n^k + C_n^{k-1}] u^{(n-k+1)} \cdot v^{(k)} + u \cdot v^{(n+1)}. \tag{32}$$

而

$$\begin{aligned} C_n^k + C_n^{k-1} &= \frac{n(n-1)\cdots(n-k+1)}{k!} + \frac{n(n-1)\cdots(n-k+2)}{(k-1)!} \\ &= \frac{n!}{k!(n-k)!} + \frac{n!}{(k-1)!(n-k+1)!} \\ &= \frac{n!(n-k+1)+n!k}{k!(n-k+1)!} = \frac{n![(n-k+1)+k]}{k!(n-k+1)!} \\ &= \frac{n!(n+1)}{k!(n-k+1)!} = \frac{(n+1)!}{k!(n+1-k)!} = C_{n+1}^k, \end{aligned}$$

代入(32)式,便得到

$$\begin{aligned} (u \cdot v)^{(n+1)} &= u^{(n+1)} \cdot v + \sum_{k=1}^{n} C_{n+1}^k u^{(n+1-k)} \cdot v^{(k)} + u \cdot v^{(n+1)} \\ &= \sum_{k=0}^{n+1} C_{n+1}^k u^{(n+1-k)} \cdot v^{(k)}. \end{aligned}$$

此式表明(30)式对 $n+1$ 也成立. ▌

例 6 设 $y=x^2 \cdot e^{3x}$,求 $y^{(n)}$.

解 令 $u=e^{3x}, v=x^2$,则

$$u' = 2x,\ v'' = 2,\ v''' = v^{(4)} = \cdots = v^{(n)} = 0;$$

$$u^{(n)} = 3^n \cdot e^{3x},\ u^{(n-1)} = 3^{n-1} \cdot e^{3x},\ u^{(n-2)} = 3^{n-2} \cdot e^{3x}.$$

由莱布尼兹公式(30),得到

$$
\begin{aligned}
y^{(n)} &= (x^2 \cdot e^{3x})^{(n)} = (e^{3x} \cdot x^2)^{(n)} \\
&= (e^{3x})^{(n)} \cdot x^2 + n(e^{3x})^{(n-1)} \cdot (x^2)' \\
&\quad + \frac{n(n-1)}{2!}(e^{3x})^{(n-2)} \cdot (x^2)'' + 0 \\
&= 3^n x^2 e^{3x} + 2n \cdot 3^{n-1} x e^{3x} + n(n-1)3^{n-2} e^{3x} \\
&= 3^{n-2} \cdot e^{3x}[9x^2 + 6nx + n(n-1)].
\end{aligned}
$$

注 若令 $u=x^2, v=e^{3x}$,则公式(30)的前面诸项为0,剩下后面三项,书写不甚方便.

例7 利用莱布尼兹公式(30)证明勒让德(Legendre)多项式

$$
P_n(x) = \frac{1}{2^n \cdot n!}[(x^2-1)^n]^{(n)} \quad (n = 0,1,2,\cdots)
$$

满足勒让德方程

$$
(x^2-1)P_n''(x) + 2xP_n'(x) - n(n+1)P_n(x) = 0.
$$

证 令 $y=\frac{1}{2^n \cdot n!}(x^2-1)^n$,则

$$
y^{(n)} = P_n(x), \tag{33}
$$

$$
y^{(n+1)} = P_n'(x), \tag{34}
$$

$$
y^{(n+2)} = P_n''(x). \tag{35}
$$

又,由 y 的表达式知

$$
y' = \left[\frac{1}{2^n \cdot n!}(x^2-1)^n\right]' = \frac{1}{2^n \cdot n!} \cdot (x^2-1)^{n-1} \cdot 2nx,
$$

从而有

$$
(x^2-1)y' = 2nx \cdot y.
$$

将上式两端对 x 求$(n+1)$阶导数,利用莱布尼兹公式,得到

$$
\begin{aligned}
&y^{(n+2)} \cdot (x^2-1) + (n+1)y^{(n+1)} \cdot 2x + \frac{(n+1)n}{2!}y^{(n)} \cdot 2 + 0 \\
&\quad = 2n[y^{(n+1)} \cdot x + (n+1)y^{(n)} \cdot 1 + 0],
\end{aligned}
$$

将(33),(34),(35)式代入上式,便得到

$$(x^2-1)P_n''(x)+2xP_n'(x)-n(n+1)P_n(x)=0.$$ ▌

例 8 设 $y=\arcsin x$，求 $y^{(n)}(0)$.

解 $y'=\dfrac{1}{\sqrt{1-x^2}}$. 可将此式变形为

$$\sqrt{1-x^2}y'=1 \quad 或 \quad (1-x^2)(y')^2=1,$$

两边对 x 求导并化简，得到

$$(1-x^2)y''-xy'=0.$$

对上式两边再求$(n-2)$阶导数，利用莱布尼兹公式(30)，得到

$$\begin{aligned}(1-x^2)y^{(n)}&+(n-2)(-2x)y^{(n-1)}\\&+\frac{1}{2}(n-2)(n-3)(-2)y^{(n-2)}\\&-xy^{(n-1)}-(n-2)y^{(n-2)}=0.\end{aligned}$$

令 $x=0$，代入上式并化简，得到递推公式

$$y^{(n)}(0)=(n-2)^2y^{(n-2)}(0).$$

当 n 为偶数时，最后递推至 $y^{(0)}(0)$，即 $y(0)$；当 n 为奇数时，最后递推至 $y'(0)$. 因为 $y(0)=0, y'(0)=1$，所以有

$$y^{(2k)}(0)=0, \quad k=1,2,\cdots,$$

$$\begin{aligned}y^{(2k+1)}(0)&=(2k-1)^2y^{(2k-1)}(0)\\&=(2k-1)^2(2k-3)^2y^{(2k-3)}(0)\\&=\cdots=(2k-1)^2(2k-3)^2\cdots3^2\cdot1^2\cdot y'(0)\\&=[(2k-1)!!]^2, \quad k=1,2,\cdots.\end{aligned}$$

例 9 设 $y=\mathrm{e}^{ax}\sin bx$，求 $y^{(n)}$.

解 可令 $u=\mathrm{e}^{ax}, v=\sin bx$，将其代入莱布尼兹公式(30)去求 $y^{(n)}$. 不过，这种做法所得结果比较繁. 我们换一个方法.

$$\begin{aligned}y'=(\mathrm{e}^{ax}\sin bx)'&=a\mathrm{e}^{ax}\sin bx+b\mathrm{e}^{ax}\cos bx\\&=\mathrm{e}^{ax}(a\sin bx+b\cos bx)\\&=\mathrm{e}^{ax}\cdot\sqrt{a^2+b^2}\left(\frac{a}{\sqrt{a^2+b^2}}\sin bx+\frac{b}{\sqrt{a^2+b^2}}\cos bx\right)\\&=\mathrm{e}^{ax}\cdot\sqrt{a^2+b^2}(\cos\varphi\cdot\sin bx+\sin\varphi\cdot\cos bx)\end{aligned}$$

$$= e^{ax} \cdot \sqrt{a^2+b^2}\sin(bx+\varphi)$$
$$= \sqrt{a^2+b^2}e^{ax}\sin(bx+\varphi),$$

其中

$$\cos\varphi = \frac{a}{\sqrt{a^2+b^2}}, \quad \sin\varphi = \frac{b}{\sqrt{a^2+b^2}}, \quad \varphi = \arctan\frac{b}{a}.$$

又

$$y'' = \sqrt{a^2+b^2}[e^{ax}\sin(bx+\varphi)]'$$
$$= \sqrt{a^2+b^2}e^{ax}[a\sin(bx+\varphi)+b\cos(bx+\varphi)]$$
$$= (\sqrt{a^2+b^2})^2e^{ax}\sin(bx+2\varphi).$$

……

不难用数学归纳法证明

$$y^{(n)} = (\sqrt{a^2+b^2})^n e^{ax}\sin(bx+n\cdot\varphi),$$

其中

$$\varphi = \arctan b/a.$$

这种先设法将函数 y 或 y' 变形再求高阶导数的办法，可以避开复杂的莱布尼兹公式(30)，有时是比较方便的. 我们再举几个例子.

例 10 设 $y=\sin^4 x+\cos^4 x$，求 $y^{(n)}$.

解 $y=\sin^4 x+\cos^4 x$

$$=(\sin^2 x+\cos^2 x)^2-2\sin^2 x\cdot\cos^2 x$$
$$=1-\frac{1}{2}\sin^2 2x,$$

$$y'=-\frac{1}{2}\cdot 2\sin 2x\cdot\cos 2x\cdot 2=-\sin 4x,$$

$$y''=-4\cos 4x=-4\sin\left(4x+\frac{\pi}{2}\right),$$

$$y'''=-4^2\cos\left(4x+\frac{\pi}{2}\right)=-4^2\sin\left(4x+2\cdot\frac{\pi}{2}\right),$$

…………

不难用数学归纳法证明

$$y^{(n)}=-4^{n-1}\sin\left[4x+(n-1)\cdot\frac{\pi}{2}\right].$$

例 11 设 $y=\dfrac{1}{x(1-x)}$,求 $y^{(50)}$.

解 $y=\dfrac{1}{x(1-x)}=\dfrac{(1-x)+x}{x(1-x)}=\dfrac{1}{x}+\dfrac{1}{1-x}$,因此

$$y^{(50)}=\left(\frac{1}{x}\right)^{(n)}+\left(\frac{1}{1-x}\right)^{(n)} \quad \text{(利用例 2 的结果)}$$

$$=\frac{(-1)^{50}50!}{x^{51}}+\frac{50!}{(1-x)^{51}}=50!\left[\frac{1}{x^{51}}+\frac{1}{(1-x)^{51}}\right].$$

习 题 3.2

A 组

1. 在抛物线 $y=x^2$ 上哪一点的切线有下面性质:

(1) 切线的斜率等于 3; (2) 平行于 x 轴;

(3) 与 Ox 轴构成 45°角;

(4) 斜率恰好等于该点的纵坐标.

2. 设曲线 l: $y=x^2+5x+4$,

(1) 确定 b,使直线 $y=3x+b$ 是 l 的切线;

(2) 确定 a,使直线 $y=ax$ 是 l 的切线.

3. 求双曲线 $\dfrac{x^2}{a^2}-\dfrac{y^2}{b^2}=1$ 在点$(2a,\sqrt{3}b)$处切线的方程.

4. 问底数 a 为什么值时,直线 $y=x$ 才能与对数曲线 $y=\log_a x$ 相切?在何处相切?

5. 曲线 $y=x^n$(n 为正整数)上点$(1,1)$处的切线交 x 轴于点$(\xi,0)$,求 $\lim\limits_{n\to\infty}y(\xi)$.

6. 设沿直线运动的某物体之运动方程为 $s=3t^4-20t^3+36t^2$,试求其速度,并问物体何时向前运动?何时向后运动?

7. 由于外力的作用,一球沿着斜面向上滚,初速度为 5 m/s,运动方程为 $s=5t-t^2$,试问此球何时开始向下滚?

8. 证明内摆线 $x^{2/3}+y^{2/3}=a^{2/3}(a>0)$的切线介于坐标轴间的部分长为一常数.

9. 一个人以 8 km/h 的速度面向一个 62 m 高的塔前进,当他距塔底 80 m 时,他的头顶以什么速度接近塔顶?(设人高为 2 m).

10. 有一长 5 m 的梯子，靠在垂直的墙上，设下端沿地面以 3 m/s 的速度离开墙脚滑动，求当下端离开墙脚 1.5 m 时，梯子上端下滑的速度.

11. 求下列函数的高阶导数：

(1) $y=x^2(2x-1)^2(x+3)^2$，求 $y^{(6)},y^{(7)}$；

(2) $y=a_0x^n+a_1x^{n-1}+\cdots+a_n$，求 $y^{(n)},y^{(n+1)}$；

(3) $y=x\ln x$，求 $y^{(5)}$；　　(4) $y=x^3\sin 2x$，求 $y^{(50)}$；

(5) $y=(x^2+2x+2)\mathrm{e}^{-x}$，求 $y^{(n)}$；　　(6) $y=\cos^2 x$，求 $y^{(n)}$；

(7) $y=\sin^2 x$，求 $y^{(n)}$.

12. 求下列函数的 n 阶导数：

(1) $y=\dfrac{1}{1-x}$；　　(2) $y=\dfrac{1}{1+x}$；

(3) $y=\dfrac{1}{1-x^2}$；

(4) $y=\dfrac{x^n}{1-x}$；

$\left(\text{提示：} y=\dfrac{x^n}{1-x}=\dfrac{x^n-1}{1-x}+\dfrac{1}{1-x}=-(x^{n-1}+x^{n-2}+\cdots+1)+\dfrac{1}{1-x},\right.$

$\left. y^{(n)}=\left(\dfrac{1}{1-x}\right)^{(n)}.\right)$

(5) $y=\dfrac{x^n}{1+x}$；

(提示：计算方法与(4)类似.)

(6) $y=\dfrac{1}{x}\mathrm{e}^x$.

13. 用数学归纳法求证：

(1) 设 $y=x^{n-1}\mathrm{e}^{\frac{1}{x}}$，则 $y^{(n)}=\dfrac{(-1)^n}{x^{n+1}}\mathrm{e}^{\frac{1}{x}}$；

(2) 设 $y=x^{n-1}\ln x$，则 $y^{(n)}=\dfrac{(n-1)!}{x}$；

(3) 设 $y=\arctan x$，则 $y^{(n)}=(n-1)!\ \cos^n y\sin n\left(y+\dfrac{\pi}{2}\right)$.

14. 求下列函数的二阶导数：$\dfrac{\mathrm{d}^2y}{\mathrm{d}x^2}$.

(1) $\begin{cases}x=t-\sin t,\\ y=1-\cos t;\end{cases}$　　(2) $\begin{cases}x=a\cos t,\\ y=b\sin t;\end{cases}$

(3) $\begin{cases}x=\ln(1+t^2),\\ y=t-\arctan t;\end{cases}$　　(4) $\begin{cases}x=a\operatorname{ch} t,\\ y=b\operatorname{sh} t.\end{cases}$

15. 求下列隐函数的二阶导数：

(1) $x^2+y^2=R^2$,求 $\left.\frac{d^2y}{dx^2}\right|_{x=R/2}$； (2) $y=1+xe^y$,求 $\frac{d^2y}{dx^2}$.

16. 证明契比雪夫多项式

$$T_m(x) = \frac{1}{2^{m-1}}\cos(m\arccos x) \quad (m = 0,1,2,\cdots)$$

满足方程式

$$(1 - x^2)T''_m(x) - xT'_m(x) + m^2T_m(x) = 0.$$

B 组

1. 求方程 $\frac{1}{x^2}+px+q=0$ 有三个不同实根的条件($p\neq0$, $q\neq0$).

2. 设函数 $y=y(x)$ 的反函数存在，$\frac{dy}{dx}\neq0$，且满足方程

$$\frac{d^2y}{dx^2}+\left(\frac{dy}{dx}\right)^3=0,$$

证明反函数 $x=x(y)$满足方程 $\frac{d^2x}{dy^2}=1$.

3. 契比雪夫-拉盖尔多项式定义如下：

$$L_m(x) = e^x(x^me^{-x})^{(m)} \quad (m = 0,1,2,\cdots).$$

证明 $L_m(x)$满足方程

$$xL''_m(x) + (1 - x)L'_m(x) + mL_m(x) = 0.$$

4. 契比雪夫-埃尔米特多项式定义如下：

$$H_m(x) = (-1)^me^{x^2}(e^{-x^2})^{(m)} \quad (m = 0,1,2,\cdots).$$

证明 $H_m(x)$满足方程

$$H''_m - 2xH'_m + 2mH_m = 0.$$

§5 微分的概念

5.1 函数的微小改变量问题

在许多问题中，往往需要考虑函数的微小改变量.

例 1 一块半径为 r_0 的金属圆盘，由于温度的升高，半径增加了 Δr. 问：圆盘的面积增加了多少？

解 设圆盘的半径为 r,面积为 S,则

$$S=\pi r^2.$$

当半径从 r_0 增加到 $r_0+\Delta r$ 时,面积增加

$$\Delta S=\pi(r_0+\Delta r)^2-\pi r_0^2=2\pi r_0\cdot\Delta r+\pi(\Delta r)^2. \tag{36}$$

在此式右端的两项中,第一项是 Δr 的线性函数(即一次函数),比较容易计算;第二项当 $\Delta r\to0$ 时是关于 Δr 的高阶无穷小. 因此,当 Δr 很小时,第一项成为 ΔS 的主要部分,可忽略第二项而得到近似公式:

$$\Delta S\approx 2\pi r_0\cdot\Delta r. \tag{37}$$

当然,在这个近似公式中,要求 Δr 比较小, ΔS 是函数的微小改变量.

利用近似公式(37)来计算 ΔS,显得比较方便. 例如,当 $r=4$, $\Delta r=0.01$ 时,有

$$\Delta S\approx 2\pi\times(2)\times0.01=0.04\pi.$$

从(36)式我们看到,其右端第一项很重要,它具有这样的形式:

$$A\cdot\Delta r,$$

其中 A 是一个与 Δr 无关的常数(只与 r_0 有关).

5.2 微分的定义与几何意义

1. 微分的定义

设函数 $y=f(x)$ 在点 x_0 及其附近有定义. 给 x_0 以改变量 Δx,得到函数的相应改变量 $\Delta y=f(x_0+\Delta x)-f(x_0)$. 若存在常数 A(与 Δx 无关,一般与 x_0 有关),使得下式成立

$$\Delta y=A\cdot\Delta x+o(\Delta x)\quad(\text{当 }\Delta x\to0), \tag{38}$$

则称 $A\cdot\Delta x$ 为函数 $y=f(x)$ 在点 x_0 处的**微分**,记作

$$\mathrm{d}y=A\cdot\Delta x\quad\text{或}\quad \mathrm{d}f(x_0)=A\cdot\Delta x.$$

这时,称函数 $y=f(x)$ 在点 x_0 处**可微**.

由于微分 $\mathrm{d}y=A\cdot\Delta x$ 是 Δx 的线性函数,又当 $\Delta x\to0$ 时是 Δy 的主要部分,因此我们称微分 $\mathrm{d}y=A\cdot\Delta x$ 是函数改变量 Δy

的**线性主要部分**，简称**线性主部**.

显然，当$|\Delta x|$很小时，有近似公式

$$\Delta y \approx \mathrm{d}y.$$

2. 可微与可导的关系

定理 函数$y=f(x)$在点x_0处可微的充要条件是$f(x)$在点x_0处可导. 这时(38)式中的常数$A=f'(x_0)$，即

$$\mathrm{d}y = f'(x_0)\Delta x.$$

证 必要性 设$y=f(x)$在点x_0处可微. 由定义知

$$\Delta y = A \cdot \Delta x + o(\Delta x) \quad (\text{当 } \Delta x \to 0).$$

上式两边除以Δx，得到

$$\frac{\Delta y}{\Delta x} = A + \frac{o(\Delta x)}{\Delta x}.$$

令$\Delta x \to 0$得

$$\lim_{\Delta x \to 0} \frac{\Delta y}{\Delta x} = \lim_{\Delta x \to 0} A + \lim_{\Delta x \to 0} \frac{o(\Delta x)}{\Delta x} = A + 0 = A,$$

表明$f(x)$在点x_0处可导，且$f'(x_0)=A$，即

$$\mathrm{d}y = f'(x_0) \cdot \Delta x.$$

充分性 设$y=f(x)$在点x_0处可导，即极限

$$\lim_{\Delta x \to 0} \frac{\Delta y}{\Delta x} = f'(x_0)$$

存在，则有

$$\frac{\Delta y}{\Delta x} = f'(x_0) + \alpha \quad (\lim_{\Delta x \to 0} \alpha = 0),$$

从而

$$\Delta y = f'(x_0) \cdot \Delta x + \alpha \cdot \Delta x \quad (\lim_{\Delta x \to 0} \alpha = 0). \tag{39}$$

由于$\lim\limits_{\Delta x \to 0} \frac{\alpha \cdot \Delta x}{\Delta x} = \lim\limits_{\Delta x \to 0} \alpha = 0$，因此$\alpha \cdot \Delta x = o(\Delta x)$ (当$\Delta x \to 0$)，从而(39)式可写为

$$\Delta y = f'(x_0) \cdot \Delta x + o(\Delta x) \quad (\Delta x \to 0). \tag{39'}$$

由微分定义知，函数$y=f(x)$在点x_0处可微，且

$$\mathrm{d}y = f'(x_0) \cdot \Delta x. \quad \blacksquare$$

由此可见,函数 $y=f(x)$ 在点 x_0 处可微与在点 x_0 处可导是等价的.

函数 $y=f(x)$ 在点 x 处的微分可写作

$$\mathrm{d}y = f'(x) \cdot \Delta x. \tag{40}$$

例如

$$\mathrm{d}(\sin x) = (\sin x)' \cdot \Delta x = \cos x \cdot \Delta x,$$

$$\mathrm{d}(\mathrm{e}^{-x}) = (\mathrm{e}^{-x})' \cdot \Delta x = -\mathrm{e}^{-x} \cdot \Delta x,$$

$$\mathrm{d}(x) = (x)' \Delta x = \Delta x.$$

由于 $\mathrm{d}x=\Delta x$,因此微分 $\mathrm{d}y=f'(x) \cdot \Delta x$ 可记作

$$\mathrm{d}y = f'(x)\mathrm{d}x, \tag{41}$$

从而

$$f'(x) = \frac{\mathrm{d}y}{\mathrm{d}x}.$$

即函数的导数 $f'(x)$ 是函数的微分 $\mathrm{d}y$ 与自变量的微分 $\mathrm{d}x$ 之商.这正是导数又叫做“微商”的原因.

3. 微分的几何意义

取直角坐标系 Oxy. 设函数 $y=f(x)$ 的图形是图 3-18 中的曲线. 对应于 x_0 及 $x_0+\Delta x$ 的是曲线上的以下两点:

$$M_0(x_0,y_0) = M_0(x_0,f(x_0)),$$

$$N(x_0+\Delta x,y_0+\Delta y) = N(x_0+\Delta x,f(x_0+\Delta x)).$$

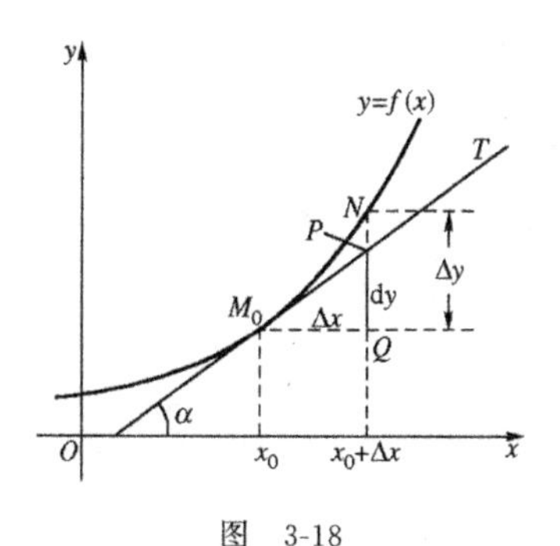

图 3-18

过点 M_0 作曲线 $y=f(x)$ 的切线 M_0T,设其倾角为 α,则

$$PQ = M_0Q \cdot \tan\alpha = \Delta x \cdot f'(x_0) = \mathrm{d}y.$$

于是得知微分的几何意义：

曲线 $y=f(x)$在点 $M_0(x_0,f(x_0))$处的切线 M_0T 的纵坐标的改变量，就是函数 $y=f(x)$在点 x_0 处的微分 $\mathrm{d}y$.

Δy 是曲线 $y=f(x)$的纵坐标的改变量. 当$|\Delta x|$很小时，用 $\mathrm{d}y$ 近似代替 Δy 所产生的误差是$|\Delta y-\mathrm{d}y|$，在图 3-18 中，就是 PN 的长度，它比$|\Delta x|$要小得多. 因此，当$|\Delta x|$很小时，亦即在点 x_0 附近，可以用切线近似代替曲线——以直代曲.

§6　微分的基本公式及运算法则

6.1　微分基本公式表

为了便于读者记忆，根据导数的基本公式表及微分表达式 $\mathrm{d}y=y'\mathrm{d}x$，我们列出微分的基本公式表：

$\mathrm{d}(C)=0$　(C 为常数)；

$\mathrm{d}(x^\alpha)=\alpha x^{\alpha-1}\mathrm{d}x$　(α 为实数)，

特例　$\mathrm{d}(\sqrt{x})=\dfrac{1}{2\sqrt{x}}\mathrm{d}x$，　$\mathrm{d}\left(\dfrac{1}{x}\right)=-\dfrac{1}{x^2}\mathrm{d}x$；

$\mathrm{d}(\log_a x)=\dfrac{1}{x\ln a}\mathrm{d}x$　$(a>0,a\neq1)$，

特例　$\mathrm{d}(\ln x)=\dfrac{1}{x}\mathrm{d}x$；

$\mathrm{d}(a^x)=a^x\ln a\mathrm{d}x$　$(a>0,a\neq1)$；

特例　$\mathrm{d}(\mathrm{e}^x)=\mathrm{e}^x\mathrm{d}x$；

$\mathrm{d}(\sin x)=\cos x\mathrm{d}x$；

$\mathrm{d}(\cos x)=-\sin x\mathrm{d}x$；

$\mathrm{d}(\tan x)=\dfrac{1}{\cos^2 x}\mathrm{d}x=\sec^2 x\mathrm{d}x$；

$\mathrm{d}(\cot x)=-\dfrac{1}{\sin^2 x}\mathrm{d}x=-\csc^2 x\mathrm{d}x$；

$$d(\arcsin x)=\frac{1}{\sqrt{1-x^2}}dx;$$

$$d(\arccos x)=-\frac{1}{\sqrt{1-x^2}}dx;$$

$$d(\arctan x)=\frac{1}{1+x^2}dx;$$

$$d(\text{arccot} x)=-\frac{1}{1+x^2}dx.$$

上述这些公式不仅在微分学中很重要，而且在积分学中也经常要用到．不过那时往往是颠倒过来运用这些公式，即所谓“凑微分”．例如

$$\frac{1}{\sqrt{x}}dx = d(2\sqrt{x}),\quad \frac{1}{x^2}dx = d\left(-\frac{1}{x}\right),$$

$$x^{4/3}dx = \frac{3}{7}d(x^{7/3}),\quad \sin x dx = d(-\cos x),$$

$$\frac{1}{1+x^2}dx = d(\arctan x),$$

等等．读者应当熟记微分基本公式表．

6.2 微分的运算法则

与导数的四则运算法则及复合函数求导法则相应的，是微分的四则运算法则及复合函数的微分法则——一阶微分形式的不变性．

1．微分的四则运算法则

定理 设函数 $u(x)$，$v(x)$在点 x 处可微，则

$$d(u \pm v) = du \pm dv;$$

$$d(u \cdot v) = u dv + v du,$$

特例 $d(k \cdot u) = k du$（k 为常数）；

$$d\left(\frac{u}{v}\right) = \frac{v du - u dv}{v^2}\quad (\text{当 } v \neq 0).$$

证 $d(u \pm v) = [u(x) \pm v(x)]' dx$

$$
\begin{aligned}
&= [u'(x) \pm v'(x)]\mathrm{d}x \\
&= \mathrm{d}u \pm \mathrm{d}v,
\end{aligned}
$$

$$
\begin{aligned}
\mathrm{d}(u \cdot v) &= [u(x) \cdot v(x)]'\mathrm{d}x \\
&= [u(x) \cdot v'(x) + u'(x) \cdot v(x)]\mathrm{d}x \\
&= u\mathrm{d}v + v\mathrm{d}u,
\end{aligned}
$$

$$
\begin{aligned}
\mathrm{d}\left(\frac{u}{v}\right) &= \left[\frac{u(x)}{v(x)}\right]'\mathrm{d}x \\
&= \frac{u'(x)v(x) - u(x)v'(x)}{v^2(x)}\mathrm{d}x \\
&= \frac{v\mathrm{d}u - u\mathrm{d}v}{v^2} \quad (v \neq 0). \quad \blacksquare
\end{aligned}
$$

例 1 设 $y=\dfrac{a^2-x^2}{a^2+x^2}$，求 $\mathrm{d}y$.

解 由微分的运算法则知

$$
\begin{aligned}
\mathrm{d}y &= \mathrm{d}\left(\frac{a^2 - x^2}{a^2 + x^2}\right) \\
&= \frac{(a^2 + x^2)\mathrm{d}(a^2 - x^2) - (a^2 - x^2)\mathrm{d}(a^2 + x^2)}{(a^2 + x^2)^2} \\
&= \frac{(a^2 + x^2)(-2x\mathrm{d}x) - (a^2 - x^2)2x\mathrm{d}x}{(a^2 + x^2)^2} \\
&= -\frac{4a^2x}{(a^2 + x^2)^2}\mathrm{d}x.
\end{aligned}
$$

2. 复合函数的微分法则——一阶微分形式的不变性

定理 设有复合函数 $y=f[\varphi(x)]$. 若 $u=\varphi(x)$ 在点 x 处可微，$y=f(u)$ 在对应点 u 处可微，则复合函数 $y=f[\varphi(x)]$ 在点 x 处可微，且

$$
\mathrm{d}y = f'(u)\mathrm{d}u, \tag{42}
$$

其中 $\mathrm{d}u=\varphi'(x)\mathrm{d}x$ 是函数 $u=\varphi(x)$ 在点 x 处的微分.

证 根据微分表达式及复合函数求导法则，有

$$
\begin{aligned}
\mathrm{d}y &= \{f[\varphi(x)]\}'_x\mathrm{d}x = [f'(u) \cdot \varphi'(x)]\mathrm{d}x \\
&= f'(u) \cdot \varphi'(x)\mathrm{d}x = f'(u)\mathrm{d}u. \quad \blacksquare
\end{aligned}
$$

(42)式表明：不论 u 是自变量还是中间变量，函数 $y=f(u)$ 的(一阶)微分有着相同的形式，都是 $dy=f'(u)du$，并不因 u 是中间变量而改变. 这种性质称为**一阶微分形式的不变性**.

不过，这里仅仅是形式不变，而实质内容是不同的：当 u 是自变量时，$du=\Delta u$；当 u 是中间变量(即 u 不是自变量)时，一般说来，$du\neq\Delta u$，事实上，这时有

$$\Delta u = du + o(\Delta x) \quad (\text{当 } \Delta x \to 0).$$

例 2 设 $y=\ln\tan(x^2)$，求 dy.

解 可将 $\tan(x^2)$ 看成中间变量 u，因此由"不变性"得

$$dy = \frac{1}{\tan(x^2)}d[\tan(x^2)],$$

再利用一次"不变性"，得到

$$dy= \frac{1}{\tan(x^2)}d[\tan(x^2)] = \frac{1}{\tan(x^2)} \cdot \frac{1}{\cos^2(x^2)}d(x^2)$$

$$= \frac{1}{\sin(x^2) \cdot \cos(x^2)}2xdx = \frac{4xdx}{\sin(2x^2)}.$$

例 3 设 $y=e^{-ax} \cdot \sin bx$，求 dy.

解 $dy =d(e^{-ax} \cdot \sin bx)$

$$\xlongequal{\text{乘法运算}} e^{-ax}d(\sin bx)+\sin bx \cdot d(e^{-ax})$$

$$\xlongequal{\text{“不变性”}} e^{-ax}\cos bx \cdot d(bx)+\sin bx \cdot e^{-ax}d(-ax)$$

$$=e^{-ax}\cos bx \cdot bdx+\sin bx \cdot e^{-ax}(-a)dx$$

$$=e^{-ax}(b\cos bx-a\sin bx)dx.$$

上面用到的是微分运算——乘法运算及复合函数微分运算. 当然，也可以根据微分表达式 $dy=y'dx$，利用导数的乘法运算及复合函数求导法则来求 dy，即

$$dy= (e^{-ax} \cdot \sin bx)'dx$$

$$= [(e^{-ax})'\sin bx + e^{-ax}(\sin bx)']dx$$

$$= [- ae^{-ax}\sin bx + be^{-ax}\cos bx]dx$$

$$= e^{-ax}(b\cos bx - a\sin bx)dx.$$

比较一下，按计算量而言，以上两种方法差不多. 但微分运算自有它的方便之处. 比如以后将会看到，在计算不定积分时，经常需要“凑微分”，这就要求我们能熟练地把一阶微分形式的不变性颠倒过来运用，比如

$$\frac{1}{\sqrt{x+5}}\mathrm{d}x=\frac{1}{\sqrt{x+5}}\mathrm{d}(x+5)=\mathrm{d}(2\sqrt{x+5})$$

$$=2\mathrm{d}(\sqrt{x+5}),$$

$$x\mathrm{e}^{-x^2}\mathrm{d}x=-\frac{1}{2}\mathrm{e}^{-x^2}\mathrm{d}(-x^2)=-\frac{1}{2}\mathrm{d}(\mathrm{e}^{-x^2}),$$

$$\frac{\cos\frac{1}{x}}{x^2}\mathrm{d}x=-\cos\frac{1}{x}\mathrm{d}\left(\frac{1}{x}\right)=-\mathrm{d}\left(\sin\frac{1}{x}\right),$$

等等.

利用“不变性”，还可推出用参数方程表示的函数的求导公式.

例 4 设函数 $y=y(x)$ 由参数方程

$$\begin{cases}x=\varphi(t),\\ y=\psi(t),\end{cases}\quad t\in[\alpha,\beta]$$

给出，试求 y'_x 及 y''_{xx}.

解 我们在本章 §2 的 2.5 中，曾根据复合函数求导法则及反函数求导法则得到

$$y'_x=y'_t\cdot t'_x=\frac{y'_t}{x'_t}=\frac{\psi'(t)}{\varphi'(t)}\quad(\varphi'(t)\neq 0).$$

现在利用“不变性”，也不难得到 y'_x，以及 y''_{xx}. 事实上，由“不变性”知，不论 x 是自变量还是中间变量，都有 $\mathrm{d}y=y'_x\mathrm{d}x$. 因此

$$y'_x=\frac{\mathrm{d}y}{\mathrm{d}x}=\frac{\mathrm{d}[\psi(t)]}{\mathrm{d}[\varphi(t)]}=\frac{\psi'(t)\mathrm{d}t}{\varphi'(t)\mathrm{d}t}=\frac{\psi'(t)}{\varphi'(t)},\tag{43}$$

其中 $\varphi'(t)\neq 0$.

再利用“不变性”，得到

$$\mathrm{d}(y'_x)=(y'_x)'_x\mathrm{d}x=y''_{xx}\mathrm{d}x,$$

于是

$$y''_{xx}=\frac{\mathrm{d}(y'_x)}{\mathrm{d}x}\xlongequal{43\text{式}}\frac{\mathrm{d}\left[\dfrac{\psi'(t)}{\varphi'(t)}\right]}{\mathrm{d}[\varphi(t)]}$$

$$=\frac{\left[\dfrac{\psi'(t)}{\varphi'(t)}\right]'_t\mathrm{d}t}{\varphi'(t)\mathrm{d}t}=\frac{\psi''(t)\cdot\varphi'(t)-\psi'(t)\cdot\varphi''(t)}{[\varphi'(t)]^3},\qquad(44)$$

其中 $\varphi'(t)\neq 0$.

(44)式就是参数方程所表示的函数的二阶导数公式.

§7 微分的简单应用

微分概念的重要作用主要体现在后面将要陆续讲到的定积分及微分方程的“微元法”之中,这里只讲两个简单应用.

7.1 近似计算

在一些问题中,往往需要计算 Δy 或 $f(x_0+\Delta x)$,一般说来,求它们的精确值比较困难.但是,对于可微函数而言,当 $|\Delta x|$ 充分小时,可以利用微分来作近似计算.

我们知道,当函数 $y=f(x)$ 在点 x_0 处可微时,有微小改变量公式

$$\Delta y=f'(x_0)\cdot\Delta x+o(\Delta x)\quad(\text{当 }\Delta x\to 0).$$

因此有近似式

$$\Delta y=f(x_0+\Delta x)-f(x_0)\approx f'(x_0)\cdot\Delta x\ (\text{当 }|\Delta x|\ll 1),\qquad(45)$$

或

$$f(x_0+\Delta x)\approx f(x_0)+f'(x_0)\cdot\Delta x\ (\text{当 }|\Delta x|\ll 1).\ (46)$$

当 $x_0=0$ 时,(46)式化为

$$f(\Delta x)\approx f(0)+f'(0)\cdot\Delta x\quad(\text{当 }|\Delta x|\ll 1),$$

也可简记作

$$f(x) \approx f(0) + f'(0) \cdot x \quad (\text{当 } |x| \ll 1). \tag{47}$$

利用(47)式,可以近似计算在点 $x_0=0$ 附近的函数值.

近似计算函数改变量 Δy 时,用公式(45);近似计算函数值 $f(x_0+\Delta x)$或 $f(x)$时,用公式(46)或(47).

例 1 钟摆的周期原来是 1 s. 在冬季,摆长缩短了 0.01 cm,问这钟每天大约快多少?

解 物理学告诉我们,单摆的周期 T 与摆长 l 之间有关系式

$$T = 2\pi\sqrt{l/g},$$

g 为重力加速度. 现在因天冷摆长有了改变量 $\Delta l=-0.01$ cm,于是引起周期有相应的改变量 ΔT. 因为$|\Delta l|=0.01$ 比较小,所以可用微分 $\mathrm{d}T$ 来近似计算 ΔT.

设原来的周期为 T_0,摆长为 l_0,则由公式 $T_0=2\pi\sqrt{l_0/g}$,得到

$$l_0 = T_0^2 g/(2\pi)^2.$$

由 $T=2\pi\sqrt{l/g}$,有

$$\frac{\mathrm{d}T}{\mathrm{d}l} = \frac{2\pi}{\sqrt{g}} \cdot \frac{1}{2\sqrt{l}} = \frac{\pi}{\sqrt{g}} \cdot \frac{1}{\sqrt{l}},$$

于是 $$\left.\frac{\mathrm{d}T}{\mathrm{d}l}\right|_{l=l_0} = \frac{\pi}{\sqrt{g}} \cdot \frac{1}{\sqrt{l_0}} = \frac{\pi}{\sqrt{g}} \cdot \frac{2\pi}{T_0\sqrt{g}} = \frac{2\pi^2}{T_0 g}.$$

从而由近似公式(45)得到

$$\Delta T \approx \mathrm{d}T = \left.\frac{\mathrm{d}T}{\mathrm{d}l}\right|_{l=l_0} \cdot \Delta l = \frac{2\pi^2}{T_0 g} \cdot \Delta l.$$

我们设 $T_0=1$ s,又已知 $\Delta l=-0.01$ cm,因此

$$\Delta T \approx \frac{2(3.14)^2}{980}(-0.01)\text{s} \approx -0.0002\,\text{s}.$$

这表示,由于摆长缩短了 0.01 cm,摆的周期也缩短了大约 0.0002 s,也就是说,每秒钟大约快 0.0002 s,因此每天大约快

$$86400 \times 0.0002\,\text{s} = 17.28\,\text{s}.$$

例 2 求 $\cos 60°12'$ 的近似值.

解 $\cos 60°12' = \cos\left(\frac{\pi}{3} + \frac{12}{60} \cdot \frac{\pi}{180}\right) = \cos\left(\frac{\pi}{3} + \frac{12\pi}{10800}\right)$.

令 $f(x) = \cos x$, $x_0 = \frac{\pi}{3}$, $\Delta x = \frac{12\pi}{10800}$, 则

$$f(x_0) = \cos\frac{\pi}{3}, \quad f'(x_0) = -\sin\frac{\pi}{3}.$$

由近似公式(46)得到

$$\begin{aligned}\cos 60°12' &\approx \cos\frac{\pi}{3} - \sin\frac{\pi}{3} \cdot \frac{12\pi}{10800} \\ &= \frac{1}{2} - \frac{\sqrt{3}}{2} \cdot \frac{12\pi}{10800} \approx 0.4970.\end{aligned}$$

这个结果与四位数学用表上给出的数据是一样的.

例 3 证明：当 $|x| \ll 1$ 时,有以下近似公式

$$e^x \approx 1 + x, \quad \ln(1+x) \approx x,$$
$$\sin x \approx x, \quad \tan x \approx x,$$
$$\arcsin x \approx x, \quad \arctan x \approx x,$$
$$(1+x)^\alpha \approx 1 + \alpha x \ (\alpha \text{ 为实数}),$$
$$\text{特例} \quad \sqrt{1+x} \approx 1 + x/2.$$

证 仅以 $f(x) = (1+x)^\alpha$ 为例给出证明.

因为 $|x| \ll 1$,所以可利用近似公式(47)：

$$f(x) \approx f(0) + f'(0) \cdot x.$$

由 $f(x) = (1+x)^\alpha$ 得

$$f(0) = 1, \quad f'(x) = \alpha(1+x)^{\alpha-1}, \quad f'(0) = \alpha,$$

从而有 $$(1+x)^\alpha \approx 1 + \alpha x \quad (|x| \ll 1). \quad ▌$$

例 4 近似计算 $\sqrt[3]{8.0034}$.

解 这里不能直接套用近似公式 $(1+x)^\alpha \approx 1 + \alpha x$,因为 $8.0034 = 1 + 7.0034$,而 7.0034 显然太大,不符合 $|x| \ll 1$ 的要求. 我们先改写一下：

$$\sqrt[3]{8.0034}=\sqrt[3]{8(1+0.0034/8)}=2\sqrt[3]{1+0.0034/8},$$

再对$\sqrt[3]{1+0.0034/8}$利用下面的近似公式：

$$\sqrt[3]{1+x}=(1+x)^{1/3}\approx 1+\frac{1}{3}x,$$

将 $x=0.0034/8$ 代入，得到

$$\sqrt[3]{1+0.0034/8}\approx 1+\frac{1}{3}\times\frac{0.0034}{8},$$

从而 $$\sqrt[3]{8.0034}\approx 2\left(1+\frac{1}{3}\times\frac{0.0034}{8}\right)\approx 2.0003.$$

7.2 估计误差

1. 绝对误差与相对误差

若某个量的准确值为 A，近似值为 a，则称 $|A-a|$ 为近似值 a 的**绝对误差**；绝对误差与 $|a|$ 之比 $\frac{|A-a|}{|a|}$ 称为近似值 a 的**相对误差**.

若绝对误差 $|A-a|\leqslant\delta$，则称 δ 为 a 的**最大绝对误差**（或**绝对误差限**）；称 $\frac{\delta}{|a|}$ 为 a 的**最大相对误差**（或**相对误差限**）.

2. 利用微分估计误差

假设有两个量 x 和 y，它们之间有函数关系 $y=f(x)$. 并假定量 x 可由测量得到，量 y 要用公式 $y=f(x)$ 来计算（例如上面例1，摆长由测量得到，而周期是计算出来的）. 由于 x 有测量误差 $|\Delta x|$，因此按公式 $y=f(x)$ 计算 y 时，y 也有计算误差 $|\Delta y|$. 这里讨论两个问题：

（1）怎样估计最大绝对误差及最大相对误差？

（2）当限定了最大绝对误差或最大相对误差之后，怎样确定 $|\Delta x|$ 的限度？

一般说来，$|\Delta x|$ 往往很小，因此当函数 $y=f(x)$ 可微时，有近似公式

$$\Delta y\approx \mathrm{d}y=f'(x)\cdot\Delta x.$$

于是得到绝对误差的近似公式

$$|\Delta y| \approx |\mathrm{d}y| = |f'(x)| \cdot |\Delta x|,$$

以及相对误差的近似公式

$$\frac{|\Delta y|}{|f(x)|} \approx \left|\frac{\mathrm{d}y}{y}\right| = \left|\frac{f'(x)}{f(x)}\right| \cdot |\Delta x|.$$

现在我们来讨论上述两个问题：

(1) 若已知 $|\Delta x| \leqslant \delta$，则

$$|\Delta y| \approx |f'(x)| \cdot |\Delta x| \leqslant |f'(x)| \cdot \delta,$$

$$\left|\frac{\Delta y}{f(x)}\right| = \left|\frac{f'(x)}{f(x)}\right| \cdot |\Delta x| \leqslant \left|\frac{f'(x)}{f(x)}\right| \cdot \delta,$$

即最大绝对误差及最大相对误差分别为

$$|f'(x)| \cdot \delta, \quad \left|\frac{f'(x)}{f(x)}\right| \cdot \delta, \tag{48}$$

其中 $|\Delta x| \leqslant \delta$ 是已知的.

(2) 若已知 y 的最大绝对误差为 ε，即

$$|f'(x)| \cdot \delta = \varepsilon,$$

则 $|\Delta x|$ 的限度为

$$\delta = \frac{\varepsilon}{|f'(x)|},$$

即

$$|\Delta x| \leqslant \frac{\varepsilon}{|f'(x)|}.$$

若已知 y 的最大相对误差为 β，即

$$\left|\frac{f'(x)}{f(x)}\right| \cdot \delta = \beta,$$

则

$$\delta = \left|\frac{f(x)}{f'(x)}\right| \cdot \beta,$$

其中 δ 为 x 的最大绝对误差，即 $|\Delta x| \leqslant \delta$，于是 x 的最大相对误差为

$$\frac{|\Delta x|}{|x|} \leqslant \frac{\delta}{|x|} = \frac{1}{|x|} \cdot \left|\frac{f(x)}{f'(x)}\right| \cdot \beta. \tag{49}$$

例 5 设测量圆的半径 r 时，最大绝对误差是 0.1 cm，测得的

r 值为 21.5 cm. 问：用公式 $A=\pi r^2$ 计算该圆的面积时，它的最大绝对误差及最大相对误差各是多少？

解 由公式 $A=\pi r^2$，得到

$$A'(r) = 2\pi r.$$

令 $r=21.5\,\text{cm}$，$|\Delta r|\leqslant\delta=0.1\,\text{cm}$，因此由(48)式得到最大绝对误差及最大相对误差：

$$|A'(r)|\cdot\delta\Big|_{\substack{r=21.5\,\text{cm}^2\\ \delta=0.1\,\text{cm}^2}} = 2\pi(21.5)\times 0.1\,\text{cm}^2 = 4.3\pi\,\text{cm}^2,$$

$$\left|\frac{A'(r)}{A(r)}\right|\cdot\delta\Bigg|_{\substack{r=21.5\,\text{cm}^2\\ \delta=0.1\,\text{cm}^2}} = \frac{4.3\pi}{\pi(21.5)^2} = \frac{4.3}{(21.5)^2}\approx 0.93\%.$$

相对误差通常用百分数表示.

例 6 测量一立方体的边长，其准确程度应如何，方能使由计算得到的体积之相对误差不超过 1%？

解 设 x,V 分别表示立方体的边长及体积，则

$$V = x^3.$$

在(49)式中，令 $f(x)=x^3$，$\beta=1\%$，因此边长 x 的相对误差为

$$\frac{|\Delta x|}{|x|}\leqslant\frac{1}{|x|}\cdot\left|\frac{f(x)}{f'(x)}\right|\cdot\beta = \frac{1}{|x|}\cdot\left|\frac{x^3}{3x^2}\right|\cdot 1\% = \frac{1}{3}\%.$$

即：边长的相对误差不超过 $\frac{1}{3}\%$ 时，方能使体积的相对误差不超过 1%.

注 例 6 也可以不利用公式(49)而直接利用求导和微分的近似公式进行计算：在关系式 $V=x^3$ 两边，取对数并求导，得到

$$\frac{\mathrm{d}V}{V} = 3\,\frac{\mathrm{d}x}{x}.$$

由于

$$\left|\frac{\Delta V}{V}\right|\approx\left|\frac{\mathrm{d}V}{V}\right| = 3\left|\frac{\mathrm{d}x}{x}\right| = 3\left|\frac{\Delta x}{x}\right|,$$

且要求 $\left|\frac{\Delta V}{V}\right|\leqslant\frac{1}{100}$，因此

$$3\left|\frac{\Delta x}{x}\right|\leqslant\frac{1}{100},$$

即 $$\left|\frac{\Delta x}{x}\right| \leqslant \frac{1}{300} = \frac{1}{3}\%.$$

§8 高阶微分

我们知道，若函数 $y=f(x)$ 在区间 X 内可导，则 $y=f(x)$ 在 X 内每一点 x 处都有微分

$$\mathrm{d}y = f'(x)\mathrm{d}x.$$

它依赖于两个互相独立的变量：x 及 $\mathrm{d}x$. 然而当 $\mathrm{d}x$ 任意固定时，$\mathrm{d}y$ 就只是 x 的函数，于是又可以讨论 $\mathrm{d}y$ 求微分的问题.

8.1 定义

函数 $y=f(x)$ 的（一阶）微分 $\mathrm{d}y=f'(x)\mathrm{d}x$ 在点 x 处的微分称为 $y=f(x)$ 在该点的**二阶微分**，记作

$$\mathrm{d}^2y = \mathrm{d}(\mathrm{d}y) \quad 或 \quad \mathrm{d}^2f(x) = \mathrm{d}[\mathrm{d}f(x)].$$

一般地，函数 $y=f(x)$ 的 $(n-1)$ 阶微分的微分称为 $y=f(x)$ 的 n **阶微分**，记作

$$\mathrm{d}^ny = \mathrm{d}(\mathrm{d}^{n-1}y) \quad 或 \quad \mathrm{d}^nf(x) = \mathrm{d}[\mathrm{d}^{n-1}f(x)].$$

8.2 计算公式

分两种情形.

1. 当 x 是自变量时，怎样求 d^ny?

$\mathrm{d}x=\Delta x$ 是自变量 x 的任意改变量，与点 x 无关，因此，对 x 求微分时，应把 $\mathrm{d}x$ 看作常数，于是有

$$\begin{aligned}\mathrm{d}^2y &= \mathrm{d}(\mathrm{d}y) = \mathrm{d}(y'\mathrm{d}x) = (y'\mathrm{d}x)'_x\mathrm{d}x \\ &= [y''\mathrm{d}x + y'(\mathrm{d}x)'_x]\mathrm{d}x \\ &= [y''\mathrm{d}x + 0]\mathrm{d}x = y''(\mathrm{d}x)^2;\end{aligned}$$

$$\mathrm{d}^3y = \mathrm{d}(\mathrm{d}^2y) = \mathrm{d}[y''(\mathrm{d}x)^2] = [y''(\mathrm{d}x)^2]'_x\mathrm{d}x$$

$$= [y'''(\mathrm{d}x)^2]\mathrm{d}x = y'''(\mathrm{d}x)^3.$$

一般地,由数学归纳法容易证得

$$\mathrm{d}^n y = y^{(n)}(\mathrm{d}x)^n.$$

习惯上,我们把$(\mathrm{d}x)^n$简记作$\mathrm{d}x^n$,于是有

$$\mathrm{d}^n y = y^{(n)}\mathrm{d}x^n. \tag{50}$$

(注意:$\mathrm{d}x^n \neq \mathrm{d}(x^n)$.)这表明,当$x$为自变量而要求函数的$n$阶微分$\mathrm{d}^n y$时,只需求出$n$阶导数$y^{(n)}$,再乘以$\mathrm{d}x$的$n$次幂$\mathrm{d}x^n$即可.

例 1 设$y=\mathrm{e}^{-2n}$,求$\mathrm{d}^n y$.

解 $y'=-2\mathrm{e}^{-2x}$, $y''=(-2)^2\mathrm{e}^{-2x}$, $\cdots$, $y^{(n)}=(-2)^n\mathrm{e}^{-2x}$,从而

$$\mathrm{d}^n y = y^{(n)}\mathrm{d}x^n = (-1)^n 2^n \mathrm{e}^{-2x}\mathrm{d}x^n.$$

由(50)式易知

$$y'' = \frac{\mathrm{d}^2 y}{\mathrm{d}x^2},\ y''' = \frac{\mathrm{d}^3 y}{\mathrm{d}x^3},\ \cdots,\ y^{(n)} = \frac{\mathrm{d}^n y}{\mathrm{d}x^n}.$$

2. 当x不是自变量时,怎样求$\mathrm{d}^n y$?

我们知道,设$y=f(x)$在点x处可微,$x=\varphi(t)$在点t处也可微,则复合函数$y=f[\varphi(t)]$在点t处可微,且有一阶微分形式的不变性:

$$\mathrm{d}y = f'(x)\mathrm{d}x.$$

现在要问:对于二阶微分$\mathrm{d}^2 y$,这种形式不变性还有没有?换句话说,二阶微分是否仍具有形式$\mathrm{d}^2 y = f''(x)\mathrm{d}x^2$?

回答是否定的.事实上,我们有

$$\begin{aligned}\mathrm{d}^2 y &= \mathrm{d}(\mathrm{d}y) = \mathrm{d}[f'(x)\mathrm{d}x] \quad \text{(由微分的乘法运算)}\\ &= \mathrm{d}[f'(x)]\cdot\mathrm{d}x + f'(x)\cdot\mathrm{d}(\mathrm{d}x)\\ &\quad \text{(由一阶微分形式不变性)}\\ &= [f''(x)\mathrm{d}x]\cdot\mathrm{d}x + f'(x)\cdot\mathrm{d}^2 x\\ &= f''(x)\cdot\mathrm{d}x^2 + f'(x)\cdot\mathrm{d}^2 x.\end{aligned}$$

这表明,二阶微分$\mathrm{d}^2 y$不再保持$f''(x)\cdot\mathrm{d}x^2$的形式,而是比$f''(x)\mathrm{d}x^2$多了一项:$f'(x)\cdot\mathrm{d}^2 x$.一般说来,这一项是

$$f'(x)\cdot\mathrm{d}^2 x = f'(x)\cdot\varphi''(t)\mathrm{d}t^2 \neq 0.$$

因此,高阶微分不再具有形式不变性.

思考题 证明:当 x 不是自变量时,三阶微分为

$$d^3y = f'''(x)\cdot dx^3 + 3f''(x)\cdot dx\cdot d^2x + f'(x)\cdot d^3x.$$

(提示:$d(dx^2)=d[(dx)^2]=(2dx)d(dx)=2dx\cdot d^2x.$)

习 题 3.3

A 组

1. 求下列函数的微分:

(1) $y=1/x$; (2) $y=\cos x$;

(3) $y=a^x$; (4) $y=\ln x$;

(5) $y=\dfrac{\ln x}{\sqrt{x}}$; (6) $y=\sqrt{x^2+a^2}$;

(7) $y=\tan^2x+\ln|\cos x|$; (8) $y=e^{x^2}\cos^4x$.

2. 求下列函数的微分:

(1) 设 $f(x)=x^2$,求 $df(x)\Big|_{\substack{x=1\\ \Delta x=0.01}}$;

(2) 设 $f(x)=\sin x$,求 $df(x)\Big|_{\substack{x=\pi/3\\ \Delta x=0.01}}$;

(3) 设 $f(x)=e^x$,求 $df(x)\Big|_{\substack{x=0\\ \Delta x=0.01}}$.

3. 物体作直线运动的方程为 $s=5t^2$, t 的单位是 s, s 的单位是 m,设 $\Delta t=0.01\,s$,求 $t=2\,s$ 时的改变量 Δs 与微分 ds,并说明它们的力学意义.

4. 用微分的运算法则求下列函数的微分:

(1) $y=(x^2+4x+1)(x^2-\sqrt{x})$; (2) $y=\dfrac{x^2-1}{x^3+1}$;

(3) $y=\tan x+\dfrac{1}{\cos x}$; (4) $y=\cos x^2$;

(5) $y=\arccos\dfrac{1}{x}$; (6) $y=\arctan(\ln x)$.

5. 设 $u(x),v(x),w(x)$都是 x 的可微函数,求下列函数的微分:

(1) $y=u\cdot v\cdot w$; (2) $y=\ln\sqrt{u^2+v^2}$;

(3) $y=\arctan\dfrac{u}{v}$; (4) $y=(u^2+v^2+w^2)^{3/2}$;

(5) $y=e^{u\cdot v}$; (6) $y=e^v\sin u$;

(7) $y=e^{\arctan(u\cdot v)}$.

6. 求下列方程确定的隐函数的微分 $\mathrm{d}y$：

(1) $\frac{x^2}{a^2}+\frac{y^2}{b^2}=1$；　　(2) $\sqrt{x}+\sqrt{y}=\sqrt{a}$；

(3) $y=\cos(x+y)$；　　(4) $x^y=y^x$.

7. 利用近似公式求下列各式的近似值：

(1) $\sqrt[3]{1.02}$；　　(2) $\sqrt{34}$；

(3) $\arctan(1.05)$.

8. 求内径 $d=100\,\mathrm{cm}$、管壁厚为 $3\,\mathrm{cm}$ 的金属管横截面面积的近似值.

9. 半径为 $10\,\mathrm{cm}$ 的金属圆片受热后半径伸长 $0.05\,\mathrm{cm}$，问这时圆片的面积大约增大了多少？

10. 重力加速度随高度变化的计算公式为

$$g=g_0\left(1+\frac{h}{R}\right)^{-2},$$

其中 g_0 为海平面的重力加速度，h 为海拔高度，R 为地球半径，求 g 的近似公式.

11. 在研究溶液的沸点升高时，要计算 $\ln p-\ln p_0$，其中 p_0，p 分别为纯溶剂及溶液的蒸汽压（$p-p_0$ 比 p_0 小得多），试求这个量的近似公式.

12. 求下列函数的二阶微分 d^2y.

(1) $\begin{cases}x=a\cos t,\\ y=b\sin t;\end{cases}$　　(2) $\begin{cases}x=\ln(1+t^2),\\ y=t-\arctan t.\end{cases}$

B 组

1. 设 $A>0$ 且 $|B|\ll A^n$，证明 $\sqrt[n]{A^n+B}\approx A+\frac{B}{nA^{n-1}}$.

2. 设有一凸透镜，镜面是半径为 R 的球面，镜的口径是 $2H$，$H\ll R$，试证：透镜的厚度 $D\approx H^2/2R$.

3. 有一圆柱，高 $25\,\mathrm{cm}$，半径为 $20\pm0.05\,\mathrm{cm}$，试求这圆柱的体积与侧面积的相对误差.

4. 计算球的体积精确到 1%，若根据所得体积的值推算半径 R，问相对误差多大？

5. 求由方程 $x^2+y^2-3xy=0$ 所确定的隐函数的二阶微分 d^2y.

第四章　微分学中值定理

我们在第三章介绍了导数与微分的概念、计算和简单应用.为了利用导数和微分去进一步研究函数的性质,并解决一些比较复杂的应用问题,本章介绍微分学应用的理论基础——微分学中值定理.

§1　微分学中值定理

我们先介绍两个重要概念.

定义 1　设函数 $f(x)$ 在点 x_0 的邻域 $(x_0-\delta,x_0+\delta)$ 内有定义.若对任何 $x\in(x_0-\delta,x_0+\delta)$,有不等式

$$f(x)\leqslant f(x_0)\quad(\text{或 } f(x)\geqslant f(x_0)),$$

则称 $f(x_0)$ 为函数 $f(x)$ 的**极大值**(或**极小值**),点 x_0 称为 $f(x)$ 的**极大值点**(或**极小值点**).

函数的极大值、极小值统称为**极值**;极大值点、极小值点统称为**极值点**.

定义 2　若 $f'(x_0)=0$,则点 x_0 称为函数 $f(x)$ 的**稳定点**或**驻点**.

1.1　费马(Fermat)定理

费马定理　若函数 $f(x)$ 在点 x_0 处可导,且在点 x_0 的邻域 $(x_0-\delta,x_0+\delta)$ 内有

$$f(x)\leqslant f(x_0)\quad(\text{或 } f(x)\geqslant f(x_0)),\tag{1}$$

则

$$f'(x_0)=0.$$

也就是说,可微函数的极值点必定是稳定点.

证 只需证明:$f'(x_0)\leqslant 0$ 且 $f'(x_0)\geqslant 0$.

给 x_0 以改变量 $\Delta x>0$,使 $x_0+\Delta x\in(x_0-\delta,x_0+\delta)$,则得到 Δy. 由(1)式知

$$\Delta y=f(x_0+\Delta x)-f(x_0)\leqslant 0,$$

$$\frac{\Delta y}{\Delta x}=\frac{f(x_0+\Delta x)-f(x_0)}{\Delta x}\leqslant 0.$$

因为 $f'(x_0)$存在,所以 $f'_+(x_0)$存在,于是有

$$f'(x_0)=f'_+(x_0)=\lim_{\Delta x\to+0}\frac{\Delta y}{\Delta x}=\lim_{\Delta x\to+0}\frac{f(x_0+\Delta x)-f(x_0)}{\Delta x}\leqslant 0.$$

同理可得

$$f'(x_0)=f'_-(x_0)=\lim_{\Delta x\to-0}\frac{f(x_0+\Delta x)-f(x_0)}{\Delta x}\geqslant 0,$$

因此 $$f'(x_0)=0.\quad ▌$$

费马定理的几何解释:

若函数 $f(x)$在点 x_0 处达到极值,且 $f'(x_0)$存在,则曲线 $y=f(x)$在点 $M_0(x_0,f(x_0))$处有水平的切线(图 4-1).

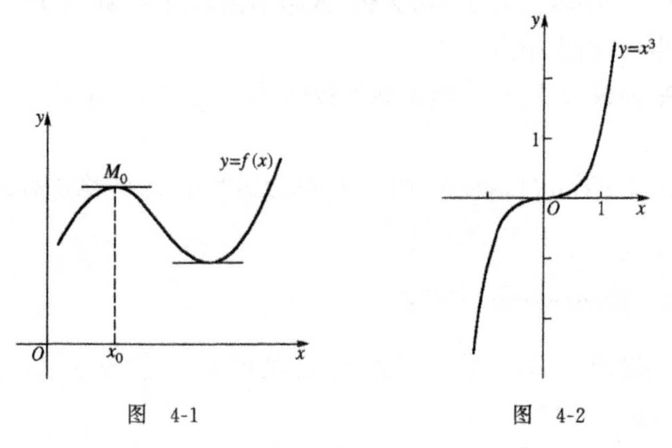

图 4-1 图 4-2

费马定理给出了可微函数取极值的**必要条件**. 在这里,逆定理不成立,也就是说,函数的稳定点未必是极值点. 例如,若 $f(x)=$

x^3，则 $f'(x)=3x^2$. 从 $f'(x)=3x^2=0$ 解出 $x=0$，这是 $f(x)=x^3$ 的稳定点. 但从图 4-2 看出，$x=0$ 不是极值点，$y=x^3$ 严格单调上升.

1.2 罗尔(Rolle)定理

罗尔定理 设函数 $f(x)$ 满足条件：

(1) 在闭区间 $[a,b]$ 上连续；

(2) 在开区间 (a,b) 内可微；

(3) $f(a)=f(b)$，

则在 (a,b) 内至少存在一点 ξ，使得

$$f'(\xi)=0 \quad (a<\xi<b).$$

证 由条件(1)知，$f(x)$ 在闭区间 $[a,b]$ 上达到最大值 M 和最小值 m. 下面分两种情形讨论.

(i) 若 $M=m$，则 $f(x)$ 在 $[a,b]$ 上是一个常数函数：

$$f(x)\equiv M, \quad \forall\, x\in[a,b],$$

从而

$$f'(x)\equiv 0, \quad \forall\, x\in(a,b).$$

因此可在 (a,b) 内任取一点作为 ξ，而有

$$f'(\xi)=0.$$

(ii) 若 $M\neq m$，由 $f(a)=f(b)$ 知，M,m 当中至少有一个不等于 $f(a)$，不妨设 $m\neq f(a)$. 从而 $m\neq f(b)$. 这表明，最小值 m 只能在区间 $[a,b]$ 的内部某点例如 ξ 点达到，即有

$$f(\xi)=m \quad (a<\xi<b).$$

因为 $\xi\in(a,b)$，所以 $f'(\xi)$ 存在；又 $f(\xi)$ 是函数 $f(x)$ 的最小值，且在 (a,b) 内部达到，从而是极小值，于是由费马定理知

$$f'(\xi)=0 \quad (a<\xi<b). \quad ▌$$

罗尔定理的几何解释：

若曲线 $y=f(x)$ 在 A,B 两点间连续，且在 $\overset{\frown}{AB}$ 内的每一点处都有不垂直于 x 轴的切线，又 A,B 两点的纵坐标相等，则在 A,B 之间至少存在一点 $P(\xi,f(\xi))$（不是端点），使得曲线 $y=f(x)$ 在

P 点的切线平行于 x 轴(图 4-3).

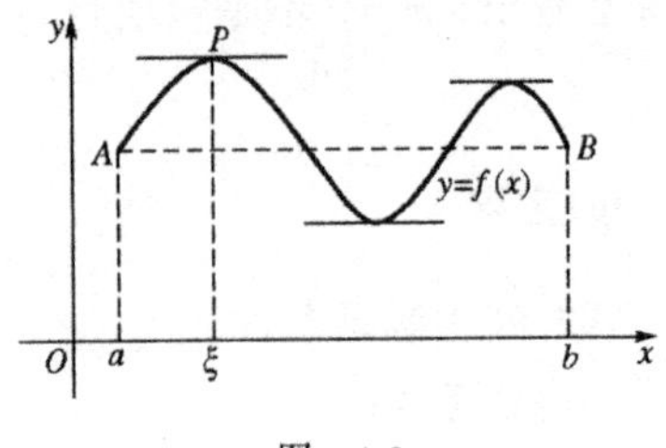

图 4-3

例 1 设 $f(x)=(x+1)(x-1)(x-2)(x-3)$,证明方程 $f'(x)=0$ 有三个实根,并指出它们所在的区间.

证 易知 $f(x)$满足条件:

(1) 在闭区间$[-1,1]$上连续;

(2) 在开区间$(-1,1)$内可微;

(3) $f(-1)=f(1)=0$.

因此由罗尔定理知,至少存在一点 $\xi_1\in(-1,1)$,使得

$$f'(\xi_1)=0,\quad \xi_1\in(-1,1).$$

同理可证:在区间$(1,2)$内至少存在一点 ξ_2,使得

$$f'(\xi_2)=0,\quad \xi_2\in(1,2).$$

又在区间$(2,3)$内至少存在一点 ξ_3,使得

$$f'(\xi_3)=0,\quad \xi_3\in(2,3).$$

由于 $f'(x)$是 x 的三次函数,因此方程 $f'(x)=0$ 是 x 的三次代数方程,它最多只有三个实根.现在证明了它确实有三个实根,分别位于区间$(-1,1)$,$(1,2)$,$(2,3)$内. ▌

例 2 无穷区间的罗尔定理 证明:

若函数 $f(x)$在无穷区间$(-\infty,+\infty)$内满足条件:

(1) $f(x)$在$(-\infty,+\infty)$内可微;

(2) $\lim\limits_{x\to-\infty}f(x)=\lim\limits_{x\to+\infty}f(x)=A$,

则在$(-\infty,+\infty)$内至少存在一点 ξ,使得

$$f'(\xi)=0,\quad \xi\in(-\infty,+\infty).$$

证 令 $x=\tan t$,且设

$$F(t)=\begin{cases} f(\tan t), & 当\ t\in(-\pi/2,\pi/2);\\ A, & 当\ t=-\pi/2;\\ A, & 当\ t=\pi/2.\end{cases} \tag{2}$$

由条件(1)知, $F(t)$在区间$(-\pi/2,\pi/2)$内可微,且

$$\lim_{t\to\frac{\pi}{2}}F(t)\xlongequal{\tan t=x}\lim_{x\to+\infty}f(x)\xlongequal{条件(2)}A=F\left(\frac{\pi}{2}\right),$$

$$\lim_{t\to-\frac{\pi}{2}}F(t)=\lim_{x\to-\infty}f(x)=A=F\left(-\frac{\pi}{2}\right).$$

这表明,函数 $F(t)$在点$\pm\pi/2$ 处连续,从而在$[-\pi/2,\pi/2]$上连续. 又,$F(-\pi/2)=F(\pi/2)=A$. 于是由罗尔定理知,至少存在一点 $t_0\in(-\pi/2,\pi/2)$,使得

$$F'(t_0)=[f(\tan t)]_t'\Big|_{t=t_0}=f'(\tan t_0)\cdot\frac{1}{\cos^2 t_0}=0,$$

从而 $$f'(\tan t_0)=0,\quad t_0\in(-\pi/2,\pi/2).$$

记 $\tan t_0=\xi$,则 $\xi\in(-\infty,+\infty)$,且 $f'(\xi)=0$. ▌

1.3 拉格朗日(Lagrange)中值定理

拉格朗日中值定理 设函数 $f(x)$满足条件:

(1) 在闭区间$[a,b]$上连续;

(2) 在开区间(a,b)内可微,

则在(a,b)内至少存在一点 ξ,使得

$$\frac{f(b)-f(a)}{b-a}=f'(\xi),\quad a<\xi<b, \tag{3}$$

或

$$f(b)-f(a)=f'(\xi)\cdot(b-a),\quad a<\xi<b. \tag{4}$$

证 与罗尔定理的三个条件相比,这里少了第三个条件. 下面,我们构造一个辅助函数 $F(x)$,使它满足罗尔定理的三个条件,

然后推出所需结果.

如图 4-4 所示,弦 $\overline{AB}$ 与弧 $\overset{\frown}{AB}$ 有相同的端点 A,B,从而有相同的横坐标与纵坐标. 因此,如果我们以弧 $\overset{\frown}{AB}$ 与弦 $\overline{AB}$ 对应点纵坐标之差作为辅助函数 $F(x)$,那么就有 $F(a)=F(b)$,于是罗尔定理的第三个条件得到满足. 当然,还需考查 $F(x)$是否满足前两个条件. 为此,需写出 $F(x)$的表达式.

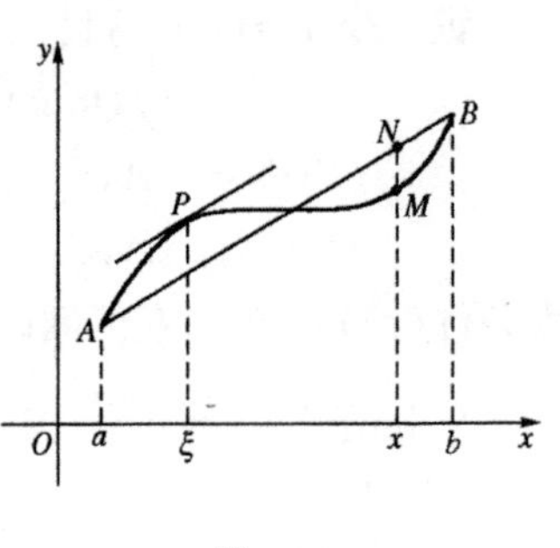

图 4-4

易知,弧 $\overset{\frown}{AB}$ 上的点 M 有坐标$(x,f(x))$,其纵坐标为 $f(x)$. 又,弦 $\overline{AB}$ 的斜率为$\frac{f(b)-f(a)}{b-a}$,且通过点 $A(a,f(a))$,于是得到弦 $\overline{AB}$ 的方程

$$y-f(a)=\frac{f(b)-f(a)}{b-a}(x-a),$$

即
$$y=f(a)+\frac{f(b)-f(a)}{b-a}(x-a),$$

这是弦 $\overline{AB}$ 上的点 N 的纵坐标(图 4-4).

作辅助函数

$$F(x)=f(x)-f(a)-\frac{f(b)-f(a)}{b-a}(x-a),$$

则 $F(x)$表示弧与弦的对应点纵坐标之差.

显然,$F(x)$在$[a,b]$上满足罗尔定理的三个条件,于是由罗尔定理知,在(a,b)内至少存在一点 ξ,使得 $F'(\xi)=0$,从而

$$f'(\xi)=\frac{f(b)-f(a)}{b-a},\quad a<\xi<b,$$

或 $$f(b)-f(a)=f'(\xi)\cdot(b-a)\quad(a<\xi<b).\quad ▌$$

这就是**拉格朗日中值定理**,也称为**拉格朗日中值公式**.

拉格朗日中值定理的几何解释:

如图 4-4 所示，若曲线 $y=f(x)$在 A,B 两点间连续，且在 $\overset{\frown}{AB}$ 的每一点处都有不垂直于 x 轴的切线，则在曲线 $y=f(x)$上至少存在一点 P(不是端点)，使得曲线在点 P 处的切线与割线 AB 平行.

注 1 若 $f(a)=f(b)$，则由(3)式知 $f'(\xi)=0$，这就是罗尔定理. 因此，拉格朗日中值定理是罗尔定理的推广.

注 2 在(4)式中，有 $a<b$. 其实，当 $b<a$ 时，此式仍成立. 事实上，当 $b<a$ 时，我们考虑区间$[b,a]$，由(4)式知

$$f(a)-f(b)=f'(\xi)\cdot(a-b)\quad(b<\xi<a),$$

即 $$f(b)-f(a)=f'(\xi)\cdot(b-a)\quad(b<\xi<a).$$

注 3 为了应用方便，有时将拉格朗日中值公式(4)改写为其他形式：

令 $a=x_0$, $b=x_0+\Delta x$ $(\Delta x\gtrless 0)$, 则 $b-a=\Delta x$, 且

$$f(b)-f(a)=f(x_0+\Delta x)-f(x_0).$$

又，因为 ξ 在 x_0 与 $x_0+\Delta x$ 之间(图 4-5)，所以不论 $\Delta x>0$ 或 $\Delta x<0$, ξ 都可写为

$$\xi=x_0+\theta\cdot\Delta x,\quad 其中\ 0<\theta<1.$$

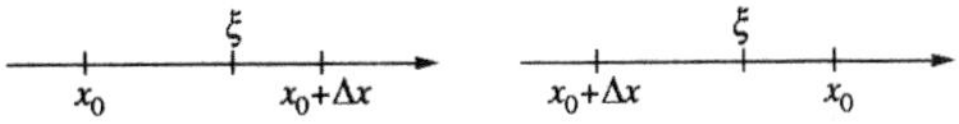

ξ x_0 $x_0+\Delta x$ ξ $x_0+\Delta x$ x_0

图 4-5

于是拉格朗日中值公式(4)又可写为

$$f(x_0+\Delta x)-f(x_0)=f'(x_0+\theta\cdot\Delta x)\cdot\Delta x\quad(0<\theta<1).$$

此式称为函数的**有限改变量公式**.

比较第三章介绍过的函数的微小改变量公式

$$f(x_0+\Delta x)-f(x_0)=f'(x_0)\cdot\Delta x+o(\Delta x)\quad(当\ \Delta x\to 0),$$

我们问：这两个公式的条件、结论有什么不同？

注 4 拉格朗日中值定理只说明了点 ξ 一定存在，并不知道 ξ 具体等于多少. 但是尽管如此，中值公式(4)的应用仍是多方面的，

特别是在理论上有重要作用.

例 3 证明：若函数 $f(x)$ 在开区间 (a,b) 内可微，且 $f'(x)\equiv 0$，则在 (a,b) 内，$f(x)$ 是一个常数. 此结论即为拉格朗日中值定理的推论.

证 在 (a,b) 内任取两点 x_1 和 x_2，不妨设 $x_1<x_2$. 显然，$f(x)$ 在区间 $[x_1,x_2]$ 上连续，在 (x_1,x_2) 内可微. 因此由拉格朗日中值定理知，至少存在一点 $\xi\in(x_1,x_2)$，使得

$$f(x_2)-f(x_1)=f'(\xi)\cdot(x_2-x_1),\quad \xi\in(x_1,x_2).$$

由条件知 $f'(\xi)=0$，从而

$$f(x_1)=f(x_2).$$

而 x_1,x_2 为 (a,b) 内任意两点，于是证明了 $f(x)$ 在 (a,b) 内是一个常数. ▌

思考题 证明：若函数 $f(x),g(x)$ 在开区间 (a,b) 内可微，且

$$f'(x)\equiv g'(x),\quad \forall\, x\in(a,b),$$

则在 (a,b) 内，$f(x)$ 与 $g(x)$ 最多相差一个常数，即有

$$f(x)=g(x)+C,\quad x\in(a,b),$$

其中 C 为常数.

例 4 证明下列恒等式：

$$\arcsin x+\arccos x=\frac{\pi}{2}\quad(|x|\leqslant 1).$$

证 令 $f(x)=\arcsin x+\arccos x\ (|x|\leqslant 1)$，则

$$f'(x)=\frac{1}{\sqrt{1-x^2}}-\frac{1}{\sqrt{1-x^2}}\equiv 0\quad(|x|<1).$$

于是由例 3 知

$$f(x)\equiv C\quad(|x|<1),$$

其中 C 为常数.

确定常数 C 的办法是：在区间 $(-1,1)$ 内取一点 x_0，求出函数值 $f(x_0)$，则 $C=f(x_0)$.

为了方便，这里不妨取 $x_0=0$，于是 $f(0)=C$. 而

$$f(0) = \arcsin 0 + \arccos 0 = \pi/2,$$

因此 $C=\pi/2$，即有

$$\arcsin x + \arccos x = \pi/2 \quad (|x| < 1).$$

又当 $x=\pm 1$ 时，有

$$f(1) = \arcsin 1 + \arccos 1 = \pi/2,$$

$$f(-1) = \arcsin(-1) + \arccos(-1) = \pi/2.$$

于是得到

$$\arcsin x + \arccos x = \pi/2 \quad (|x| \leqslant 1). \quad \blacksquare$$

利用拉格朗日中值定理还可以证明一些不等式.

例 5 证明：当 $a>b>0$ 时，有不等式

$$nb^{n-1}(a-b) < a^n - b^n < na^{n-1}(a-b),$$

其中 $n>1$.

证 令 $f(x)=x^n$ $(n>1)$，则 $f(x)$ 在区间 $[b,a]$ 上连续，在 (b,a) 内可微. 于是由拉格朗日中值定理得

$$f(a) - f(b) = f'(\xi)\cdot(a-b) \quad (b<\xi<a),$$

即

$$a^n - b^n = n\xi^{n-1}\cdot(a-b) \quad (b<\xi<a). \tag{5}$$

因为 $n>1$，即 $n-1>0$；且 $a>b>0$，所以有

$$b^{n-1} < \xi^{n-1} < a^{\xi-1},$$

从而

$$nb^{n-1} < n\xi^{n-1} < na^{n-1}.$$

由 $a-b>0$，有

$$nb^{n-1}(a-b) < n\xi^{n-1}(a-b) < na^{n-1}(a-b).$$

于是由(5)式知

$$nb^{n-1}(a-b) < a^n - b^n < na^{n-1}(a-b),$$

其中 $a>b>0$，$n>1$. $\blacksquare$

例 6 证明：方程

$$\frac{2}{3}x^3 - 2x + c = 0 \quad (c\ 为常数)$$

在区间 $(0,1)$ 内至多只有一个根.

证 用反证法.令 $f(x)=\frac{2}{3}x^3-2x+c$,则方程化为 $f(x)=0$.

设方程 $f(x)=0$ 在区间(0,1)内有两个根 x_1,x_2(不妨设 $x_1<x_2$),即有 $f(x_1)=f(x_2)=0$,其中 $0<x_1<x_2<1$.考虑区间 $[x_1,x_2]$.易知,多项式 $f(x)$ 在 $[x_1,x_2]$ 上连续,在 (x_1,x_2) 内可微.于是由拉格朗日中值定理知,至少存在一点 $\xi\in(x_1,x_2)$,使得

$$f'(\xi)=0 \quad (0<\xi<1), \tag{6}$$

即方程 $f'(x)=0$ 有一个根 ξ 在区间(0,1)内.但是,由 $f(x)=\frac{2}{3}x^3-2x+c$ 知,$f'(x)=2x^2-2=2(x^2-1)$.解方程

$$f'(x)=2(x^2-1)=0,$$

得 $x=\pm1$,与(6)式矛盾.对于(0,1)内有三个根的情形可类似证明.于是证明了方程 $f(x)=0$ 在区间(0,1)内至多只有一个根. ▌

1.4 柯西(Cauchy)定理

柯西定理 设函数 $f(x)$ 和 $g(x)$ 满足条件:

(1) 在闭区间 $[a,b]$ 上连续;

(2) 在开区间 (a,b) 内可微;

(3) $g'(x)\neq0$,

则在 (a,b) 内至少存在一点 ξ,使得

$$\frac{f(b)-f(a)}{g(b)-g(a)}=\frac{f'(\xi)}{g'(\xi)} \quad (a<\xi<b). \tag{7}$$

证 先证明 $g(b)-g(a)\neq0$.用反证法.设 $g(b)-g(a)=0$,即 $g(b)=g(a)$,则由罗尔定理知,至少存在一点 $x_0\in(a,b)$,使得 $g'(x_0)=0$.这与条件(3)矛盾.从而 $g(b)-g(a)\neq0$,(7)式左端有意义.下面证明(7)式成立.

因为当 $g(x)=x$ 时,柯西定理即拉格朗日定理,所以 $g(x)$ 的地位与拉格朗日定理中的 x 类似,于是可作辅助函数:

$$F(x)=f(x)-f(a)-\frac{f(b)-f(a)}{g(b)-g(a)}[g(x)-g(a)].$$

显然，$F(x)$满足罗尔定理的三个条件，因此在(a,b)内至少存在一点ξ，使得$F'(\xi)=0$，即

$$f'(\xi)-\frac{f(b)-f(a)}{g(b)-g(a)}g'(\xi)=0\quad(a<\xi<b).$$

从而由条件(3)得到

$$\frac{f(b)-f(a)}{g(b)-g(a)}=\frac{f'(\xi)}{g'(\xi)}\quad(a<\xi<b).\qquad \blacksquare$$

注 1 当 $g(x)=x\ (a\leqslant x\leqslant b)$时，此式化为拉格朗日中值公式. 因此，柯西定理是拉格朗日定理的推广.

注 2 柯西定理对于$a>b$的情形仍成立，但这时有

$$b<\xi<a.$$

习 题 4.1

A 组

1. 试就下列力学事实理解微商中值定理的意义：

(1) 垂直上抛物体到它落回原处，在这个过程中必有某一个时刻，使得该抛物体的速度为0；

(2) 从地面斜抛一物体，经过一段时间后，物体又落到地面上，在这过程中地面上必有某一位置，使得该物体的运动方向是水平的.

2. 若$f'(x)=$常数，则$f(x)$是线性函数.

3. 证明下列不等式：

(1) 如果$0<b<a$，则$\dfrac{a-b}{a}<\ln\dfrac{a}{b}<\dfrac{a-b}{b}$；

(2) 如果$x>0$，则$\dfrac{x}{1+x}<\ln(1+x)<x$；

(3) $|\sin x-\sin y|\leqslant|x-y|$；　　(4) $|\arctan x-\arctan y|\leqslant|x-y|$；

(5) $|\arcsin x-\arcsin y|\geqslant|x-y|$.

4. 求证$4ax^3+3bx^2+2cx-a-b-c=0$在$(0,1)$间至少有一个根.

(提示：若$F'(x)=f(x)$，则称$F(x)$是$f(x)$的一个**原函数**. 考查上式的左端函数的原函数.)

5. 设$\dfrac{a_0}{n+1}+\dfrac{a_1}{n}+\cdots+a_n=0$，求证方程$a_0x^n+a_1x^{n-1}+\cdots+a_n=0$在

(0,1)中至少有一个根.

6. 求证 $e^x=ax^2+bx+c$ 的根不超过三个.

7. 设函数 $f(x)$ 在 $[x_0,x_0+\delta)$ 上连续，$f'(x)$ 在 $(x_0,x_0+\delta)$ 上存在，且 $\lim\limits_{x\to x_0+0} f'(x)=A$，则 $f'_+(x_0)=A$. 在类似的条件下可推证 $f'_-(x_0)=A$.

(提示：利用拉格朗日中值定理.)

8. 设 $f(x)$ 在 $[a,b]$ 上可微，且 $ab>0$，试证存在 $c\in(a,b)$，使得

$$2c[f(b)-f(a)]=(b^2-a^2)f'(c).$$

9. 设 $f(x)$ 在 $(a,+\infty)$ 上可微，且 $\lim\limits_{x\to a+0} f(x)=\lim\limits_{x\to+\infty} f(x)$，证明存在 $c\in(a,+\infty)$，使得 $f'(c)=0$.

(提示：当 $f(x)$ 在 $(a,+\infty)$ 上是常数 $f(a+0)$ 时，结论显然成立；当 $f(x)$ 在 $(a,+\infty)$ 上不是常数 $f(a+0)$ 时，可证 $f(x)$ 在 $(a,+\infty)$ 上有最大值或最小值 $f(x_0)$.)

10. 试证明对函数 $f(x)=px^2+qx+r$ 应用拉格朗日中值定理时，所求得的点 ξ，总是位于区间的正中间.

11. 设函数 $f(x)$ 在 $(-r,r)$ 上有 n 阶导数，且 $\lim\limits_{x\to 0} f^{(n)}(x)=l$，证明 $f^{(n)}(x)$ 在 0 点连续.

12. 设函数 $f(x),g(x)$ 在 (a,b) 上可微，对任意的 $x\in(a,b)$，$g(x)\neq 0$，且在 (a,b) 上

$$\begin{vmatrix} f(x) & g(x) \\ f'(x) & g'(x) \end{vmatrix}=0,$$

求证存在常数 c，使得 $f(x)=cg(x)$，$x\in(a,b)$.

(提示：证明 $[f(x)/g(x)]'=0$.)

13. 若 $f(x)$ 在 $[a,+\infty)$ 上连续，在 $(a,+\infty)$ 上可导，且 $f'(x)$ 在 $[a,+\infty)$ 上有界，则 $f(x)$ 在 $[a,+\infty)$ 上一致连续；并证明 $f(x)=\ln x$ 在 $[1,+\infty)$ 上一致连续.

14. 若函数 $f(x),g(x)$ 在 $[a,b]$ 上连续，在 (a,b) 上可微，证明在 (a,b) 内有一点 ξ，使得

$$\begin{vmatrix} f(b) & f(a) \\ g(b) & g(a) \end{vmatrix}=(b-a)\begin{vmatrix} f'(\xi) & f(a) \\ g'(\xi) & g(a) \end{vmatrix}.$$

(提示：考查函数 $h(x)=f(x)g(a)-g(x)f(a)$，对 $h(b)-h(a)$ 用拉格朗日中值定理.)

B 组

1. 设 $f(x)$在$(a,+\infty)$上连续，$f'(x)$在$(a,+\infty)$上存在，且 $\lim\limits_{x\to+\infty} f'(x)=+\infty$，求证 $f(x)$在$(a,+\infty)$上不一致连续.

2. 证 $f(x)=x\ln(1+x)$在$(0,+\infty)$上不一致连续.

3. 证明达布定理：设 $f(x)$在$[a,b]$上可微. 则

(1) 若 $f'_+(a)\cdot f'_-(b)<0$，求证存在 $c\in(a,b)$，使得 $f'(c)=0$；

(2) 若 $f'_+(a)\neq f'_-(b)$，k 属于以 $f'_+(a)$，$f'_-(b)$为端点的开区间，则存在 $c\in(a,b)$，使得 $f'(c)=k$.

4. 若 $f(x)$在区间 I 上可导，且 $f'(x)\neq0$，则 $f'(x)$在区间 I 上同号.

5. 设 $f(x)$在邻域$(a-h,a+h)$上可导，在$[a-h,a+h]$上连续. 求证：

(1) 存在 $\theta\in(0,1)$，使得

$$\frac{f(a+h)-f(a-h)}{h}=f'(a+\theta h)+f'(a-\theta h);$$

(2) 存在 $\theta\in(0,1)$，使得

$$\frac{f(a+h)-2f(a)+f(a-h)}{h}=f'(a+\theta h)-f'(a-\theta h).$$

§2 洛必达法则

在某一极限过程中，求两个无穷小量之比的极限，或两个无穷大量之比的极限，是经常会遇到的问题. 例如

$$\lim_{x\to0}\frac{\sin x}{x},\quad \lim_{x\to2}\frac{x^2-5x+6}{x^2-4},\quad \lim_{x\to0}\frac{x}{|x|}$$

分子、分母都是无穷小量；又如

$$\lim_{x\to\infty}\frac{x^2+4}{3x^2+2x+1},\quad \lim_{x\to\infty}\frac{x^2\left(\sin\dfrac{1}{x}+2\right)}{3x^2+2x+1}$$

分子、分母都是无穷大量. 这两种极限分别称为“$\dfrac{0}{0}$”型或“$\dfrac{\infty}{\infty}$”型**未定式**. 极限的除法运算法则对于它们是不适用的. 其所以称为“未定式”，是因为这两种极限可能存在，也可能不存在.

我们在第二章曾介绍过几种求上述两种极限的初等方法. 这里要介绍的洛必达法则,是根据柯西定理来确定“$\frac{0}{0}$”型及“$\frac{\infty}{\infty}$”型未定式的值的一种有效而简便的方法,它包括下面几个定理.

2.1 “$\frac{0}{0}$”型未定式

定理 1 $\left(\lim\limits_{x\to a}\dfrac{f(x)}{g(x)}\right.$为“$\frac{0}{0}$”型未定式的情形$\Big)$ 设函数 $f(x)$和 $g(x)$在点 a 的一个空心邻域 $S_0(a,\delta)$内有定义,且满足条件:

(1) $\lim\limits_{x\to a}f(x)=0$, $\lim\limits_{x\to a}g(x)=0$;

(2) 在 $S_0(a,\delta)$内, $f'(x)$和 $g'(x)$存在,且 $g'(x)\neq 0$;

(3) $\lim\limits_{x\to a}\dfrac{f'(x)}{g'(x)}=k$ $\left(\text{或}\lim\limits_{x\to a}\dfrac{f'(x)}{g'(x)}=\infty\right)$,

则

$$\lim_{x\to a}\frac{f(x)}{g(x)}=\lim_{x\to a}\frac{f'(x)}{g'(x)}=k\ (\text{或}\ \infty).$$

证 只需证明

$$\lim_{x\to a+0}\frac{f(x)}{g(x)}=k,\quad \text{且}\ \lim_{x\to a-0}\frac{f(x)}{g(x)}=k.$$

由于两者证法相同,因此只证其一: $\lim\limits_{x\to a+0}\dfrac{f(x)}{g(x)}=k$. 我们利用柯西定理来证明. 为此,考虑两个在点 a 处有定义的函数:

$$F(x)=\begin{cases}f(x), & \text{当 } x\neq a,\\ 0, & \text{当 } x=a;\end{cases}$$

$$G(x)=\begin{cases}g(x), & \text{当 } x\neq a,\\ 0, & \text{当 } x=a.\end{cases}$$

在区间$[a,a+\delta)$内任取一点 x(图 4-6),考虑闭区间$[a,x]$. 易知 $F(x)$和 $G(x)$满足柯西定理的条件,因此在(a,x)内至少存在一点 ξ,使得

$$\frac{F(x)-F(a)}{G(x)-G(a)}=\frac{F'(\xi)}{G'(\xi)}\quad (a<\xi<x).$$

已知 $F(a)=G(a)=0$,于是

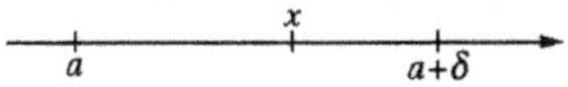

图 4-6

$$\frac{f(x)}{g(x)}=\frac{F(x)}{G(x)}=\frac{F(x)-F(a)}{G(x)-G(a)}$$

$$=\frac{F'(\xi)}{G'(\xi)}=\frac{f'(\xi)}{g'(\xi)}\quad(a<\xi<x).$$

令 $x\to a+0$,则 $\xi\to a+0$,于是得到

$$\lim_{x\to a+0}\frac{f(x)}{g(x)}=\lim_{\xi\to a+0}\frac{f'(\xi)}{g'(\xi)}\xlongequal{\text{条件(3)}}k.$$

同理可证 $\lim\limits_{x\to a-0}\dfrac{f(x)}{g(x)}=k$. 因此有

$$\lim_{x\to a}\frac{f(x)}{g(x)}=\lim_{x\to a}\frac{f'(x)}{g'(x)}=k.\quad \blacksquare$$

注 本定理虽然是对双侧极限而言的,但从以上证明可知,如果我们考虑的只是右极限或左极限,那么定理仍然成立.

例 1 求极限 $\lim\limits_{x\to+0}\dfrac{\sqrt{x}}{1-\mathrm{e}^{2\sqrt{x}}}$.

证 这是“$\dfrac{0}{0}$”型未定式,定理 1 的条件显然满足,因此有

$$\lim_{x\to+0}\frac{\sqrt{x}}{1-\mathrm{e}^{2\sqrt{x}}}\xlongequal{\text{令}\sqrt{x}=t}\lim_{t\to+0}\frac{t}{1-\mathrm{e}^{2t}}$$

$$\xlongequal{\text{洛}}\lim_{t\to+0}\frac{1}{-2\mathrm{e}^{2t}}=-\frac{1}{2}.\quad \blacksquare$$

例 2 求极限 $\lim\limits_{x\to\pi/3}\dfrac{1-2\cos x}{\sin\left(x-\dfrac{\pi}{3}\right)}$.

解 这是“$\dfrac{0}{0}$”型未定式. 在第 88 页 § 5 例 3,我们曾用初等方法——作变换 $x-\dfrac{\pi}{3}=u$,解过此题. 现在可以用洛必达法则来作(易知定理 1 的条件是满足的):

$$\lim_{x\to\pi/3}\frac{1-2\cos x}{\sin\left(x-\frac{\pi}{3}\right)}\overset{洛}{=\!=}\lim_{x\to\pi/3}\frac{2\sin x}{\cos\left(x-\frac{\pi}{3}\right)}\quad(由函数连续性)$$

$$=\frac{2\sin\frac{\pi}{3}}{\cos\left(\frac{\pi}{3}-\frac{\pi}{3}\right)}=\sqrt{3}.$$

例 3 求极限 $\lim\limits_{x\to 0}\frac{\ln(1+x)}{x^2}$.

解 $\lim\limits_{x\to 0}\frac{\ln(1+x)}{x^2}\overset{洛}{=\!=}\lim\limits_{x\to 0}\frac{\frac{1}{1+x}}{2x}=\infty.$

有时,需连续几次运用洛必达法则.

例 4 求极限 $\lim\limits_{x\to 0}\frac{(1+x)^{\frac{1}{x}}-\mathrm{e}}{x}$.

解 这是"$\frac{0}{0}$"型未定式. 由洛必达法则得到

$$\begin{aligned}原式&\overset{洛}{=\!=}\lim_{x\to 0}\left[(1+x)^{\frac{1}{x}}\right]'\\&=\lim_{x\to 0}(1+x)^{\frac{1}{x}}\cdot\frac{x-(1+x)\cdot\ln(1+x)}{x^2(1+x)}\\&=\mathrm{e}\cdot\lim_{x\to 0}\frac{x-(1+x)\ln(1+x)}{x^2(1+x)}\quad\left(“\frac{0}{0}”型\right)\\&\overset{洛}{=\!=}\mathrm{e}\cdot\lim_{x\to 0}\frac{-\ln(1+x)}{2x+3x^2}\\&\overset{等价无穷小代换}{=\!=\!=\!=}\mathrm{e}\cdot\lim_{x\to 0}\frac{-x}{2x+3x^2}=-\frac{\mathrm{e}}{2}.\end{aligned}$$

以上极限过程都是"$x\to a$", a 是有限数. 下面讨论极限过程"$x\to\infty$". 我们仅以"$x\to+\infty$"为例给出定理.

定理 2 $\left(\lim\limits_{x\to+\infty}\frac{f(x)}{g(x)}为“\frac{0}{0}”型未定式的情形\right)$ 设函数 $f(x)$和$g(x)$在区间$(c,+\infty)$内有定义(不妨假设 $c>0$),且满足

(1) $\lim\limits_{x\to+\infty}f(x)=0$, $\lim\limits_{x\to+\infty}g(x)=0$;

(2) $f'(x)$和 $g'(x)$在$(c,+\infty)$内存在,且 $g'(x)\neq 0$;

(3) $\lim\limits_{x\to+\infty}\dfrac{f'(x)}{g'(x)}=k$ (或∞),

则

$$\lim_{x\to+\infty}\frac{f(x)}{g(x)}=\lim_{x\to+\infty}\frac{f'(x)}{g'(x)}=k\ (\text{或}\ \infty).$$

证 设法将 $x\to+\infty$化为定理1的情形. 为此,令

$$x=\frac{1}{t},$$

则当 $x\to+\infty$时有 $t\to+0$.

容易验证,新变量 t 的函数 $f\left(\dfrac{1}{t}\right)$ 和 $g\left(\dfrac{1}{t}\right)$ 满足定理1的三个条件:

(1) $\lim\limits_{t\to+0}f\left(\dfrac{1}{t}\right)=\lim\limits_{x\to+\infty}f(x)=0$, $\lim\limits_{t\to+0}g\left(\dfrac{1}{t}\right)=\lim\limits_{x\to+\infty}g(x)=0$;

(2) 在 t 的区间$(0,1/c)$内,有

$$\left[f\left(\frac{1}{t}\right)\right]_t'=f'(x)\cdot\left(-\frac{1}{t^2}\right),$$

$$\left[g\left(\frac{1}{t}\right)\right]_t'=g'(x)\cdot\left(-\frac{1}{t^2}\right),\ \text{且}\ \left[g\left(\frac{1}{t}\right)\right]_t'\neq 0;$$

(3) $\lim\limits_{t\to+0}\dfrac{\left[f\left(\frac{1}{t}\right)\right]_t'}{\left[g\left(\frac{1}{t}\right)\right]_t'}=\lim\limits_{x\to+\infty}\dfrac{f'(x)}{g'(x)}=k$ (或∞).

于是由定理1知

$$\lim_{t\to+0}\frac{f\left(\frac{1}{t}\right)}{g\left(\frac{1}{t}\right)}=\lim_{t\to+0}\frac{\left[f\left(\frac{1}{t}\right)\right]_t'}{\left[g\left(\frac{1}{t}\right)\right]_t'}=k\ (\text{或}\ \infty),$$

即
$$\lim_{x\to+\infty}\frac{f(x)}{g(x)}=\lim_{x\to+\infty}\frac{f'(x)}{g'(x)}=k\ (\text{或}\ \infty).\quad ▎$$

定理2中的极限过程也可以改为“$x\to-\infty$”或“$x\to\infty$”,证明方法与定理2的类似.

例 5 求极限 $\lim\limits_{x\to+\infty}\dfrac{\dfrac{\pi}{2}-\arctan x}{\dfrac{1}{x}}$.

解 这是“$\dfrac{0}{0}$”型未定式. 由定理 2 得到

$$\lim_{x\to+\infty}\frac{\dfrac{\pi}{2}-\arctan x}{\dfrac{1}{x}}\overset{\text{洛}}{=\!=}\lim_{x\to+\infty}\frac{-\dfrac{1}{1+x^2}}{-\dfrac{1}{x^2}}=\lim_{x\to+\infty}\frac{x^2}{x^2+1}=1.$$

2.2 “$\dfrac{\infty}{\infty}$”型未定式

定理 3$\left(\lim\limits_{x\to a}\dfrac{f(x)}{g(x)}\text{为“}\dfrac{\infty}{\infty}\text{”型未定式的情形}\right)$ 设函数 $f(x)$和 $g(x)$在点 a 的一个空心邻域 $S_0(a,\delta)$内有定义,且满足:

(1) $\lim\limits_{x\to a}f(x)=\infty$, $\lim\limits_{x\to a}g(x)=\infty$;

(2) $f(x)$和 $g(x)$在 $S_0(a,\delta)$内可导,且 $g'(x)\neq 0$;

(3) $\lim\limits_{x\to a}\dfrac{f'(x)}{g'(x)}=k$ (或∞),

则

$$\lim_{x\to a}\frac{f(x)}{g(x)}=\lim_{x\to a}\frac{f'(x)}{g'(x)}=k\ (\text{或}\ \infty).$$

(证明从略.)

注 与上面定理 3 相仿,定理的结果对于极限过程“$x\to a+0$”或“$x\to a-0$”以及“$x\to+\infty$”,“$x\to-\infty$”,“$x\to\infty$”也都适用,相应的定理这里不再一一叙述.

例 6 求极限 $\lim\limits_{x\to+\infty}\dfrac{\ln x}{x}$.

解 这是“$\dfrac{\infty}{\infty}$”型未定式. 由定理 3 得

$$\lim_{x\to+\infty}\frac{\ln x}{x}\overset{\text{洛}}{=\!=}\lim_{x\to+\infty}\frac{\dfrac{1}{x}}{1}=0.$$

一般地,对于 $\alpha>0$,有

$$\lim_{x\to+\infty}\frac{\ln x}{x^{\alpha}}\xlongequal{\text{洛}}\lim_{x\to+\infty}\frac{\frac{1}{x}}{\alpha x^{\alpha-1}}=\lim_{x\to+\infty}\frac{1}{\alpha x^{\alpha}}=0.$$

亦即：当 $\alpha>0$ 时，有

$$\lim_{x\to+\infty}\frac{x^{\alpha}}{\ln x}=\infty.$$

这表明，当 $x\to+\infty$ 时，x^{α} ($\alpha>0$)是比 $\ln x$ 更高阶的无穷大量.

例 7 求极限 $\lim\limits_{x\to+\infty}\frac{x^n}{e^x}$ (n 为正整数).

解 这是"$\frac{\infty}{\infty}$"型未定式. 连续运用 n 次洛必达法则，得到

$$\lim_{x\to+\infty}\frac{x^n}{e^x}\xlongequal{\text{1 次洛}}\lim_{x\to+\infty}\frac{nx^{n-1}}{e^x}\xlongequal{\text{2 次洛}}\lim_{x\to+\infty}\frac{n(n-1)\cdot x^{n-2}}{e^x}$$

$$=\cdots\xlongequal{n\text{ 次洛}}\lim_{x\to+\infty}\frac{n!}{e^x}=0,$$

即：当 $x\to+\infty$ 时，e^x 是比 x^n ($n=1,2,\cdots$)更高阶的无穷大量.

更加一般地，我们有结论：

若 $\alpha>0$，则 $\lim\limits_{x\to+\infty}\frac{x^{\alpha}}{e^x}=0$. 事实上，不妨设 $n<\alpha<n+1$ (n 为某个正整数或 0)，连续运用 $n+1$ 次洛必达法则，得到

$$\lim_{x\to+\infty}\frac{x^{\alpha}}{e^x}=\cdots=\lim_{x\to+\infty}\frac{\alpha(\alpha-1)\cdots(\alpha-n)x^{\alpha-(n+1)}}{e^x}$$

$$=\lim_{x\to+\infty}\frac{\alpha(\alpha-1)\cdots(\alpha-n)}{e^x\cdot x^{(n+1)-\alpha}}=0.$$

小结 当 $x\to+\infty$ 时，下列无穷大量

$$\ln x,\quad x^{\alpha}\ (\alpha>0),\quad e^x$$

的阶依次增高. 把这里的 e^x 换成 a^x ($a>1$)，结论仍成立.

作为本段的结尾，我们提出**两点注意**：

(1) 必须首先判断所求极限确系"$\frac{0}{0}$"型或"$\frac{\infty}{\infty}$"型未定式. 否则洛必达法则第一个条件不满足，便不能用洛必达法则.

思考题 试指出下面做法的错误，并给出正确解法：

$$\lim_{x\to\pi/2}\frac{1-\cos x}{x^2}\xlongequal{洛}\lim_{x\to\pi/2}\frac{\sin x}{2x}=\frac{1}{2}\cdot\frac{\sin\frac{\pi}{2}}{\frac{\pi}{2}}=\frac{1}{\pi}.$$

(2) 只有当极限

$$\lim_{\substack{x\to a\\(x\to\infty)}}\frac{f'(x)}{g'(x)}=k \quad (或\infty)$$

存在时，才能用洛必达法则. 当 $\lim\limits_{\substack{x\to a\\(x\to\infty)}}\frac{f'(x)}{g'(x)}$不存在时，表示洛必达法则第三个条件不满足，(因此不能用洛必达法则)，但并不能断定极限 $\lim\limits_{\substack{x\to a\\(x\to\infty)}}\frac{f(x)}{g(x)}$不存在. 例如，

$$\lim_{x\to\infty}\frac{x+\sin x}{x}=\lim_{x\to\infty}\left(1+\frac{\sin x}{x}\right)=1+0=1,$$

这个极限是“$\frac{\infty}{\infty}$”型未定式，它是存在的，其值为 1. 但是

$$\lim_{x\to\infty}\frac{(x+\sin x)'}{x'}=\lim_{x\to\infty}(1+\cos x)$$

却不存在.

将以上两点注意综合起来，便得到未定式“$\frac{0}{0}$”及“$\frac{\infty}{\infty}$”求值的一般步骤：

先判断 $\lim\frac{f(x)}{g(x)}$确系“$\frac{0}{0}$”型或“$\frac{\infty}{\infty}$”型未定式；再求导数之比的极限 $\lim\frac{f'(x)}{g'(x)}$，只要它存在，一般说来，就可断定函数之比的极限 $\lim\frac{f(x)}{g(x)}$也存在，且

$$\lim\frac{f(x)}{g(x)}=\lim\frac{f'(x)}{g'(x)}.$$

这是因为洛必达法则的第二个条件(即 $f'(x)$，$g'(x)$存在，且 $g'(x)\neq 0$)在一般情形下往往是满足的.

2.3 其他类型的未定式

未定式除了以上所述的"$\frac{0}{0}$"型及"$\frac{\infty}{\infty}$"型以外，还有以下五种：

$$\text{“}0\cdot\infty\text{”},\ \text{“}\infty-\infty\text{”},\ \text{“}1^{\infty}\text{”},\ \text{“}0^{0}\text{”},\ \text{“}\infty^{0}\text{”}.$$

"$0\cdot\infty$"型和"$\infty-\infty$"型可以化为"$\frac{0}{0}$"型或"$\frac{\infty}{\infty}$"型；"1^{∞}"型和"0^{0}"型以及"∞^{0}"型可以先将函数取对数，然后化为"$\frac{0}{0}$"型或"$\frac{\infty}{\infty}$"型.

例 8 求数列极限 $\lim\limits_{n\to+\infty} n(\sqrt[n]{a}-\sqrt[n]{b})\ (a,\ b>0)$.

解 这是数列极限，不能运用洛必达法则. 先考虑函数极限 $\lim\limits_{x\to+\infty} x(a^{\frac{1}{x}}-b^{\frac{1}{x}})\ (a,b>0)$. 这是"$\infty\cdot 0$"型未定式，可化为"$\frac{0}{0}$"型：

$$\lim_{x\to+\infty} x(a^{\frac{1}{x}}-b^{\frac{1}{x}}) = \lim_{x\to+\infty}\frac{a^{\frac{1}{x}}-b^{\frac{1}{x}}}{\frac{1}{x}}$$

$$\xlongequal{\text{令}\frac{1}{x}=t} \lim_{t\to+0}\frac{a^t-b^t}{t} \quad \left(\text{“}\frac{0}{0}\text{”型}\right)$$

$$\xlongequal{\text{洛}} \lim_{t\to+0}(a^t\ln a-b^t\ln b)=\ln\frac{a}{b},$$

于是由函数极限与数列极限的关系知

$$\lim_{n\to+\infty} n(\sqrt[n]{a}-\sqrt[n]{b})=\ln\frac{a}{b} \quad (a,b>0).$$

例 9 求 $\lim\limits_{x\to 0}\left(\frac{2}{\sin^2 x}-\frac{1}{1-\cos x}\right)$.

解 这是"$\infty-\infty$"型未定式，可化为"$\frac{0}{0}$"型：

$$\text{原式}=\lim_{x\to 0}\frac{2-2\cos x-\sin^2 x}{\sin^2 x\cdot(1-\cos x)},$$

注意到当 $x\to 0$ 时，有下列等价无穷小量：

$$\sin^2 x \sim x^2 \quad (x \to 0),$$

$$1 - \cos x \sim \frac{1}{2}x^2 \quad (x \to 0),$$

于是由等价无穷小量的代换定理得

$$\text{原式} \xlongequal{\text{等价无穷小代换}} \lim_{x\to 0} \frac{2 - 2\cos x - \sin^2 x}{x^2 \cdot \frac{1}{2}x^2} \quad \left(\text{“}\frac{0}{0}\text{”型}\right)$$

$$\xlongequal{\text{洛}} \lim_{x\to 0} \frac{2\sin x - 2\sin x \cdot \cos x}{2x^3}$$

$$= \lim_{x\to 0} \frac{\sin x \cdot (1 - \cos x)}{x^3}$$

$$\xlongequal{\text{等价无穷小代换}} \lim_{x\to 0} \frac{x \cdot \frac{1}{2}x^2}{x^3} = \frac{1}{2}.$$

例 10 求 $\lim\limits_{x\to +0} (\sin x)^{\frac{2}{1+\ln x}}$.

解 这是“0^0”型未定式. 令

$$y = (\sin x)^{\frac{2}{1+\ln x}}.$$

两边取对数,得到

$$\ln y = \frac{2}{1+\ln x}\ln(\sin x) = 2\frac{\ln(\sin x)}{1+\ln x}.$$

于是

$$\lim_{x\to +0} \ln y = 2\lim_{x\to +0} \frac{\ln(\sin x)}{1+\ln x} \quad \left(\text{“}\frac{\infty}{\infty}\text{”}\right)$$

$$\xlongequal{\text{洛}} 2\lim_{x\to +0} \frac{\frac{1}{\sin x} \cdot \cos x}{\frac{1}{x}}$$

$$= 2\lim_{x\to +0} \frac{x}{\sin x} \cdot \lim_{x\to +0} \cos x = 2,$$

因此 $$\lim_{x\to +0} y = \lim_{x\to +0} e^{\ln y} = e^{\lim\limits_{x\to +0} \ln y} = e^2,$$

即 $$\lim_{x\to+0}(\sin x)^{\frac{2}{1+\ln x}}=\mathrm{e}^2.$$

思考题 (1) 求 $\lim\limits_{x\to+\infty}(1+x)^{1/\sqrt{x}}$.

这是“∞^0”型未定式，其值为1.读者可仿照例10的方法计算.

(2) 证明数列极限 $\lim\limits_{n\to+\infty}\sqrt[n]{n}=1$.（提示：先求 $\lim\limits_{x\to+\infty}x^{1/x}$.）

例 11 求 $\lim\limits_{x\to 0}\left(\dfrac{\arctan x}{x}\right)^{\frac{1}{x^2}}$.

解 这是“1^∞”型未定式.设 $y=\left(\dfrac{\arctan x}{x}\right)^{\frac{1}{x^2}}$，两边取对数：

$$\ln y=\frac{1}{x^2}\ \ln\left(\frac{\arctan x}{x}\right).$$

由 $\ln(1+t)\sim t$（当 $t\to 0$）知，当 $x\to 0$ 时，有等价无穷小量：

$$\ln\left(\frac{\arctan x}{x}\right)=\ln\left[1+\left(\frac{\arctan x}{x}-1\right)\right]$$
$$\sim\left(\frac{\arctan x}{x}-1\right).$$

利用等价无穷小量的代换定理，得到

$$\begin{aligned}\lim_{x\to 0}\ln y&=\lim_{x\to 0}\frac{1}{x^2}\cdot\left(\frac{\arctan x}{x}-1\right)\quad(\text{“}\infty\cdot 0\text{”型})\\&=\lim_{x\to 0}\frac{\arctan x-x}{x^3}\quad\left(\text{“}\frac{0}{0}\text{”型}\right)\\&\overset{\text{洛}}{=\!=}\lim_{x\to 0}\frac{-1}{3(1+x^2)}=-\frac{1}{3}.\end{aligned}$$

因此

$$\lim_{x\to 0}y=\lim_{x\to 0}\mathrm{e}^{\ln y}=\mathrm{e}^{\lim\limits_{x\to 0}\ln y}=\mathrm{e}^{-\frac{1}{3}},\quad\text{即}\ \lim_{x\to 0}\left(\frac{\arctan x}{x^2}\right)^{\frac{1}{x^2}}=\mathrm{e}^{-\frac{1}{3}}.$$

§3 泰勒(Taylor)公式

我们在第三章曾经讲过：若函数 $f(x)$ 在点 x_0 处可导，则有如下的微小改变量公式（见第三章(39′)式）：

$$\begin{aligned}\Delta y &= f(x_0+\Delta x)-f(x_0)\\ &= f'(x_0)\cdot\Delta x+o(\Delta x)\quad(\Delta x\to 0).\end{aligned}\tag{8}$$

记 $x_0+\Delta x=x$，$\Delta x=x-x_0$，于是有

$$\begin{aligned}f(x) =& f(x_0)+f'(x_0)\cdot(x-x_0)\\ &+o[(x-x_0)]\quad(x\to x_0).\end{aligned}\tag{9}$$

(9)式表明，若 $f'(x_0)$ 存在，则在点 x_0 附近，可用一个关于 $(x-x_0)$ 的一次多项式来近似代替(有时称为“逼近”)$f(x)$，由此所产生的误差当 $x\to x_0$ 时是比 $(x-x_0)$ 更高阶的无穷小量.

但是在许多问题里，这样的精确度不能满足需要. 于是提出一个问题：在点 x_0 附近，能否用一个关于 $(x-x_0)$ 的高次(例如 n 次)多项式来逼近 $f(x)$，而使误差符合实际问题的需要呢？在这里，需要对 $f(x)$ 加什么条件？

由于多项式的形式比较简单，它的许多性质比较容易研究，并且只需用加、减、乘这些简单运算，便可求出它的值，因此，用一个多项式去逼近函数 $f(x)$，无论在理论研究或近似计算方面，都是很有意义的.

3.1 局部的泰勒公式

定理 若函数 $f(x)$ 在点 x_0 处有 n 阶导数，则有

$$\begin{aligned}f(x) =& f(x_0)+f'(x_0)\cdot(x-x_0)+\frac{f''(x_0)}{2!}\cdot(x-x_0)^2\\ &+\cdots+\frac{f^{(n)}(x_0)}{n!}\cdot(x-x_0)^n+R_n(x),\end{aligned}\tag{10}$$

其中

$$R_n(x)=o[(x-x_0)^n]\quad(x\to x_0).\tag{11}$$

公式(10)称为函数 $f(x)$ 在点 x_0 处的 n 阶**局部泰勒公式**(或**泰勒展开式**)，也称为**带皮亚诺**(Peano)**余项的泰勒公式**. $R_n(x)=o[(x-x_0)^n]$ $(x\to x_0)$ 称为**皮亚诺余项**.

证 只需证明

$$\lim_{x \to x_0} \frac{R_n(x)}{(x-x_0)^n} = 0.$$

此式左端为

$$\lim_{x \to x_0} \frac{1}{(x-x_0)^n} \left\{ f(x) - \left[f(x_0) + f'(x_0)(x-x_0) + \frac{f''(x_0)}{2!}(x-x_0)^2 + \cdots + \frac{f^{(n)}(x_0)}{n!}(x-x_0)^n \right] \right\},$$

这是一个"$\frac{0}{0}$"型未定式. 由条件 $f^{(n)}(x_0)$存在知，$f^{(n-1)}(x)$在点 x_0 的空心邻域内存在,并可对上式连续运用$(n-1)$次洛必达法则. 这时得到

$$\begin{aligned}
&\lim_{x \to x_0} \frac{R_n(x)}{(x-x_0)^n} \\
&\xlongequal{1\text{次洛}} \lim_{x \to x_0} \frac{1}{n(x-x_0)^{n-1}} \Big[f'(x) - f'(x_0) - f''(x_0)(x-x_0) \\
&\qquad - \cdots - \frac{f^{(n-1)}(x_0)}{(n-2)!}(x-x_0)^{n-2} - \frac{f^{(n)}(x_0)}{(n-1)!}(x-x_0)^{n-1} \Big] \\
&\xlongequal{2\text{次洛}} \lim_{x \to x_0} \frac{1}{n(n-1)(x-x_0)^{n-2}} \Big[f''(x) - f''(x_0) \\
&\qquad - f'''(x_0)(x-x_0) - \cdots - \frac{f^{(n-1)}(x_0)}{(n-3)!}(x-x_0)^{n-3} \\
&\qquad - \frac{f^{(n)}(x_0)}{(n-2)!}(x-x_0)^{n-2} \Big] = \cdots\cdots \\
&\xlongequal{n-1\text{次洛}} \lim_{x \to x_0} \frac{f^{(n-1)}(x) - f^{(n-1)}(x_0) - f^{(n)}(x_0) \cdot (x-x_0)}{n!\ (x-x_0)} \\
&= \frac{1}{n!} \lim_{x \to x_0} \left[\frac{f^{(n-1)}(x) - f^{(n-1)}(x_0)}{x-x_0} - f^{(n)}(x_0) \right] \\
&= \frac{1}{n!} \left[\lim_{x \to x_0} \frac{f^{(n-1)}(x) - f^{(n-1)}(x_0)}{x-x_0} - f^{(n)}(x_0) \right] \\
&= \frac{1}{n!} \left[f^{(n)}(x_0) - f^{(n)}(x_0) \right] = 0.
\end{aligned}$$

于是证明了

$$\lim_{x \to x_0} \frac{R_n(x)}{(x-x_0)^n} = 0,$$

即 $$R_n(x)=o[(x-x_0)^n]\quad (x\to x_0).\quad \blacksquare$$

注 1 一个函数在同一点处的 n 阶局部泰勒公式是惟一的. 即:如果还有一个关于 $(x-x_0)$ 的 n 次多项式

$$Q_n=b_0+b_1(x-x_0)+b_2(x-x_0)^2+\cdots+b_n(x-x_0)^n$$

也满足

$$f(x)=Q_n+o[(x-x_0)^n]\quad (x\to x_0),$$

那么必有 $$b_k=\frac{f^{(k)}(x_0)}{k!}\quad (k=0,1,2,\cdots).$$

此处规定 $f^{(0)}(x)=f(x)$, $0!=1$.

证 在表达式

$$\begin{aligned}f(x)&=b_0+b_1(x-x_0)+b_2(x-x_0)^2+\cdots+b_n(x-x_0)^n\\&\quad+o[(x-x_0)^n]\\&=f(x_0)+f'(x_0)\cdot(x-x_0)\\&\quad+\frac{f''(x_0)}{2!}(x-x_0)^2+\cdots+\frac{f^{(n)}(x_0)}{n!}\cdot(x-x_0)^n\\&\quad+o[(x-x_0)^n]\quad (x\to x_0)\end{aligned}$$

中,令 $x\to x_0$,则有

$$b_0=f(x_0).$$

在上表达式的第二个“=”号两边消去这两项,再除以 $(x-x_0)$,且令 $x\to x_0$,得到

$$b_1=f'(x_0).$$

其余系数类似可得. ▌

注 2 多项式函数

$$P(x)=a_0+a_1x+a_2x^2+\cdots+a_nx^n$$

在点 x_0 处的 n 阶局部泰勒公式为如下多项式

$$\begin{aligned}P(x)=&P(x_0)+\frac{P'(x_0)}{1!}(x-x_0)+\frac{P''(x_0)}{2!}(x-x_0)^2\\&+\cdots+\frac{P^{(n)}(x_0)}{n!}(x-x_0)^n.\end{aligned}\tag{12}$$

证 事实上,可以先假设

$$P(x)=A_0+A_1(x-x_0)+A_2(x-x_0)^2+\cdots+A_n(x-x_0)^n, \tag{13}$$

再在此式两边逐次求导,得到

$$P'(x)=A_1+2A_2(x-x_0)+\cdots+nA_n(x-x_0)^{n-1},$$

$$P''(x)=2!A_2+3\cdot 2A_3(x-x_0)+\cdots+n(n-1)A_n(x-x_0)^{n-2},$$

……

$$P^{(n)}(x)=n!A_n.$$

将 $x=x_0$ 代入以上各式,得到

$$P(x_0)=A_0,\quad P'(x_0)=A_1,$$

$$P''(x_0)=2!A_2,\ \cdots,\ P^{(n)}(x_0)=n!A_n,$$

从而有

$$A_0=P(x_0),\quad A_1=\frac{P'(x_0)}{1!},$$

$$A_2=\frac{P''(x_0)}{2!},\quad \cdots,\quad A_n=\frac{P^{(n)}(x_0)}{n!}.$$

于是证明了

$$P(x)=P(x_0)+\frac{P'(x_0)}{1!}(x-x_0)+\frac{P''(x_0)}{2!}(x-x_0)^2+\cdots+\frac{P^{(n)}(x_0)}{n!}(x-x_0)^n. \quad \blacksquare$$

例 1 试按 $x+1$ 的乘幂展开多项式

$$P(x)=1+3x+5x^2-2x^3.$$

解 由(12)式知,$x_0=-1$,且

$$P(x)=P(-1)+P'(-1)\cdot(x+1)+\frac{P''(-1)}{2!}\cdot(x+1)^2+\frac{P'''(-1)}{3!}\cdot(x+1)^3.$$

由 $P'(x)=3+10x-6x^2$, $P''(x)=10-12x$, $P'''(x)=-12$, 得

$$P(-1)=5,\quad P'(-1)=-13,$$
$$P''(-1)=22,\quad P'''(-1)=-12.$$

于是所求展开式为

$$\begin{aligned}1+3x+5x^2-2x^3 &= 5-13(x+1)+\frac{22}{2!}(x+1)^2+\frac{-12}{3!}(x+1)^3\\ &= 5-13(x+1)+11(x+1)^2-2(x+1)^3.\end{aligned}$$

注 3 当 $x_0=0$ 时，泰勒公式(10)化为

$$f(x)=f(0)+f'(0)x+\frac{f''(0)}{2!}x^2+\cdots+\frac{f^{(n)}(0)}{n!}x^n+o(x^n)\quad(x\to 0).\tag{14}$$

此式又称为 $f(x)$ 的 n 阶局部**马克劳林**(Maclaurin)**公式**. 试根据公式(14)，证明如下几个常用的初等函数的马克劳林公式：

(1) $e^x=1+x+\frac{x^2}{2!}+\frac{x^3}{3!}+\cdots+\frac{x^n}{n!}+o(x^n)\quad(x\to 0)$；

(2) $\sin x=x-\frac{x^3}{3!}+\frac{x^5}{5!}-\cdots+(-1)^{m-1}\frac{x^{2m-1}}{(2m-1)!}+o(x^{2m})\quad(x\to 0)$，

这是 $\sin x$ 的 $2m$ 阶马克劳林公式；

(3) $\cos x=1-\frac{x^2}{2!}+\frac{x^4}{4!}-\cdots+(-1)^m\frac{x^{2m}}{(2m)!}+o(x^{2m+1})\quad(x\to 0)$，

这是 $\cos x$ 的 $2m+1$ 阶马克劳林公式；

(4) $(1+x)^\alpha=1+\alpha x+\frac{\alpha(\alpha-1)}{2!}x^2+\cdots+\frac{\alpha(\alpha-1)\cdots(\alpha-n+1)}{n!}x^n+o(x^n)\ (x\to 0)$，

其中 α 为任意实数；

(5) $\ln(1+x)=x-\frac{x^2}{2}+\frac{x^3}{3}-\cdots+(-1)^{n-1}\frac{x^n}{n}+o(x^n)\ (x\to 0)$.

证 (1) 令 $f(x)=\mathrm{e}^x$,则

$$f'(x)=f''(x)=\cdots=f^{(n)}(x)=\mathrm{e}^x,$$

从而有

$$f(0)=1,\quad f'(0)=f''(0)=\cdots=f^{(n)}(0)=1.$$

代入公式(14),得到

$$\mathrm{e}^x=1+x+\frac{x^2}{2!}+\frac{x^3}{3!}+\cdots+\frac{x^n}{n!}+o(x^n)\quad(x\to 0).$$

若只要求写到含 x^3 项,则有

$$\mathrm{e}^x=1+x+\frac{x^2}{2}+\frac{x^3}{6}+o(x^3)\quad(x\to 0).$$

(2) 令 $f(x)=\sin x$,则

$$f^{(k)}(x)=(\sin x)^{(k)}=\sin\left(x+k\cdot\frac{\pi}{2}\right).$$

从而有

$$f(0)=\sin 0=0,$$

$$f^{(k)}(0)=\sin\frac{k\pi}{2}\quad(k=1,2,\cdots).$$

当 $k=2m-1$ 时,

$$f^{(2m-1)}(0)=\sin\left(m\pi-\frac{\pi}{2}\right)=(-1)^{m-1}\quad(m=1,2,\cdots);$$

当 $k=2m$ 时,

$$f^{(2m)}(0)=\sin m\pi=0\quad(m=1,2,\cdots),$$

代入公式(14)(其中 $n=2m$),得到 $\sin x$ 的 $2m$ 阶马克劳林公式:

$$\sin x=x-\frac{x^3}{3!}+\frac{x^5}{5!}-\cdots+(-1)^{m-1}\frac{x^{2m-1}}{(2m-1)!}$$
$$+o(x^{2m})\quad(x\to 0).$$

(3) $\cos x$ 的马克劳林公式,请读者自己证明.

(4) 令 $f(x)=(1+x)^{\alpha}$,则

$$f^{(k)}(x)=\alpha(\alpha-1)\cdots(\alpha-k+1)(1+x)^{\alpha-k}\quad(k=1,2,\cdots),$$

从而有

$$f(0)=1,$$

$$f^{(k)}(0)=\alpha(\alpha-1)\cdots(\alpha-k+1)\quad(k=1,2,\cdots),$$

代入公式(14),得到

$$(1+x)^{\alpha}=1+\alpha x+\frac{\alpha(\alpha-1)}{2!}x^{2}+\cdots+\frac{\alpha(\alpha-1)\cdots(\alpha-n+1)}{n!}x^{n}+o(x^{n})\quad(x\to 0).$$

(5) 令 $f(x)=\ln(1+x)$,则由第 168 页例 4 知

$$f^{(k)}(x)=(-1)^{k-1}\frac{(k-1)!}{(1+x)^{k}}\quad(k=1,2,\cdots).$$

从而有

$$f(0)=\ln 1=0,$$

$$f^{(k)}(0)=(-1)^{k-1}\cdot(k-1)!\quad(k=1,2,\cdots),$$

代入公式(14),得到

$$\ln(1+x)=x-\frac{x^{2}}{2}+\frac{x^{3}}{3}-\cdots+(-1)^{n-1}\frac{x^{n}}{n}+o(x^{n})\ (x\to 0).$$ ▌

以上我们根据公式(14)证明了五个函数的马克劳林公式.这种求函数的马克劳林公式的方法,可以称为“直接”方法.不过,由于函数的高阶导数比较难求,因此,只掌握“直接”方法是远远不够的.泰勒公式的惟一性表明,不论用什么方法求得的展开式

$$f(x)=b_{0}+b_{1}x+b_{2}x^{2}+\cdots+b_{n}x^{n}+o(x^{n})\quad(x\to 0),$$

一定是 $f(x)$ 在点 $x=0$ 处的马克劳林公式.根据这一点,利用以上五个公式,便可导出许多初等函数的马克劳林公式.

例 2 求 $\mathrm{e}^{-x^{2}}$ 的马克劳林展开式.

解 因为当 $x\to 0$ 时,有 $-x^{2}\to 0$,所以可在马克劳林公式(1)中,将 x 换成 $(-x^{2})$,于是得到

$$\mathrm{e}^{-x^{2}}=1+(-x^{2})+\frac{(-x^{2})^{2}}{2!}+\cdots+\frac{(-x^{2})^{2}}{n!}+o[(x^{2})^{n}]$$

$$=1-x^{2}+\frac{x^{4}}{2!}+\cdots+\frac{(-1)^{n}x^{2n}}{n!}+o(x^{2n})\quad(x\to 0).$$

例 3 求 $\sin^2 x$ 的马克劳林公式.

解 $\sin^2 x = \frac{1-\cos 2x}{2} = \frac{1}{2} - \frac{1}{2}\cos 2x$ （由马克劳林公式(3)）

$$= \frac{1}{2} - \frac{1}{2}\left[1 - \frac{(2x)^2}{2!} + \frac{(2x)^4}{4!} - \cdots + (-1)^m \frac{(2x)^{2m}}{(2m)!} + o(x^{2m+1})\right]$$

$$= \frac{2}{2!}x^2 - \frac{2^3}{4!}x^4 + \frac{2^5}{6!}x^6 - \cdots + (-1)^{m+1}\frac{2^{2m-1}}{(2m)!}x^{2m} + o(x^{2m+1}) \quad (x \to 0).$$

例 4 求 $\ln(2-3x+x^2)$ 的马克劳林公式.

解 由于

$$2 - 3x + x^2 = 2(1-x)\left(1 - \frac{x}{2}\right),$$

当 $x<1$ 时,有

$$2 - 3x + x^2 > 0, \quad 1 - x > 0, \quad 1 - x/2 > 0.$$

当 $x \to 0$ 时,必有 $x<1$,于是有

$$\ln(2 - 3x + x^2) = \ln 2 + \ln(1-x) + \ln\left(1 - \frac{x}{2}\right). \quad (15)$$

在 $\ln(1+x)$ 的展开式中,以 $(-x)$ 代替 x,得

$$\ln(1-x) = -x - \frac{x^2}{2} - \frac{x^3}{3} - \cdots - \frac{x^n}{n} + o(x^n) \quad (x \to 0).$$

再以 $(-x/2)$ 代替 $\ln(1+x)$ 中的 x,得

$$\ln\left(1 - \frac{x}{2}\right) = \left(-\frac{x}{2}\right) - \frac{\left(-\frac{x}{2}\right)^2}{2} + \frac{\left(-\frac{x}{2}\right)^3}{3} - \cdots + (-1)^{n-1}\frac{\left(-\frac{x}{2}\right)^n}{n} + o(x^n)$$

$$= -\frac{1}{2}x - \frac{1}{2}\cdot\frac{1}{2^2}x^2 - \frac{1}{3}\cdot\frac{1}{2^3}x^3 - \cdots - \frac{1}{n}\cdot\frac{1}{2^n}x^n + o(x^n) \quad (x \to 0).$$

代入(15)式,便得到

$$
\begin{aligned}
\ln(2-3x+x^2) &= \ln 2 - x - \frac{x^2}{2} - \cdots - \frac{x^n}{n} + o(x^n) \\
&\quad - \frac{1}{2}x - \frac{1}{2}\cdot\frac{1}{2^2}x^2 - \frac{1}{3}\cdot\frac{1}{2^3}x^3 - \cdots \\
&\quad - \frac{1}{n}\cdot\frac{1}{2^n}x^n + o(x^n) \\
&= \ln 2 - \left(1+\frac{1}{2}\right)x - \frac{1}{2}\left(1+\frac{1}{2^2}\right)x^2 - \frac{1}{3}\left(1+\frac{1}{2^3}\right)x^3 \\
&\quad - \cdots - \frac{1}{n}\left(1+\frac{1}{2^n}\right)x^n + o(x^n) \quad (x\to 0).
\end{aligned}
$$

例 5 求 $e^x\cdot\sin x$ 的三阶马克劳林公式.

解 由展开式

$$
e^x = 1 + x + \frac{x^2}{2!} + o(x^2) \quad (x\to 0),
$$

$$
\sin x = x - \frac{1}{6}x^3 + o(x^4) \quad (x\to 0),
$$

得到

$$
\begin{aligned}
e^x\cdot\sin x &= \left[1+x+\frac{x^2}{2!}+o(x^2)\right]\cdot\left[x-\frac{1}{6}x^3+o(x^4)\right] \\
&= x + x^2 + \frac{x^3}{3} + o(x^3) \quad (x\to 0).
\end{aligned}
$$

注 这里要求的是 $e^x\cdot\sin x$ 的三阶马克劳林公式,而 e^x 的展开式中,第一项为 1; $\sin x$ 的展开式中,第一项为 x,因此,只需将 e^x 展开到含 x^2 项,将 $\sin x$ 展开到含 x^3 项.

例 6 求 $\tan x$ 的四阶马克劳林公式.

解 因为 $\tan x$ 为奇函数,所以 $(\tan x)'$ 为偶函数,且 $(\tan x)''$ 为奇函数, $(\tan x)'''$ 为偶函数, $(\tan x)^{(4)}$ 为奇函数(根据是:奇函数的导函数是偶函数;偶函数的导函数是奇函数). 从而

$$
\tan 0 = 0, \quad (\tan x)''|_{x=0} = (\tan x)^{(4)}|_{x=0} = 0.
$$

于是可设 $\tan x$ 的四阶马克劳林公式为

$$\tan x = b_1 x + b_3 x^3 + o(x^4) \quad (x \to 0).$$

下面用待定系数法求 b_1 及 b_3. 由

$$\sin x = x - \frac{x^3}{6} + o(x^4) \quad (x \to 0),$$

$$\cos x = 1 - \frac{x^2}{2} + o(x^3) \quad (x \to 0),$$

及 $\tan x = \sin x / \cos x$，得到

$$b_1 x + b_3 x^3 + o(x^4) = \frac{x - \dfrac{x^3}{6} + o(x^4)}{1 - \dfrac{x^2}{2} + o(x^3)} \quad (x \to 0).$$

从而有

$$[b_1 x + b_3 x^3 + o(x^4)]\left[1 - \frac{x^2}{2} + o(x^4)\right] = x - \frac{x^3}{6} + o(x^4) \quad (x \to 0),$$

即 $$b_1 x + \left(b_3 - \frac{b_1}{2}\right) x^3 + o(x^4) = x - \frac{x^3}{6} + o(x^4) \quad (x \to 0).$$

比较上式两边的系数，得到

$$b_1 = 1, \quad b_3 - \frac{b_1}{2} = -\frac{1}{6}.$$

解出 $b_1 = 1, b_3 = 1/3$，于是有

$$\tan x = x + \frac{x^3}{3} + o(x^4) \quad (x \to 0).$$

这就是 $\tan x$ 的四阶马克劳林公式.

通过以上几例，我们看到：求某函数的马克劳林公式时，不必总用直接方法，而应充分利用已有的展开式以及泰勒公式的惟一性，采用各种间接方法(例如作变换，或利用四则运算，利用待定系数法，等等).

3.2 利用局部泰勒公式求未定式的值及确定无穷小量的阶

利用函数的局部泰勒公式求未定式的值，有时比用洛必达法则更加简单些.

例 7 求极限 $\lim\limits_{x\to0}\dfrac{\cos x-\mathrm{e}^{-x^2/2}}{x^4}$.

解 这是"$\dfrac{0}{0}$"型未定式. 若用洛必达法则,则需用三次,比较麻烦. 这里可用局部泰勒公式去作.

根据分母为 x^4,我们将分子的 $\cos x$ 及 $\mathrm{e}^{-x^2/2}$ 都展开到含 x^4 项,即

$$\cos x = 1-\frac{1}{2}x^2+\frac{1}{4!}x^4+o(x^5) \quad (x\to0),$$

$$\begin{aligned}\mathrm{e}^{-\frac{x^2}{2}} &= 1+\left(-\frac{x^2}{2}\right)+\frac{1}{2!}\left(-\frac{x^2}{2}\right)^2+o(x^4)\\ &= 1-\frac{x^2}{2}+\frac{x^4}{8}+o(x^4) \quad (x\to0),\end{aligned}$$

从而分子化为

$$\cos x-\mathrm{e}^{-\frac{x^2}{2}} = -\frac{1}{12}x^4+o(x^4) \quad (x\to0).$$

于是得到

$$\begin{aligned}\lim_{x\to0}\frac{\cos x-\mathrm{e}^{-\frac{x^2}{2}}}{x^4} &= \lim_{x\to0}\frac{-\dfrac{1}{12}x^4+o(x^4)}{x^4}\\ &= \lim_{x\to0}\left[-\frac{1}{12}+\frac{o(x^4)}{x^4}\right] = -\frac{1}{12}.\end{aligned}$$

例 8 求极限 $\lim\limits_{x\to+\infty}(\sqrt[6]{x^6+x^5}-\sqrt[6]{x^6-x^5})$.

解 这是"$\infty-\infty$"型未定式. 可先将原式变化一下:

$$\text{原式} = \lim_{x\to+\infty}x\left[\sqrt[6]{1+1/x}-\sqrt[6]{1-1/x}\right].$$

再利用函数 $(1+x)^\alpha$ 在 $x\to0$ 时的展开式,写出

$$\sqrt[6]{1+\frac{1}{x}} = \left(1+\frac{1}{x}\right)^{\frac{1}{6}} = 1+\frac{1}{6}\cdot\frac{1}{x}+o\left(\frac{1}{x}\right) \quad \left(\frac{1}{x}\to+0\right),$$

$$\sqrt[6]{1-\frac{1}{x}} = \left(1-\frac{1}{x}\right)^{\frac{1}{6}} = 1-\frac{1}{6}\cdot\frac{1}{x}+o\left(\frac{1}{x}\right) \quad \left(\frac{1}{x}\to+0\right).$$

于是

$$原式 = \lim_{x\to+\infty} x\left[\frac{1}{3}\cdot\frac{1}{x}+o\left(\frac{1}{x}\right)\right]=\lim_{x\to+\infty}\left[\frac{1}{3}+\frac{o\left(\frac{1}{x}\right)}{\frac{1}{x}}\right]=\frac{1}{3}.$$

注 这里用到一个事实：

$$o\left(\frac{1}{x}\right)-o\left(\frac{1}{x}\right)=o\left(\frac{1}{x}\right)\quad(x\to+\infty).$$

请读者自己证明.

利用函数的局部泰勒公式,还可以确定无穷小量的阶.

例 9 问：当 $x\to\infty$ 时，$1-x\sin\dfrac{1}{x}$ 是 $\dfrac{1}{x}$ 的几阶无穷小？

解 因为 $x\to\infty$ 时，$\dfrac{1}{x}\to 0$,所以有

$$\sin\frac{1}{x}=\frac{1}{x}-\frac{1}{3!}\frac{1}{x^3}+o\left(\frac{1}{x^4}\right)\quad\left(\frac{1}{x}\to 0\right),$$

$$\begin{aligned}1-x\sin\frac{1}{x}&=1-x\left[\frac{1}{x}-\frac{1}{6}\frac{1}{x^3}+o\left(\frac{1}{x^4}\right)\right]\\&=\frac{1}{6}\cdot\frac{1}{x^2}-x\cdot o\left(\frac{1}{x^4}\right)\\&=\frac{1}{6}\cdot\frac{1}{x^2}+o\left(\frac{1}{x^3}\right)\quad\left(\frac{1}{x}\to 0\right),\end{aligned}$$

因此,当 $x\to\infty$ 时，$1-x\sin\dfrac{1}{x}$ 是 $\dfrac{1}{x}$ 的二阶无穷小.

注 这里用到了结论：

$$x\cdot o\left(\frac{1}{x^4}\right)=\frac{1}{x^3}\quad(x\to\infty).$$

请读者自己证明.

3.3 带拉格朗日余项的泰勒公式

上面所讲的带皮亚诺余项的泰勒公式(即局部泰勒公式)(10)指出：当 $f^{(n)}(x_0)$ 存在时,则在点 x_0 附近,可以用一个关于 $(x-x_0)$ 的 n 次多项式来近似代替 $f(x)$,即

$$f(x) \approx f'(x_0) + f'(x_0) \cdot (x - x_0) + \frac{f''(x_0)}{2!} \cdot (x - x_0)^2 + \cdots + \frac{f^{(n)}(x_0)}{n!} \cdot (x - x_0)^n,$$

上式右端的 n 次多项式称为泰勒多项式. 这种近似所产生的误差是 $|R_n(x)|$(其中 $R_n(x)$是皮亚诺余项),当 $x \to x_0$ 时,它是比 $(x-x_0)^n$ 更高阶的无穷小量. 但这里只给出了关于误差的阶的估计,而不能告诉我们:对于点 x_0 附近的某个具体的点 x,余项 $R_n(x)$究竟有多大. 因此,在实际应用上,皮亚诺余项不便于估计误差. 我们有必要引进其他类型的余项.

定理 若函数 $f(x)$在含有点 x_0 在内的某个区间(a,b)内具有直到 $n+1$ 阶的导数,则当 $x \in (a,b)$时,有

$$f(x) = f(x_0) + f'(x_0) \cdot (x - x_0) + \frac{f''(x_0)}{2!} \cdot (x - x_0)^2 + \cdots + \frac{f^{(n)}(x_0)}{n!} \cdot (x - x_0)^n + R_n(x), \tag{16}$$

其中

$$R_n(x) = \frac{f^{(n+1)}(\xi)}{(n+1)!}(x - x_0)^{n+1}, \tag{17}$$

x 与 x_0 在 a,b 之间, ξ 在 x_0 与 x 之间(图 4-7).

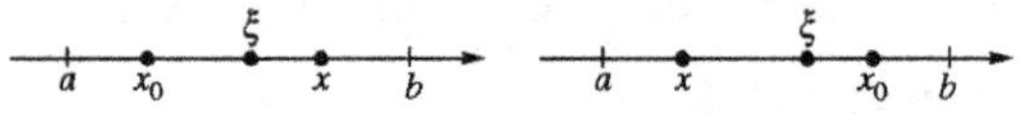

图 4-7

公式(17),即余项 $R_n(x) = \dfrac{f^{(n+1)}(\xi)}{(n+1)!}(x-x_0)^{n+1}$,称为**拉格朗日余项**,公式(16)称为 $f(x)$**带拉格朗日余项的泰勒公式**.

证 作辅助函数

$$F(t) = f(x) - \left[f(t) + f'(t) \cdot (x - t) + \frac{f''(t)}{2!} \cdot (x - t)^2 + \cdots + \frac{f^{(n)}(t)}{n!} \cdot (x - t)^n\right],$$

$$G(t) = (x - t)^{n+1}.$$

在这里,我们把 x_0 及 x 固定,让 t 在 x_0 与 x 之间变化(图 4-8).

图 4-8

易知,函数 $F(t)$ 和 $G(t)$ 在闭区间 $[x_0,x]$(或 $[x,x_0]$)上连续,在开区间 (x_0,x)(或 (x,x_0))内可微. 事实上,有

$$\begin{aligned} F'(t) = &- \Big[f'(t) + f''(t)\cdot(x-t) - f'(t) \\ &+ \frac{f'''(t)}{2!}\cdot(x-t)^2 - f''(t)\cdot(x-t) + \cdots \\ &+ \frac{f^{(n+1)}(t)}{n!}\cdot(x-t)^n - \frac{f^{(n)}(t)}{(n-1)!}\cdot(x-t)^{n-1} \Big] \\ = &- \frac{f^{(n+1)}(t)}{n!}\cdot(x-t)^n, \end{aligned}$$

$$G'(t) = -(n+1)\cdot(x-t)^n,$$

且在开区间 (x_0,x)(或 (x,x_0))内,

$$G'(t) \neq 0.$$

因此,由柯西定理知,在 x_0 与 x 之间至少存在一点 ξ, 使得

$$\frac{F(x_0) - F(x)}{G(x_0) - G(x)} = \frac{F'(\xi)}{G'(\xi)}, \quad \xi \text{ 在 } x_0 \text{ 与 } x \text{ 之间}.$$

将 $F'(\xi)$ 及 $G'(\xi)$ 的表达式代入上式,注意到 $F(x)=G(x)=0$,于是有

$$\begin{aligned} \frac{F(x_0)}{G(x_0)} &= \frac{F(x_0) - F(x)}{G(x_0) - G(x)} = \frac{F'(\xi)}{G'(\xi)} = \frac{-\dfrac{f^{(n+1)}(\xi)}{n!}\cdot(x-\xi)^n}{-(n+1)\cdot(x-\xi)^n} \\ &= \frac{f^{(n+1)}(\xi)}{(n+1)!}, \quad \xi \text{ 在 } x_0 \text{ 与 } x \text{ 之间}. \end{aligned}$$

从而

$$F(x_0) = \frac{f^{(n+1)}(\xi)}{(n+1)!}G(x_0) = \frac{f^{(n+1)}(\xi)}{(n+1)!}(x - x_0)^{n+1}.$$

再将 $F(x_0)$ 的表达式代入辅助函数 $F(t)$，便得到

$$f(x)=f(x_0)+f'(x_0)\cdot(x-x_0)+\frac{f''(x_0)}{2!}\cdot(x-x_0)^2$$
$$+\cdots+\frac{f^{(n)}(x_0)}{n!}\cdot(x-x_0)^n+\frac{f^{(n+1)}(\xi)}{(n+1)!}\cdot(x-x_0)^{n+1},$$

其中 ξ 在 x_0 与 x 之间.

这就是所要证明的. ▌

注 1 当 $n=0$ 时，公式(16)化为

$$f(x)=f(x_0)+f'(\xi)\cdot(x-x_0)\quad(\xi\text{ 在 }x_0\text{ 与 }x\text{ 之间}).$$

这正是拉格朗日中值公式. 因此，本定理是拉格朗日中值定理的推广.

注 2 当 $x_0=0$ 时，则公式(16)化为

$$f(x)=f(0)+f'(0)\cdot x+\frac{f''(0)}{2!}\cdot x^2$$
$$+\cdots+\frac{f^{(n)}(0)}{n!}\cdot x^n$$
$$+\frac{f^{(n+1)}(\theta\cdot x)}{(n+1)!}\cdot x^{n+1}\quad(0<\theta<1).\tag{18}$$

此式又称为带拉格朗日余项的马克劳林公式.

根据公式(18)，可以写出以下五个初等函数的马克劳林展开式(带拉格朗日余项)：

(1) $\mathrm{e}^x=1+x+\frac{x^2}{2!}+\cdots+\frac{x^n}{n!}+\frac{\mathrm{e}^{\theta\cdot x}}{(n+1)!}\cdot x^{n+1}\quad(0<\theta<1)$；

(2) $\sin x=x-\frac{x^3}{3!}+\frac{x^5}{5!}-\cdots+(-1)^{m-1}\frac{x^{2m-1}}{(2m-1)!}$
$+(-1)^m\frac{\cos(\theta\cdot x)}{(2m+1)!}\cdot x^{2m+1}\quad(0<\theta<1)$；

(3) $\cos x=1-\frac{x^2}{2!}+\frac{x^4}{4!}-\cdots+(-1)^m\frac{x^{2m}}{(2m)!}$
$+(-1)^{m+1}\frac{\cos(\theta\cdot x)}{(2m+2)!}\cdot x^{2m+2}\quad(0<\theta<1)$；

(4) $(1+x)^\alpha=1+\alpha x+\frac{\alpha(\alpha-1)}{2!}x^2+\cdots$

$$+\frac{\alpha(\alpha-1)\cdots(\alpha-n+1)}{n!}x^n$$

$$+\frac{\alpha(\alpha-1)\cdots(\alpha-n)}{(n+1)!}(1+\theta\cdot x)^{\alpha-n-1}\cdot x^{n+1}$$

$$(0<\theta<1,\ -1<x<+\infty);$$

(5) $$\ln(1+x)=x-\frac{x^2}{2}+\frac{x^3}{3}-\cdots+(-1)^{n-1}\frac{x^n}{n}$$

$$+(-1)^n\frac{x^{n+1}}{(n+1)(1+\theta x)^{n+1}}$$

$$(0<\theta<1,\ -1<x<+\infty).$$

我们只证明公式(2),其他四个公式请读者自己证明.

对于 $\sin x$ 来说,拉格朗日余项为

$$\frac{\sin\left[\theta x+(2m+1)\cdot\frac{\pi}{2}\right]}{(2m+1)!}x^{2m+1}=\frac{\sin\left[m\pi+\left(\theta x+\frac{\pi}{2}\right)\right]}{(2m+1)!}x^{2m+1}$$

$$=\frac{\cos m\pi\cdot\sin\left(\theta x+\frac{\pi}{2}\right)}{(2m+1)!}x^{2m+1}=(-1)^m\frac{\cos(\theta x)}{(2m+1)!}x^{2m+1}.$$

这就是公式(2)中的余项.

有必要指出,带皮亚诺余项的马克劳林公式(14),即

$$f(x)=f(0)+f'(0)\cdot x+\frac{f''(0)}{2!}\cdot x^2+\cdots$$

$$+\frac{f^{(n)}(0)}{n!}\cdot x^n+o(x^n)\quad(x\to 0)$$

成立的条件是: $f^{(n)}(0)$存在;且公式中的 x 在点 $x_0=0$ 附近,因此,这个公式刻画的是函数 $f(x)$在 0 点附近的局部性质. 带拉格朗日余项的马克劳林公式(18),即

$$f(x)=f(0)+f'(0)\cdot x+\frac{f''(0)}{2!}\cdot x^2+\cdots$$

$$+\frac{f^{(n)}(0)}{n!}\cdot x^n+\frac{f^{(n+1)}(\theta x)}{(n+1)!}\cdot x^{n+1}\quad(0<\theta<1)$$

成立的条件是: 函数 $f(x)$在含有点 $x_0=0$ 在内的某个区间(a,b)内具有直到 $n+1$ 阶导数;且公式中的 x 为区间(a,b)内任一点,不

一定在 0 点附近，因此，这个公式刻画的是函数 $f(x)$ 在整个区间 (a,b) 内的性质.

利用近似公式

$$f(x) \approx f(0) + f'(0)\cdot x + \frac{f''(0)}{2!}\cdot x^2 + \cdots + \frac{f^{(n)}(0)}{n!}\cdot x^n, \quad \forall\, x \in (a,b)$$

时，若 $f(x)$ 在区间 (a,b) 内的 $n+1$ 阶导数有界，即

$$|f^{(n+1)}(x)| \leqslant M, \quad \forall\, x \in (a,b)$$

(其中 $M>0$ 为常数)，则误差很容易估计：

$$|R_n(x)| = \left|\frac{f^{(n+1)}(\theta x)}{(n+1)!}\cdot x^{n+1}\right| \leqslant \frac{M}{(n+1)!}\cdot |x|^{n+1}. \quad (19)$$

例 10 近似计算无理数 e 的值，使误差不超过 0.0001.

解 在函数 e^x 的马克劳林公式(带拉格朗日余项)中，令 $x=1$，得到

$$e = 1 + 1 + \frac{1}{2!} + \cdots + \frac{1}{n!} + \frac{e^\theta}{(n+1)!} \quad (0<\theta<1),$$

于是
$$e \approx 1 + 1 + \frac{1}{2!} + \cdots + \frac{1}{n!}.$$

n 应取多少，才可保证误差不超过 0.0001？下面估计误差：

$$|R_n| = \frac{e^\theta}{(n+1)!} < \frac{e}{(n+1)!} < \frac{3}{(n+1)!},$$

令
$$\frac{3}{(n+1)!} < 0.0001,$$

解出 $(n+1)!>30000$，因此只需取 $n=7$. 这时

$$e \approx 1 + 1 + \frac{1}{2!} + \cdots + \frac{1}{7!} \approx 2.7183.$$

误差小于 0.0001.

例 11 利用四阶近似公式

$$\sin x \approx x - \frac{x^3}{6}$$

近似计算 $\sin x$ 时，若要求精确到 0.0001，问 x 应有何限制？

解 本题与例 10 不同. 例 10 是：当 $x=1$ 固定时，问 n 应为多少，才能保证所要求的精确度；本题是：当 n 固定时，问 x 应在什么范围内，可以保证所要求的精确度.

我们仍从误差估计入手. 此处误差为

$$|R_4| = \frac{|\cos(\theta x)|}{5!} \cdot |x|^5 \leqslant \frac{1}{5!}|x|^5 = \frac{1}{120}|x|^5,$$

要使 $|R_4|<0.0001$，只要

$$\frac{1}{120}|x|^5 < 0.0001,$$

即
$$|x|^5 < 0.012,$$
解出
$$|x| < 0.4129.$$
即：用四阶近似公式 $\sin x \approx x - x^3/6$ 近似计算 $\sin x$ 时，当 $|x|<0.4129(\approx 23.7°)$时，误差可小于 0.0001.

习 题 4.2

A 组

求下列极限：

1. $\lim\limits_{x \to a} \dfrac{x^m - a^m}{x^n - a^n}$.

2. $\lim\limits_{x \to 0} \dfrac{\tan x - x}{x - \sin x}$.

3. $\lim\limits_{x \to \frac{\pi}{2}} \dfrac{\ln\sin x}{(\pi - 2x)^2}$.

4. $\lim\limits_{x \to 0} \dfrac{x - \arcsin x}{\sin^3 x}$.

5. $\lim\limits_{x \to 1} \dfrac{\sqrt{2x - x^4} - \sqrt[3]{x}}{1 - \sqrt[4]{x^3}}$.

6. $\lim\limits_{x \to 0} \dfrac{(1+x)^{\frac{1}{x}} - \mathrm{e}}{x}$.

7. $\lim\limits_{x \to 0} \dfrac{\mathrm{e}^x - \mathrm{e}^{-x}}{\ln(\mathrm{e} - x) + x - 1}$.

8. $\lim\limits_{x \to 0} \dfrac{\mathrm{e}^x - \mathrm{e}^{-x} - 2x}{x - \sin x}$.

9. $\lim\limits_{x \to +0} \dfrac{\ln \sin ax}{\ln \sin bx} \begin{pmatrix} a>0 \\ b>0 \end{pmatrix}$.

10. $\lim\limits_{x \to 0} \dfrac{\ln \cos ax}{\ln \cos bx}$.

11. $\lim\limits_{x \to 0} \dfrac{\mathrm{e}^{-1/x^2}}{x^{100}}$.

12. $\lim\limits_{x \to +0} x^x$.

13. $\lim\limits_{x \to +0} x^{x^x}$.

14. $\lim\limits_{x \to \frac{\pi}{2} - 0} (\cos x)^{\frac{\pi}{2} - x}$.

15. $\lim\limits_{x\to+0}(\cot x)^{\frac{1}{\ln x}}$.

16. $\lim\limits_{x\to+\infty}\left(\dfrac{2}{\pi}\arctan x\right)^{x}$.

17. $\lim\limits_{x\to0}\left(\dfrac{2}{\pi}\arccos x\right)^{\frac{1}{x}}$.

18. $\lim\limits_{x\to0}\left(\dfrac{\arcsin x}{x}\right)^{\frac{1}{x^2}}$.

19. $\lim\limits_{x\to1}\left(\dfrac{1}{\ln x}-\dfrac{1}{x-1}\right)$.

20. $\lim\limits_{x\to0}\left(\dfrac{1}{x}-\dfrac{1}{e^x-1}\right)$.

21. $\lim\limits_{x\to0}\left(\dfrac{1}{x^2}-\dfrac{1}{\sin^2 x}\right)$.

22. $\lim\limits_{x\to\infty}\dfrac{x-\sin x}{x+\sin x}$.

23. $\lim\limits_{x\to1}\dfrac{x-x^x}{1-x+\ln x}$.

24. $\lim\limits_{x\to1-0}\sqrt{1-x^2}\cot\left[\dfrac{x}{2}\sqrt{\dfrac{1-x}{1+x}}\right]$.

25. $\lim\limits_{x\to+\infty}\left(\dfrac{\ln(1+x)}{x}\right)^{\frac{1}{x}}$.

用泰勒公式计算下列极限：

26. $\lim\limits_{x\to0}\dfrac{a^x+a^{-x}-2}{x^2}\ (a>0)$.

27. $\lim\limits_{x\to0}\dfrac{\ln(1+x+x^2)+\ln(1-x+x^2)}{x\sin x}$.

28. $\lim\limits_{x\to0}\dfrac{e^{x^3}-1-x^3}{\sin^6 2x}$.

29. $\lim\limits_{x\to0}\left(\dfrac{1}{x}-\dfrac{1}{\sin x}\right)$.

30. 利用已知的展开式求下列函数的局部马克劳林展式：

(1) xe^x；　(2) $\operatorname{ch}x$；　(3) $\ln\dfrac{1+x}{1-x}$；　(4) $\cos^2 x$；

(5) $\dfrac{x^3+2x+1}{x-1}$；

(提示：化为真分式.)

(6) $\cos x^2$.

31. 求 $\arcsin x$ 的局部马克劳林展式(提示：利用第172页例8的结果).

32. 写出下列函数的局部马克劳林公式至所指阶数：

(1) $e^x\cos x\quad(x^4)$；

(2) $\arctan x\quad(x^3)$；

(3) $\sin(\sin x)\quad(x^3)$；

(4) $\dfrac{x}{2x^3+x-1}\quad(x^3)$

$\left(\text{提示：化为最简分式,即}\dfrac{x}{2x^2+x-1}=\dfrac{1}{3}\left[\dfrac{1}{1+x}-\dfrac{1}{1-2x}\right]\right)$；

(5) $\dfrac{1+x+x^2}{1-x+x^2}\quad(x^4)$

$\left(\text{提示：}\dfrac{1+x+x^2}{1-x+x^2}=1+\dfrac{2x(x+1)}{x^3+1}\text{,再展开}\dfrac{1}{1+x^3}\right)$；

(6) $\dfrac{x^2}{\sqrt{1-x+x^2}}\quad(x^4)$

$\left(\text{提示：}\dfrac{1}{\sqrt{1-x+x^2}}=(1-x+x^2)^{-\frac{1}{2}}\right)$.

33. 估计下列近似公式的绝对误差：

(1) $e^x \approx 1+x+\frac{x^2}{2!}+\cdots+\frac{x^n}{n!}$，$x\in[0,1]$；

(2) $\sqrt{1+x}\approx 1+\frac{1}{2}x-\frac{1}{8}x^2$，$x\in[0,1]$；

(3) $\sin x\approx x-\frac{1}{6}x^3$，$|x|\leqslant\frac{1}{2}$.

34. 用近似公式 $\cos x\approx 1-\frac{1}{2}x^2$ 时，对于怎样的 x 能准确到 10^{-4}？

35. 求证下列 θ 的极限：

(1) 由中值定理 $\ln(1+x)-0=\frac{x}{1+\theta x}$，求证 $\lim\limits_{x\to 0}\theta=\frac{1}{2}$；

(2) 由中值定理 $e^x-1=xe^{\theta x}$，求证 $\lim\limits_{x\to 0}\theta=\frac{1}{2}$；

(3) 由中值定理 $\arcsin x-0=\frac{x}{\sqrt{1-\theta^2x^2}}$，求证 $\lim\limits_{x\to 0}\theta=\frac{1}{\sqrt{3}}$.

B 组

1. 设 $f''(x)$ 存在，求证：

$$\lim_{h\to 0}\frac{f(x+2h)-2f(x+h)+f(x)}{h^2}=f''(x).$$

2. 设对 $\forall\ x\in(a,b)$，有 $f''(x)>0$. 求证 $\forall\ x_i\in(a,b)$，$i=1,2,\cdots,n$，都有

$$f\left(\frac{x_1+x_2+\cdots+x_n}{n}\right)\leqslant\frac{1}{n}\sum_{i=1}^{n}f(x_i),$$

且等号仅在 x_i $(i=1,2,\cdots,n)$ 都相等时才成立.

$\left(\text{提示：在点 } x_0=\frac{(x_1+x_2+\cdots+x_n)}{n}\text{ 对 } f(x_i)\text{ 进行泰勒展开}, i=1,\cdots,n.\right)$

3. 上题条件改为 $f''(x)<0$，$x\in(a,b)$. 问有何结论？

4. 设函数 $f(x)=-\ln x$，求证：当 $x>0$ 时，$f''(x)>0$；当 $x_i>0$ $(i=1,2,\cdots,n)$ 时，有

$$\frac{n}{\frac{1}{x_1}+\frac{1}{x_2}+\cdots+\frac{1}{x_n}}\leqslant\sqrt[n]{x_1x_2\cdots x_n}\leqslant\frac{x_1+x_2+\cdots+x_n}{n}.$$

第五章 微分学的应用

在前面两章，我们介绍了导数与微分以及微分学中值定理. 在这一章中，我们将运用微分学的这些理论进一步研究函数，并解决一些实际应用问题.

§1 利用导数作函数的图形

我们在第一章曾讨论过函数的单调性，奇偶性，周期性，有界性等等，还介绍了函数的初等作图方法，基本方法是描点法. 现在利用微分学的理论，可以进一步研究函数的单调性，极值，以及凸性等，从而比较细致、准确地作出函数的图形.

1.1 函数单调性的判别法

根据拉格朗日中值定理，容易得到下面的

定理 1 假设函数 $f(x)$ 在闭区间 $[a,b]$ 上连续，在开区间 (a,b) 内可微，那么有结论：

(1) 若在 (a,b) 内 $f'(x)>0$，则 $f(x)$ 在 $[a,b]$ 上严格单调上升；

(2) 若在 (a,b) 内 $f'(x)<0$，则 $f(x)$ 在 $[a,b]$ 上严格单调下降.

证 (1)与(2)的证法类似，我们只证明(1).

在区间 $[a,b]$ 上任取两点 x_1,x_2. 不妨设 $x_1<x_2$. 由条件知，$f(x)$ 在 $[x_1,x_2]$ 上连续，在 (x_1,x_2) 内可微. 于是由拉格朗日中值定理知，至少存在一点 $\xi\in(x_1,x_2)$，使得

$$f(x_2)-f(x_1)=f'(\xi)\cdot(x_2-x_1).$$

由 $f'(\xi)>0, x_2-x_1>0$ 知，$f(x_2)-f(x_1)>0$，即

$$f(x_1)<f(x_2).$$

因此 $f(x)$ 在 $[a,b]$ 上严格单调上升. ▌

注 当函数 $f(x)$ 满足：在 (a,b) 内连续，在 (a,b) 内可微；或在 $[a,+\infty)$ 上连续，在 $[a,+\infty)$ 内可微；或在 $(-\infty,b]$ 上连续，在 $(-\infty,b]$ 内可微；或在 $(-\infty,+\infty)$ 内连续，在 $(-\infty,+\infty)$ 内可微时，都有类似的结论.

例 1 讨论函数 $f(x)=\mathrm{e}^x$ 在区间 $(-\infty,+\infty)$ 内的单调性.

解 因为

$$f'(x)=\mathrm{e}^x>0,\quad \forall\, x\in(-\infty,+\infty),$$

所以由上述定理 1 知，$f(x)=\mathrm{e}^x$ 在 $(-\infty,+\infty)$ 内严格单调上升.

例 2 指出函数 $f(x)=\frac{1}{3}x^3-x^2+\frac{1}{3}$ 的单调区间.

解 $f(x)$ 的定义域为 $(-\infty,+\infty)$，且在 $(-\infty,+\infty)$ 内有

$$f'(x)=x^2-2x=x(x-2).$$

令 $f'(x)=0$，解出 $x=0,2$. 因为 $f'(x)=x(x-2)$ 是连续函数，所以在区间 $(-\infty,0)$ 内不会变号. 同理，$f'(x)$ 在区间 $(0,2)$ 内符号相同，在区间 $(2,+\infty)$ 内符号也相同. 于是我们可以在每一个区间内，分别任意挑选一点，来确定 $f'(x)$ 的符号，并根据定理 1，由 $f'(x)$ 的符号来判断 $f(x)$ 的单调性，从而列出下表：

x	$(-\infty,0)$	0	$(0,2)$	2	$(2,+\infty)$
$f'(x)$	$+$	0	$-$	0	$+$
$f(x)$	↗	$\frac{1}{3}$	↘	-1	↗

这个表说明，$f(x)$ 在区间 $(-\infty,0)$ 及 $(2,+\infty)$ 内单调上升，在区间 $(0,2)$ 内单调下降.

注 定理 1 只给出了一个函数在某区间上单调的充分条件，而不是必要条件. 例如，对于函数 $f(x)=x^3$，有 $f'(x)=3x^2$. 当 $x=0$ 时，$f'(x)=0$，但是，$f(x)=x^3$ 在整个区间 $(-\infty,+\infty)$ 内

都是严格上升的. 又例如,对于函数 $f(x)=x^{\frac{1}{3}}$来说,当 $x\neq 0$ 时,有

$$f'(x)=\frac{1}{3}\cdot\frac{1}{\sqrt[3]{x^2}}>0,$$

但在 $x=0$ 处 $f(x)$不可导. 事实上,由导数定义知

$$f'(0)=\lim_{x\to 0}\frac{f(x)-f(0)}{x}=\lim_{x\to 0}\frac{x^{1/3}-0}{x}$$

$$=\lim_{x\to 0}\frac{1}{x^{2/3}}=+\infty.$$

然而 $f(x)=x^{1/3}$在$(-\infty,+\infty)$内却是严格单调上升的(图 5-1).

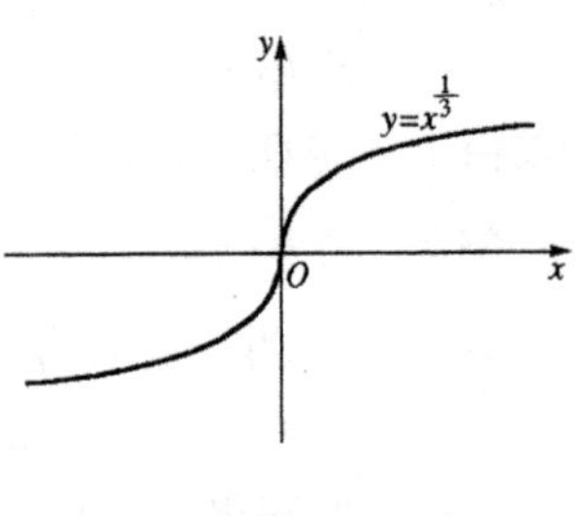

图 5-1

由此可见,若 $f(x)$在区间(a,b)内连续,只在某几个孤立点处的导数为 0 或不存在,而在其他点处,有 $f'(x)>0$ (或 $f'(x)<0$),则仍可断定 $f(x)$在(a,b)内严格单调上升(或严格单调下降). 事实上,只需把这几个点作为分界点,将(a,b)分为若干个小区间,然后分别应用定理 1,便可证明此结论.

例 3 证明:当 $x\neq 0$ 时,有不等式 $e^x>1+x$.

证 设 $f(x)=e^x-1-x$. 只需证明:当 $x\neq 0$ 时,有 $f(x)>0$.

$f'(x)=e^x-1$,使 $f'(x)=0$ 的点是 $x=0$. 于是可列出下表:

x	$(-\infty,0)$	0	$(0,+\infty)$
$f'(x)$	$-$	0	$+$
$f(x)$	↘	0	↗

从表中看出, $f(0)=0$ 是函数 $f(x)$的最小值,并且,当 $x\neq 0$ 时,有

$$f(x)>f(0)=0,$$

即 $$e^x>1+x,\quad 当\ x\neq 0.$$ ▍

此不等式告诉我们：除了点(0,1)之外，曲线 $y_1=e^x$ 在其他所有点处始终位于直线 $y=1+x$ 的上方(图 5-2).

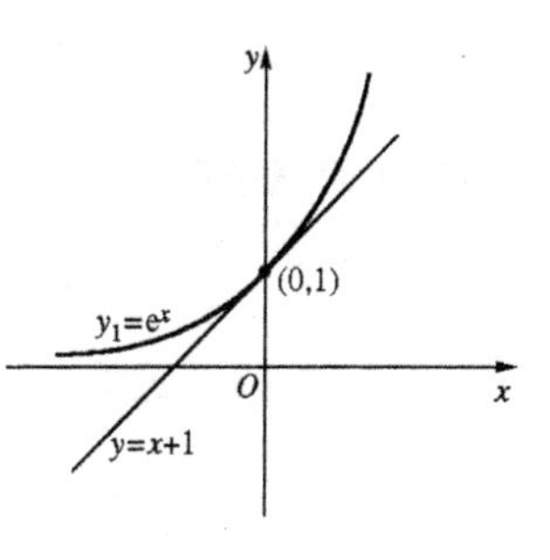

图 5-2

思考题 证明不等式

$\ln(1+x)<x, \quad x\in(0,1).$

例 4 证明：当 $x\in(0,\pi/2)$时，有不等式

$$\frac{2}{\pi}x<\sin x<x.$$

证 在第二章，我们证明过不等式

$$\sin x<x, \quad x\in(0,\pi/2)$$

(见第 86 页(22)式). 这里只需证明：

$$\frac{2}{\pi}x<\sin x, \quad x\in(0,\pi/2),$$

或

$$\frac{\pi}{2}\cdot\frac{\sin x}{x}>1, \quad x\in\left(0,\frac{\pi}{2}\right).$$

令 $f(x)=\frac{\pi}{2}\cdot\frac{\sin x}{x}$，则

$$f'(x)=\frac{\pi}{2}\cdot\frac{\cos x}{x^2}(x-\tan x).$$

当 $x\in(0,\pi/2)$时，$x^2>0,\cos x>0$，且 $x<\tan x$(见第 86 页(22)式)，因此，当 $x\in(0,\pi/2)$时，有

$$f'(x)<0.$$

又 $f(x)=\frac{\pi}{2}\cdot\frac{\sin x}{x}$在半开区间$\left(0,\frac{\pi}{2}\right]$上连续，于是由上面的定理知，$f(x)$在$\left(0,\frac{\pi}{2}\right]$上严格单调下降，从而有

$$f(x)>f\left(\frac{\pi}{2}\right), \quad x\in(0,\pi/2).$$

而 $f\left(\frac{\pi}{2}\right)=\frac{\pi}{2}\cdot\frac{\sin x}{x}\bigg|_{x=\frac{\pi}{2}}=1$，因此得到

$$f(x)>1, \quad x\in(0,\pi/2),$$

即 $$\frac{\pi}{2}\cdot\frac{\sin x}{x}>1,\quad x\in\left(0,\frac{\pi}{2}\right).$$

这样,我们就证明了

$$\frac{2}{\pi}x<\sin x<x,\quad x\in\left(0,\frac{\pi}{2}\right).\quad ▌$$

这个不等式有时也写为

$$\frac{2}{\pi}<\frac{\sin x}{x}<1,\quad x\in\left(0,\frac{\pi}{2}\right).$$

例 5 证明:当 $x\in(0,1)$时,有不等式

$$(1+x)\ln^2(1+x)<x^2.$$

证 设 $f(x)=(1+x)\ln^2(1+x)-x^2$,则 $f(0)=0$,且

$$f'(x)=\ln^2(1+x)+2\ln(1+x)-2x,\quad f'(0)=0.$$

又 $$f''(x)=\frac{2}{1+x}[\ln(1+x)-x].$$

考虑区间$[0,1]$,易知 $f'(x)$在$[0,1]$上连续,在$(0,1)$内可微,且当 $x\in(0,1)$时,$f''(x)<0$ (由例 3 后面思考题知). 根据定理 1, $f'(x)$在$[0,1]$上严格单调下降,因此当 $x\in(0,1)$时,有

$$f'(x)<f'(0)=0,$$

从而 $f(x)$在$[0,1]$上严格单调下降. 于是当 $x\in(0,1)$时,有

$$f(x)<f(0)=0,$$

即 $$(1+x)\ln^2(1+x)<x^2,\quad x\in(0,1).\quad ▌$$

1.2 函数极值的判别法

我们在第四章 §1 介绍了函数极值的概念,并证明了可微函数取极值的必要条件——费马定理:若函数 $f(x)$在点 x_0 处可微,则 $f(x)$在点 x_0 处达到极值的必要条件是 $f'(x_0)=0$. 换句话说,可微函数的极值点必定是其稳定点. 但是,我们也曾指出,稳定点未必是极值点(例如,函数 $f(x)=x^3$ 的稳定点是 $x=0$,然而 $f(0)$ 并不是极值). 另外还需注意,函数在其导数不存在的点处,仍有可能达到极值. 例如,函数 $f(x)=|x|$在点 $x=0$ 处不可导(第三章

§1 例 7)，但是，$f(0)$是函数 $f(x)$的极小值.

由此可见，对于函数 $f(x)$来说，以下两种点有可能是其极值点(图 5-3)：

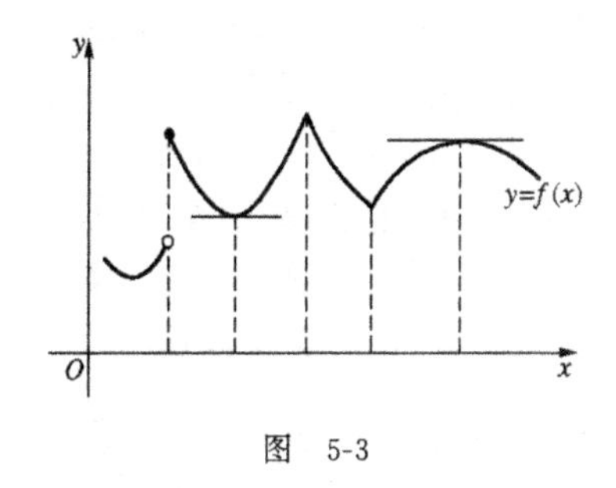

图 5-3

(1) 使 $f'(x)=0$ 的点，即函数 $f(x)$的稳定点(从图形上看，曲线有水平切线)；

(2) $f(x)$有定义但导数不存在的点(从图形上看，曲线出现“尖点”或间断).

因此，在求函数的极值时，我们应注意考查这两类点(不妨把它们称为极值可疑点).

下面，我们针对**连续函数**的情形，给出关于函数极值的两个充分性判别法.

定理 2(极值判别法一)　设点 x_0 为函数 $f(x)$的极值可疑点.并假定

(1) $f(x)$在邻域$(x_0-\delta,x_0+\delta)$内连续(其中 $\delta>0$)；

(2) $f(x)$在左邻域$(x_0-\delta,x_0)$及右邻域$(x_0,x_0+\delta)$内可微，且 $f'(x)$在左、右邻域内分别保持定号，

那么有三种可能的情形：

(i) 若 $f'(x)$在点 x_0 的左邻域$(x_0-\delta,x_0)$内大于 0，在右邻域$(x_0,x_0+\delta)$内小于 0，则 $f(x_0)$为极大值；

(ii) 若 $f'(x)$在点 x_0 的左邻域$(x_0-\delta,x_0)$内小于 0，在右邻域$(x_0,x_0+\delta)$内大于 0，则 $f(x_0)$为极小值；

(iii) 若 $f'(x)$ 在点 x_0 的左、右邻域的符号相同，即 $f'(x)$ 经过点 x_0 时不变号，则 $f(x)$ 严格单调，因而 $f(x_0)$ 不是极值.

证 (i) 因为

$$f'(x) > 0, \quad x \in (x_0 - \delta, x_0),$$

所以 $f(x)$ 在 $(x_0-\delta, x_0)$ 内严格单调上升. 又因为

$$f'(x) < 0, \quad x \in (x_0, x_0 + \delta),$$

所以 $f(x)$ 在 $(x_0, x_0+\delta)$ 内严格单调下降. 因此 $f(x_0)$ 为极大值.

(ii) 的证明与 (i) 类似；(iii) 不必再证. ▌

例 6 求 $f(x)=\frac{1}{3}x^3-x^2+\frac{1}{3}$ 的极值.

解 令 $f'(x)=x^2-2x=x(x-2)=0$，得两个稳定点

$$x_1 = 0, \quad x_2 = 2.$$

由于 $f'(x)$ 在区间 $(-\infty, +\infty)$ 内处处存在，因此除 $x=0,2$ 外，函数没有其他的极值可疑点. 列表如下：

x	$(-\infty,0)$	0	$(0,2)$	2	$(2,+\infty)$
$f'(x)$	$+$	0	$-$	0	$+$
$f(x)$	↗	极大值 $\frac{1}{3}$	↘	极小值 -1	↗

于是得知

$$f(0) = \frac{1}{3} \text{ 为极大值}; \quad f(2) = -1 \text{ 为极小值}.$$

例 7 求 $f(x)=(x-1)\sqrt[3]{x^2}$ 的极值.

解 当 $x\neq 0$ 时，有

$$f'(x) = \sqrt[3]{x^2} + (x-1)\cdot\frac{2}{3}x^{-1/3} = \frac{5x-2}{3\sqrt[3]{x}}.$$

令 $f'(x)=0$，得稳定点 $x=2/5$.

又，$x=0$ 为导数不存在的点. 事实上，有

$$f'_+(0) = \lim_{x\to+0}\frac{(x-1)\sqrt[3]{x^2}-0}{x} = \lim_{x\to+0}\frac{x-1}{\sqrt[3]{x}} = -\infty,$$

$$f'_-(0)=\lim_{x\to -0}\frac{x-1}{\sqrt[3]{x}}=+\infty.$$

即有两个极值可疑点：$x_1=0,x_2=2/5$.列表如下：

x	$(-\infty,0)$	0	$\left(0,\frac{2}{5}\right)$	$\frac{2}{5}$	$\left(\frac{2}{5},+\infty\right)$
$f'(x)$	$+$	不存在	$-$	0	$+$
$f(x)$	↗	极大值 0	↘	极小值 $-\frac{3}{25}\sqrt[3]{20}$	↗

因此，$f(0)=0$ 为极大值，$f\left(\frac{2}{5}\right)=-\frac{3}{25}\sqrt[3]{20}$为极小值.

定理 3(极值判别法二)　设函数 $f(x)$在点 x_0 处有 n 阶导数，且

$$f'(x_0)=f''(x_0)=\cdots=f^{(n-1)}(x_0)=0,$$

但 $f^{(n)}(x_0)\neq 0$,那么，

(1) 当 n 为偶数时,若 $f^{(n)}(x_0)>0$,则 $f(x_0)$为极小值,若 $f^{(n)}(x_0)<0$,则 $f(x_0)$为极大值；

(2) 当 n 为奇数时，$f(x_0)$不是极值.

证　为了讨论 $f(x_0)$是否为极值,需要考查 $f(x)-f(x_0)$的符号.为此,我们考虑 $f(x)$在点 x_0 处的局部泰勒公式.

由条件 $f^{(n)}(x_0)$存在知,有局部泰勒公式

$$\begin{aligned}f(x)=&f(x_0)+f'(x_0)\cdot(x-x_0)+\frac{f''(x_0)}{2!}(x-x_0)^2\\&+\cdots+\frac{f^{(n)}(x_0)}{n!}\cdot(x-x_0)^n+o[(x-x_0)^n]\\=&f(x_0)+\frac{f^{(n)}(x_0)}{n!}\cdot(x-x_0)^n+o[(x-x_0)^n]\\&(x\to x_0).\end{aligned}$$

于是有

$$f(x)-f(x_0)=\frac{f^{(n)}(x_0)}{n!}\cdot(x-x_0)^n+o[(x-x_0)^n]\quad(x\to x_0).$$

此式右端第二项 $o[(x-x_0)^n]$ 当 $x\to x_0$ 时是比第一项更高阶的无穷小量,因此,当点 x 与点 x_0 充分接近时,$[f(x)-f(x_0)]$ 与第一项 $\frac{f^{(n)}(x_0)}{n!}\cdot(x-x_0)^n$ 的符号相同.从而有

(1) 当 n 为偶数时,因为 $(x-x_0)^n>0$,所以 $[f(x)-f(x_0)]$ 与 $\frac{f^{(n)}(x_0)}{n!}$ 同号,于是得知:

当 $f^{(n)}(x_0)>0$ 时,有 $f(x)-f(x_0)>0$,即 $f(x)>f(x_0)$,因而 $f(x_0)$ 为极小值;当 $f^{(n)}(x_0)<0$ 时,有 $f(x)-f(x_0)<0$,即 $f(x)<f(x_0)$,因而 $f(x_0)$ 为极大值.

(2) 当 n 为奇数时,$(x-x_0)^n$ 在点 x_0 的左、右近旁要变号,而 $f^{(n)}(x_0)\neq0$,其符号是确定的,因此,$\frac{f^{(n)}(x_0)}{n!}(x-x_0)^n$ 从而 $[f(x)-f(x_0)]$ 在点 x_0 的左、右近旁要变号,即不会总有 $f(x)-f(x_0)>0$,或 $f(x)-f(x_0)<0$,这就表明,$f(x_0)$ 不是极值. ▌

注 定理 3 当 $n=2$ 的情形比较常用.这就是:若 $f'(x_0)=0$,$f''(x_0)\neq0$,则

(1) 当 $f''(x_0)>0$ 时,$f(x_0)$ 为极小值;

(2) 当 $f''(x_0)<0$ 时,$f(x_0)$ 为极大值.

例如,对于例 6,$f(x)=\frac{1}{3}x^3-x^2+\frac{1}{3}$,已知 $f'(0)=0,f'(2)=0$;但 $f''(0)=-2<0,f''(2)=2>0$,因此 $f(0)$ 为极大值,$f(2)$ 为极小值.

例 8 求 $f(x)=\mathrm{e}^x+\mathrm{e}^{-x}+2\cos x$ 的极值.

解 先求稳定点.由 $f'(x)=\mathrm{e}^x-\mathrm{e}^{-x}-2\sin x$ 知,$x=0$ 是稳定点,并且没有其他稳定点.事实上,可以考查 $f''(x)$:

$$f''(x)=\mathrm{e}^x+\mathrm{e}^{-x}-2\cos x,$$

由例 3 知,当 $x\neq0$ 时,有 $\mathrm{e}^x>1+x$,$\mathrm{e}^{-x}>1+(-x)$,从而当 $x\neq0$

时，

$$f''(x)=\mathrm{e}^{x}+\mathrm{e}^{-x}-2\cos x>1+x+1+(-x)-2\cos x$$
$$=2(1-\cos x)\geqslant 0.$$

显然，除了一些孤立点(如 $x=\pm 2\pi,\pm 4\pi$ 等)外，恒有

$$f''(x)>0 \quad (x\neq 0).$$

根据例 2 后面的说明知，$f'(x)$严格单调上升，因此最多只有一个零点. 换句话说，函数 $f(x)$最多只有一个稳定点. 这个稳定点正是 $x=0$.

再判断 $x=0$ 是否为极值点：

$$f'''(x)=\mathrm{e}^{x}-\mathrm{e}^{-x}+2\sin x, \quad f^{(4)}(x)=\mathrm{e}^{x}+\mathrm{e}^{-x}+2\cos x,$$
$$f'(0)=f''(0)=f'''(0)=0,$$

而 $f^{(4)}(0)=4>0$，于是由定理 3 知，$f(0)$为极小值，其值为

$$f(0)=\mathrm{e}^{0}+\mathrm{e}^{0}+2\cos 0=4.$$

将极值的两个判别法加以比较，不难了解：极值判别法一使用比较广泛(因为除了可用来讨论稳定点外，还可讨论导数不存在的点)，但要考虑一阶导数 $f'(x)$在极值可疑点的左、右近旁的符号，有时显得比较麻烦. 极值判别法二可能比较简便，但有时二阶导数 $f''(x)$的计算比较困难，并且用这个方法不能讨论导数不存在的点，因而此法也有一定的局限性. 这样看来，两个方法各有优、缺点，我们可根据题目的具体情况来决定使用哪一个.

例 9 求函数

$$f(x)=\begin{cases}\mathrm{e}^{-1/x^{2}}, & x\neq 0,\\ 0, & x=0\end{cases}$$

的极值.

解 当 $x\neq 0$ 时，

$$f'(x)=(\mathrm{e}^{-1/x^{2}})'=\frac{2}{x^{3}}\mathrm{e}^{-1/x^{2}}\neq 0,$$

因此无稳定点.

当 $x=0$ 时，由导数定义知

$$f'(0)=\lim_{x\to 0}\frac{e^{-1/x^2}-0}{x}\quad\left(令\ x=\frac{1}{t}\right)$$

$$=\lim_{t\to\infty}\frac{t}{e^{t^2}}.$$

这是“$\frac{\infty}{\infty}$”型未定式，由洛必达法则得到

$$f'(0)=\lim_{t\to\infty}\frac{(t)'}{(e^{t^2})'}=\lim_{t\to\infty}\frac{1}{2te^{t^2}}=0.$$

表明 $x=0$ 为稳定点.

怎样判断 $x=0$ 是否为极值点呢？我们用极值判别法一.

根据表达式

$$f'(x)=\frac{2}{x^3}e^{-1/x^2}\quad(x\neq 0),$$

可列表如下：

x	$(-\infty,0)$	0	$(0,+\infty)$
$f'(x)$	$-$	0	$+$
$f(x)$	↘	极小值 0	↗

于是得到极小值 $f(0)=0$.

1.3 函数的凸性与扭转点

形象地说，函数的凸性就是函数的图形向上凸或向下凸的性质. 这种“向上凸”和“向下凸”，从直观上是很容易理解的. 例如，函数

$$y=\sin x,\quad x\in[0,2\pi]$$

在区间$[0,\pi]$上是向上凸的，而在区间$[\pi,2\pi]$上是向下凸的. 一般地，我们有

定义 1 设函数 $f(x)$在区间$[a,b]$上连续，在(a,b)内可微. 若

曲线 $y=f(x)$ 位于每一点切线的上方，则称函数 $f(x)$ 在 $[a,b]$ 上是**向下凸**的(有时也称为**凹的**)；若曲线 $y=f(x)$ 位于每一点切线的下方，则称函数 $f(x)$ 在 $[a,b]$ 上是**向上凸**的(也简称为**凸**的). 参见图 5-4.

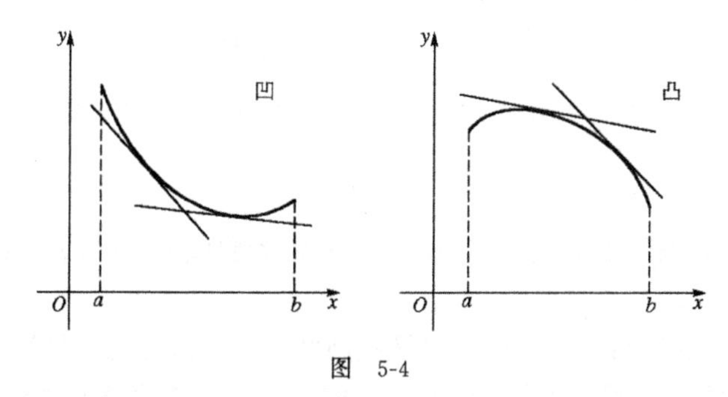

图 5-4

函数的凸性可以用分析的语言叙述如下：

若对区间 (a,b) 内的任意两点 x_1,x_2 $(x_1\neq x_2)$，都有

$$f(x_2)>f(x_1)+f'(x_1)\cdot(x_2-x_1), \tag{1}$$

或

$$f(x_1)>f(x_2)+f'(x_2)\cdot(x_1-x_2), \tag{2}$$

则称函数 $f(x)$ 在 (a,b) 内是**向下凸**(即**凹**)的.

若对 (a,b) 内的任意两点 x_1,x_2 $(x_1\neq x_2)$，都有

$$f(x_2)<f(x_1)+f'(x_1)\cdot(x_2-x_1), \tag{3}$$

或

$$f(x_1)<f(x_2)+f'(x_2)\cdot(x_1-x_2), \tag{4}$$

则称函数 $f(x)$ 在 (a,b) 内是**向上凸**(即**凸**)的.

从图形上看，(1)式表示曲线位于点 $(x_1,f(x_1))$ 的切线的上方，(2)式表示曲线位于点 $(x_2,f(x_2))$ 的切线的上方，而 x_1,x_2 为区间 (a,b) 内任意两点，因此，$f(x)$ 在 (a,b) 内是凹的(图 5-5).

请读者自己画图，给出(3)，(4)两式的几何解释.

定义 2 若函数 $f(x)$ 在点 x_0 的左、右近旁的凸性相反，即点 x_0 是 $f(x)$ 的凹、凸部分的分界点，则称 x_0 为 $f(x)$ 的**扭转点**(或**拐**

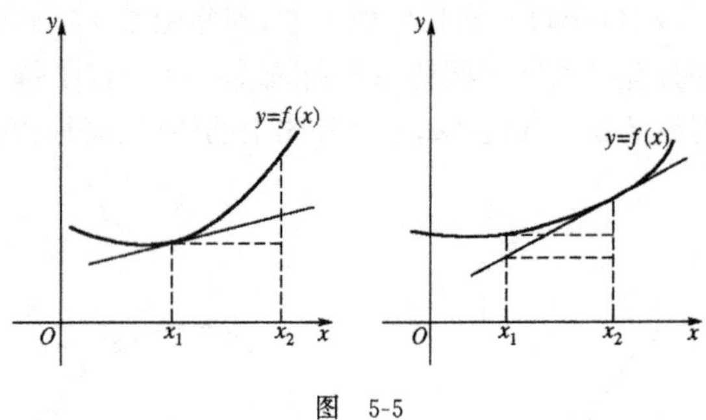

图 5-5

点). 函数图形上的相应点$(x_0,f(x_0))$称为曲线 $y=f(x)$的扭转点(或拐点).

下面以导数为工具,给出函数凸性的一个充分性判别法.

定理 4 假设函数 $f(x)$在区间(a,b)内有二阶导数,那么有

若 $f''(x)>0,x\in(a,b)$,则 $f(x)$在(a,b)内是凹的;

若 $f''(x)<0,x\in(a,b)$,则 $f(x)$在(a,b)内是凸的.

证 只证 $f''(x)>0$ 的情形.

设 x_1,x_2 为(a,b)内任意两点. 由条件: $f''(x)$在(a,b)内存在知,函数 $f(x)$有带拉格朗日余项的泰勒公式(在点 x_1 处)

$$f(x)=f(x_1)+f'(x_1)\cdot(x-x_1)+\frac{1}{2!}f''(\xi)\cdot(x-x_1)^2,$$

其中 $x\in(a,b)$, ξ 在 x 与 x_1 之间. 令 $x=x_2$,则有

$$f(x_2)=f(x_1)+f'(x_1)\cdot(x_2-x_1)+\frac{1}{2!}f''(\xi)\cdot(x_2-x_1)^2,$$

其中 ξ 在 x_1 与 x_2 之间.

因为 $f''(\xi)>0$,所以$\frac{1}{2!}f''(\xi)\cdot(x_2-x_1)^2>0$,从而

$$f(x_2)>f(x_1)+f'(x_1)\cdot(x_2-x_1).$$

于是由(1)式知, $f(x)$在(a,b)内是凹的.

对于 $f''(x)<0$ 的情形,证明类似. ▌

例 10 求函数 $f(x)=\frac{1}{3}x^3-x^2+\frac{1}{3}$的凸性区间及拐点.

解 $f'(x)=x^2-2x$，$f''(x)=2x-2=2(x-1)$，因为$f''(x)=2(x-1)$是连续函数，若要变号，必须经过其零点，所以只需求出$f''(x)$的零点，然后考查$f''(x)$在该点左、右的符号即可.

从$f''(x)=0$，解出$x=1$. 可以列表如下：

x	$(-\infty,1)$	1	$(1,+\infty)$
$f''(x)$	$-$	0	$+$
$f(x)$	凸	拐点	凹

从而得知，$f(x)$在$(-\infty,1)$内是凸的，在$(1,+\infty)$内是凹的；$x=1$是$f(x)$的拐点.

对于二次连续可微(即二阶导数存在且连续)的函数，显然有下面的定理.

定理5 设$f''(x)$连续. 若$f''(x)$经过点x_0时变号，则x_0为$f(x)$的拐点.

证明留给读者.

因为$f''(x)$连续，所以它从“$+$”变到“$-$”(或从“$-$”变到“$+$”)时必经过0，从而$f''(x_0)=0$. 因此，求函数$f(x)$的拐点时，应先求出二阶导数$f''(x)$；然后解方程$f''(x)=0$，得出点x_0,x_1等；最后考查$f''(x)$经过这些点时是否变号.

例11 考查函数$f(x)=x^4$的凸性及拐点.

解 $f'(x)=4x^3$，$f''(x)=12x^2$，令$f''(x)=0$，得到$x=0$. 于是可列表如下：

x	$(-\infty,0)$	0	$(0,+\infty)$
$f''(x)$	$+$	0	$+$
$f(x)$	凹	不是拐点	凹

由上表知，$f''(x)$经过点$x=0$时不变号，函数$f(x)$在点$x=0$的左、右两边凸性未变，因此$x=0$不是拐点.

注意 导数不存在的点，也可能是拐点.

例 12 求函数 $f(x)=(x-2)^{5/3}$ 的凸性区间及拐点.

解 $f'(x)=\frac{5}{3}(x-2)^{2/3}$，$f''(x)=\frac{10}{9}\frac{1}{(x-2)^{1/3}}$（当 $x\neq 2$），由导数定义可知，当 $x=2$ 时，二阶导数不存在. 我们以 $x=2$ 为分界点，列表如下：

x	$(-\infty,2)$	2	$(2,+\infty)$
$f''(x)$	$-$	不存在	$+$
$f(x)$	凸	拐点	凹

我们看到，尽管在 $x=2$ 时二阶导数不存在，但 $x=2$ 仍是 $f(x)$ 的拐点.

这样便得到了求函数 $f(x)$ 的拐点的步骤：

首先，求出所有使 $f''(x)=0$ 的点；

其次，求出 $f''(x)$ 不存在（但函数有定义）的点；

最后，考查函数 $f(x)$ 在这些点左、右的凸性.

1.4 曲线的渐近线

1. 定义

若一动点沿曲线的一条无穷分支无限远离原点时，此动点到某一固定直线的距离趋近于零，则称该直线为曲线的**渐近线**.

2. 求法

1) 垂直渐近线

若 $x\to x_0+0$（或 $x\to x_0-0$）时，有 $f(x)\to\infty$，即

$$\lim_{x\to x_0+0} f(x)=\infty \quad (\text{或} \lim_{x\to x_0-0} f(x)=\infty),$$

则直线 $x=x_0$ 为曲线 $y=f(x)$ 的垂直渐近线.

2) 水平渐近线

若 $\lim\limits_{x\to+\infty} f(x)=k$（或 $\lim\limits_{x\to-\infty} f(x)=k$），其中 k 为常数，则直线 $y=k$ 为曲线 $y=f(x)$ 的水平渐近线.

例 13 求曲线 $y=2+\frac{1}{x-1}$ 的垂直渐近线及水平渐近线.

解 令 $f(x)=2+\frac{1}{x-1}$. 因为 $\lim\limits_{x\to1}f(x)=\infty$,所以 $x=1$ 为垂直渐近线;又因为 $\lim\limits_{x\to\infty}f(x)=2$,所以 $y=2$ 为水平渐近线,见图 5-6.

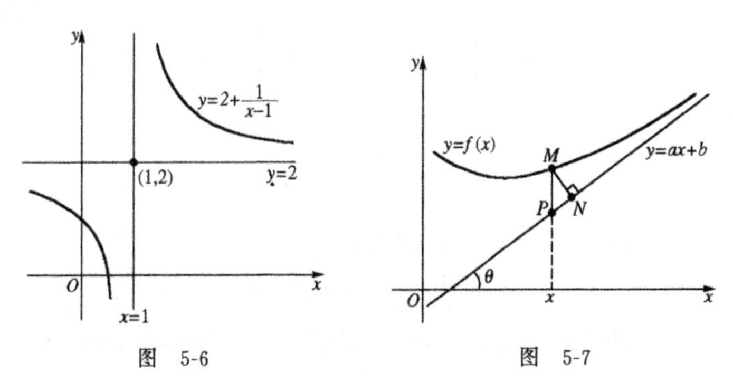

图 5-6　　　　图 5-7

3) 斜渐近线

设曲线 $y=f(x)$以直线 $y=ax+b$ 为斜渐近线,则 a 与 b 应如何确定呢?

设直线 $y=ax+b$ 的倾角为 θ ($\theta\neq\pi/2$),并设曲线和直线上具有相同横坐标 x 的点分别为 $M(x,f(x))$及 $P(x,ax+b)$,如图 5-7 所示.

由渐近线定义知

$$\lim_{x\to+\infty}MN=0.\text{①}\tag{5}$$

MN 的计算比较麻烦,注意到

$$MN=MP\cos\theta,$$

因此(5)式即

$$\lim_{x\to+\infty}MP\cos\theta=\cos\theta\cdot\lim_{x\to+\infty}MP=0,$$

由 $\theta\neq\pi/2$, $\cos\theta\neq0$,得 $\lim\limits_{x\to+\infty}MP=0$, 即

$$\lim_{x\to+\infty}[f(x)-(ax+b)]=0.\tag{6}$$

---

① 这里只讨论 $x\to+\infty$的情形,对 $x\to-\infty$可同样讨论.

(6)式又可改写为

$$\lim_{x\to+\infty} x\cdot\left[\frac{f(x)}{x}-a-\frac{b}{x}\right]=0.$$

因为 $x\to+\infty$,所以必有

$$\lim_{x\to+\infty}\left[\frac{f(x)}{x}-a-\frac{b}{x}\right]=0,$$

从而

$$\lim_{x\to+\infty}\frac{f(x)}{x}=a. \tag{7}$$

将这里定出的 a 代入(6)式,便得到

$$b=\lim_{x\to+\infty}[f(x)-ax]. \tag{8}$$

由(7),(8)两式所确定的 a,b,就是斜渐近线 $y=ax+b$ 的斜率和截距.

注 有了求斜渐近线的公式(7),(8),就无需单独求水平渐近线了.事实上,当我们用公式(7)求出 $a=0$ 时,所得到的就是水平渐近线.因此,求渐近线时,只需考虑垂直渐近线及斜渐近线.

例 14 求曲线 $y=\frac{(x-1)^3}{(x+1)^2}$ 的渐近线.

解 (1) 从 $y=\frac{(x-1)^3}{(x+1)^2}$ 知

$$\lim_{x\to-1}\frac{(x-1)^3}{(x+1)^2}=\infty,$$

因此,$x=-1$ 为垂直渐近线.

(2) 求斜渐近线.由(7),(8)两式,得到

$$a=\lim_{x\to\infty}\frac{f(x)}{x}=\lim_{x\to\infty}\frac{(x-1)^3}{x(x+1)^2}=1,$$

$$b=\lim_{x\to\infty}[f(x)-ax]=\lim_{x\to\infty}\left[\frac{(x-1)^3}{(x+1)^2}-x\right]$$

$$=\lim_{x\to\infty}\frac{-5x^2+2x-1}{(x+1)^2}=-5.$$

于是有斜渐近线 $y=x-5$.

1.5 利用导数作函数的图形

将以上讨论综合起来，便得到利用导数作函数图形的主要步骤：

(1) 确定函数 $f(x)$的定义域；

(2) 判断函数的奇偶性、周期性等；

(3) 求一阶导数 $f'(x)$，求出所有驻点，并求出一阶导数不存在的点，以便考虑函数的单调性与极值；

(4) 求二阶导数 $f''(x)$，求出使 $f''(x)=0$ 的所有点，并求出二阶导数不存在的点，以便考虑函数的凸性及拐点；

(5) 判断 $y=f(x)$有无垂直渐近线及斜渐近线(包括水平渐近线)；

(6) 根据以上各点，列表；

(7) 作图.

例 15 作概率曲线 $y=\mathrm{e}^{-x^2}$的图形.

解 (1) 定义域：$(-\infty,+\infty)$.

(2) $y=\mathrm{e}^{-x^2}$是偶函数，图形对称于 y 轴. 又因

$$y=\mathrm{e}^{-x^2}>0 \quad (-\infty<x<+\infty),$$

所以图形全部位于 x 轴上方.

(3) $y'=-2x\mathrm{e}^{-x^2}$，令 $y'=0$，得驻点：$x=0$.

(4) $y''=-4\mathrm{e}^{-x^2}\left(\frac{1}{2}-x^2\right)=4\mathrm{e}^{-x^2}\left(x-\frac{1}{\sqrt{2}}\right)\cdot\left(x+\frac{1}{\sqrt{2}}\right)$,

令 $y''=0$，得到 $x=\pm 1/\sqrt{2}$.

(5) 求渐近线：曲线 $y=\mathrm{e}^{-x^2}$在$(-\infty,+\infty)$上是连续的，没有垂直渐近线.

再考查有无斜渐近线. 由(7)及(8)式，得到

$$a=\lim_{x\to\infty}\frac{f(x)}{x}=\lim_{x\to\infty}\frac{\mathrm{e}^{-x^2}}{x}=\lim_{x\to\infty}\frac{1}{x\mathrm{e}^{-x^2}}=0,$$

$$b=\lim_{x\to\infty}[f(x)-ax]=\lim_{x\to\infty}\mathrm{e}^{-x^2}=0,$$

于是得到水平渐近线 $y=0$.

(6) 列表:

x	$\left(-\infty,-\frac{1}{\sqrt{2}}\right)$	$-\frac{1}{\sqrt{2}}$	$\left(-\frac{1}{\sqrt{2}},0\right)$	0	$\left(0,\frac{1}{\sqrt{2}}\right)$	$\frac{1}{\sqrt{2}}$	$\left(\frac{1}{\sqrt{2}},+\infty\right)$
$f'(x)$	+	+	+	0	−	−	−
$f''(x)$	+	0	−	−	−	0	+
$f(x)$	↗	拐点 $y\approx0.6$	↗	极大 $y=1$	↘	拐点 $y\approx0.6$	↘

(7) 作图:见图 5-8.

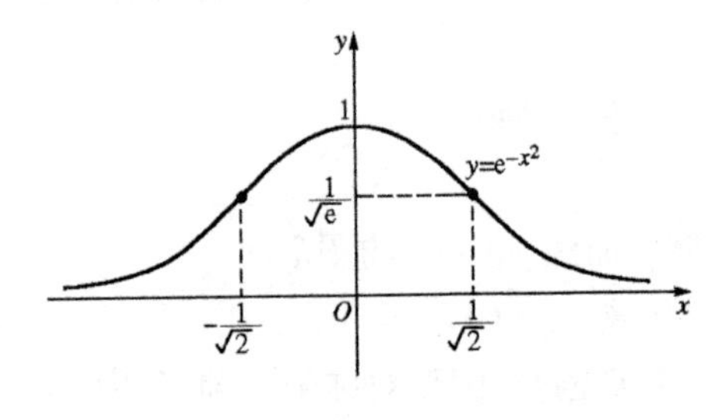

图 5-8

例 16 作 $y=f(x)=\dfrac{(x-1)^3}{(x+1)^2}$的图形.

解 (1) 定义域:$x\neq-1$.

(2) 无对称性.

(3) $f'(x)=\dfrac{(x-1)^2(x+5)}{(x+1)^3}$,令 $f'(x)=0$,得驻点 $x=-5$,$x=1$.

(4) $f''(x)=\dfrac{24(x-1)}{(x+1)^4}$,令 $f''(x)=0$,得到 $x=1$.

(5) 渐近线:由例 14 知,$x=-1$ 为垂直渐近线;$y=x-5$ 为斜渐近线.

(6) 列表:

x	$(-\infty,-5)$	-5	$(-5,-1)$	-1	$(-1,1)$	1	$(1,+\infty)$
$f'(x)$	$+$	0	$-$	不存在	$+$	0	$+$
$f''(x)$	$-$	$-$	$-$	不存在	$-$	0	$+$
$f(x)$	↗	极大 -13.5	↘	不存在	↗	拐点 0	↗

（7）作图：见图 5-9.

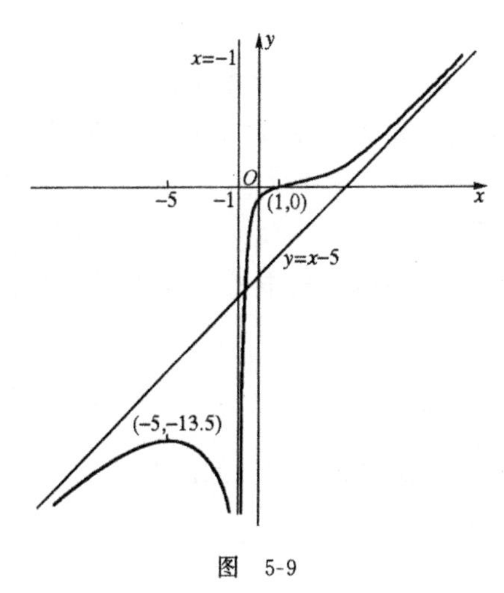

图　5-9

注　对于函数没有定义的点(例如,例 16 的点 $x=-1$),必须在表中单独列出,因为函数在该点间断,所以函数的性质(如单调性、凸性等)在这点的左、右可能有变化.

§2　最大值、最小值问题

在一些实际问题中,往往需要求出某些**连续**函数在已给区间上的最大值或最小值,在许多情形下,这些函数在已给区间内部只有一个极值,于是可以断定这个极值就是最大值或最小值(统称**最值**),如图 5-10 所示.

例 1　做一个圆柱形无盖铁桶,容积一定,设为 V_0. 问：铁桶

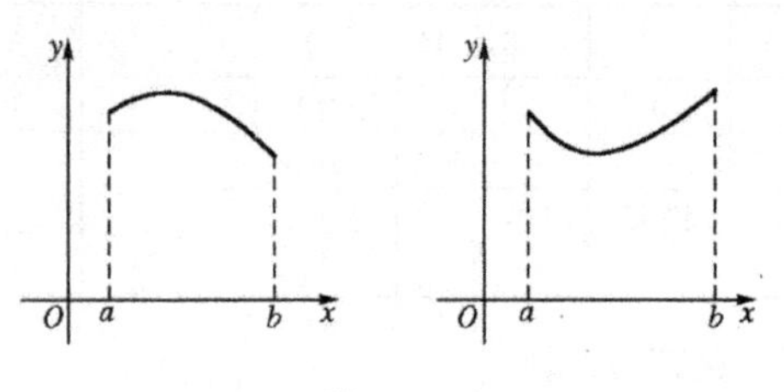

图 5-10

的底半径与高的比例应为多少，才能最省铁皮？

解 设铁桶底半径为 r，高为 h（图 5-11），则所需铁皮面积为

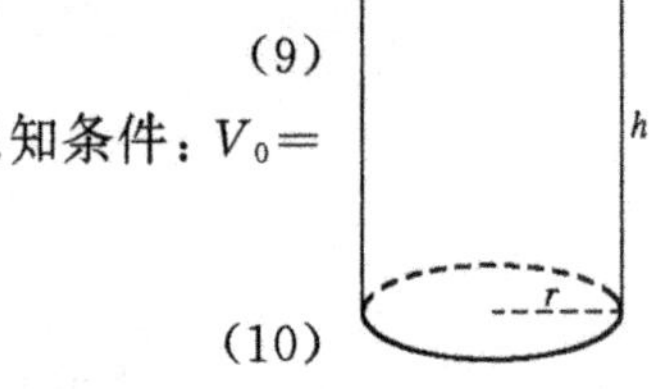

图 5-11

$$S = 2\pi rh + \pi r^2. \tag{9}$$

(9)式右端有两个变量：r,h. 利用已知条件：$V_0=\pi r^2 h$，得到

$$h = \frac{V_0}{\pi r^2}. \tag{10}$$

代入(9)式，可将面积 S 化成 r 的一元函数

$$S = 2\pi r\cdot\frac{V_0}{\pi r^2} + \pi r^2 = \frac{2V_0}{r} + \pi r^2 \quad (0 < r < +\infty). \tag{11}$$

于是问题化为求函数 S 在 $0<r<+\infty$ 内的最小值.

$$\frac{\mathrm{d}S}{\mathrm{d}r} = -\frac{2V_0}{r^2} + 2\pi r = \frac{2\pi r^3 - 2V_0}{r^3},$$

令 $\frac{\mathrm{d}S}{\mathrm{d}r}=0$，得到惟一的驻点 $r_1=\sqrt[3]{\frac{V_0}{\pi}}$. 我们用极值判别法二来判断 r_1 是否为极值点. 因为

$$\left.\frac{\mathrm{d}^2S}{\mathrm{d}r^2}\right|_{r=r_1} = \left.\left(\frac{4V_0}{r^3} + 2\pi\right)\right|_{r=r_1} = 6\pi > 0,$$

所以 $r_1=\sqrt[3]{\frac{V_0}{\pi}}$ 为函数 $S(r)$ 的极小值点，并且是惟一的极小值点.

又由于 $S(r)$ 在区间 $(0,+\infty)$ 内连续，且

$$\lim_{r\to+0} S(r) = +\infty, \qquad \lim_{r\to+\infty} S(r) = +\infty,$$

因此由第 123 页习题 2.5 中 B 组第 1 题知，$S(r)$的最小值一定在区间$(0,+\infty)$的内部达到，极小值点 r_1 就是最小值点. 此时有

$$h=\frac{V_0}{\pi r^2}\bigg|_{r=r_1}=\frac{V_0}{\pi}\left(\frac{\pi}{V_0}\right)^{2/3}=\sqrt[3]{\frac{V_0}{\pi}}=r_1.$$

即：当底半径 r 与高 h 相等时，最省铁皮.

例 2 在椭圆 $\frac{x^2}{a^2}+\frac{y^2}{b^2}=1$ 的第一象限部分求一点 P，使过该点的切线与椭圆及两坐标轴所围图形的面积最小.

解 设(x_1,y_1)为椭圆在第一象限的点(图 5-12).

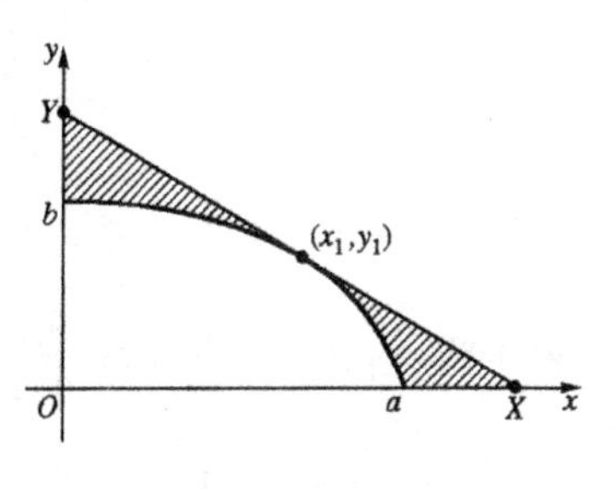

图 5-12

在方程 $\frac{x^2}{a^2}+\frac{y^2}{b^2}=1$ 两边对 x 求导，得

$$\frac{2x}{a^2}+\frac{2y\cdot y'}{b^2}=0,$$

解出
$$y'=-\frac{b^2}{a^2}\cdot\frac{x}{y}\quad(\text{当 } y\neq 0).$$

于是得到椭圆在点(x_1,y_1)处的切线方程：

$$y-y_1=-\frac{b^2}{a^2}\cdot\frac{x_1}{y_1}(x-x_1),$$

即
$$\frac{x_1}{a^2}x+\frac{y_1}{b^2}y=1.$$

令 $x=0$，得切线在 y 轴上的截距：$Y=\frac{b^2}{y_1}$；令 $y=0$，得切线在 x 轴上的截距：$X=\frac{a^2}{x_1}$. 设图 5-12 中带斜线部分的面积为 S，则

$$S=\frac{1}{2}XY-\frac{\pi}{4}ab=\frac{1}{2}\left(\frac{a^2}{x_1}\right)\cdot\left(\frac{b^2}{y_1}\right)-\frac{\pi}{4}ab.$$

由方程 $\frac{x_1^2}{a^2}+\frac{y_1^2}{b^2}=1$ 得 $y_1=\frac{b}{a}\sqrt{a^2-x_1^2}$，代入上式，得到

$$S(x_1)=\frac{a^3b}{2}\cdot\frac{1}{x_1\cdot\sqrt{a^2-x_1^2}}-\frac{\pi}{4}ab,\quad 0<x_1<a.$$

将 $S(x_1)$ 对 x_1 求导，并化简，得

$$\frac{\mathrm{d}S}{\mathrm{d}x_1}=\frac{a^3b}{2}\cdot\frac{1}{\sqrt{a^2-x_1^2}}\cdot\frac{2x_1^2-a^2}{(a^2-x_1^2)\cdot x_1^2},\quad 0<x_1<a.$$

令 $\frac{\mathrm{d}S}{\mathrm{d}x_1}=0$，得惟一驻点：$x_1=\frac{a}{\sqrt{2}}$.

从 $\frac{\mathrm{d}S}{\mathrm{d}x_1}$ 的表达式知：当 $x_1<\frac{a}{\sqrt{2}}$ 时，$\frac{\mathrm{d}S}{\mathrm{d}x_1}<0$，函数 $S(x_1)$ 严格单调下降；当 $x_1>\frac{a}{\sqrt{2}}$ 时，$\frac{\mathrm{d}S}{\mathrm{d}x_1}>0$，函数 $S(x_1)$ 严格单调上升. 因此 $x_1=\frac{a}{\sqrt{2}}$ 是极小值点，并且是惟一的.

又从 $S(x_1)$ 的表达式知

$$\lim_{x_1\to+0}S(x_1)=+\infty,\qquad \lim_{x_1\to a-0}S(x_1)=+\infty.$$

因而连续函数 $S(x_1)$ 的最小值必在区间 $(0,a)$ 的内部达到，于是上述的惟一极小值点 $x_1=\frac{a}{\sqrt{2}}$ 必是最小值点. 此时，$x_1=\frac{a}{\sqrt{2}}$，$y_1=\frac{b}{\sqrt{2}}$. 即：椭圆 $\frac{x^2}{a^2}+\frac{y^2}{b^2}=1$ 上的点 $P\left(\frac{a}{\sqrt{2}},\frac{b}{\sqrt{2}}\right)$ 处的切线与椭圆及两坐标轴所围图形的面积最小.

例 3 已知一稳压电源回路(图 5-13)，电源的电动势为 E，内阻为 r_0. 负载电阻为 R. 问：R 多大时，输出功率最大？

解 由电学知，消耗在负载电阻 R 上的功率为

$$P=i^2R,$$

其中 i 是回路中的电流. 由欧姆定律知

$$i=\frac{E}{R+r_0},$$

代入上式，得到

$$P = \frac{E^2 R}{(R + r_0)^2}. \tag{12}$$

在这里，E 和 r_0 都是常数，R 是自变量，P 是 R 的函数. R 的变化范围是区间$(0,+\infty)$. 现在要确定 R 取什么值时，P 值最大.

由(12)式知

$$\frac{\mathrm{d}P}{\mathrm{d}R} = \frac{E^2(r_0 - R)}{(R + r_0)^3}.$$

令$\frac{\mathrm{d}P}{\mathrm{d}R}=0$,得惟一驻点 $R=r_0$. 又,当 $R<r_0$ 时，$\frac{\mathrm{d}P}{\mathrm{d}R}>0$,函数 $P(R)$ 严格单调上升；当 $R>r_0$ 时，$\frac{\mathrm{d}P}{\mathrm{d}R}<0$，$P(R)$严格单调下降,因此 $R=r_0$ 为函数 $P(R)$的极大值点. 又从表达式(12)知

$$\lim_{R\to+0} P(R) = 0, \qquad \lim_{R\to+\infty} P(R) = 0.$$

而 $P(R)$是连续函数,从而可以断定极大值点 $R=r_0$ 就是最大值点. 这就是说,当负载电阻 R 等于电源内阻 r_0 时,输出功率最大.

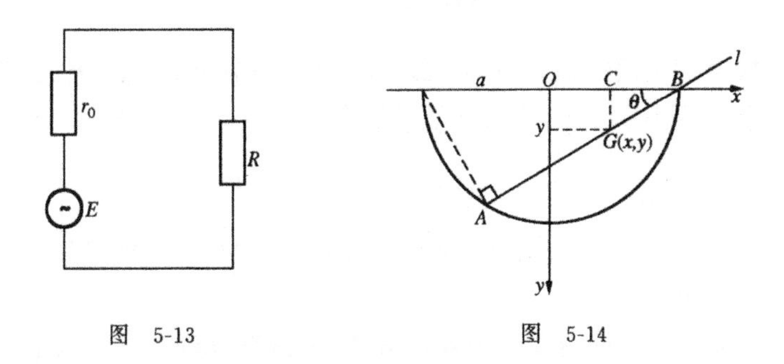

图 5-13　　　　图 5-14

例 4　有一半径为 a 的半球形碗,在碗内放入一根质量均匀、长度为 l $(2a<l<4a)$的细杆. 问：杆在什么位置时,它的中心位置最低(即平衡状态)?

解　取坐标系如图 5-14 所示. 设细杆与 x 轴交角为 θ,细杆的中心在点 $G(x,y)$处. 易知

$$y=CG=GB\sin\theta.$$

而 $GB=AB-AG=2a\cos\theta-l/2$，代入上式，得到

$$y=\left(2a\cos\theta-\frac{l}{2}\right)\sin\theta \quad \left(0<\theta<\frac{\pi}{2}\right). \tag{13}$$

所求问题已化为：当 θ 等于何值时，函数 $y(\theta)$ 最大？

从(13)式得

$$\frac{\mathrm{d}y}{\mathrm{d}\theta}=4a\cos^2\theta-\frac{l}{2}\cos\theta-2a.$$

令 $\frac{\mathrm{d}y}{\mathrm{d}\theta}=0$，得惟一解$\left(\text{负根与 } 0<\theta<\frac{\pi}{2}\text{ 不合，舍去}\right)$：

$$\cos\theta=\frac{l+\sqrt{l^2+128a^2}}{16a}. \tag{14}$$

又，

$$\frac{\mathrm{d}^2y}{\mathrm{d}\theta^2}=\left(\frac{l}{2}-8a\cos\theta\right)\sin\theta=\left(\frac{l}{2}-8a\,\frac{l+\sqrt{l^2+128a^2}}{16a}\right)\sin\theta$$

$$=-\frac{\sqrt{l^2+128a^2}}{2}\sin\theta<0,$$

由极值判别法二知，当 $\cos\theta$ 取(14)式时，函数 $y(\theta)$ 取极大值. 而这个极大值是惟一的，因此它就是最大值，即：当 $\cos\theta$ 取(14)式，即

$$\theta=\arccos\frac{l+\sqrt{l^2+128a^2}}{16a}$$

时，$y(\theta)$ 达到最大值，这时细杆的中心位置最低，也就是细杆处于平衡位置.

例 5 根据物理学的费马原理，光线沿着所需时间为最少的路线传播. 今有 Ⅰ，Ⅱ 两种介质，以 L 为分界线. 光在介质 Ⅰ 与介质 Ⅱ 中的传播速度分别为 v_1 与 v_2. 问：光线由介质 Ⅰ 中的点 A 到介质 Ⅱ 中的点 B，应走哪一条路线？

解 取分界线 L 所在直线为 Ox 轴. 过 A,B 分别作 L 的垂线，设垂足为 A_1,B_1. 设 $AA_1=a$，$BB_1=b$，$A_1B_1=c$，并选定 A_1 为坐标原点 O(图 5-15).

光线在同一介质中的传播途径应当是直线. 设想光线从点 A 到点 B 所走的路线通过 L 上的点 M, M 的坐标为 x. 于是问题化为,当 x 取何值时,折线 AMB 是光线所走的路线?

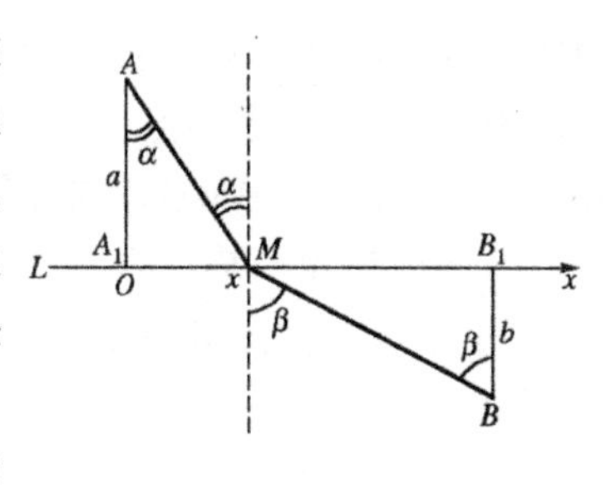

图 5-15

光线从点 A 到达点 B 所需的时间为

$$t=\frac{AM}{v_1}+\frac{BM}{v_2}$$

$$=\frac{\sqrt{a^2+x^2}}{v_1}+\frac{\sqrt{b^2+(c-x)^2}}{v_2}$$

$$(-\infty<x<+\infty). \tag{15}$$

根据费马原理,我们要求的是函数 $t=f(x)$ 的最小值.

由(15)式得到

$$\frac{\mathrm{d}t}{\mathrm{d}x}=f'(x)=\frac{x}{v_1\sqrt{a^2+x^2}}-\frac{c-x}{v_2\sqrt{b^2+(c-x)^2}}, \tag{16}$$

$$\frac{\mathrm{d}^2t}{\mathrm{d}x^2}=f''(x)=\frac{a^2}{v_1(a^2+x^2)^{3/2}}+\frac{b^2}{v_2[b^2+(c-x)^2]^{3/2}}.$$

因为 $f''(x)$ 恒为正,所以 $f'(x)$ 在 $(-\infty,+\infty)$ 上严格单调上升,从而方程 $f'(x)=0$ 至多有一个根,即函数 $t=f(x)$ 至多有一个驻点. 又因为 $f'(x)$ 是 x 的连续函数,且从(16)式知

$$f'(0)=\frac{-c}{v_2\sqrt{b^2+c^2}}<0,\quad f'(c)=\frac{c}{v_1\sqrt{a^2+c^2}}>0.$$

所以方程 $f'(x)=0$ 的根位于区间 $(0,c)$ 内,记作 x_0,这就是函数 $t=f(x)$ 的惟一驻点. 已知 $f''(x)$ 恒为正,因此 $f''(x_0)>0$,于是由极值判别法二知,$f(x_0)$ 为函数 $t=f(x)$ 的极小值. 又,根据(15)式有

$$\lim_{x\to+\infty}f(x)=+\infty,\quad \lim_{x\to-\infty}f(x)=+\infty,$$

因而连续函数 $t=f(x)$ 的最小值必在 $(-\infty,+\infty)$ 内部达到. 于是可以断定,惟一的极小值 $f(x_0)$ 就是最小值. 这表明,当点 M 的坐标 $x=x_0$ 时,折线 AMB 就是光线所走的路线.

上面的讨论只告诉我们: $x_0\in(0,c)$,并不知道 x_0 的具体数值. 求出 x_0 的值比较困难,不过实际上并不需要,我们可以从几何上作如下说明.

x_0 所满足的方程

$$f'(x)=\frac{x}{v_1\sqrt{a^2+x^2}}-\frac{c-x}{v_2\sqrt{b^2+(c-x)^2}}=0,$$

可改写为
$$\frac{1}{v_1}\cdot\frac{A_1M}{AM}=\frac{1}{v_2}\cdot\frac{B_1M}{BM},$$

即
$$\frac{\sin\alpha}{v_1}=\frac{\sin\beta}{v_2}\quad\text{或}\quad\frac{\sin\alpha}{\sin\beta}=\frac{v_1}{v_2}.$$

这就是说,入射角与折线角的正弦之比等于两介质的光速之比,这正是光学上的折射定律. 上面的讨论说明,光在不同的两种介质中传播时,遵守折射定律.

以上五例,都是要求一个**可微**函数在某**开区间**内的最值. 解决的办法是: 先求出惟一的驻点 x_0;再用极值判别法一或判别法二,判断 x_0 为极值点;最后,论证函数有最值,且在区间内部达到,从而断定所求得的极值就是最值.

有时,我们还会遇到求一个**连续函数 $f(x)$ 在某个闭区间** $[a,b]$ 上的最值问题. 解决这类问题的步骤是:

(1) 先求出 $f(x)$ 在开区间 (a,b) 内的所有极值(需考查 $f(x)$ 的驻点和 $f'(x)$ 不存在的点);

(2) 再求出函数在区间端点的值 $f(a),f(b)$;

(3) 将所有的极值和 $f(a),f(b)$ 加以比较,最大者即函数的最大值,最小者即函数的最小值.

例 6 求 $f(x)=\sqrt[3]{(x^2-2x)^2}$ 在闭区间 $[-1,3]$ 上的最大值与最小值.

解 先求极值. 为此,需求出函数的驻点及不可微的点. 当 $x\neq 0,2$ 时,有

$$f'(x)=\frac{4}{3}\frac{x-1}{\sqrt[3]{x(x-2)}},$$

令 $f'(x)=0$,得驻点 $x=1$. 又,$f'(0)$及 $f'(2)$不存在,事实上,

$$f'(0)=\lim_{x\to 0}\frac{f(x)-f(0)}{x}=\lim_{x\to 0}\frac{\sqrt[3]{(x^2-2x)^2}-0}{x}=\infty,$$

$$f'(2)=\lim_{x\to 2}\frac{f(x)-f(2)}{x-2}=\lim_{x\to 2}\frac{\sqrt[3]{x^2(x-2)^2}-0}{x-2}=\infty.$$

因此,总共有三个极值可疑点:$x=0,1,2$. 列下表:

x	$(-1,0)$	0	$(0,1)$	1	$(1,2)$	2	$(2,3)$
$f'(x)$	$-$	不存在	$+$	0	$-$	不存在	$+$
$f(x)$	↘	极小 0	↗	极大 1	↘	极小 0	↗

再考查区间$[-1,3]$的端点:$f(-1)=\sqrt[3]{9}$,$f(3)=\sqrt[3]{9}$. 于是得知,函数的最大值为$\sqrt[3]{9}$(在区间端点处达到);最小值为 0(在区间内部达到).

例 7 求 $f(x)=\sqrt{5-4x}$ 在$[-1,1]$上的最大值和最小值.

解 当 $x\in(-1,1)$时,有

$$f'(x)=\frac{-4}{2\sqrt{5-4x}}<0,$$

因此函数 $f(x)$没有驻点. 又 $f(x)=\sqrt{5-4x}$在$[-1,1]$上连续,于是由第 238 页定理 1 知,$f(x)$在$[-1,1]$上严格单调下降. 从而$f(-1)=\sqrt{5+4}=3$为最大值;$f(1)=\sqrt{5-4}=1$为最小值(图 5-16).

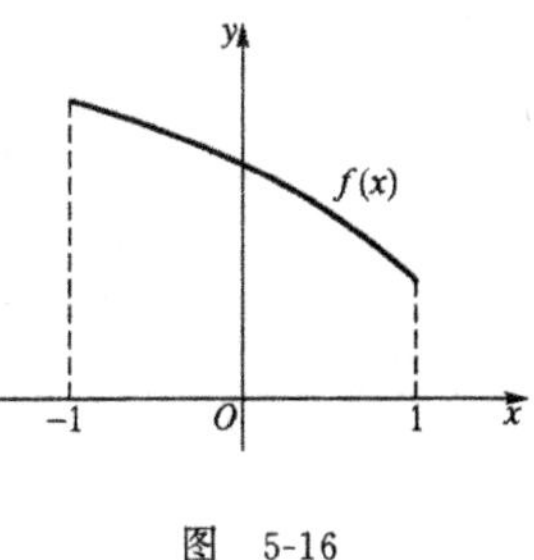

图 5-16

§3 曲　　率

在前面两节中，我们以导数为工具，研究了函数的单调性、极值、凸性等等，介绍了函数作图的步骤，学习了求函数最值的方法，并解决了一些实际应用中的最值问题. 本节所要讨论的是导数的另一方面应用——利用导数研究曲线的弯曲程度.

有不少实际问题需要考虑曲线的弯曲程度. 例如在工程技术中，往往遇到梁或轴因受外力作用而弯曲变形的情况，为了保证使用安全，在设计时，必须对弯曲程度有所了解，以便将它限制在一定范围之内. 又如火车拐弯时，为了保证安全、平稳，需要知道铁轨在弯道处的情况. 现在我们国内通常采用的是在直线轨道与圆弧轨道之间，接上一段适当的曲线轨道(例如三次抛物线轨道)，以便使火车逐渐地拐弯. 这一段曲线称为**缓和曲线**. 在这个问题中，也要考虑曲线的弯曲程度.

3.1　曲率的定义

怎样刻画曲线的弯曲程度呢？考查长度相同的两条曲线段 $\widehat{A_1A_2}$ 及 $\widehat{A_3A_4}$(图 5-17). 当动点从点 A_1 沿着 $\widehat{A_1A_2}$ 运动到点 A_2 时，切线 A_1T_1(任意选定一个方向为其正向)也随着转动到切线 A_2T_2，记 φ 为这两条切线正向之间的夹角. 类似地，记另一曲线段

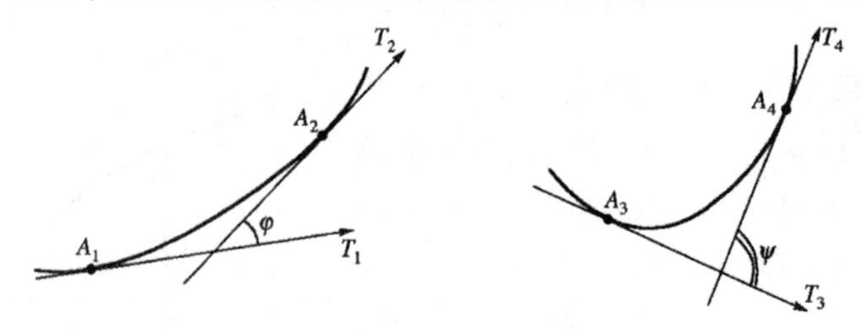

图　5-17

$\widehat{A_3A_4}$ 的两个端点处切线 A_3T_3 与 A_4T_4 的正向之间的夹角为 ψ. 我们看到,切线的夹角越大,曲线段弯得越厉害.

不过,切线的夹角还不能完全刻画曲线段的弯曲程度. 从图 5-18 可以看出, $\widehat{MN}$ 与 $\widehat{PQ}$ 这两条曲线段具有相同的切线夹角,但是它们的弯曲程度显然不一样, $\widehat{MN}$ 比 $\widehat{PQ}$ 短些,弯得也厉害些.

由此可见,曲线段的弯曲程度除了与两个端点处切线正向的夹角有关以外,还与曲线段的长度(简称**弧长**)有关. 因此,通常用比值

$$\frac{\text{夹角}}{\text{弧长}}$$

(即单位弧长上切线正向转过的角度)来刻画曲线段的弯曲程度.

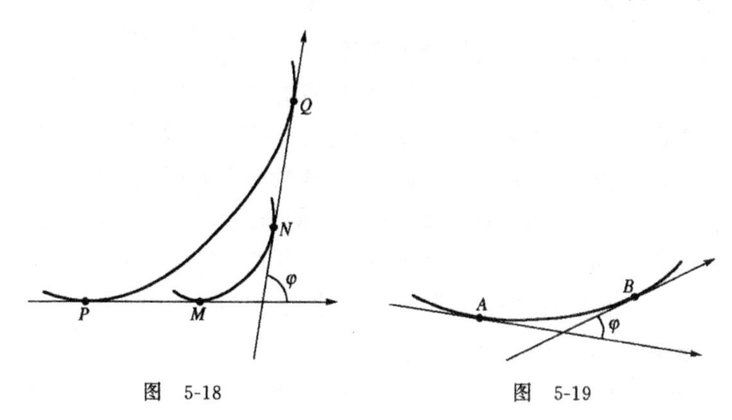

图 5-18　　图 5-19

定义 1(平均曲率)　设曲线段 $\widehat{AB}$ 的长度为 s,端点 A,B 处的切线正向的夹角为 φ(图 5-19),则

$$\overline{K}=\frac{\varphi}{s}$$

称为曲线段 $\widehat{AB}$ 的**平均曲率**.

平均曲率刻画了一段曲线的平均弯曲程度.

例 1　证明:直线段 AB 的平均曲率为零.

证　对于直线段 AB 来说, $\varphi=0$,因此

$$\overline{K}=\frac{\varphi}{s}=0. \quad \blacksquare$$

例 2 证明：半径为 R 的圆周上任一段弧 $\overset{\frown}{AB}$ 的平均曲率为 $1/R$.

证 如图 5-20 所示，$\angle AOB=\varphi$, $s=R\angle AOB=R\varphi$,因此

$$\overline{K}=\frac{\varphi}{s}=\frac{\varphi}{R\varphi}=\frac{1}{R}. \quad \blacksquare$$

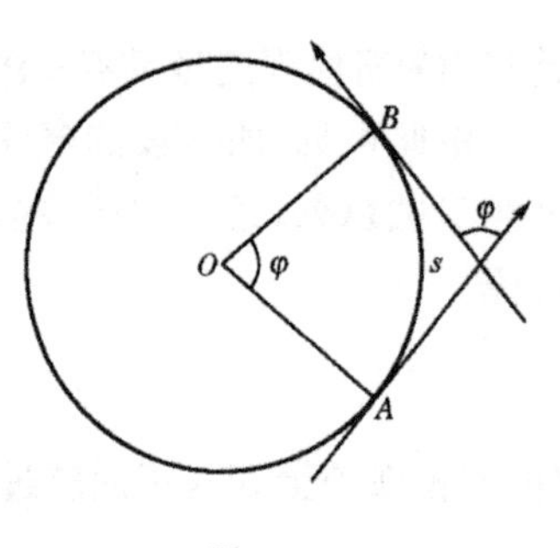

图 5-20

从平均曲率的定义和上面两个例子容易看出，平均曲率越小，曲线段越平坦；平均曲率越大，曲线段越弯曲.

直线段和圆弧是很特殊的两段曲线，它们在每一点附近的弯曲情况都相同，因此，用平均曲率就可以刻画它们的弯曲程度. 但是，对于一般的曲线来说，它在不同点处的弯曲程度可能不一样，因此，平均曲率只能近似反映曲线的弯曲情况. 为了精确刻画曲线在一点处的弯曲程度，有必要引进曲线在一点处的曲率的概念. 类似于用平均速度的极限来定义瞬时速度，我们用平均曲率的极限来定义曲线在一点处的曲率.

定义 2(曲率或曲线在一点处的曲率) 设有曲线段 $\overset{\frown}{AB}$，$\overline{K}=\varphi/s$ 为 $\overset{\frown}{AB}$ 的平均曲率. 若点 B 沿 $\overset{\frown}{AB}$ 趋于点 A(此时 $s\to 0$)时，曲线段的平均曲率 $\overline{K}$ 有极限，则称此极限值为曲线段 $\overset{\frown}{AB}$ 在点 A 处的**曲率**，记作

$$K=\lim_{s\to 0}\overline{K}=\lim_{s\to 0}\frac{\varphi}{s}.$$

根据曲率的定义和例 1，容易推出结论：直线上每一点处的曲率都等于零. 这说明，直线是处处不弯的. 另外，从例 2 知，半径为 R 的圆周上每一点处的曲率都一样：等于半径的倒数$\frac{1}{R}$. 这说明，圆周上每一点处的弯曲程度都相同，并且圆半径越大，曲率越小，

圆周弯曲得越轻微;圆半径越小,曲率越大,圆周弯曲得越厉害.以上关于直线和圆周的弯曲程度的分析,与我们的常识是一致的.

3.2 曲率的计算公式

应当指出,像直线和圆周那样能直接利用曲率的定义来计算曲率的曲线是很少的.下面,我们以导数为工具,给出曲率的计算公式.

设曲线是光滑的,其方程为

$$y = f(x)$$

("光滑"是指:$f'(x)$连续).又设点 A 及点 B 的坐标分别为(x,y)及$(x+\Delta x, y+\Delta y)$,切线 AT 和 BT' 对于正 x 轴的倾角分别为 θ 及 $\theta+\Delta\theta$(图 5-21).

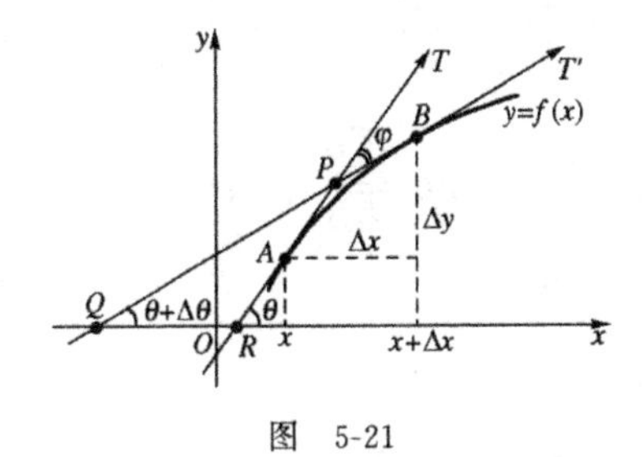

图 5-21

从图 5-21 看出,θ 为$\triangle PQR$ 的外角,它等于不相邻两内角之和,即 $\theta=(\theta+\Delta\theta)+\varphi$,因此有

$$\varphi = -\Delta\theta = |\Delta\theta|,$$

于是 $\overset{\frown}{AB}$ 的平均曲率为

$$\overline{K} = \frac{\varphi}{\overset{\frown}{AB}} = \frac{|\Delta\theta|}{\overset{\frown}{AB}} = \frac{\left|\dfrac{\Delta\theta}{\Delta x}\right|}{\dfrac{\overset{\frown}{AB}}{|\Delta x|}} = \frac{\left|\dfrac{\Delta\theta}{\Delta x}\right|}{\dfrac{\overset{\frown}{AB}}{\overline{AB}} \cdot \dfrac{\overline{AB}}{|\Delta x|}},$$

在这里,为了书写简便,$\overset{\frown}{AB}$ 的长度仍记作 $\overset{\frown}{AB}$,并记直线段 AB 的长度为 $\overline{AB}$.因此,曲线 $y=f(x)$在点 A 处的曲率为

$$K = \lim_{B\to A} \overline{K} = \lim_{B\to A} \frac{\left|\dfrac{\Delta\theta}{\Delta x}\right|}{\dfrac{\widehat{AB}}{\overline{AB}} \cdot \dfrac{\overline{AB}}{|\Delta x|}}. \tag{17}$$

1. 计算 $\lim\limits_{B\to A} \dfrac{\widehat{AB}}{\overline{AB}}$(即弧长与弦长之比的极限)

在第二章§5,对于圆周,我们曾证明过弦长与弧长之比的极限为1,即 $\lim\limits_{x\to 0} \dfrac{\overline{BB'}}{\widehat{BB'}} = 1$(图5-22),或

$$\lim_{x\to 0} \frac{\sin x}{x} = 1.$$

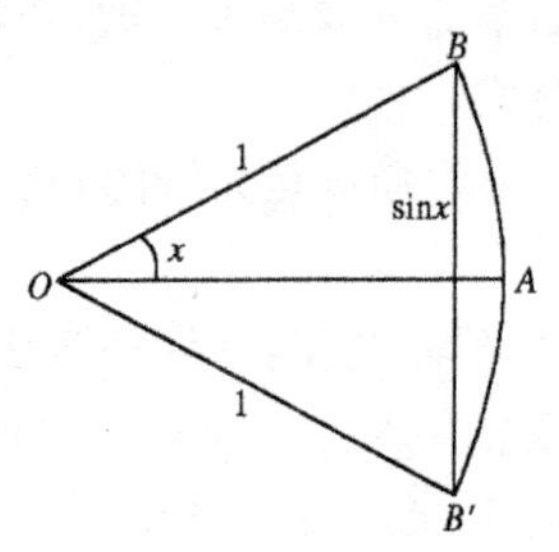

图 5-22

对于一般的光滑曲线,也有类似结论(学完定积分以后,对此我们将给出严格证明,见第425页例11),即

$$\lim_{B\to A} \frac{\widehat{AB}}{\overline{AB}} = 1.$$

2. 计算 $\lim\limits_{B\to A} \dfrac{\overline{AB}}{|\Delta x|}$

从图5-21看出

$$\overline{AB}^2 = (\Delta x)^2 + (\Delta y)^2,$$

或
$$\overline{AB} = \sqrt{(\Delta x)^2 + (\Delta y)^2}.$$

于是
$$\lim_{B\to A} \frac{\overline{AB}}{|\Delta x|} = \lim_{\Delta x\to 0} \sqrt{1 + \left(\frac{\Delta y}{\Delta x}\right)^2} = \sqrt{1 + y'^2}.$$

3. 计算 $\lim\limits_{B\to A} \left|\dfrac{\Delta\theta}{\Delta x}\right|$

由图5-21知,当 $B\to A$ 时,有 $\Delta x\to 0$. 于是

$$\lim_{B\to A} \left|\frac{\Delta\theta}{\Delta x}\right| = \lim_{\Delta x\to 0} \left|\frac{\Delta\theta}{\Delta x}\right| = \left|\frac{d\theta}{dx}\right|.$$

因为 θ 为切线 AT 的倾角,所以 $\tan\theta = y'$ 或 $\theta = \arctan y'$. 于是由复合函数求导公式得到

$$\frac{\mathrm{d}\theta}{\mathrm{d}x}=(\arctan y')'_x=(\arctan y')'_{y'}\cdot(y')'_x=\frac{y''}{1+y'^2}.$$

将上面三个结果代入(17)式,便有

$$K=\frac{\lim\limits_{B\to A}\left|\dfrac{\Delta\theta}{\Delta x}\right|}{\lim\limits_{B\to A}\dfrac{\widehat{AB}}{\overline{AB}}\cdot\lim\limits_{B\to A}\dfrac{\widehat{AB}}{|\Delta x|}}=\frac{\left|\dfrac{y''}{1+y'^2}\right|}{\sqrt{1+y'^2}}=\left|\frac{y''}{(1+y'^2)^{3/2}}\right|. \tag{18}$$

这就是曲率的计算公式.

若曲线由参数方程

$$\begin{cases}x=\varphi(t),\\ y=\psi(t)\end{cases}$$

给出,则由第三章 § 6 例 5 知

$$y'=\frac{\psi'(t)}{\varphi'(t)},\quad y''=\frac{\psi''(t)\cdot\varphi'(t)-\psi'(t)\cdot\varphi''(t)}{[\varphi'(t)]^3}.$$

将它们代入(18)式,得到

$$K=\left|\frac{\psi''(t)\cdot\varphi'(t)-\psi'(t)\cdot\varphi''(t)}{[\varphi'^2(t)+\psi'^2(t)]^{3/2}}\right|. \tag{19}$$

例 3 求立方抛物线 $y=x^3$ 在点$(-1,-1)$处的曲率.

解 $y'=3x^2, y''=6x$,于是由公式(18)得到曲率

$$K=\left[\left|\frac{y''}{(1+y'^2)^{3/2}}\right|\right]_{x=-1}=\frac{|-6|}{|(1+3)^{3/2}|}=\frac{3}{4}.$$

例 4 求椭圆

$$\begin{cases}x=a\cos t,\\ y=b\sin t\end{cases}\quad(a>b>0,0\leqslant t<2\pi)$$

上的最大曲率及最小曲率.

解 对所给方程分别求出对 t 的一阶和二阶导数:

$$\frac{\mathrm{d}x}{\mathrm{d}t}=-a\sin t,\qquad \frac{\mathrm{d}y}{\mathrm{d}t}=b\cos t,$$

$$\frac{\mathrm{d}^2x}{\mathrm{d}t^2}=-a\cos t,\quad \frac{\mathrm{d}^2y}{\mathrm{d}t^2}=-b\sin t.$$

将它们代入公式(19),得到椭圆上任一点处的曲率

$$K=\left|\frac{(-b\sin t)(-a\sin t)-(b\cos t)(-a\cos t)}{[(-a\sin t)^2+(b\cos t)^2]^{3/2}}\right|$$

$$=\frac{ab}{[b^2+(a^2-b^2)\sin^2 t]^{3/2}}.$$

分子 ab 为常数,固定不变,当分母最小(大)时,分数的值 K 最大(小). 于是得知,当 $t=0$ 或 π 时, K 达到最大值

$$K_{\max}=\frac{a}{b^2};$$

当 $t=\pi/2$ 或 $3\pi/2$ 时, K 达到最小值

$$K_{\min}=\frac{b}{a^2}.$$

这表明,椭圆在长轴的两个端点处曲率最大(即弯曲得最厉害),在短轴的两个端点处曲率最小(即弯曲得最轻微). 这与我们的直观了解是一致的.

当 $a=b$ 时,椭圆变成圆,此时任一点处的曲率为 $K=1/a$,与前面导出的结果相同.

*3.3 曲率半径、曲率圆、曲率中心

以上介绍了曲率的概念以及利用导数来计算曲率的公式,它从数量关系上刻画了曲线的弯曲程度. 下面进一步从几何直观上来解释曲率,这样,我们就可以更形象地理解它.

已知半径为 R 的圆周上任一点处的曲率等于半径的倒数,即 $K=1/R$. 这个式子很形象地告诉我们: 曲率越大(圆半径越小),圆周越"弯曲";曲率越小(圆半径越大),圆周越"平坦". 因此,曲率这个量的大小,准确而又形象地反映了圆周的弯曲程度.

对于一般的曲线,是否也能很直观地理解到: "曲率越大,曲线越弯曲;曲率越小,曲线越平坦"这一形象化的事实呢?只要引进曲率半径和曲率圆的概念,理解这一事实是不难的.

定义 3(曲率半径) 设曲线 C 在点 A 处的曲率为 K. 若 $K\neq0$,则称曲率的倒数 $\frac{1}{K}$ 为曲线 C 在点 A 处的**曲率半径**,记作

$$\rho = \frac{1}{K} \quad (K \neq 0).$$

定义 4(曲率圆) 过点 A 作曲线 C 的法线,在曲线凹的一侧,在法线上取一点 D,使 $AD=\rho$. 以 D 为圆心、ρ 为半径画一个圆,这个圆称为曲线 C 在点 A 处的**曲率圆**,圆心 D 称为**曲率中心**(图 5-23).

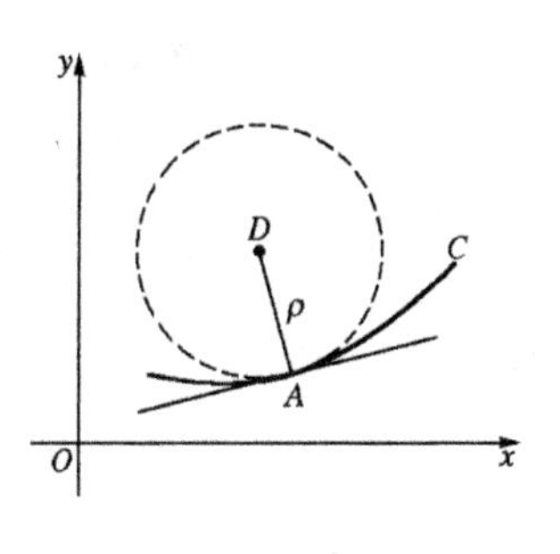

图 5-23

对于曲率圆来说,半径 $\rho=\frac{1}{K}$,因此 K 是其曲率,曲率 K 越大,圆周越弯曲;曲率 K 越小,圆周越平坦. 然而,曲率圆与原来曲线 C 在点 A 处有相同的切线、相同的凹凸性以及相同的曲率,因此,曲率圆与原来曲线 C 在点 A 附近的性态非常接近. 这样,上述关于曲率圆的分析,就可以用来理解曲线 C 在点 A 处的弯曲情况,从而得知:"曲率 K 越大,曲线 C 越弯曲;曲率 K 越小,曲线 C 越平坦". 这样,我们对于曲率的理解就更加形象、更加直观了.

由于在点 A 附近,曲率圆与曲线的密切程度很好(见第 279 页习题 5.1 的第 23 题),因此,曲率圆又称为**密切圆**.

正因为曲率圆与曲线 C 在点 A 附近的密切程度非常好,所以当讨论的问题只牵涉到曲线的凹凸性和弯曲程度时,为了使问题简化,我们往往用曲率圆来近似代替曲线.

下面给出曲率中心 D 的坐标.

设 $D(\alpha,\beta)$ 为曲线 $y=f(x)$ 在点 $A(x_0,y_0)$ 处的曲率中心,ρ 为曲率半径,则曲率圆的方程为

$$(\xi-\alpha)^2+(\eta-\beta)^2=\rho^2,$$

其中 (ξ,η) 为圆周上的动点坐标. 因为点 $A(x_0,y_0)$ 在曲率圆上,所以有

$$(x_0-\alpha)^2+(y_0-\beta)^2=\rho^2. \tag{20}$$

又由于曲率圆在点 A 处与曲线 $y=f(x)$ 有相同切线,因此曲率圆在点 A 处的切线斜率

$$\left.\frac{\mathrm{d}\eta}{\mathrm{d}\xi}\right|_A=-\left.\frac{\xi-\alpha}{\eta-\beta}\right|_A=-\frac{x_0-\alpha}{y_0-\beta}$$

应等于曲线 $y=f(x)$ 在点 A 处的切线斜率 y',即有

$$y' = -\frac{x_0 - \alpha}{y_0 - \beta}, \tag{21}$$

其中 y' 是 $y'|_A$，简记作 y'. 由(21)式，得到

$$(x_0 - \alpha)^2 = y'^2 (y_0 - \beta)^2.$$

代入(20)式，得

$$y'^2 (y_0 - \beta)^2 + (y_0 - \beta)^2 = \rho^2,$$

即

$$(y_0 - \beta)^2 = \frac{\rho^2}{1 + y'^2}. \tag{22}$$

而 $\rho = 1/K$，因此由(18)式知

$$\rho^2 = \frac{1}{K} = \frac{(1 + y'^2)^3}{y''^2}.$$

从而由(22)式得到

$$(y_0 - \beta)^2 = \frac{(1 + y'^2)^2}{y''^2}. \tag{23}$$

注意到 $y'' > 0$ 时，曲线 $y = f(x)$ 是凹的，此时 $y_0 - \beta < 0$；当 $y'' < 0$ 时，曲线 $y = f(x)$ 是凸的，此时 $y_0 - \beta > 0$. 也就是说，$y_0 - \beta$ 与 y'' 异号，因此由(23)式知

$$y_0 - \beta = -\frac{1 + y'^2}{y''}. \tag{24}$$

代入(21)式，得到

$$x_0 - \alpha = -y'(y_0 - \beta) = \frac{y'(1 + y'^2)}{y''}. \tag{25}$$

于是由(25)及(24)式得到曲率中心 D 的坐标公式：

$$\begin{cases} \alpha = x_0 - \left.\dfrac{y'(1 + y'^2)}{y''}\right|_A, \\ \beta = y_0 + \left.\dfrac{1 + y'^2}{y''}\right|_A. \end{cases} \tag{26}$$

例 5 求等轴双曲线 $xy = 1$ 在点 $A(1,1)$ 处的曲率圆的方程.

解 先求曲率半径 ρ. y 对 x 的一阶和二阶导数为

$$y' = \left(\frac{1}{x}\right)' = -\frac{1}{x^2}, \quad y'' = \frac{2}{x^3},$$

从而

$$y'|_{x=1} = -1, \quad y''|_{x=1} = 2.$$

代入曲率计算公式(18),得到曲率

$$K = \left[\left| \frac{y''}{(1+y'^2)^{3/2}} \right| \right]_{x=1}$$

$$= \frac{2}{[1+(-1)^2]^{3/2}} = \frac{1}{\sqrt{2}},$$

于是

$$\rho = \frac{1}{K} = \sqrt{2}.$$

再求曲率中心的坐标(α,β). 由公式(26)知

$$\alpha = 1 - \frac{(-1)\cdot(1+1)}{2} = 2,$$

$$\beta = 1 + \frac{1+1}{2} = 2.$$

于是得到曲率圆的方程

$$(\xi - 2)^2 + (\eta - 2)^2 = 2.$$

见图 5-24.

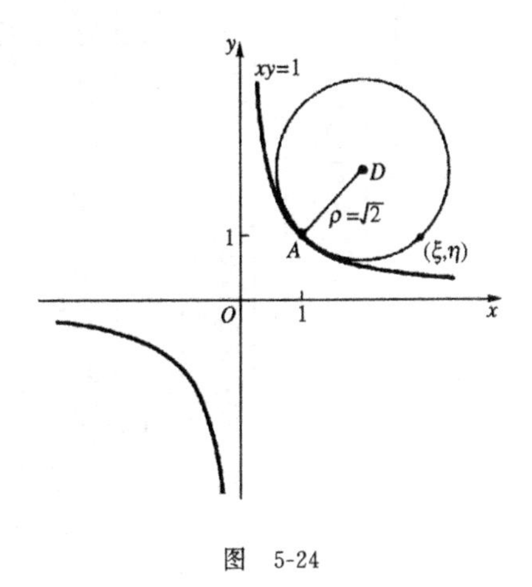

图 5-24

第四、第五两章的主要内容,可用图表小结,见图 5-25.

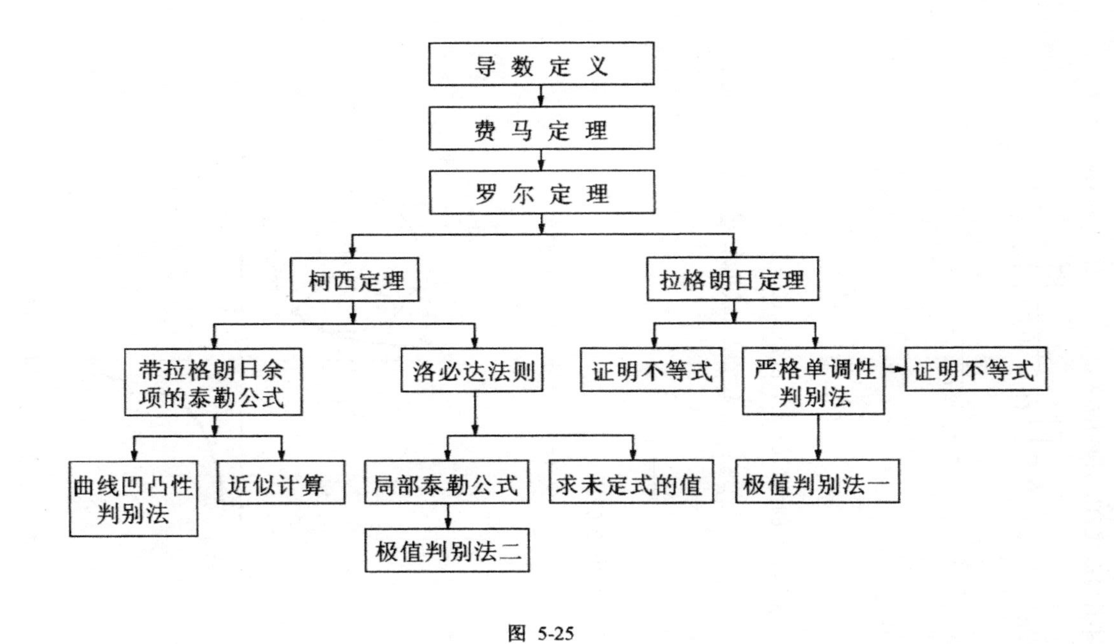
导数定义
费马定理
罗尔定理
柯西定理
拉格朗日定理
带拉格朗日余项的泰勒公式
洛必达法则
证明不等式
严格单调性判别法
证明不等式
曲线凹凸性判别法
近似计算
局部泰勒公式
求未定式的值
极值判别法一
极值判别法二

图 5-25

习 题 5.1

1. 证明下列不等式：

(1) 当 $x>0$ 时，有 $x>\ln(1+x)>x-\frac{1}{2}x^2$；

(2) 当 $x\in\left(0,\frac{\pi}{2}\right)$ 时，有 $\tan x>x+\frac{1}{3}x^3$；

(3) $\frac{e^x+e^{-x}}{2}>1+\frac{x^2}{2}$，其中 $x\neq0$；

(4) 当 $x\in\left(0,\frac{\pi}{2}\right)$ 时，有 $2x<\sin x+\tan x$；

(5) 当 $x>0$ 时，有 $\sin x>x-\frac{1}{6}x^3$.

$\left(\text{提示：利用不等式：当 } x>0 \text{ 时，有} \frac{x}{2}>\left|\sin\frac{x}{2}\right|.\right)$

2. 求下列函数的单调性区间与极值点：

(1) $f(x)=3x^2-x^3$； (2) $f(x)=x-\ln(1+x)$；

(3) $f(x)=a-b(x-c)^{\frac{2}{3}}\ (a>0,\ b>0)$；

(4) $f(x)=x-e^x$； (5) $f(x)=\sqrt{x}\ln x$.

3. 求下列函数的极值点与极值：

(1) $y=x+a^2/x$； (2) $y=xe^{-x}$；

(3) $y=\frac{1}{x}\ln^2 x$.

4. 求下列函数的凸性区间与扭转点：

(1) $y=3x^2-x^3$； (2) $y=\ln(1+x^2)$；

(3) $y=\sqrt{1+x^2}$； (4) $y=xe^{-x}$.

5. 作下列函数的图形：

(1) $y=3x^2-x^3$； (2) $y=x+\frac{x}{x^2-1}$；

(3) $y=x^2e^{1/x}$； (4) $y=x\arctan x$；

(5) $y=\sqrt{\frac{x-1}{x+1}}$； (6) $y=(x-1)x^{\frac{2}{3}}$.

6. 设 $f(x)$ 在 (a,b) 内可导，且 $f'(x)\neq0$，证明 $f(x)$ 在 (a,b) 内严格单调.
(提示：用习题 4.1 中 B 组第 4 题结论.)

7. 在半径为 R 的圆铁皮上割去一个扇形，把剩下的部分围成一个圆锥形的漏斗，问割去的扇形角度为多少弧度时，所做漏斗的容积最大？

8. 有笔直的一条河流，河的一侧有 A,B 两地，A,B 两地到河的垂直距离分别是 c,d，其垂足分别是 M,N，设 $MN=h$. A,B 两地为了用水，需在河边建一水塔，问建在何处能最省水管？

9. 轮船的燃料费和其速度的立方成正比，已知在速度为 10 km/h 时，燃料费共计每小时 30 元，其余的用费(不依赖于速度)为每小时 480 元. 问当轮船的速度为若干，才能使 1 km 路程的费用总和为最小？

10. 在椭圆 $\frac{x^2}{a^2}+\frac{y^2}{b^2}=1$ 中，嵌入一内接矩形，矩形的对边分别平行坐标轴，求使矩形有最大面积时的边长.

11. 用某种仪器测量某一零件的长度 n 次，所得的 n 个结果分别为 a_1，a_2，…，a_n，为了较好地表达零件的长度，我们取这样的数 x，使得函数

$$y=(x-a_1)^2+(x-a_2)^2+\cdots+(x-a_n)^2$$

为最小，试求这个 x？

12. 某工厂需要在仓库旁盖一间房，墙的一面借用仓库的墙，三面利用旧砖砌成，墙高 2 m，现在旧砖可以砌高 2 m、长 20 m 的墙，如何设计长与宽的比例，才能使得房子的面积最大？

13. 设炮口的仰角为 α，炮弹的初速度为 v_0 m/s，将炮位处放在原点，发炮时间取作 $t=0$，如不计空气阻力，炮弹的运动方程为

$$\begin{cases} x=v_0t\cos\alpha, \\ y=v_0t\sin\alpha-\frac{1}{2}gt^2, \end{cases}$$

问：如果初速度不变，应如何调整炮口的仰角 α 才能使射程最远？

14. 求下列函数在 $(0,+\infty)$ 上的最小值：

(1) $f(x)=x+\frac{1}{x}$；　　(2) $f(x)=x+\frac{1}{x^2}$；

(3) $f(x)=x^3+\frac{1}{x}$.

15. 求下列函数在 $[0,a]$ 上的最大值：

(1) $f(x)=x\sqrt{a^2-x^2}$；　　(2) $f(x)=x^2\sqrt{a^2-x^2}$；

(3) $f(x)=x^3\sqrt{a^2-x^2}$.

16. 求下列函数在指定点处的曲率：

(1) 双曲线 $xy=4$，在点 $(2,2)$ 处；

(2) 抛物线 $y=4x-x^2$，在其顶点处；

(3) $x=a\cos^3 t, y=a\sin^3 t$ 在 $t=\pi/4$ 处；

(4) $y=a\operatorname{ch}\dfrac{x}{a}$ 在点 $(0,a)$ 处.

17. 求 $x=3t^2, y=3t-t^2$ 在 $t=1$ 处的曲率半径.

18. 求阿基米德螺线 $r=a\varphi$ 的曲率半径.

19. 求对数螺线 $r=ae^{m\varphi}$ 的曲率半径.

20. 求 $y=\ln x$ 在 x 轴交点处的曲率圆的方程.

21. 求 $y=\ln x$ 的最大曲率.

22. 一汽车重量为 p，以等速率 v 驶过一抛物线型拱桥，桥的水平距离为 l，桥顶点 c 到底面的高度为 h，求过桥的顶点时汽车对桥面的压力.

(提示：离心加速度 $=v^2/R$，R 为曲率半径.)

*23. 设函数曲线的方程为 $y=f(x)$ 且 $y''\neq 0$，在曲线上取任意三点分别为 $M(x,y)$，$M_1(x_1,y_1)$，$M_2(x_2,y_2)$，这里 $x_1<x<x_2$. 证明：当 $M_1\to M$，$M_2\to M$（即 $x_1\to x$，$x_2\to x$）时，过 M_1,M,M_2 三点的圆之极限位置是 M 点的曲率圆.

第六章　不定积分

从本章开始,我们学习一元函数积分学,它包括两部分：不定积分与定积分.不定积分是作为微商(或导数)的反问题引进的,定积分是作为某种和式的极限引进的.这两个概念虽不相同,却有着紧密的联系.

本章讲不定积分,第七章讲定积分(包括广义积分),第八章讲定积分的应用.

§1　原函数与不定积分的概念

1.1　原函数

我们知道,微分学的基本问题之一是已知一个函数,要求它的变化率,这就是求导数的问题.

但是,在力学、物理学等自然科学以及许多实际问题中,往往提出相反的问题.例如,已知作直线运动的质点在任一时刻 t 的瞬时速度 $v=v(t)$,要求质点的运动规律,就是这样一个问题.这种已知一个函数的导数,反过来要求原来的函数(我们称它为原函数)的问题,就是导数的反问题.正是从这类问题中引出了原函数与不定积分的概念.

定义(原函数)　设函数 $F(x)$,$f(x)$在区间 X(有限或无穷)内有定义.若对 X 内任一点 x,都有

$$F'(x)=f(x) \quad \text{或} \quad \mathrm{d}F(x)=f(x)\mathrm{d}x,$$

则称 $F(x)$是 $f(x)$在 X 内的一个**原函数**.

例如,设 $f(x)=x^2$,则 $F(x)=\frac{1}{3}x^3$ 是 $f(x)$的一个原函数.当

然，$\frac{1}{3}x^3+5$，$\frac{1}{3}x^3-2\pi$ 等等，也是 $f(x)$ 的原函数. 更加一般地，$\frac{1}{3}x^3+C$（C 是任意常数）都是 $f(x)=x^2$ 的原函数.

定理 若 $F(x)$ 是 $f(x)$ 在区间 X 内的一个原函数，则 $F(x)+C$ 是 $f(x)$ 在 X 内的全体原函数，其中 C 为任意常数.

证 先证：对于任意常数 C，$F(x)+C$ 是 $f(x)$ 的原函数. 因为

$$[F(x)+C]'=F'(x)+C'=F'(x)+0=f(x), \quad \forall x\in X,$$

所以 $F(x)+C$ 是 $f(x)$ 的原函数.

再证：$F(x)+C$ 包括 $f(x)$ 的所有原函数. 设 $G(x)$ 是 $f(x)$ 在区间 X 内的任何一个原函数，则有

$$\begin{aligned}[G(x)-F(x)]' &= G'(x)-F'(x) \\ &= f(x)-f(x)=0, \quad \forall x\in X,\end{aligned}$$

于是由拉格朗日中值定理的推论知

$$G(x)-F(x)=C, \quad \forall x\in X,$$

其中 C 为常数. 从而

$$G(x)=F(x)+C, \quad \forall x\in X.$$

这表明，$f(x)$ 在区间 X 内的任何一个原函数 $G(x)$ 都可表为 $F(x)+C$ 的形式. 因此，$F(x)+C$ 是 $f(x)$ 的全体原函数（C 为任意常数）. ▌

1.2 不定积分

1. 定义（不定积分）

定义 设 $F(x)$ 是 $f(x)$ 在区间 X 内的一个原函数，则 $f(x)$ 的全体原函数 $F(x)+C$（C 为任意常数）称为 $f(x)$ 的**不定积分**，记作

$$\int f(x)\mathrm{d}x=F(x)+C,$$

其中 $f(x)$ 称为**被积函数**，$f(x)\mathrm{d}x$ 称为**被积表达式**，x 称为**积分变量**，C 称为**积分常数**，$\int$ 称为**积分号**.

积分号"$\int$"是一种运算符号，它表示对已给函数求其全体原函数. 例如

$$\int x^2 \mathrm{d}x = \frac{1}{3}x^3 + C, \quad \int \mathrm{e}^x \mathrm{d}x = \mathrm{e}^x + C, \quad \int \cos x \mathrm{d}x = \sin x + C.$$

求已给函数的原函数或不定积分的方法称为**积分法**. 积分法与微分法互为逆运算. 事实上，

$$\left[\int f(x)\mathrm{d}x\right]' = [F(x) + C]' = F'(x) + 0 = f(x);$$

$$\int F'(x)\mathrm{d}x = \int f(x)\mathrm{d}x = F(x) + C.$$

2. 不定积分的几何意义

在直角坐标系 Oxy 中，$f(x)$的任意一个原函数 $F(x)$的图形称为 $f(x)$的一条**积分曲线**，其方程为 $y=F(x)$.

不定积分$\int f(x)\mathrm{d}x$ 的几何意义是一族积分曲线(称为**积分曲线族**)，其方程为

$$y = \int f(x)\mathrm{d}x \quad 或 \quad y = F(x) + C.$$

这族积分曲线有一个特点：由于

$$\left[\int f(x)\mathrm{d}x\right]' = [F(x) + C]' = f(x),$$

即在横坐标相同的点处，这些积分曲线的切线有相同的斜率，因此这些切线彼此平行(图 6-1).

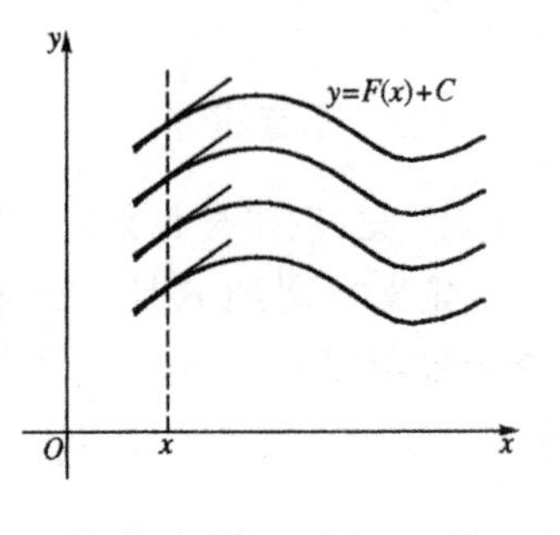

图 6-1

有时我们要求 $f(x)$的通过定点(x_0, y_0)的积分曲线. 这时可以从表达式

$$y_0 = F(x_0) + C$$

中解出常数

$$C = y_0 - F(x_0),$$

便得到所要求的积分曲线：

$$y = F(x) + [y_0 - F(x_0)].$$

用以确定常数 C 的条件：

$$y|_{x=x_0} = y_0 \quad 或 \quad y(x_0) = y_0$$

称为**初始条件**. 附有初始条件的求原函数问题，称为**简单初值问题**，一般可写为

$$\begin{cases} y'(x) = f(x), \\ y|_{x=x_0} = y_0. \end{cases}$$

例 求解简单初值问题

$$\begin{cases} y' = 3x^2, \\ y|_{x=-1} = 2. \end{cases}$$

解 由 $y' = 3x^2$ 知

$$y = \int 3x^2 \mathrm{d}x = x^3 + C.$$

将初始条件 $y|_{x=-1} = 2$ 代入，得到 $2 = (-1)^3 + C$，于是 $C = 3$，从而初值问题的解为

$$y = x^3 + 3.$$

这个问题的几何意义是：在所有的切线斜率为 $3x^2$ 的积分曲线中，要求一条通过固定点$(-1,2)$的积分曲线. 这就是 $y = x^3 + 3$(图 6-2).

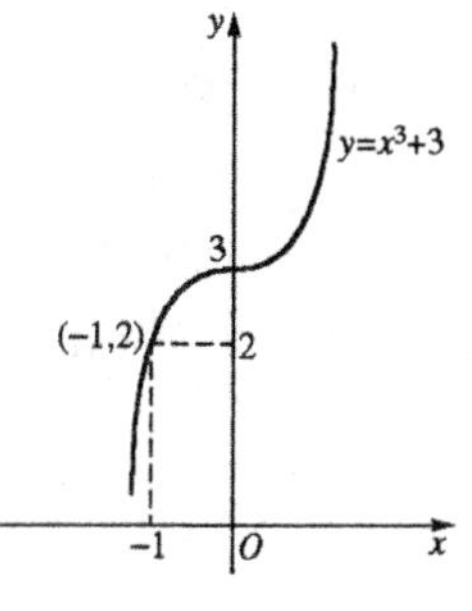

图 6-2

§2 不定积分的线性运算

为了计算不定积分，必须掌握基本积分公式和几个运算法则，这正像计算导数时，必须掌握基本导数公式和“加、减、乘、除、复合”五个运算法则一样. 由于积分法是微分法的逆运算，因此本章的§2，§3，§4 的内容正好是微分法中相应内容的逆转. 也就是说，把微分公式反过来，就能得到许多积分公式；把一些微分法则反过来，就得到相应的积分法则.

2.1 基本积分公式表(I)

(1) $\int 0\mathrm{d}x=C$

(2) $\int x^{\alpha}\mathrm{d}x=\frac{1}{\alpha+1}x^{\alpha+1}+C\ (\alpha\neq-1)$

(3) $\int \frac{1}{x}\mathrm{d}x=\ln|x|+C$

(4) $\int \mathrm{e}^{x}\mathrm{d}x=\mathrm{e}^{x}+C$

(5) $\int a^{x}\mathrm{d}x=\frac{a^{x}}{\ln a}+C\ (a>0,a\neq1)$

(6) $\int \cos x\mathrm{d}x=\sin x+C$

(7) $\int \sin x\mathrm{d}x=-\cos x+C$

(8) $\int \frac{1}{\cos^{2}x}\mathrm{d}x=\int \sec^{2}x\mathrm{d}x=\tan x+C$

(9) $\int \frac{1}{\sin^{2}x}\mathrm{d}x=\int \csc^{2}x\mathrm{d}x=-\cot x+C$

(10) $\int \frac{1}{\sqrt{1-x^{2}}}\mathrm{d}x=\arcsin x+C$

(11) $\int \frac{1}{1+x^{2}}\mathrm{d}x=\arctan x+C$

(12) $\int \mathrm{ch}x\mathrm{d}x=\mathrm{sh}x+C$

(13) $\int \mathrm{sh}x\mathrm{d}x=\mathrm{ch}x+C$

(14) $\int \frac{1}{\mathrm{ch}^{2}x}\mathrm{d}x=\mathrm{th}x+C$

(15) $\int \frac{1}{\mathrm{sh}^{2}x}\mathrm{d}x=-\mathrm{cth}x+C$

为了证明这些积分公式,只需证明公式右端的导数等于其左端的被积函数.我们以公式(3)为例给出证明.

证 当 $x>0$ 时,

$$[\ln|x|]'=[\ln x]'=1/x;$$

当 $x<0$ 时，

$$[\ln|x|]' = [\ln(-x)]' = \frac{1}{(-x)} \cdot (-x)' = \frac{1}{x}.$$

因此,不论 $x>0$ 或 $x<0$,都有

$$[\ln|x|]' = \frac{1}{x}.$$

于是由不定积分定义知

$$\int \frac{1}{x}\mathrm{d}x = \ln|x| + C. \quad \blacksquare$$

公式(2)有两个特例以后经常要用到：

$$\int \frac{1}{x^2}\mathrm{d}x = -\frac{1}{x} + C,$$

$$\int \frac{1}{\sqrt{x}}\mathrm{d}x = 2\sqrt{x} + C.$$

2.2 两个简单法则(不定积分的线性性质)

(1) $\int kf(x)\mathrm{d}x = k\int f(x)\mathrm{d}x$ ($k\neq 0$,为常数).

(2) $\int [f(x)\pm g(x)]\mathrm{d}x = \int f(x)\mathrm{d}x \pm \int g(x)\mathrm{d}x$.

证 (1) $\left[k\int f(x)\mathrm{d}x\right]' = k\left[\int f(x)\mathrm{d}x\right]' = kf(x)$.

(2) $\left[\int f(x)\mathrm{d}x \pm \int g(x)\mathrm{d}x\right]' = \left[\int f(x)\mathrm{d}x\right]' \pm \left[\int g(x)\mathrm{d}x\right]'$

$= f(x)\pm g(x)$. $\blacksquare$

例 1 求 $\int \left(\sqrt{2}x^3 - \mathrm{e}^x + 3\sin x - \frac{5}{x} - \frac{2}{x^2}\right)\mathrm{d}x$.

解 原式 $= \sqrt{2}\int x^3\mathrm{d}x - \int \mathrm{e}^x\mathrm{d}x + 3\int \sin x\mathrm{d}x - 5\int \frac{1}{x}\mathrm{d}x - 2\int \frac{1}{x^2}\mathrm{d}x$

$= \frac{\sqrt{2}}{4}x^4 - \mathrm{e}^x - 3\cos x - 5\ln|x| + \frac{2}{x} + C.$

注 这里的每个不定积分都含任意常数,最后合并,仍记作 C.

例 2 求 $\int (2^x - 3^x)^2\mathrm{d}x$.

解 原式$=\int[(2^x)^2-2(2^x)\cdot(3^x)+(3^x)^2]\mathrm{d}x$

$$=\int 4^x\mathrm{d}x-2\int 6^x\mathrm{d}x+\int 9^x\mathrm{d}x$$

$$=\frac{4^x}{\ln 4}-\frac{2}{\ln 6}6^x+\frac{9^x}{\ln 9}+C.$$

例 3 求$\int\tan^2 x\mathrm{d}x$.

解 原式$=\int\left(\frac{1}{\cos^2 x}-1\right)\mathrm{d}x=\int\frac{1}{\cos^2 x}\mathrm{d}x-\int 1\mathrm{d}x$

$$=\tan x-x+C.$$

例 4 求$\int\frac{1}{\sin^2 x\cdot\cos^2 x}\mathrm{d}x$.

解 原式$=\int\frac{\sin^2 x+\cos^2 x}{\sin^2 x\cdot\cos^2 x}\mathrm{d}x$

$$=\int\frac{1}{\cos^2 x}\mathrm{d}x+\int\frac{1}{\sin^2 x}\mathrm{d}x=\tan x-\cot x+C.$$

例 5 求$\int\frac{x^2}{1+x^2}\mathrm{d}x$.

解 原式$=\int\frac{(1+x^2)-1}{1+x^2}\mathrm{d}x=\int 1\mathrm{d}x-\int\frac{1}{1+x^2}\mathrm{d}x$

$$=x-\arctan x+C.$$

以上各例,都是利用两个简单法则,把一个比较复杂的积分化为若干个可以查积分公式表的积分.为此,有时要利用一些三角公式,有时要设法把被积函数做某些恒等变形,以便拆成几项,再查积分公式表.这种方法也称为**分项积分法**.

§3 换元积分法

利用基本积分公式表和两个简单法则,我们虽已会求一些不定积分,但这毕竟是非常有限的.我们还需要进一步学习其他的积分法则——换元积分法和分部积分法.

换元积分法包括第一换元法和第二换元法.

3.1 第一换元法(凑微分法)

考查不定积分 $\int e^{3x}dx$. 被积函数 e^{3x}是 x 的复合函数,从基本积分公式表中查不到这样的积分. 如果能把被积表达式"$e^{3x}dx$"看成 e^{3x}与 dx 的乘积,那么我们就可以设法把积分 $\int e^{3x}dx$ 化为某个积分公式的形式:

$$\int e^{3x}dx = \int e^{3x}\cdot\frac{1}{3}d(3x) = \frac{1}{3}\int e^{3x}d(3x)$$

$$\xlongequal{\text{令 } u=3x} \frac{1}{3}\int e^{u}du \xlongequal{\text{查表}} \frac{1}{3}e^{u}+C \xlongequal{u=3x} \frac{1}{3}e^{3x}+C.$$

这种做法的理论根据是下面的定理.

定理 1(第一换元法) 设

$$\int f(u)du = F(u)+C, \tag{1}$$

且 $u=\varphi(x)$可微,则

$$\int f[\varphi(x)]\cdot\varphi'(x)dx = F[\varphi(x)]+C. \tag{2}$$

证 只需证明(2)式右端的导数等于左端的被积函数.

根据复合函数求导法则,有

$$\{F[\varphi(x)]\}'_x \xlongequal{u=\varphi(x)} F'_u(u)\cdot u'_x = f(u)\cdot\varphi'(x)$$
$$= f[\varphi(x)]\cdot\varphi'(x). \quad ▌$$

注 如果我们把被积表达式"$f[\varphi(x)]\cdot\varphi'(x)dx$"这一整体看成是 $f[\varphi(x)]\cdot\varphi'(x)$与微分 dx 的乘积,那么可以得到

$$\int f[\varphi(x)]\cdot\varphi'(x)dx = \int f[\varphi(x)]d[\varphi(x)]$$

$$\xlongequal{\text{令 } u=\varphi(x)} \int f(u)du \xlongequal{(1)\text{ 式}} F(u)+C = F[\varphi(x)]+C.$$

这刚好是定理 1 所证明的结果——(2)式. 因此,以后我们总可以把被积表达式 $f[\varphi(x)]\cdot\varphi'(x)dx$ 看作是 $f[\varphi(x)]\cdot\varphi'(x)$与 dx 相乘,并且把被积表达式的 $\varphi'(x)dx$ 凑成函数 $\varphi(x)$的微分,即

$$\varphi'(x)\mathrm{d}x = \mathrm{d}[\varphi(x)],$$

从而将积分化为可以查表的形式：

$$\int f[\varphi(x)]\cdot\varphi'(x)\mathrm{d}x = \int f[\varphi(x)]\mathrm{d}[\varphi(x)].$$

正因为这里用到了凑微分的方法，所以第一换元法又可称作**凑微分法**.

例 1 求$\int\frac{1}{\sqrt{1-3x}}\mathrm{d}x$.

解 原式$=-\frac{1}{3}\int\frac{1}{\sqrt{1-3x}}\mathrm{d}(1-3x)\xlongequal{令\ u=1-3x}-\frac{1}{3}\int\frac{1}{\sqrt{u}}\mathrm{d}u$

$\xlongequal{查表}-\frac{2}{3}\sqrt{u}+C=-\frac{2}{3}\sqrt{1-3x}+C.$

例 2 求$\int\tan x\mathrm{d}x$.

解 原式$=\int\frac{\sin x}{\cos x}\mathrm{d}x=-\int\frac{1}{\cos x}\mathrm{d}(\cos x)=-\ln|\cos x|+C.$

例 3 求$\int\cos 3x\cdot\sin x\mathrm{d}x$.

解 原式$=\frac{1}{2}\int[\sin(3x+x)-\sin(3x-x)]\mathrm{d}x$

$=\frac{1}{2}\left[\int\sin 4x\mathrm{d}x-\int\sin 2x\mathrm{d}x\right]$

$=\frac{1}{2}\left[\frac{1}{4}\int\sin 4x\mathrm{d}(4x)-\frac{1}{2}\int\sin 2x\mathrm{d}(2x)\right]$

$=-\frac{1}{8}\cos 4x+\frac{1}{4}\cos 2x+C.$

例 4 求$\int\frac{1}{a^2+x^2}\mathrm{d}x$.

解 原式$=\frac{1}{a^2}\int\frac{1}{1+\left(\frac{x}{a}\right)^2}\mathrm{d}x$

$=\frac{1}{a}\int\frac{1}{1+\left(\frac{x}{a}\right)^2}\mathrm{d}\left(\frac{x}{a}\right)=\frac{1}{a}\arctan\frac{x}{a}+C.$

例 5 求$\int\frac{1}{a^2-x^2}\mathrm{d}x$.

解 原式$=\int\frac{1}{(a+x)(a-x)}\mathrm{d}x=\frac{1}{2a}\int\frac{(a+x)+(a-x)}{(a+x)(a-x)}\mathrm{d}x$

$$=\frac{1}{2a}\left[\int\frac{1}{a-x}\mathrm{d}x+\int\frac{1}{a+x}\mathrm{d}x\right]$$

$$=\frac{1}{2a}\left[-\int\frac{1}{a-x}\mathrm{d}(a-x)+\int\frac{1}{a+x}\mathrm{d}(a+x)\right]$$

$$=\frac{1}{2a}[-\ln|a-x|+\ln|a+x|]+C=\frac{1}{2a}\ln\left|\frac{a+x}{a-x}\right|+C.$$

例 6 求$\int\frac{1}{\sqrt{a^2-x^2}}\mathrm{d}x$.

解 原式$=\int\frac{1}{\sqrt{a^2\left(1-\frac{x^2}{a^2}\right)}}\mathrm{d}x\xlongequal{\text{当}a>0}\frac{1}{a}\int\frac{1}{\sqrt{1-\left(\frac{x}{a}\right)^2}}\mathrm{d}x$

$$=\int\frac{1}{\sqrt{1-\left(\frac{x}{a}\right)^2}}\mathrm{d}\left(\frac{x}{a}\right)=\arcsin\frac{x}{a}+C.$$

例 7 求$\int\frac{1}{\sin x}\mathrm{d}x$.

解 原式$=\int\frac{1}{2\sin\frac{x}{2}\cdot\cos\frac{x}{2}}\mathrm{d}x=\int\frac{1}{\sin\frac{x}{2}\cdot\cos\frac{x}{2}}\mathrm{d}\left(\frac{x}{2}\right)$

$$=\int\frac{1}{\tan\frac{x}{2}\cdot\cos^2\frac{x}{2}}\mathrm{d}\left(\frac{x}{2}\right)=\int\frac{1}{\tan\frac{x}{2}}\mathrm{d}\left(\tan\frac{x}{2}\right)$$

$$=\ln\left|\tan\frac{x}{2}\right|+C.$$

又,因为

$$\tan\frac{x}{2}=\frac{\sin\frac{x}{2}}{\cos\frac{x}{2}}=\frac{2\sin\frac{x}{2}\cdot\sin\frac{x}{2}}{2\sin\frac{x}{2}\cdot\cos\frac{x}{2}}=\frac{2\sin^2\frac{x}{2}}{\sin x}=\frac{1-\cos x}{\sin x}$$

$$=\csc x-\cot x,$$

所以

$$\int\frac{1}{\sin x}\mathrm{d}x=\ln\left|\tan\frac{x}{2}\right|+C=\ln|\csc x-\cot x|+C.$$

利用这个结果，可以计算

$$\int \frac{1}{\cos x}\mathrm{d}x = \int \frac{1}{\sin\left(x+\frac{\pi}{2}\right)}\mathrm{d}\left(x+\frac{\pi}{2}\right)$$

$$= \ln\left|\tan\left(\frac{x}{2}+\frac{\pi}{4}\right)\right| + C$$

$$= \ln\left|\csc\left(x+\frac{\pi}{2}\right) - \cot\left(x+\frac{\pi}{2}\right)\right| + C$$

$$= \ln|\sec x + \tan x| + C.$$

例 8 求 $\int \frac{1}{a\cos x + b\sin x}\mathrm{d}x \quad (a \cdot b \neq 0)$.

解 原式 $= \frac{1}{\sqrt{a^2+b^2}} \int \frac{\mathrm{d}x}{\frac{a}{\sqrt{a^2+b^2}}\cos x + \frac{b}{\sqrt{a^2+b^2}}\sin x}$

$$= \frac{1}{\sqrt{a^2+b^2}} \int \frac{\mathrm{d}x}{\sin\theta \cdot \cos x + \cos\theta \cdot \sin x}$$

$$= \frac{1}{\sqrt{a^2+b^2}} \int \frac{\mathrm{d}(\theta+x)}{\sin(\theta+x)}$$

$$= \frac{1}{\sqrt{a^2+b^2}} \ln\left|\tan\frac{x+\theta}{2}\right| + C,$$

其中 $\sin\theta = \frac{a}{\sqrt{a^2+b^2}}$，$\cos\theta = \frac{b}{\sqrt{a^2+b^2}}$，

$\theta = \arctan\frac{a}{b}$ （图 6-3）.

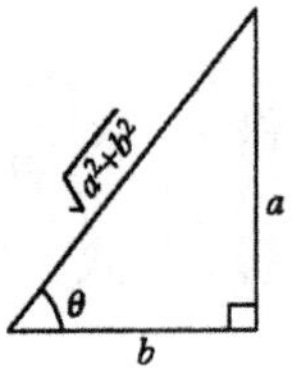

图 6-3

3.2 第二换元法

上面所讨论的是第一换元法(凑微分法)，它把一个比较复杂的积分

$$\int f[\varphi(x)] \cdot \varphi'(x)\mathrm{d}x$$

化成 $\int f[\varphi(x)]\mathrm{d}[\varphi(x)]$ 后，再通过查基本积分公式表或已知例题而得出结果.

但是,我们也往往遇到相反的情形:要求的积分是 $\int f(x)\mathrm{d}x$,形式虽不复杂,实际上却较难求.这时,我们不妨做一个代换 $x=\varphi(t)$,把积分 $\int f(x)\mathrm{d}x$ 化为

$$\int f(x)\mathrm{d}x \xlongequal{令 x=\varphi(t)} \int f[\varphi(t)]\mathrm{d}[\varphi(t)]$$

$$= \int f[\varphi(t)]\cdot\varphi'(t)\mathrm{d}t,$$

如果上式右端的不定积分比较容易计算,那么最后将结果中的 t 做变量还原就可以了.

例 9 求 $\int \frac{1}{1+\sqrt{x}}\mathrm{d}x$.

解 这个积分不能从基本积分公式表中查到,也不易用第一换元法求得.我们可以作一个代换,把被积函数的根号去掉.为此,令 $\sqrt{x}=t$,即 $x=t^2$,于是

$$\frac{1}{1+\sqrt{x}} = \frac{1}{1+t},\quad \mathrm{d}x = \mathrm{d}(t^2) = 2t\mathrm{d}t,$$

从而

$$\int \frac{1}{1+\sqrt{x}}\mathrm{d}x \xlongequal[(\sqrt{x}=t)]{x=t^2} \int \frac{2t}{1+t}\mathrm{d}t = 2\int \frac{(1+t)-1}{1+t}\mathrm{d}t$$

$$= 2\left[\int \mathrm{d}t - \int \frac{1}{1+t}\mathrm{d}t\right] = 2[t-\ln|1+t|]+C$$

$$\xlongequal{t=\sqrt{x}} 2[\sqrt{x}-\ln(1+\sqrt{x})]+C.$$

将这里的做法一般化,就是

$$\int f(x)\mathrm{d}x \xlongequal{令 x=\varphi(t)} \int f[\varphi(t)]\mathrm{d}[\varphi(t)]$$

$$= \int f[\varphi(t)]\cdot\varphi'(t)\mathrm{d}t \xlongequal{查表} \Phi(t)+C$$

$$\xlongequal{变量还原} \Phi[\varphi^{-1}(x)]+C. \tag{3}$$

这个做法的理论根据就是下面的定理 2.

定理 2(第二换元法) 设函数 $x=\varphi(t)$ 严格单调并可微,且 $\varphi'(t)\neq 0$. 若

$$\int f[\varphi(t)]\cdot\varphi'(t)\mathrm{d}t=\Phi(t)+C, \tag{4}$$

则

$$\int f(x)\mathrm{d}x=\Phi[\varphi^{-1}(x)]+C. \tag{5}$$

证 只需证明(5)式右端对 x 的导数等于左端的被积函数. 由复合函数求导法则及反函数求导法则,有

$$\begin{aligned}\frac{\mathrm{d}}{\mathrm{d}x}\Phi[\varphi^{-1}(x)] &\xlongequal{\varphi^{-1}(x)=t}\frac{\mathrm{d}}{\mathrm{d}x}\Phi(t)=\frac{\mathrm{d}\Phi}{\mathrm{d}t}\cdot\frac{\mathrm{d}t}{\mathrm{d}x}\\ &=\Phi'(t)\cdot\frac{1}{\frac{\mathrm{d}x}{\mathrm{d}t}}\xlongequal{(4)\text{式}}f[\varphi(t)]\cdot\varphi'(t)\frac{1}{\varphi'(t)}\\ &=f[\varphi(t)]=f(x).\end{aligned}$$

即(5)式成立. ▌

例 10 求 $I=\int\frac{x+2}{\sqrt[3]{2x+1}}\mathrm{d}x$.

解 为了去掉根号,可作代换 $\sqrt[3]{2x+1}=t$,即 $x=\frac{t^3-1}{2}$, 于是

$$\frac{x+2}{\sqrt[3]{2x+1}}=\frac{\frac{1}{2}(t^3-1)+2}{t}=\frac{t^3+3}{2t},$$

$$\mathrm{d}x=\mathrm{d}\left(\frac{t^3-1}{2}\right)=\frac{3}{2}t^2\mathrm{d}t.$$

从而

$$\begin{aligned}I&=\int\frac{t^3+3}{2t}\cdot\frac{3}{2}t^2\mathrm{d}t=\int\left(\frac{3}{4}t^4+\frac{9}{4}t\right)\mathrm{d}t\\ &=\frac{3}{20}t^5+\frac{9}{8}t^2+C\\ &=\frac{3}{20}(2x+1)^{5/3}+\frac{9}{8}(2x+1)^{2/3}+C.\end{aligned}$$

下面介绍当被积函数含有二次式的根式

$$\sqrt{a^2-x^2}, \quad \sqrt{a^2+x^2}, \quad \sqrt{x^2-a^2}$$

时，做什么代换能把根号去掉.

常用的方法是做三角函数代换. 利用以下三角恒等式

$$1-\sin^2 t=\cos^2 t,$$

$$1+\tan^2 t=\frac{1}{\cos^2 t}=\sec^2 t,$$

$$\frac{1}{\cos^2 t}-1=\tan^2 t \quad (\text{或 } \sec^2 t-1=\tan^2 t),$$

可以把平方差或平方和化为某一个函数的完全平方，从而去掉根号.

例 11 求 $I=\int\sqrt{a^2-x^2}\mathrm{d}x \quad (a>0)$.

解 根据

$$\sqrt{a^2-x^2}=\sqrt{a^2\left(1-\frac{x^2}{a^2}\right)}=a\sqrt{1-\left(\frac{x}{a}\right)^2},$$

可作正弦代换 $\frac{x}{a}=\sin t$，或

$$x=a\sin t \quad (-\pi/2<t<\pi/2),$$

于是

$$\sqrt{a^2-x^2}=a\sqrt{1-\sin^2 t}=a\sqrt{\cos^2 t}$$
$$=a|\cos t|=a\cos t,$$

$$\mathrm{d}x=\mathrm{d}(a\sin t)=a\cos t\mathrm{d}t,$$

$$I=\int a\cos t\cdot a\cos t\mathrm{d}t=a^2\int\cos^2 t\mathrm{d}t$$
$$=a^2\int\frac{1+\cos 2t}{2}\mathrm{d}t=\frac{a^2}{2}\left(t+\frac{1}{2}\sin 2t\right)+C$$
$$=\frac{a^2}{2}(t+\sin t\cdot\cos t)+C.$$

为了将新变量 t 还原为原来的变量 x，可根据代换函数 $x=a\sin t$ 或 $x/a=\sin t$，做一个直角三角形(图 6-4)，则有

$$\sin t=\frac{x}{a},\quad \cos t=\frac{\sqrt{a^2-x^2}}{a},\quad 且\ t=\arcsin\frac{x}{a}.$$

因此 $\quad I=\int\sqrt{a^2-x^2}\mathrm{d}x=\frac{a^2}{2}\arcsin\frac{x}{a}+\frac{x}{2}\sqrt{a^2-x^2}+C.$

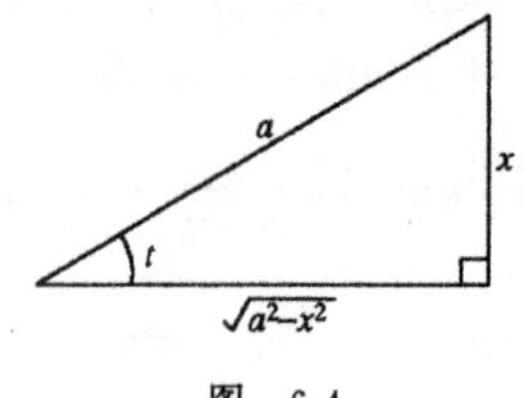

图 6-4

例 12 求 $I=\int\frac{\mathrm{d}x}{\sqrt{a^2+x^2}}\ (a>0)$.

解 根据

$$\sqrt{a^2+x^2}=\sqrt{a^2\left(1+\frac{x^2}{a^2}\right)}=a\sqrt{1+\left(\frac{x}{a}\right)^2},$$

可做正切代换 $\frac{x}{a}=\tan t$，或

$$x=a\tan t\quad(-\pi/2<t<\pi/2),$$

于是

$$\sqrt{a^2+x^2}=a\sqrt{1+\tan^2t}=a\sqrt{\frac{1}{\cos^2t}}$$

$$=a\frac{1}{|\cos t|}=a\frac{1}{\cos t},$$

$$\mathrm{d}x=\mathrm{d}(a\tan t)=a\frac{1}{\cos^2t}\mathrm{d}t,$$

$$I=\int\frac{1}{a\frac{1}{\cos t}}\cdot a\frac{1}{\cos^2t}\mathrm{d}t=\int\frac{1}{\cos t}\mathrm{d}t$$

$$\overset{例7}{=\!=\!=}\ln|\sec t+\tan t|+C_1.$$

根据代换函数 $x=a\tan t$，做直角三角形(图 6-5)，则有 $\sec t=\sqrt{a^2+x^2}/a$，$\tan t=x/a$，因此

$$I=\int\frac{1}{\sqrt{a^2+x^2}}\mathrm{d}x=\ln\left|\frac{\sqrt{a^2+x^2}}{a}+\frac{x}{a}\right|+C_1$$

$$=\ln|\sqrt{a^2+x^2}+x|-\ln a+C_1$$

$$=\ln(x+\sqrt{a^2+x^2})+C\quad(\text{其中 }C=C_1-\ln a).$$

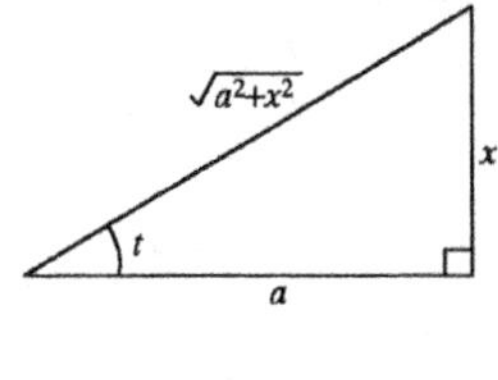

图 6-5

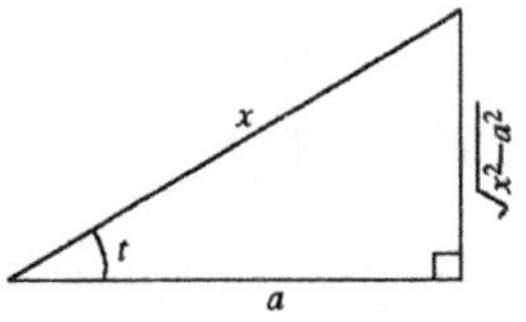

图 6-6

例 13 求 $I=\int\frac{\mathrm{d}x}{\sqrt{x^2-a^2}}\quad(a>0)$.

解 作正割代换

$$x=a\sec t\quad(0<t<\pi/2).$$

于是

$$\sqrt{x^2-a^2}=\sqrt{a^2\sec^2 t-a^2}=a\sqrt{\sec^2 t-1}$$

$$=a\sqrt{\tan^2 t}=a|\tan t|=a\tan t,$$

$$\mathrm{d}x=\mathrm{d}(a\sec t)=a\frac{\sin t}{\cos^2 t}\mathrm{d}t.$$

从而

$$I=\int\frac{\mathrm{d}x}{\sqrt{x^2-a^2}}=\int\frac{1}{a\tan t}\cdot a\frac{\sin t}{\cos^2 t}\mathrm{d}t$$

$$=\int\frac{1}{\cos t}\mathrm{d}t=\ln|\sec t+\tan t|+C_1$$

$$\xlongequal{\text{见图 6-6}}\ln\left|\frac{x}{a}+\frac{\sqrt{x^2-a^2}}{a}\right|+C_1$$

$$=\ln|x+\sqrt{x^2-a^2}|+C\quad(C=C_1-\ln a).$$

注 被积函数$\frac{1}{\sqrt{x^2-a^2}}$的定义域是$|x|>a$,即$x>a$或$x<-a$.以上讨论的是$x>a$(从而$x>0$)的情形,对应着$0<t<\pi/2$.至于$x<-a$(从而$x<0$)的情形,可以先做代换$x=-u$,于是$u>a$,且

$$\int\frac{\mathrm{d}x}{\sqrt{x^2-a^2}}=\int\frac{-\mathrm{d}u}{\sqrt{u^2-a^2}}=-\int\frac{\mathrm{d}u}{\sqrt{u^2-a^2}},$$

利用上面的结果,得到

$$\begin{aligned}\int\frac{\mathrm{d}x}{\sqrt{x^2-a^2}}&=-\int\frac{\mathrm{d}u}{\sqrt{u^2-a^2}}=-\ln|u+\sqrt{u^2-a^2}|+C_2\\&=-\ln|-x+\sqrt{x^2-a^2}|+C_2\\&=-\ln\left|\frac{(-x+\sqrt{x^2-a^2})(-x-\sqrt{x^2-a^2})}{-x-\sqrt{x^2-a^2}}\right|+C_2\\&=\ln|x+\sqrt{x^2-a^2}|+C\quad(C=C_2-\ln a^2).\end{aligned}$$

因此,不论$x>a$或$x<-a$,都有

$$\int\frac{1}{\sqrt{x^2-a^2}}\mathrm{d}x=\ln|x+\sqrt{x^2-a^2}|+C.$$

思考题 (1) 试用正弦代换证明

$$\int\frac{\mathrm{d}x}{(a^2-x^2)^{3/2}}=\frac{x}{a^2\sqrt{a^2-x^2}}+C\quad(a>0).$$

(2) 试用正切代换证明

$$\int\frac{x^3}{(x^2+a^2)^{3/2}}\mathrm{d}x=\sqrt{x^2+a^2}+\frac{a^2}{\sqrt{x^2+a^2}}+C\quad(a>0).$$

(3) 试用正割代换证明

$$\int\frac{\mathrm{d}x}{x(x^2-a^2)^{3/2}}=-\frac{1}{a^2}\frac{1}{\sqrt{x^2-a^2}}-\frac{1}{a^3}\operatorname{arcsec}\frac{x}{a}+C\quad(a>0).$$

小结 当被积函数含有二次式根式

$$\sqrt{a^2-x^2},\quad\sqrt{a^2+x^2},\quad\sqrt{x^2-a^2}\quad(a>0)$$

时,可分别做代换

$$x = a\sin t,\quad x = a\tan t,\quad x = a\sec t$$

试一试.

二次式根式去掉根号还有两种比较常用的办法，这就是双曲函数代换法及倒代换法. 我们各举一例予以说明.

例 14 求 $I=\int\frac{\mathrm{d}x}{\sqrt{x^2-a^2}}\quad(a>0)$.

解 这就是例 13. 在那里，我们用的是正割代换，现在改用双曲余弦代换.

(1) 当 $x>a$ 时，令

$$x = a\,\mathrm{ch}t\quad(0<t<+\infty),$$

于是

$$\begin{aligned}\sqrt{x^2-a^2} &= \sqrt{a^2\mathrm{ch}^2t-a^2} = a\sqrt{\mathrm{sh}^2t}\\ &= a|\mathrm{sh}t| = a\,\mathrm{sh}t,\\ \mathrm{d}x &= \mathrm{d}(a\,\mathrm{ch}t) = a\,\mathrm{sh}t\mathrm{d}t,\end{aligned}$$

$$I = \int\frac{1}{a\,\mathrm{sh}t}\cdot a\,\mathrm{sh}t\mathrm{d}t = \int 1\mathrm{d}t = t + C_1.$$

为了将变量 t 还原为 x，需从代换函数 $x=a\,\mathrm{ch}t$ 中解出 t. 为此，将下列两式

$$x = a\,\mathrm{ch}t,\quad \sqrt{x^2-a^2} = a\,\mathrm{sh}t,$$

即 $$x = a\,\frac{\mathrm{e}^t+\mathrm{e}^{-t}}{2},\quad \sqrt{x^2-a^2} = a\,\frac{\mathrm{e}^t-\mathrm{e}^{-t}}{2}$$

相加，得到 $x+\sqrt{x^2-a^2}=a\mathrm{e}^t$. 解出

$$t = \ln\frac{x+\sqrt{x^2-a^2}}{a} = \ln(x+\sqrt{x^2-a^2}) - \ln a,$$

于是得到

$$I = t + C_1 = \ln(x+\sqrt{x^2-a^2}) + C\quad(C = C_1 - \ln a).$$

(2) 当 $x<-a$ 时，先做代换 $x=-u$，再利用(1)的结果即可. 答案相同.

例 15 求 $I=\int\frac{1}{x^2\sqrt{a^2+x^2}}\mathrm{d}x\quad(a>0)$.

解 本题可用正切代换.不过,这里要介绍的是另一种代换——倒代换.

被积表达式可化为

$$\frac{1}{x^2\sqrt{a^2+x^2}}\mathrm{d}x=\frac{1}{\sqrt{x^2\left(\frac{a^2}{x^2}+1\right)}}\cdot\frac{\mathrm{d}x}{x^2}=\frac{1}{|x|}\cdot\frac{1}{\sqrt{\frac{a^2}{x^2}+1}}\cdot\frac{\mathrm{d}x}{x^2}$$

$$=-\frac{1}{|x|}\cdot\frac{1}{\sqrt{a^2\cdot\frac{1}{x^2}+1}}\mathrm{d}\left(\frac{1}{x}\right).$$

(1) 当 $x>0$ 时,令 $x=1/t$,于是

$$I=-\int\frac{1}{x}\cdot\frac{1}{\sqrt{a^2\left(\frac{1}{x}\right)^2+1}}\mathrm{d}\left(\frac{1}{x}\right)=-\int\frac{t}{\sqrt{a^2t^2+1}}\mathrm{d}t$$

$$=-\frac{1}{2a^2}\int\frac{1}{\sqrt{a^2t^2+1}}\mathrm{d}(a^2t^2+1)$$

$$=-\frac{1}{a^2}\sqrt{a^2t^2+1}+C=-\frac{1}{a^2}\sqrt{a^2\frac{1}{x^2}+1}+C$$

$$=-\frac{1}{a^2x}\sqrt{a^2+x^2}+C.$$

(2) 当 $x<0$ 时,

$$I=\int\frac{1}{x\sqrt{a^2\frac{1}{x^2}+1}}\mathrm{d}\left(\frac{1}{x}\right).$$

令 $x=1/t$,类似可得

$$I=\frac{1}{a^2}\sqrt{a^2\frac{1}{x^2}+1}+C=\frac{1}{a^2|x|}\sqrt{a^2+x^2}+C$$

$$=-\frac{1}{a^2x}\sqrt{a^2+x^2}+C.$$

注 1 对于形如

$$\int \frac{1}{x\sqrt{a^2 \pm x^2}}\mathrm{d}x, \quad \int \frac{1}{x\sqrt{x^2 - a^2}}\mathrm{d}x,$$

$$\int \frac{1}{x^2\sqrt{a^2 \pm x^2}}\mathrm{d}x, \quad \int \frac{1}{x^2\sqrt{x^2 - a^2}}\mathrm{d}x,$$

$$\int \frac{\sqrt{a^2 \pm x^2}}{x^4}\mathrm{d}x, \quad \int \frac{\sqrt{x^2 - a^2}}{x^4}\mathrm{d}x$$

等等不定积分,倒代换 $x=1/t$ 都是适用的.

注 2 当二次式根式不是如下标准形式

$$\sqrt{a^2 - x^2}, \quad \sqrt{a^2 + x^2}, \quad \sqrt{x^2 - a^2}$$

而是$\sqrt{ax^2+bx+c}$时,可以先将 ax^2+bx+c 配方,化为标准形式再做.

例 16 求 $I=\int x\sqrt{1+2x-x^2}\mathrm{d}x$.

解 $I=\int x\sqrt{2-(x-1)^2}\mathrm{d}x$. 令 $x-1=\sqrt{2}\sin t$,则

$$x\sqrt{1+2x-x^2} = x\sqrt{2-(x-1)^2}$$
$$= (1+\sqrt{2}\sin t)\sqrt{2}\cos t,$$
$$\mathrm{d}x = \sqrt{2}\cos t\mathrm{d}t.$$

于是

$$\begin{aligned}
I &= \int (1+\sqrt{2}\sin t)\sqrt{2}\cos t \cdot \sqrt{2}\cos t\mathrm{d}t \\
&= \int (2\cos^2 t + 2\sqrt{2}\sin t \cdot \cos^2 t)\mathrm{d}t \\
&= \int (1+\cos 2t)\mathrm{d}t - 2\sqrt{2}\int \cos^2 t\mathrm{d}(\cos t) \\
&= t + \frac{1}{2}\sin 2t - \frac{2}{3}\sqrt{2}\cos^3 t + C \\
&= t + \sin t \cdot \cos t - \frac{2}{3}\sqrt{2}\cos^3 t + C.
\end{aligned}$$

根据代换函数 $x-1=\sqrt{2}\sin t$,可作直角三角形(图 6-7),于

是

$$I = \arcsin\frac{x-1}{\sqrt{2}} + \frac{1}{2}(x-1)\sqrt{1+2x-x^2}$$

$$-\frac{1}{3}(1+2x-x^2)^{3/2} + C.$$

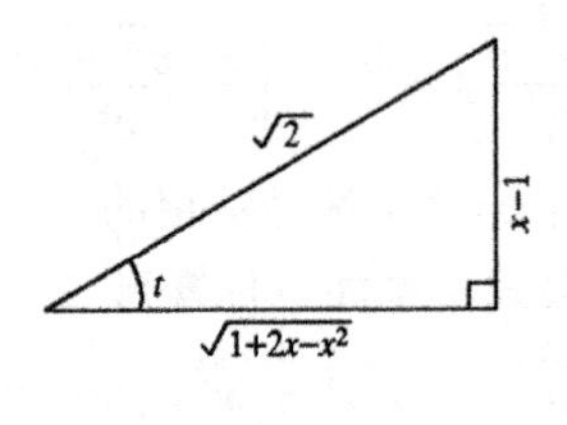

图 6-7

注 本题也可利用例 11 的结果(这是一个积分公式)来做：

$$I = \int x\sqrt{2-(x-1)^2}\,\mathrm{d}x$$

$$= \int[(x-1)+1]\sqrt{(\sqrt{2})^2-(x-1)^2}\,\mathrm{d}x$$

$$= -\frac{1}{2}\int\sqrt{2-(x-1)^2}\,\mathrm{d}[2-(x-1)^2]$$

$$+\int\sqrt{(\sqrt{2})^2-(x-1)^2}\,\mathrm{d}(x-1)$$

$$\xlongequal{\text{例 11}} -\frac{1}{3}(1+2x-x^2)^{3/2} + \arcsin\frac{x-1}{\sqrt{2}}$$

$$+\frac{x-1}{2}\sqrt{1+2x-x^2} + C.$$

习 题 6.1

求下列不定积分：

1. $\int\sqrt{x+\sqrt{x+\sqrt{x}}}\,\mathrm{d}x$.　　　　2. $\int x^2(5-x)^4\,\mathrm{d}x$.

3. $\int\left(\frac{a}{x}+\frac{a^2}{x^2}+\frac{a^3}{x^3}\right)\mathrm{d}x$.　　　　4. $\int\left(1-\frac{1}{x^2}\right)\sqrt{x\sqrt{x}}\,\mathrm{d}x$.

5. $\int \frac{(1-x)^3}{x\sqrt[3]{x}}\mathrm{d}x$.　　6. $\int \frac{\sqrt{x^4+2+x^{-4}}}{x^4}\mathrm{d}x$.

7. $\int \frac{2^{x+1}-5^{x-1}}{10^x}\mathrm{d}x$.　　8. $\int (a\mathrm{sh}x+b\mathrm{ch}x)\mathrm{d}x$.

9. $\int |x|\mathrm{d}x$.　　10. $\int \sqrt{x^2-2+x^{-2}}\mathrm{d}x$.

11. 已知一质点沿直线运动的加速度是$\frac{\mathrm{d}^2s}{\mathrm{d}t^2}=5-2t$，又当 $t=0$ 时，$s=0$，$\frac{\mathrm{d}s}{\mathrm{d}t}=2$. 求质点的运动规律.

12. 已知一条曲线在任一点处的切线斜率与该点的横坐标成正比，又知曲线经过点(1,3)，并且在这一点处切线的倾角为 45°，求曲线的方程.

求下列不定积分：

13. $\int \sin^2\frac{x}{2}\mathrm{d}x$.　　14. $\int \frac{\cos 2x}{\cos x-\sin x}\mathrm{d}x$.

15. $\int \frac{1}{x^2(x^2+1)}\mathrm{d}x$.　　16. $\int \frac{1}{2x+5}\mathrm{d}x$.

17. $\int (3x-1)^{100}\mathrm{d}x$.　　18. $\int \frac{\mathrm{d}x}{(2x+11)^{5/2}}$.

19. $\int \frac{\mathrm{d}x}{2+3x^2}$.　　20. $\int \frac{\mathrm{d}x}{\sqrt{2-5x^2}}$.

21. $\int \frac{\mathrm{d}x}{\sqrt{x(1-x)}}$.　　22. $\int \frac{\mathrm{e}^x}{2+\mathrm{e}^x}\mathrm{d}x$.

23. $\int \frac{\mathrm{d}x}{\mathrm{ch}x}$.　　24. $\int \frac{\mathrm{d}x}{\mathrm{sh}x}$.

25. $\int \frac{\ln^2 x}{x}\mathrm{d}x$.　　26. $\int \frac{\mathrm{d}x}{x\ln x\ln(\ln x)}$.

27. $\int \frac{\mathrm{d}x}{1+\cos x}$.　　28. $\int \frac{\mathrm{d}x}{1-\sin x}$.

29. $\int \frac{x^2\mathrm{d}x}{(8x^3+27)^{3/2}}$.　　30. $\int \frac{1+x}{1-x}\mathrm{d}x$.

31. $\int \frac{\mathrm{d}x}{(x-1)(x-3)}$.　　32. $\int \frac{\mathrm{d}x}{x^2+x-2}$.

33. $\int \frac{\mathrm{d}x}{2+\mathrm{e}^{2x}}$.　　34. $\int \frac{\tan\sqrt{x}}{\sqrt{x}}\mathrm{d}x$.

35. $\int \frac{x^{14}}{(x^5+1)^4}\mathrm{d}x$.　　36. $\int \frac{x^{2n-1}}{x^n-1}\mathrm{d}x$.

37. $\int \frac{\mathrm{d}x}{x(x^n+a)}\ (a\neq 0)$.　　38. $\int \frac{\ln(x+1)-\ln x}{x(x+1)}\mathrm{d}x$.

39. $\int \frac{1}{x^2-a^2}\mathrm{d}x.$

40. $\int \frac{x\mathrm{d}x}{\sqrt{a^2-x^2}}.$

41. $\int \frac{\ln x}{x\sqrt{1+\ln x}}\mathrm{d}x.$

42. 用三角函数代换法求下列积分：

(1) $\int \frac{\mathrm{d}x}{x^4\sqrt{x^2+a^2}}$；　　(2) $\int \frac{\mathrm{d}x}{x^2\sqrt{a^2-x^2}}.$

43. 用双曲函数代换法求下列积分：

(1) $\int \frac{\sqrt{a^2-x^2}}{x}\mathrm{d}x$；　　(2) $\int \frac{\sqrt{x^2+a^2}}{x}\mathrm{d}x.$

44. 用倒代换法求下列积分：

(1) $\int \frac{\mathrm{d}x}{x\sqrt{x^2+a^2}}$；　　(2) $\int \frac{\mathrm{d}x}{x\sqrt{x^2-a^2}}.$

求下列不定积分：

45. $\int \frac{x^2}{\sqrt{a^2-x^2}}\mathrm{d}x.$

46. $\int \frac{\mathrm{d}x}{x^4\sqrt{1+x^2}}.$

47. $\int \frac{x^2\mathrm{d}x}{\sqrt{1+x^6}}.$

48. $\int \frac{\mathrm{d}x}{\sqrt{1+\mathrm{e}^{2x}}}.$

49. $\int \frac{\mathrm{e}^{2x}}{\sqrt[4]{\mathrm{e}^x+1}}\mathrm{d}x.$

50. $\int \frac{\mathrm{d}x}{\sqrt{5+x-x^2}}.$

51. $\int \sqrt{2+x-x^2}\mathrm{d}x.$

52. $\int \frac{x\mathrm{d}x}{\sqrt{4x-x^2}}.$

53. $\int \frac{\mathrm{d}x}{\sqrt{x^2-2x+10}}.$

54. $\int \frac{x+1}{\sqrt{x^2+x+1}}\mathrm{d}x.$

§4　分部积分法

4.1　分部积分法

与微分法中的乘法法则相对应的，是积分法中的分部积分法.

定理(分部积分法)　若 $u=u(x)$ 与 $v=v(x)$ 可微，且 $u'(x)\cdot v(x)$ 与 $u(x)\cdot v'(x)$ 至少有一个有原函数，则有分部积分公式

$$\int u(x)\cdot v'(x)\mathrm{d}x = u(x)\cdot v(x) - \int v(x)\cdot u'(x)\mathrm{d}x, \tag{6}$$

或

$$\int u\mathrm{d}v = uv - \int v\mathrm{d}u. \tag{6'}$$

5. $\int \frac{(1-x)^3}{x\sqrt[3]{x}}\mathrm{d}x$.

6. $\int \frac{\sqrt{x^4+2+x^{-4}}}{x^4}\mathrm{d}x$.

7. $\int \frac{2^{x+1}-5^{x-1}}{10^x}\mathrm{d}x$.

8. $\int (a\mathrm{sh}x+b\mathrm{ch}x)\mathrm{d}x$.

9. $\int |x|\mathrm{d}x$.

10. $\int \sqrt{x^2-2+x^{-2}}\mathrm{d}x$.

11. 已知一质点沿直线运动的加速度是$\frac{\mathrm{d}^2s}{\mathrm{d}t^2}=5-2t$,又当 $t=0$ 时, $s=0$, $\frac{\mathrm{d}s}{\mathrm{d}t}=2$. 求质点的运动规律.

12. 已知一条曲线在任一点处的切线斜率与该点的横坐标成正比,又知曲线经过点(1,3),并且在这一点处切线的倾角为 45°,求曲线的方程.

求下列不定积分:

13. $\int \sin^2\frac{x}{2}\mathrm{d}x$.

14. $\int \frac{\cos 2x}{\cos x-\sin x}\mathrm{d}x$.

15. $\int \frac{1}{x^2(x^2+1)}\mathrm{d}x$.

16. $\int \frac{1}{2x+5}\mathrm{d}x$.

17. $\int (3x-1)^{100}\mathrm{d}x$.

18. $\int \frac{\mathrm{d}x}{(2x+11)^{5/2}}$.

19. $\int \frac{\mathrm{d}x}{2+3x^2}$.

20. $\int \frac{\mathrm{d}x}{\sqrt{2-5x^2}}$.

21. $\int \frac{\mathrm{d}x}{\sqrt{x(1-x)}}$.

22. $\int \frac{\mathrm{e}^x}{2+\mathrm{e}^x}\mathrm{d}x$.

23. $\int \frac{\mathrm{d}x}{\mathrm{ch}x}$.

24. $\int \frac{\mathrm{d}x}{\mathrm{sh}x}$.

25. $\int \frac{\ln^2 x}{x}\mathrm{d}x$.

26. $\int \frac{\mathrm{d}x}{x\ln x\ln(\ln x)}$.

27. $\int \frac{\mathrm{d}x}{1+\cos x}$.

28. $\int \frac{\mathrm{d}x}{1-\sin x}$.

29. $\int \frac{x^2\mathrm{d}x}{(8x^3+27)^{3/2}}$.

30. $\int \frac{1+x}{1-x}\mathrm{d}x$.

31. $\int \frac{\mathrm{d}x}{(x-1)(x-3)}$.

32. $\int \frac{\mathrm{d}x}{x^2+x-2}$.

33. $\int \frac{\mathrm{d}x}{2+\mathrm{e}^{2x}}$.

34. $\int \frac{\tan\sqrt{x}}{\sqrt{x}}\mathrm{d}x$.

35. $\int \frac{x^{14}}{(x^5+1)^4}\mathrm{d}x$.

36. $\int \frac{x^{2n-1}}{x^n-1}\mathrm{d}x$.

37. $\int \frac{\mathrm{d}x}{x(x^n+a)}\ (a\neq 0)$.

38. $\int \frac{\ln(x+1)-\ln x}{x(x+1)}\mathrm{d}x$.

39. $\int \frac{1}{x^2-a^2}dx$.

40. $\int \frac{xdx}{\sqrt{a^2-x^2}}$.

41. $\int \frac{\ln x}{x\sqrt{1+\ln x}}dx$.

42. 用三角函数代换法求下列积分：

(1) $\int \frac{dx}{x^4\sqrt{x^2+a^2}}$; (2) $\int \frac{dx}{x^2\sqrt{a^2-x^2}}$.

43. 用双曲函数代换法求下列积分：

(1) $\int \frac{\sqrt{a^2-x^2}}{x}dx$; (2) $\int \frac{\sqrt{x^2+a^2}}{x}dx$.

44. 用倒代换法求下列积分：

(1) $\int \frac{dx}{x\sqrt{x^2+a^2}}$; (2) $\int \frac{dx}{x\sqrt{x^2-a^2}}$.

求下列不定积分：

45. $\int \frac{x^2}{\sqrt{a^2-x^2}}dx$.

46. $\int \frac{dx}{x^4\sqrt{1+x^2}}$.

47. $\int \frac{x^2dx}{\sqrt{1+x^6}}$.

48. $\int \frac{dx}{\sqrt{1+e^{2x}}}$.

49. $\int \frac{e^{2x}}{\sqrt[4]{e^x+1}}dx$.

50. $\int \frac{dx}{\sqrt{5+x-x^2}}$.

51. $\int \sqrt{2+x-x^2}dx$.

52. $\int \frac{xdx}{\sqrt{4x-x^2}}$.

53. $\int \frac{dx}{\sqrt{x^2-2x+10}}$.

54. $\int \frac{x+1}{\sqrt{x^2+x+1}}dx$.

§4　分部积分法

4.1　分部积分法

与微分法中的乘法法则相对应的，是积分法中的分部积分法.

定理(分部积分法)　若 $u=u(x)$与 $v=v(x)$可微，且 $u'(x)\cdot v(x)$与 $u(x)\cdot v'(x)$至少有一个有原函数，则有分部积分公式

$$\int u(x)\cdot v'(x)dx = u(x)\cdot v(x) - \int v(x)\cdot u'(x)dx, \tag{6}$$

或

$$\int udv = uv - \int vdu. \tag{6'}$$

证 不妨设 $u'(x)\cdot v(x)$ 有原函数. 由微分法的乘法法则,有

$$[u(x)\cdot v(x)]' = u'(x)\cdot v(x) + u(x)\cdot v'(x). \qquad (7)$$

因为上式左端有原函数: $u(x)\cdot v(x)$,又假设 $u'(x)\cdot v(x)$ 有原函数,所以 $u(x)\cdot v'(x)$ 也有原函数. 在(7)式两边求不定积分,得到

$$\int [u(x)\cdot v(x)]'\mathrm{d}x = \int u'(x)\cdot v(x)\mathrm{d}x + \int u(x)\cdot v'(x)\mathrm{d}x,$$

从而有

$$\int u(x)\cdot v'(x)\mathrm{d}x = u(x)\cdot v(x) - \int v(x)\cdot u'(x)\mathrm{d}x. \quad ▌$$

例 1 求 $\int x\cos x\mathrm{d}x$.

解 先把积分改写为 $\int u\mathrm{d}v$ 的形式,再套用公式(6′). 具体步骤如下:

$$\int x\cos x\mathrm{d}x = \int \underset{\underset{u}{\uparrow}}{x}\,\mathrm{d}(\underset{\underset{v}{\uparrow}}{\sin x}) \quad (\text{公式}(6'))$$

$$= \underset{\underset{u}{\uparrow}}{x}\,\underset{\underset{v}{\uparrow}}{\sin x} - \int \underset{\underset{v}{\uparrow}}{\sin x}\,\mathrm{d}\underset{\underset{u}{\uparrow}}{x} = x\sin x + \cos x + C.$$

例 2 求 $\int x\ln x\mathrm{d}x$.

解 $$\int x\ln x\mathrm{d}x = \int \underset{\underset{u}{\uparrow}}{\ln x}\,\mathrm{d}\left(\underset{\underset{v}{\uparrow}}{\frac{x^2}{2}}\right)$$

$$= (\ln x)\cdot\frac{x^2}{2} - \int\frac{x^2}{2}\mathrm{d}(\ln x)$$

$$= \frac{x^2}{2}\ln x - \frac{1}{2}\int x^2\cdot\frac{1}{x}\mathrm{d}x$$

$$= \frac{x^2}{2}\ln x - \frac{x^2}{4} + C = \frac{x^2}{2}\left(\ln x - \frac{1}{2}\right) + C.$$

在上面的步骤中,计算微分 $\mathrm{d}(\ln x) = \frac{1}{x}\mathrm{d}x$ 很重要,算出来以

后，下面的步骤才能进行. 我们不妨把这一步叫做“微出来”.

例 3 求 $\int\frac{\ln\cos x}{\cos^2 x}dx$.

解 $\int\frac{\ln\cos x}{\cos^2 x}dx \xlongequal{\text{选 }u,v} \int \underset{\underset{u}{\uparrow}}{\ln\cos x}\, d(\underset{\underset{v}{\uparrow}}{\tan x})$

$$\xlongequal{\text{代公式}} (\ln\cos x)\cdot\tan x - \int\tan x\, d(\ln\cos x)$$

$$\xlongequal{\text{微出来}} (\ln\cos x)\cdot\tan x - \int\tan x\cdot\frac{1}{\cos x}(-\sin x)dx$$

$$= (\ln\cos x)\cdot\tan x + \int\frac{\sin^2 x}{\cos^2 x}dx$$

$$= (\ln\cos x)\cdot\tan x + \int\frac{1-\cos^2 x}{\cos^2 x}dx$$

$$= (\ln\cos x)\cdot\tan x + \tan x - x + C.$$

小结 运用分部积分公式(6′)时，一般有四步：

(1) 选 u,v，即把所求积分改写为 $\int u dv$；

(2) 代公式(6′)，转化出另一个积分 $\int v du$；

(3) 微出来，将 $\int v du$ 写成 $\int v\cdot u' dx$；

(4) 算积分 $\int v\cdot u' dx$.

例 4 求 $\int(x^2-3x+2)e^x dx$.

解 $\int(x^2-3x+2)e^x dx \xlongequal{\text{选 }u,v} \int(x^2-3x+2)d(e^x)$

$$\xlongequal{\text{代公式}} (x^2-3x+2)e^x - \int e^x d(x^2-3x+2)$$

$$\xlongequal{\text{微出来}} (x^2-3x+2)e^x - \int e^x(2x-3)dx$$

$$\xlongequal{\text{选 }u,v} (x^2-3x+2)e^x - \int(2x-3)d(e^x)$$

$$\xlongequal{\text{代公式}} (x^2-3x+2)e^x - \Big[(2x-3)e^x$$

$$-\int e^x d(2x-3)\Big]$$

$$\xlongequal{\text{微出来}}(x^2-3x+2)e^x-(2x-3)e^x+2\int e^x dx$$

$$=(x^2-3x+2)e^x-(2x-3)e^x+2e^x+C$$

$$=(x^2-5x+7)e^x+C.$$

在这里,我们运用了两次分部积分公式.

以上几例,有一个共同特点:被积函数都是两个函数的乘积.当被积函数是一个函数时,有时也可运用分部积分公式.

例 5 求 $\int \arctan x dx$.

解 令 $u=\arctan x$, $v=x$,则由公式(6′)得到

$$\int \arctan x dx = x\arctan x - \int x d(\arctan x) \quad (\text{微出来})$$

$$= x\arctan x - \int x \cdot \frac{1}{1+x^2} dx$$

$$= x\arctan x - \frac{1}{2}\int \frac{1}{1+x^2} d(1+x^2)$$

$$= x\arctan x - \frac{1}{2}\ln(1+x^2) + C.$$

例 6 求 $\int \sqrt{x^2+a^2} dx \quad (a>0)$.

解 令 $u=\sqrt{x^2+a^2}$, $v=x$,则

$$\int \sqrt{x^2+a^2} dx = x\sqrt{x^2+a^2} - \int x d(\sqrt{x^2+a^2}) \quad (\text{微出来})$$

$$= x\sqrt{x^2+a^2} - \int x \frac{x}{\sqrt{x^2+a^2}} dx$$

$$= x\sqrt{x^2+a^2} - \int \frac{(x^2+a^2)-a^2}{\sqrt{x^2+a^2}} dx$$

$$= x\sqrt{x^2+a^2} - \int \sqrt{x^2+a^2} dx$$

$$+ a^2\int \frac{1}{\sqrt{x^2+a^2}} dx \quad (\text{由第 294 页例 12})$$

$$= x\sqrt{x^2+a^2} - \int\sqrt{x^2+a^2}\mathrm{d}x$$

$$+ a^2\ln|x+\sqrt{x^2+a^2}| + C_1.$$

移项,得

$$2\int\sqrt{x^2+a^2}\mathrm{d}x = x\sqrt{x^2+a^2} + a^2\ln|x+\sqrt{x^2+a^2}| + C_1,$$

于是

$$\int\sqrt{x^2+a^2}\mathrm{d}x = \frac{x}{2}\sqrt{x^2+a^2} + \frac{a^2}{2}\ln|x+\sqrt{x^2+a^2}| + C,$$

其中 $C=C_1/2$.

类似地,可以得到

$$\int\sqrt{x^2-a^2}\mathrm{d}x = \frac{x}{2}\sqrt{x^2-a^2} - \frac{a^2}{2}\ln|x+\sqrt{x^2-a^2}| + C.$$

例 7 求积分

$$I_1 = \int e^{ax}\sin bx\,\mathrm{d}x, \quad I_2 = \int e^{ax}\cos bx\,\mathrm{d}x.$$

解 $I_1 = \frac{1}{a}\int\sin bx\mathrm{d}(e^{ax})$

$$\xlongequal{\text{公式(6')}} \frac{1}{a}\left[e^{ax}\sin bx - \int e^{ax}\mathrm{d}(\sin bx)\right] \quad (\text{微出来})$$

$$= \frac{1}{a}\left[e^{ax}\sin bx - b\int e^{ax}\cos bx\mathrm{d}x\right]$$

$$= \frac{1}{a}e^{ax}\sin bx - \frac{b}{a}I_2. \tag{8}$$

类似可得

$$I_2 = \frac{1}{a}e^{ax}\cos bx + \frac{b}{a}I_1. \tag{9}$$

解联立方程组(8),(9),便得到

$$I_1 = \int e^{ax}\sin bx\mathrm{d}x = \frac{e^{ax}}{a^2+b^2}(a\sin bx - b\cos bx) + C,$$

$$I_2 = \int e^{ax}\cos bx\mathrm{d}x = \frac{e^{ax}}{a^2+b^2}(b\sin bx + a\cos bx) + C.$$

当 $a=b=1$ 时,有

$$\int e^x \sin x dx = \frac{e^x}{2}(\sin x - \cos x) + C,$$

$$\int e^x \cos x dx = \frac{e^x}{2}(\sin x + \cos x) + C.$$

利用分部积分法，还可得出一些递推公式.

例 8 求积分 $I_n=\int \sin^n x dx$ $(n=1,2,\cdots)$.

解 当 $n=1,2$ 时，有

$$\int \sin x dx = -\cos x + C,$$

$$\int \sin^2 x dx = \frac{x}{2} - \frac{1}{2}\sin x \cdot \cos x + C.$$

下面讨论 $n\geqslant 3$ 的情形：

$$I_n = \int \sin^{n-1}x \cdot \sin x dx = \int \sin^{n-1}x d(-\cos x)$$

$$\xlongequal{\text{公式}(6')} -\sin^{n-1}x \cdot \cos x + \int \cos x d(\sin^{n-1}x) \quad (\text{微出来})$$

$$= -\sin^{n-1}x \cdot \cos x + \int \cos x \cdot (n-1)\sin^{n-2}x \cdot \cos x dx$$

$$= -\sin^{n-1}x \cdot \cos x + (n-1)\int \sin^{n-2}x \cdot (1-\sin^2 x) dx$$

$$= -\sin^{n-1}x \cdot \cos x + (n-1)\int \sin^{n-2}x dx - (n-1)\int \sin^n x dx,$$

移项，再除以 n，得到

$$I_n = \int \sin^n x dx = -\frac{1}{n}\sin^{n-1}x \cdot \cos x + \frac{n-1}{n}\int \sin^{n-2}x dx \quad (n \geqslant 3). \tag{10}$$

(10)式称为**递推公式**. 每用一次公式(10)，n 就降低两次，连续运用，最后得到 $\int \sin x dx$ 或 $\int \sin^2 x dx$，问题便解决了. 例如 $n=4$ 时，

有

$$\int \sin^4 x\mathrm{d}x \xlongequal{(10)\text{式}} -\frac{1}{4}\sin^3 x\cdot\cos x+\frac{3}{4}\int\sin^2 x\mathrm{d}x$$

$$=-\frac{1}{4}\sin^3 x\cdot\cos x+\frac{3}{8}(x-\sin x\cdot\cos x)+C.$$

思考题 证明递推公式

$$\int\cos^n x\mathrm{d}x=\frac{1}{n}\cos^{n-1}x\cdot\sin x+\frac{n-1}{n}\int\cos^{n-2}x\mathrm{d}x \quad (n\geqslant 3). \tag{11}$$

例 9 求 $I_n=\int\frac{1}{\sin^n x}\mathrm{d}x\ (n=1,2,\cdots)$.

解 当 $n=1$ 时,由第 289 页例 7 知

$$I_1=\int\frac{1}{\sin x}\mathrm{d}x=\ln\left|\tan\frac{x}{2}\right|+C=\ln|\csc x-\cot x|+C.$$

当 $n=2$ 时,有

$$I_2=\int\frac{1}{\sin^2 x}\mathrm{d}x=-\cot x+C.$$

下面讨论 $n\geqslant 3$ 的情形:

$$I_n=\int\frac{1}{\sin^{n-2}x}\cdot\frac{1}{\sin^2 x}\mathrm{d}x=\int\frac{1}{\sin^{n-2}x}\mathrm{d}(-\cot x)$$

$$\xlongequal{\text{公式}(6')} -\frac{\cos x}{\sin^{n-1}x}-\int(-\cot x)\mathrm{d}\left(\frac{1}{\sin^{n-2}x}\right) \quad (\text{微出来})$$

$$=-\frac{\cos x}{\sin^{n-1}x}-(n-2)\int\frac{\cos^2 x}{\sin^n x}\mathrm{d}x$$

$$=-\frac{\cos x}{\sin^{n-1}x}-(n-2)\int\frac{1-\sin^2 x}{\sin^n x}\mathrm{d}x$$

$$=-\frac{\cos x}{\sin^{n-1}x}-(n-2)\int\frac{1}{\sin^n x}\mathrm{d}x$$

$$+(n-2)\int\frac{1}{\sin^{n-2}x}\mathrm{d}x,$$

即

$$I_n=-\frac{\cos x}{\sin^{n-1}x}-(n-2)I_n+(n-2)I_{n-2},$$

移项,再除以$(n-1)$,得到递推公式

$$I_n=-\frac{1}{n-1}\cdot\frac{\cos x}{\sin^{n-1}x}+\frac{n-2}{n-1}I_{n-2}\quad(n\geqslant 3).\tag{12}$$

例如当 $n=3$ 时,有

$$\begin{aligned}\int\frac{1}{\sin^3x}\mathrm{d}x&=-\frac{1}{2}\cdot\frac{\cos x}{\sin^2x}+\frac{1}{2}\int\frac{1}{\sin x}\mathrm{d}x\\&=-\frac{1}{2}\cdot\frac{\cos x}{\sin^2x}+\frac{1}{2}\ln|\csc x-\cot x|+C.\end{aligned}$$

思考题 证明递推公式

$$\int\frac{1}{\cos^nx}\mathrm{d}x=\frac{1}{n-1}\cdot\frac{\sin x}{\cos^{n-1}x}+\frac{n-2}{n-1}\int\frac{\mathrm{d}x}{\cos^{n-2}x}\quad(n\geqslant 3).\tag{13}$$

例 10 求 $I_n=\int\frac{\mathrm{d}x}{(x^2+a^2)^n}$ ($a>0$,n 为正整数).

解 当 $n=1$ 时,有

$$I_1=\int\frac{\mathrm{d}x}{x^2+a^2}=\frac{1}{a}\arctan\frac{x}{a}+C.$$

下面讨论 $n\geqslant 2$ 的情形. 我们计算 I_{n-1}. 令 $u=\frac{1}{(x^2+a^2)^{n-1}}$,$\mathrm{d}v=\mathrm{d}x$,则由分部积分公式$(6')$得到

$$\begin{aligned}I_{n-1}&=\int\frac{1}{(x^2+a^2)^{n-1}}\mathrm{d}x\\&\xlongequal{\text{公式}(6')}\frac{x}{(x^2+a^2)^{n-1}}-\int x\mathrm{d}\left(\frac{1}{(x^2+a^2)^{n-1}}\right)\quad(\text{微出来})\\&=\frac{x}{(x^2+a^2)^{n-1}}+2(n-1)\int\frac{x^2}{(x^2+a^2)^n}\mathrm{d}x\\&=\frac{x}{(x^2+a^2)^{n-1}}+2(n-1)\int\frac{(x^2+a^2)-a^2}{(x^2+a^2)^n}\mathrm{d}x\\&=\frac{x}{(x^2+a^2)^{n-1}}+2(n-1)I_{n-1}-2(n-1)a^2I_n,\end{aligned}$$

从而得到递推公式

$$I_n=\frac{1}{(2n-2)a^2}\cdot\frac{x}{(x^2+a^2)^{n-1}}$$
$$+\frac{2n-3}{(2n-2)a^2}I_{n-1}\quad(n\geqslant 2).\tag{14}$$

例如 $n=2$ 时,有

$$\int\frac{\mathrm{d}x}{(x^2+a^2)^2}=\frac{1}{2a^2}\cdot\frac{x}{x^2+a^2}+\frac{1}{2a^2}\int\frac{\mathrm{d}x}{x^2+a^2}$$
$$=\frac{1}{2a^2}\left(\frac{x}{x^2+a^2}+\frac{1}{a}\arctan\frac{x}{a}\right)+C.\tag{15}$$

若 $a=1$,则有

$$\int\frac{\mathrm{d}x}{(x^2+1)^2}=\frac{1}{2}\left(\frac{x}{x^2+1}+\arctan x\right)+C.$$

4.2 基本积分公式表(Ⅱ)

在上述换元积分法和分部积分法所举各例中,有许多可以作为积分公式来用.为了使用方便,我们将其表列如下.

基本积分公式表(Ⅱ)

(16) $\int\tan x\mathrm{d}x=-\ln|\cos x|+C$

(17) $\int\cot x\mathrm{d}x=\ln|\sin x|+C$

(18) $\int\sec x\mathrm{d}x=\int\frac{1}{\cos x}\mathrm{d}x=\ln|\sec x+\tan x|+C$
$=\ln\left|\tan\left(\frac{x}{2}+\frac{\pi}{4}\right)\right|+C$

(19) $\int\csc x\mathrm{d}x=\int\frac{1}{\sin x}\mathrm{d}x=\ln|\csc x-\cot x|+C$
$=\ln\left|\tan\frac{x}{2}\right|+C$

(20) $\int\sin^2x\mathrm{d}x=\frac{x}{2}-\frac{1}{4}\sin 2x+C=\frac{x}{2}-\frac{1}{2}\sin x\cdot\cos x+C$

(21) $\int\cos^2x\mathrm{d}x=\frac{x}{2}+\frac{1}{4}\sin 2x+C=\frac{x}{2}+\frac{1}{2}\sin x\cdot\cos x+C$

(22) $\int \frac{1}{x^2-a^2}\mathrm{d}x=\frac{1}{2a}\ln\left|\frac{x-a}{x+a}\right|+C$

(23) $\int \frac{1}{a^2-x^2}\mathrm{d}x=\frac{1}{2a}\ln\left|\frac{x+a}{x-a}\right|+C$

(24) $\int \frac{1}{a^2+x^2}\mathrm{d}x=\frac{1}{a}\arctan\frac{x}{a}+C$

(25) $\int \frac{1}{\sqrt{a^2-x^2}}\mathrm{d}x=\arcsin\frac{x}{a}+C\ (a>0)$

(26) $\int \frac{1}{\sqrt{x^2+a^2}}\mathrm{d}x=\ln(x+\sqrt{x^2+a^2})+C\ (a>0)$

(27) $\int \frac{1}{\sqrt{x^2-a^2}}\mathrm{d}x=\ln|x+\sqrt{x^2-a^2}|+C\ (a>0)$

(28) $\int \sqrt{x^2+a^2}\mathrm{d}x=\frac{x}{2}\sqrt{x^2+a^2}+\frac{a^2}{2}\ln(x+\sqrt{x^2+a^2})+C$ $(a>0)$

(29) $\int \sqrt{x^2-a^2}\mathrm{d}x=\frac{x}{2}\sqrt{x^2-a^2}-\frac{a^2}{2}\ln|x+\sqrt{x^2-a^2}|+C$ $(a>0)$

(30) $\int \sqrt{a^2-x^2}\mathrm{d}x=\frac{x}{2}\sqrt{a^2-x^2}+\frac{a^2}{2}\arcsin\frac{x}{a}+C\ (a>0)$

(31) $\int \mathrm{e}^{ax}\sin bx\mathrm{d}x=\frac{\mathrm{e}^{ax}}{a^2+b^2}(a\sin bx-b\cos bx)+C$

(32) $\int \mathrm{e}^{ax}\cos bx\mathrm{d}x=\frac{\mathrm{e}^{ax}}{a^2+b^2}(a\cos bx+b\sin bx)+C$

基本积分公式表(Ⅰ),(Ⅱ),共有32个公式,计算不定积分时,经常要用到它们.读者应学会怎样把一个积分化为可以查积分表的形式.

例11 求 $I=\int\frac{\mathrm{d}x}{x\sqrt{x^n+a^2}}$ ($a>0$,n 为正整数).

解 $I=\frac{1}{n}\int\frac{\mathrm{d}(x^n)}{x^n\sqrt{x^n+a^2}}\xlongequal{(令\ x^n=t)}\frac{1}{n}\int\frac{\mathrm{d}t}{t\sqrt{t+a^2}}$

$\xlongequal{令\sqrt{t+a^2}=u}\frac{1}{n}\int\frac{1}{(u^2-a^2)\cdot u}2u\mathrm{d}u$

$=\frac{2}{n}\int\frac{1}{u^2-a^2}\mathrm{d}u$

$$\xlongequal{\text{公式(22)}}\frac{2}{n}\cdot\frac{1}{2a}\ln\left|\frac{u-a}{u+a}\right|+C$$

$$=\frac{1}{na}\ln\left|\frac{\sqrt{x^n+a^2}-a}{\sqrt{x^n+a^2}+a}\right|+C.$$

§5 几类可以表为有限形式的不定积分

以上我们学习了计算不定积分的几种方法，并给出了基本积分公式表. 下面介绍几类可以表为有限形式的不定积分.

我们知道，任何一个可导的初等函数的导数仍然是初等函数，它们总可以根据导数的基本公式表及导数的几个运算法则计算出来. 但是，初等函数的原函数(或不定积分)虽然存在(我们在定积分一章中将给出证明)，却未必仍是初等函数. 例如，以下不定积分

$$\int e^{-x^2}dx,\quad \int\frac{1}{\ln x}dx,\quad \int\sqrt{x^3+1}dx,$$

$$\int\sqrt{\sin x}dx,\quad \int\frac{\sin x}{x}dx,\quad \int\frac{\cos x}{x}dx,$$

$$\int\sin x^2dx,\quad \int\cos x^2dx,\quad \int\frac{dx}{\sqrt{1-k^2\sin^2x}},$$

$$\int\sqrt{1-k^2\sin^2x}dx,\quad \int\frac{dx}{(1+h\sin^2x)\sqrt{1-k^2\sin^2x}}$$

(其中 $0<k<1$)就不能用初等函数来表示. 由于初等函数是由六类基本初等函数经过有限次四则运算和有限次复合运算而得到的，因此，我们也把“不能表为初等函数”称为“不能表为有限形式”.

本章不讨论哪些不定积分不能表为有限形式，而是介绍三类**可以**表为有限形式的不定积分，它们是：有理函数的积分；三角函数的有理式的积分；某些根式的有理式的积分.

5.1 有理函数的积分

两个多项式的商称为**有理分式**或**有理函数**. 这里假定分子、分

母没有公因式,也就是说,我们只讨论"既约分式". 当分子的次数低于分母的次数时,这个有理分式称为**真分式**;当分子的次数不低于分母的次数时,这个有理分式称为**假分式**.

任何假分式都可通过多项式除法,化为一个多项式与一个真分式之和. 多项式很容易积分,因此只需会求真分式的积分.

那么,对于真分式,怎样求积分呢?

基本方法是首先把真分式分解为最简分式的和,然后逐项求积分. 下面分别讨论.

1. *真分式分解为最简分式的和*

下列四种分式称为**最简分式**:

(1) $\dfrac{A}{x-a}$,　　　　(2) $\dfrac{A}{(x-a)^n}$,

(3) $\dfrac{Mx+N}{x^2+px+q}$,　　　　(4) $\dfrac{Mx+N}{(x^2+px+q)^n}$,

其中 A,M,N,a,p,q 都是常数; $n=2,3,4,\cdots$; 并假定二次方程 $x^2+px+q=0$ 没有实根,即 $p^2-4q<0$.

从理论上说,任何一个真分式都可以分解为若干最简分式的和. 这个结论的理论根据是代数学中的如下两个定理.

定理 1　任何一个实系数多项式 $b_0x^m+b_1x^{m-1}+\cdots+b_{m-1}x+b_m$ $(b_0\neq 0)$都可以分解为一次实因式与二次实因式的乘积(其中二次实因式不能再分解为两个一次实因式的乘积),即

$$\begin{aligned}
&b_0x^m+b_1x^{m-1}+\cdots+b_{m-1}x+b_m\\
&\quad=b_0(x-x_1)^{k_1}\cdot(x-x_2)^{k_2}\cdots(x-x_s)^{k_s}\\
&\qquad\cdot(x^2+p_1x+q_1)^{l_1}\cdot(x^2+p_2x+q_2)^{l_2}\\
&\qquad\cdots(x^2+p_rx+q_r)^{l_r},
\end{aligned}\tag{16}$$

其中 $x_1,x_2,\cdots,x_s,p_1,q_1,p_2,q_2,\cdots,p_r,q_r$ 为实数; $k_1,k_2,\cdots,k_s,l_1,l_2,\cdots,l_r$ 为正整数; $p_i^2-4q_i<0$ $(i=1,2,\cdots,r)$.

定理 2　设有真分式

$$\frac{P(x)}{Q(x)}=\frac{a_0x^n+a_1x^{n-1}+\cdots+a_{n-1}x+a_n}{b_0x^m+b_1x^{m-1}+\cdots+b_{m-1}x+b_m}\quad(a_0\cdot b_0\neq 0),$$

若分母 $Q(x)$ 可以分解为(16)式，则对应于因式 $(x-x_j)^{k_j}$，真分式 $\frac{P(x)}{Q(x)}$ 的分解式中有下列 k_j 个最简分式之和：

$$\frac{A_1}{x-x_j}+\frac{A_2}{(x-x_j)^2}+\cdots+\frac{A_{k_j}}{(x-x_j)^{k_j}} \quad (j=1,2,\cdots,s),$$

对应于因式 $(x^2+p_ix+q_i)^{l_i}$，真分式 $\frac{P(x)}{Q(x)}$ 的分解式中有下列 l_i 个最简分式的和：

$$\frac{M_1x+N_1}{x^2+p_ix+q_i}+\frac{M_2x+N_2}{(x^2+p_ix+q_i)^2}+\cdots+\frac{M_{l_i}x+N_{l_i}}{(x^2+p_ix+q_i)^{l_i}}$$
$$(i=1,2,\cdots,r),$$

在这里，$A_1,A_2,\cdots,A_{k_j}$ $(j=1,2,\cdots,s)$ 及 $M_1,N_1,M_2,N_2,\cdots,M_{l_i},N_{l_i}$ $(i=1,2,\cdots,r)$ 是待定常数.

例 1 将真分式 $\frac{x-5}{x^3-3x^2+4}$ 分解为最简分式的和.

解 第一步 将分母作因式分解：

$$x^3-3x^2+4=(x+1)(x-2)^2.$$

第二步 由定理 2 知，真分式可分解为

$$\frac{x-5}{x^3-3x^2+4}=\frac{A}{x+1}+\frac{B}{x-2}+\frac{C}{(x-2)^2}, \tag{17}$$

其中 A,B,C 为待定常数.

第三步 用待定系数法确定常数 A,B,C. 具体步骤如下：

将(17)式右端通分后，再比较左、右两端分子，得到

$$\begin{aligned} x-5 &\equiv A(x-2)^2+B(x+1)\cdot(x-2)+C(x+1) \\ &=(A+B)x^2+(-4A-B+C)x \\ &\quad +(4A-2B+C). \end{aligned}$$

比较两端同类项的系数，得到

$$\begin{cases} A+B=0, \\ -4A-B+C=1, \\ 4A-2B+C=-5. \end{cases}$$

解此联立方程组，得到

$$A=-\frac{2}{3},\quad B=\frac{2}{3},\quad C=-1.$$

于是真分式的分解式为

$$\frac{x-5}{x^3-3x^2+4}=-\frac{2}{3}\cdot\frac{1}{x+1}+\frac{2}{3}\cdot\frac{1}{x-2}-\frac{1}{(x-2)^2}.$$

例 2 将真分式$\frac{x^3-x+1}{x^5-x^4+2x^3-2x^2+x-1}$分解为最简分式.

解 第一步 将分母作因式分解：

$$x^5-x^4+2x^3-2x^2+x-1=(x-1)(x^2+1)^2.$$

第二步 由定理 2 知，真分式可分解为

$$\frac{x^3-x+1}{x^5-x^4+2x^3-2x^2+x-1}=\frac{A}{x-1}+\frac{Bx+C}{x^2+1}+\frac{Dx+E}{(x^2+1)^2},\tag{18}$$

其中 A,B,C,D,E 为待定常数.

第三步 用待定系数法确定常数 A,B,C,D,E. 具体步骤如下：

将(18)式右端通分后，再比较左、右两端分子，得到

$$\begin{aligned}x^3-x+1\equiv\ & A(x^2+1)^2+(Bx+C)\cdot(x-1)\cdot(x^2+1)\\&+(Dx+E)\cdot(x-1)\\=\ &(A+B)x^4+(C-B)x^3\\&+(2A+B-C+D)x^2\\&+(-B+C-D+E)x+(A-C-E).\end{aligned}$$

比较两端同类项的系数，得到

$$\begin{cases}A+B=0,\\C-B=1,\\2A+B-C+D=0,\\-B+C-D+E=-1,\\A-C-E=1.\end{cases}$$

解得

$$A=\frac{1}{4},\ B=-\frac{1}{4},\ C=\frac{3}{4},\ D=\frac{1}{2},\ E=-\frac{3}{2}.$$

于是得到分解式

$$\frac{x^3-x+1}{x^5-x^4+2x^3-2x^2+x-1}$$
$$=\frac{1}{4}\cdot\frac{1}{x-1}-\frac{1}{4}\cdot\frac{x-3}{x^2+1}+\frac{1}{2}\cdot\frac{x-3}{(x^2+1)^2}.$$

从例 1,例 2 我们看到,在分解真分式时,只考虑分母的因式分解情况,而与分子无关(由上面定理 2 知);但是,用待定系数法确定常数时,完全由分子来决定.

2. *真分式的积分*

由于任何真分式都可以分解为最简分式的和,因此,真分式的积分最后归结为四种最简分式的积分.下面对它们分别进行计算.

(1) $\int\frac{A}{x-a}\mathrm{d}x=A\int\frac{\mathrm{d}(x-a)}{x-a}=A\ln|x-a|+C.$

(2)
$$\begin{aligned}\int\frac{A}{(x-a)^n}\mathrm{d}x&=A\int(x-a)^{-n}\mathrm{d}(x-a)\\&=\frac{A}{-n+1}(x-a)^{-n+1}+C\\&=\frac{A}{1-n}\cdot\frac{1}{(x-a)^{n-1}}+C\quad(n=2,3,\cdots).\end{aligned}$$

(3) $\int\frac{Mx+N}{x^2+px+q}\mathrm{d}x$. 要计算此积分,我们需将被积函数化为最简分式.先将分母配方,得到

$$x^2+px+q=(x+p/2)^2+(q-p^2/4).$$

由于 $p^2-4q<0$, 因此 $q-p^2/4>0$, 令 $a=\sqrt{q-p^2/4}$, 并记 $t=x+p/2$,于是分母化为

$$x^2+px+q=t^2+a^2.$$

再将分子化为

$$Mx+N=M\left(t-\frac{p}{2}\right)+N=Mt+\left(N-\frac{Mp}{2}\right).$$

因而

$$\int \frac{Mx+N}{x^2+px+q}\mathrm{d}x = \int \frac{Mt+\left(N-\frac{Mp}{2}\right)}{t^2+a^2}\mathrm{d}t$$

$$= \frac{M}{2}\int \frac{\mathrm{d}(t^2+a^2)}{t^2+a^2} + \left(N-\frac{Mp}{2}\right)\int \frac{1}{t^2+a^2}\mathrm{d}t$$

$$= \frac{M}{2}\ln(t^2+a^2) + \left(N-\frac{Mp}{2}\right)\cdot\frac{1}{a}\arctan\frac{t}{a} + C$$

$$= \frac{M}{2}\ln(x^2+px+q)$$

$$+ \frac{2N-Mp}{\sqrt{4q-p^2}}\arctan\frac{2x+p}{\sqrt{4q-p^2}} + C.$$

(4) $\int \frac{Mx+N}{(x^2+px+q)^n}\mathrm{d}x$ $(n=2,3,\cdots)$. 计算此积分的方法与(3)相同,得到

$$\int \frac{Mx+N}{(x^2+px+q)^n}\mathrm{d}x$$

$$= \frac{M}{2}\int \frac{\mathrm{d}(t^2+a^2)}{(t^2+a^2)^n} + \left(N-\frac{Mp}{2}\right)\int \frac{\mathrm{d}t}{(t^2+a^2)^n}$$

$$= \frac{M}{2(1-n)}\cdot\frac{1}{(t^2+a^2)^{n-1}} + \left(N-\frac{Mp}{2}\right)\int \frac{\mathrm{d}t}{(t^2+a^2)^n},$$

上式右端积分可根据第 309 页例 10 求得,最后再将 $t=x+p/2$, $a^2=q-p^2/4$ 代入即可.

综上所述,四种最简分式的原函数都是初等函数. 由于真分式可分解为最简分式的和,因此,任何真分式从而任何有理函数的原函数仍是初等函数. 这就是说,有理函数的积分可以表为有限形式.

例 3 求积分 $I=\int \frac{x-5}{x^3-3x^2+4}\mathrm{d}x$.

解 由例 1 知

$$I = -\frac{2}{3}\int \frac{1}{x+1}\mathrm{d}x + \frac{2}{3}\int \frac{1}{x-2}\mathrm{d}x - \int \frac{1}{(x-2)^2}\mathrm{d}x$$

$$= -\frac{2}{3}\ln|x+1| + \frac{2}{3}\ln|x-2| + \frac{1}{x-2} + C$$

$$= \frac{2}{3}\ln\left|\frac{x-2}{x+1}\right| + \frac{1}{x-2} + C.$$

例 4 求积分 $I=\int\frac{x^3-x+1}{x^5-x^4+2x^3-2x^2+x-1}dx$.

解 由例 2 知

$$I=\frac{1}{4}\int\frac{1}{x-1}dx-\frac{1}{4}\int\frac{x-3}{x^2+1}dx+\frac{1}{2}\int\frac{x-3}{(x^2+1)^2}dx$$

$$=\frac{1}{4}\ln|x-1|-\frac{1}{8}\int\frac{d(x^2+1)}{x^2+1}+\frac{3}{4}\int\frac{dx}{x^2+1}$$

$$+\frac{1}{4}\int\frac{d(x^2+1)}{(x^2+1)^2}-\frac{3}{2}\int\frac{dx}{(x^2+1)^2}$$

$$=\frac{1}{4}\ln|x-1|-\frac{1}{8}\ln(x^2+1)+\frac{3}{4}\arctan x-\frac{1}{4}\cdot\frac{1}{x^2+1}$$

$$-\frac{3}{2}\left[\frac{1}{2}\cdot\frac{x}{x^2+1}+\frac{1}{2}\arctan x\right]+C$$

$$=\frac{1}{4}\left[\ln\frac{|x-1|}{\sqrt{x^2+1}}-\frac{3x+1}{x^2+1}\right]+C.$$

从上面例题,我们看到,计算有理真分式的不定积分时,首先应将有理真分式分解为最简分式的和.应当指出,分解的方法不是惟一的,待定系数法只是一种常规方法,有时还有更为灵活、更为简便的方法.

例 5 求积分 $I=\int\frac{dx}{x(1+x)(1+x+x^2)}$.

解 方法一(待定系数法) 从略.

方法二

$$\frac{1}{x(1+x)(1+x+x^2)}=\frac{(1+x+x^2)-x(1+x)}{x(1+x)(1+x+x^2)}$$

$$=\frac{1}{x(1+x)}-\frac{1}{1+x+x^2}=\frac{(1+x)-x}{x(1+x)}-\frac{1}{1+x+x^2}$$

$$=\frac{1}{x}-\frac{1}{1+x}-\frac{1}{1+x+x^2}.$$

从而

$$I=\int\frac{1}{x}\mathrm{d}x-\int\frac{1}{1+x}\mathrm{d}x-\int\frac{1}{1+x+x^2}\mathrm{d}x$$

$$=\ln\left|\frac{x}{1+x}\right|-\int\frac{\mathrm{d}\left(x+\frac{1}{2}\right)}{\left(x+\frac{1}{2}\right)^2+\left(\frac{\sqrt{3}}{2}\right)^2}$$

$$=\ln\left|\frac{x}{1+x}\right|-\frac{2}{\sqrt{3}}\arctan\frac{2x+1}{\sqrt{3}}+C.$$

例 6 求积分 $I=\int\frac{x^2+1}{x^4+1}\mathrm{d}x$.

解 方法一(待定系数法)

$$x^4+1=(x^4+2x^2+1)-2x^2=(x^2+1)^2-(\sqrt{2}x)^2$$

$$=(x^2+\sqrt{2}x+1)\cdot(x^2-\sqrt{2}x+1).$$

从而

$$\frac{x^2+1}{x^4+1}=\frac{Ax+B}{x^2+\sqrt{2}x+1}+\frac{Cx+D}{x^2-\sqrt{2}x+1}.$$

以下从略.

方法二

$$\frac{x^2+1}{x^4+1}=\frac{1}{2}\cdot\frac{(x^2+\sqrt{2}x+1)+(x^2-\sqrt{2}x+1)}{(x^2+\sqrt{2}x+1)(x^2-\sqrt{2}x+1)}$$

$$=\frac{1}{2}\left[\frac{1}{x^2-\sqrt{2}x+1}+\frac{1}{x^2+\sqrt{2}x+1}\right].$$

于是

$$I=\frac{1}{2}\int\frac{1}{\left(x-\frac{\sqrt{2}}{2}\right)^2+\left(\frac{1}{\sqrt{2}}\right)^2}\mathrm{d}\left(x-\frac{\sqrt{2}}{2}\right)$$

$$+\frac{1}{2}\int\frac{1}{\left(x+\frac{\sqrt{2}}{2}\right)^2+\left(\frac{1}{\sqrt{2}}\right)^2}\mathrm{d}\left(x+\frac{\sqrt{2}}{2}\right)$$

$$=\frac{1}{\sqrt{2}}[\arctan(\sqrt{2}x-1)$$

$$+\arctan(\sqrt{2}x+1)]+C.$$

方法三　不必分解被积函数,而是将分子、分母同除以 x^2：

$$\frac{x^2+1}{x^4+1}=\frac{1+\frac{1}{x^2}}{x^2+\frac{1}{x^2}},$$

注意到 $\left(1+\frac{1}{x^2}\right)\mathrm{d}x=\mathrm{d}\left(x-\frac{1}{x}\right)$，于是

$$I=\int\frac{1+\frac{1}{x^2}}{x^2+\frac{1}{x^2}}\mathrm{d}x=\int\frac{1}{x^2+\frac{1}{x^2}}\mathrm{d}\left(x-\frac{1}{x}\right)$$

$$=\int\frac{1}{\left(x-\frac{1}{x}\right)^2+(\sqrt{2})^2}\mathrm{d}\left(x-\frac{1}{x}\right)$$

$$=\frac{1}{\sqrt{2}}\arctan\frac{x^2-1}{\sqrt{2}x}+C.$$

注　用方法二所得到的结果与方法三的不同,但不难用求导的方法去验证,它们都是被积函数的原函数.

5.2　三角函数的有理式的积分

由三角函数及常数经过有限次四则运算所得到的式子,称为**三角函数的有理式**.例如

$$\sin^2x,\quad \frac{1}{1+\cos x},\quad \frac{1}{5+3\sin x},$$

$$\frac{1+\sin x}{(1+\cos x)\sin x},\quad \frac{\cot x}{\sin x+\cos x-1},$$

$$\frac{1}{\sin^n x},\quad \sin mx\cos nx,\quad \frac{\sqrt{5}\sec x}{2\cos x+3\tan x}$$

等等,都是三角函数的有理式,但 $\frac{1}{\sqrt{2+\sin x}}$ 不是.

由于 $\tan x,\cot x,\sec x,\csc x$ 都可用含 $\sin x,\cos x$ 的有理式来

表示,因此三角函数的有理式一般可记作

$$R(\sin x,\cos x),$$

其中 $R(u,v)$ 表示关于变量 u,v 的有理函数.

关于三角函数有理式的积分,我们在本章§2,§3已经计算过不少. 例如

$$\int\sin^2 x\mathrm{d}x,\quad \int\frac{1}{1+\cos x}\mathrm{d}x,\quad \int\frac{1}{\sin x}\mathrm{d}x,$$

$$\int\cos^n x\mathrm{d}x,\quad \int\frac{1}{\cos^n x}\mathrm{d}x,\quad \int\cos 3x\cdot\sin x\mathrm{d}x,$$

等等,都可用第一换元法或分部积分法求出,它们都是初等函数. 在这里,我们要介绍的是一般性的结论,这就是

定理 3 三角函数有理式的积分

$$\int R(\sin x,\cos x)\mathrm{d}x$$

可用**万能代换**

$$\tan\frac{x}{2}=t\quad(-\pi<x<\pi),$$

或

$$x=2\arctan t\quad(-\pi<x<\pi)$$

化为关于 t 的有理函数的积分,从而可以表为有限形式.

证 由 $\tan\frac{x}{2}=t$ 得到

$$\sin x=2\sin\frac{x}{2}\cdot\cos\frac{x}{2}=\frac{2\tan\frac{x}{2}}{\sec^2\frac{x}{2}}$$

$$=\frac{2\tan\frac{x}{2}}{1+\tan^2\frac{x}{2}}=\frac{2t}{1+t^2},$$

$$\cos x=\cos^2\frac{x}{2}-\sin^2\frac{x}{2}=\cos^2\frac{x}{2}\cdot\left(1-\tan^2\frac{x}{2}\right)$$

$$=\frac{1-\tan^2\frac{x}{2}}{\sec^2\frac{x}{2}}=\frac{1-\tan^2\frac{x}{2}}{1+\tan^2\frac{x}{2}}=\frac{1-t^2}{1+t^2},$$

$$\mathrm{d}x=\mathrm{d}(2\arctan t)=\frac{2}{1+t^2}\mathrm{d}t,$$

从而

$$\int R(\sin x,\cos x)\mathrm{d}x=\int R\left(\frac{2t}{1+t^2},\frac{1-t^2}{1+t^2}\right)\cdot\frac{2}{1+t^2}\mathrm{d}t,$$

上式右端是关于 t 的有理函数的积分. ▌

例 7 求积分 $I=\int\frac{1}{2+\cos x}\mathrm{d}x$.

解 令 $\tan\frac{x}{2}=t$,则

$$\frac{1}{2+\cos x}=\frac{1}{2+\frac{1-t^2}{1+t^2}}=\frac{1+t^2}{3+t^2},$$

$$\mathrm{d}x=\frac{2}{1+t^2}\mathrm{d}t,$$

于是

$$I=\int\frac{1+t^2}{3+t^2}\cdot\frac{2}{1+t^2}\mathrm{d}t=2\int\frac{1}{t^2+(\sqrt{3})^2}\mathrm{d}t$$

$$=\frac{2}{\sqrt{3}}\arctan\frac{t}{\sqrt{3}}+C=\frac{2}{\sqrt{3}}\arctan\left(\frac{\tan\frac{x}{2}}{\sqrt{3}}\right)+C.$$

例 8 求积分 $I=\int\frac{1-r^2}{1-2r\cos x+r^2}\mathrm{d}x\ (0<r<1,-\pi<x<\pi)$.

解 令 $\tan\frac{x}{2}=t$,则

$$I=2(1-r^2)\int\frac{1}{(1-r)^2+(1+r)^2t^2}\mathrm{d}t$$

$$=2(1-r)\int\frac{1}{[(1+r)t]^2+(1-r)^2}\mathrm{d}[(1+r)t]$$

$$= 2\arctan\frac{(1+r)t}{1-r} + C = 2\arctan\left(\frac{1+r}{1-r}\tan\frac{x}{2}\right) + C.$$

应当指出，用万能代换虽然可以使积分 $\int R(\sin x,\cos x)\mathrm{d}x$ 表为有限形式，但是，由于化出来的被积函数可能是比较复杂的有理函数，因此不必一律套用万能代换. 我们有时可以根据具体题目，采用比较灵活、简便的方法.

例如，对于积分 $\int\frac{\mathrm{d}x}{\cos^6 x}$，若利用万能代换，则很复杂；而我们既可以利用第 309 页递推公式(13)来计算，也可以用下面的方法：

$$\begin{aligned}\int\frac{1}{\cos^6 x}\mathrm{d}x &= \int\frac{1}{\cos^4 x}\cdot\frac{1}{\cos^2 x}\mathrm{d}x = \int\left(\frac{1}{\cos^2 x}\right)^2\mathrm{d}(\tan x)\\ &= \int(1+\tan^2 x)^2\mathrm{d}(\tan x)\\ &= \tan x + \frac{2}{3}\tan^3 x + \frac{1}{5}\tan^5 x + C.\end{aligned}$$

5.3 某些根式的有理式的积分

以下积分可通过适当代换化为有理函数的积分.

1. 积分 $\int R(x,\sqrt[n]{ax+b})\mathrm{d}x$

令 $\sqrt[n]{ax+b}=t$，即 $x=\frac{t^n-b}{a}$，则 $\mathrm{d}x=\frac{n}{a}t^{n-1}$，于是

$$\int R(x,\sqrt[n]{ax+b})\mathrm{d}x = \frac{n}{a}\int R\left(\frac{t^n-b}{a},t\right)\cdot t^{n-1}\mathrm{d}t,$$

上式右端是关于 t 的有理函数的积分，从而可以表为有限形式. 具体例子见第 292 页例 10.

2. 积分 $\int R(x,\sqrt[n_1]{ax+b},\sqrt[n_2]{ax+b},\cdots,\sqrt[n_k]{ax+b})\mathrm{d}x$

令 $\sqrt[n]{ax+b}=t$(其中 n 为 $n_1,n_2,\cdots,n_k$ 的最小公倍数)，则可将积分 $\int R(x,\sqrt[n_1]{ax+b},\sqrt[n_2]{ax+b},\cdots,\sqrt[n_k]{ax+b})\mathrm{d}x$ 表为有限形式.

例 9 求积分 $I=\int\frac{\sqrt{x}}{\sqrt[3]{x}+1}\mathrm{d}x$.

解 令$\sqrt[6]{x}=t$,即 $x=t^6$,则

$$\frac{\sqrt{x}}{\sqrt[3]{x}+1}=\frac{t^3}{t^2+1},$$

$$\mathrm{d}x=6t^5\mathrm{d}t,$$

从而

$$\begin{aligned}I&=6\int\frac{t^8}{t^2+1}\mathrm{d}t=6\int\left(t^6-t^4+t^2-1+\frac{1}{t^2+1}\right)\mathrm{d}t\\&=6\left(\frac{t^7}{7}-\frac{t^5}{5}+\frac{t^3}{3}-t+\arctan t\right)+C\\&=6\left(\frac{1}{7}\sqrt[6]{x^7}-\frac{1}{5}\sqrt[6]{x^5}+\frac{1}{3}\sqrt{x}-\sqrt[6]{x}\right.\\&\quad\left.+\arctan\sqrt[6]{x}\right)+C.\end{aligned}$$

3. 积分 $\int R\left(x,\sqrt[n]{\frac{\alpha x+\beta}{\gamma x+\delta}}\right)\mathrm{d}x$

为求积分 $\int R\left(x,\sqrt[n]{\frac{\alpha x+\beta}{\gamma x+\delta}}\right)\mathrm{d}x$,可设 $\sqrt[n]{\frac{\alpha x+\beta}{\gamma x+\delta}}=t$.

例 10 求积分 $I=\int\frac{\mathrm{d}x}{\sqrt[3]{(x-1)(x+1)^2}}$.

解 将原积分化为

$$I=\int\sqrt[3]{\frac{x+1}{x-1}}\cdot\frac{1}{x+1}\mathrm{d}x.$$

令 $\sqrt[3]{\frac{x+1}{x-1}}=t$,即 $x=\frac{t^3+1}{t^3-1}$.于是得到

$$x+1=\frac{t^3+1}{t^3-1}+1=\frac{2t^3}{t^3-1},$$

$$\mathrm{d}x=-\frac{6t^2}{(t^3-1)^2}\mathrm{d}t,$$

从而

$$I=-3\int\frac{1}{t^3-1}\mathrm{d}t=-\int\frac{1}{t-1}\mathrm{d}t+\int\frac{t+2}{t^2+t+1}\mathrm{d}t$$

$$
\begin{aligned}
&= -\ln|t-1| + \frac{1}{2}\int \frac{(2t+1)+3}{t^2+t+1}\mathrm{d}t \\
&= -\ln|t-1| + \frac{1}{2}\int \frac{\mathrm{d}(t^2+t+1)}{t^2+t+1} \\
&\quad + \frac{3}{2}\int \frac{\mathrm{d}\left(t+\frac{1}{2}\right)}{\left(t+\frac{1}{2}\right)^2+\left(\frac{\sqrt{3}}{2}\right)^2} \\
&= \frac{1}{2}\ln\frac{t^2+t+1}{(t-1)^2} + \sqrt{3}\arctan\frac{2t+1}{\sqrt{3}} + C,
\end{aligned}
$$

再将 $t=\sqrt[3]{\frac{x+1}{x-1}}$ 代入即可.

思考题 对于积分

$$\int R\left(x, \sqrt[n_1]{\frac{\alpha x+\beta}{\gamma x+\delta}}, \sqrt[n_2]{\frac{\alpha x+\beta}{\gamma x+\delta}}, \cdots, \sqrt[n_k]{\frac{\alpha x+\beta}{\gamma x+\delta}}\right)\mathrm{d}x,$$

可做什么代换?

4. 积分 $\int R(x, \sqrt{ax^2+bx+c})\mathrm{d}x$ (其中 $a\neq 0$, 且 $b^2-4ac\neq 0$)

前面我们用三角函数代换及分部积分法求得的积分

$$\int \frac{1}{\sqrt{x^2\pm a^2}}\mathrm{d}x, \quad \int \sqrt{x^2\pm a^2}\mathrm{d}x, \quad \int \sqrt{a^2-x^2}\mathrm{d}x$$

都是积分 $\int R(x, \sqrt{ax^2+bx+c})\mathrm{d}x$ 的特殊情形. 对于一般的积分

$$\int R(x, \sqrt{ax^2+bx+c})\mathrm{d}x \quad (\text{其中 } a\neq 0, \text{且 } b^2-4ac\neq 0),$$

有时可通过将 ax^2+bx+c 配方, 再查基本积分公式表(Ⅰ),(Ⅱ)而得到结果,见第 299 页注 2 及例 16.

下面介绍一种普遍适用的方法——欧拉(Euler)代换法.

1) 欧拉第一代换

当 $a>0$ 时,设

$$\sqrt{ax^2+bx+c} = t - \sqrt{a}\,x.$$

两边平方,解出

$$x = \frac{t^2 - c}{2\sqrt{a}\,t + b},$$

于是

$$\sqrt{ax^2 + bx + c} = t - \sqrt{a}\,\frac{t^2 - c}{2\sqrt{a}\,t + b}$$

$$= \frac{\sqrt{a}\,t^2 + bt + c\sqrt{a}}{2\sqrt{a}\,t + b},$$

$$\mathrm{d}x = 2\,\frac{\sqrt{a}\,t^2 + bt + c\sqrt{a}}{(2\sqrt{a}\,t + b)^2}\mathrm{d}t,$$

代入积分 $\int R(x,\sqrt{ax^2+bx+c})\mathrm{d}x$ 后,便得到关于 t 的有理函数的积分,从而可以表为有限形式.

2) 欧拉第二代换

当 $c>0$ 时,设

$$\sqrt{ax^2 + bx + c} = xt - \sqrt{c}\,.$$

两边平方,解出

$$x = \frac{-2\sqrt{c}\,t - b}{a - t^2},$$

于是

$$\sqrt{ax^2 + bx + c} = \frac{-2\sqrt{c}\,t - b}{a - t^2}\cdot t - \sqrt{c}$$

$$= \frac{-\sqrt{c}\,t^2 - bt - a\sqrt{c}}{a - t^2},$$

$$\mathrm{d}x = -2\,\frac{\sqrt{c}\,t^2 + bt + a\sqrt{c}}{(a - t^2)^2}\mathrm{d}t,$$

代入积分 $\int R(x,\sqrt{ax^2+bx+c})\mathrm{d}x$ 后,便得到关于 t 的有理函数的积分,从而可以表为有限形式.

3) 欧拉第三代换

当方程 $ax^2+bx+c=0$ 有两个不同实根 λ 和 μ 时,设

$$\sqrt{ax^2+bx+c}=t(x-\lambda)\quad(\text{或 } t(x-\mu)).$$

两边平方,得到

$$ax^2+bx+c=t^2(x-\lambda)^2.$$

于是

$$a(x-\lambda)(x-\mu)=t^2(x-\lambda)^2,$$

解出

$$x=\frac{-a\mu+\lambda t^2}{t^2-a},.$$

从而

$$\sqrt{ax^2+bx+c}=t(x-\lambda)=\frac{a(\lambda-\mu)t}{t^2-a},$$

$$\mathrm{d}x=\frac{2a(\mu-\lambda)t}{(t^2-a)^2}\mathrm{d}t,$$

代入积分 $\int R(x,\sqrt{ax^2+bx+c})\mathrm{d}x$ 后,便得到关于 t 的有理函数的积分,从而可以表为有限形式.

应当指出,只利用欧拉第一代换与第三代换,便可将积分

$$\int R(x,\sqrt{ax^2+bx+c})\mathrm{d}x\ (\text{其中 } a\neq 0, b^2-4ac\neq 0)$$

表为有限形式.换句话说,欧拉第二代换在理论上是不必要的(不过,对于某些具体题目,利用第二代换可能比较简单).事实上,若 $ax^2+bx+c=0$ 有实根,则可利用欧拉第三代换;若 $ax^2+bx+c=0$ 没有实根,即 $b^2-4ac<0$,则因 $ax^2+bx+c\geqslant 0$,而

$$ax^2+bx+c=\frac{1}{4a}[(2ax+b)^2+(4ac-b^2)],$$

所以必有 $a>0$,从而可利用欧拉第一代换.

于是我们证明了:利用欧拉代换,可将积分

$$\int R(x,\sqrt{ax^2+bx+c})\mathrm{d}x$$

表为有限形式.

例 11 求积分 $I=\int\frac{\mathrm{d}x}{x+\sqrt{x^2-x+1}}$.

解 用欧拉第一代换.设

$$\sqrt{x^2-x+1}=t-x,$$

解出 $x=\dfrac{t^2-1}{2t-1}$，于是

$$x+\sqrt{x^2-x+1}=x+(t-x)=t,$$

$$\mathrm{d}x=\mathrm{d}\left(\frac{t^2-1}{2t-1}\right)=2\,\frac{t^2-t+1}{(2t-1)^2}\mathrm{d}x.$$

从而

$$\begin{aligned}
I&=\int\frac{2(t^2-t+1)}{t(2t-1)^2}\mathrm{d}t\\
&=\int\left[\frac{2}{t}-\frac{3}{2t-1}+\frac{3}{(2t-1)^2}\right]\mathrm{d}t\\
&=2\ln|t|-\frac{3}{2}\ln|2t-1|-\frac{3}{2}\cdot\frac{1}{2t-1}+C\\
&=2\ln|x+\sqrt{x^2-x+1}|\\
&\quad-\frac{3}{2}\ln|2x+2\sqrt{x^2-x+1}-1|\\
&\quad-\frac{3}{2}\cdot\frac{1}{2x+2\sqrt{x^2-x+1}-1}+C.
\end{aligned}$$

注 本题也可用欧拉第二代换来做.读者可自己练习.

习 题 6.2

求下列不定积分：

1. $\int\arcsin x\mathrm{d}x$.
2. $\int x\mathrm{ch}x\mathrm{d}x$.
3. $\int x^2\mathrm{e}^{-2x}\mathrm{d}x$.
4. $\int\ln(x\sqrt{1+x^2})\mathrm{d}x$.
5. $\int(\arcsin x)^2\mathrm{d}x$.
6. $\int\dfrac{x\ln x}{(1+x^2)^2}\mathrm{d}x$.
7. $\int\sqrt{x}\arctan\sqrt{x}\,\mathrm{d}x$.
8. $\int\dfrac{\arcsin x}{(1-x^2)^{3/2}}\mathrm{d}x$.
9. $\int\sin x\ln(\tan x)\mathrm{d}x$.
10. $\int x^3(\ln x)^2\mathrm{d}x$.
11. $\int\dfrac{\arctan\mathrm{e}^x}{\mathrm{e}^x}\mathrm{d}x$.
12. $\int x\mathrm{e}^x\sin^2x\mathrm{d}x$.

13. $\int \frac{x\arctan x}{(1+x^2)^{3/2}}\mathrm{d}x$.

14. $\int \arcsin\sqrt{1-x^2}\mathrm{d}x$.

15. $\int \frac{\mathrm{d}x}{(x^2-4x+4)(x^2-4x+5)}$.

16. $\int \frac{x^2+5x+4}{x^4+5x^2+4}\mathrm{d}x$.

17. $\int \frac{x^5}{x+1}\mathrm{d}x$.

18. $\int \frac{\mathrm{d}x}{2-3x^2}$.

19. $\int \frac{\mathrm{d}x}{(x^2-2)(x^2+3)}$.

20. $\int \frac{x^3\mathrm{d}x}{x^4-x^2+2}$.

21. $\int \frac{\mathrm{d}x}{(x+2)(x^2+2x+2)}$.

22. $\int \frac{x\mathrm{d}x}{(x+a)(x^2+b^2)}$.

23. $\int \frac{x^5+1}{x^6+x^4}\mathrm{d}x$.

24. $\int \frac{x^{3n-1}}{(x^{2n}+1)^2}\mathrm{d}x$.

25. $\int \frac{x^2+1}{(x+1)^2(x-1)}\mathrm{d}x$.

26. $\int \frac{x^3+1}{x^3-5x^2+6x}\mathrm{d}x$.

27. $\int \frac{x}{x^3-1}\mathrm{d}x$.

28. $\int \frac{\mathrm{d}x}{x^3+1}$.

29. $\int \frac{\mathrm{d}x}{(x+1)(x+2)^2(x+3)}$.

30. $\int \frac{x\mathrm{d}x}{(x^2+1)(x+2)}$.

31. $\int \cos\frac{x}{2}\cos\frac{x}{3}\mathrm{d}x$.

32. $\int \sin\left(2x-\frac{\pi}{6}\right)\cos\left(3x+\frac{\pi}{4}\right)\mathrm{d}x$.

33. $\int \cos x\cos 2x\cos 3x\mathrm{d}x$.

34. $\int \cos^4 x\mathrm{d}x$.

35. $\int \cos^5 x\mathrm{d}x$.

36. $\int \sin^2 x\cos^5 x\mathrm{d}x$.

37. $\int \sec^2 x\sin^3 x\mathrm{d}x$.

38. $\int \sin^2 x\cos^4 x\mathrm{d}x$.

39. $\int \frac{\mathrm{d}x}{\sin x+\cos x}$.

40. $\int \frac{\cos x}{\sqrt{2+\cos 2x}}\mathrm{d}x$.

41. $\int \frac{\sin x\cos x}{\sin^4 x+\cos^4 x}\mathrm{d}x$.

42. $\int \sec^3 x\mathrm{d}x$.

43. $\int \csc^3 x\mathrm{d}x$.

44. $\int \cos^3 x\sin 2x\mathrm{d}x$.

45. $\int \frac{\mathrm{d}x}{2\sin x-\cos x+5}$.

46. $\int \frac{\mathrm{d}x}{1+\varepsilon\cos x}$ $(|\varepsilon|<1)$.

47. $\int \frac{\sin x\cos x}{\sin x+\cos x}\mathrm{d}x$.

48. $\int \frac{\mathrm{d}x}{\cos^4 x}$.

49. $\int \frac{\cos 2x}{\sin^4 x+\cos^4 x}\mathrm{d}x$.

50. $\int \mathrm{sh}x\,\mathrm{sh}2x\mathrm{d}x$.

51. $\int \mathrm{ch}x\,\mathrm{ch}3x\,\mathrm{d}x$.

52. $\int \sqrt{\frac{1+x}{1-x}}\mathrm{d}x$.

53. $\int \frac{1-\sqrt{x+1}}{1+\sqrt[3]{x+1}}\mathrm{d}x$.

54. $\int \frac{\sqrt{x+1}-\sqrt{x-1}}{\sqrt{x+1}+\sqrt{x-1}}\mathrm{d}x$.

55. $\int \frac{\mathrm{d}x}{x(1+2\sqrt[6]{x})}$.

56. $\int \frac{\mathrm{d}x}{\sqrt[3]{(x+1)^2(x-1)^4}}$.

57. $\int \frac{x\mathrm{d}x}{\sqrt{x^2-x+2}}$.

58. $\int \frac{x-\sqrt{x^2+3x+2}}{x+\sqrt{x^2+3x+2}}\mathrm{d}x$.

59. $\int x\sqrt{x^2-2x+2}\mathrm{d}x$.

60. $\int \frac{\mathrm{d}x}{(x+1)\sqrt{x^2+1}}$.

61. $\int \frac{\mathrm{d}x}{1+2\sqrt{x-x^2}}$.

62. $\int \frac{x\mathrm{d}x}{(1+x^{1/3})^{1/2}}$.

第七章　定　积　分

在第六章，作为导数的反问题，我们引进了不定积分，讨论了它的概念和计算，并介绍了三类可以表为有限形式的不定积分. 本章所要讲的定积分，有着丰富的实际背景，例如求平面图形的面积，求变速直线运动的路程，求变力所做的功，等等. 这些问题最后都归结为求某种和式的极限，于是引进了定积分. 初看上去，定积分与不定积分并没有什么联系；在历史上，它们的发展起初也是完全独立的. 直到 17 世纪，牛顿(Newton)和莱布尼兹(Leibniz)在前人大量研究工作的基础上，先后发现了定积分与不定积分的联系，这才推动了积分学大大向前发展，使积分学逐步成了解决问题的有力工具.

本章讨论定积分的概念、理论和计算，并介绍广义积分.

§1　定积分的概念

1.1　两个实例

1. *实例 1——曲边梯形面积.*

在许多实际问题中，经常需要计算平面图形的面积. 例如，测定河水的流量，需要计算河床横断面的面积；设计船体，需要计算水线面(用水平面去截满载船体时所得到的截面)的面积；建造溢流坝(水电站闸门下的一种坝)时，需要计算坝的横断面面积，等等. 这些都是求平面图形面积的问题. 由于任何平面图形都可以用互相垂直的两组直线分成若干个曲边梯形(或曲边三角形)之和(图 7-1)，因此，只要会计算曲边梯形的面积就可以了.

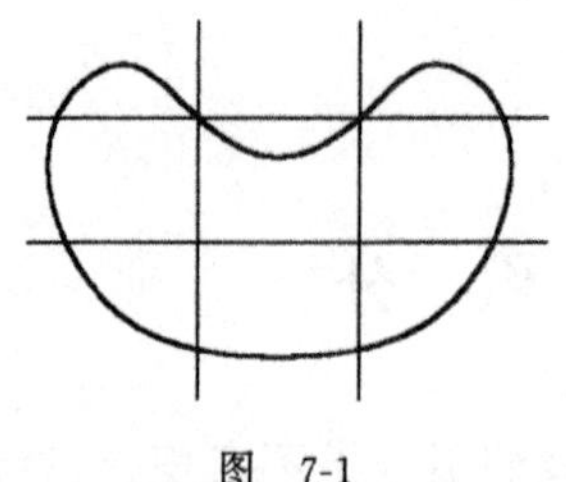

图 7-1

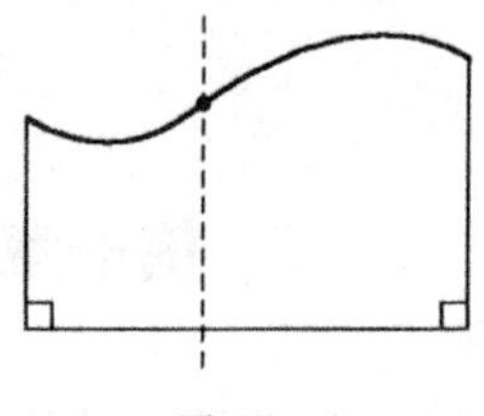

图 7-2

所谓**曲边梯形**，是指由三条直边及一条曲边所围成的图形，其中两条直边互相平行，第三条直边与它们垂直，叫做**底边**，第四条边是一段曲线弧，它与任意一条垂直于底边的直线至多交于一点(图 7-2)。

当两条互相平行的直边中有一条或两条缩成一点时，曲边梯形就成了图 7-3 中的样子，我们称它们为**曲边三角形**.

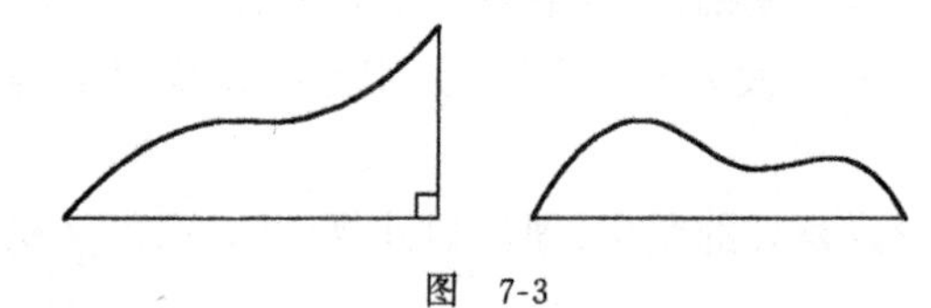

图 7-3

下面讨论曲边梯形面积的求法.

例 1 设曲边梯形由连续曲线

$$y=f(x) \quad (f(x)\geqslant 0),$$

以及 x 轴、直线 $x=a, x=b$ 围成(图 7-4)，求它的面积 A.

解 困难在于有一边是"曲"的. 为了克服这个困难，我们先把曲边梯形分细(图 7-4)，对于每一个小曲边梯形，可用一个小矩形去近似代替它，这就是"以直代曲"，求出面积后，再一个个相加，于是得到一个大的阶梯形面积，它是原来大曲边梯形面积

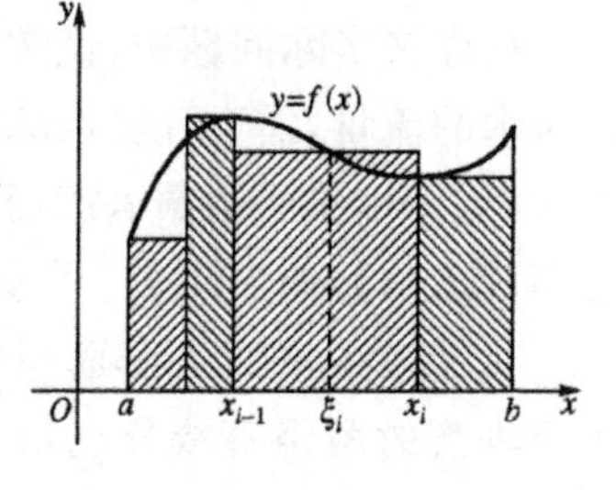

图 7-4

A 的一个近似值；为了得到 A 的精确值，我们让分割无限变细，最后得到的极限值就是 A.

具体做法可分为以下四步.

(1) 分割：把区间$[a,b]$任意分成 n 个小区间，设分点为

$$a = x_0 < x_1 < x_2 < \cdots < x_{n-1} < x_n = b,$$

小区间的长度为

$$\Delta x_i = x_i - x_{i-1} \quad (i = 1,2,\cdots,n).$$

过每个分点 x_i $(i=1,2,\cdots,n)$作平行于 y 轴的直线，把原曲边梯形分为 n 个小曲边梯形，它们的面积分别记作

$$\Delta A_1,\ \Delta A_2,\ \cdots,\ \Delta A_n.$$

(2) 近似代替——“以直代曲”：考虑有代表性的小区间

$$[x_{i-1},x_i] \quad (i=1,2,\cdots,n).$$

因为 $f(x)$是连续函数，所以当分割充分细密时，$f(x)$在小区间$[x_{i-1},x_i]$上的值变化不大，从而可用一个小矩形去近似代替小曲边梯形. 这个小矩形的底与小曲边梯形的底相同，而高是函数值 $f(\xi_i)$，于是得到

$$\Delta A_i \approx f(\xi_i) \cdot \Delta x_i \quad (i = 1,2,\cdots,n),$$

其中 ξ_i 是小区间$[x_{i-1},x_i]$上的任意一点.

(3) 求和：将以上 n 个式子求和，得到 A 的近似值：

$$\begin{aligned} A &= \Delta A_1 + \Delta A_2 + \cdots + \Delta A_n \\ &\approx f(\xi_1) \cdot \Delta x_1 + f(\xi_2) \cdot \Delta x_2 + \cdots + f(\xi_n) \cdot \Delta x_n \\ &= \sum_{i=1}^{n} f(\xi_i) \cdot \Delta x_i, \end{aligned}$$

这是一个阶梯形面积(图 7-4 中带斜线部分的面积).

(4) 取极限：显然，阶梯形面积 $\sum\limits_{i=1}^{n} f(\xi_i) \cdot \Delta x_i$ 既依赖于区间$[a,b]$的分割方法，也依赖于中间点 ξ_i $(i=1,2,\cdots,n)$的取法. 但是，容易看出，当分割充分细时，$\sum\limits_{i=1}^{n} f(\xi_i) \cdot \Delta x_i$ 就可以任意接近

所求面积 A；并且当分割无限细下去(表现为 $\lambda=\max\limits_{1\leqslant i\leqslant n}\{\Delta x_i\}\to 0$)时，就有

$$A=\lim_{\lambda\to 0}\sum_{i=1}^{n}f(\xi_i)\cdot\Delta x_i.$$

2. 实例2——质点作变速直线运动的路程

例2 设质点沿直线作变速运动，速度为 $v=v(t)$，假定 $v(t)$ 是 t 的连续函数，求质点在时间间隔 $[a,b]$ 内所走过的路程 s.

解 我们知道，匀速直线运动的路程公式为 $s=vt$. 现在是变速运动，怎样求路程呢？

与例1相仿，我们把区间 $[a,b]$ 分细，以便在每个局部，可以把运动近似看作是匀速的. 这就是“以匀代变”.

具体步骤如下.

(1) 分割：将区间 $[a,b]$ 任意分成 n 份，设分点为

$$a=t_0<t_1<t_2<\cdots<t_{n-1}<t_n=b,$$

小区间的长度为

$$\Delta t_i=t_i-t_{i-1}\quad(i=1,2,\cdots,n).$$

(2) 近似代替——“以匀代变”：考虑小区间 $[t_{i-1},t_i]$ $(i=1,2,\cdots,n)$. 由于区间很小，速度 $v(t)$ 又是连续变化的，因此可把质点在小区间上的运动近似看作匀速运动. 具体地说，可在区间 $[t_{i-1},t_i]$ 上任取一点 τ_i $(t_{i-1}\leqslant\tau_i\leqslant t_i)$，用质点在时刻 τ_i 的速度 $v(\tau_i)$ 去近似代替变速 $v(t)$，于是得到

$$\Delta s_i\approx v(\tau_i)\cdot\Delta t_i\quad(i=1,2,\cdots,n),$$

其中 Δs_i 是质点在时间间隔 $[t_{i-1},t_i]$ 内所走过的路程.

(3) 求和：

$$\begin{aligned}s&=\Delta s_1+\Delta s_2+\cdots+\Delta s_n\\&\approx v(\tau_1)\cdot\Delta t_1+v(\tau_2)\cdot\Delta t_2+\cdots+v(\tau_n)\cdot\Delta t_n\\&=\sum_{i=1}^{n}v(\tau_i)\cdot\Delta t_i.\end{aligned}$$

(4) 取极限：记 $\lambda=\max\limits_{1\leqslant i\leqslant n}\{\Delta t_i\}$，令 $\lambda\to 0$，则

$$s = \lim_{\lambda \to 0} \sum_{i=1}^{n} v(\tau_i) \cdot \Delta t_i.$$

1.2 定积分的定义

从 1.1 中的两例我们看到，求解它们时，最后都归结为求某种和式的极限. 类似的实际问题还有很多，例如变力做功问题，转动惯量问题，引力问题，旋转体的体积问题，曲线的弧长问题，等等. 我们把处理这些问题的数学方法加以概括和抽象，便得到了定积分的定义.

定义(定积分) 设函数 $f(x)$在区间$[a,b]$上有定义. 用分点

$$a = x_0 < x_1 < x_2 < \cdots < x_{n-1} < x_n = b$$

将区间$[a,b]$任意分成 n 个小区间，小区间的长度为

$$\Delta x_i = x_i - x_{i-1} \quad (i = 1,2,\cdots,n),$$

记 $\lambda = \max\limits_{1 \leqslant i \leqslant n} \{\Delta x_i\}$. 在每个小区间$[x_{i-1},x_i]$上任取一点 ξ_i $(x_{i-1} \leqslant \xi_i \leqslant x_i)$，作乘积

$$f(\xi_i) \cdot \Delta x_i \quad (i = 1,2,\cdots,n).$$

将这些乘积相加，得到和式

$$\sigma_n = \sum_{i=1}^{n} f(\xi_i) \cdot \Delta x_i,$$

这个和称为函数 $f(x)$在区间$[a,b]$上的**积分和**. 令 $\lambda \to 0$，若积分和 σ_n 有极限 I(这个值 I 不依赖于$[a,b]$的分法以及中间点 $\xi_i(i=1,2,\cdots,n)$的取法)，则称此极限值为 $f(x)$在$[a,b]$上的**定积分**，记作

$$I = \lim_{\lambda \to 0} \sum_{i=1}^{n} f(\xi_i) \cdot \Delta x_i = \int_a^b f(x) \mathrm{d}x,$$

其中 a 和 b 分别称为定积分的**下限**与**上限**，$[a,b]$称为**积分区间**，其他诸如“$\int$”等名称与不定积分的相同.

定积分的这一定义，在历史上首先是由黎曼(Riemann)给出的，因此这种意义下的定积分也称为**黎曼积分**.

若 $f(x)$在$[a,b]$上的定积分存在，则称 $f(x)$在$[a,b]$上**可积**

(或黎曼可积).

定积分 $\int_a^b f(x)\mathrm{d}x$ 也可用"ε-δ"语言给出定义:

设 $f(x)$在$[a,b]$上有定义，I 为常数. 任给 $\varepsilon>0$,若存在 $\delta>0$,使得对于$[a,b]$的任意分法以及中间点 ξ_i $(x_{i-1}\leqslant\xi_i\leqslant x_i)$的任意取法,只要

$$\lambda=\max_{1\leqslant i\leqslant n}\{\Delta x_i\}<\delta,$$

就有

$$|\sigma_n-I|=\left|\sum_{i=1}^{n}f(\xi_i)\cdot\Delta x_i-I\right|<\varepsilon,$$

则称 I 是 $f(x)$在$[a,b]$上的定积分,记作

$$I=\lim_{\lambda\to 0}\sum_{i=1}^{n}f(\xi_i)\cdot\Delta x_i=\int_a^b f(x)\mathrm{d}x.$$

有了定积分的概念以后,1.1 中的两个实例就可以用定积分来表示.

在例 1 中,曲边梯形的面积 A 是曲边函数 $y=f(x)$在区间$[a,b]$上的定积分,即

$$A=\int_a^b f(x)\mathrm{d}x \quad (f(x)\geqslant 0).$$

在例 2 中,作变速直线运动的质点所走过的路程 s 是速度函数 $v=v(t)$在时间区间$[a,b]$上的定积分,即

$$s=\int_a^b v(t)\mathrm{d}t.$$

我们指出,例 1,例 2 中的这两个函数 $f(x)$,$v(t)$都是连续函数,而定积分定义中提到的被积函数 $f(x)$却不一定连续,这是为了使定积分的应用范围更加广泛.

1.3 定积分的几何意义

下面叙述定积分的几何意义,我们以 1.1 中例 1 来说明:

(1) 若 $f(x)\geqslant 0$,则由例 1 知,定积分 $\int_a^b f(x)\mathrm{d}x$ 表示由曲线 $y=f(x)$,直线 $x=a,x=b$ 以及 x 轴所围成的曲边梯形的面积 A(图 7-5).

(2) 若 $f(x)\leqslant 0$,则 $f(\xi_i)\leqslant 0\ (i=1,2,\cdots,n)$,因此第 i 个小矩形的面积应为

$$[-f(\xi_i)]\cdot\Delta x_i\quad(i=1,2,\cdots,n),$$

从而曲边梯形面积为

$$\begin{aligned}A&=\lim_{\lambda\to 0}\sum_{i=1}^{n}[-f(\xi_i)]\cdot\Delta x_i=-\lim_{\lambda\to 0}\sum_{i=1}^{n}f(\xi_i)\cdot\Delta x_i\\&=-\int_a^b f(x)\mathrm{d}x,\end{aligned}$$

即
$$\int_a^b f(x)\mathrm{d}x=-A.$$

这说明,当 $f(x)\leqslant 0$ 时,定积分 $\int_a^b f(x)\mathrm{d}x$ 等于曲边梯形面积加上负号.因为这时定积分取负值,而面积为正值(图 7-6).

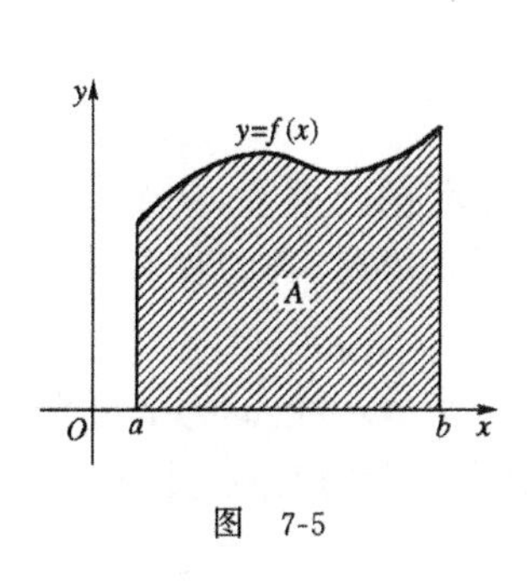

图 7-5

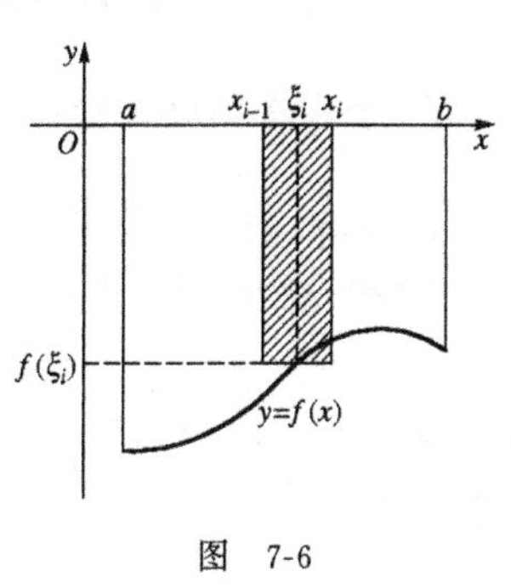

图 7-6

1.4 关于定积分的两点说明

(1) 定积分是一个数,它仅仅取决于被积函数以及积分的上、下限,而与积分变量采用什么字母无关,即有

$$\int_a^b f(x)\mathrm{d}x = \int_a^b f(t)\mathrm{d}t = \int_a^b f(u)\mathrm{d}u.$$

也就是说,定积分的值不依赖于积分变量的选择,正如表达式

$$\sum_{i=1}^{30} \frac{1}{i^2},\quad \sum_{n=1}^{30} \frac{1}{n^2},\quad \sum_{k=1}^{30} \frac{1}{k^2}$$

都表示和数

$$1 + \frac{1}{2^2} + \frac{1}{3^2} + \cdots + \frac{1}{30^2}$$

一样.

从定积分的几何意义也很容易理解这一点. 假如定积分 $\int_a^b f(x)\mathrm{d}x$ 表示曲边梯形的面积,那么,这个面积显然不会因为把曲边梯形放在 x 轴上或 t 轴上,或 u 轴上,而有任何不同.

(2) 为了今后使用方便,我们规定:

当 $a>b$ 时, $\int_a^b f(x)\mathrm{d}x = -\int_b^a f(x)\mathrm{d}x$;

当 $a=b$ 时, $\int_a^a f(x)\mathrm{d}x = 0$.

1.5 关于函数的可积性

如上所述,若 $f(x)$ 在 $[a,b]$ 上的定积分存在,则称 $f(x)$ 在 $[a,b]$ 上可积. 那么,什么样的函数是可积的呢?我们有下面的重要定理.

定理 1 若 $f(x)$ 在 $[a,b]$ 上连续,则 $f(x)$ 在 $[a,b]$ 上可积.

定理 2 若 $f(x)$ 在 $[a,b]$ 上只有有限个间断点,并且有界,则 $f(x)$ 在 $[a,b]$ 上可积.

定理 3 若 $f(x)$ 在 (a,b) 内单调且在 $[a,b]$ 上有界,则 $f(x)$ 在 $[a,b]$ 上可积.

这几个定理给出了函数可积的几种充分条件. 它们的证明要用到实数域的完备性,超出了本课程教学大纲的要求,我们把这些证明放在后面的附录二中.

我们看到,上面三个定理中的函数都是有界函数.这对于函数的可积性是必不可少的.事实上,我们有

定理 4 若 $f(x)$在$[a,b]$上可积,则 $f(x)$在$[a,b]$上有界.

证 假定 $f(x)$在$[a,b]$上无界,那么对于区间的任何分割

$$a = x_0 < x_1 < x_2 < \cdots < x_{n-1} < x_n = b,$$

函数 $f(x)$至少在一个小区间$[x_{k-1},x_k]$ $(1\leqslant k\leqslant n)$上是无界的.因此,可以在这个区间上选取一点 ξ_k,使得 $f(\xi_k)\cdot\Delta x_k$ 的绝对值足够大,从而可使积分和 $\sum\limits_{i=1}^{n} f(\xi_i)\cdot\Delta x_i$ 大于(或小于)任意预先给定的正数(或负数),这样,积分和就不可能有极限,也就是说, $f(x)$在$[a,b]$上是不可积的.这表明,无界函数必定是不可积的.于是证得:可积函数必定是有界的. ▍

这个定理给出了函数可积的一个必要条件.

注意:定理 4 反过来并不成立,也就是说,有界函数未必都是可积的.试看下例.

例 3 证明狄里克雷函数

$$D(x) = \begin{cases} 1, & x \text{ 为有理数}, \\ 0, & x \text{ 为无理数} \end{cases}$$

在任意区间$[a,b]$上都不可积.

证 用分点

$$a = x_0 < x_1 < x_2 < \cdots < x_{n-1} < x_n = b$$

将区间$[a,b]$任意分为 n 个小区间.对于区间$[x_{i-1},x_i]$ $(i=1,2,\cdots,n)$,取 ξ_i 为其中的任一有理数,则 $D(\xi_i)=1$,从而积分和为

$$\sum_{i=1}^{n} D(\xi_i)\cdot\Delta x_i = \sum_{i=1}^{n} 1\cdot\Delta x_i = b - a.$$

又,若取 ξ_i 为$[x_{i-1},x_i]$上的任一无理数,则 $D(\xi_i)=0$,从而积分和为

$$\sum_{i=1}^{n} D(\xi_i)\cdot\Delta x_i = \sum_{i=1}^{n} 0\cdot\Delta x_i = 0.$$

这说明,对于中间点 ξ_i $(i=1,2,\cdots,n)$的不同取法,积分和不会有相同的极限,因此 $D(x)$不可积. ▌

§2 定积分的基本性质

定理 1(定积分的线性性质) 若函数 $f(x)$, $g(x)$在区间$[a,b]$上可积,则 $k_1f(x)\pm k_2g(x)$在$[a,b]$上也可积,且

$$\int_a^b[k_1f(x)\pm k_2g(x)]\mathrm{d}x=k_1\int_a^b f(x)\mathrm{d}x\pm k_2\int_a^b g(x)\mathrm{d}x,$$

其中 k_1,k_2 为任意两个常数.

证 由定积分定义及极限的基本性质知

$$\begin{aligned}&\int_a^b[k_1f(x)\pm k_2g(x)]\mathrm{d}x\\&\quad=\lim_{\lambda\to0}\sum_{i=1}^n[k_1f(\xi_i)\pm k_2g(\xi_i)]\cdot\Delta x_i\\&\quad=\lim_{\lambda\to0}\Big[k_1\sum_{i=1}^n f(\xi_i)\cdot\Delta x_i\pm k_2\sum_{i=1}^n g(\xi_i)\cdot\Delta x_i\Big]\\&\quad=k_1\lim_{\lambda\to0}\sum_{i=1}^n f(\xi_i)\cdot\Delta x_i\pm k_2\lim_{\lambda\to0}\sum_{i=1}^n g(\xi_i)\cdot\Delta x_i\\&\quad=k_1\int_a^b f(x)\mathrm{d}x\pm k_2\int_a^b g(x)\mathrm{d}x.\end{aligned}$$ ▌

定理 2(定积分的可加性) 设函数 $f(x)$从 a 到 b,从 a 到 c 以及从 c 到 b 都可积[①],则有

$$\int_a^b f(x)\mathrm{d}x=\int_a^c f(x)\mathrm{d}x+\int_c^b f(x)\mathrm{d}x. \tag{1}$$

证 (1) 设 $a<c<b$(图 7-7). 因为 $f(x)$在$[a,b]$上可积,所以不论怎样分割$[a,b]$,积分和的极限都是不变的. 我们取 c 作为一个分点,于是 $f(x)$在$[a,b]$上的积分和等于 $f(x)$在$[a,c]$与$[c,b]$

---

① $f(x)$在$[a,b]$上可积也称为**从 a 到 b 可积**. 当 $a>b$ 时也可以这样说.

这两个区间上的积分和相加,即

$$\sum_{[a,b]} f(\xi_i)\cdot\Delta x_i=\sum_{[a,c]} f(\xi_i)\cdot\Delta x_i+\sum_{[c,b]} f(\xi_i)\cdot\Delta x_i.$$

令 $\lambda\to 0$,上式两端取极限,由已知条件得到

$$\int_a^b f(x)\mathrm{d}x=\int_a^c f(x)\mathrm{d}x+\int_c^b f(x)\mathrm{d}x.$$

图 7-7

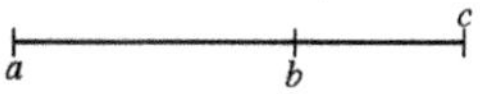

图 7-8

(2) 设 $a<b<c$(图 7-8).由(1)的结论知

$$\int_a^c f(x)\mathrm{d}x=\int_a^b f(x)\mathrm{d}x+\int_b^c f(x)\mathrm{d}x.$$

移项,得到

$$\begin{aligned}\int_a^b f(x)\mathrm{d}x&=\int_a^c f(x)\mathrm{d}x-\int_b^c f(x)\mathrm{d}x\\&=\int_a^c f(x)\mathrm{d}x+\int_c^b f(x)\mathrm{d}x.\end{aligned}$$

其他情形可类似证明. ▍

例 1 证明:由曲线 $y=f(x)$,直线 $x=a$,$x=b$ 及 x 轴所围成的平面图形的面积为

$$A=\int_a^b |f(x)|\mathrm{d}x.$$

证 事实上,在图 7-9 中,有关系式

$$\begin{aligned}A&=S_1+S_2+S_3\\&=-\int_a^{c_1} f(x)\mathrm{d}x+\int_{c_1}^{c_2} f(x)\mathrm{d}x-\int_{c_2}^b f(x)\mathrm{d}x\\&=\int_a^{c_1}[-f(x)]\mathrm{d}x+\int_{c_1}^{c_2} f(x)\mathrm{d}x+\int_{c_2}^b[-f(x)]\mathrm{d}x\\&=\int_a^{c_1}|f(x)|\mathrm{d}x+\int_{c_1}^{c_2}|f(x)|\mathrm{d}x+\int_{c_2}^b|f(x)|\mathrm{d}x\end{aligned}$$

$$\xlongequal{\text{可加性}} \int_a^b |f(x)| \mathrm{d}x. \quad \blacksquare$$

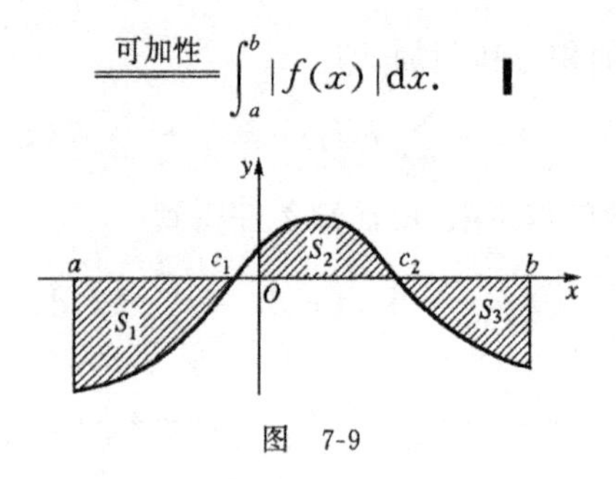

图 7-9

定理 3 若函数 $f(x),g(x)$ 在区间 $[a,b]$ 上可积，且

$$f(x) \leqslant g(x), \quad x \in [a,b],$$

则

$$\int_a^b f(x)\mathrm{d}x \leqslant \int_a^b g(x)\mathrm{d}x.$$

证 因为 $f(x) \leqslant g(x)$ $(a \leqslant x \leqslant b)$，所以对于区间 $[a,b]$ 的任意分割以及中间点 ξ_i $(i=1,2,\cdots,n)$ 的任意取法，都有

$$f(\xi_i) \leqslant g(\xi_i) \quad (i=1,2,\cdots,n),$$

从而

$$\sum_{i=1}^{n} f(\xi_i) \cdot \Delta x_i \leqslant \sum_{i=1}^{n} g(\xi_i) \cdot \Delta x_i.$$

令 $\lambda \to 0$，在上式两端取极限，由 $f(x),g(x)$ 可积，得到

$$\lim_{\lambda \to 0} \sum_{i=1}^{n} f(\xi_i) \cdot \Delta x_i \leqslant \lim_{\lambda \to 0} \sum_{i=1}^{n} g(\xi_i) \cdot \Delta x_i,$$

即

$$\int_a^b f(x)\mathrm{d}x \leqslant \int_a^b g(x)\mathrm{d}x. \quad \blacksquare$$

推论 1 若函数 $f(x)$ 在区间 $[a,b]$ 上可积，且 $f(x) \geqslant 0$ $(a \leqslant x \leqslant b)$，则

$$\int_a^b f(x)\mathrm{d}x \geqslant 0.$$

证明留给读者.

推论 2 若函数 $f(x)$ 在区间 $[a,b]$ 上可积，且

$$m \leqslant f(x) \leqslant M \quad (a \leqslant x \leqslant b), \tag{2}$$

则有

$$m(b-a) \leqslant \int_a^b f(x)\mathrm{d}x \leqslant M(b-a),$$

其中 m, M 为常数.

证 由于连续函数是可积的,因此定积分

$$\int_a^b m\mathrm{d}x, \quad \int_a^b M\mathrm{d}x$$

存在. 由(2)式及定理 3 得到

$$\int_a^b m\mathrm{d}x \leqslant \int_a^b f(x)\mathrm{d}x \leqslant \int_a^b M\mathrm{d}x.$$

根据定理 1,上式可写为

$$m\int_a^b \mathrm{d}x \leqslant \int_a^b f(x)\mathrm{d}x \leqslant M\int_a^b \mathrm{d}x. \tag{3}$$

由定积分的定义易知

$$\int_a^b \mathrm{d}x = \lim_{\lambda\to 0}\sum_{i=1}^n 1\cdot\Delta x_i = \lim_{\lambda\to 0}(b-a) = b-a,$$

代入(3)式,得到

$$m(b-a) \leqslant \int_a^b f(x)\mathrm{d}x \leqslant M(b-a). \quad \blacksquare$$

例 2 估计定积分 $\int_{\frac{\pi}{4}}^{\frac{\pi}{2}} \frac{\sin x}{x}\mathrm{d}x$ 的值.

解 设 $f(x)=\frac{\sin x}{x}$. 为了估计定积分的值,先设法求出 $f(x)=\frac{\sin x}{x}$ 在区间 $\left[\frac{\pi}{4},\frac{\pi}{2}\right]$ 上的最小值 m 及最大值 M.

因为

$$f'(x) = \frac{x\cos x - \sin x}{x^2} = \frac{(x-\tan x)\cdot\cos x}{x^2},$$

且当 $x\in\left[\frac{\pi}{4},\frac{\pi}{2}\right]$ 时,有 $\tan x > x$,所以

$$f'(x) < 0, \quad x\in\left[\frac{\pi}{4},\frac{\pi}{2}\right],$$

从而 $f(x)$ 在 $\left[\frac{\pi}{4},\frac{\pi}{2}\right]$ 上严格单调下降. 于是

$$m=f\left(\frac{\pi}{2}\right)=\frac{\sin\frac{\pi}{2}}{\frac{\pi}{2}}=\frac{2}{\pi},$$

$$M=f\left(\frac{\pi}{4}\right)=\frac{\sin\frac{\pi}{4}}{\frac{\pi}{4}}=\frac{2\sqrt{2}}{\pi}.$$

由定理 3 的推论 2 知

$$\frac{2}{\pi}\left(\frac{\pi}{2}-\frac{\pi}{4}\right)\leqslant\int_{\frac{\pi}{4}}^{\frac{\pi}{2}}\frac{\sin x}{x}\mathrm{d}x\leqslant\frac{2\sqrt{2}}{\pi}\left(\frac{\pi}{2}-\frac{\pi}{4}\right),$$

即
$$\frac{1}{2}\leqslant\int_{\frac{\pi}{4}}^{\frac{\pi}{2}}\frac{\sin x}{x}\mathrm{d}x\leqslant\frac{\sqrt{2}}{2},$$

或
$$0.5\leqslant\int_{\frac{\pi}{4}}^{\frac{\pi}{2}}\frac{\sin x}{x}\mathrm{d}x\leqslant 0.71.$$

这个例子说明,尽管我们不会计算定积分 $\int_{\frac{\pi}{4}}^{\frac{\pi}{2}}\frac{\sin x}{x}\mathrm{d}x$,但是可以利用定积分的性质去估计它的值.

定理 4 若 $f(x)$在$[a,b]$上可积,则

$$\left|\int_a^b f(x)\mathrm{d}x\right|\leqslant\int_a^b|f(x)|\mathrm{d}x.$$

证 从 $f(x)$在$[a,b]$上可积,可以推出$|f(x)|$在$[a,b]$上可积(证明从略,可参见附录二). 于是 $-|f(x)|$在$[a,b]$上也可积. 根据不等式

$$-|f(x)|\leqslant f(x)\leqslant|f(x)|,$$

及定理 3,得到

$$-\int_a^b|f(x)|\mathrm{d}x\leqslant\int_a^b f(x)\mathrm{d}x\leqslant\int_a^b|f(x)|\mathrm{d}x,$$

从而有

$$\left|\int_a^b f(x)\mathrm{d}x\right| \leqslant \int_a^b |f(x)|\mathrm{d}x. \quad \blacksquare$$

推论 若 $f(x)$从 a 到 b 可积,则

$$\left|\int_a^b f(x)\mathrm{d}x\right| \leqslant \left|\int_a^b |f(x)|\mathrm{d}x\right|,$$

其中 $a<b$ 或 $a>b$.

定理 5(积分第一中值定理) 若函数 $f(x)$在区间$[a,b]$上连续,$g(x)$在$[a,b]$上可积,并且不变号,则在$[a,b]$上至少存在一点ξ,使得下式成立

$$\int_a^b f(x)\cdot g(x)\mathrm{d}x = f(\xi)\int_a^b g(x)\mathrm{d}x, \tag{4}$$

其中 $a\leqslant\xi\leqslant b$.

证 不妨设 $g(x)\geqslant 0$ $(a\leqslant x\leqslant b)$. 由 $f(x)$在$[a,b]$上连续知,$f(x)$在$[a,b]$上有最小值 m 和最大值 M,即有

$$m \leqslant f(x) \leqslant M, \quad x \in [a,b].$$

从而有

$$mg(x) \leqslant f(x)\cdot g(x) \leqslant Mg(x), \quad x \in [a,b].$$

由于 $f(x)$,$g(x)$在$[a,b]$上可积,因此 $f(x)\cdot g(x)$在$[a,b]$上也可积(证明从略,可参见附录二). 根据定理 3 及定理 1,得到

$$m\int_a^b g(x)\mathrm{d}x \leqslant \int_a^b f(x)\cdot g(x)\mathrm{d}x \leqslant M\int_a^b g(x)\mathrm{d}x. \tag{5}$$

因为 $g(x)\geqslant 0$,所以 $\int_a^b g(x)\mathrm{d}x\geqslant 0$(定理 3 的推论 1). 若 $\int_a^b g(x)\mathrm{d}x=0$,则由(5)式知 $\int_a^b f(x)\cdot g(x)\mathrm{d}x=0$. 因此对任意 $\xi\in[a,b]$,(4)式都成立. 若 $\int_a^b g(x)\mathrm{d}x>0$,则由(5)式得到

$$m \leqslant \frac{\int_a^b f(x)\cdot g(x)\mathrm{d}x}{\int_a^b g(x)\mathrm{d}x} \leqslant M.$$

这表明,数值

$$\mu = \frac{\int_a^b f(x) \cdot g(x) \mathrm{d}x}{\int_a^b g(x) \mathrm{d}x}$$

是 m 与 M 之间的一个数. 由闭区间上连续函数的性质知,在区间 $[a,b]$ 上至少存在一点 ξ,使得 $f(\xi)=\mu$,即有

$$f(\xi) = \frac{\int_a^b f(x) \cdot g(x) \mathrm{d}x}{\int_a^b g(x) \mathrm{d}x}, \quad \xi \in [a,b],$$

亦即
$$\int_a^b f(x) \cdot g(x) \mathrm{d}x = f(\xi) \int_a^b g(x) \mathrm{d}x,$$

其中 $a \leqslant \xi \leqslant b$. ▌

当 $a>b$ 时,(4)式仍成立.

推论(积分学中值定理) 若 $f(x)$ 在 $[a,b]$ 上连续,则在 $[a,b]$ 上至少存在一点 ξ,使得

$$\int_a^b f(x) \mathrm{d}x = f(\xi) \cdot (b-a) \quad (a \leqslant \xi \leqslant b). \tag{6}$$

证 在(4)式中令 $g(x) \equiv 1$,即得(6)式. ▌

当 $a>b$ 时,(6)式仍成立.

(6)式有着明显的几何意义:

当 $f(x) \geqslant 0$ 时,定积分 $\int_a^b f(x) \mathrm{d}x$ 表示曲线 $y=f(x)$ 之下的曲边梯形面积,$f(\xi) \cdot (b-a)$ 表示以 $f(\xi)$ 为高的同底矩形面积.

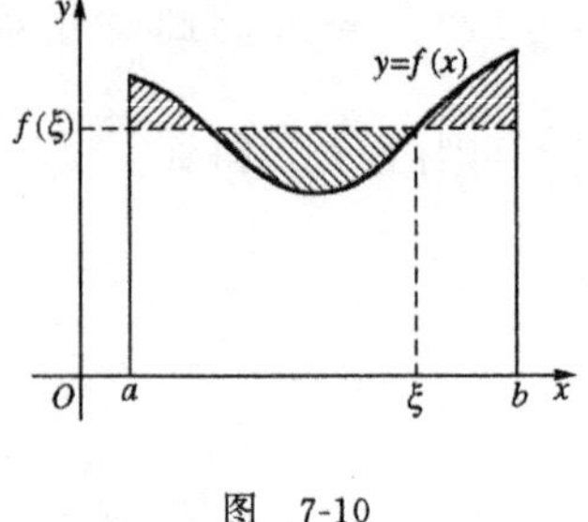

图 7-10

(6)式表明,在曲边梯形变化的高度 $f(x)$ $(a \leqslant x \leqslant b)$ 之中,至少有一个高度 $f(\xi)$ $(a \leqslant \xi \leqslant b)$,使得以 $f(\xi)$ 为高的同底矩形面积,恰好等于曲边梯形的面积(图 7-10). 因此,我们称 $f(\xi)$ 为曲边梯形的**平均高度**,也称

$$f(\xi)=\frac{1}{b-a}\int_a^b f(x)\mathrm{d}x$$

为 $f(x)$在$[a,b]$上的**积分平均值**.

例 3 设 $a_1,a_2,\cdots,a_n$ 为 n 个常数,试求阶梯函数

$$f(x)=\begin{cases}a_1, & 0\leqslant x<1,\\ a_2, & 1\leqslant x<2,\\ \cdots\cdots\cdots\cdots\cdots\cdots\cdots\cdots\cdots\cdots & \\ a_{n-1}, & n-2\leqslant x<n-1,\\ a_n, & n-1\leqslant x\leqslant n\end{cases}$$

在区间$[0,n]$上的积分平均值.

解 积分平均值为

$$\begin{aligned}f(\xi)&=\frac{1}{b-a}\int_a^b f(x)\mathrm{d}x=\frac{1}{n-0}\int_0^n f(x)\mathrm{d}x\\ &\xlongequal{\text{注 1}}\frac{1}{n}\left[\int_0^1 a_1\mathrm{d}x+\int_1^2 a_2\mathrm{d}x+\cdots+\int_{n-1}^n a_n\mathrm{d}x\right]\\ &=\frac{a_1+a_2+\cdots+a_{n-1}+a_n}{n},\end{aligned}$$

这正好是 $a_1,a_2,\cdots,a_n$ 的算术平均值.

因此,函数在某个区间上的积分平均值的概念,可以看作有限个数的算术平均值概念的推广.

注 1 在例 3 中,我们用到了一个事实:若 $f(x)$在$[a,b]$上可积,又 $g(x)$在(a,b)内与 $f(x)$处处相等,则不论 $g(x)$在端点 $x=a,x=b$ 处取什么值,都有

$$\int_a^b g(x)\mathrm{d}x=\int_a^b f(x)\mathrm{d}x.$$

事实上,$g(x)$在$[a,b]$上的积分和为

$$\begin{aligned}&\sum_{i=1}^n g(\xi_i)\cdot\Delta x_i\\ &\quad=\sum_{i=2}^{n-1}g(\xi_i)\cdot\Delta x_i+g(\xi_1)\cdot\Delta x_1+g(\xi_n)\cdot\Delta x_n\end{aligned}$$

$$
\begin{aligned}
&= \sum_{i=2}^{n-1} f(\xi_i)\cdot\Delta x_i + f(\xi_1)\cdot\Delta x_1 + f(\xi_n)\Delta x_n \\
&\quad + [g(\xi_1)-f(\xi_1)]\cdot\Delta x_1 + [g(\xi_n)-f(\xi_n)]\cdot\Delta x_n \\
&= \sum_{i=1}^{n} f(\xi_i)\cdot\Delta x_i + [g(\xi_1)-f(\xi_1)]\cdot\Delta x_1 \\
&\quad + [g(\xi_n)-f(\xi_n)]\cdot\Delta x_n.
\end{aligned}
$$

令 $\lambda=\max\limits_{1\leqslant i\leqslant n}\{\Delta x_i\}\to 0$,上式右端第一项的极限为 $\int_a^b f(x)\mathrm{d}x$,后两项的极限为零,因此有

$$
\int_a^b g(x)\mathrm{d}x = \int_a^b f(x)\mathrm{d}x.
$$

此式说明,改变可积函数在区间端点处的值,不会破坏其可积性,并且积分值也不会改变.

注 2 积分学中值定理(6)式有时改写为

$$
\int_a^{a+h} f(x)\mathrm{d}x = h\cdot f(a+\theta\cdot h) \quad (0\leqslant\theta\leqslant 1),
$$

或
$$
f(a+\theta\cdot h) = \frac{1}{h}\int_a^{a+h} f(x)\mathrm{d}x \quad (0\leqslant\theta\leqslant 1).
$$

§3 微积分基本公式

以上介绍了定积分的概念,讨论了定积分的基本性质.但是直到现在,我们还不会计算定积分.本节所要讲的微积分基本公式,揭示了定积分与不定积分的内在联系.由于它把定积分的计算化成了不定积分的计算,这就对计算定积分起到了很重要的作用.

定理(微积分基本公式) 设 $f(x)$ 在 $[a,b]$ 上可积,又 $F(x)$ 在 $[a,b]$ 上连续,在 (a,b) 内可微,且满足

$$
F'(x) = f(x), \quad a < x < b,
$$

则有微积分基本公式

$$\int_a^b f(x)\mathrm{d}x = F(b) - F(a). \tag{7}$$

公式(7)也称为**牛顿-莱布尼兹公式**.

证 用分点

$$a = x_0 < x_1 < x_2 < \cdots < x_{n-1} < x_n = b$$

把区间$[a,b]$任意分成 n 个小区间.

在每个小区间$[x_{i-1},x_i]$ $(i=1,2,\cdots,n)$上,对函数 $F(x)$应用拉格朗日中值定理,得到

$$F(x_i) - F(x_{i-1}) = F'(\xi_i)\cdot\Delta x_i = f(\xi_i)\cdot\Delta x_i,$$

其中 $x_{i-1}<\xi_i<x_i$, $\Delta x_i=x_i-x_{i-1}$, $i=1,2,\cdots,n$. 将这 n 个式子加起来,得到

$$\begin{aligned}&[F(x_1) - F(x_0)] + [F(x_2) - F(x_1)]\\&\qquad + \cdots + [F(x_n) - F(x_{n-1})]\\&\quad = f(\xi_1)\cdot\Delta x_1 + f(\xi_2)\cdot\Delta x_2 + \cdots + f(\xi_n)\cdot\Delta x_n,\end{aligned}$$

即
$$F(b) - F(a) = \sum_{i=1}^{n} f(\xi_i)\cdot\Delta x_i.$$

令 $\lambda=\max\limits_{1\leqslant i\leqslant n}\{\Delta x_i\}\to 0$,得到

$$\lim_{\lambda\to 0}\sum_{i=1}^{n} f(\xi_i)\cdot\Delta x_i = \lim_{\lambda\to 0}[F(b) - F(a)] = F(b) - F(a).$$

在上式左端,中间点 ξ_i $(i=1,2,\cdots,n)$不是任意选择的(它们由拉格朗日中值定理所决定),但是,因为 $f(x)$在$[a,b]$上可积,所以不论中间点如何选取,积分和的极限 $\lim\limits_{\lambda\to 0}\sum\limits_{i=1}^{n} f(\xi_i)\cdot\Delta x_i$ 都是定积分 $\int_a^b f(x)\mathrm{d}x$,即有

$$\int_a^b f(x)\mathrm{d}x = F(b) - F(a). \quad \blacksquare$$

这个公式有时也记作

$$\int_a^b f(x)\mathrm{d}x = F(x)\Big|_a^b.$$

例 1 计算 $\int_{-\frac{\pi}{2}}^{\frac{\pi}{2}} \sin^3 x \cdot \cos x \mathrm{d}x$.

解 $\int \sin^3 x \cdot \cos x \mathrm{d}x = \int \sin^3 x \mathrm{d}(\cos x) = \frac{1}{4}\sin^4 x + C$,

于是由微积分基本公式得到

$$\int_{-\frac{\pi}{2}}^{\frac{\pi}{2}} \sin^3 x \cdot \cos x \mathrm{d}x = \frac{1}{4}\sin^4 x \Big|_{-\frac{\pi}{2}}^{\frac{\pi}{2}} = 0.$$

例 2 计算 $\int_0^2 |1-x| \mathrm{d}x$.

解 $\int_0^2 |1-x| \mathrm{d}x = \int_0^1 (1-x)\mathrm{d}x + \int_1^2 (x-1)\mathrm{d}x$

$$= \left(x - \frac{x^2}{2}\right)\Big|_0^1 + \left(\frac{x^2}{2} - x\right)\Big|_1^2 = 1.$$

例 3 利用定积分求极限

$$\lim_{n\to+\infty}\left(\frac{1}{n+1} + \frac{1}{n+2} + \cdots + \frac{1}{n+n}\right).$$

解 我们设法将这个极限化成某个函数的定积分. 为此,可把 $\left(\frac{1}{n+1} + \frac{1}{n+2} + \cdots + \frac{1}{n+n}\right)$ 看作某个函数的积分和:

$$\frac{1}{n+1} + \frac{1}{n+2} + \cdots + \frac{1}{n+n}$$

$$= \frac{1}{\left(1+\frac{1}{n}\right)n} + \frac{1}{\left(1+\frac{2}{n}\right)n} + \cdots + \frac{1}{\left(1+\frac{n}{n}\right)n}$$

$$= \left[\frac{1}{1+\frac{1}{n}} + \frac{1}{1+\frac{2}{n}} + \cdots + \frac{1}{1+\frac{n}{n}}\right] \cdot \frac{1}{n}$$

$$= \sum_{i=1}^{n} \frac{1}{1+\frac{i}{n}} \cdot \frac{1}{n}.$$

考虑函数 $f(x)=\frac{1}{1+x}$,它在区间[0,1]上连续,因而可积.于是对于任意分割以及中间点的任意取法,所得积分和的极限都是定积分 $\int_0^1 \frac{1}{1+x}\mathrm{d}x$.现在,我们把区间[0,1] n 等分,分点为

$$0=\frac{0}{n}<\frac{1}{n}<\frac{2}{n}<\cdots<\frac{n-1}{n}<\frac{n}{n}=1,$$

每个小区间的长度都相等:

$$\Delta x_i=\frac{i}{n}-\frac{i-1}{n}=\frac{1}{n}\quad(i=1,2,\cdots,n).$$

另外,我们取中间点 ξ_i 为小区间的右端点,即 $\xi_i=1/n$ $(i=1,2,\cdots,n)$.这样,积分和为

$$\sum_{i=1}^{n} f(\xi_i)\cdot\Delta x_i=\sum_{i=1}^{n}\frac{1}{1+\xi_i}\cdot\frac{1}{n}=\sum_{i=1}^{n}\frac{1}{1+\frac{i}{n}}\cdot\frac{1}{n}$$

$$=\frac{1}{n+1}+\frac{1}{n+2}+\cdots+\frac{1}{n+n}.$$

令 $\lambda=1/n\to 0$,即 $n\to+\infty$,便得到

$$\lim_{n\to+\infty}\left(\frac{1}{n+1}+\frac{1}{n+2}+\cdots+\frac{1}{n+n}\right)$$

$$=\lim_{n\to+\infty}\sum_{i=1}^{n}\frac{1}{1+\frac{i}{n}}\cdot\frac{1}{n}=\int_0^1\frac{1}{1+x}\mathrm{d}x$$

$$=\ln(1+x)\Big|_0^1=\ln 2.$$

§4 微积分基本定理

微积分基本公式指出:如果可积函数 $f(x)$存在原函数 $F(x)$,那么定积分 $\int_a^b f(x)\mathrm{d}x$ 可以通过原函数 $F(x)$在区间$[a,b]$的端点的值求出来,即有

$$\int_a^b f(x)\mathrm{d}x = F(b) - F(a).$$

那么,什么样的函数一定存在原函数呢?这正是本节所要讨论的.

我们先介绍变上限的定积分概念.

4.1 变上限的定积分

若函数 $f(x)$在区间$[a,b]$上可积,则对于任意 x ($a \leqslant x \leqslant b$),$f(x)$在$[a,x]$上也可积①,即定积分

$$\int_a^x f(x)\mathrm{d}x$$

存在.这是一个上限为变数的定积分,称为**变上限的定积分**.为了避免积分上限与积分变量混淆,通常将变上限的定积分记作 $\int_a^x f(t)\mathrm{d}t$.

由于给定一个 x($a \leqslant x \leqslant b$)后,就有一个定积分值 $\int_a^x f(t)\mathrm{d}t$ 与它对应,因此 $\int_a^x f(t)\mathrm{d}t$ 是上限 x 的函数,可记作

$$\Phi(x) = \int_a^x f(t)\mathrm{d}t \quad (a \leqslant x \leqslant b).$$

关于函数 $\Phi(x) = \int_a^x f(t)\mathrm{d}t$,有两个很重要的定理,这就是下面的微积分基本定理.

4.2 微积分基本定理

定理 1(连续函数的原函数的存在性) 若函数 $f(x)$在区间$[a,b]$上连续,则函数

$$\Phi(x) = \int_a^x f(t)\mathrm{d}t \quad (a \leqslant x \leqslant b)$$

---

① 从 $f(x)$在$[a,b]$上可积,可以推出 $f(x)$在$[a,b]$的任何一个部分区间上可积(见附录二).

在$[a,b]$上可微，且

$$\Phi'(x)=f(x)\quad(a\leqslant x\leqslant b).$$

证 对于任意一点 x $(a<x<b)$，取$|\Delta x|$充分小，使得 $a<x+\Delta x<b$，于是

$$\begin{aligned}\Phi(x+\Delta x)-\Phi(x)&=\int_a^{x+\Delta x}f(t)\mathrm{d}t-\int_a^x f(t)\mathrm{d}t\\&=\int_a^{x+\Delta x}f(t)\mathrm{d}t+\int_x^a f(t)\mathrm{d}t=\int_x^{x+\Delta x}f(t)\mathrm{d}t.\end{aligned}$$

由积分学中值定理得到

$$\begin{aligned}\Phi(x+\Delta x)-\Phi(x)&=\int_x^{x+\Delta x}f(t)\mathrm{d}t\\&=f(x+\theta\cdot\Delta x)\cdot\Delta x\quad(0\leqslant\theta\leqslant 1),\end{aligned}$$

即 $$\frac{\Phi(x+\Delta x)-\Phi(x)}{\Delta x}=f(x+\theta\cdot\Delta x)\quad(0\leqslant\theta\leqslant 1).$$

令 $\Delta x\to 0$，则 $x+\theta\cdot\Delta x\to x$，于是由 $f(x)$的连续性知

$$\lim_{\Delta x\to 0}\frac{\Phi(x+\Delta x)-\Phi(x)}{\Delta x}=\lim_{\Delta x\to 0}f(x+\theta\cdot\Delta x)=f(x),$$

即 $$\Phi'(x)=f(x)\quad(a<x<b).$$

同理可证

$$\Phi'_+(a)=f(a),\quad\Phi'_-(b)=f(b).$$

于是得到

$$\Phi'(x)=f(x)\quad(a\leqslant x\leqslant b).\quad\blacksquare$$

注 1 这个定理表明，当 $f(x)$是连续函数时，它的变上限的定积分 $\int_a^x f(t)\mathrm{d}t$ 是被积函数 $f(x)$的一个原函数，即有

$$\frac{\mathrm{d}}{\mathrm{d}x}\left[\int_a^x f(t)\mathrm{d}t\right]=f(x)\quad(a\leqslant x\leqslant b).$$

换句话说，连续函数一定存在原函数. 因此，这个定理也称为**原函数存在定理**. 在这里，应用定积分的理论解决了这样一个与原函数有关的问题，从而进一步揭示了定积分与不定积分的联系.

注 2 本定理有明显的物理意义：假定一质点以速度 $v(t)$ 从时刻 a 开始作直线运动，那么在时刻 t，质点所走过的路程为

$$s(t) = \int_a^t v(\tau)\mathrm{d}\tau$$

(其中 τ 是积分变量). 显然，$s(t)$ 是变上限 t 的函数. 由上面的定理知，当 $v(t)$ 连续时，有

$$s'(t) = \frac{\mathrm{d}}{\mathrm{d}t}\left[\int_a^t v(\tau)\mathrm{d}\tau\right] = v(t).$$

这表明，路程函数的导数正是速度函数. 这与我们以前的理解是一致的.

例 1 求 $\frac{\mathrm{d}}{\mathrm{d}x}\left[\int_1^x \mathrm{e}^t \mathrm{d}t\right]$.

解 e^x 是连续函数，由定理 1 知

$$\frac{\mathrm{d}}{\mathrm{d}x}\left[\int_1^x \mathrm{e}^t \mathrm{d}t\right] = \mathrm{e}^x.$$

例 2 求 $\frac{\mathrm{d}}{\mathrm{d}x}\left[\int_1^{x^2} \mathrm{e}^t \mathrm{d}t\right]$.

解 因为上限 x^2 是 x 的函数，所以积分 $\int_1^{x^2} \mathrm{e}^t \mathrm{d}t$ 是 x 的复合函数. 令 $x^2 = u$，则有

$$\int_1^{x^2} \mathrm{e}^t \mathrm{d}t = \int_1^u \mathrm{e}^t \mathrm{d}t.$$

记 $\Phi(u) = \int_1^u \mathrm{e}^t \mathrm{d}t$，由定理 1 知

$$\Phi'(u) = \frac{\mathrm{d}}{\mathrm{d}u}\left[\int_1^u \mathrm{e}^t \mathrm{d}t\right] = \mathrm{e}^u.$$

从而由复合函数求导法则得到

$$\begin{aligned}\frac{\mathrm{d}}{\mathrm{d}x}\left[\int_1^{x^2} \mathrm{e}^t \mathrm{d}t\right] &= \frac{\mathrm{d}}{\mathrm{d}x}[\Phi(u)] = \Phi'(u) \cdot \frac{\mathrm{d}u}{\mathrm{d}x} \\ &= \mathrm{e}^u \cdot 2x = 2x\mathrm{e}^{x^2}.\end{aligned}$$

例 3 设 $f(x)$是区间$[0,1]$上的非负连续函数,试证:存在 $c\in(0,1)$,使得区间$[c,1]$上的以 $y=f(x)$为曲边的曲边梯形面积 $\int_c^1 f(x)\mathrm{d}x$,等于区间$[0,c]$上以 $f(c)$为高的矩形面积 $c\cdot f(c)$. 即

$$\int_c^1 f(x)\mathrm{d}x = c\cdot f(c).$$

证 在区间$[0,1]$上作辅助函数

$$g(x) = x\int_x^1 f(t)\mathrm{d}t,\quad x\in[0,1],$$

则 $g(x)$在$[0,1]$上连续,在$(0,1)$内可微. 事实上,根据原函数存在定理,有

$$g'(x) = \int_x^1 f(t)\mathrm{d}t - xf(x),\quad x\in(0,1).$$

又 $g(0)=g(1)=0$,于是由罗尔定理知,存在一点 $c\in(0,1)$,使得 $g'(c)=0$,即

$$\int_c^1 f(t)\mathrm{d}t - c\cdot f(c) = 0,$$

亦即

$$\int_c^1 f(x)\mathrm{d}x = c\cdot f(c). \quad ▌$$

定理 2(微积分基本公式) 设 $f(x)$在$[a,b]$上连续, $F(x)$是 $f(x)$在$[a,b]$上的任何一个原函数,则有

$$\int_a^b f(x)\mathrm{d}x = F(b) - F(a).$$

证 由定理 1 知, $\Phi(x)=\int_a^x f(t)\mathrm{d}t$ 也是 $f(x)$的一个原函数. 于是由拉格朗日中值定理的推论知

$$F(x) = \Phi(x) + C \quad (C\text{ 为常数}),$$

即

$$F(x) = \int_a^x f(t)\mathrm{d}t + C. \tag{8}$$

令 $x=a$,则有

$$F(a)=\int_a^a f(t)\mathrm{d}t+C=C.$$

代入(8)式,得到

$$F(x)=\int_a^x f(t)\mathrm{d}t+F(a),$$

即
$$\int_a^x f(t)\mathrm{d}t=F(x)-F(a).$$

令 $x=b$,则

$$\int_a^b f(t)\mathrm{d}t=F(b)-F(a),$$

即
$$\int_a^b f(x)\mathrm{d}x=F(b)-F(a). \qquad \blacksquare$$

注 这是关于微积分基本公式的另一种叙述和证明.条件比前面的强了一些,那里假定 $f(x)$在$[a,b]$上可积(当然,还要求$f(x)$的原函数存在),此处要求 $f(x)$在$[a,b]$上连续(从而原函数一定存在).如果单纯从牛顿-莱布尼兹公式的角度来看问题,那么当然是条件弱一些更好.不过,这后一个证明所用到的定理 1 在理论上是很重要的,因此对于定理 2 的证明,我们也应当了解.

习 题 7.1

A 组

1. 从定义出发,计算下列积分:

(1) $\int_a^b (cx+d)\mathrm{d}x$;　　(2) $\int_{-1}^2 x^2\mathrm{d}x$;

(3) $\int_0^1 x^3\mathrm{d}x$.

2. 用定积分的几何意义求下列积分:

(1) $\int_a^b x\mathrm{d}x$;　　(2) $\int_a^b \sqrt{(x-a)(b-x)}\mathrm{d}x$;

(3) $\int_a^b \left|x-\frac{a+b}{2}\right|\mathrm{d}x$.

3. 设 $f(x)$为$[0,a]$上非负严格上升的连续函数,$g(x)$是它的反函数,从

定积分的几何意义证明

$$\int_0^a f(x)\mathrm{d}x + \int_{f(0)}^{f(a)} g(y)\mathrm{d}y = af(a).$$

4. 设 $f(x)$在$[a,b]$上可积，$g(x)$在$[a,b]$上有定义，$c\in[a,b]$，当 $x\neq c$ 时，$g(x)=f(x)$，证明 $g(x)$在$[a,b]$也可积，且

$$\int_a^b g(x)\mathrm{d}x = \int_a^b f(x)\mathrm{d}x.$$

进而证明若在有限个点上 $g(x)\neq f(x)$，则也有

$$\int_a^b g(x)\mathrm{d}x = \int_a^b f(x)\mathrm{d}x.$$

5. 计算下列定积分：

(1) $\int_1^2 x^3\mathrm{d}x$；　(2) $\int_0^1 \frac{\mathrm{d}x}{1+x^2}$；

(3) $\int_0^t x^4\mathrm{d}x$；　(4) $\int_{-2}^{-1} \frac{\mathrm{d}x}{x}$；

(5) $\int_{-1}^8 \sqrt[3]{t}\,\mathrm{d}t$；　(6) $\int_0^{\frac{a}{2}} \frac{\mathrm{d}x}{(x-a)(x-2a)}$；

(7) $\int_{-a}^a (a^2-x^2)\mathrm{d}x$；　(8) $\int_0^{\frac{\pi}{2}} (a\sin x+b\cos x)\mathrm{d}x$；

(9) $\int_{\mathrm{sh}1}^{\mathrm{sh}2} \frac{\mathrm{d}x}{\sqrt{1+x^2}}$；　(10) $\int_{-\frac{1}{2}}^{\frac{1}{2}} \frac{\mathrm{d}x}{\sqrt{1-x^2}}$；

(11) $\int_0^\pi x^2\sin x\mathrm{d}x$；　(12) $\int_{-1}^1 \frac{x\mathrm{d}x}{\sqrt{5-4x}}$；

(13) $\int_0^1 \arccos x\mathrm{d}x$；　(14) $\int_x^{\ln 2} x\mathrm{e}^{-x}\mathrm{d}x$；

(15) $\int_3^1 \sqrt{1+x}\mathrm{d}x$；　(16) $\int_0^1 \frac{x\mathrm{d}x}{(x^2+1)^2}$；

(17) $\int_0^{\frac{\pi}{2}} \sin^4 x\mathrm{d}x$；　(18) $\int_0^x \mathrm{e}^{-x}\mathrm{d}x$.

6. 求下列函数：

(1) $f(x)=\int_0^x \mathrm{sgn}t\mathrm{d}t$；　(2) $f(x)=\int_0^x |t|\mathrm{d}t$；

(3) $f(x)=\int_0^1 |x-t|\mathrm{d}t$；　(4) $f(x)=\int_0^1 t|x-t|\mathrm{d}t$.

7. 平面区域为抛物线 $y=x^2+1$，直线 $x=a$，$x=b$ $(b>a)$及横轴所围，求其面积.

8. 用定积分证明以 R 为半径的圆面积是 $S=\pi R^2$.

9. 自由落体的速度函数为 $v=gt$,求前 5 秒钟内物体下落的距离.

10. 用定积分求下列各和数的极限:

(1) $\lim\limits_{n\to\infty}\left(\dfrac{n}{n^2+1^2}+\dfrac{n}{n^2+2^2}+\cdots+\dfrac{n}{n^2+n^2}\right)$;

(2) $\lim\limits_{n\to\infty}\dfrac{1}{n}\left(\sin\dfrac{\pi}{n}+\sin\dfrac{2\pi}{n}+\cdots+\sin\dfrac{n-1}{n}\pi\right)$;

(3) $\lim\limits_{n\to\infty}\left(\sqrt{\dfrac{n+1}{n^3}}+\sqrt{\dfrac{n+2}{n^3}}+\cdots+\sqrt{\dfrac{n+n}{n^3}}\right)$;

(4) $\lim\limits_{n\to\infty}\dfrac{1^p+2^p+\cdots+n^p}{n^{p+1}}\ (p>0)$.

11. 下述计算是否正确?为什么?

设 $F(x)=\arctan\dfrac{1}{x}$,从而 $F'(x)=\dfrac{-1}{1+x^2}$,因此

$$\int_{-1}^{1}\frac{-\,\mathrm{d}x}{1+x^2}=\arctan\frac{1}{x}\Big|_{-1}^{1}=\frac{\pi}{2}.$$

12. 证明下列极限:

(1) $\lim\limits_{n\to\infty}\int_0^1\dfrac{x^n}{1+x}\mathrm{d}x=0$;

(2) $\lim\limits_{n\to\infty}\int_0^a\sin^n x\mathrm{d}x=0\ \left(0<a<\dfrac{\pi}{2}\right)$;

(3) $\lim\limits_{n\to\infty}\int_0^{\frac{\pi}{2}}\sin^n x\mathrm{d}x=0$.

13. 求由参数式 $x=\int_0^t\sin t\mathrm{d}t$, $y=\int_0^t\cos t\mathrm{d}t$ 表示的函数 y 对 x 的导数.

14. 设 $y=\int_0^x t\cos t\mathrm{d}t$,分别求 $x=0,\dfrac{\pi}{2},\pi$ 处的导数.

15. 求:

(1) $\dfrac{\mathrm{d}}{\mathrm{d}x}\left[\int_0^x t\sqrt{1+t^2}\mathrm{d}t\right]$;　　(2) $\dfrac{\mathrm{d}}{\mathrm{d}x}\left[\int_x^2 \mathrm{e}^{-t^2}\mathrm{d}t\right]$;

(3) $\dfrac{\mathrm{d}}{\mathrm{d}x}\left[\int_0^{x^2}\sqrt{1+t^2}\mathrm{d}t\right]$;　　(4) $\dfrac{\mathrm{d}}{\mathrm{d}x}\left[\int_{x^2}^{x^3}\dfrac{1}{\sqrt{1+t^4}}\mathrm{d}t\right]$;

(5) $\dfrac{\mathrm{d}}{\mathrm{d}x}\left[\int_a^b\sin x^2\mathrm{d}x\right]$.

16. 试求由 $\int_0^y\mathrm{e}^{t^2}\mathrm{d}t+\int_0^x\cos t\mathrm{d}t=0$ 所决定的隐函数 y 对于 x 的微商 y'.

17. 设 $f(x)$在$(-\infty,+\infty)$上连续,且对任意的 a,b,积分 $\int_a^{a+b}f(x)\mathrm{d}x$

与 a 无关，求证 $f(x)\equiv$常数.

B 组

1. 设函数 $f(x),g(x)$在$[a,b]$上连续，证明

$$\left|\int_a^b f\cdot g\mathrm{d}x\right|\leqslant\sqrt{\int_a^b f^2\mathrm{d}x}\cdot\sqrt{\int_a^b g^2\mathrm{d}x}.$$

2. 设函数 $f(x),g(x)$在$[a,b]$上连续，证明

$$\sqrt{\int_a^b (f+g)^2\mathrm{d}x}\leqslant\sqrt{\int_a^b f^2\mathrm{d}x}+\sqrt{\int_a^b g^2\mathrm{d}x}.$$

3. 设函数 $f(x),g(x)$在$[a,b]$上连续，且 $f(x)\leqslant g(x)$，但 $f(x)\not\equiv g(x)$. 证明 $\int_a^b f(x)\mathrm{d}x<\int_a^b g(x)\mathrm{d}x$.

4. 设 $f(x)$ 在 $(0,+\infty)$ 上连续，且对任意的 $a>0,b>0$，积分值 $\int_a^{ab}f(x)\mathrm{d}x$ 与 a 无关，求证 $f(x)=\dfrac{c}{x}$ (c 为常数).

5. 求极限 $\lim\limits_{n\to\infty}\dfrac{1}{n^3}[1^2+3^2+\cdots+(2n-1)^2]$.

§5 定积分的换元积分法及分部积分法

到目前为止，我们计算定积分时，都是根据微积分基本公式，把问题转化为求被积函数的一个原函数. 但是，在不少情况下，这样做比较麻烦，有时甚至不大可能. 为了进一步解决定积分的计算问题，也为了今后理论上的需要，我们介绍定积分的换元积分法和分部积分法.

5.1 定积分的换元积分法

定理 1 设函数 $f(x)$在区间$[a,b]$上连续. 做代换 $x=\varphi(t)$，满足条件：

(1) 当 $t=\alpha$ 时，$x=a$，当 $t=\beta$ 时，$x=b$；

(2) 当 t 从 α 变到 β 时，$x=\varphi(t)$在区间$[a,b]$上变化；

(3) $\varphi'(t)$在区间$[\alpha,\beta]$(或$[\beta,\alpha]$)上连续,

则有换元公式

$$\int_a^b f(x)\mathrm{d}x = \int_\alpha^\beta f[\varphi(t)]\cdot\varphi'(t)\mathrm{d}t.$$

图 7-11 是代换函数 $x=\varphi(t)$的示意图,其中 $\alpha<\beta$ 或 $\beta<\alpha$.

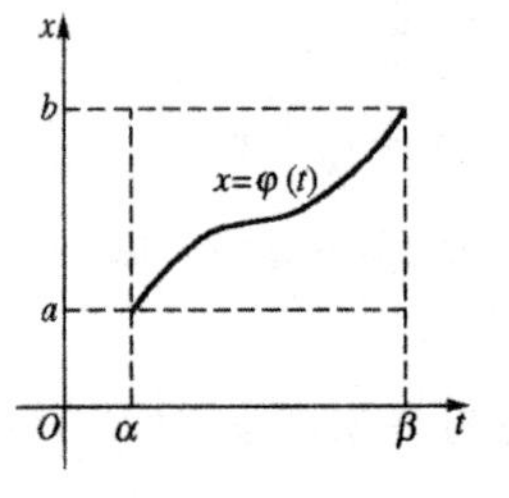

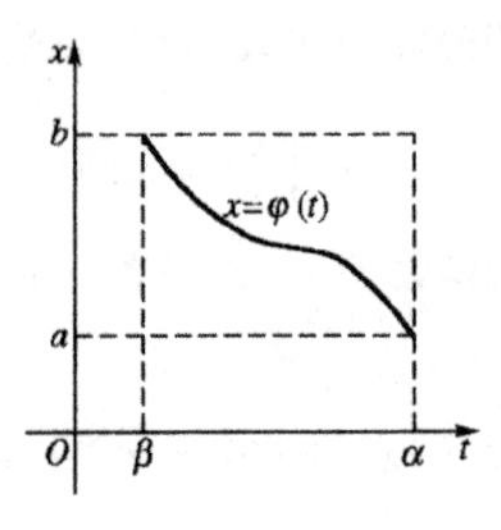

图 7-11

证 因为 $f(x)$在$[a,b]$上连续,所以 $f(x)$在$[a,b]$上有原函数 $F(x)$,且

$$\int_a^b f(x)\mathrm{d}x = F(b)-F(a).$$

由于 $\varphi'(t)$在$[\alpha,\beta]$(或$[\beta,\alpha]$)上连续,因此函数 $f[\varphi(t)]\cdot\varphi'(t)$在$[\alpha,\beta]$(或$[\beta,\alpha]$)上连续,从而在$[\alpha,\beta]$(或$[\beta,\alpha]$)上也有原函数.不难用复合函数求导法则验证, $F[\varphi(t)]$是 $f[\varphi(t)]\cdot\varphi'(t)$的一个原函数,于是由微积分基本公式知

$$\int_\alpha^\beta f[\varphi(t)]\cdot\varphi'(t)\mathrm{d}t = F[\varphi(t)]\Big|_\alpha^\beta$$
$$= F[\varphi(\beta)] - F[\varphi(\alpha)] = F(b)-F(a),$$

从而证得

$$\int_a^b f(x)\mathrm{d}x = \int_\alpha^\beta f[\varphi(t)]\cdot\varphi'(t)\mathrm{d}t. \quad ▌$$

例 1 求定积分 $I=\int_0^a\sqrt{a^2-x^2}\mathrm{d}x \quad (a>0)$.

解 令 $x=a\sin t$ $(0\leqslant t\leqslant\pi/2)$,则当 $x=0$ 时, $t=0$;当 $x=a$

时，$t=\frac{\pi}{2}$. 又，$\sqrt{a^2-x^2}=a\cos t$，$\mathrm{d}x=a\cos t\mathrm{d}t$，于是由换元公式得到

$$\int_0^a \sqrt{a^2-x^2}\mathrm{d}x=\int_0^{\frac{\pi}{2}} a^2\cos^2 t\mathrm{d}t=\frac{a^2}{2}\int_0^{\frac{\pi}{2}}(1+\cos 2t)\mathrm{d}t$$

$$=\frac{a^2}{2}\left(t+\frac{\sin 2t}{2}\right)\Bigg|_0^{\frac{\pi}{2}}=\frac{\pi}{4}a^2.$$

我们看到，利用定积分的换元公式时，只要随之改变积分限，就不必像不定积分那样再将变量还原.

例 2 证明 $\int_0^{\frac{\pi}{2}}\sin^n x\mathrm{d}x=\int_0^{\frac{\pi}{2}}\cos^n x\mathrm{d}x$.

证 为了把左端的被积函数 $\sin x$ 与 $\cos x$ 联系起来，我们作变换 $x=\frac{\pi}{2}-t$. 当 $x=0$ 时，$t=\frac{\pi}{2}$；当 $x=\frac{\pi}{2}$ 时，$t=0$. 又

$$\sin x=\sin\left(\frac{\pi}{2}-t\right)=\cos t,$$

$$\mathrm{d}x=\mathrm{d}\left(\frac{\pi}{2}-t\right)=-\mathrm{d}t,$$

于是由换元公式得到

$$\int_0^{\frac{\pi}{2}}\sin^n x\mathrm{d}x=-\int_{\frac{\pi}{2}}^0\cos^n t\mathrm{d}t=\int_0^{\frac{\pi}{2}}\cos^n t\mathrm{d}t$$

$$=\int_0^{\frac{\pi}{2}}\cos^n x\mathrm{d}x. \quad \blacksquare$$

例 3 奇、偶函数的积分性质：若函数 $f(x)$ 在对称区间 $[-a,a]$ 上连续，则

(1) 当 $f(x)$ 为偶函数时，有 $\int_{-a}^a f(x)\mathrm{d}x=2\int_0^a f(x)\mathrm{d}x$；

(2) 当 $f(x)$ 为奇函数时，有 $\int_{-a}^a f(x)\mathrm{d}x=0$.

证 (1) $\int_{-a}^a f(x)\mathrm{d}x=\int_{-a}^0 f(x)\mathrm{d}x+\int_0^a f(x)\mathrm{d}x$.

对于上式右端第一项，作变换 $x=-t$，于是当 $x=-a$ 时，$t=a$；当 $x=0$ 时，$t=0$. 又由 $f(x)$ 为偶函数知

$$f(x)=f(-t)=f(t),$$

从而由换元公式得到

$$\int_{-a}^{0} f(x)\mathrm{d}x=-\int_{a}^{0} f(t)\mathrm{d}t=\int_{0}^{a} f(t)\mathrm{d}t=\int_{0}^{a} f(x)\mathrm{d}x,$$

因此

$$\begin{aligned}\int_{-a}^{a} f(x)\mathrm{d}x &= \int_{-a}^{0} f(x)\mathrm{d}x+\int_{0}^{a} f(x)\mathrm{d}x \\ &= \int_{0}^{a} f(x)\mathrm{d}x+\int_{0}^{a} f(x)\mathrm{d}x=2\int_{0}^{a} f(x)\mathrm{d}x.\end{aligned}$$

此式有明显的几何意义(见图 7-12).

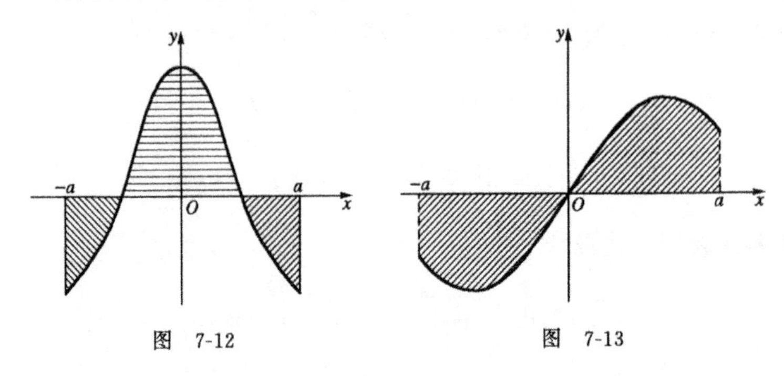

图 7-12　　图 7-13

(2) 可类似证明. 其几何意义可从图 7-13 看出. ▌

例 4 证明：若 $f(x)$ 是以 T 为周期的连续函数，则对任何常数 a，有

$$\int_{a}^{a+T} f(x)\mathrm{d}x=\int_{0}^{T} f(x)\mathrm{d}x.$$

证

$$\begin{aligned}\int_{a}^{a+T} f(x)\mathrm{d}x &= \int_{a}^{0} f(x)\mathrm{d}x+\int_{0}^{T} f(x)\mathrm{d}x+\int_{T}^{a+T} f(x)\mathrm{d}x \\ &= -\int_{0}^{a} f(x)\mathrm{d}x+\int_{0}^{T} f(x)\mathrm{d}x+\int_{T}^{a+T} f(x)\mathrm{d}x,\end{aligned}$$

只需证明

$$\int_T^{a+T} f(x)\mathrm{d}x = \int_0^a f(x)\mathrm{d}x.$$

从示意图 7-14 很容易看出这一点.

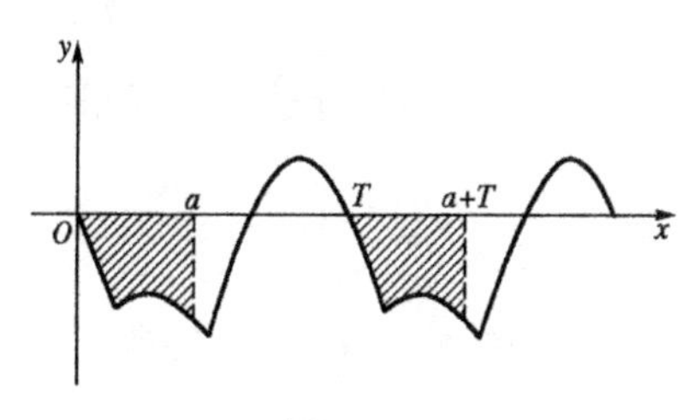

图 7-14

令 $x-T=t$,则由函数的周期性知

$$\int_T^{a+T} f(x)\mathrm{d}x = \int_0^a f(t+T)\mathrm{d}t = \int_0^a f(t)\mathrm{d}t = \int_0^a f(x)\mathrm{d}x.$$

于是

$$\begin{aligned}\int_a^{a+T} f(x)\mathrm{d}x &= -\int_0^a f(x)\mathrm{d}x + \int_0^T f(x)\mathrm{d}x + \int_T^{a+T} f(x)\mathrm{d}x \\ &= \int_0^T f(x)\mathrm{d}x.\end{aligned}$$ ▌

此例说明,连续的周期函数在任何两个长度为周期 T 的区间上的积分值相等.由此推出两个重要结论:

$$\int_0^T f(x)\mathrm{d}x = \int_{-T/2}^{T/2} f(x)\mathrm{d}x, \tag{9}$$

$$\int_0^{nT} f(x)\mathrm{d}x = n\int_0^T f(x)\mathrm{d}x \quad (n\text{ 为正整数}). \tag{10}$$

例 5 证明

$$\int_0^{2\pi} \sin^{2n} x\mathrm{d}x = 4\int_0^{\frac{\pi}{2}} \sin^{2n} x\mathrm{d}x \quad (n\text{ 为正整数}).$$

证 由

$$\sin^{2n} x = (\sin^2 x)^n = \left(\frac{1-\cos 2x}{2}\right)^n$$

知，$\sin^{2n}x$ 的周期为 π. 于是由(10)式得到

$$\int_0^{2\pi}\sin^{2n}x\mathrm{d}x = 2\int_0^{\pi}\sin^{2n}x\mathrm{d}x \xlongequal{\text{由(9)式}} 2\int_{-\frac{\pi}{2}}^{\frac{\pi}{2}}\sin^{2n}x\mathrm{d}x,$$

再根据偶函数在对称区间上的积分性质，便得到

$$\int_0^{2\pi}\sin^{2n}x\mathrm{d}x = 2\int_{-\frac{\pi}{2}}^{\frac{\pi}{2}}\sin^{2n}x\mathrm{d}x = 4\int_0^{\frac{\pi}{2}}\sin^{2n}x\mathrm{d}x. \quad \blacksquare$$

例 6 设 $f(x)$在区间$[0,1]$上连续，证明

$$\int_0^{\pi}xf(\sin x)\mathrm{d}x = \frac{\pi}{2}\int_0^{\pi}f(\sin x)\mathrm{d}x.$$

证 令 $x=\pi-t$，则

$$\sin x = \sin(\pi - t) = \sin t, \quad \mathrm{d}x = \mathrm{d}(\pi - t) = -\mathrm{d}t,$$

于是由换元公式得

$$\begin{aligned}\int_0^{\pi}xf(\sin x)\mathrm{d}x &= -\int_{\pi}^{0}(\pi - t)f(\sin t)\mathrm{d}t \\ &= \int_0^{\pi}(\pi - t)f(\sin t)\mathrm{d}t \\ &= \pi\int_0^{\pi}f(\sin t)\mathrm{d}t - \int_0^{\pi}tf(\sin t)\mathrm{d}t \\ &= \pi\int_0^{\pi}f(\sin x)\mathrm{d}x - \int_0^{\pi}xf(\sin x)\mathrm{d}x.\end{aligned}$$

移项，便有

$$\int_0^{\pi}xf(\sin x)\mathrm{d}x = \frac{\pi}{2}\int_0^{\pi}f(\sin x)\mathrm{d}x. \quad \blacksquare$$

例 7 计算 $I=\int_0^{\pi}\frac{x\sin x}{1+\cos^2x}\mathrm{d}x$.

解 从 $I=\int_0^{\pi}x\,\frac{\sin x}{1+\cos^2x}\mathrm{d}x$ 可知，被积函数属于 $xf(\sin x)$型. 于是由例 6 得到

$$I=\frac{\pi}{2}\int_0^{\pi}\frac{\sin x}{1+\cos^2x}\mathrm{d}x = -\frac{\pi}{2}\int_0^{\pi}\frac{1}{1+\cos^2x}\mathrm{d}(\cos x)$$

$$= -\frac{\pi}{2}\arctan(\cos x)\Big|_0^{\pi} = \frac{\pi^2}{4}.$$

注 这个积分也可如下计算：令 $x-\frac{\pi}{2}=t$，则

$$\int_0^{\pi} x\frac{\sin x}{1+\cos^2 x}\mathrm{d}x = \int_{-\frac{\pi}{2}}^{\frac{\pi}{2}} \frac{\left(\frac{\pi}{2}+t\right)\cos t}{1+\sin^2 t}\mathrm{d}t$$

$$= \frac{\pi}{2}\int_{-\frac{\pi}{2}}^{\frac{\pi}{2}} \frac{\cos t}{1+\sin^2 t}\mathrm{d}t + \int_{-\frac{\pi}{2}}^{\frac{\pi}{2}} \frac{t\cdot\cos t}{1+\sin^2 t}\mathrm{d}t$$

$$\xlongequal{\text{例 3}} \pi\int_0^{\frac{\pi}{2}} \frac{1}{1+\sin^2 t}\mathrm{d}(\sin t) + 0$$

$$= \pi\arctan(\sin t)\Big|_0^{\frac{\pi}{2}} = \frac{\pi^2}{4}.$$

例 8 证明关于不定积分的下述结论：

(1) 若 $f(x)$ 为连续的偶函数，则在 $f(x)$ 的全体原函数中，有一个是奇函数；

(2) 若 $f(x)$ 为连续的奇函数，则 $f(x)$ 的全体原函数都是偶函数.

证 (1) 设 $f(x)$ 为偶函数，且连续. 由原函数存在定理知，$\Phi(x)=\int_0^x f(t)\mathrm{d}t$ 是 $f(x)$ 的一个原函数. 利用换元公式可以证明，$\Phi(x)$ 是奇函数：

$$\Phi(-x) = \int_0^{-x} f(t)\mathrm{d}t \xlongequal{\text{令 } t=-u} -\int_0^x f(-u)\mathrm{d}u$$

$$= -\int_0^x f(u)\mathrm{d}u = -\Phi(x).$$

因此 $\Phi(x)$ 是奇函数.

(2) 设 $f(x)$ 为连续的奇函数，则可类似证明其原函数 $\Phi(x) = \int_0^x f(t)\mathrm{d}t$ 是偶函数. 又因为任何两个原函数最多相差一个常数，

所以任何原函数都可表为

$$F(x)=\Phi(x)+C \quad (\text{其中} C \text{为常数}),$$

从而 $F(x)$ 也是偶函数. 即 $f(x)$ 的所有原函数都是偶函数. ▌

5.2 定积分的分部积分法

定理 2 设函数 $u=u(x)$, $v=v(x)$ 在区间 $[a,b]$ 上有连续的一阶导数 $u'(x)$, $v'(x)$, 则有分部积分公式

$$\int_a^b u(x)\cdot v'(x)\mathrm{d}x = u(x)\cdot v(x)\Big|_a^b - \int_a^b v(x)\cdot u'(x)\mathrm{d}x. \tag{11}$$

证 $[u(x)\cdot v(x)]'=u'(x)\cdot v(x)+u(x)\cdot v'(x)$, 由条件知, 此式右端是连续函数, 从而其左端 $[u(x)\cdot v(x)]'$ 也是连续函数. 由牛顿-莱布尼兹公式得到

$$\int_a^b [u(x)\cdot v(x)]'\mathrm{d}x = u(x)\cdot v(x)\Big|_a^b. \tag{12}$$

上式左端积分为

$$\int_a^b [u'(x)\cdot v(x)+u(x)\cdot v'(x)]\mathrm{d}x$$

$$=\int_a^b u'(x)\cdot v(x)\mathrm{d}x+\int_a^b u(x)\cdot v'(x)\mathrm{d}x,$$

代入(12)式, 便得到(11)式. ▌

分部积分公式(11)有时也写为

$$\int_a^b u(x)\mathrm{d}[v(x)] = u(x)\cdot v(x)\Big|_a^b - \int_a^b v(x)\mathrm{d}[u(x)].$$

注意 这里每一项都带着积分限.

例 9 计算 $I=\int_{-\sqrt{3}}^{\sqrt{3}} |\arctan x|\mathrm{d}x$.

解 因为 $|\arctan x|$ 是偶函数, 所以

$$I=2\int_0^{\sqrt{3}} |\arctan x|\mathrm{d}x = 2\int_0^{\sqrt{3}} \arctan x\mathrm{d}x$$

$$= 2\left[x \cdot \arctan x \Big|_0^{\sqrt{3}} - \int_0^{\sqrt{3}} x\mathrm{d}(\arctan x)\right]$$

$$= 2\left[\sqrt{3}\arctan\sqrt{3} - \int_0^{\sqrt{3}} \frac{x}{1+x^2}\mathrm{d}x\right]$$

$$= \frac{2\sqrt{3}}{3}\pi - \ln(1+x^2)\Big|_0^{\sqrt{3}} = \frac{2\sqrt{3}}{3}\pi - \ln 4.$$

例 10 计算 $I_n=\int_0^{\frac{\pi}{2}}\sin^n x\mathrm{d}x\ (n=0,1,2,\cdots)$.

解 经计算,有

$$I_0=\int_0^{\frac{\pi}{2}}1\mathrm{d}x=\frac{\pi}{2},\quad I_1=\int_0^{\frac{\pi}{2}}\sin x\mathrm{d}x=-\cos x\Big|_0^{\frac{\pi}{2}}=1.$$

只需讨论 $n\geqslant 2$ 的情形.由分部积分公式得到

$$I_n=\int_0^{\frac{\pi}{2}}\sin^{n-1}x\mathrm{d}(-\cos x)$$

$$= (-\cos x)\sin^{n-1}x\Big|_0^{\frac{\pi}{2}} - \int_0^{\frac{\pi}{2}}(-\cos x)\mathrm{d}(\sin^{n-1}x)$$

$$= 0 + (n-1)\int_0^{\frac{\pi}{2}}\sin^{n-2}x \cdot \cos^2 x\mathrm{d}x$$

$$= (n-1)\int_0^{\frac{\pi}{2}}\sin^{n-2}x \cdot (1-\sin^2 x)\mathrm{d}x$$

$$= (n-1)I_{n-2} - (n-1)I_n,$$

移项,得到递推公式

$$I_n = \frac{n-1}{n}I_{n-2}\quad (n\geqslant 2). \tag{13}$$

(1) 当 n 为偶数时,由(13)式得

$$I_n= \frac{n-1}{n}I_{n-2} = \frac{n-1}{n}\cdot\frac{n-3}{n-2}I_{n-4} = \cdots$$

$$= \frac{(n-1)(n-3)(n-5)\cdots 5\cdot 3\cdot 1}{n(n-2)(n-4)\cdots 6\cdot 4\cdot 2}I_0, \tag{14}$$

其中 $I_0=\pi/2$.

(2) 当 n 为奇数时,由(13)式得

$$I_n=\frac{(n-1)(n-3)(n-5)\cdots 6\cdot 4\cdot 2}{n(n-2)(n-4)\cdots 7\cdot 5\cdot 3}\cdot I_1, \qquad (15)$$

其中 $I_1=1$.

注 由例 2 知

$$\int_0^{\frac{\pi}{2}}\cos^n x\mathrm{d}x=\int_0^{\frac{\pi}{2}}\sin^n x\mathrm{d}x,$$

因此,积分 $\int_0^{\frac{\pi}{2}}\cos^n x\mathrm{d}x$ 也有相同的结果. 例如

$$\int_0^{\frac{\pi}{4}}\cos^8 2x\mathrm{d}x \xlongequal{令 2x=t} \frac{1}{2}\int_0^{\frac{\pi}{2}}\cos^8 t\mathrm{d}t$$

$$=\frac{1}{2}\cdot\frac{7\cdot 5\cdot 3\cdot 1}{8\cdot 6\cdot 4\cdot 2}\cdot\frac{\pi}{2}=\frac{105}{1536}\pi.$$

例 11 证明

$$\int_0^1(1-x)^n x^m\mathrm{d}x=\frac{n!m!}{(n+m+1)!} \quad (n,m 为正整数).$$

证 利用 n 次分部积分公式,得到

$$\int_0^1(1-x)^n x^m\mathrm{d}x=\frac{1}{m+1}\int_0^1(1-x)^n\mathrm{d}(x^{m+1})$$

$$\xlongequal{分部积分 1 次}\frac{1}{m+1}\left\{(1-x)^n\cdot x^{m+1}\Big|_0^1-\int_0^1 x^{m+1}\mathrm{d}[(1-x)^n]\right\}$$

$$=\frac{n}{m+1}\int_0^1(1-x)^{n-1}x^{m+1}\mathrm{d}x$$

$$=\frac{n}{(m+1)(m+2)}\int_0^1(1-x)^{n-1}\mathrm{d}(x^{m+2})$$

$$\xlongequal{分部积分 2 次}\frac{n}{(m+1)(m+2)}\left\{(1-x)^{n-1}\cdot x^{m+2}\Big|_0^1\right.$$

$$\left.-\int_0^1 x^{m+2}\mathrm{d}[(1-x)^{n-1}]\right\}$$

$$= \frac{n(n-1)}{(m+1)(m+2)}\int_0^1 (1-x)^{n-2}x^{m+2}\mathrm{d}x = \cdots$$

$$\xlongequal{\text{分部积分 } n \text{ 次}} \frac{n(n-1)(n-2)\cdots 3\cdot 2\cdot 1}{(m+1)(m+2)(m+3)\cdots(m+n)}\int_0^1 x^{m+n}\mathrm{d}x$$

$$= \frac{n!}{(m+1)(m+2)\cdots(m+n)}\cdot\frac{1}{m+n+1}$$

$$= \frac{n!m!}{(m+n+1)!}. \qquad \blacksquare$$

例 12 证明勒让德(Legendre)多项式

$$P_n(x) = \frac{1}{2^n\cdot n!}\frac{\mathrm{d}^n}{\mathrm{d}x^n}(x^2-1)^n$$

满足关系式

$$\int_{-1}^1 P_n(x)P_m(x)\mathrm{d}x = \begin{cases} 0, & \text{当 } 0 \leqslant m < n, \\ \dfrac{2}{2n+1}, & \text{当 } m = n. \end{cases}$$

证 记常数 $A_n = \dfrac{1}{2^n\cdot n!}$. 因为 $x=\pm 1$ 为多项式 $(x^2-1)^n$ 的 n 重零点,所以

$$\frac{\mathrm{d}^k}{\mathrm{d}x^k}(x^2-1)^n\Big|_{x=\pm 1} = 0 \quad (k = 0,1,2,\cdots,n-1). \tag{16}$$

又有

$$P_n^{(n)}(x) = \left[\frac{1}{2^n\cdot n!}\frac{\mathrm{d}^n}{\mathrm{d}x^n}(x^2-1)^n\right]^{(n)} = A_n(2n)!. \tag{17}$$

于是

(1) 当 $0 \leqslant m < n$ 时,由(16)式及(17)式得到

$$\int_{-1}^1 P_n(x)P_m(x)\mathrm{d}x = A_n\int_{-1}^1 P_m(x)\mathrm{d}\left[\frac{\mathrm{d}^{n-1}}{\mathrm{d}x^{n-1}}(x^2-1)^n\right]$$

$$\xlongequal{\text{分部积分 1 次}} A_n(-1)\int_{-1}^1 P_m'(x)\frac{\mathrm{d}^{n-1}}{\mathrm{d}x^{n-1}}(x^2-1)^n\mathrm{d}x$$

$$= \cdots\cdots$$

$$\xlongequal{\text{分部积分 } m \text{ 次}} A_n(-1)^m\int_{-1}^1 P_m^{(m)}(x)\frac{\mathrm{d}^{n-m}}{\mathrm{d}x^{n-m}}(x^2-1)^n\mathrm{d}x$$

$$= A_n(-1)^m A_m (2m)!\frac{\mathrm{d}^{n-m-1}}{\mathrm{d}x^{n-m-1}}(x^2-1)^n\Big|_{-1}^{1}.$$

因为 $n>m\geqslant 0$，所以 $0\leqslant n-m-1<n-1$，于是由(16)式知

$$\int_{-1}^{1} P_n(x)P_m(x)\mathrm{d}x = 0.$$

(2) 当 $m=n$ 时，分部积分 n 次后，得到

$$\int_{-1}^{1} P_n(x)P_m(x)\mathrm{d}x = A_n(-1)^n\int_{-1}^{1} P_n^{(n)}(x)(x^2-1)^n\mathrm{d}x$$

$$= (A_n)^2(-1)^n(2n)!2\int_0^1(x^2-1)^n\mathrm{d}x$$

$$\xlongequal{\text{令 } x=\sin t} (A_n)^2(-1)^n(2n)!2\int_0^{\frac{\pi}{2}}(-\cos^2 t)^n\cdot\cos t\mathrm{d}t$$

$$= (A_n)^2(2n)!2\int_0^{\frac{\pi}{2}}\cos^{2n+1}t\mathrm{d}t$$

$$\xlongequal{\text{例 }10} \left(\frac{1}{2^n\cdot n!}\right)^n(2n)!2\,\frac{2n(2n-2)\cdots 4\cdot 2}{(2n+1)(2n-1)\cdots 5\cdot 3}\cdot 1$$

$$= \frac{(2n)!}{2^{2n}(n!)^2}2\,\frac{2^n\cdot n!}{(2n+1)(2n-1)\cdots 5\cdot 3}$$

$$= \frac{(2n)!}{2^{2n}(n!)^2}2\,\frac{(2^n\cdot n!)^2}{(2n+1)!} = \frac{2}{2n+1}.$$ ▌

§6 定积分的近似计算

关于定积分的计算，我们介绍了两种常用的方法. 一种是求出被积函数的原函数，再利用牛顿-莱布尼兹公式算出定积分的值；另一种是利用定积分的基本性质或定积分的换元积分法、分部积分法，将定积分化为便于计算的形式，然后利用牛顿-莱布尼兹公式算出结果. 但是，在实际问题中出现的定积分，往往不能用以上方法来计算. 例如以下几种常见的情况：

(1) 被积函数是用图形或表格给出的，没有公式；

(2) 被积函数虽然由公式给出，但是求原函数非常复杂和困难；

(3) 原函数不是初等函数.

这时，我们就需要采用近似计算的方法来求定积分的值.

下面，我们介绍两种近似计算公式.

6.1 梯形公式

设函数 $y=f(x)\geqslant 0$, $x\in[a,b]$，于是定积分 $\int_a^b f(x)\mathrm{d}x$ 表示曲边梯形的面积(图 7-15). 近似求出这块面积，也就近似算出了定积分.

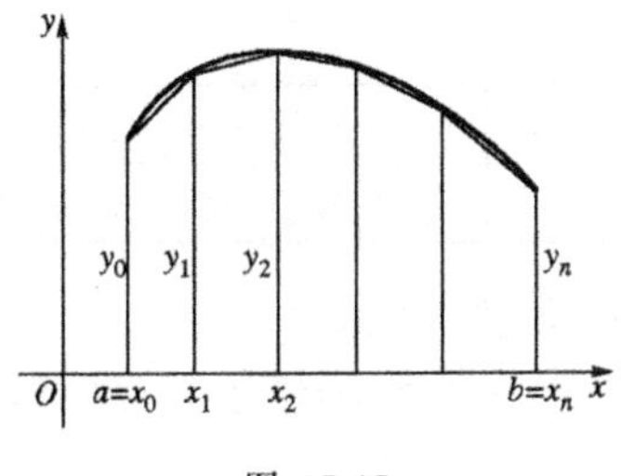

图 7-15

将$[a,b]$分为 n 等分，设分点为

$$a=x_0<x_1<x_2<\cdots<x_{n-1}<x_n=b.$$

每个小区间的长度都是 $\Delta x=\dfrac{b-a}{n}$. 令 $y_i=f(x_i)$ $(i=0,1,2,\cdots,n)$. 用小直边梯形面积去近似代替小曲边梯形面积，得到

$$\int_{x_{i-1}}^{x_i} f(x)\mathrm{d}x\approx\frac{y_{i-1}+y_i}{2}\cdot\frac{b-a}{n},$$

于是

$$\begin{aligned}\int_a^b f(x)\mathrm{d}x&\approx\sum_{i=1}^{n}\frac{y_{i-1}+y_i}{2}\cdot\frac{b-a}{n}\\&=\frac{b-a}{n}\left[\frac{y_0+y_n}{2}+y_1+y_2+\cdots+y_{n-1}\right].\quad(18)\end{aligned}$$

公式(18)称为**梯形公式**.

定理 1 若 $f''(x)$ 在 $[a,b]$ 上连续,且

$$|f''(x)| \leqslant M, \quad x \in [a,b],$$

则梯形公式的误差可如下估计:

$$|R_n| \leqslant \frac{(b-a)^3}{12n^2}M,$$

其中

$$R_n = \int_a^b f(x)\mathrm{d}x - \frac{b-a}{n}\left[\frac{y_0+y_n}{2} + y_1 + y_2 + \cdots + y_{n-1}\right].$$

证明从略.

例 1 有一条河,宽 200 m. 从一岸到正对岸,每隔 20 m 测量一次水深,测得数据如下表:

x(宽)/m	0	20	40	60	80	100	120	140	160	180	200
y(深)/m	2	4	6	9	12	16	18	13	8	6	2

求此河的横断面面积 A 的近似值.

解 设此河横断面的底边方程为 $y=f(x)$,则所求面积为

$$A = \int_0^{200} f(x)\mathrm{d}x.$$

利用梯形公式(18),由于 $n=10$, $\frac{b-a}{n}=20\,\mathrm{m}$,因此

$$\begin{aligned} A &= \int_0^{200} f(x)\mathrm{d}x \\ &\approx 20\left[\frac{2+2}{2} + 4 + 6 + 9 + 12 + 16 + 18 + 13 + 8 + 6\right]\mathrm{m}^2 \\ &= 1880\,\mathrm{m}^2. \end{aligned}$$

6.2 抛物线公式

梯形公式的基本思想是在小范围内"以直代曲",抛物线公式却是"以曲代曲",即在小范围内用抛物线去近似代替曲线.

如图 7-16 所示,将区间 $[a,b]$ 分为 $2n$ 等分,设分点为

$$a = x_0 < x_1 < x_2 < \cdots < x_{2n-1} < x_{2n} = b,$$

相应的函数值为

$$y_0, y_1, y_2, \cdots, y_{2n-1}, y_{2n}.$$

设曲线上相应分点为

$$M_0, M_1, M_2, \cdots, M_{2n-1}, M_{2n}.$$

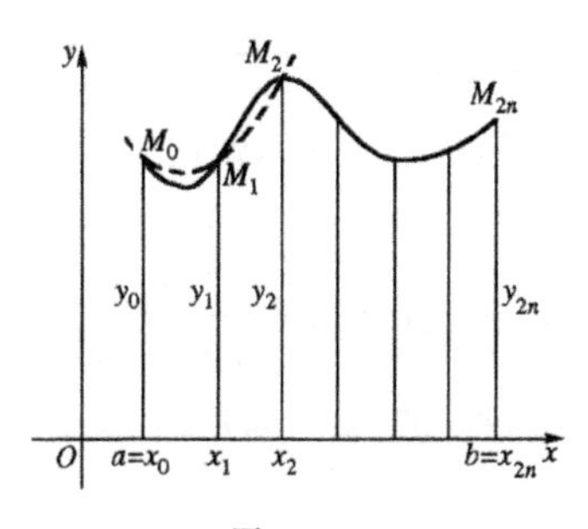

图 7-16

我们知道,通过三个点可惟一确定一条抛物线(其对称轴平行于 y 轴)或直线. 设通过点 $M_0(x_0,y_0)$, $M_1(x_1,y_1)$, $M_2(x_2,y_2)$的抛物线(或直线)方程为

$$y = Ax^2 + Bx + C;$$

其系数 A,B,C 由方程组

$$\begin{cases} y_0 = Ax_0^2 + Bx_0 + C, \\ y_1 = Ax_1^2 + Bx_1 + C, \\ y_2 = Ax_2^2 + Bx_2 + C \end{cases} \tag{19}$$

确定. 现在,我们用定积分来计算这条抛物线下的面积:

$$\int_{x_0}^{x_2} (Ax^2 + Bx + C)\mathrm{d}x$$

$$= \frac{A}{3}(x_2^3 - x_0^3) + \frac{B}{2}(x_2^2 - x_0^2) + C(x_2 - x_0)$$

$$= \frac{x_2 - x_0}{6}[y_2 + A(x_2 + x_0)^2 + 2B(x_2 + x_0) + 4C + y_0],$$

将 $x_1=\frac{x_0+x_2}{2}$ 或 $x_2+x_0=2x_1$ 代入，再根据(19)式，得到

$$\begin{aligned}&\int_{x_0}^{x_2}(Ax^2+Bx+C)\mathrm{d}x\\&\quad=\frac{x_2-x_0}{6}[y_2+4Ax_1^2+4Bx_1+4C+y_0]\\&\quad=\frac{x_2-x_0}{6}(y_2+4y_1+y_0).\end{aligned}$$

类似地，通过三点 $M_2(x_2,y_2)$，$M_3(x_3,y_3)$，$M_4(x_4,y_4)$ 的抛物线下的面积为

$$\int_{x_2}^{x_4}(Ax^2+Bx+C)\mathrm{d}x=\frac{x_4-x_2}{6}(y_4+4y_3+y_2).$$

继续做下去，最后，通过三点 M_{2n-2}，M_{2n-1}，M_{2n} 的抛物线下的面积为

$$\frac{x_{2n}-x_{2n-2}}{6}(y_{2n}+4y_{2n-1}+y_{2n-2}).$$

这样的抛物线一共有 n 条，把它们下面的面积全部加起来，就得到原曲边梯形面积$\left(\text{即}\int_a^b f(x)\mathrm{d}x\right)$的一个近似值. 注意到

$$x_2-x_0=x_4-x_2=\cdots=x_{2n}-x_{2n-2}=2\cdot\frac{b-a}{2n}=\frac{b-a}{n},$$

于是

$$\begin{aligned}\int_a^b f(x)\mathrm{d}x&\approx\frac{b-a}{6n}[(y_0+4y_1+y_2)+(y_2+4y_3+y_4)\\&\qquad+\cdots+(y_{2n-2}+4y_{2n-1}+y_{2n})]\\&=\frac{b-a}{6n}[(y_0+y_{2n})+2(y_2+y_4+\cdots+y_{2n-2})\\&\qquad+4(y_1+y_3+\cdots+y_{2n-1})].\end{aligned}\tag{20}$$

公式(20)称为**抛物线公式**或**辛普森**(Simpson)**公式**.

记抛物线公式的误差为

$$R_{2n}=\int_a^b f(x)\mathrm{d}x-\frac{b-a}{6n}[(y_0+y_{2n})+2(y_2+y_4+\cdots+y_{2n-2})$$

$$+4(y_1+y_3+\cdots+y_{2n-1})],$$

我们有

定理 2 若 $f^{(4)}(x)$在$[a,b]$上连续，且

$$|f^{(4)}(x)|\leqslant M,\quad x\in[a,b],$$

则误差可如下估计：

$$|R_{2n}|\leqslant\frac{(b-a)^5}{180\cdot(2n)^4}M.$$

证明从略.

例 2 用抛物线公式近似计算定积分 $\int_0^1 \mathrm{e}^{-x^2}\mathrm{d}x$，要求精确到 0.0001.

解 根据对精确度的要求知，要使

$$|R_{2n}|\leqslant 0.0001,$$

只要

$$\frac{(b-a)^5}{180\cdot(2n)^4}M=\frac{1}{180\cdot(2n)^4}M\leqslant 0.0001,\tag{21}$$

其中 $$|f^{(4)}(x)|\leqslant M,\quad x\in[0,1].$$

下面估计 M. 由 $f(x)=\mathrm{e}^{-x^2}$知

$$|f^{(4)}(x)|=|(\mathrm{e}^{-x^2})^{(4)}|=|16x^4-48x^2+12|\cdot|\mathrm{e}^{-x^2}|.$$

当 $x\in[0,1]$时，$|\mathrm{e}^{-x^2}|\leqslant 1$，于是

$$|f^{(4)}(x)|\leqslant|16x^4-48x^2+12|=4|4x^4-12x^2+3|.\tag{22}$$

令 $y=4x^4-12x^2+3$，则

$$y'=16x^3-24x=8x(2x^2-3)\leqslant 0\quad(0\leqslant x\leqslant 1).$$

因此 $y=4x^4-12x^2+3$ 在区间$[0,1]$上单调下降，从而当 $x\in[0,1]$时，

$$|y(x)|\leqslant\max\{|y(0)|,|y(1)|\}=\max\{3,5\}=5.$$

由(22)式知

$$|f^{(4)}(x)|\leqslant 4|y(x)|\leqslant 20\quad(0\leqslant x\leqslant 1).$$

取 $M=20$,则由(21)式得到

$$\frac{1}{180\cdot(2n)^4}\cdot 20\leqslant 0.0001,$$

即 $$\frac{1}{9\cdot(2n)^4}\leqslant 0.0001,\quad 2n\geqslant\sqrt[4]{\frac{10000}{9}}=\frac{10}{3}\sqrt[4]{9}.$$

因此取 $2n=10$ 即可,这里 $2n$ 是分割的份数.

把分点及相应的函数值计算出来并排列成下表:

i	0	1	2	3	4	5
x	0.0	0.1	0.2	0.3	0.4	0.5
y	1.00000	0.99005	0.96079	0.91393	0.85214	0.77880
i	6	7	8	9	10	
x	0.6	0.7	0.8	0.9	1.0	
y	0.69768	0.61263	0.52729	0.44486	0.36788	

于是由抛物线公式(20),得到

$$\begin{aligned}\int_0^1 e^{-x^2}dx &\approx \frac{b-a}{3(2n)}[(y_0+y_{10})+2(y_2+y_4+y_6+y_8)\\&\quad+4(y_1+y_3+y_5+y_7+y_9)]\\&=\frac{1}{30}[1.36788+2\times 3.03790+4\times 3.74027]\\&=0.74683.\end{aligned}$$

积分 $\int_0^x e^{-t^2}dt$ 的值已经编制成表.查表得到

$$\int_0^1 e^{-x^2}dx=0.746823.$$

习 题 7.2

求下列定积分(m,n 都为正整数):

1. $\int_0^1 x(2-x^2)^{12}dx$.

2. $\int_{-1}^1 \frac{xdx}{x^2+x+1}$.

3. $\int_1^e (x\ln x)^2 dx$.

4. $\int_0^{\pi/2} \sin x\sin 2x\sin 3x dx$.

5. $\int_1^2 |1-x|\mathrm{d}x$. 6. $\int_{1/\mathrm{e}}^{\mathrm{e}} |\ln x|\mathrm{d}x$.

7. $\int_0^2 f(x)\mathrm{d}x$，其中 $f(x)=\begin{cases} x^2, & 0\leqslant x\leqslant 1, \\ 2-x, & 1<x\leqslant 2. \end{cases}$

8. $\int_0^2 x|x-a|\mathrm{d}x \ (0<a<2)$.

9. $\int_{-2}^2 |x^2-1|\mathrm{d}x$. 10. $\int_0^{\pi} (x\sin x)^2\mathrm{d}x$.

11. $\int_{-5}^5 \frac{x^3\sin^2 x}{x^4+x^2+1}\mathrm{d}x$. 12. $\int_0^a \frac{x^2\mathrm{d}x}{\sqrt{a^2-x^2}}$.

13. $\int_0^1 \frac{\mathrm{d}x}{(x+1)\sqrt{x^2+1}}$.

14. 证明：$\int_0^{\pi} \sin^n x\mathrm{d}x=2\int_0^{\pi/2} \sin^n x\mathrm{d}x$.

15. $\int_0^{\pi} \cos^{2n} x\mathrm{d}x=2\int_0^{\pi/2} \cos^{2n} x\mathrm{d}x$.

16. 证明：$\int_0^{\pi} \cos^{2n+1} x\mathrm{d}x=0$. 17. $\int_{-\pi}^{\pi} \sin nx\sin mx\mathrm{d}x$.

18. $\int_{-\pi}^{\pi} \sin nx\cos mx\mathrm{d}x$. 19. $\int_{-\pi}^{\pi} \cos nx\cos mx\mathrm{d}x$.

20. $\int_0^1 \sqrt{(1-x^2)^3}\mathrm{d}x$.

21. 证明：$\int_x^1 \frac{\mathrm{d}x}{1+x^2}=\int_1^{1/x} \frac{\mathrm{d}x}{1+x^2} \ (x>0)$.

22. $\int_0^{16} \frac{\mathrm{d}x}{\sqrt{x+9}-\sqrt{x}}$. 23. $\int_0^1 (1-x^2)^n\mathrm{d}x$.

24. $\int_0^1 \ln(1+\sqrt{x})\mathrm{d}x$. 25. $\int_0^{\pi/4} \tan^4 x\mathrm{d}x$.

26. $\int_0^1 \arcsin x\mathrm{d}x$. 27. $\int_0^{\pi} \ln(x+\sqrt{x^2+a^2})\mathrm{d}x$.

28. $\int_{-\pi/2}^{\pi/2} \sqrt{\cos x-\cos^3 x}\mathrm{d}x$. 29. $\int_0^{1/2} (\arcsin x)^2\mathrm{d}x$.

30. $\int_0^{\pi} x\sin^{10} x\mathrm{d}x$. 31. $\int_0^1 x^{10}\sqrt{1-x^2}\mathrm{d}x$.

32. $\int_0^1 (1-x^2)^4 \sqrt{1-x^2}\mathrm{d}x$. 33. $\int_0^1 x(\arctan x)^2\mathrm{d}x$.

34. $\int_0^3 \arcsin\sqrt{\frac{x}{1+x}}\mathrm{d}x$.

35. 设 $f(x)$在$(-\infty,+\infty)$上连续，证明 $f(x)$是周期为 T 的函数之充

要条件为积分 $\int_0^T f(x+y)\mathrm{d}x$ 与 y 无关.

36. 设 $f(x)$是周期为 T 的连续函数,证明

$$\lim_{x\to+\infty}\frac{1}{x}\int_0^x f(t)\mathrm{d}t=\frac{1}{T}\int_0^T f(t)\mathrm{d}t.$$

37. 设 $f(x)$在$[A,B]$上连续, $A<a<b<B$. 求证

$$\lim_{h\to 0}\int_a^b\frac{f(x+h)-f(x)}{h}\mathrm{d}x=f(b)-f(a).$$

38. 已知 $\int_0^1\frac{\mathrm{d}x}{1+x^2}=\frac{\pi}{4}$. 试把积分区间[0,1]分成十等分,分别用梯形法和抛物线法的近似公式计算 π 的近似值,计算到小数点后三位.

39. 利用梯形法($n=12$)和抛物线法($2n=12$)计算积分 $\int_0^1\frac{x\mathrm{d}x}{\ln(2+x)}$的近似值,计算到小数点后三位.

§7 广义积分

以上所讨论的定积分,都是有界函数在有限区间上的积分,即黎曼积分. 但是,在一些理论问题和实际应用中,我们往往遇到有界函数在无穷区间上的积分(称为**无穷积分**),以及无界函数在有限区间上的积分(称为**瑕积分**),它们统称为**广义积分**. 下面分别讨论.

7.1 无穷积分

1. 无穷积分的定义

我们先考查一个几何问题: 求由曲线 $y=\frac{1}{x^2}$, x 轴以及直线 $x=1$ 所围成的“无穷曲边三角形”的面积(图 7-17).

这个“无穷曲边三角形”的面积不能用定积分来计算. 但是,对于任意 $b>1$,在有限区间$[1,b]$上的曲边三角形(图 7-17 中带斜线部分)的面积却可以用定积分来计算,这就是

$$\int_1^b\frac{1}{x^2}\mathrm{d}x=1-\frac{1}{b}.$$

从图 7-17 容易看出，b 越大，这个面积越接近于无穷曲边三角形的面积. 因此很自然地，我们把 $b\to+\infty$ 时，面积 $\int_1^b \frac{1}{x^2}\mathrm{d}x$ 的极限

$$\lim_{b\to+\infty}\int_1^b \frac{1}{x^2}\mathrm{d}x \tag{23}$$

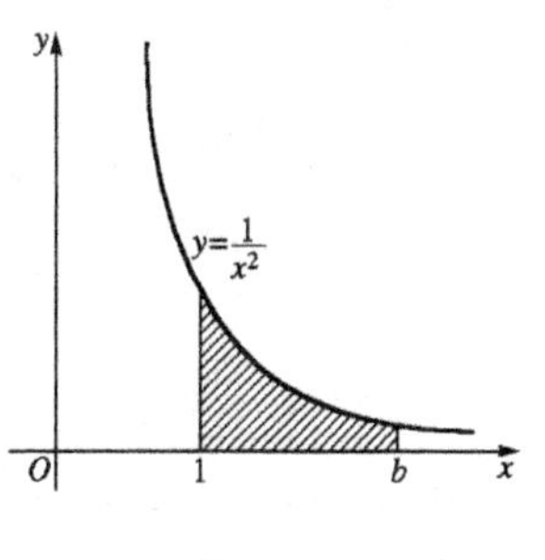

图 7-17

作为无穷曲边三角形的面积，并把极限(23)理解为函数 $1/x^2$ 在无穷区间 $[1,+\infty)$ 上的积分，即无穷积分，记作

$$\int_1^{+\infty}\frac{1}{x^2}\mathrm{d}x=\lim_{b\to+\infty}\int_1^b \frac{1}{x^2}\mathrm{d}x.$$

一般地，我们有

定义 1 $\left(\text{无穷积分}\int_a^{+\infty}f(x)\mathrm{d}x\right)$ 设函数 $f(x)$ 在无穷区间 $[a,+\infty)$ 上有定义，并且对于任意 b $(b>a)$，函数 $f(x)$ 在有限区间 $[a,b]$ 上可积. 若极限

$$\lim_{b\to+\infty}\int_a^b f(x)\mathrm{d}x \tag{24}$$

存在，则称无穷积分 $\int_a^{+\infty}f(x)\mathrm{d}x$ **收敛**，并且定义极限值(24)为该无穷积分的值，记作

$$\int_a^{+\infty}f(x)\mathrm{d}x=\lim_{b\to+\infty}\int_a^b f(x)\mathrm{d}x. \tag{25}$$

若极限(24)不存在，则称无穷积分 $\int_a^{+\infty}f(x)\mathrm{d}x$ **发散**，这时，它只是一个符号，不表示任何数值.

例 1 讨论无穷积分 $\int_0^{+\infty}\frac{1}{1+x^2}\mathrm{d}x$ 的收敛性.

解 先求定积分：

$$\int_0^b \frac{1}{1+x^2}\mathrm{d}x=\arctan b \quad (b>0).$$

再求极限：

$$\lim_{b\to+\infty}\int_0^b \frac{1}{1+x^2}\mathrm{d}x = \lim_{b\to+\infty}\arctan b = \frac{\pi}{2}.$$

于是无穷积分 $\int_0^{+\infty}\frac{1}{1+x^2}\mathrm{d}x$ 收敛，其值为

$$\int_0^{+\infty}\frac{1}{1+x^2}\mathrm{d}x = \lim_{b\to+\infty}\int_0^b \frac{1}{1+x^2}\mathrm{d}x = \frac{\pi}{2}.$$

例 2 讨论无穷积分

$$\int_0^{+\infty}\sin x\mathrm{d}x \quad 及 \quad \int_0^{+\infty}\cos x\mathrm{d}x$$

的收敛性.

解 (1) 讨论无穷积分 $\int_0^{+\infty}\sin x\mathrm{d}x$. 先对任意 $b>0$，计算定积分：

$$\int_0^b \sin x\mathrm{d}x = -\cos x\Big|_0^b = 1-\cos b,$$

再令 $b\to+\infty$，由于 $\cos b$ 没有极限，因此极限 $\lim\limits_{b\to+\infty}(1-\cos b)$ 不存在，从而无穷积分 $\int_0^{+\infty}\sin x\mathrm{d}x$ 发散.

(2) 同理可知，无穷积分 $\int_0^{+\infty}\cos x\mathrm{d}x$ 发散.

例 3 证明：无穷积分

$$\int_a^{+\infty}\frac{1}{x^p}\mathrm{d}x \quad (a>0)$$

当 $p>1$ 时收敛；当 $p\leqslant 1$ 时发散.

证 (1) 当 $p>1$ 时，有 $p-1>0$，于是

$$\int_a^{+\infty}\frac{1}{x^p}\mathrm{d}x = \lim_{b\to+\infty}\int_a^b x^{-p}\mathrm{d}x = \lim_{b\to+\infty}\frac{1}{-p+1}x^{-p+1}\Big|_a^b$$

$$= \frac{1}{-p+1}\lim_{b\to+\infty}\left[\frac{1}{b^{p-1}}-\frac{1}{a^{p-1}}\right] = \frac{1}{p-1}\cdot\frac{1}{a^{p-1}}.$$

因此无穷积分 $\int_a^{+\infty}\frac{1}{x^p}\mathrm{d}x$ 收敛.

(2) 当 $p=1$ 时,有

$$\int_a^{+\infty}\frac{1}{x^p}\mathrm{d}x=\int_a^{+\infty}\frac{1}{x}\mathrm{d}x=\lim_{b\to+\infty}\int_a^b\frac{1}{x}\mathrm{d}x$$
$$=\lim_{b\to+\infty}(\ln b-\ln a)=+\infty.$$

即无穷积分 $\int_0^1\frac{1}{x}\mathrm{d}x$ 发散.

(3) 当 $p<1$ 时,有 $1-p>0$,于是

$$\int_a^{+\infty}\frac{1}{x^p}\mathrm{d}x=\lim_{b\to+\infty}\int_a^b x^{-p}\mathrm{d}x$$
$$\doteq\lim_{b\to+\infty}\frac{1}{1-p}[b^{1-p}-a^{1-p}]=+\infty.$$

即无穷积分 $\int_a^{+\infty}\frac{1}{x^p}\mathrm{d}x$ 发散. ▌

例 4 计算无穷积分

$$\int_0^{+\infty}\mathrm{e}^{-ax}\cdot\sin bx\mathrm{d}x\quad 及\quad\int_0^{+\infty}\mathrm{e}^{-ax}\cdot\cos bx\mathrm{d}x\quad(a>0).$$

解 查积分公式表,得

$$\int\mathrm{e}^{-ax}\cdot\sin bx\mathrm{d}x=\frac{\mathrm{e}^{-ax}}{a^2+b^2}(-a\sin bx-b\cos bx)+C,$$

$$\int\mathrm{e}^{-ax}\cdot\cos bx\mathrm{d}x=\frac{\mathrm{e}^{-ax}}{a^2+b^2}(-a\cos bx+b\sin bx)+C.$$

于是

$$\int_0^{+\infty}\mathrm{e}^{-ax}\cdot\sin bx\mathrm{d}x=\lim_{A\to+\infty}\int_0^A\mathrm{e}^{-ax}\cdot\sin bx\mathrm{d}x$$
$$=\lim_{A\to+\infty}\frac{\mathrm{e}^{-ax}}{a^2+b^2}(-a\sin bx-b\cos bx)\Big|_{x=0}^{x=A}=\frac{b}{a^2+b^2},$$

又,

$$\int_0^{+\infty}\mathrm{e}^{-ax}\cdot\cos bx\mathrm{d}x=\frac{\mathrm{e}^{-ax}}{a^2+b^2}(-a\cos bx+b\sin bx)\Big|_0^{+\infty}{}^{①}=\frac{a}{a^2+b^2}.$$

---

① 记号 $F(x)\Big|_0^{+\infty}$ 表示 $\lim\limits_{A\to+\infty}F(x)\Big|_0^A=\lim\limits_{A\to+\infty}[F(A)-F(0)]$.

定义 2 $\left(\text{无穷积分} \int_{-\infty}^{b} f(x)\mathrm{d}x\right)$ 设函数 $f(x)$ 在无穷区间 $(-\infty,b]$ 上有定义，并且对于任意 a $(a<b)$，函数 $f(x)$ 在有限区间 $[a,b]$ 上可积. 若极限

$$\lim_{a\to-\infty}\int_{a}^{b} f(x)\mathrm{d}x \tag{26}$$

存在，则称无穷积分 $\int_{-\infty}^{b} f(x)\mathrm{d}x$ **收敛**，并且定义其值为极限(26)，记作

$$\int_{-\infty}^{b} f(x)\mathrm{d}x = \lim_{a\to-\infty}\int_{a}^{b} f(x)\mathrm{d}x. \tag{27}$$

若极限(26)不存在，则称无穷积分 $\int_{-\infty}^{b} f(x)\mathrm{d}x$ **发散**.

例 5 讨论无穷积分 $\int_{-\infty}^{0} \mathrm{e}^{x}\mathrm{d}x$ 的收敛性.

解 计算无穷积分，有

$$\int_{-\infty}^{0} \mathrm{e}^{x}\mathrm{d}x = \lim_{a\to-\infty}\int_{a}^{0} \mathrm{e}^{x}\mathrm{d}x = \lim_{a\to-\infty}(1-\mathrm{e}^{a}) = 1,$$

因此 $\int_{-\infty}^{0} \mathrm{e}^{x}\mathrm{d}x$ 收敛.

定义 3 $\left(\text{无穷积分} \int_{-\infty}^{+\infty} f(x)\mathrm{d}x\right)$ 设函数 $f(x)$ 在无穷区间 $(-\infty,+\infty)$ 上有定义，并且对于任意 a,b $(a<b)$，函数 $f(x)$ 在有限区间 $[a,b]$ 上可积. 若极限

$$\lim_{\substack{a\to-\infty \\ b\to+\infty}}\int_{a}^{b} f(x)\mathrm{d}x \tag{28}$$

存在，则称无穷积分 $\int_{-\infty}^{+\infty} f(x)\mathrm{d}x$ **收敛**，其值为

$$\int_{-\infty}^{+\infty} f(x)\mathrm{d}x = \lim_{\substack{a\to-\infty \\ b\to+\infty}}\int_{a}^{b} f(x)\mathrm{d}x. \tag{29}$$

若极限(28)不存在，则称无穷积分 $\int_{-\infty}^{+\infty} f(x)\mathrm{d}x$ **发散**.

无穷积分 $\int_{-\infty}^{+\infty} f(x)\mathrm{d}x$ 也可如下定义. 因为

$$\int_a^b f(x)\mathrm{d}x = \int_a^c f(x)\mathrm{d}x + \int_c^b f(x)\mathrm{d}x$$

（其中 c 为任意实数），所以当 $a\to-\infty$ 且 $b\to+\infty$ 时，上式左端有极限等价于其右端两项都有极限，于是可以定义

$$\int_{-\infty}^{+\infty} f(x)\mathrm{d}x = \int_{-\infty}^{c} f(x)\mathrm{d}x + \int_c^{+\infty} f(x)\mathrm{d}x,$$

其中 c 为任意实数. 若上式右端两个无穷积分都收敛，则称无穷积分 $\int_{-\infty}^{+\infty} f(x)\mathrm{d}x$ **收敛**；若上式右端有一个无穷积分发散，则称无穷积分 $\int_{-\infty}^{+\infty} f(x)\mathrm{d}x$ **发散**.

例 6 讨论无穷积分 $\int_{-\infty}^{+\infty} \mathrm{e}^x\mathrm{d}x$ 的收敛性.

解 对于任意实数 c，考虑无穷积分

$$\int_{-\infty}^{c} \mathrm{e}^x\mathrm{d}x \quad 及 \quad \int_c^{+\infty} \mathrm{e}^x\mathrm{d}x.$$

因为 $$\int_c^{+\infty} \mathrm{e}^x\mathrm{d}x = \lim_{b\to+\infty}\int_c^b \mathrm{e}^x\mathrm{d}x = \lim_{b\to+\infty}(\mathrm{e}^b - \mathrm{e}^c) = +\infty,$$

所以无穷积分 $\int_c^{+\infty} \mathrm{e}^x\mathrm{d}x$ 发散，从而 $\int_{-\infty}^{+\infty} \mathrm{e}^x\mathrm{d}x$ 发散.

2. 无穷积分的简单性质

为确定起见，这里只对无穷积分 $\int_a^{+\infty} f(x)\mathrm{d}x$ 叙述下列简单性质，读者不难将它们类推到无穷积分 $\int_{-\infty}^{b} f(x)\mathrm{d}x$ 和 $\int_{-\infty}^{+\infty} f(x)\mathrm{d}x$ 上去.

(1) 无穷积分 $\int_a^{+\infty} f(x)\mathrm{d}x$ 与 $\int_c^{+\infty} f(x)\mathrm{d}x$（其中 $c>a$，为任意数）同时收敛或同时发散；当 $\int_a^{+\infty} f(x)\mathrm{d}x$ 收敛时，有关系式

$$\int_a^{+\infty} f(x)\mathrm{d}x = \int_a^c f(x)\mathrm{d}x + \int_c^{+\infty} f(x)\mathrm{d}x.$$

这里 $\int_a^c f(x)\mathrm{d}x$ 为黎曼积分，即普通定积分，也称**常义积分**.

(2) 若无穷积分 $\int_a^{+\infty} f(x)\mathrm{d}x$ 收敛，则无穷积分 $\int_a^{+\infty} kf(x)\mathrm{d}x$ 也收敛，且

$$\int_a^{+\infty} kf(x)\mathrm{d}x = k\int_a^{+\infty} f(x)\mathrm{d}x,$$

其中 k 为常数.

(3) 若无穷积分 $\int_a^{+\infty} f(x)\mathrm{d}x$ 与 $\int_a^{+\infty} g(x)\mathrm{d}x$ 都收敛，则无穷积分 $\int_a^{+\infty} [f(x)\pm g(x)]\mathrm{d}x$ 也收敛，且

$$\int_a^{+\infty} [f(x) \pm g(x)]\mathrm{d}x = \int_a^{+\infty} f(x)\mathrm{d}x \pm \int_a^{+\infty} g(x)\mathrm{d}x.$$

根据无穷积分收敛的定义，不难证明以上性质.

3. 无穷积分的收敛性判别法

上面讨论无穷积分的收敛性，都是根据定义进行的. 这种做法很有局限性，因为先求定积分，再求其极限，往往并不容易. 下面介绍一些判别无穷积分收敛性的方法.

1) 适用于**非负**被积函数的判别法

引理 若函数 $f(x)$ 在无穷区间 $[a,+\infty)$ 上单调上升，且有上界，则极限 $\lim\limits_{x\to+\infty} f(x)$ 存在.

证 令 $a_n=f(n)$ (其中 n 为正整数)，由条件知，数列 $\{a_n\}$ 单调上升，且有上界，因此由数列极限存在定理知，极限 $\lim\limits_{n\to+\infty} a_n$ 存在，设 $\lim\limits_{n\to+\infty} a_n=A$. 于是对于任给的 $\varepsilon>0$，必存在号码 $N>0$，使得当 $n>N$ 时，恒有 $|a_n-A|<\varepsilon$，即

$$A - \varepsilon < a_n < A + \varepsilon \quad (n > N). \tag{30}$$

不难证明 $\lim\limits_{x\to+\infty} f(x)=A$. 事实上，对任意 x(当 $x>N+1$)，记 $[x]=n$，便有 $n\leqslant x<n+1$，且

$$n > N. \tag{31}$$

由函数的单调性，得到

$$f(n) \leqslant f(x) \leqslant f(n + 1),$$

即 $$a_n \leqslant f(x) \leqslant a_{n+1}.$$

从而由(31)及(30)式，得

$$A - \varepsilon < f(x) < A + \varepsilon \quad (\text{其中 } x > N + 1).$$

于是由极限定义知

$$\lim_{x \to +\infty} f(x) = A. \quad \blacksquare$$

推论 若 $f(x)$ 在 $[a, +\infty)$ 上单调下降，且有下界，则极限 $\lim\limits_{x \to +\infty} f(x)$ 存在.

证明留给读者.(提示：考虑函数 $g(x) = -f(x)$.)

定理 1(比较判别法) 如果当 $x \geqslant a$ 时，有不等式

$$0 \leqslant f(x) \leqslant g(x), \tag{32}$$

且 $f(x), g(x)$ 在任何有限区间 $[a, b]$ $(b > a)$ 上可积，那么

(1) 从 $\int_a^{+\infty} g(x) \mathrm{d}x$ 收敛，可以推出 $\int_a^{+\infty} f(x) \mathrm{d}x$ 收敛；

(2) 从 $\int_a^{+\infty} f(x) \mathrm{d}x$ 发散，可以推出 $\int_a^{+\infty} g(x) \mathrm{d}x$ 发散.

证 (1) 由条件(32)知，对任意 b $(b > a)$，有

$$\int_a^b f(x) \mathrm{d}x \leqslant \int_a^b g(x) \mathrm{d}x \leqslant \int_a^{+\infty} g(x) \mathrm{d}x.$$

记 $F(b) = \int_a^b f(x) \mathrm{d}x$，它是 b 的函数. 因为 $f(x) \geqslant 0$，所以 $F(b)$ 是单调上升的；又由于 $\int_a^{+\infty} g(x) \mathrm{d}x$ 收敛，因此它是个常数，也就是说，数值 $\int_a^{+\infty} g(x) \mathrm{d}x$ 是 $F(b)$ 的上界. 于是由引理知，极限

$$\lim_{b \to +\infty} F(b) = \lim_{b \to +\infty} \int_a^b f(x) \mathrm{d}x$$

存在，即无穷积分 $\int_a^{+\infty} f(x) \mathrm{d}x$ 收敛.

(2) 假定 $\int_a^{+\infty} f(x) \mathrm{d}x$ 发散，要证 $\int_a^{+\infty} g(x) \mathrm{d}x$ 发散. 我们用反证法.

若 $\int_a^{+\infty} g(x)\mathrm{d}x$ 收敛，则由(1)知，$\int_a^{+\infty} f(x)\mathrm{d}x$ 收敛，从而与假设矛盾. 因此，$\int_a^{+\infty} g(x)\mathrm{d}x$ 发散. ▌

例 7 证明概率积分

$$\int_0^{+\infty} \mathrm{e}^{-x^2}\mathrm{d}x$$

收敛.

证 当 $x\geqslant 1$ 时，有 $x^2\geqslant x$，即 $-x^2\leqslant -x$，因此

$$\mathrm{e}^{-x^2}\leqslant \mathrm{e}^{-x} \quad (x\geqslant 1).$$

而无穷积分 $\int_1^{+\infty} \mathrm{e}^{-x}\mathrm{d}x=\frac{1}{\mathrm{e}}$是收敛的，于是由比较判别法知，无穷积分 $\int_1^{+\infty} \mathrm{e}^{-x^2}\mathrm{d}x$ 收敛. 再根据无穷积分简单性质(1)知，概率积分 $\int_0^{+\infty} \mathrm{e}^{-x^2}\mathrm{d}x$ 收敛. ▌

例 8 讨论无穷积分

$$\int_1^{+\infty} \frac{\mathrm{e}^x}{x^3}\mathrm{d}x$$

的收敛性.

解 $\frac{\mathrm{e}^x}{x^3}=\frac{\mathrm{e}^x}{x^2}\cdot\frac{1}{x}$. 由洛必达法则易知

$$\lim_{x\to+\infty}\frac{x^2}{\mathrm{e}^x}=0.$$

因此当 x 充分大(例如 $x>x_0>1$)时，有

$$\frac{x^2}{\mathrm{e}^x}<1,$$

即
$$\frac{\mathrm{e}^x}{x^2}>1 \quad (\text{当 } x>x_0>1),$$

从而
$$\frac{\mathrm{e}^x}{x^3}=\frac{\mathrm{e}^x}{x^2}\cdot\frac{1}{x}>\frac{1}{x} \quad (x>x_0>1).$$

而无穷积分 $\int_{x_0}^{+\infty} \frac{1}{x}\mathrm{d}x$ 发散(例 3)，于是由比较判别法知，无穷积

分 $\int_{x_0}^{+\infty}\frac{\mathrm{e}^x}{x^3}\mathrm{d}x$ 发散，从而原无穷积分 $\int_1^{+\infty}\frac{\mathrm{e}^x}{x^3}\mathrm{d}x$ 发散.

定理 2(比较判别法的极限形式) 设 $f(x)$, $g(x)$ 当 $x\geqslant a$ 时都是非负函数，且它们在任何有限区间 $[a,b]$ $(b>a)$ 上可积. 若

$$\lim_{x\to+\infty}\frac{f(x)}{g(x)}=l,$$

则有结论：

(1) 当 $0<l<+\infty$ 时，则无穷积分 $\int_a^{+\infty}f(x)\mathrm{d}x$ 与无穷积分 $\int_a^{+\infty}g(x)\mathrm{d}x$ 同时收敛或同时发散；

(2) 当 $l=0$ 时，则从无穷积分 $\int_a^{+\infty}g(x)\mathrm{d}x$ 收敛，可以推出无穷积分 $\int_a^{+\infty}f(x)\mathrm{d}x$ 收敛；

(3) 当 $l=+\infty$ 时，则从无穷积分 $\int_a^{+\infty}g(x)\mathrm{d}x$ 发散，可以推出无穷积分 $\int_a^{+\infty}f(x)\mathrm{d}x$ 发散.

证 (1) 设 $\lim\limits_{x\to+\infty}\frac{f(x)}{g(x)}=l$, $l>0$，则对于正数 $\varepsilon_1=\frac{l}{2}$，必存在某个 x_0 $(x_0>a)$，使得当 $x>x_0$ 时，有

$$\left|\frac{f(x)}{g(x)}-l\right|<\frac{l}{2},$$

即

$$\frac{l}{2}<\frac{f(x)}{g(x)}<\frac{3}{2}l.$$

由 $g(x)>0$，得

$$\frac{l}{2}\cdot g(x)<f(x)<\frac{3}{2}l\cdot g(x)\quad(x>x_0).$$

由比较判别法及无穷积分简单性质(2)知，无穷积分 $\int_{x_0}^{+\infty}f(x)\mathrm{d}x$ 与 $\int_{x_0}^{+\infty}g(x)\mathrm{d}x$ 同时收敛或发散，从而 $\int_a^{+\infty}f(x)\mathrm{d}x$ 与 $\int_a^{+\infty}g(x)\mathrm{d}x$

同时收敛或发散.

(2) 若 $\lim\limits_{x\to+\infty}\dfrac{f(x)}{g(x)}=0$，则对于正数 $\varepsilon_1=1$，必存在某个 x_1($x_1>a$)，使得当 $x>x_1$ 时，有

$$\left|\frac{f(x)}{g(x)}-0\right|=\frac{f(x)}{g(x)}<1.$$

即，当 $x>x_1$ 时，有

$$0\leqslant f(x)<g(x).$$

已知 $\int_a^{+\infty}g(x)\mathrm{d}x$ 收敛，因此 $\int_{x_1}^{+\infty}g(x)\mathrm{d}x$ 收敛，于是由比较判别法知，无穷积分 $\int_{x_1}^{+\infty}f(x)\mathrm{d}x$ 收敛，从而无穷积分 $\int_a^{+\infty}f(x)\mathrm{d}x$ 收敛.

(3) 若 $\lim\limits_{x\to+\infty}\dfrac{f(x)}{g(x)}=+\infty$，则必存在某个 x_2($x_2>a$)，使得当 $x>x_2$ 时，有

$$\frac{f(x)}{g(x)}>1,$$

即

$$0<g(x)<f(x)\quad(x>x_2).$$

已知 $\int_a^{+\infty}g(x)\mathrm{d}x$ 发散，因此 $\int_{x_2}^{+\infty}g(x)\mathrm{d}x$ 发散，于是由比较判别法知，无穷积分 $\int_{x_2}^{+\infty}f(x)\mathrm{d}x$ 发散，从而 $\int_a^{+\infty}f(x)\mathrm{d}x$ 发散. ▌

在定理 2 中，当 $g(x)=1/x^p$ ($p>0$)时，便是下面的

定理 3(柯西判别法) 设 $f(x)$在 $x\geqslant a$ 时是非负的，且在任何有限区间$[a,b]$ ($b>a>0$)上可积. 若

$$\lim_{x\to+\infty}\frac{f(x)}{\dfrac{1}{x^p}}=\lim_{x\to+\infty}x^p\cdot f(x)=l,$$

则有结论：

(1) 当 $0<l<+\infty$时，如果 $p>1$，那么 $\int_a^{+\infty}f(x)\mathrm{d}x$ 收敛；如果 $p\leqslant1$，那么 $\int_a^{+\infty}f(x)\mathrm{d}x$ 发散.

(2) 当 $l=0$ 时，如果 $p>1$，那么 $\int_a^{+\infty} f(x)\mathrm{d}x$ 收敛.

(3) 当 $l=+\infty$ 时，如果 $p\leqslant 1$，那么 $\int_a^{+\infty} f(x)\mathrm{d}x$ 发散.

证 由定理 2 及例 3 即可得证. ▌

例 9 讨论无穷积分 $\int_1^{+\infty} \frac{1}{\sqrt{x(x+1)(x+2)}}\mathrm{d}x$ 的收敛性.

解 因为

$$\lim_{x\to+\infty} \frac{1}{\sqrt{x(x+1)(x+2)}} \Big/ \frac{1}{x^{3/2}} = 1,$$

所以由定理 3 结论(1)知，无穷积分

$$\int_1^{+\infty} \frac{1}{\sqrt{x(x+1)(x+2)}}\mathrm{d}x$$

收敛.

例 10 证明无穷积分 $\int_1^{+\infty} \sin\frac{1}{x^2}\mathrm{d}x$ 是收敛的.

证 这是因为

$$\lim_{x\to+\infty} \sin\frac{1}{x^2} \Big/ \frac{1}{x^2} = 1,$$

所以该无穷积分收敛. ▌

例 11 证明无穷积分 $\int_1^{+\infty} \frac{\arctan x}{x}\mathrm{d}x$ 是发散的.

证 事实上

$$\lim_{x\to+\infty} \frac{\arctan x}{x} \Big/ \frac{1}{x} = \frac{\pi}{2},$$

所以该无穷积分发散. ▌

例 12 讨论无穷积分 $\int_2^{+\infty} \frac{1}{x^k \ln x}\mathrm{d}x$ 的收敛性，其中 $k>0$.

解 当 $k=1$ 时，无穷积分为

$$\int_2^{+\infty} \frac{1}{x\ln x}\mathrm{d}x,$$

由收敛性定义知其发散.

当 $k\neq 1$ 时，由于极限

$$\lim_{x\to+\infty}\frac{\dfrac{1}{x^k\ln x}}{\dfrac{1}{x^p}}=\lim_{x\to+\infty}\frac{x^{p-k}}{\ln x}=\begin{cases}0, & 当\ k\geqslant p; & (33)\\ +\infty, & 当\ k<p, & (34)\end{cases}$$

因此,从(33)式,根据定理 3 结论(2)知,当 $p>1$ 从而 $k>1$ 时,无穷积分 $\int_2^{+\infty}\frac{1}{x^k\ln x}\mathrm{d}x$ 收敛;又,从(34)式,根据定理 3 结论(3)知,当 $p\leqslant1$ 从而 $k<1$ 时,无穷积分 $\int_2^{+\infty}\frac{1}{x^k\ln x}\mathrm{d}x$ 发散.

综合起来,得到结论:无穷积分 $\int_2^{+\infty}\frac{1}{x^k\ln x}\mathrm{d}x$ 当 $k>1$ 时收敛;当 $k\leqslant1$ 时发散.

以上三个定理所给出的,都是适用于**非负**被积函数的判别法.当被积函数的符号不确定时,一般说来,可以先考虑积分的“绝对收敛性”.

2) 绝对收敛与条件收敛

定义 4(绝对收敛) 若函数 $f(x)$ 在任何有限区间 $[a,b]$ $(b>a)$ 上可积,且无穷积分

$$\int_a^{+\infty}|f(x)|\mathrm{d}x$$

收敛,则称无穷积分

$$\int_a^{+\infty}f(x)\mathrm{d}x$$

绝对收敛,此时,也称函数 $f(x)$ 在无穷区间 $[a,+\infty)$ 上**绝对可积**.

定义 5(条件收敛) 若无穷积分 $\int_a^{+\infty}f(x)\mathrm{d}x$ 收敛,而无穷积分

$$\int_a^{+\infty}|f(x)|\mathrm{d}x$$

发散,则称无穷积分 $\int_a^{+\infty}f(x)\mathrm{d}x$ **条件收敛**.

定理 4(绝对收敛定理) 若无穷积分 $\int_a^{+\infty}f(x)\mathrm{d}x$ 绝对收敛,

则 $\int_a^{+\infty} f(x)\mathrm{d}x$ 必收敛.

证 由于 $0 \leqslant f(x) + |f(x)| \leqslant 2|f(x)|$，而无穷积分

$$\int_a^{+\infty} |f(x)| \mathrm{d}x$$

收敛，因此由比较判别法知，无穷积分 $\int_a^{+\infty} [f(x) + |f(x)|] \mathrm{d}x$ 收敛，从而无穷积分

$$\int_a^{+\infty} f(x)\mathrm{d}x = \int_a^{+\infty} \{[f(x) + |f(x)|] - |f(x)|\}\mathrm{d}x$$

收敛(无穷积分简单性质(3)).

例 13 讨论无穷积分

$$\int_1^{+\infty} \frac{\sin x}{x^2}\mathrm{d}x, \quad \int_1^{+\infty} \frac{\cos x}{x^2}\mathrm{d}x$$

的收敛性.

解 当 $x \geqslant 1$ 时，有不等式

$$\left|\frac{\sin x}{x^2}\right| \leqslant \frac{1}{x^2},$$

而无穷积分 $\int_1^{+\infty} \frac{1}{x^2}\mathrm{d}x$ 收敛，于是由比较判别法知，$\int_1^{+\infty} \frac{|\sin x|}{x^2}\mathrm{d}x$ 收敛；又，对任意 b $(b>1)$，定积分 $\int_1^{b} \frac{\sin x}{x^2}\mathrm{d}x$ 存在，因此由定义知，无穷积分 $\int_1^{+\infty} \frac{\sin x}{x^2}\mathrm{d}x$ 绝对收敛. 再根据绝对收敛定理，无穷积分 $\int_1^{+\infty} \frac{\sin x}{x^2}\mathrm{d}x$ 收敛.

同理，无穷积分 $\int_1^{+\infty} \frac{\cos x}{x^2}\mathrm{d}x$ 收敛.

例 14 证明：无穷积分

$$\int_1^{+\infty} \frac{\sin x}{x}\mathrm{d}x$$

条件收敛.

证 先证$\int_1^{+\infty}\frac{\sin x}{x}\mathrm{d}x$收敛. 对任意$b>1$,由分部积分法有

$$\int_1^b\frac{\sin x}{x}\mathrm{d}x=\int_1^b\frac{1}{x}\mathrm{d}(-\cos x)=-\frac{\cos x}{x}\Big|_1^b-\int_1^b\frac{\cos x}{x^2}\mathrm{d}x$$

$$=\cos 1-\frac{\cos b}{b}-\int_1^b\frac{\cos x}{x^2}\mathrm{d}x,$$

令$b\to+\infty$,得到

$$\int_1^{+\infty}\frac{\sin x}{x}\mathrm{d}x=\lim_{b\to+\infty}\int_1^b\frac{\sin x}{x}\mathrm{d}x=\cos 1-\int_1^{+\infty}\frac{\cos x}{x^2}\mathrm{d}x,$$

由例13知,无穷积分$\int_1^{+\infty}\frac{\cos x}{x^2}\mathrm{d}x$收敛,从而$\int_1^{+\infty}\frac{\sin x}{x}\mathrm{d}x$收敛.

再证$\int_1^{+\infty}\frac{|\sin x|}{x}\mathrm{d}x$发散. 由 $|\sin x|\leqslant 1$, 得到

$$|\sin x|^2\leqslant|\sin x|,$$

即

$$\sin^2 x\leqslant|\sin x|.$$

从而对于$x\geqslant 1$,有

$$\frac{\sin^2 x}{x}\leqslant\frac{|\sin x|}{x}. \tag{35}$$

容易证明无穷积分

$$\int_1^{+\infty}\frac{\sin^2 x}{x}\mathrm{d}x=\int_1^{+\infty}\frac{1-\cos 2x}{2x}\mathrm{d}x \tag{36}$$

发散. 用反证法. 若无穷积分(36)收敛,则由无穷积分

$$\int_1^{+\infty}\frac{\cos 2x}{2x}\mathrm{d}x \tag{37}$$

收敛$\left(\text{证明同}\int_1^{+\infty}\frac{\sin x}{x}\mathrm{d}x\right)$知,无穷积分(36)与(37)之和

$$\int_1^{+\infty}\frac{1}{2x}\mathrm{d}x$$

也收敛,但这是不正确的(见例3). 因此,无穷积分(36)发散. 于是由不等式(35)及比较判别法知,无穷积分

$$\int_1^{+\infty}\frac{|\sin x|}{x}\mathrm{d}x$$

发散. 于是证明了 $\int_1^{+\infty}\frac{\sin x}{x}\mathrm{d}x$ 条件收敛. ▌

绝对收敛定理指出：对于无穷积分 $\int_a^{+\infty}f(x)\mathrm{d}x$ 来说，从绝对收敛可以推出收敛. 但是，反过来却不对(例 14). 这一点与定积分的情形不同：当定积分 $\int_a^b f(x)\mathrm{d}x$ 存在时，能推出 $\int_a^b|f(x)|\mathrm{d}x$ 存在(见附录二)，但是，反过来不成立. 例如，函数

$$f(x)=\begin{cases}1, & \text{当 } x \text{ 为有理数,}\\ -1, & \text{当 } x \text{ 为无理数}\end{cases}$$

在任何区间$[a,b]$上都不可积，但是，$|f(x)|\equiv 1$ 却是可积的.

上面我们对于**非负**被积函数所给出的判别无穷积分收敛性的三个定理，可以用来判别无穷积分 $\int_a^{+\infty}f(x)\mathrm{d}x$ 的绝对收敛性. 但是，当论证无穷积分 $\int_a^{+\infty}f(x)\mathrm{d}x$ 条件收敛时，却需要用其他的判别法. 常用的有狄里克雷判别法及阿贝尔(Abel)判别法，由于超出了本课程的教学要求，这里就不叙述了.

7.2 瑕积分

1. 瑕积分的定义

以上我们讨论了函数在无穷区间上的积分，即无穷积分. 这是一类广义积分. 有时，我们还会遇到另一类广义积分——无界函数在有限区间上的积分. 例如，积分

$$\int_0^1\frac{1}{\sqrt{x}}\mathrm{d}x$$

的被积函数在点 $x=0$ 附近无界(图 7-18).

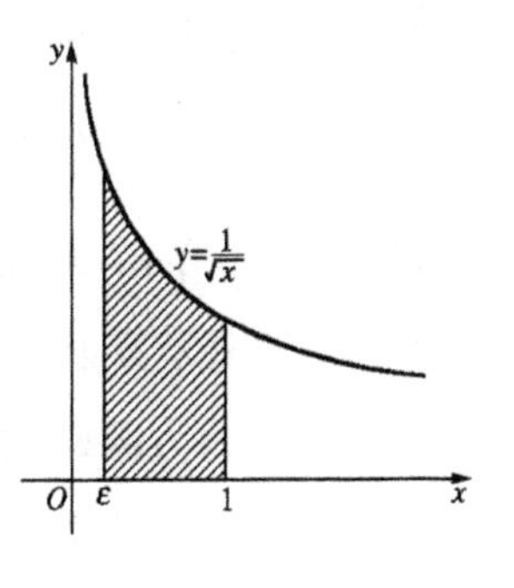

图 7-18

我们可以认为积分 $\int_0^1 \frac{1}{\sqrt{x}}\mathrm{d}x$ 表示由曲线 $y=\frac{1}{\sqrt{x}}$，直线 $x=1$ 以及 y 轴所围成的“开口曲边梯形”的面积. 为了计算这块面积，我们任取 ε $(0<\varepsilon<1)$，考虑定积分

$$\int_\varepsilon^1 \frac{1}{\sqrt{x}}\mathrm{d}x = 2\sqrt{x}\Big|_\varepsilon^1 = 2-2\sqrt{\varepsilon},$$

它表示图 7-18 中带斜线部分的面积. 显然，ε 越小，这块面积越接近于开口曲边梯形的面积. 因此很自然地，我们定义

$$\int_0^1 \frac{1}{\sqrt{x}}\mathrm{d}x = \lim_{\varepsilon\to+0}\int_\varepsilon^1 \frac{1}{\sqrt{x}}\mathrm{d}x = \lim_{\varepsilon\to+0}(2-2\sqrt{\varepsilon}) = 2,$$

并认为这就是开口曲边梯形的面积.

一般地，我们有

定义 6（瑕积分） 设函数 $f(x)$ 在区间 $(a,b]$ 上有定义，并且对于任意 ε $(0<\varepsilon<b-a)$，$f(x)$ 在区间 $[a+\varepsilon,b]$ 上可积，但 $f(x)$ 在点 $x=a$ 附近无界. 若极限

$$\lim_{\varepsilon\to+0}\int_{a+\varepsilon}^b f(x)\mathrm{d}x \tag{38}$$

存在，则称无界函数 $f(x)$ 在有限区间 $[a,b]$ 上的**瑕积分**

$$\int_a^b f(x)\mathrm{d}x$$

收敛，并且定义极限值(38)为该瑕积分的值，记作

$$\int_a^b f(x)\mathrm{d}x = \lim_{\varepsilon\to+0}\int_{a+\varepsilon}^b f(x)\mathrm{d}x. \tag{39}$$

若极限(38)不存在，则称瑕积分 $\int_a^b f(x)\mathrm{d}x$ **发散**，这时，它只是一个记号，并不表示数值.

点 $x=a$ 称为函数 $f(x)$ 的**瑕点**，或瑕积分 $\int_a^b f(x)\mathrm{d}x$ 的瑕点.

定义 7（$x=b$ 为瑕点时） 设 $f(x)$ 在 $[a,b)$ 上有定义，且对任意 ε $(0<\varepsilon<b-a)$，$f(x)$ 在区间 $[a,b-\varepsilon]$ 上可积，但 $f(x)$ 在点 $x=b$ 附近无界. 若极限

$$\lim_{\varepsilon \to +0} \int_a^{b-\varepsilon} f(x)\mathrm{d}x \tag{40}$$

存在,则称瑕积分 $\int_a^b f(x)\mathrm{d}x$ **收敛**,并定义其值为极限值(40),即

$$\int_a^b f(x)\mathrm{d}x = \lim_{\varepsilon \to +0}\int_a^{b-\varepsilon} f(x)\mathrm{d}x. \tag{41}$$

若极限(40)不存在,则称瑕积分 $\int_a^b f(x)\mathrm{d}x$ **发散**. 这时,点 $x=b$ 称为**瑕点**.

定义 8($x=a$,$x=b$ 均为瑕点的情形) 当 $f(x)$以区间$[a,b]$的两个端点为瑕点,而在(a,b)内部无其他瑕点时,则定义瑕积分

$$\int_a^b f(x)\mathrm{d}x = \lim_{\varepsilon_1 \to +0}\int_{a+\varepsilon_1}^{c} f(x)\mathrm{d}x + \lim_{\varepsilon_2 \to +0}\int_c^{b-\varepsilon_2} f(x)\mathrm{d}x, \tag{42}$$

其中 c 为 a 与 b 之间的任意数. 若上式右端两个瑕积分都收敛,则称瑕积分 $\int_a^b f(x)\mathrm{d}x$ **收敛**,其值由(42)式计算. 显然,瑕积分 $\int_a^b f(x)\mathrm{d}x$ 的值并不依赖于点 c 的选择. 若(42)式右端的两个瑕积分有一个发散,则称瑕积分 $\int_a^b f(x)\mathrm{d}x$ **发散**.

定义 9(当$[a,b]$内部有惟一瑕点时) 若 $f(x)$在$[a,b]$内部有惟一的瑕点 c $(a<c<b)$,则定义瑕积分

$$\begin{aligned}\int_a^b f(x)\mathrm{d}x &= \int_a^c f(x)\mathrm{d}x + \int_c^b f(x)\mathrm{d}x \\ &= \lim_{\varepsilon_1 \to +0}\int_a^{c-\varepsilon_1} f(x)\mathrm{d}x + \lim_{\varepsilon_2 \to +0}\int_{c+\varepsilon_2}^{b} f(x)\mathrm{d}x.\end{aligned} \tag{43}$$

若上式右端两个瑕积分都收敛,则称瑕积分 $\int_a^b f(x)\mathrm{d}x$ **收敛**. 若这两个瑕积分有一个发散,则称瑕积分 $\int_a^b f(x)\mathrm{d}x$ **发散**.

瑕积分的记号 $\int_a^b f(x)\mathrm{d}x$ 与定积分相同,但含义却不一样. 这一点必须注意.

例 15 讨论瑕积分

$$\int_0^1 \frac{1}{\sqrt{1-x^2}}\mathrm{d}x, \quad \int_{-1}^0 \frac{1}{\sqrt{1-x^2}}\mathrm{d}x, \quad \int_{-1}^1 \frac{1}{\sqrt{1-x^2}}\mathrm{d}x$$

的收敛性.

解 第一个积分有瑕点 $x=1$,第二个积分有瑕点 $x=-1$,第三个积分有瑕点 $x=1$ 及 $x=-1$. 由于

$$\int_0^1 \frac{1}{\sqrt{1-x^2}}\mathrm{d}x = \lim_{\varepsilon_1\to+0}\int_0^{1-\varepsilon_1} \frac{1}{\sqrt{1-x^2}}\mathrm{d}x$$

$$= \lim_{\varepsilon_1\to+0} \arcsin(1-\varepsilon_1) = \frac{\pi}{2},$$

$$\int_{-1}^0 \frac{1}{\sqrt{1-x^2}}\mathrm{d}x = \lim_{\varepsilon_2\to+0}\int_{-1+\varepsilon_2}^0 \frac{1}{\sqrt{1-x^2}}\mathrm{d}x$$

$$= \lim_{\varepsilon_2\to+0}[-\arcsin(-1+\varepsilon_2)] = \frac{\pi}{2},$$

$$\int_{-1}^1 \frac{1}{\sqrt{1-x^2}}\mathrm{d}x = \int_{-1}^0 \frac{1}{\sqrt{1-x^2}}\mathrm{d}x + \int_0^1 \frac{1}{\sqrt{1-x^2}}\mathrm{d}x = \pi,$$

因此,这三个瑕积分都收敛.

例 16 讨论瑕积分 $\int_0^1 \ln x\mathrm{d}x$ 的收敛性.

解 $x=0$ 为瑕点,于是有

$$\int_0^1 \ln x\mathrm{d}x = \lim_{\varepsilon\to+0}\int_\varepsilon^1 \ln x\mathrm{d}x = \lim_{\varepsilon\to+0}\left[x\ln x\Big|_\varepsilon^1 - \int_\varepsilon^1 x\mathrm{d}(\ln x)\right]$$

$$= -1 - \lim_{\varepsilon\to+0}\varepsilon\ln\varepsilon = -1,$$

因此瑕积分 $\int_0^1 \ln x\mathrm{d}x$ 收敛.

例 17 求数列极限 $\lim\limits_{n\to+\infty}\frac{\sqrt[n]{n!}}{n}$.

解 由

$$\frac{\sqrt[n]{n!}}{n} = \sqrt[n]{\frac{1\cdot 2\cdot \cdots \cdot n}{n\cdot n\cdot \cdots \cdot n}} = \left(\frac{1}{n}\cdot\frac{2}{n}\cdot\cdots\cdot\frac{n}{n}\right)^{\frac{1}{n}}$$

知

$$\ln\frac{\sqrt[n]{n!}}{n}=\left(\ln\frac{1}{n}+\ln\frac{2}{n}+\cdots+\ln\frac{n}{n}\right)\cdot\frac{1}{n},$$

可将它看做函数 $\ln x$ 在区间[0,1]上的积分和，因此有

$$\lim_{n\to+\infty}\ln\frac{\sqrt[n]{n!}}{n}=\int_0^1\ln x\mathrm{d}x\xlongequal{\text{例 16}}-1,$$

从而
$$\lim_{n\to+\infty}\frac{\sqrt[n]{n!}}{n}=\mathrm{e}^{-1}.$$

例 18 证明：瑕积分

$$\int_0^1\frac{1}{x^p}\mathrm{d}x\quad(p>0)$$

当 $p<1$ 时收敛；当 $p\geqslant 1$ 时发散.

证 $x=0$ 为瑕点.

当 $p<1$ 时，有 $1-p>0$，于是

$$\int_0^1\frac{1}{x^p}\mathrm{d}x=\lim_{\varepsilon\to+0}\int_\varepsilon^1 x^{-p}\mathrm{d}x=\frac{1}{1-p}\lim_{\varepsilon\to+0}(1-\varepsilon^{1-p})=\frac{1}{1-p},$$

因此瑕积分 $\int_0^1\frac{1}{x^p}\mathrm{d}x$ 收敛.

当 $p=1$ 时，

$$\int_0^1\frac{1}{x}\mathrm{d}x=\lim_{\varepsilon\to+0}\int_\varepsilon^1\frac{1}{x}\mathrm{d}x=\lim_{\varepsilon\to+0}(-\ln\varepsilon)=+\infty,$$

因此瑕积分发散.

当 $p>1$ 时，有 $p-1>0$，于是

$$\int_0^1\frac{1}{x^p}\mathrm{d}x=\lim_{\varepsilon\to+0}\int_\varepsilon^1 x^{-p}\mathrm{d}x=\frac{1}{1-p}\lim_{\varepsilon\to+0}\left(-\frac{1}{\varepsilon^{p-1}}\right)=+\infty,$$

因此瑕积分发散. ▌

以上介绍了瑕积分收敛和发散的定义，并根据定义讨论了几个瑕积分的收敛性. 下面介绍瑕积分的简单性质以及收敛性判别法.

由于瑕积分的理论与无穷积分的理论几乎是完全平行的，因此，在这里我们一般只作叙述，而不再证明.

为了叙述方便,我们仅讨论 $x=a$ 是瑕点的情形. 对于别的情形,读者不难类推.

2. 瑕积分的简单性质

(1) 瑕积分 $\int_a^b f(x)\mathrm{d}x$ 与瑕积分 $\int_a^c f(x)\mathrm{d}x$ 同时收敛或同时发散(其中 c 为任意实数, $a<c<b$);当 $\int_a^b f(x)\mathrm{d}x$ 收敛时,

$$\int_a^b f(x)\mathrm{d}x = \int_a^c f(x)\mathrm{d}x + \int_c^b f(x)\mathrm{d}x,$$

上式右端第二项为普通定积分,即常义积分.

(2) 若瑕积分 $\int_a^b f(x)\mathrm{d}x$ 收敛,则瑕积分 $\int_a^b kf(x)\mathrm{d}x$ 也收敛,且

$$\int_a^b kf(x)\mathrm{d}x = k\int_a^b f(x)\mathrm{d}x,$$

其中 k 为常数.

(3) 若瑕积分 $\int_a^b f(x)\mathrm{d}x$ 与 $\int_a^b g(x)\mathrm{d}x$ 收敛,则瑕积分

$$\int_a^b [f(x) \pm g(x)]\mathrm{d}x$$

也收敛,且

$$\int_a^b [f(x) \pm g(x)]\mathrm{d}x = \int_a^b f(x)\mathrm{d}x \pm \int_a^b g(x)\mathrm{d}x.$$

3. 瑕积分的收敛性判别法

1) 适用于**非负**被积函数的判别法

假定瑕积分 $\int_a^b f(x)\mathrm{d}x$ 的惟一瑕点为 $x=a$.

引理 若函数 $f(x)$ 在 $x\to a+0$ 时单调上升,即存在 $\delta>0$,使得当 $a<x_2<x_1<a+\delta$ 时,有

$$f(x_1) \leqslant f(x_2).$$

又,$f(x)$ 在区间 $(a,a+\delta)$ 内有上界,则极限 $\lim\limits_{x\to a+0} f(x)$ 存在.

证 令 $x_n=a+\frac{1}{n}$ (n 为正整数),显然 $\{f(x_n)\}$ 是单调上升且

有上界的数列，因此由极限存在定理知，极限 $\lim\limits_{n\to+\infty} f(x_n)$存在. 在 $x\to a+0$ 的过程中，x 总是在某两个数$\left(a+\dfrac{1}{n+1}\right)$与$\left(a+\dfrac{1}{n}\right)$之间，于是由函数的单调性知

$$f\left(a+\frac{1}{n}\right)\leqslant f(x)\leqslant f\left(a+\frac{1}{n+1}\right).$$

当 $x\to a+0$，则 $n\to+\infty$. 因为

$$\lim_{n\to+\infty} f\left(a+\frac{1}{n}\right)=\lim_{n\to+\infty} f(x_n),$$

$$\lim_{n\to+\infty} f\left(a+\frac{1}{n+1}\right)=\lim_{n\to+\infty} f(x_{n+1}),$$

而
$$\lim_{n\to+\infty} f(x_n)=\lim_{n\to+\infty} f(x_{n+1}),$$

所以
$$\lim_{n\to+\infty} f\left(a+\frac{1}{n}\right)=\lim_{n\to+\infty} f\left(a+\frac{1}{n+1}\right).$$

于是由夹逼定理知，极限 $\lim\limits_{x\to a+0} f(x)$存在. ▍

定理 5（比较判别法） 当 $a<x\leqslant b$ 时，若有不等式

$$0\leqslant f(x)\leqslant g(x),$$

且对任何 ε $(0<\varepsilon<b-a)$，$f(x)$，$g(x)$在区间$[a+\varepsilon,b]$上可积，则有结论：

(1) 如果 $\int_a^b g(x)\mathrm{d}x$ 收敛，那么 $\int_a^b f(x)\mathrm{d}x$ 也收敛；

(2) 如果 $\int_a^b f(x)\mathrm{d}x$ 发散，那么 $\int_a^b g(x)\mathrm{d}x$ 也发散.

定理 6（比较判别法的极限形式） 设 $f(x)$，$g(x)$当 $a<x\leqslant b$ 时都是非负函数，且它们在任何区间$[a+\varepsilon,b]$上可积（其中 $0<\varepsilon<b-a$）. 若

$$\lim_{x\to a+0}\frac{f(x)}{g(x)}=l,$$

则有结论：

(1) 当 $0<l<+\infty$时，则 $\int_a^b f(x)\mathrm{d}x$ 与 $\int_a^b g(x)\mathrm{d}x$ 同时收敛或

同时发散；

(2) 当 $l=0$ 时，如果 $\int_a^b g(x)\mathrm{d}x$ 收敛，那么 $\int_a^b f(x)\mathrm{d}x$ 也收敛；

(3) 当 $l=+\infty$ 时，如果 $\int_a^b g(x)\mathrm{d}x$ 发散，那么 $\int_a^b f(x)\mathrm{d}x$ 也发散.

在定理 6 中，若选择 $g(x)=\dfrac{1}{(x-a)^p}$，则有下面的

定理 7（柯西判别法） 设 $f(x)$ 对于充分接近于 a 的 x，有 $f(x)\geqslant 0$，且在任何区间 $[a+\varepsilon,b]$ 上可积（其中 $0<\varepsilon<b-a$）. 若

$$\lim_{x\to a+0}\frac{f(x)}{\dfrac{1}{(x-a)^p}}=\lim_{x\to a+0}(x-a)^p\cdot f(x)=l, \tag{44}$$

则有结论：

(1) 当 $0<l<+\infty$ 时，如果 $p<1$，那么瑕积分 $\int_a^b f(x)\mathrm{d}x$ 收敛；如果 $p\geqslant 1$，那么瑕积分 $\int_a^b f(x)\mathrm{d}x$ 发散.

(2) 当 $l=0$ 时，如果 $p<1$，那么瑕积分 $\int_a^b f(x)\mathrm{d}x$ 收敛.

(3) 当 $l=+\infty$ 时，如果 $p\geqslant 1$，那么瑕积分 $\int_a^b f(x)\mathrm{d}x$ 发散.

注 若 $x=b$ 为瑕点，则(44)式应改为

$$\lim_{x\to b-0}(b-x)^p\cdot f(x)=l.$$

例 19 讨论瑕积分 $\int_1^3\frac{1}{\ln x}\mathrm{d}x$ 的收敛性.

解 由洛必达法则知

$$\lim_{x\to 1+0}(x-1)\cdot\frac{1}{\ln x}=\lim_{x\to 1+0}\frac{1}{\dfrac{1}{x}}=1,$$

于是由柯西判别法的结论(1)知，瑕积分 $\int_1^3\frac{1}{\ln x}\mathrm{d}x$ 发散.

例 20 讨论瑕积分 $\int_0^1\frac{\mathrm{d}x}{\sqrt{(1-x^2)(1-k^2x)}}\ (k^2<1)$ 的收敛性.

解 $x=1$ 是瑕点.从表达式

$$\frac{1}{\sqrt{(1-x^2)(1-k^2x)}}=\frac{1}{\sqrt{(1-x)(1+x)(1-k^2x)}}$$

容易看出,此函数在 $x\to1-0$ 时与$\frac{1}{\sqrt{1-x}}$是同级无穷大.事实上,有

$$\lim_{x\to1-0}(1-x)^{1/2}\cdot\frac{1}{\sqrt{(1-x^2)(1-k^2x)}}$$

$$=\lim_{x\to1-0}\frac{1}{\sqrt{(1+x)(1-k^2x)}}=\frac{1}{\sqrt{2(1-k^2)}}\neq0,$$

于是由柯西判别法结论(1)知,瑕积分$\int_0^1\frac{\mathrm{d}x}{\sqrt{(1-x^2)(1-k^2x)}}$收敛.

例 21 讨论瑕积分$\int_0^1\frac{\ln x}{\sqrt{x}}\mathrm{d}x$ 的收敛性.

解 $x=0$ 为瑕点.但是,当 $0<x\leqslant1$ 时,被积函数$\frac{\ln x}{\sqrt{x}}\leqslant0$,不是非负函数,因此我们转而考虑瑕积分$\int_0^1\frac{(-\ln x)}{\sqrt{x}}\mathrm{d}x$. 由

$$\lim_{x\to+0}x^{3/4}\cdot\frac{(-\ln x)}{\sqrt{x}}=-\lim_{x\to+0}\frac{\ln x}{x^{-1/4}}=-\lim_{x\to+0}\frac{\frac{1}{x}}{-\frac{1}{4}x^{-5/4}}$$

$$=4\lim_{x\to+0}x^{1/4}=0,$$

及柯西判别法结论(2)知,瑕积分$\int_0^1\frac{-\ln x}{\sqrt{x}}\mathrm{d}x$ 收敛,从而瑕积分$\int_0^1\frac{\ln x}{\sqrt{x}}\mathrm{d}x$ 收敛(瑕积分简单性质(2)).

注 在上述演算中,我们选取的 $p=\frac{3}{4}$.其实,只要取 p 满足不等式$\frac{1}{2}<p<1$,就有

$$\lim_{x\to+0}x^p\cdot\frac{(-\ln x)}{\sqrt{x}}=0,$$

因此例 21 的瑕积分收敛.

例 22 讨论瑕积分 $\int_0^1 \frac{1}{\sqrt[3]{x(\mathrm{e}^x-\mathrm{e}^{-x})}}\mathrm{d}x$ 的收敛性.

解 瑕点为 $x=0$. 被积函数为

$$\frac{1}{\sqrt[3]{x(\mathrm{e}^x-\mathrm{e}^{-x})}}=\frac{1}{\sqrt[3]{x}}\cdot\frac{1}{\sqrt[3]{\mathrm{e}^x-\mathrm{e}^{-x}}}.$$

由洛必达法则知 $\lim\limits_{x\to+0}\frac{\mathrm{e}^x-\mathrm{e}^{-x}}{x}=2$. 因此,取 $p=\frac{2}{3}$,便有

$$\lim_{x\to+0}x^{2/3}\cdot\frac{1}{\sqrt[3]{x}\cdot\sqrt[3]{\mathrm{e}^x-\mathrm{e}^{-x}}}=\lim_{x\to+0}\frac{\sqrt[3]{x}}{\sqrt[3]{\mathrm{e}^x-\mathrm{e}^{-x}}}=\frac{1}{\sqrt[3]{2}}.$$

于是由柯西判别法结论(1)知,瑕积分 $\int_0^1 \frac{1}{\sqrt[3]{x(\mathrm{e}^x-\mathrm{e}^{-x})}}\mathrm{d}x$ 收敛.

例 23 讨论瑕积分 $\int_0^1 x^{p-1}(1-x)^{q-1}\mathrm{d}x$ 的收敛性.

解 当 $p<1$ 时, $x=0$ 为瑕点;当 $q<1$ 时, $x=1$ 为瑕点,因此可把该积分拆成两项来考虑:

$$\begin{aligned}&\int_0^1 x^{p-1}(1-x)^{q-1}\mathrm{d}x\\ &\qquad=\int_0^c x^{p-1}(1-x)^{q-1}\mathrm{d}x+\int_c^1 x^{p-1}(1-x)^{q-1}\mathrm{d}x,\end{aligned}\tag{45}$$

其中 $0<c<1$. 当上式右端两个积分都收敛时,其左端积分才收敛.

(1) 令 $x\to+0$,显然有

$$\lim_{x\to+0}x^{1-p}\cdot[x^{p-1}(1-x)^{q-1}]=\lim_{x\to+0}(1-x)^{q-1}=1,$$

因此由柯西判别法结论(1)知,当 $1-p<1$ 即 $p>0$ 时, (45)式右端第一项积分收敛.

(2) 令 $x\to1-0$,显然有

$$\lim_{x\to1-0}(1-x)^{1-q}\cdot[x^{p-1}(1-x)^{q-1}]=\lim_{x\to1-0}x^{p-1}=1,$$

因此由柯西判别法结论(1)知,当 $1-q<1$ 即 $q>0$ 时, (45)式第二项积分收敛.

综合起来知：当 $p>0$ 且 $q>0$ 时，积分

$$\int_0^1 x^{p-1}(1-x)^{q-1}\mathrm{d}x$$

收敛.这个积分称为**欧拉第一型积分**.

例 24 讨论**欧拉第二型积分**

$$\int_0^{+\infty} x^{\alpha-1}\mathrm{e}^{-x}\mathrm{d}x$$

的收敛性.

解 当 $\alpha-1<0$ 即 $\alpha<1$ 时，$x=0$ 是瑕点，因此

$$\int_0^{+\infty} x^{\alpha-1}\mathrm{e}^{-x}\mathrm{d}x$$

是带瑕点的无穷积分.与例 23 相仿，我们把积分拆成两项来考虑：

$$\int_0^{+\infty} x^{\alpha-1}\mathrm{e}^{-x}\mathrm{d}x = \int_0^1 x^{\alpha-1}\mathrm{e}^{-x}\mathrm{d}x + \int_1^{+\infty} x^{\alpha-1}\mathrm{e}^{-x}\mathrm{d}x, \qquad (46)$$

当(46)式右端两个积分都收敛时，左端积分才收敛.

(1) 当 $x\to+0$ 时，有

$$\lim_{x\to+0} x^{1-\alpha}(x^{\alpha-1}\mathrm{e}^{-x}) = \lim_{x\to+0}\mathrm{e}^{-x} = 1,$$

因此由瑕积分的柯西判别法结论(1)知，当 $1-\alpha<1$ 即 $\alpha>0$ 时，瑕积分 $\int_0^1 x^{\alpha-1}\mathrm{e}^{-x}\mathrm{d}x$ 收敛.

(2) 当 $x\to+\infty$ 时，显然有

$$\lim_{x\to+\infty} x^2(x^{\alpha-1}\mathrm{e}^{-x}) = \lim_{x\to+\infty}\frac{x^{\alpha+1}}{\mathrm{e}^x} = 0 \quad (\alpha\text{ 为任意实数}),$$

于是由无穷积分的柯西判别法的结论(1)知，无穷积分

$$\int_1^{+\infty} x^{\alpha-1}\mathrm{e}^{-x}\mathrm{d}x$$

对任意 α 都收敛.

综合上面所述知：欧拉第二型积分 $\int_0^{+\infty} x^{\alpha-1}\mathrm{e}^{-x}\mathrm{d}x$ 当 $\alpha>0$ 时收敛.

2）绝对收敛与条件收敛

对于瑕积分 $\int_a^b f(x)\mathrm{d}x$，同样有绝对收敛和条件收敛的概念，并且也有绝对收敛定理，即：若瑕积分 $\int_a^b f(x)\mathrm{d}x$ 绝对收敛，则必收敛(但是反过来不成立).

第 398 页 1)中对于**非负**被积函数所给出的三个判别法，可以用来判别瑕积分 $\int_a^b f(x)\mathrm{d}x$ 的绝对收敛性.

为了讨论瑕积分的条件收敛性，通常采用狄里克雷判别法和阿贝尔判别法(此处从略).

7.3 Γ-函数与 B-函数

本段介绍在数理方程、概率论以及积分计算中很有用的两个特殊函数.

1. Γ-函数

由例 24 知，第二型欧拉积分 $\int_0^{+\infty} x^{\alpha-1}\mathrm{e}^{-x}\mathrm{d}x$ 当 $\alpha>0$ 时是收敛的. 因此，在 $\alpha>0$ 的范围内，确定了一个以 α 为自变量的函数，称为 Γ-函数(读作 Gamma 函数)，记作

$$\Gamma(\alpha)=\int_0^{+\infty} x^{\alpha-1}\mathrm{e}^{-x}\mathrm{d}x.$$

关于 Γ-函数，有下面的递推公式.

定理 8 当 $\alpha>0$ 时，有

$$\Gamma(\alpha+1)=\alpha\Gamma(\alpha). \tag{47}$$

证 我们知道，对于广义积分，也有分部积分公式. 利用它，得

$$\begin{aligned}\Gamma(\alpha+1)&=\int_0^{+\infty} x^{\alpha}\mathrm{e}^{-x}\mathrm{d}x=-\int_0^{+\infty} x^{\alpha}\mathrm{d}(\mathrm{e}^{-x})\\&=-x^{\alpha}\mathrm{e}^{-x}\Big|_0^{+\infty}+\alpha\int_0^{+\infty} x^{\alpha-1}\mathrm{e}^{-x}\mathrm{d}x\\&\xlongequal{\text{例 4 注 ①}}\alpha\Gamma(\alpha).\end{aligned}$$ ▌

特别地,当 α 为正整数 n 时,有

$$\Gamma(n+1)=n\Gamma(n)=n(n-1)\Gamma(n-1)=\cdots=n!\Gamma(1),$$

易知
$$\Gamma(1)=\int_0^1 \mathrm{e}^{-x}\mathrm{d}x=1,$$

因此

$$\Gamma(n+1)=n!,\tag{48}$$

即
$$\int_0^{+\infty} x^n\mathrm{e}^{-x}\mathrm{d}x=n!.$$

上式可看作 $n!$ 的分析表达式. 当 α 是一般的正实数时,不妨也把 $\Gamma(\alpha+1)$记作 $\alpha!$,这是阶乘函数的推广.

在表达式

$$\Gamma(\alpha)=\int_0^{+\infty} x^{\alpha-1}\mathrm{e}^{-x}\mathrm{d}x\tag{49}$$

中,令 $x=t^2$,便得到 Γ-函数的另一种形式:

$$\Gamma(\alpha)=\int_0^{+\infty}(t^2)^{\alpha-1}\mathrm{e}^{-t^2}2t\mathrm{d}t=2\int_0^{+\infty} t^{2\alpha-1}\mathrm{e}^{-t^2}\mathrm{d}t.$$

当 $\alpha=1/2$ 时,得到

$$\Gamma\left(\frac{1}{2}\right)=2\int_0^{+\infty}\mathrm{e}^{-t^2}\mathrm{d}t.$$

在二重积分中,我们将证明 $\int_0^{+\infty}\mathrm{e}^{-x^2}\mathrm{d}x=\frac{\sqrt{\pi}}{2}$,因此

$$\Gamma\left(\frac{1}{2}\right)=2\int_0^{+\infty}\mathrm{e}^{-t^2}\mathrm{d}t=\sqrt{\pi}.\tag{50}$$

例 25 计算 $\Gamma\left(\frac{7}{2}\right)$.

解 由递推公式(47)得到

$$\Gamma\left(\frac{7}{2}\right)=\frac{5}{2}\cdot\frac{3}{2}\cdot\frac{1}{2}\Gamma\left(\frac{1}{2}\right)=\frac{15}{8}\sqrt{\pi}.$$

2. B-函数

由例 23 知,第一型欧拉积分 $\int_0^1 x^{p-1}(1-x)^{q-1}\mathrm{d}x$ 当 $p>0$ 且 $q>0$ 时是收敛的. 因此,在 $p>0$ 及 $q>0$ 的范围内,确定了一个以

p,q 为自变量的二元函数，称为 B-函数(读作 Beta 函数)，记作

$$\mathrm{B}(p,q)=\int_0^1 x^{p-1}(1-x)^{q-1}\mathrm{d}x. \tag{51}$$

B-函数的两个自变量有对称性，即有

定理 9 $\mathrm{B}(p,q)=\mathrm{B}(q,p)$.

证 在(51)式中作变换 $x=1-y$，得到

$$\begin{aligned}\mathrm{B}(p,q)&=\int_0^1 x^{p-1}(1-x)^{q-1}\mathrm{d}x\\&=-\int_1^0 (1-y)^{p-1}y^{q-1}\mathrm{d}y\\&=\int_0^1 y^{q-1}(1-y)^{p-1}\mathrm{d}y=\mathrm{B}(q,p).\end{aligned}$$ ▌

在(51)式中，令 $x=\cos^2\theta$，便得到 B-函数的另一种形式：

$$\mathrm{B}(p,q)=2\int_0^{\frac{\pi}{2}}\cos^{2p-1}\theta\cdot\sin^{2q-1}\theta\mathrm{d}\theta. \tag{52}$$

当 $p=m,q=n$ 都是正整数时，由第 368 页例 11 知

$$\mathrm{B}(m,n)=\frac{(m-1)!(n-1)!}{(m+n-1)!}.$$

上式右端即 $\dfrac{\Gamma(m)\Gamma(n)}{\Gamma(m+n)}$，于是得到 B-函数与 Γ-函数的关系式：

$$\mathrm{B}(m,n)=\frac{\Gamma(m)\Gamma(n)}{\Gamma(m+n)}. \tag{53}$$

在二重积分中，我们将证明：对于一般的正实数 p,q，仍有关系式

$$\mathrm{B}(p,q)=\frac{\Gamma(p)\Gamma(q)}{\Gamma(p+q)}\quad(p>0,q>0). \tag{54}$$

例 26 计算 $\int_0^{\frac{\pi}{2}}\sin^6x\cdot\cos^4x\mathrm{d}x$.

解 $\int_0^{\frac{\pi}{2}}\sin^6x\cdot\cos^4x\mathrm{d}x=\int_0^{\frac{\pi}{2}}\cos^{5-1}x\cdot\sin^{7-1}x\mathrm{d}x$

$$=\frac{1}{2}\mathrm{B}\left(\frac{5}{2},\frac{7}{2}\right)=\frac{1}{2}\cdot\frac{\Gamma\left(\frac{5}{2}\right)\Gamma\left(\frac{7}{2}\right)}{\Gamma\left(\frac{5}{2}+\frac{7}{2}\right)}$$

$$=\frac{1}{2}\cdot\frac{\frac{3}{2}\cdot\frac{1}{2}\cdot\Gamma\left(\frac{1}{2}\right)\cdot\frac{5}{2}\cdot\frac{3}{2}\cdot\frac{1}{2}\cdot\Gamma\left(\frac{1}{2}\right)}{5!}$$

$$=\frac{3\pi}{512}.$$

例 27 计算 $\int_0^1\frac{\mathrm{d}x}{\sqrt{1-\sqrt[3]{x}}}$.

解 令 $\sqrt[3]{x}=t$，即 $x=t^3$，则

$$\int_0^1\frac{\mathrm{d}x}{\sqrt{1-\sqrt[3]{x}}}=\int_0^1(1-t)^{-1/2}\cdot 3t^2\mathrm{d}t$$

$$=3\int_0^1 t^{3-1}(1-t)^{\frac{1}{2}-1}\mathrm{d}t=3\mathrm{B}\left(3,\frac{1}{2}\right)$$

$$=3\,\frac{\Gamma(3)\Gamma\left(\frac{1}{2}\right)}{\Gamma\left(\frac{7}{2}\right)}=3\,\frac{2!\,\Gamma\left(\frac{1}{2}\right)}{\frac{5}{2}\cdot\frac{3}{2}\cdot\frac{1}{2}\cdot\Gamma\left(\frac{1}{2}\right)}=\frac{16}{5}.$$

习 题 7.3

A 组

计算下列广义积分(n 为正整数)：

1. $\int_0^{+\infty}\mathrm{e}^{-x}\cos x\mathrm{d}x$.
2. $\int_2^{+\infty}\frac{\mathrm{d}x}{x^2-x}$.
3. $\int_1^{+\infty}\frac{\mathrm{d}x}{x\sqrt{x-1}}$.
4. $\int_{-\infty}^{+\infty}\frac{\mathrm{d}x}{(1+x^2)^n}$.
5. $\int_0^1 x\ln^n x\mathrm{d}x$.
6. $\int_1^{\mathrm{e}}\frac{\mathrm{d}x}{x\sqrt{1-(\ln x)^2}}$.
7. $\int_a^b\frac{x\mathrm{d}x}{\sqrt{(x-a)(b-x)}}\ (a<b)$.
8. $\int_1^{+\infty}\frac{\arctan x}{x^2}\mathrm{d}x$.
9. $\int_1^2\frac{\mathrm{d}x}{x\sqrt{x^2-1}}$.

10. $\int_0^1 \frac{x\mathrm{d}x}{\sqrt{1-x^2}}$.　　11. $\int_0^{+\infty} \frac{\mathrm{d}x}{1+x^3}$.

12. $\int_1^{+\infty} \frac{\mathrm{d}x}{x\sqrt{x-1}}$.　　13. $\int_1^{+\infty} \frac{\ln^2 x}{x^2}\mathrm{d}x$.

14. $\int_{-\infty}^0 x\mathrm{e}^{-x^2}\mathrm{d}x$.　　15. $\int_0^{+\infty} \frac{\arctan x}{(1+x^2)^{3/2}}\mathrm{d}x$.

16. $\int_0^{+\infty} \frac{\mathrm{d}x}{(x^2+a^2)(x^2+b^2)}$ $(a \cdot b \neq 0)$.

17. $\int_0^1 \frac{\mathrm{d}x}{(2-x)\sqrt{1-x}}$.　　18. $\int_1^5 \frac{x\mathrm{d}x}{\sqrt{5-x}}$.

讨论下列积分的敛散性：

19. $\int_0^{+\infty} \frac{x^2}{x^4-x^2+1}\mathrm{d}x$.　　20. $\int_3^{+\infty} \frac{\mathrm{d}x}{x(x-1)(x-2)}$.

21. $\int_0^{+\infty} \frac{x^m}{1+x^n}\mathrm{d}x$ $(m>0,n>0)$.　　22. $\int_0^{+\infty} x^n\mathrm{e}^{-x^2}\mathrm{d}x$ $(n>0)$.

23. $\int_0^{\pi} \frac{\mathrm{d}x}{\sqrt{\sin x}}$.　　24. $\int_0^1 \frac{\ln x}{1-x}\mathrm{d}x$.

25. $\int_0^1 x^{\alpha}\ln x\mathrm{d}x$ $(\alpha>0)$.　　26. $\int_0^{\frac{\pi}{2}} \frac{\mathrm{d}x}{\sin^2 x\cos^2 x}$.

27. $\int_0^1 \frac{\mathrm{d}x}{\sqrt[3]{x^2(1-x)}}$.　　28. $\int_0^{+\infty} \frac{\mathrm{d}x}{x^p+x^q}$ $(p\geqslant 0,q\geqslant 0)$.

29. $\int_{\mathrm{e}}^{+\infty} \frac{\mathrm{d}x}{x(\ln x)^{\alpha}}$ $(\alpha>0)$.　　30. $\int_0^{\frac{\pi}{2}} \frac{\mathrm{d}x}{\sin^{\alpha}x\cos^{\beta}x}$ $(\alpha>0,\beta>0)$.

31. $\int_0^1 \frac{\mathrm{d}x}{\mathrm{e}^x-1}$.　　32. $\int_0^{+\infty} \frac{\ln(1+x)}{x^n}\mathrm{d}x$，$n$ 为实数.

33. 证明：当 $-1<p<1$ 时，瑕积分

$$\int_0^1 \left(x^p + \frac{1}{x^p}\right)\frac{\ln(1+x)}{x}\mathrm{d}x$$

收敛.

34. 证明：当 $-1<p<1$ 时，瑕积分

$$\int_0^{\frac{\pi}{2}} (\tan x)^p \mathrm{d}x$$

收敛.

35. 求由曲线 $y=x\mathrm{e}^{-2x^2}$ 和 x 轴的正方向所围成的面积.

36. 设位于坐标原点 O 处有一质量为 m 的质点，另有一单位质量的质点 P 位于 x 轴上距原点 O 为 x 处. 由万有引力定律知，此二质点间的引力为

$F=\frac{km}{x^2}$,其中 k 为常数. 试求质点 P 从 $x=r$ 移动到无穷远时,引力 F 所做的功.

37. 计算下列欧拉积分的值:

(1) $\int_0^{+\infty} e^{-4t} t^{\frac{3}{2}} dt$; (2) $\int_0^{+\infty} t^{\frac{1}{2}} e^{-\alpha t} dt$ $(\alpha>0)$;

(3) $\int_0^{a} x^3 (a^2-x^2)^{\frac{3}{2}} dx$; (4) $\int_0^1 \sqrt{x-x^2}\, dx$.

用 Γ-函数或 B-函数表示下列积分:

38. $\int_0^1 \frac{dx}{\sqrt{1-x^4}}$.

39. $\int_0^1 \frac{x^2}{\sqrt{1-x^4}} dx$.

40. $\int_0^{\frac{\pi}{2}} \sin^{\alpha} x dx$ $(\alpha>0)$.

41. $\int_0^{+\infty} \frac{dx}{1+x^3}$ $\left(提示:令\frac{1}{1+x^3}=y\right)$.

42. $\int_0^{+\infty} \frac{\sqrt[4]{x}}{(1+x)^2} dx$.

43. $\int_0^1 \frac{dx}{\sqrt[n]{1-x^n}}$ $(n>0)$.

44. $\int_0^{+\infty} \frac{x^2 dx}{1+x^4}$.

45. $\int_0^1 \left(\ln \frac{1}{x}\right)^{\alpha-1} dx$ $(\alpha>0)$.

46. $\int_0^{+\infty} x^m e^{-x^n} dx$ $(n>0, m>0)$.

47. $\int_0^1 \frac{x^3}{\sqrt{1-x^3}} dx$.

B 组

1. 计算广义积分 $\int_2^{+\infty} \frac{x\ln x}{(x^2-1)^2} dx$.

2. 计算广义积分 $\int_0^{\frac{\pi}{2}} \ln \sin x dx$.

3. 计算广义积分 $\int_0^{\frac{\pi}{2}} \ln \cos x dx$.

4. 讨论广义积分 $\int_1^{+\infty} \frac{dx}{x^p \ln^q x}$ 的收敛性 (p,q 为实数).

5. 设 n,m 为实数,讨论广义积分 $\int_0^{+\infty} \frac{x^m \arctan x}{2+x^n} dx$ 的收敛性.

6. 计算广义积分 $\int_1^{+\infty} \frac{dx}{x\sqrt{1+x^5+x^{10}}}$.

第八章　定积分的应用

在第七章，我们学习了定积分的概念、理论和计算，并学习了广义积分. 本章讨论定积分的几何应用和物理应用.

学习这一章，不仅要掌握一些具体的公式，更重要的是学习用定积分去解决实际问题的思想方法. 本章将着重介绍微元分析法（简称微元法）及其应用，其理论根据是定积分概念和微积分基本公式.

§1　微元法的基本思想

从第七章我们知道，定积分所要解决的问题是求某个不均匀分布的整体量（我们把它记作 A）. 这个量可能是一个几何量（例如曲边梯形的面积），也可能是一个物理量（例如变速直线运动的路程）. 由于这些量是不规则或不均匀的，因而必须先通过分割，把整体问题转化为局部问题，在局部范围内，“以直代曲”或“以匀代不匀”，近似地求出整体量在局部范围内的各部分，然后相加，再取极限，最后得到整体量. 这就是利用定积分解决实际问题的基本思想：“分割——近似代替——求和——取极限”.

我们看到，凡是能用定积分来计算的这些量，都有以下三个特点：

第一，它们都是分布在某个区间上的，也就是说，这些量都与自变量 x 的某个区间 $[a,b]$ 有关. 因此我们称它们为**整体量**.

第二，这类整体量 A 对于区间 $[a,b]$ 具有可加性. 也就是说，如果把 $[a,b]$ 分为若干个部分区间

$$[x_{i-1},x_i] \quad (i=1,2,\cdots,n),$$

那么，量 A 等于那些对应于各个部分区间的局部量 $\Delta A_i(i=1,2,\cdots,n)$ 的总和，即

$$A=\sum_{i=1}^{n}\Delta A_i.$$

第三，由于整体量 A 在区间 $[a,b]$ 上的分布是不均匀的，因而每个局部量 ΔA_i 在部分区间 $[x_{i-1},x_i]$ 上的分布一般也是不均匀的，我们可以设法"以匀代不匀"求得局部量的近似值：

$$\Delta A_i\approx f(\xi_i)\cdot\Delta x_i\quad(i=1,2,\cdots,n),\tag{1}$$

其中 $f(x)$ 是我们根据实际问题所选择的一个函数，ξ_i 是区间 $[x_{i-1},x_i]$ 上任一点. 正确地写出近似等式(1)是很关键的. 在这里，要求当 $\Delta x_i\to 0$ 时，ΔA_i 与 $f(\xi_i)\cdot\Delta x_i$ 之差 $[\Delta A_i-f(\xi_i)\cdot\Delta x_i]$ 是比 Δx_i 更高阶的无穷小量，即 $f(\xi_i)\cdot\Delta x_i$ 应当是 ΔA_i 的主要部分. 只有这样，当 $\Delta x_i\to 0\ (i=1,2,\cdots,n)$ 时，整体量的近似等式

$$A=\sum_{i=1}^{n}\Delta A_i\approx\sum_{i=1}^{n}f(\xi_i)\cdot\Delta x_i$$

的误差才有可能仍然是无穷小量，从而通过取极限而得到精确等式

$$A=\lim_{\lambda\to 0}\sum_{i=1}^{n}f(\xi_i)\cdot\Delta x_i.$$

其中 $\lambda=\max\limits_{1\leqslant i\leqslant n}\{\Delta x_i\}$.

由于整体量 A 具有上述三个特点，因而我们能够用"分割——近似代替——求和——取极限"的办法来计算它. 在这四步中，关键的一步是"近似代替"，必须正确选择函数 $f(x)$，写出局部范围内的近似等式(1).

但是，由于整体量 A 是待求的、未知的，每个局部量 $\Delta A_i\ (i=1,2,\cdots,n)$ 也是未知的，因此很难断定我们写出来的 $f(\xi_i)\cdot\Delta x_i$ 是不是 ΔA_i 的主要部分. 一般说来，只能通过多次实践，不断取得经验，逐步掌握规律.

上面所说的四个步骤，在实际应用中，往往简化为以下两步，

用这两步来解决实际问题的方法称为“**微元法**”.

第一步　分割区间$[a,b]$,考虑任意一份,即具有代表性的一份$[x,x+\Delta x]$或$[x,x+\mathrm{d}x]$. 选择函数$f(x)$,“以匀代不匀”,写出局部量的近似值：

$$\Delta A \approx f(x)\cdot \Delta x = f(x)\mathrm{d}x,$$

$f(x)\mathrm{d}x$称为整体量A的**微元**(微小元素).

第二步　当$\Delta x\to 0$时,把这些微元在区间$[a,b]$上无限积累,所得的定积分$\int_a^b f(x)\mathrm{d}x$就是整体量A,即

$$A = \int_a^b f(x)\mathrm{d}x.$$

为什么用这样两步写出的定积分就是所要求的整体量呢？从数量关系上看,“微元”到底是什么？换句话说,微元法的理论根据是什么？

若用函数$A(x)$表示量A对应于变动区间$[a,x]$ $(a\leqslant x\leqslant b)$的部分量,则显然有

$$A(a) = 0,\quad A(b) = A(b) - A(a) = A.$$

给x以改变量$\mathrm{d}x$,我们把相应于区间$[x,x+\mathrm{d}x]$的部分量记作ΔA. 如果根据实际问题找到的$f(x)\mathrm{d}x$正好是ΔA的线性主要部分,那么,$f(x)\mathrm{d}x$就是函数$A(x)$的微分,即

$$f(x)\mathrm{d}x = \mathrm{d}A = A'(x)\mathrm{d}x.$$

于是由牛顿-莱布尼兹公式知

$$\int_a^b f(x)\mathrm{d}x = \int_a^b A'(x)\mathrm{d}x = A(x)\Big|_a^b = A(b) - A(a) = A.$$

这表明,整体量A可以表为定积分

$$A = \int_a^b f(x)\mathrm{d}x.$$

其中函数$f(x)$是我们根据实际问题写出来的,只要“微元”$\mathrm{d}A=f(x)\mathrm{d}x$确实是函数$A(x)$的微分,并且$f(x)$在$[a,b]$上可积,那么,上面的讨论都是成立的.

如前面所述，由于整体量是待求的，部分量（即函数 $A(x)$）是未知的，因此，很难断定我们写出来的微元 $f(x)\mathrm{d}x$ 到底是不是 $A(x)$ 的微分，换句话说，很难断定 $f(x)\mathrm{d}x$ 是不是 ΔA 的主要部分. 一般说来，要多实践，要凭经验，要根据问题的具体情况，对写出的微元，仔细分析. 由此可见，微元法的两步，关键是第一步——把微元 $\mathrm{d}A$ 分析清楚.

以上就是微元分析法（或微元法）的基本思想和理论根据.

下面介绍怎样用微元法来解决一些几何问题及物理问题.

§2 定积分的几何应用

2.1 平面图形的面积

1. 直角坐标系下的面积公式

设有连续函数 $f(x),g(x)$，满足

$$0\leqslant g(x)\leqslant f(x),\quad x\in[a,b],$$

求由曲线 $y=f(x),y=g(x)$ 及直线 $x=a,x=b$ 所围成的面积 A（图 8-1）.

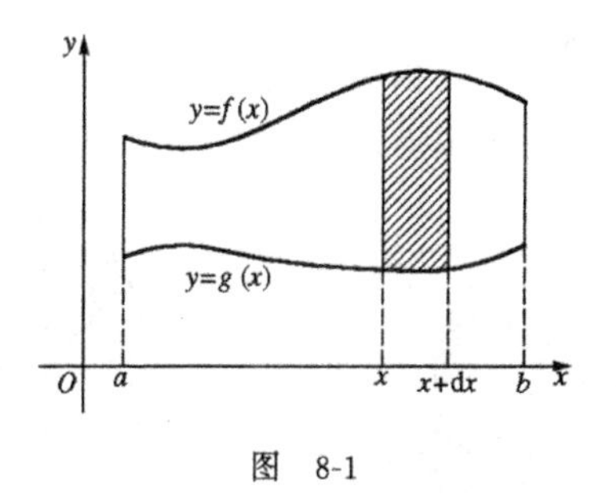

图 8-1

对于上述问题，我们根据定积分的几何意义，容易写出

$$A=\int_a^b[f(x)-g(x)]\mathrm{d}x. \tag{2}$$

为了熟悉微元法，下面再用微元法把公式(2)推导一遍.

第一步 分割区间$[a,b]$，考虑任意一份$[x,x+\mathrm{d}x]$. 相应于这个小区间的面积微分 $\mathrm{d}A$ 可以取为小矩形面积，该小矩形以$[f(x)-g(x)]$为高、以 $\mathrm{d}x$ 为底，于是

$$\mathrm{d}A=[f(x)-g(x)]\mathrm{d}x.$$

第二步 将 $\mathrm{d}A$ 在区间$[a,b]$上无限求和，得到

$$A=\int_a^b[f(x)-g(x)]\mathrm{d}x.$$

注 以上我们假定曲线 $y=f(x)$与 $y=g(x)$都在 x 轴上方. 若 $y=f(x)$与 $y=g(x)$不完全在 x 轴上方，但是满足

$$f(x)\geqslant g(x),\quad x\in[a,b],$$

则公式(2)仍然成立. 事实上，我们可以将曲线 $y=f(x)$与 $y=g(x)$沿 y 轴同时平移 k 个单位，使得

$$f(x)+k\geqslant 0,\quad g(x)+k\geqslant 0,$$

于是所求面积仍有公式(2)：

$$\begin{aligned}A&=\int_a^b[(f(x)+k)-(g(x)+k)]\mathrm{d}x\\&=\int_a^b[f(x)-g(x)]\mathrm{d}x.\end{aligned}$$

如图 8-2 所示.

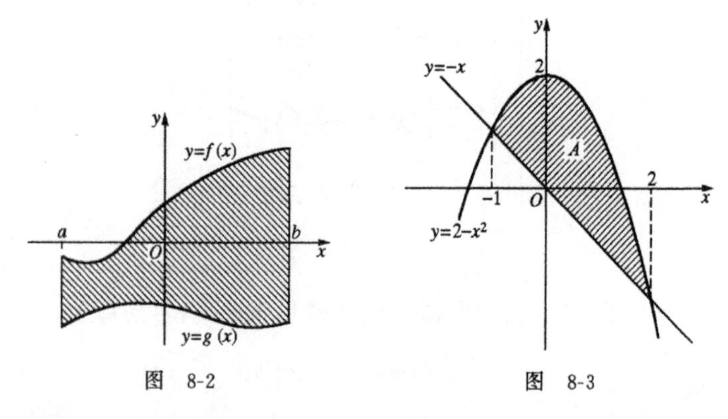

图 8-2　　　　图 8-3

例 1 求由曲线 $y=2-x^2$ 及直线 $y=-x$ 所围成的面积 A

(图 8-3).

解 解方程组

$$\begin{cases} y = 2 - x^2, \\ y = - x \end{cases}$$

得到 $$x_1 = - 1, \quad x_2 = 2.$$

根据公式(2),面积为

$$A = \int_{-1}^{2} [(2 - x^2) - (- x)] \mathrm{d}x = 4\frac{1}{2}.$$

例 2 求椭圆 $\frac{x^2}{a^2} + \frac{y^2}{b^2} = 1$ 所围图形的面积(图 8-4).

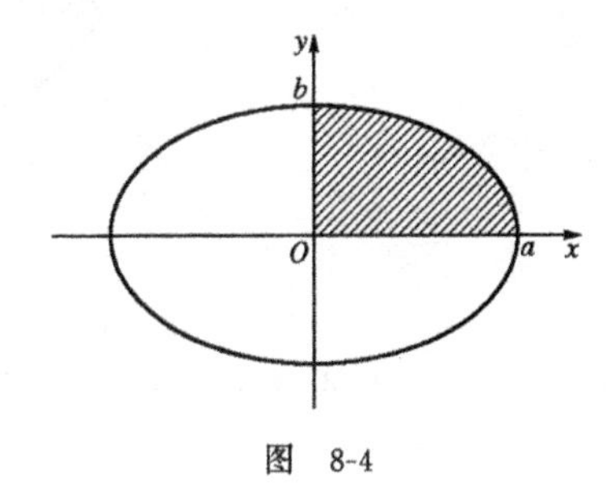

图 8-4

解 由对称性,椭圆面积等于椭圆在第一象限内面积的四倍.设椭圆面积为 A,于是由公式(2)得到

$$A = 4\int_0^a y(x) \mathrm{d}x.$$

从椭圆方程解出 $y = \pm \frac{b}{a}\sqrt{a^2 - x^2}$,上半椭圆方程为

$$y = \frac{b}{a}\sqrt{a^2 - x^2},$$

因此

$$\begin{aligned} A &= 4\int_0^a \frac{b}{a}\sqrt{a^2 - x^2} \mathrm{d}x \\ &= \frac{4b}{a}\left[\frac{x}{2}\sqrt{a^2 - x^2} + \frac{a^2}{2}\arcsin\frac{x}{a}\right]_0^a = \pi ab. \end{aligned}$$

设平面图形由连续曲线 $x=\varphi(y)$, $x=\psi(y)$ 及直线 $x=c$, $x=d$ 围成,其面积为 A. 如果连续曲线满足

$$\varphi(y) \leqslant \psi(y), \quad y \in [c,d],$$

那么有类似的面积公式

$$A = \int_c^d [\psi(y) - \varphi(y)]\mathrm{d}y \quad (\text{图 } 8\text{-}5). \tag{3}$$

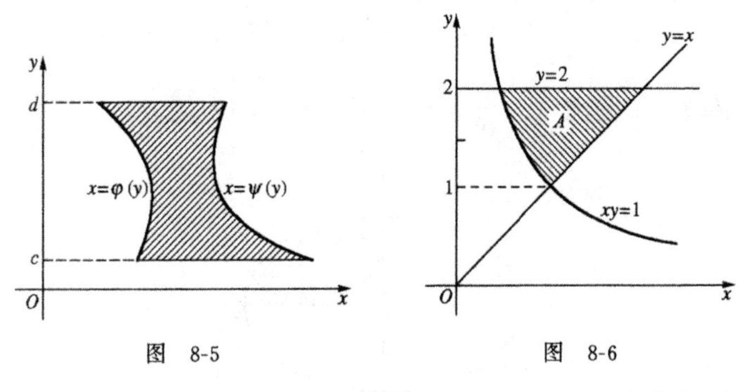

图 8-5　　图 8-6

例 3 求由曲线 $xy=1$ 及直线 $y=x$, $y=2$ 所围成的面积 A (图 8-6).

解 解方程组

$$\begin{cases} xy = 1, \\ y = x, \end{cases}$$

得到

$$y_1 = 1, \quad y_2 = -1 \ (\text{舍去}).$$

由公式(3)知

$$A = \int_1^2 \left(y - \frac{1}{y} \right) \mathrm{d}y = \frac{3}{2} - \ln 2.$$

例 4 求抛物线 $y^2 = -2(x-2)$ 与左半圆 $x^2 + y^2 = 1$ $(x \leqslant 0)$ 以及直线 $y=0$, $y=\frac{1}{2}$ 所围成的面积(图 8-7).

解 根据公式(3)和公式(2)后面的注,得到所求面积

$$A = \int_0^{\frac{1}{2}} \left[\left(2 - \frac{y^2}{2} \right) - \left(-\sqrt{1 - y^2} \right) \right] \mathrm{d}y$$

$$= \left(2y - \frac{y^3}{6} + \frac{y}{2}\sqrt{1-y^2} + \frac{1}{2}\arcsin y \right) \Big|_0^{\frac{1}{2}}$$

$$= \frac{47 + 6\sqrt{3}}{48} + \frac{\pi}{12}.$$

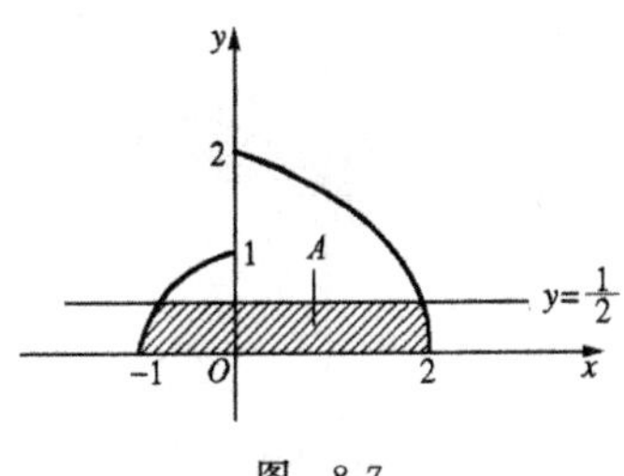

图 8-7

2. 极坐标系下的面积公式

设有一条连续曲线,其极坐标方程为 $r=r(\theta)$. 求由曲线 $r=r(\theta)$ 及两个向径 $\theta=\alpha,\theta=\beta$ 所围成的面积 A(图 8-8).

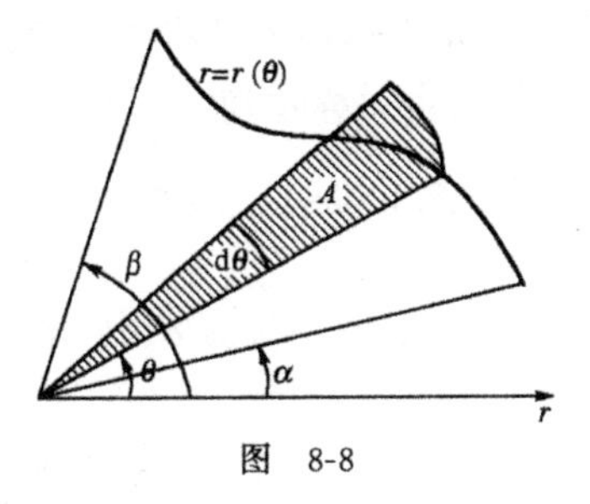

图 8-8

我们仍采用“微元法”来求解此问题. 先分割区间$[\alpha,\beta]$,任取一份$[\theta,\theta+\mathrm{d}\theta]$. 在这一份上,用圆弧代替曲线弧,得到面积微元(图 8-8 带斜线部分)

$$\mathrm{d}A = \frac{1}{2}r^2(\theta)\mathrm{d}\theta.$$

然后将 $\mathrm{d}A$ 在区间$[\alpha,\beta]$上无限求和,便得到面积公式

$$A = \int_\alpha^\beta \frac{1}{2}r^2(\theta)\mathrm{d}\theta = \frac{1}{2}\int_\alpha^\beta r^2(\theta)\mathrm{d}\theta. \tag{4}$$

例 5 求双纽线

$$r^2 = a^2\cos 2\theta \quad (a > 0)$$

所围成的面积 A(图 8-9).

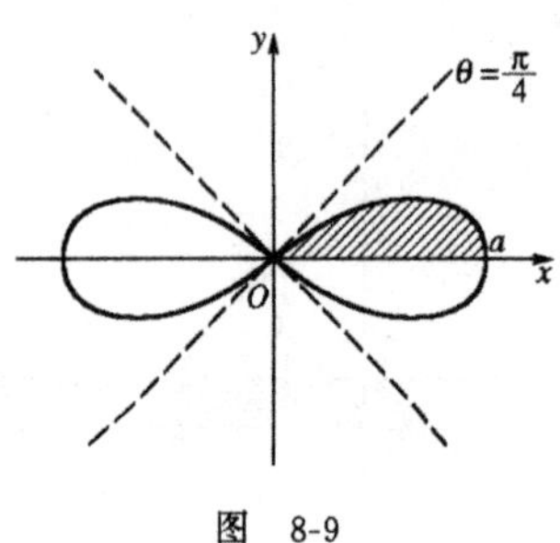

图 8-9

解 由对称性知

$$A = 4 \cdot \frac{1}{2}\int_0^{\frac{\pi}{4}} a^2\cos 2\theta \mathrm{d}\theta = a^2.$$

例 6 求心脏线 $r=a(1+\cos\theta)$ $(a>0)$所围成的面积 A.

解 如图 8-10 所示,由对称性知

$$A= 2 \cdot \frac{1}{2}\int_0^{\pi} a^2(1 + \cos\theta)^2\mathrm{d}\theta$$

$$= a^2\int_0^{\pi}(1 + 2\cos\theta + \cos^2\theta)\mathrm{d}\theta = \frac{3}{2}\pi a^2.$$

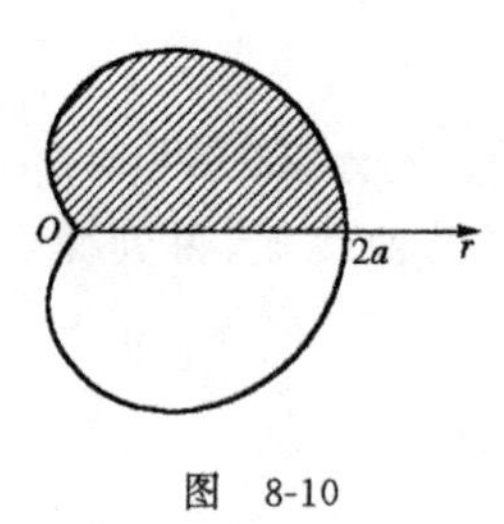

图 8-10

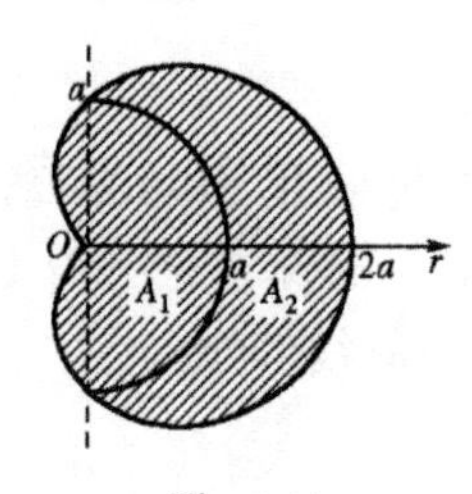

图 8-11

例 7 求心脏线 $r=a(1+\cos\theta)$ $(a>0)$所围图形被圆周 $r=a$ 分割成的两部分的面积 A_1, A_2(图 8-11).

解 面积 A_2 是心脏线所围图形在第一、第四象限的面积与半圆面积之差，于是由公式(4)得到

$$A_2 = \frac{1}{2}\int_{-\frac{\pi}{2}}^{\frac{\pi}{2}} a^2(1+\cos\theta)^2 \mathrm{d}\theta - \frac{\pi a^2}{2}$$

$$= a^2\int_0^{\frac{\pi}{2}} (1+2\cos\theta+\cos^2\theta)\mathrm{d}\theta - \frac{\pi a^2}{2}$$

$$= a^2\int_0^{\frac{\pi}{2}} (2\cos\theta+\cos^2\theta)\mathrm{d}\theta = \left(2+\frac{\pi}{4}\right)a^2.$$

从而由例 6 知

$$A_1 = \frac{3}{2}\pi a^2 - A_2 = \frac{3}{2}\pi a^2 - \left(2+\frac{\pi}{4}\right)a^2 = \left(\frac{5}{4}\pi - 2\right)a^2.$$

2.2 已知平行截面面积，求立体的体积

设空间某立体由一曲面和垂直于 x 轴的二平面 $x=a,x=b$ 围成(图 8-12). 用一组垂直于 x 轴的平面去截它，得到彼此平行的截面. 如果过任一点 x $(a\leqslant x\leqslant b)$ 且垂直于 x 轴的平面截该立体所得的截面面积 $A(x)$ 是已知的连续函数，那么此立体的体积为

$$V = \int_a^b A(x)\mathrm{d}x. \tag{5}$$

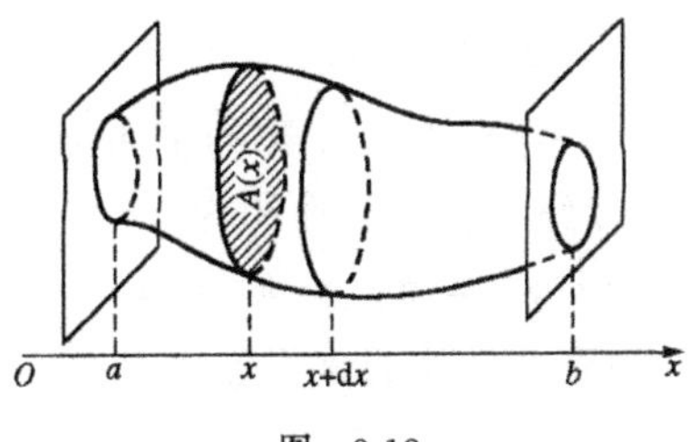

图 8-12

我们用微元法来证明公式(5). 分割区间$[a,b]$，考虑任一小区间$[x,x+\mathrm{d}x]$. 相应于这一小段的立体可以近似看成小的正柱体：

其上、下底的面积都是 $A(x)$，高为 $\mathrm{d}x$. 于是得到体积微元（即微小体积 ΔV 的近似值）

$$\mathrm{d}V = A(x)\mathrm{d}x.$$

将 $\mathrm{d}V$ 在 $[a,b]$ 上无限求和，便得到

$$V = \int_a^b A(x)\mathrm{d}x.$$

下面利用公式(5)来推导旋转体的体积公式.

2.3 旋转体的体积

设有连续曲线 $y=f(x)$，满足

$$f(x) \geqslant 0, \quad x \in [a,b],$$

将此曲线绕 x 轴旋转一周，求所产生的旋转体体积(图 8-13).

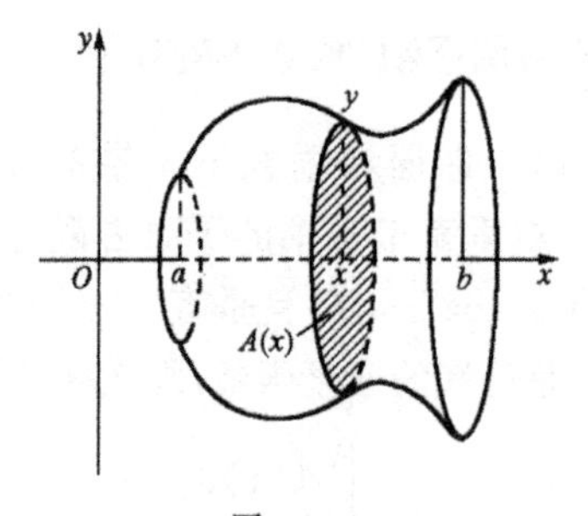

图 8-13

为了利用公式(5)，我们先设法写出平行截面面积 $A(x)$. 过区间 $[a,b]$ 上任一点 x，作垂直于 x 轴的平面，截旋转体所得横截面是一个半径为 $y=f(x)$ 的圆，其面积为

$$A(x) = \pi y^2 = \pi f^2(x).$$

再利用公式(5)，便得到旋转体的体积公式

$$V = \int_a^b A(x)\mathrm{d}x = \pi\int_a^b y^2\mathrm{d}x = \pi\int_a^b f^2(x)\mathrm{d}x. \tag{6}$$

同理可得：由连续曲线

$$x = \varphi(y), \quad y \in [c,d]$$

(其中 $\varphi(y)\geqslant 0$)绕 y 轴旋转一周,所产生的旋转体体积为

$$V=\pi\int_c^d \varphi^2(y)\mathrm{d}y, \tag{7}$$

见图 8-14.

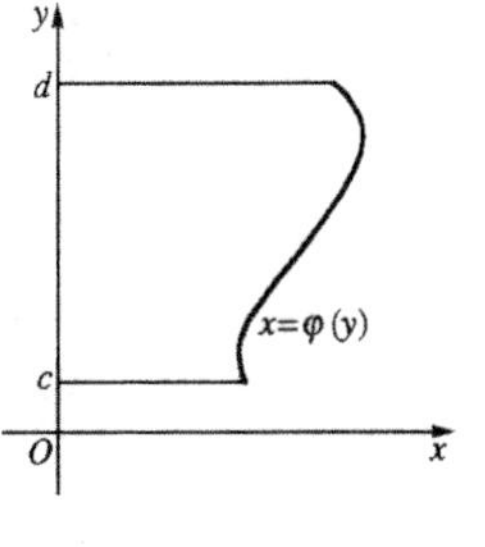

图 8-14

例 8 证明:由椭圆$\frac{x^2}{a^2}+\frac{y^2}{b^2}=1$绕 x 轴旋转所成旋转体的体积为

$$V=\frac{4}{3}\pi ab^2.$$

证 上半椭圆的方程为 $y=\frac{b}{a}\sqrt{a^2-x^2}$. 由公式(6),得到

$$V=\pi\int_{-a}^{a}y^2\mathrm{d}x=\frac{\pi b^2}{a^2}\int_{-a}^{a}(a^2-x^2)\mathrm{d}x$$

$$=\frac{4}{3}\pi ab^2. \quad \blacksquare$$

同理可证:由椭圆$\frac{x^2}{a^2}+\frac{y^2}{b^2}=1$绕 y 轴旋转所得的旋转体的体积为

$$V=\frac{4}{3}\pi a^2 b.$$

特例 当 $a=b$ 时,即为球体体积

$$V=\frac{4}{3}\pi a^3 \quad (a\text{ 为球体半径}).$$

例 9 求旋轮线的第一拱

$$x=a(t-\sin t),\quad y=a(1-\cos t)\quad (0\leqslant t\leqslant 2\pi)$$

与 $y=0$ 所围图形(图 8-15 中带斜线部分)由:(1) 绕 y 轴旋转;(2)* 绕直线 $y=2a$ 旋转所得的旋转体的体积(其中 $a>0$).

解 (1) 记弧 $\overset{\frown}{OB}$ 上点的横坐标为

$$x_1=a(t-\sin t)\quad (0\leqslant t\leqslant \pi),$$

则弧 $\overset{\frown}{AB}$ 上相应的对称点的横坐标为

$$x_2=2\pi a-x_1=2\pi a-a(t-\sin t)\quad (0\leqslant t\leqslant \pi).$$

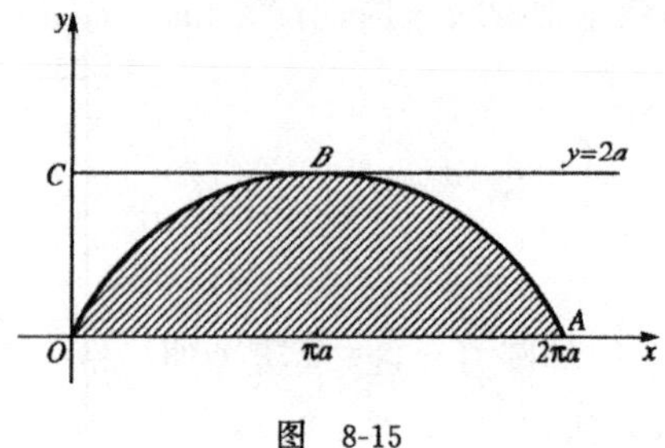

图 8-15

设曲边梯形 $OABC$ 和曲边三角形 OBC 绕 y 轴旋转所得的体积分别为 V_2 及 V_1，则由公式(7)知，所求体积为

$$V=V_2-V_1=\pi\int_0^{2a}x_2^2\mathrm{d}y-\pi\int_0^{2a}x_1^2\mathrm{d}y$$

$$=\pi\int_0^{\pi}[2\pi a-a(t-\sin t)]^2\mathrm{d}[a(1-\cos t)]$$

$$-\pi\int_0^{\pi}[a(t-\sin t)]^2\mathrm{d}[a(1-\cos t)]$$

$$=4\pi^2a^3\int_0^{\pi}(\pi\sin t-t\sin t+\sin^2 t)\mathrm{d}t$$

$$=6\pi^3a^3.$$

(2)* 设旋轮线第一拱与直线 $y=2a,x=0,x=2\pi a$ 所围平面图形绕直线 $y=2a$ 旋转所得的体积为 V_0，则

$$V_0=\pi\int_0^{2\pi a}(2a-y)^2\mathrm{d}x$$

$$=\pi a^3\int_0^{2\pi}(1+\cos t-\cos^2 t-\cos^3 t)\mathrm{d}t=\pi^2a^3.$$

于是所求体积为

$$V=\pi(2a)^2\cdot 2\pi a-V_0=7\pi^2a^3.$$

2.4 平面曲线的弧长

1. 弧长的概念

我们知道，圆周长是用圆内接正多边形的周长当边数趋于无

穷时的极限来定义的.与圆周长的概念类似,可以建立一般曲线弧的长度概念.

如图 8-16 所示,在曲线弧 $\widehat{AB}$ 上任取分点

$$A = M_0, M_1, M_2, \cdots, M_{i-1}, M_i, \cdots, M_n = B,$$

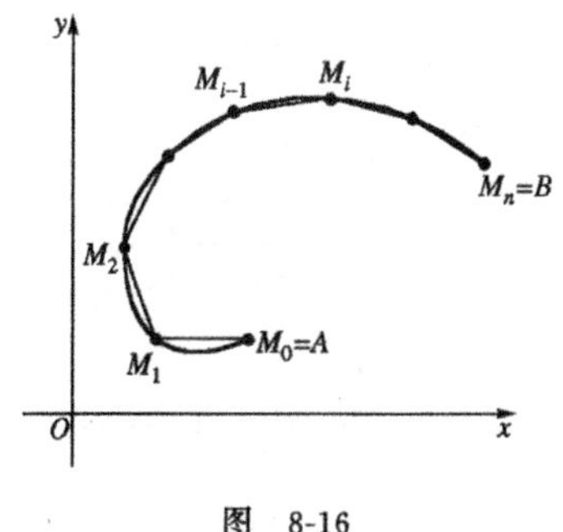

图 8-16

依次用弦将相邻两点联结起来,得到一条内接折线.记每条弦的长度为

$$|M_{i-1}M_i| \quad (i = 1, 2, \cdots, n),$$

令 $\lambda = \max\limits_{1 \leqslant i \leqslant n} |M_{i-1}M_i|$.如果当分点无限增加且 $\lambda \to 0$ 时,折线长度的极限

$$\lim_{\lambda \to 0} \sum_{i=1}^{n} |M_{i-1}M_i|$$

存在,则称此极限值为曲线弧 $\widehat{AB}$ 的**长度**,或**弧长**.这时,这段曲线弧称为**可求长**的.

2. 弧长的计算公式

(1) 当曲线段 $\widehat{AB}$ 的方程为

$$y = f(x) \quad (a \leqslant x \leqslant b)$$

时,如果曲线段 $\widehat{AB}$ 是光滑的,即 $f'(x)$ 在 $[a,b]$ 上连续,那么弧长公式为

$$s = \int_a^b \sqrt{1 + [f'(x)]^2} \mathrm{d}x. \tag{8}$$

证 用分点

$$a = x_0 < x_1 < x_2 < \cdots < x_{n-1} < x_n = b$$

把区间$[a,b]$任意分成 n 个小区间$[x_{i-1}, x_i]$ $(i=1,2,\cdots,n)$，相应地，曲线段 $\overset{\frown}{AB}$ 也被分为 n 小段(图 8-17)．令 $y_i=f(x_i)$，且令

$$\Delta x_i = x_i - x_{i-1}, \quad \Delta y_i = y_i - y_{i-1} \quad (i = 1,2,\cdots,n),$$

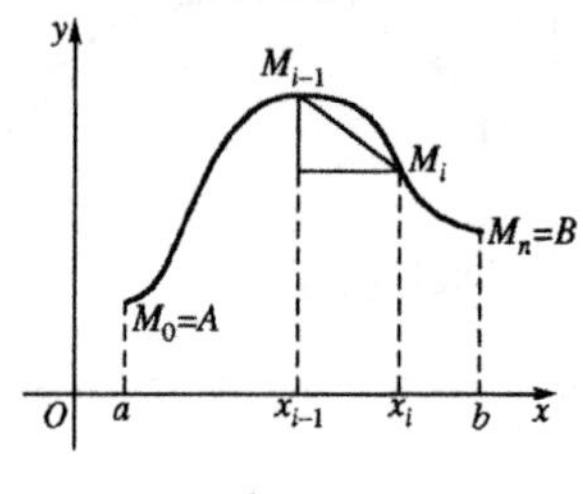

图 8-17

则第 i 小段的弦长为

$$|M_{i-1}M_i| = \sqrt{(\Delta x_i)^2 + (\Delta y_i)^2} \quad (i = 1,2,\cdots,n). \tag{9}$$

由拉格朗日中值定理得到

$$\Delta y_i = f(x_i) - f(x_{i-1}) = f'(\xi_i) \cdot \Delta x_i,$$

其中 $x_{i-1}<\xi_i<x_i$. 于是有

$$|M_{i-1}M_i| = \sqrt{1 + [f'(\xi_i)]^2} \cdot \Delta x_i \quad (i = 1,2,\cdots,n).$$

从而折线长度为

$$\sum_{i=1}^{n} |M_{i-1}M_i| = \sum_{i=1}^{n} \sqrt{1 + [f'(\xi_i)]^2}\Delta x_i.$$

令 $\lambda=\max\limits_{1\leqslant i\leqslant n} |M_{i-1}M_i|$，$\mu=\max\limits_{1\leqslant i\leqslant n}\{\Delta x_i\}$. 由(9)式知 $\Delta x_i\leqslant |M_{i-1}M_i|$，即有 $0<\mu\leqslant\lambda$. 于是当 $\lambda\to 0$ 时，有 $\mu\to 0$. 从而得到

$$s= \lim_{\lambda\to 0}\sum_{i=1}^{n} |M_{i-1}M_i| = \lim_{\mu\to 0}\sum_{i=1}^{n} \sqrt{1 + [f'(\xi_i)]^2}\Delta x_i$$

$$= \int_a^b \sqrt{1 + [f'(x)]^2}\mathrm{d}x. \quad \blacksquare$$

公式(8)有时也写成

$$s=\int_a^b \sqrt{1+y'^2}\mathrm{d}x.$$

例 10 求悬链线

$$y=\frac{a}{2}(\mathrm{e}^{x/a}+\mathrm{e}^{-x/a})=a\operatorname{ch}\frac{x}{a}\quad (a>0)$$

从 $x=-a$ 到 $x=a$ 这一段的弧长(图 8-18).

解 $\sqrt{1+y'^2}=\sqrt{1+\frac{1}{4}(\mathrm{e}^{x/a}-\mathrm{e}^{-x/a})^2}=\frac{1}{2}(\mathrm{e}^{x/a}+\mathrm{e}^{-x/a})$,

于是由公式(8)得到所求弧长

$$s=\int_{-a}^{a}\sqrt{1+y'^2}\mathrm{d}x=\frac{1}{2}\int_{-a}^{a}(\mathrm{e}^{x/a}+\mathrm{e}^{-x/a})\mathrm{d}x$$

$$=\int_0^a(\mathrm{e}^{x/a}+\mathrm{e}^{-x/a})\mathrm{d}x=a(\mathrm{e}-\mathrm{e}^{-1}).$$

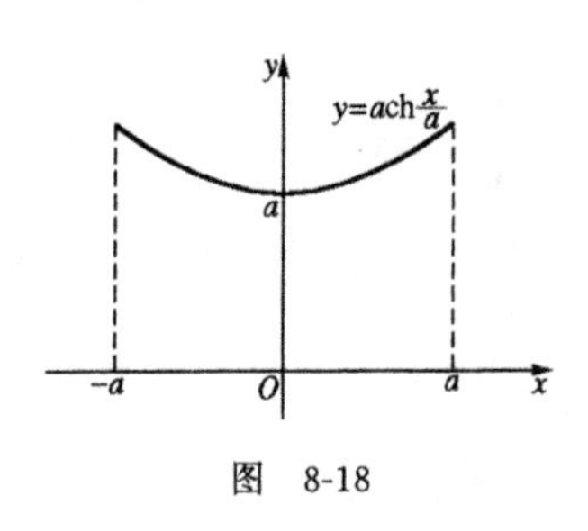

图 8-18

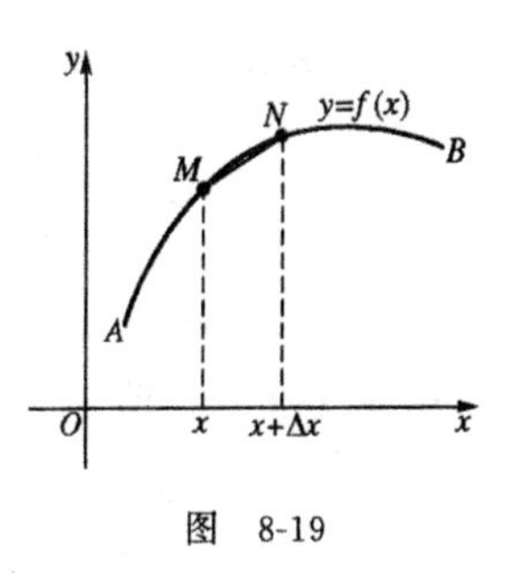

图 8-19

例 11 设有光滑曲线 $y=f(x)$, M,N 为其上两点(图 8-19). 证明:当点 N 沿曲线趋近于点 M 时,弧长 $\widehat{MN}$ 与弦长 $|MN|$ 之比的极限为 1,即

$$\lim_{N\to M}\frac{\widehat{MN}}{|MN|}=1.$$

证 设点 M,N 分别对应于自变量 x 及 $x+\Delta x$,并且不妨设 $\Delta x>0$. 由公式(8)及积分学中值定理,得到

$$\widehat{MN}=\int_x^{x+\Delta x}\sqrt{1+[f'(x)]^2}\mathrm{d}x=\sqrt{1+[f'(\xi)]^2}\Delta x,$$

其中 $x\leqslant\xi\leqslant x+\Delta x$. 令 $\Delta y=f(x+\Delta x)-f(x)$，则

$$|MN| = \sqrt{(\Delta x)^2 + (\Delta y)^2} = \sqrt{1 + \left(\frac{\Delta y}{\Delta x}\right)^2}\Delta x.$$

当 $N\to M$ 时，有 $\Delta x\to 0$，于是得到

$$\lim_{N\to M}\frac{\widehat{MN}}{|MN|} = \lim_{\Delta x\to 0}\frac{\sqrt{1+[f'(\xi)]^2}\Delta x}{\sqrt{1+\left(\frac{\Delta y}{\Delta x}\right)^2}\Delta x}$$

$$= \frac{\sqrt{1+[f'(x)]^2}}{\sqrt{1+[f'(x)]^2}} = 1. \quad \blacksquare$$

这就是我们在第 270 页推导曲率的计算公式时所用到的一个事实.

下面，我们根据弧长公式(8)来推导弧微分表达式.

设光滑曲线 $y=f(x)$ $(a\leqslant x\leqslant b)$对应于变动区间$[a,x]$的弧长为 $s(x)$，则由公式(8)，得到

$$s(x) = \int_a^x \sqrt{1+\left(\frac{\mathrm{d}y}{\mathrm{d}x}\right)^2}\mathrm{d}x,$$

这是变上限 x 的函数. 由于曲线光滑，即 $f'(x)=\frac{\mathrm{d}y}{\mathrm{d}x}$是 x 的连续函数，因此由第 352 页定理 1(连续函数原函数存在定理)，得到

$$\frac{\mathrm{d}s(x)}{\mathrm{d}x} = \sqrt{1+\left(\frac{\mathrm{d}y}{\mathrm{d}x}\right)^2},$$

即
$$\mathrm{d}s = \sqrt{1+\left(\frac{\mathrm{d}y}{\mathrm{d}x}\right)^2}\mathrm{d}x. \tag{10}$$

当 $\mathrm{d}s>0$ 时，$\mathrm{d}x>0$，从而有

$$\mathrm{d}s = \sqrt{(\mathrm{d}x)^2 + (\mathrm{d}y)^2}. \tag{11}$$

$\mathrm{d}s$ 称为**弧长的微分**，简称**弧微分**. 公式(10)或(11)就是弧微分的表达式.

弧微分 $\mathrm{d}s$ 有明显的几何意义. 设光滑曲线 $\widehat{AB}$ 的方程为

$$y = f(x) \quad (a \leqslant x \leqslant b),$$

$M(x,y)$，$N(x+\Delta x, y+\Delta y)$为曲线上两点(图 8-20)．在以切线 MT 为斜边的三角形(称为**微分三角形**)MQT 中，有

$$MQ = \mathrm{d}x, \quad TQ = \mathrm{d}y,$$

因此有

$$(MT)^2 = (MQ)^2 + (TQ)^2 = (\mathrm{d}x)^2 + (\mathrm{d}y)^2,$$

或 $$MT = \sqrt{(\mathrm{d}x)^2 + (\mathrm{d}y)^2},$$

从而 $$MT = \mathrm{d}s.$$

这就是弧微分的几何意义——微分三角形的斜边长．

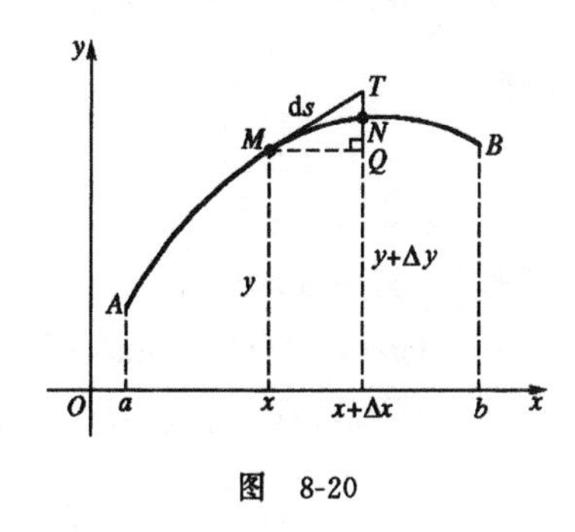

图 8-20

(2) 设曲线弧 $\overset{\frown}{AB}$ 由参数方程

$$\begin{cases} x = x(t), \\ y = y(t) \end{cases} \quad (\alpha \leqslant t \leqslant \beta)$$

给出，其中 $x'(t)$，$y'(t)$在区间$[\alpha,\beta]$上连续，且 $x'(t)$，$y'(t)$不同时为零．我们假定参数 t 从 α 变到 β 时，曲线上的点从 A 变到 B．如果曲线的弧长由点 A 算起，那么当 $\mathrm{d}t>0$ 时，有 $\mathrm{d}s>0$．于是弧微分公式(11)变成

$$\mathrm{d}s = \sqrt{x'^2(t) + y'^2(t)}\mathrm{d}t,$$

从而得到参数方程下的弧长公式

$$s = \int_\alpha^\beta \sqrt{x'^2(t) + y'^2(t)}\mathrm{d}t. \tag{12}$$

(3) 设曲线弧 $\overset{\frown}{AB}$ 由极坐标方程

$$r = r(\theta) \quad (\alpha \leqslant \theta \leqslant \beta)$$

给出，其中 $r'(\theta)$ 在区间 $[\alpha,\beta]$ 上连续，则可选 θ 作为参数. 于是 $\overset{\frown}{AB}$ 方程化为

$$\begin{cases} x = r(\theta)\cos\theta, \\ y = r(\theta)\sin\theta \end{cases} \quad (\alpha \leqslant \theta \leqslant \beta),$$

从而
$$x'^2(\theta) + y'^2(\theta) = r^2(\theta) + r'^2(\theta),$$

因此有弧长公式

$$s = \int_\alpha^\beta \sqrt{r^2(\theta) + r'^2(\theta)}\,\mathrm{d}\theta. \tag{13}$$

例 12 求旋轮线

$$\begin{cases} x = a(t - \sin t), \\ y = a(1 - \cos t) \end{cases}$$

第一拱 $(0 \leqslant t \leqslant 2\pi)$ 的弧长，其中 $a > 0$.

解 由 $x'(t) = a(1 - \cos t)$，$y'(t) = a\sin t$，得

$$\mathrm{d}s = \sqrt{x'^2(t) + y'^2(t)}\,\mathrm{d}t = a\sqrt{2(1 - \cos t)}\,\mathrm{d}t$$
$$= 2a\left|\sin\frac{t}{2}\right|\mathrm{d}t.$$

于是由公式(12)得到第一拱的弧长

$$s = \int_0^{2\pi} 2a\left|\sin\frac{t}{2}\right|\mathrm{d}t = 2a\int_0^{2\pi}\sin\frac{t}{2}\,\mathrm{d}t = 8a.$$

例 13 求椭圆

$$\begin{cases} x = a\cos t, \\ y = b\sin t \end{cases} \quad (0 \leqslant t \leqslant 2\pi)$$

的弧长，其中 $a > 0$，$b > 0$，并假定 $a > b$.

解 $x'(t) = -a\sin t$，$y'(t) = b\cos t$，因此

$$\sqrt{x'^2(t) + y'^2(t)} = \sqrt{a^2\sin^2 t + b^2\cos^2 t}$$
$$= a\sqrt{1 - \frac{a^2 - b^2}{a^2}\cos^2 t} = a\sqrt{1 - \varepsilon^2\cos^2 t},$$

其中 $\varepsilon = \sqrt{a^2 - b^2}/a$ 是椭圆的离心率. 利用对称性，由公式(12)，得

到椭圆的弧长

$$s = 4\int_{0}^{\frac{\pi}{2}} a\sqrt{1-\varepsilon^2\cos^2 t}\,\mathrm{d}t = 4a\int_{0}^{\frac{\pi}{2}}\sqrt{1-\varepsilon^2\cos^2 t}\,\mathrm{d}t.$$

这个积分称为**第二型椭圆积分**."椭圆积分"的名称即由此而来.由于被积函数的原函数不是初等函数,因此这个积分不能用牛顿-莱布尼兹公式来计算.需要时可以查椭圆积分表.

例 14 求双纽线

$$r^2 = 2a^2\cos 2\theta \quad (a>0)$$

从 $\theta=0$ 到 $\theta=\frac{\pi}{6}$ 的弧长.

解 在方程 $r^2=2a^2\cos 2\theta$ 两端对 θ 求导数,得到

$$2rr' = -4a^2\sin 2\theta,$$

$$r' = -\frac{2a^2\sin 2\theta}{r},$$

$$\sqrt{r^2(\theta)+r'^2(\theta)} = \sqrt{r^2+\frac{4a^4\sin^2 2\theta}{r^2}} = \sqrt{\frac{r^4+4a^4\sin^2 2\theta}{r^2}}$$

$$= \frac{\sqrt{2}\,a}{\sqrt{\cos 2\theta}} = \frac{\sqrt{2}\,a}{\sqrt{1-2\sin^2\theta}}.$$

由公式(13),得到弧长

$$s = \int_{0}^{\frac{\pi}{6}} \frac{\sqrt{2}\,a}{\sqrt{1-2\sin^2\theta}}\mathrm{d}\theta = \sqrt{2}\,a\int_{0}^{\frac{\pi}{6}} \frac{1}{\sqrt{1-2\sin^2\theta}}\mathrm{d}\theta.$$

这是**第一型椭圆积分**.

2.5 旋转体的侧面积

设有光滑曲线段 $y=f(x)$,其中

$$f(x)\geqslant 0, \quad x\in[a,b],$$

将此曲线段绕 x 轴旋转一周,求所产生的旋转体的侧面积 F.

旋转体的侧面面积是空间曲面的面积,而有关空间曲面的面积,我们将在多元函数积分学中给出一般的定义.这里仅凭几何直

观来导出旋转体的侧面积公式.我们仍用微元法.

我们仍采用第427页图8-20.分割区间$[a,b]$,考虑任意一份$[x,x+\mathrm{d}x]$.相应于这一份的,是由小弧段$\widehat{MN}$绕x轴旋转所得到的侧面积ΔF,它可以用切线段MT(其长度为$\mathrm{d}s$)绕x轴旋转所得到的圆台的侧面积来近似代替,这个圆台的上、下底半径分别是y及$y+\mathrm{d}y$,斜高为$\mathrm{d}s$.于是有

$$\begin{aligned}\text{圆台侧面积} &= \pi(\text{上底半径}+\text{下底半径})\cdot\text{斜高}\\ &= \pi[y+(y+\mathrm{d}y)]\cdot \mathrm{d}s = 2\pi y\mathrm{d}s + \pi\mathrm{d}y\cdot\mathrm{d}s.\end{aligned}$$

当$\mathrm{d}x\to 0$时,$\mathrm{d}y\cdot\mathrm{d}s$是$\mathrm{d}x$的高阶无穷小,略去后,得到侧面积微元

$$\mathrm{d}F = 2\pi y\mathrm{d}s = 2\pi y\sqrt{1+y'^2}\mathrm{d}x.$$

将上式从a到b求定积分,便得到侧面积公式

$$F = 2\pi\int_a^b y\sqrt{1+y'^2}\mathrm{d}x. \tag{14}$$

当光滑曲线段$\widehat{AB}$由参数方程

$$\begin{cases}x = x(t),\\ y = y(t)\end{cases}\quad(\alpha\leqslant t\leqslant\beta)$$

给出时,侧面积公式为

$$F = 2\pi\int_\alpha^\beta y(t)\sqrt{x'^2(t)+y'^2(t)}\mathrm{d}t. \tag{15}$$

当光滑曲线段$\widehat{AB}$由极坐标方程

$$r = r(\theta)\quad(\alpha\leqslant\theta\leqslant\beta)$$

给出时,则可选θ作为参数,再由公式(15),得到

$$F = 2\pi\int_\alpha^\beta[r(\theta)\sin\theta]\sqrt{r^2(\theta)+r'^2(\theta)}\mathrm{d}\theta. \tag{16}$$

例15 设一半径为R的球,被相距$H(0<H<2R)$的两平面所截,求所得球台的侧面积.

解 取坐标系如图8-21所示.这个球可以看作是由上半圆周$y=\sqrt{R^2-x^2}$绕x轴旋转而成的,不妨假定该球台是由上半圆周

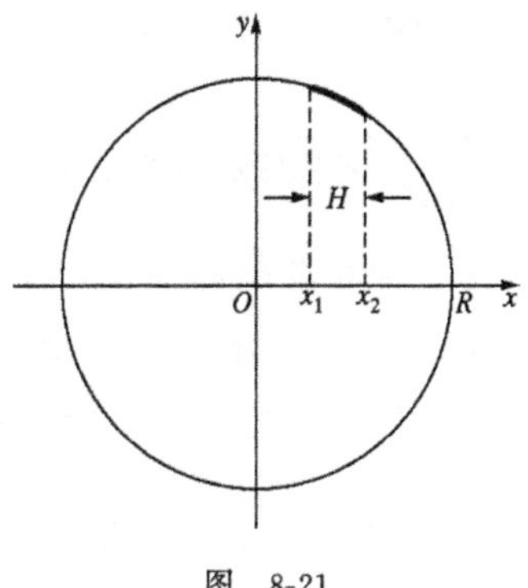

图 8-21

相应于区间 $[x_1, x_2]$ 的一段弧绕 x 轴旋转所得到的，其中 $x_2 - x_1 = H$. 由于

$$y' = \frac{-x}{\sqrt{R^2 - x^2}} = -\frac{x}{y},$$

$$\sqrt{1 + y'^2} = \sqrt{1 + \frac{x^2}{y^2}} = \frac{1}{y}\sqrt{x^2 + y^2} = \frac{R}{y},$$

因此由公式(14)得到球台侧面积

$$\begin{aligned} F &= 2\pi\int_{x_1}^{x_2} y\sqrt{1 + y'^2}\,\mathrm{d}x = 2\pi\int_{x_1}^{x_2} y\,\frac{R}{y}\,\mathrm{d}x \\ &= 2\pi R(x_2 - x_1) = 2\pi RH. \end{aligned}$$

习 题 8.1

求由下列曲线所围图形的面积：

1. $y = 1 - x^2$，$y = \frac{2}{3}x$.

2. $y = 2x$，$y = \frac{1}{2}x$，$y = \frac{1}{4}x + 1$.

3. $y = x^2$，$y = (x-2)^2$，$y = 0$.

4. $y = x^2$，$y = x$，$y = 2x$.

5. $x^2 + y^2 = 8$，$y = \frac{1}{2}x^2$（上、下两部分）.

6. $y = x$，$y = x + \sin^2 x$ $(0 \leqslant x \leqslant \pi)$.

7. 求由摆线 $x=a(t-\sin t)$，$y=a(1-\cos t)$的一拱与 x 轴所围图形的面积.

8. 求由星形线$\begin{cases}x=a\cos^3 t,\\ y=a\sin^3 t\end{cases}$所围图形的面积.

9. 求由曲线 $\dfrac{x^4}{a^4}+\dfrac{y^4}{b^4}=1$ 所围图形的面积.

10. 求由三叶玫瑰线 $r=a\sin 3\theta$ 一瓣与极轴所围的面积.

11. 求由曲线 $y=x(x-1)(x-2)$与 $y=0$ 所围成图形的面积.

求下列旋转体的体积：

12. 由 $y=x^2$ 与 $y=2$ 所围图形绕 x 轴及 y 轴旋转.

13. 由 $y=a\,\mathrm{ch}\,\dfrac{x}{a}$ 与 $x=0,x=a,y=0$ 所围图形绕 x 轴旋转.

14. 由 $y=\sin x$ $(0\leqslant x\leqslant\pi)$与 x 轴所围图形绕 x 轴旋转.

15. 由摆线

$$\begin{cases}x=a(t-\sin t),\\ y=a(1-\cos t)\end{cases}\quad(0\leqslant t\leqslant 2\pi)$$

与 x 轴所围图形绕 x 轴旋转.

16. 星形线$\begin{cases}x=a\cos^3 t,\\ y=a\sin^3 t\end{cases}$绕 x 轴旋转.

17. 证明以 R 为半径，高为 h 的球缺体积为

$$V=\pi h^2\left(R-\frac{h}{3}\right).$$

18. 求由曲线 $y^2=2px$ 与 $y^2=4(x-p)^2$ $(p>0)$所围图形绕 x 轴旋转而得的旋转体的体积.

19. 求曲线 $x^2+(y-b)^2=a^2$ $(b>a>0)$所围图形绕 x 轴旋转而得的旋转体的体积.

20. 求曲线 $y=\sin x$ $(0\leqslant x\leqslant\pi)$，$y=0$ 所围图形绕 $x=\dfrac{\pi}{2}$旋转而得的旋转体的体积.

21. 求抛物线 $y=ax^2$ 在 $x=-b$ 到 $x=b$ 之间的弧长.

22. 求抛物线 $y^2=2px$ 从$(0,0)$到(x_0,y_0)的弧长.

23. 求星形线 $x=a\cos^3 t$，$y=a\sin^3 t$ 的周长.

24. 求阿基米德螺线 $r=a\theta$ 从 $\theta=0$ 到 $\theta=\theta_0$ 之间的弧长.

25. 求心脏线 $r=a(1+\cos\theta)$的全长.

26. 求曲线 $x=e^t\sin t$，$y=e^t\cos t$ 从 $t=0$ 到 $t=1$ 一段弧长.

27. 求 $y=\ln(1-x^2)$上相应于 $0\leqslant x\leqslant\frac{1}{2}$的一段弧长.

28. 求曲线 $x=a\cos^4 t$，$y=a\sin^4 t$ 的弧长.

29. 求曲线 $r=ae^{m t}$ $(m>0)$当 $0\leqslant r\leqslant a$ 时的弧长.

30. 求曲线 $y=\ln\cos x$ 由 $x=0$ 到 $x=a$ $\left(0<a<\frac{\pi}{2}\right)$一段弧的弧长.

31. 证明：悬链线 $y=a\operatorname{ch}\frac{x}{a}$ $(a>0)$自点 $A(0,a)$到 $P(x,y)$的弧长

$$s=\sqrt{y^2-a^2}.$$

32. 求抛物线 $y^2=4ax$ 由顶点到 $x=3a$ 的一段弧绕 x 轴旋转所得的旋转体的侧面积.

33. 求双纽线 $r^2=a^2\cos 2\theta$ 绕极轴旋转所得的旋转体的侧面积.

34. 求悬链线 $y=a\operatorname{ch}\frac{x}{a}$相应于$|x|\leqslant b$ 的一段弧绕 x 轴及 y 轴旋转所得的旋转体的侧面积.

35. 求曲线 $y=\tan x$ $\left(0\leqslant x\leqslant\frac{\pi}{4}\right)$绕 x 轴旋转所得的旋转面的面积.

§3 定积分的物理应用

3.1 平面曲线弧的质心

假设平面上有 n 个质点

$$A_1(x_1,y_1),\ A_2(x_2,y_2),\ \cdots,\ A_n(x_n,y_n),$$

它们的质量分别为 $m_1,m_2,\cdots,m_n$,那么这 n 个质点对 x 轴,y 轴的静矩(又称为一次矩)为

$$m_i y_i,\quad m_i x_i\quad (i=1,2,\cdots,n),$$

而质点组对 x 轴,y 轴的静矩为

$$\sum_{i=1}^{n} m_i y_i,\quad \sum_{i=1}^{n} m_i x_i.$$

设该质点组的质心(即质量中心)在点 $\overline{A}(\bar{x},\bar{y})$处,并且记质点组的质量为 $M=\sum_{i=1}^{n} m_i$,则由静矩定律知

$$M_y = \sum_{i=1}^{n} m_i x_i = M\,\bar{x}, \quad M_x = \sum_{i=1}^{n} m_i y_i = M\,\bar{y},$$

从而质点组的质心坐标为

$$\bar{x} = \frac{M_y}{M} = \frac{\sum_{i=1}^{n} m_i x_i}{M}, \quad \bar{y} = \frac{M_x}{M} = \frac{\sum_{i=1}^{n} m_i y_i}{M}.$$

现在考虑一条质量均匀分布的平面物质曲线弧 $\overset{\frown}{AB}$，其线密度为常数 μ. 我们用微元法来确定 $\overset{\frown}{AB}$ 的质心 $G(\bar{x},\bar{y})$.

记曲线弧 $\overset{\frown}{AB}$ 的长度为 l. 取 A 点作为计算弧长的起点，并取弧长 s 为自变量，则有 $0\leqslant s\leqslant l$.

分割弧长区间 $[0,l]$，任取一份 $[s,s+\mathrm{d}s]$，我们可以近似把它看作一个质点，其坐标为 (x,y)（图 8-22）. 易知这一小段曲线弧的质量为 $\mu\mathrm{d}s$，于是静矩微元为

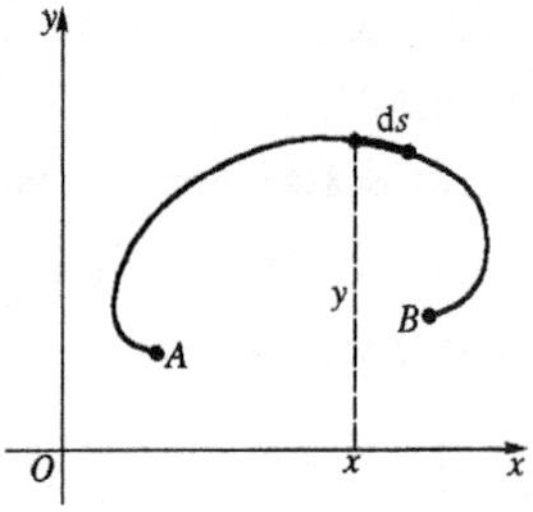

图 8-22

$$\mathrm{d}M_x = y\mu\,\mathrm{d}s, \quad \mathrm{d}M_y = x\mu\,\mathrm{d}s.$$

对上面两式从 0 到 l 求定积分，便得到曲线弧 $\overset{\frown}{AB}$ 对 x 轴和 y 轴的静矩

$$M_x = \int_0^l y\mu\mathrm{d}s = \mu\int_0^l y\mathrm{d}s,$$

$$M_y = \int_0^l x\mu\mathrm{d}s = \mu\int_0^l x\mathrm{d}s.$$

此外，不难用微元法求得曲线弧 $\overset{\frown}{AB}$ 的质量

$$M = \int_0^l \mu\mathrm{d}s = \mu\int_0^l \mathrm{d}s = \mu l.$$

于是得到曲线弧 $\overset{\frown}{AB}$ 的质心坐标

$$\bar{x} = \frac{M_y}{M} = \frac{\mu\int_0^l x\mathrm{d}s}{\mu l} = \frac{\int_0^l x\mathrm{d}s}{l}, \tag{17}$$

$$\bar{y}=\frac{M_x}{M}=\frac{\mu\int_0^l y\mathrm{d}s}{\mu l}=\frac{\int_0^l y\mathrm{d}s}{l}. \tag{18}$$

在公式(17),(18)两端同乘 2π,得到

$$2\pi\,\bar{x}\,l=2\pi\int_0^l x\mathrm{d}s=F_1,$$

$$2\pi\,\bar{y}\,l=2\pi\int_0^l y\mathrm{d}s=F_2,$$

其中 F_1,F_2 分别为曲线弧 $\overset{\frown}{AB}$ 绕 y 轴和 x 轴旋转所得旋转体的侧面积. 由此得到

古鲁金(Guldin)**第一定理** 平面曲线绕该平面上与其不相交的某一条轴旋转,由此所产生的旋转体的侧面积 F,等于曲线弧的质心绕同一轴旋转所生成的圆周之长乘以该曲线弧的弧长 l.

这个定理告诉我们: 已知弧长 l 与侧面积 F,可以求质心 $(\bar{x},\bar{y})$; 已知弧长 l 与质心 $(\bar{x},\bar{y})$,又可以求侧面积 F.

例 1 求半径为 R 的半圆周的质心.

解 取坐标系如图 8-23 所示. 由于半圆周对称于 y 轴,且质量均匀分布,因此质心 $(\bar{x},\bar{y})$ 必在 y 轴上,即 $\bar{x}=0$. 只需求 $\bar{y}$. 半圆周的长度为 $l=\pi R$,半圆周绕 x 轴旋转所产生的旋转体的侧面积为 $F=4\pi R^2$,于是由古鲁金第一定理知 $4\pi R^2=2\pi\,\bar{y}\pi R$. 因此

$$\bar{y}=\frac{2}{\pi}R.$$

即质心为 $\left(0,\frac{2}{\pi}R\right)$.

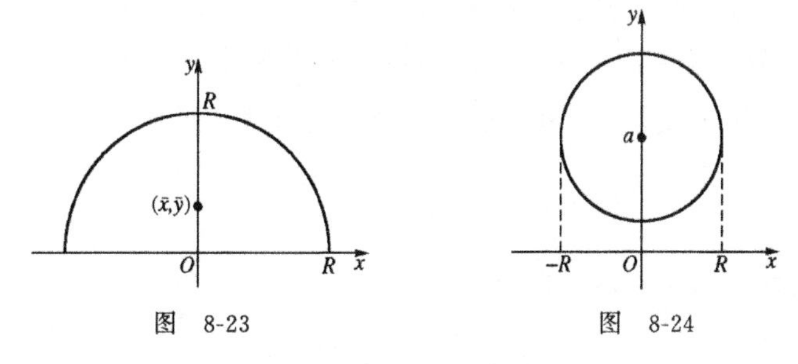

图 8-23　　　　图 8-24

例 2 求由圆周 $x^2+(y-a)^2=R^2$ $(0<R<a)$ 绕 x 轴旋转所得的圆环体

的侧面积(图 8-24).

解 圆周长 $l=2\pi R$,圆周的质心坐标为 $\bar{x}=0,\bar{y}=a$,于是由古鲁金第一定理得到圆环体的侧面积

$$F = l2\pi\bar{y} = 2\pi R 2\pi a = 4\pi^2 Ra.$$

这种解法比直接利用侧面积公式来计算要简便得多.

3.2 转动惯量

从物理学知,质量为 m 的质点绕固定轴旋转时,其转动惯量(即二次矩)为 $J=mr^2$,其中 r 表示质点到转轴的距离.

设有 n 个质量分别为 $m_1,m_2,\cdots,m_n$ 的质点,它们到某固定轴的距离分别为 $r_1,r_2,\cdots,r_n$,则此质点组对固定轴的转动惯量为

$$\begin{aligned} J &= m_1r_1^2 + m_2r_2^2 + \cdots + m_nr_n^2 \\ &= \sum_{i=1}^{n} m_ir_i^2. \end{aligned}$$

如果是一个质量连续分布的物体绕固定轴转动,那么,怎样求转动惯量呢? 一般说来,需要用到重积分,或曲线积分,曲面积分. 但是,当物体的质量均匀分布,且物体的形状具有某种对称性时,有时也可用定积分来计算.

例 3 设有一均匀细杆,长为 $2l$,质量为 M,固定轴 u 通过细杆的中心且与细杆垂直(图 8-25). 求细杆对轴 u 的转动惯量 J_u.

解 取坐标系如图 8-25 所示. 用微元法. 分割区间$[-l,l]$,任取一小段$[x,x+\mathrm{d}x]$. 这一小段细杆可近似看成一个质点,它到轴 u 的距离为 x,质量为$\frac{M}{2l}\mathrm{d}x$,于是得到转动惯量微元

$$\mathrm{d}J_u = \left(\frac{M}{2l}\mathrm{d}x\right)x^2 = \frac{M}{2l}x^2\mathrm{d}x.$$

从而细杆对轴 u 的转动惯量为

$$J_u = \int_{-l}^{l}\frac{M}{2l}x^2\mathrm{d}x = \frac{1}{3}Ml^2.$$

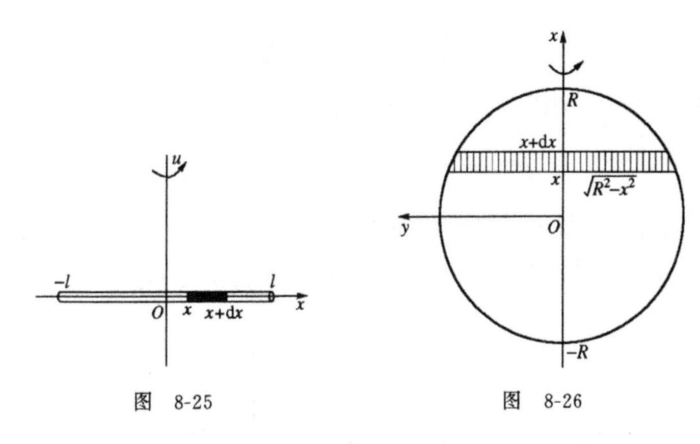

图 8-25　　　　图 8-26

例 4　设有一质量为 M、半径为 R 的均匀圆盘，求圆盘对它的一条直径的转动惯量 J.

解　取坐标系如图 8-26 所示，x 轴与某条直径重合. 分割区间$[-R,R]$，圆盘相应地被分成若干个平行于 y 轴的小窄条. 任取小区间$[x,x+\mathrm{d}x]$，相应的小窄条可近似看成一个细杆，其长度为 $2y=2\sqrt{R^2-x^2}$，质量为

$$\begin{aligned}\mathrm{d}m &= \text{面密度} \times \text{面积} \\ &= \frac{M}{\pi R^2}(2y\mathrm{d}x) = \frac{2M}{\pi R^2}\sqrt{R^2-x^2}\mathrm{d}x.\end{aligned}$$

由例 3 知，此细杆对 x 轴的转动惯量为

$$\mathrm{d}J = \frac{1}{3}(\mathrm{d}m)y^2 = \frac{2M}{3\pi R^2}(R^2-x^2)^{3/2}\mathrm{d}x.$$

于是所求转动惯量为

$$\begin{aligned}J &= \int_{-R}^{R}\frac{2M}{3\pi R^2}(R^2-x^2)^{3/2}\mathrm{d}x = \frac{4M}{3\pi R^2}\int_0^R(R^2-x^2)^{3/2}\mathrm{d}x \\ &\xlongequal{x=\sin t} \frac{4M}{3\pi R^2}\int_0^{\frac{\pi}{2}}R^4\cos^4 t\mathrm{d}t = \frac{1}{4}MR^2.\end{aligned}$$

例 5　设有一质量为 M、半径为 R 的均匀物质圆周，求它对通过其中心并且垂直于该圆周所在平面的固定轴 u 的转动惯量(图 8-27).

解　分割圆周为若干小弧段，任取一段$[s,s+\mathrm{d}s]$，它可近似看成一个质点，其上集中了小弧段 $\mathrm{d}s$ 的质量 $\mathrm{d}m$，易知

$$\mathrm{d}m = \text{线密度} \times \text{长度} = \frac{M}{2\pi R}\,\mathrm{d}s,$$

这个质点到轴 u 的距离为 R,它对轴 u 的转动惯量为

$$\mathrm{d}J = (\mathrm{d}m)R^2 = \frac{MR}{2\pi}\mathrm{d}s.$$

于是得到圆周对轴 u 的转动惯量

$$J = \int_0^{2\pi R}\frac{MR}{2\pi}\mathrm{d}s = \frac{MR}{2\pi}\int_0^{2\pi R}\mathrm{d}s = \frac{MR}{2\pi}2\pi R = MR^2.$$

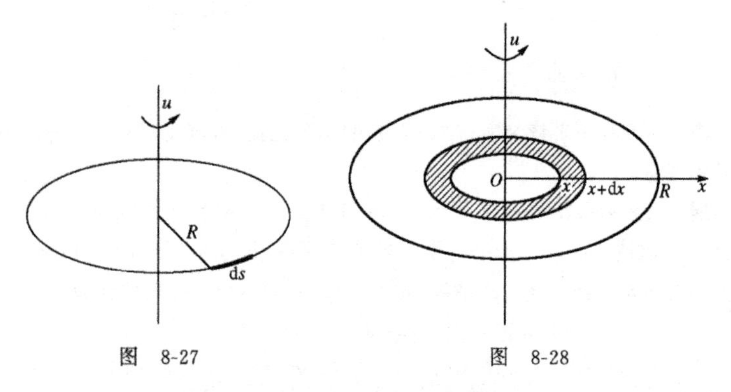

图 8-27　　　　图 8-28

例 6　设有一质量为 M、半径为 R 的均匀圆盘,求它对通过圆心且与盘面垂直的轴 u 的转动惯量.

解　取坐标系如图 8-28 所示. 分割 x 轴上的区间$[0,R]$,圆盘相应地被分成若干个窄圆环. 任取一个小区间$[x,x+\mathrm{d}x]$,相应于它的,是一个内半径为 x,外半径为 $x+\mathrm{d}x$ 的窄圆环,其质量为

$$\begin{aligned}\mathrm{d}m &= \text{面密度} \times \text{面积} = \frac{M}{\pi R^2}[\pi(x+\mathrm{d}x)^2 - \pi x^2] \\ &= \frac{M}{\pi R^2}[2\pi x\mathrm{d}x + \pi(\mathrm{d}x)^2].\end{aligned}$$

由于 $\mathrm{d}x$ 很小,因此可忽略$(\mathrm{d}x)^2$,于是有

$$\mathrm{d}m = \frac{2M}{R^2}x\mathrm{d}x.$$

这个窄圆环可近似看成半径为 x 的圆周,于是由例 5 知,它对 u 轴的转动惯量为

$$\mathrm{d}J = (\mathrm{d}m)x^2 = \frac{2M}{R^2}x^3\mathrm{d}x,$$

从而得到圆盘对 u 轴的转动惯量

$$J = \int_0^R \frac{2M}{R^2}x^3\mathrm{d}x = \frac{1}{2}MR^2.$$

例 7 设有一质量为 M、半径为 R 的均匀球体，求它对其直径的转动惯量.

解 取坐标系如图 8-29 所示，x 轴为通过球的直径的转动轴. 分割 x 轴上的区间 $[-R,R]$，球体相应地被分成若干个形状为球台的薄片. 任取一个小区间 $[x,x+\mathrm{d}x]$，相应于它的薄球台可近似看成一个半径为 $y=\sqrt{R^2-x^2}$ 的薄圆盘，其厚度为 $\mathrm{d}x$. 易知此圆盘的体积为 $\pi y^2\mathrm{d}x=\pi(R^2-x^2)\mathrm{d}x$，从而其质量为

$$\begin{aligned}\mathrm{d}m &= 体密度 \times 体积 \\ &= \frac{M}{\frac{4}{3}\pi R^3}\cdot\pi(R^2-x^2)\mathrm{d}x = \frac{3M}{4R^3}(R^2-x^2)\mathrm{d}x.\end{aligned}$$

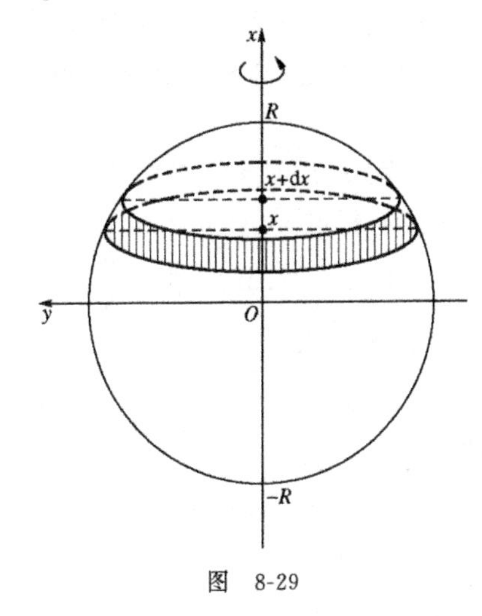

图 8-29

因为 $\mathrm{d}x$ 很小，所以该薄圆盘可按例 6 来计算转动惯量，于是得到

$$\mathrm{d}J = \frac{1}{2}(\mathrm{d}m)y^2 = \frac{3M}{8R^3}(R^2-x^2)^2\mathrm{d}x,$$

从而球体对 x 轴的转动惯量为

$$J = \int_{-R}^{R} \frac{3M}{8R^3}(R^2 - x^2)^2 \mathrm{d}x = \frac{2}{5}MR^2.$$

注 利用本书第二册所介绍的三重积分,求解此例是很简便的.

3.3 引力

从万有引力定律知,质量为 m_1, m_2 的两质点间的引力,其方向沿着两质点的联线,其大小与两质点质量的乘积成正比,与两质点间距离 r 的平方成反比,即

$$F = G\frac{m_1 m_2}{r^2},$$

其中 $G>0$,是引力常数.

如果要计算一个物体对一个质点的引力,或者两个物体之间的引力,那么,一般说来,要用到重积分.但是对于某些比较简单的情形,可以用定积分来计算.

例 8 设有一均匀细杆,长为 $2l$,质量为 M.另一质量为 m 的质点 A,位于细杆所在直线上,与杆的近端的距离为 a(图 8-30).求细杆对质点的引力 F.

解 取坐标系如图 8-30 所示,质点 A 位于原点.仍用微元法.分割区间$[a, a+2l]$,任取一份$[x, x+\mathrm{d}x]$.相应的小段细杆可近似看作一个质点,位于 x 处,其质量为$\frac{M}{2l}\mathrm{d}x$.由万有引力定律知,这一小段对质点 A 的引力为

$$\mathrm{d}F = G\frac{\left(\frac{M}{2l}\mathrm{d}x\right)m}{x^2} = \frac{GMm}{2l}\cdot\frac{1}{x^2}\mathrm{d}x.$$

从 a 到 $a+2l$ 求定积分,便得到细杆对质点的引力

$$F = \int_a^{a+2l}\frac{GMm}{2l}\cdot\frac{1}{x^2}\mathrm{d}x = \frac{GMm}{a(2l+a)}.$$

例 9 细杆、质点同上,但质点 A 位于细杆的垂直平分线上,距杆的中心为 a(图 8-31).求细杆对质点的引力 $\boldsymbol{F}$.

解 取坐标系如图 8-31 所示.

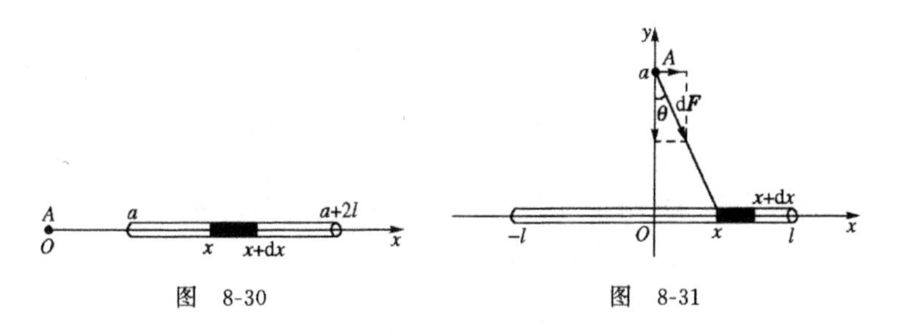

图 8-30　　　　图 8-31

此例与上例不同.上例中细杆上各小段对质点 A 的引力虽然大小不同,方向却相同,都朝着细杆,因此可以将引力微元相加,得到总的引力.在那里,其实只计算了总引力的大小 F,而方向,由于朝着细杆,因而未特别说明.此例的情况不一样,细杆上各小段对质点 A 的引力不仅大小不同,而且方向也不同.这样,各段对质点的引力就不能像上例那样来相加,而必须利用矢量的加法.也就是说,应把每一小段对质点的引力分解为 x 分量与 y 分量,然后按分量相加,得到总引力的 x 分量 F_x 与 y 分量 F_y.下面,我们根据这一想法,用微元法来求总引力 $\boldsymbol{F}$.

设总引力为 $\boldsymbol{F}=\{F_x,F_y\}$.由于细杆是均匀的,且质点 A 关于细杆的位置具有对称性,因此总引力 $\boldsymbol{F}$ 的 x 分量 $F_x=0$(细杆左右两端的对称的各段,对质点 A 的引力在 x 方向的分量互相抵消),从而只需计算 F_y.

分割区间$[-l,l]$,任取一份$[x,x+\mathrm{d}x]$.这一小段细杆可近似看作位于 x 处的一个质点,其质量为$\dfrac{M}{2l}\mathrm{d}x$,它到质点 A 的距离为$\sqrt{x^2+a^2}$.因此由万有引力定律知,这一小段对质点 A 的引力 $\mathrm{d}\boldsymbol{F}$ 的大小为

$$|\mathrm{d}\boldsymbol{F}|=G\frac{\left(\dfrac{M}{2l}\mathrm{d}x\right)m}{(\sqrt{x^2+a^2})^2}=\frac{GMm}{2l}\cdot\frac{1}{x^2+a^2}\mathrm{d}x.$$

引力 $\mathrm{d}\boldsymbol{F}$ 的方向朝着点 x.易知 $\mathrm{d}\boldsymbol{F}$ 的 y 分量为

$$\mathrm{d}F_y = -|\mathrm{d}\boldsymbol{F}|\cos\theta = -|\mathrm{d}\boldsymbol{F}|\frac{a}{\sqrt{x^2+a^2}}$$

$$= -\frac{GMma}{2l}\cdot\frac{1}{(x^2+a^2)^{3/2}}\mathrm{d}x,$$

式中负号表示 $\mathrm{d}\boldsymbol{F}$ 与正 y 轴的夹角为钝角. 将上式从 $-l$ 到 l 求定积分,便得到总引力 $\boldsymbol{F}$ 的 y 分量

$$F_y = \int_{-l}^{l} -\frac{GMma}{2l}\cdot\frac{1}{(x^2+a^2)^{3/2}}\mathrm{d}x$$

$$= -\frac{GMma}{l}\int_0^l \frac{1}{(x^2+a^2)^{3/2}}\mathrm{d}x = -\frac{GMm}{a\sqrt{l^2+a^2}}.$$

于是细杆对质点 A 的引力为

$$\boldsymbol{F} = \{F_x, F_y\} = \left\{0, -\frac{GMm}{a\sqrt{l^2+a^2}}\right\},$$

即细杆对质点 A 的引力大小为 $\frac{GMm}{a\sqrt{l^2+a^2}}$,其方向沿着细杆的垂直平分线并指向细杆.

3.4 变力所做的功

从物理学我们知道,如果某物体在恒力 F 的作用下作直线运动,力的大小不变,方向与物体的运动方向一致,那么,当物体运动一段距离 s 时,力 F 对物体所做的功为

$$W = F\cdot s.$$

但是,在实际问题中,往往需要计算变力对物体所做的功. 一般说来,求变力所做的功需要用到曲线积分的工具. 不过,对于下面这种比较特殊的情形,可以用定积分来解决.

假设某物体在变力 $\boldsymbol{F}$ 的作用下沿直线 Ox 运动,力 $\boldsymbol{F}$ 的方向不变,始终沿着 Ox 轴(因此 $\boldsymbol{F}$ 也称为**平行力**),力 $\boldsymbol{F}$ 的大小在不同点处有不同数值,即力的大小是 x 的函数:

$$F = F(x).$$

今物体在方向不变的变力 $F(x)$ 的作用下沿 Ox 轴从点 a 运动到

点 b，假定 $F(x)$ 是 x 的连续函数，求变力对物体所做的功 W.

解 我们仍用微元法来解决这个问题. 分割区间 $[a,b]$，任取一份 $[x,x+\mathrm{d}x]$，在这一小段上，变力所做的功可近似看作大小为 $F(x)$ 的恒力所做的功，于是得到功的微元(也称为**元功**)

$$\mathrm{d}W = F(x)\mathrm{d}x,$$

将上式从 a 到 b 求定积分，就得到所要求的功

$$W = \int_a^b F(x)\mathrm{d}x. \tag{19}$$

例 10 自地面垂直向上发射火箭，火箭质量为 m. 试计算将火箭发射到距离地面的高度为 h 处所做的功，并由此计算第二宇宙速度(即火箭脱离地球引力范围所具有的速度).

解 设地球质量为 M，半径为 R. 取坐标系如图 8-32 所示. 由公式(19)知，只需写出在区间 $[R,R+h]$ 的任一点 r 处，对火箭所需施加的外力 $F(r)$.

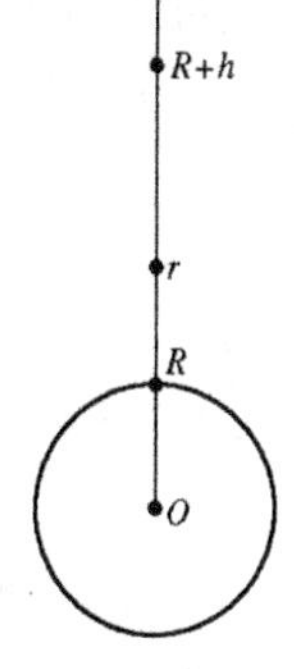

图 8-32

由实验知，地球对位于点 r 处的火箭的引力的大小为

$$f = G\frac{Mm}{r^2},$$

其中 r 为火箭到地球中心 O 的距离，$G>0$，为引力常数.

为了发射火箭，必须克服地球的引力. 用以克服地球引力的外力 $F(r)$ 与地球引力大小相等，即

$$F(r) = G\frac{Mm}{r^2}.$$

于是由公式(19)知，将火箭自地面(即 $r=R$ 处)发射到距离地面高度为 h(此时 $r=R+h$)时所需做的功为

$$\begin{aligned} W_1 &= \int_R^{R+h} F(r)\mathrm{d}r = GMm\int_R^{R+h}\frac{1}{r^2}\mathrm{d}r \\ &= GMm\left(\frac{1}{R}-\frac{1}{R+h}\right). \end{aligned} \tag{20}$$

此式中引力常数 G 可以这样确定：当火箭在地面时，地球对火箭的引力大小为 $f=G\dfrac{Mm}{R^2}$，它应该等于重力 mg，即有

$$G\frac{Mm}{R^2}=mg\quad(g\text{ 为重力加速度}),$$

于是 $G=R^2g/M$，代入(20)式，得到

$$W_1=\frac{R^2g}{M}Mm\left(\frac{1}{R}-\frac{1}{R+h}\right)=mgR^2\left(\frac{1}{R}-\frac{1}{R+h}\right).$$

这就是将火箭自地面发射到距离地面高度为 h 处所需做的功.

为了使火箭脱离地球引力范围，也就是把火箭发射到无穷远处，这时所需做的功为

$$W_2=\lim_{h\to+\infty}W_1=mgR^2\lim_{h\to+\infty}\left(\frac{1}{R}-\frac{1}{R+h}\right)=mgR.$$

由能量守恒定律，W_2 应等于外界所给于火箭的动能 $\frac{1}{2}mv_0^2$（v_0 是火箭离开地面的初速度），即

$$mgR=\frac{1}{2}mv_0^2,$$

解出

$$v_0=\sqrt{2gR}.$$

将 $g=9.8\,\mathrm{m/s^2}$，$R=6371\,\mathrm{km}=6.371\times10^6\ \mathrm{m}$ 代入上式，得到

$$v_0=\sqrt{2\times9.8\times6.371\times10^6}\ \mathrm{m/s}=11.2\times10^3\ \mathrm{m/s}$$
$$\approx11.2\,\mathrm{km/s}.$$

这就是第二宇宙速度.

例 11 半径为 R（单位：m）的半球形水池，其中充满了水. 要把池内的水完全吸尽，需做多少功？

解 取坐标系如图 8-33 所示，球心在原点. 容易看出，图中的圆周方程为 $x^2+y^2=R^2$. 我们仍用微元法.

分割区间 $[-R,0]$，考虑任一份 $[x,x+\mathrm{d}x]$. 相应水层所受的重力近似等于以 $\overline{AB}$ 为底半径、以 $\mathrm{d}x$ 为高的薄圆柱形水层所受的重力，即

$$\gamma g(\pi\,\overline{AB}^2)\mathrm{d}x=\gamma g\pi y^2\mathrm{d}x=\gamma g\pi(R^2-x^2)\mathrm{d}x,$$

这里 γ 是水的密度，g 是重力加速度. 把这一层水柱吸出池面，经

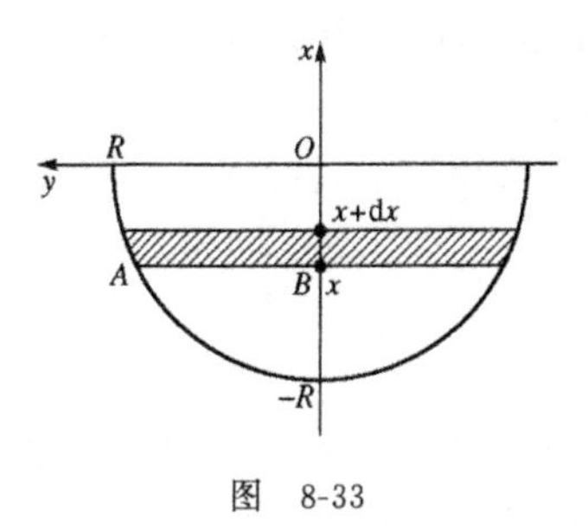

图 8-33

过的距离为$-x$，因此需做功

$$\begin{aligned}\mathrm{d}W&=g[\gamma\pi(R^2-x^2)\mathrm{d}x](-x)\\&=g\gamma\pi(x^3-R^2x)\mathrm{d}x.\end{aligned}$$

将上式从$-R$到0求定积分，得到

$$\begin{aligned}W&=\int_{-R}^{0}g\gamma\pi(x^3-R^2x)\mathrm{d}x\\&=\frac{\gamma g}{4}\pi R^4\\&=9.8\ \mathrm{m/s^2}\times\frac{\gamma}{4}\pi R^4\\&=2450\pi(R/\mathrm{m})^4\ \mathrm{J}.\end{aligned}$$

这就是把池内的水完全吸尽所需做的功.

3.5 交流电的平均功率，电流和电压的有效值

1. 交流电的平均功率

我们知道，在直流电路中，若电流为I，则电流通过电阻R所消耗的功率为

$$P=I^2R,$$

其中I,P都是常数. 对于交流电路来说，由于电流是时间的函数，即$i=i(t)$，因此功率$P=i^2(t)\cdot R$也是t的函数，它表示在时刻t的瞬时功率. 但是，对于我们使用电器来说，计算瞬时功率没有多大意义. 因为使用电器总有一段时间，所以需要计算在一段时间内

的平均功率.我们平常用的灯泡上所标明的“40 W”,“60 W”等字样,就表示平均功率.

平均功率等于交变电流 $i=i(t)$ 在一个周期内所做的功 W 被周期 T 除,即

$$\overline{P}=\frac{W}{T}.$$

由于 $i=i(t)$ 不是常数,因此它在一个周期区间 $[0,T]$ 内所做的功是一个不均匀分布的整体量,我们可以用微元法来计算它.

分割区间 $[0,T]$,考虑任一份 $[t,t+\mathrm{d}t]$.在这个小区间内,可近似认为电流不变,都是时刻 t 的电流值 $i(t)$,于是得到功的微元

$$\mathrm{d}W=\text{功率}\times\text{时间}=i^2(t)\cdot R\mathrm{d}t.$$

将上式从 0 到 T 求定积分,得到电流在一个周期内所做的功

$$W=\int_0^T i^2(t)\cdot R\mathrm{d}t,$$

于是平均功率为

$$\overline{P}=\frac{W}{T}=\frac{1}{T}\int_0^T i^2(t)\cdot R\mathrm{d}t. \tag{21}$$

由第七章关于积分平均值的定义 $\bar{y}=\frac{1}{b-a}\int_a^b f(x)\mathrm{d}x$ 知,平均功率 $\overline{P}$ 正是瞬时功率函数 $P=i^2(t)\cdot R$ 在一个周期区间 $[0,T]$ 上的积分平均值.

类似地,可以求电流和电压的平均值:

$$\overline{I}=\frac{1}{T}\int_0^T i(t)\mathrm{d}t, \tag{22}$$

$$\overline{U}=\frac{1}{T}\int_0^T u(t)\mathrm{d}t, \tag{23}$$

其中 $u(t)$ 是交变电流的电压函数.

2. 电流和电压的有效值

交变电流 $i=i(t)$ 的大小和方向是随时间变化的,但是一般电器上却标有确定的电流值,这是指电流的有效值.什么是电流的有效值呢?当电流 $i=i(t)$ 在一个周期内消耗在电阻 R 上的平均功率

等于某直流电 I 消耗在同一电阻 R 上的功率时，这个数值 I 就称为电流 $i(t)$ 的**有效值**. 容易推出，交流电流 $i(t)$ 的有效值为

$$I=\sqrt{\frac{1}{T}\int_0^T i^2(t)\mathrm{d}t}.$$

事实上，将(21)式与直流电的功率公式 $P=I^2R$ 相对照，得到

$$I^2=\frac{1}{T}\int_0^T i^2(t)\mathrm{d}t,$$

从而

$$I=\sqrt{\frac{1}{T}\int_0^T i^2(t)\mathrm{d}t}.$$

通常记作

$$I_{\text{有效}}=\sqrt{\frac{1}{T}\int_0^T i^2(t)\mathrm{d}t}. \tag{24}$$

对于交流电压 $u(t)=i(t)\cdot R$，其有效值有类似公式

$$U_{\text{有效}}=\sqrt{\frac{1}{T}\int_0^T u^2(t)\mathrm{d}t}. \tag{25}$$

在统计学上，称表达式 $\sqrt{\frac{1}{b-a}\int_a^b f^2(x)\mathrm{d}x}$ 为函数 $f(x)$ 在区间 $[a,b]$ 上的**均方根**. 由(24)及(25)式知，交流电的电流、电压的有效值是电流、电压在一个周期上的均方根.

例 12 设纯电阻电路中的正弦交流电的电流为

$$i=i(t)=I_m\sin\omega t,$$

其中 I_m 为电流的最大值(即峰值)，ω 为圆频率. 求平均功率 $\overline{P}$ 及电流的有效值 $I_{\text{有效}}$ 和电压的有效值 $U_{\text{有效}}$.

解 注意到周期 $T=2\pi/\omega$，即 $\omega T=2\pi$，于是由(21)式知

$$\begin{aligned}\overline{P}&=\frac{1}{T}\int_0^T i^2(t)\cdot R\mathrm{d}t=\frac{I_m^2R}{T}\int_0^T\sin^2\omega t\mathrm{d}t\\&=\frac{I_m^2R}{2T}\left[t-\frac{1}{2\omega}\sin 2\omega t\right]_0^T\\&=\frac{I_m^2R}{2T}\left[T-\frac{1}{2\omega}\sin 2\omega T\right]\end{aligned}$$

$$= \frac{I_m^2 R}{2T}\left[T - \frac{1}{2\omega}\sin 4\pi\right]$$

$$= \frac{I_m^2 R}{2} = \frac{I_m U_m}{2} \quad (U_m = I_m R).$$

这表明,纯电阻电路中,正弦交流电的平均功率等于电流峰值与电压峰值乘积的二分之一.

又由公式(24)知,正弦交流电的电流的有效值为

$$I_{有效} = \sqrt{\frac{1}{T}\int_0^T i^2(t)\mathrm{d}t} = \sqrt{\frac{I_m^2}{T}\int_0^T \sin^2\omega_t \mathrm{d}t}$$

$$= \sqrt{\frac{I_m^2}{2}} = \frac{I_m}{\sqrt{2}} \approx 0.707 I_m.$$

这就是说,正弦交流电的电流的有效值是电流峰值 I_m 的 $1/\sqrt{2}$,近似等于 I_m 的 0.707 倍.

同理,由公式(25)可以算出正弦交流电电压 $u(t)=i(t)\cdot R=I_m\sin\omega t\cdot R=U_m\sin\omega t$ $(U_m=I_m\cdot R)$的有效值

$$U_{有效} = \frac{U_m}{\sqrt{2}} \approx 0.707 U_m.$$

对于平常供照明用的交流电压 $u(t)=311\sin 100\pi t$ V 来说,电压有效值为

$$U_{有效} = \frac{311}{\sqrt{2}}\mathrm{V} \approx 220\,\mathrm{V}.$$

例 13 交流电压 $u=U_m\sin\omega t$ 经全波整流后,电压为 $u=U_m|\sin\omega t|$(图 8-34,图 8-35).求电压的平均值 $\overline{U}$ 和有效值 $U_{有效}$.

解 由公式(23)得到

$$\overline{U} = \frac{1}{T}\int_0^T u(t)\mathrm{d}t = \frac{\omega}{2\pi}\int_0^{\frac{2\pi}{\omega}} U_m|\sin\omega t|\mathrm{d}t$$

$$= \frac{\omega}{2\pi}\cdot 2\int_0^{\frac{\pi}{\omega}} U_m|\sin\omega t|\mathrm{d}t$$

$$= \frac{U_m \omega}{\pi} \int_0^{\frac{\pi}{\omega}} \sin \omega t \mathrm{d}t = \frac{2U_m}{\pi}.$$

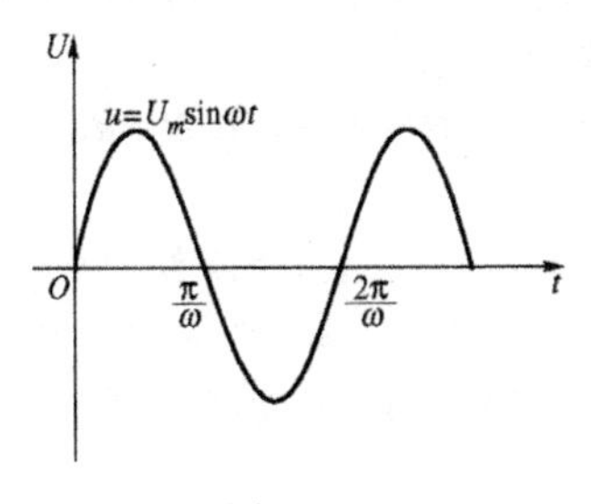

图 8-34

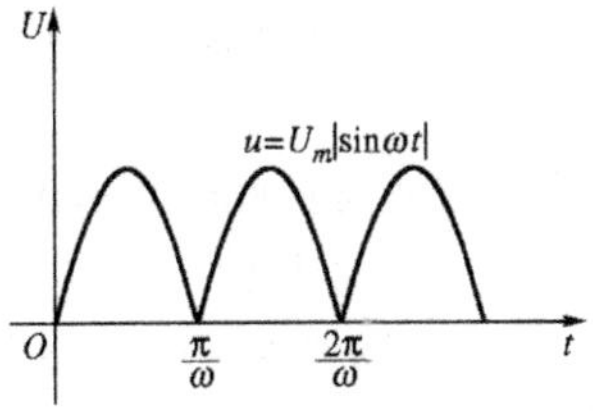

图 8-35

又由公式(25)知

$$U_{\text{有效}} = \sqrt{\frac{1}{T}\int_0^T u^2(t)\mathrm{d}t} = \sqrt{\frac{\omega}{2\pi}\int_0^{\frac{2\pi}{\omega}} U_m^2 \sin^2 \omega t \mathrm{d}t} = \frac{U_m}{\sqrt{2}}.$$

因此有
$$\overline{U} = \frac{2\sqrt{2}}{\pi} U_{\text{有效}} \approx 0.9 U_{\text{有效}}.$$

习 题 8.2

1. 今有一细棒，长度为 10 m，已知距左端点 x 米处的线密度是 $\rho(x) = (6+0.3x)$ kg/m. 求这个细棒的质量.

2. 某质点作直线运动，速度为

$$V = t^2 + \sin 3t,$$

求质点在时间间隔 T 内所经过的路程.

3. 求半径为 R 的均匀半圆的质心坐标.

4. 今有一半径为 R 的圆，考虑其上的一段弧 $\overset{\frown}{AB}$，以 s 表示弧 $\overset{\frown}{AB}$ 之长，以 h 表示弦 AB 之长. 试求圆弧 $\overset{\frown}{AB}$ 的质心.

5. 求星形线 $x^{\frac{2}{3}} + y^{\frac{2}{3}} = a^{\frac{2}{3}}$ 在第一、第二象限的弧之质心.

6. 求抛物线：$ax = y^2, ay = x^2$ $(a>0)$所围成的面积之质心.

7. 求摆线 $x = a(t-\sin t), y = a(1-\cos t)$ $(0 \leqslant t \leqslant 2\pi)$的第一拱与 Ox 轴所围成面积的质心坐标.

8. 有一均匀细杆，长为 l，质量为 M，计算细杆绕距离一端 $l/6$ 处的转动惯量.

9. 设有一均匀环形平板，面密度为 μ，内、外半径各为 r,R，求此环形平板对通过其中心而与平板垂直的 u 轴之转动惯量.

10. 设有一均匀圆盘，半径为 R，质量为 M. 求它对与盘边相切的 u 轴之转动惯量 I_u.

11. 设质点 A 的质量为 m，A 与 u 轴的距离是 r，A 以角速度 ω 绕 u 轴转动，质点 A 的转动动能为 $m(r\omega)^2/2$. 今有一边长为 a，质量为 m 的均匀方形板，它以角速度 ω 绕其一边旋转，求其转动惯量与转动动能(质点质量为 m，以线速度 v 绕某轴旋转的转动动能为 $mv^2/2$).

12. 有一均匀的圆锥形陀螺，质量为 m，底半径为 R，高为 h，试证明陀螺绕对称轴的转动惯量是 $I=\frac{3}{10}mR^2$.

13. 如果 10 N 的力能使弹簧伸长 1 cm，现在要使这弹簧伸长 10 cm，问弹簧力做功多少？外力做功多少？

(提示：利用胡克定律.)

14. 有一弹簧，原长 1 m，每压缩 1 cm 需力 0.05 N 重. 若从 80 cm 长压缩到 60 cm 长，问外力做功多少？

15. 有一横截面面积为 $S=20\ \mathrm{m}^2$，深为 5 m 的水池，装满了水，要把池中的水全部抽到高为 10 m 的水塔顶上去，要做多少功？

16. 半径为 R 的球沉入水中，与水面相切，球的密度与水相同，设为 $1\ \mathrm{kg/m^3}$. 问将球从水中捞出，需做多少功？(取重力加速度 $g=10\ \mathrm{m/s^2}$)

17. 有一长 l 的细杆，均匀带电，总电量为 Q. 在杆的延长线上，距 A 端为 r_0 处，有一单位正电荷. 求这单位正电荷所受的电场力. 如果此单位正电荷由距杆端 A 为 a 处移到距杆端 b 处，电场做的功是多少？

(提示：两带电小球，中心相距为 r，各带电荷 q_1 与 q_2，其相互作用力可由库仑定律 $F=k\frac{q_1q_2}{r^2}$ 计算，其中 k 为常数.)

18. 有一均匀细杆 AB，长为 l，质量为 M. 另有一质量为 m 的质点 C，位于过 A 点且垂直于细杆的直线上，$AC=h$. 试计算细杆对质点的引力.

19. 有一半径为 R 的均匀半圆弧，质量为 M，求它对位于圆心处单位质量的质点之引力.

20. 设有两均匀细杆，长度分别为 l_1,l_2，质量分别为 M_1,M_2，它们位于同

一条直线上,相邻两端点之距离为 a,试证此细杆之间的引力为

$$F=\frac{m_1m_2}{l_1l_2}G\ln\frac{(a+l_1)(a+l_2)}{a(a+l_1+l_2)}\quad (G\text{ 为引力常数}).$$

21. 一质点在阻力影响下作匀减速直线运动,速度每秒减少 2 m,若初速度为 25 m/s,问质点能走多远?

22. 水闸的门为矩形,宽 20 m,高 16 m,垂直立于水中,它的上沿与水平面相齐,求水对闸门的压力.

23. 垂直闸门的形状为等腰梯形,上底为 2 m,下底为 1 m,高 3 m,露出水面 1 m,求水对闸门的压力.

24. 有一椭圆形薄板,长半轴为 a,短半轴为 b,薄板垂直立于水中,而其短半轴与水平面相齐,求水对薄板的压力.

25. 设曲线 $y=f(x)$ 在 $[a,b]$ 上的曲边梯形($f(x)>0$)垂直立于水中,y 轴与水平面相齐,求水对曲边梯形的侧压力.

26. 求矩形脉冲电流 $i=\begin{cases}a, & \text{当 } 0\leqslant t<c,\\ 0, & \text{当 } c<t\leqslant T\end{cases}$ 的平均值及有效值.

27. 求周期为 T 的三角形波 $u=\begin{cases}h-\dfrac{2h}{T}t, & 0\leqslant t<\dfrac{T}{2},\\ \dfrac{2h}{T}t-h, & \dfrac{T}{2}\leqslant t\leqslant T\end{cases}$ 的平均值及有效值.

28. 交流电压 $u=U_m\sin\omega t$ 经半波整流后的电压在一个周期内的表达式为 $u=\begin{cases}U_m\sin\omega t, & 0\leqslant t\leqslant \pi/\omega,\\ 0, & \pi/\omega<t\leqslant 2\pi/\omega,\end{cases}$ 求半波整流电压的平均值.

29. 电阻电容串联电路接到电压为 $u=\sqrt{2}\,U_m\sin\omega t$ 的交流电源上,电路中电流为 $i=\sqrt{2}\,I_m\sin(\omega t+\varphi)$,求这电路消耗的平均功率.

30. 油类通过油管时,中间流速大,越靠近管壁流速越小. 实验确定,某处的流速 v 和该处到管子中心的距离 r 有关系式:$v=k(a^2-r^2)$,其中 k 为比例常数,a 为油管半径. 求通过油管的流量(即单位时间内通过油管的量).

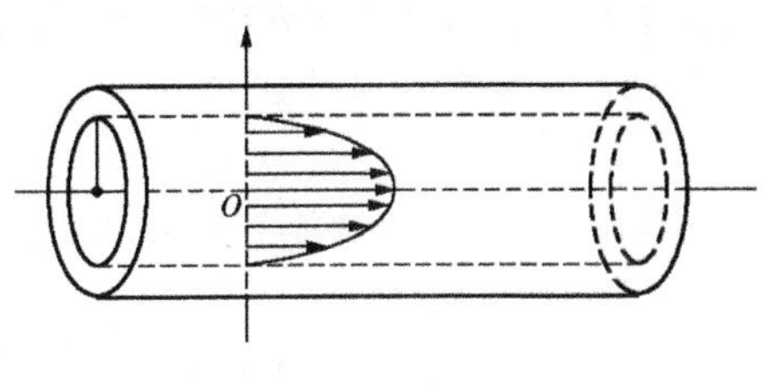

第 30 题图

附录一　实数的几个基本定理及其应用

下面我们讨论实数的几个常用的基本定理. 在引进无理数的概念后，我们可以把有理数域扩充到实数域. 如果引入实数的大小顺序和代数运算，这些定理都可以利用实数的定义及其性质加以证明. 这些定理是互相等价的，都反映实数空间是完备的这一特性. 我们并不准备在严格的基础上来建立实数理论，因为这样做比较复杂. 我们承认一个最本质的基本定理，然后以它作为基础来证明其他基本定理. 最后利用这些定理证明连续函数的性质.

§1　实数的几个基本定理

1.1　完备性定理

用极限定义证明一数列有极限，必须事先知道数列的极限值，但对有些数列来说，要做到这点很困难. 下面引进一个很重要的实数基本定理——完备性定理，利用它可以从数列本身来判断它是否收敛.

定义 1　设 x_n 是一数列，若对任给的正数 ε，都存在正整数 N，当 $n,m>N$ 时，总有

$$|x_n - x_m| < \varepsilon, \tag{1}$$

则称 x_n 为**基本列**或**柯西列**.

定义 1 还有另一常用的叙述方法. 在(1)式中不妨设 $m>n$，令 $m=n+p$，p 为自然数，因此，x_n 是基本列可表述为：对任意的 $\varepsilon>0$，若存在自然数 N，当 $n>N$ 时，p 为任意的正整数，都有

$$|x_{n+p} - x_n| < \varepsilon.$$

思考题　设 x_n 为一数列，数列 b_n 为无穷小，对任意的正整数 p，有不等式：

$$|x_{n+p} - x_n| \leqslant b_n \quad (n = 1,2,\cdots).$$

证明 x_n 是基本列.

定理 1(完备性定理) 任何一个基本列必有极限.

定理 1 称为实数的**完备性定理**,它的证明要用到实数的构造,我们就不证了.

注 定理 1 在有理数域上不成立. 事实上,令 $x_1=1.4, x_2=1.41, x_3=1.414, \cdots$,设 x_n 为小数点后有 n 位数的 $\sqrt{2}$ 的不足近似值,容易证明它是基本列,但它在有理数范围内是没有极限的.

定理 1 的逆定理 若数列 x_n 有极限,则它是基本列.

证 设 $\lim\limits_{n\to\infty}x_n=a$,则对每一个 $\varepsilon>0$,存在 N,当 $n>N$ 时,有

$$|x_n-a|<\varepsilon.$$

于是当 $n,m>N$ 时,

$$\begin{aligned}|x_n-x_m|&=|x_n-a-x_m+a|\\&\leqslant|x_n-a|+|x_m-a|\\&<\varepsilon+\varepsilon=2\varepsilon,\end{aligned}$$

即 x_n 是基本列. ▌

定理 1 与其逆定理说明,数列有极限的充要条件是它是基本列. 所以数列是基本列刻画了数列有极限的本质.

例 1 证明数列 $x_n=\frac{\sin 1}{2}+\frac{\sin 2}{2^2}+\cdots+\frac{\sin n}{2^n}$ 有极限.

证 由于 x_n 的极限不易看出来,我们证明它是基本列. 对任意的正整数 p,我们有

$$\begin{aligned}|x_{n+p}-x_n|&=\left|\frac{\sin(n+1)}{2^{n+1}}+\cdots+\frac{\sin(n+p)}{2^{n+p}}\right|\\&\leqslant\frac{1}{2^{n+1}}+\cdots+\frac{1}{2^{n+p}}=\frac{1}{2^n}\left(1-\frac{1}{2^p}\right)<\frac{1}{2^n}.\end{aligned}$$

显然 $\frac{1}{2^n}\to 0$,所以 x_n 是基本列,由完备性定理知它有极限. ▌

定理 1 的逆定理还说明,如果 x_n 不是基本列,则它一定没有极限. 而 x_n 不是基本列是说它不满足定义 1,即存在某个正数 ε_0,对任意的 N,当 $n>N$, $m>N$ 时,不等式

$$|x_n-x_m|<\varepsilon_0$$

不都成立. 就是说,对任意的正整数 N,都至少有一个 $n_0>N$,一个 $m_0>N$,使得

$$|x_{n_0}-x_{m_0}|\geqslant\varepsilon_0.$$

例 2 证明数列 $x_n=1+\frac{1}{2}+\frac{1}{3}+\cdots+\frac{1}{n}$ 没有极限.

证 注意到

$$\begin{aligned}|x_{2n}-x_n|&=\frac{1}{n+1}+\frac{1}{n+2}+\cdots+\frac{1}{2n}\\&>\frac{1}{2n}+\frac{1}{2n}+\cdots+\frac{1}{2n}=\frac{1}{2},\end{aligned}$$

于是取 $\varepsilon_0=1/2$,对任意的 N,取一个正整数 $n_0>N$,取 $m_0=2n_0$,我们有 $|x_{2n_0}-x_{n_0}|\geqslant 1/2$. 所以 x_n 不是基本列. 故 x_n 没有极限. ▎

1.2 确界存在定理

下面介绍上确界与下确界的概念.

设 E 是非空数集. 若存在常数 M,对任意的 $x\in E$ 都有 $x\leqslant M$(或 $x\geqslant M$),则称 M 是 E 的一个**上界**(或**下界**).

定义 2 非空数集 E 的最小上界 α 称为 E 的**上确界**,记作 $\alpha=\sup E$;非空数集 E 的最大下界 β 称为 E 的**下确界**,记作 $\beta=\inf E$.

例如:设 $E=(0,1]$, $\sup E=1$, $\inf E=0$. 这时,$1\in(0,1]$,我们称数集 $(0,1]$能达到上确界;而 $0\overline{\in}(0,1]$,则称数集$(0,1]$达不到下确界. 一般来说,若数集 E 有最大值(或最小值),则能达到上(下)确界. 否则达不到上(下)确界.

显然,若数 β 是数集 E 的上界,且比 β 小的任意数 $\beta-\varepsilon$ 都不是 E 的上界(即存在 $x\in E$,使得 $x>\beta-\varepsilon$,其中 ε 是任意正数),则 β 是 E 的最小上界. 反之亦对. 类似,若数 β 是数集 E 的下界,且比 β 大的任意数 $\beta+\varepsilon$ 都不是 E 的下界,则 β 是 E 的最大下界. 反之亦对. 因此可得到上(下)确界如下的等价定义.

定义 3 设 E 是非空数集,若数 β 满足条件:

(1) 任意的 $x\in E$,有 $x\leqslant\beta$(或 $x\geqslant\beta$);

(2) 对任意的 $\varepsilon>0$,存在 $x_0\in E$,使得

$$x_0>\beta-\varepsilon\ (\text{或 } x_0<\beta+\varepsilon),$$

则称 β 是 E 的上(或下)确界.

上、下确界有下列常用的性质.

性质 若 β 是数集 E 的上(或下)确界,则存在数列 $\{x_n\}\subset E$,使得

$$\lim_{n\to\infty} x_n = \beta.$$

证 下面证上确界的情形. 由定义 3, 取 $\varepsilon_n=\frac{1}{n}>0$, 应存在 $x_n\in E$, 使得 $\beta-\frac{1}{n}<x_n\leqslant\beta$ $(n=1,2,\cdots)$. 令 $n\to\infty$ 得 $x_n\to\beta$. ▍

定理 2(确界存在定理) 任何非空有上界的数集都有上确界.

证 设 E 是非空有上界的数集. 取 $a_1\in E$, b_1 是 E 的上界, 不妨设 $a_1<b_1$. 用闭区间 $[a_1,b_1]$ 的中点 c_1 分 $[a_1,b_1]$ 为两个闭区间, 当 c_1 是 E 的上界时, 记 $[a_1,c_1]=[a_2,b_2]$; 当 c_1 不是 E 的上界时, 记 $[c_1,b_1]=[a_2,b_2]$. 总之 $[a_2,b_2]$ 的右端点是 E 的上界, 且 $[a_2,b_2]$ 中总有 E 的点. 这样无限继续下去, 可得到一个包含一个的闭区间列 $[a_n,b_n]$. 容易证明 b_n 是基本列. 事实上, 对任意的正整数 p,

$$|b_{n+p}-b_n|\leqslant|b_n-a_n|=\frac{b_1-a_1}{2^{n-1}}\to 0\quad(n\to\infty).$$

由完备性定理知, 数列 b_n 有极限, 设它为 β. 显然 $\lim\limits_{n\to\infty}a_n=\beta$. 下面证明 $\beta=\sup E$.

由于 b_n 是 E 的上界, 因此对任意的 $x\in E$, 有 $x\leqslant b_n$, 令 $n\to\infty$ 得 $x\leqslant\beta$, 即 β 是 E 的上界. 若 μ 是 E 的任一上界, 由于 $[a_n,b_n]$ 中有 E 的点, 因此 $a_n\leqslant\mu$ $(n=1,2,\cdots)$. 令 $n\to\infty$ 得 $\beta\leqslant\mu$, 即 β 是 E 的最小上界. 于是 $\beta=\sup E$. ▍

推论 任意非空有下界的数集都有下确界.

证 设 F 是非空有下界 M 的数集, 即

$$M\leqslant x\quad(x\in F),\tag{2}$$

令 $E=\{-x\,|\,x\in F\}$. 由(2)式知 $-M\geqslant -x(x\in F)$. 即 $-M$ 是 E 的上界. 由定理 2 知 E 有上确界 β. 由定义 3 知

(1) 任意的 $x\in F$, 有 $-x\leqslant\beta$. 从而 $x\geqslant-\beta$ $(x\in F)$;

(2) 对任意的 $\varepsilon>0$, 存在 $x_0\in F$, 使得 $-x_0>\beta-\varepsilon$. 从而

$$x_0<-\beta+\varepsilon\ (x_0\in F),$$

因此 $-\beta=\inf F$. ▍

为方便起见, 若数集 E 无上界, 则有时称 E 的上确界为 $+\infty$, 若 E 无下界, 则称 E 的下确界为 $-\infty$.

设函数 f 在点集 A 上有定义, 则值域 $f(A)$ 的上、下确界有时记作:

$$\sup_{x\in A}f(x)\xlongequal{\text{def}}\sup\{f(x)\,|\,x\in A\}$$

与

$$\inf_{x\in A} f(x) \xlongequal{\text{def}} \inf\{f(x) \mid x \in A\}.$$

例 3 证明 $\inf\limits_{x\in A}[-f(x)] = -\sup\limits_{x\in A} f(x)$.

证 若 $f(x)$ 在 A 上无上界，则 $-f(x)$ 在 A 上无下界，显然结论成立. 若 $f(x)$ 在 A 上有上界，设 $\sup\limits_{x\in A} f(x) = \beta$. 于是

(1) $\forall\, x \in A, f(x) \leqslant \beta$，从而 $-f(x) \geqslant -\beta (x \in A)$；

(2) $\forall\, \varepsilon > 0$，存在 $x_0 \in A$，使得 $f(x_0) > \beta - \varepsilon$，从而

$$-f(x_0) < -\beta + \varepsilon \ (x_0 \in A),$$

即

$$\inf_{x\in A}[-f(x)] = -\beta = -\sup_{x\in A} f(x). \quad \blacksquare$$

1.3 单调有界数列必有极限

定理 3 单调上升且有上界的数列必有极限.

证 设 $\{x_n\}$ 是单调上升且有上界的数列，由定理 2 知，数集 $E = \{x_n \mid n = 1, 2, \cdots\}$ 必有上确界 β. 下面证明 $x_n \to \beta$.

由上确界定义知：

(1) $x_n \leqslant \beta \ (n = 1, 2, \cdots)$；

(2) 对任意给定的 $\varepsilon > 0$，存在 $x_N \in E$，使得 $\beta - \varepsilon < x_N$.

再由 $\{x_n\}$ 的单调上升性知，当 $n > N$ 时，有 $x_N \leqslant x_n$，从而有

$$\beta - \varepsilon < x_N \leqslant x_n \leqslant \beta < \beta + \varepsilon.$$

因此 $\lim\limits_{n\to\infty} x_n = \beta$. $\blacksquare$

1.4 区间套定理

定理 4(区间套定理) 设 $[a_n, b_n]$ 是一列一个包含一个的闭区间，即对任意的 n 有 $[a_{n+1}, b_{n+1}] \subset [a_n, b_n]$，且区间的长度 $b_n - a_n \to 0 \ (n \to \infty)$（这时 $[a_n, b_n]$ 称为**区间套**.），则存在惟一的实数 ξ 属于一切闭区间 $[a_n, b_n] \ (n = 1, 2, \cdots)$，且 $\lim\limits_{n\to\infty} a_n = \lim\limits_{n\to\infty} b_n = \xi$.

证 显然 $\{a_n\}$ 是单调上升且有上界的数列，由定理 3 知 a_n 有极限，设 $\lim\limits_{n\to\infty} a_n = \xi$. 对任意固定的 k，当 $n > k$ 时，显然有 $a_k \leqslant a_n \leqslant b_k$，令 $n \to \infty$ 得

$$a_k \leqslant \xi \leqslant b_k \quad (k = 1, 2, \cdots), \tag{3}$$

即

$$\xi \in [a_k, b_k] \quad (k = 1, 2, \cdots).$$

若还有实数 $\eta \in [a_k, b_k]$ $(k=1,2,\cdots)$. 显然

$$|\xi - \eta| \leqslant b_k - a_k \to 0 \quad (k \to \infty).$$

因此 $|\xi - \eta| = 0$,即 $\xi = \eta$. 这就是说,属于一切闭区间的实数是惟一的.

由(3)式得

$$|b_k - \xi| \leqslant b_k - a_k \to 0 \quad (k \to \infty).$$

因此 $\lim\limits_{k\to\infty} b_k = \xi$. ▍

区间套定理说明,任意一个区间套一定能套住一个实数. 它比较直观地说明实数充满了数轴,也比较直观地说明实数在数轴上是连续的.

例 4 设 $a_0 > 0, b_0 > 0, a_{n+1} = \sqrt{a_n b_n}, b_{n+1} = \dfrac{a_n + b_n}{2}$ $(n=1,2,\cdots)$,证明 $\lim\limits_{n\to\infty} a_n$ 与 $\lim\limits_{n\to\infty} b_n$ 存在且相等.

证 若 $a_0 = b_0$,显然 $\lim\limits_{n\to\infty} a_n = \lim\limits_{n\to\infty} b_n = a_0$. 不妨设 $a_0 < b_0$. 由于 $b_1^2 - a_1^2 = \left(\dfrac{b_0 - a_0}{2}\right)^2 > 0$,可知 $b_1 > a_1$,由归纳法易知 $b_n \geqslant a_n$ $(n=1,2,\cdots)$. 显然 $a_n < a_{n+1}, b_{n+1} < b_n$,于是有

$$a_n < a_{n+1} < b_{n+1} < b_n,$$

而

$$b_{n+1} - a_{n+1} < b_{n+1} - a_n = \frac{1}{2}(b_n - a_n) < \frac{1}{2^2}(b_{n-1} - a_{n-1}) < \cdots$$

$$< \frac{1}{2^n}(b_1 - a_1) \to 0 \ (n \to \infty),$$

因此 $[a_n, b_n]$ 是区间套. 由区间套定理知,存在惟一的实数 ξ,使得

$$\lim_{n\to\infty} a_n = \lim_{n\to\infty} b_n = \xi. \quad ▍$$

1.5 外尔斯特拉斯定理

下面的定理由德国数学家外尔斯特拉斯(Weierstrass)首先得到,被称为外尔斯特拉斯定理.

定理 5(外尔斯特拉斯定理) 有界数列必有收敛子列.

证 设 $\{x_n\}$ 为有界数列,即存在闭区间 $[a_1, b_1]$,使得 $x_n \in [a_1, b_1]$ $(n=1,$

2,…).在此区间中任取 x_n 中的一项,记为 x_{n_1};用$[a_1,b_1]$的中点 c_1 把它分为两个闭区间$[a_1,c_1]$与$[c_1,b_1]$,显然这两个小闭区间中必有一个包含数列 x_n 中的无穷多项,此小闭区间记作$[a_2,b_2]$,取 x_{n_1}后的一项 $x_{n_2}\in[a_2,b_2]$;再用区间$[a_2,b_2]$的中点把它分为两个小闭区间,显然仍有一个包含 x_n 中的无穷多项,此小闭区间记为$[a_3,b_3]$,取 x_{n_2}后的一项 $x_{n_3}\in[a_3,b_3]$;这样无限继续下去,可得到一个区间套$[a_k,b_k]$和$\{x_n\}$的一个子列$\{x_{n_k}\}$,且

$$x_{n_k}\in[a_k,b_k]\quad(k=1,2,\cdots).\tag{4}$$

由区间套定理知,存在惟一的实数

$$\xi\in[a_k,b_k]\quad(k=1,2,\cdots).\tag{5}$$

由(4)、(5)式得 $\lim\limits_{k\to\infty}x_{n_k}=\xi$. ▍

思考题 设 $x_n\to A\ (n\to\infty)$.证明$\{x_n\}$的任一子列$\{x_{n_k}\}$也收敛于 A.

例 5 证明数列$\{\cos n\}$没有极限.

证 假定它有极限,设 $\cos n\to a$,考查恒等式

$$\cos 2n=2\cos^2 n-1,$$

令 $n\to\infty$得 $a=2a^2-1$,显然 $a\neq 0$.再考查恒等式

$$\cos(n+1)+\cos(n-1)=2\cos n\cos 1,$$

令 $n\to\infty$得 $2a=2a\cos 1$,从而 $\cos 1=1$,矛盾.从而$\{\cos n\}$没有极限. ▍

说明 二维点列$\{(x_n,y_n)\}$有界是指:点(x_n,y_n)到原点$(0,0)$的距离有界.即存在正数 M,使得

$$\sqrt{x_n^2+y_n^2}\leqslant M\quad(n=1,2,\cdots).$$

点列$\{(x_n,y_n)\}$收敛到点(x_0,y_0)是指:

$$\sqrt{(x_n-x_0)^2+(y_n-y_0)^2}\to 0\quad(n\to\infty).$$

二维外尔斯特拉斯定理 二维有界点列必有收敛子列.

证 设点列$\{(x_n,y_n)\}$有界,显然数列 x_n 与 y_n 都有界.于是存在子列 $x_{n_k}\to x_0$,由 y_{n_k}的有界性知,存在 y_{n_k}的子列 $y_{n_{k,i}}\to y_0$.显然亦有 $x_{n_{k,i}}\to x_0$.即当 $i\to\infty$时,有

$$x_{n_{k,i}}\to x_0,\quad y_{n_{k,i}}\to y_0,$$

因此 $$\sqrt{(x_{n_{k,i}}-x_0)^2+(y_{n_{k,i}}-y_0)^2}\to 0\quad(i\to\infty).$$

即$\{(x_n,y_n)\}$的子列$\{x_{n_{k,i}},y_{n_{k,i}})\}$收敛到$(x_0,y_0)$. ▍

§2 连续函数性质的证明

在第二章§10中，我们引进了连续函数的几个重要性质，那时并没有证明，只有讲了实数的基本定理后，它们才能证明，现在补证.

定理1 若函数 $f(x)$ 在闭区间 $[a,b]$ 上连续，且 $f(a)$ 与 $f(b)$ 异号，则在 (a,b) 内至少存在一点 ξ，使得

$$f(\xi)=0 \quad (a<\xi<b).$$

证 不妨设 $f(b)>0, f(a)<0$. 我们首先假设 $f(x)$ 在闭区间 $[a,b]$ 的每一点上都不为零，然后设法找出矛盾. 一个区间叫做正则①的，如果函数 $f(x)$ 在其右端点的函数值大于零，在左端点小于零. 用 $[a,b]$ 的中点 x_0 分区间 $[a,b]$ 为两个闭区间，由于 $f(x_0)\neq 0$，所以它们中一定有一个仍是正则的，把它记作 Δ_1，再用 Δ_1 的中点分它为两个闭区间，仍有一个是正则的，这样继续下去，可得到一串闭区间 Δ_n $(n=1,2,\cdots)$，它们都是正则的，并且构成区间套. 由区间套定理知，存在惟一的 ξ 属于一切 Δ_n，且 Δ_n 的左、右端点 a_n, b_n 有：$\lim\limits_{n\to\infty}a_n=\lim\limits_{n\to\infty}b_n=\xi$. 由于 $f(x)$ 在 ξ 点连续，所以

$$\lim_{n\to\infty}f(a_n)=f(\xi), \quad \lim_{n\to\infty}f(b_n)=f(\xi).$$

因为 $f(b_n)>0$，从而 $\lim\limits_{n\to\infty}f(b_n)\geqslant 0$，即 $f(\xi)\geqslant 0$. 又因 $f(a_n)<0$，从而 $\lim\limits_{n\to\infty}f(a_n)\leqslant 0$，即 $f(\xi)\leqslant 0$. 所以 $f(\xi)=0$，这就产生了矛盾. 矛盾说明，在区间 $[a,b]$ 上有一点 ξ，使得 $f(\xi)=0$. 显然 $\xi\neq a,b$，所以 $a<\xi<b$. ▌

定理2 若函数 $f(x)$ 在闭区间 $[a,b]$ 上连续，则 $f(x)$ 在 $[a,b]$ 上一定有最大值和最小值，即至少存在两点 $\xi,\eta\in[a,b]$，使得

$$f(\xi)\leqslant f(x)\leqslant f(\eta), \quad \forall\, x\in[a,b].$$

证 我们首先证明 $f(x)$ 在 $[a,b]$ 上有上界. 若不然，如果 $f(x)$ 在 $[a,b]$ 上无上界，则对任意的正整数 n，存在 $x_n\in[a,b]$，使得

$$f(x_n)\geqslant n \quad (n=1,2,\cdots),$$

因此

$$\lim_{n\to\infty}f(x_n)=\infty. \tag{6}$$

---

① 具有某种特性的区间称为是正则区间，这里的正则含义与其代表的性质有关，性质不同，正则的含义也不同.

由于 x_n 是有界数列，由外尔斯特拉斯定理知，存在子列 x_{n_k} 收敛，设 $\lim\limits_{k\to\infty}x_{n_k}=\beta$，显然 $\beta\in[a,b]$. 由于 $f(x)$ 在 β 点连续，所以有

$$\lim_{k\to\infty}f(x_{n_k})=f(\beta).$$

它与(6)式矛盾. 因此 $f(x)$ 在 $[a,b]$ 上有上界. 由确界存在定理知，$f(x)$ 在 $[a,b]$ 上有上确界 μ. 下面证明 $f(x)$ 在 $[a,b]$ 上能达到上确界.

由确界的性质知，存在 $x_n\in[a,b]$，使得

$$\lim_{n\to\infty}f(x_n)=\mu.$$

由于 x_n 有界，因而存在 x_n 的子列 $x_{n_k}\to\eta\ (k\to\infty)$，显然 $\eta\in[a,b]$. 因 $f(x)$ 在 η 点连续，所以

$$\lim_{k\to\infty}f(x_{n_k})=f(\eta),$$

而 $\lim\limits_{k\to\infty}f(x_{n_k})=\mu$，从而 $f(\eta)=\mu$，即

$$f(x)\leqslant f(\eta)\quad(a\leqslant x\leqslant b).$$

下面证明 $f(x)$ 在 $[a,b]$ 上有最小值.

令 $F(x)=-f(x)$，显然 $F(x)$ 也在 $[a,b]$ 上连续，由上面的证明知，$F(x)$ 在 $[a,b]$ 上有最大值，即存在 $\xi\in[a,b]$，使得

$$F(\xi)\geqslant F(x)\quad(a\leqslant x\leqslant b),$$

即

$$-f(\xi)\geqslant -f(x),$$

亦即

$$f(\xi)\leqslant f(x)\quad(a\leqslant x\leqslant b).$$ ▌

定理 3 若函数 $f(x)$ 在闭区间 $[a,b]$ 上连续，则 $f(x)$ 在 $[a,b]$ 上一致连续.

证 用反证法证. 假定 $f(x)$ 在 $[a,b]$ 上不一致连续，则存在某个正数 ε_0，对任意的 $\delta>0$，都相应有两点 $x_1,x_2\in[a,b]$，使得 $|x_1-x_2|<\delta$，但

$$|f(x_1)-f(x_2)|\geqslant\varepsilon_0.$$

现在取 $\delta_n=1/n$，相应有两串点 $x_n',x_n''\in[a,b]$，使得 $|x_n'-x_n''|<1/n$，且

$$|f(x_n')-f(x_n'')|\geqslant\varepsilon_0. \tag{7}$$

因 x_n' 有界，故有子列 $x_{n_k}'\to x_0$. 显然 $x_{n_k}''\to x_0$，且 $x_0\in[a,b]$. 由(7)式知

$$|f(x_{n_k}')-f(x_{n_k}'')|\geqslant\varepsilon_0.$$

令 $k\to\infty$ 得

$$|f(x_0)-f(x_0)|\geqslant\varepsilon_0.$$

矛盾. 因此 $f(x)$ 在 $[a,b]$ 上一致连续. ▌

习　　题

1. 称 $f(x)$ 在 $x\to+\infty$ 时满足柯西准则，若任给 $\varepsilon>0$，存在 $X>0$，当 $x'>X, x''>X$ 时，恒有 $|f(x')-f(x'')|<\varepsilon$. 证明极限 $\lim\limits_{x\to+\infty} f(x)$ 存在的充要条件是 $f(x)$ 在 $x\to+\infty$ 时满足柯西准则.

(提示：证充分性时，可先证数列 $f(n)$ 有极限，然后证 $f(x)$ 的极限与它相等.)

2. 称 $f(x)$ 在 $x\to x_0+0$ 时满足柯西准则，若任给 $\varepsilon>0$，存在 $\delta>0$，当 $x_0<x_1<x_0+\delta, x_0<x_2<x_0+\delta$ 时，总有

$$|f(x_1)-f(x_2)|<\varepsilon.$$

证明极限 $\lim\limits_{x\to x_0+0} f(x)$ 存在的充要条件是 $f(x)$ 在 $x\to x_0+0$ 时满足柯西准则.(证充分性时，可先证数列 $f(x_0+1/n)$ 有极限.)

3. 类似引进 $f(x)$ 在 $x\to x_0$ 时满足柯西准则的概念. 证明极限 $\lim\limits_{x\to x_0} f(x)$ 存在的充要条件是 $f(x)$ 在 $x\to x_0$ 时满足柯西准则.

4. 写出极限 $\lim\limits_{x\to x_0-0} f(x)$ 存在的充要条件.

5. 写出极限 $\lim\limits_{x\to\infty} f(x)$ 存在的充要条件.

6. 设 $|q|<1$，数列 a_k 有界. 证明数列

$$x_n=a_1+a_2q+a_3q^2+\cdots+a_{n+1}q^n$$

收敛.

7. 求下列数集的上、下确界：

(1) $E=\left\{(-1)^n\dfrac{1}{n}\,\middle|\,n=1,2,\cdots\right\}$;

(2) $E=\left\{\dfrac{n+1}{n}[1+(-1)^n]\,\middle|\,n=1,2,\cdots\right\}$;

(3) $E=\{x\,|\,x$ 为 $(0,1)$ 中的有理数$\}$;

(4) $E=\{x\,|\,x$ 为 $(0,1)$ 中的无理数$\}$;

(5) $E=\{(-1)^n n\,|\,n=1,2,\cdots\}$.

8. 设 $f(x)$ 在 E 上有定义，若 $D\subset E$，证明：

$$\sup_{x\in D} f(x)\leqslant\sup_{x\in E} f(x),\quad \inf_{x\in D} f(x)\geqslant\inf_{x\in E} f(x).$$

9. 设 $f(x), g(x)$ 在 D 上有定义，且 $f(x)\leqslant g(x)\ (x\in D)$. 证明：

$$\sup_{x\in D} f(x)\leqslant\sup_{x\in D} g(x),\quad \inf_{x\in D} f(x)\leqslant\inf_{x\in D} g(x).$$

10. 证明

$$\sup_{x\in A}[f(x)+\beta]=\sup_{x\in A}f(x)+\beta,$$

$$\inf_{x\in A}[f(x)+\beta]=\inf_{x\in A}f(x)+\beta,$$

其中 β 为常数.

11. 证明 $\sup\limits_{x\in A}[-f(x)]=-\inf\limits_{x\in A}f(x)$.

12. 设数列 x_n 单调,证明 x_n 收敛到 A 的充要条件是存在 x_n 的一个子列 x_{n_k} 收敛到 A.

13. 若 $f(x)$ 在 $[a,+\infty)$ 上单调上升且有上界,证明极限 $\lim\limits_{x\to+\infty}f(x)$ 存在.

14. 设 $f(x)$ 在 (a,b) 上单调,证明对任意的 $x_0\in(a,b)$,单侧极限 $f(x_0+0)$,$f(x_0-0)$ 分别存在,从而可知在区间上单调的函数没有第二类间断点.

15. 证明数列 $x_n=1-\frac{1}{2}+\frac{1}{3}+\cdots+(-1)^{n+1}\frac{1}{n}$ 收敛.

(提示:先证数列 x_{2n} 收敛,再证 $\lim\limits_{n\to\infty}x_{2n+1}=\lim\limits_{n\to\infty}x_{2n}$.)

16. 将区间套定理的条件中闭区间列 $[a_n,b_n]$ 改为开区间列 (a_n,b_n),并仍有 $(a_n,b_n)\supset(a_{n+1},b_{n+1})$ $(n=1,2,\cdots)$,且 $b_n-a_n\to0$. 是否存在一点 $\xi\in(a_n,b_n)$ $(n=1,2,\cdots)$? 如不对,举一反例.

17. 令 $\Delta_n=[n,+\infty)$ $(n=1,2,\cdots)$,显然 $\Delta_{n+1}\subset\Delta_n$,证明不存在一点 $c\in\Delta_n(n=1,2,\cdots)$.

18. 找出数列 $x_n=\cos\frac{n\pi}{2}$ 的收敛子列.

19. 设数列 $\{a_n\}$ 有界. 证明 $\{a_n\}$ 不收敛的充要条件是:存在两个收敛子列 a'_{n_k} 与 a''_{n_k},使得 $a'_{n_k}\to a'$,$a''_{n_k}\to a''$,且 $a'\neq a''$.

附录二　函数可积性的讨论

在第七章，我们讨论了定积分的概念和计算方法. 如果要应用牛顿-莱布尼兹公式计算积分，首先被积函数应是可积的，当时引进了三类可积函数，但是它们为什么可积以及有些积分性质为什么成立，那时并没有证明. 一般来说，对非数学系学生来说，这些问题不是很重要的，但为了满足物理类某些专业的要求，我们仍给以补充讨论.

为了引出函数可积的充要条件，我们首先讨论函数对于区间分法的大和与小和.

§1　大和与小和

假定 $f(x)$是在区间$[a,b]$上的有界函数，T 是由分点

$$a = x_0 < x_1 < x_2 < \cdots < x_n = b$$

确定的分法，区间$[x_{k-1},x_k]$与它的长度均记作 Δ_k，设 M_k 与 m_k 分别是函数 $f(x)$在 Δ_k 上的上、下确界. 我们作和数

$$S(T) = \sum_{k=1}^{n} M_k\Delta_k, \quad s(T) = \sum_{k=1}^{n} m_k\Delta_k.$$

显然，取定了分法 T 之后，这两个和数就都惟一确定了. 我们分别称 $S(T)$与 $s(T)$为函数 $f(x)$对于分法 T 的**大和与小和**.

大和 $S(T)$与小和 $s(T)$有下列性质：

(1) 对 Δ_k 上任意的 ξ_k，我们都有：$m_k \leqslant f(\xi_k) \leqslant M_k$，所以

$$s(T) = \sum_{k=1}^{n} m_k\Delta_k \leqslant \sum_{k=1}^{n} f(\xi_k)\Delta_k \leqslant \sum_{k=1}^{n} M_k\Delta_k = S(T).$$

这就是说，**对于固定的分法 T，任何一个积分和都介于对应的小和与大和之间.**

(2) 由于 M_k 是 $f(x)$在 Δ_k 上的上确界，因而对任给 $\varepsilon>0$，存在 ξ_k，使得 $f(\xi_k) > M_k - \dfrac{\varepsilon}{b-a}$，从而

$$\sum_{k=1}^{n} f(\xi_k)\Delta_k > \sum_{k=1}^{n} M_k\Delta_k - \frac{\varepsilon}{b-a}\sum_{k=1}^{n}\Delta_k = S(T) - \varepsilon.$$

另一方面,对任意的积分和,有

$$\sum_{k=1}^{n} f(\xi_k)\Delta_k \leqslant S(T).$$

这就是说,**大和 $S(T)$ 是对应于分法 T 的全部积分和 $\Sigma(T)$ 之上确界**,即

$$S(T) = \sup\{\Sigma(T)\}.$$

同理,**小和 $s(T)$ 是对应于分法 T 的全部积分和之下确界**,即

$$s(T)=\inf\{\Sigma(T)\}.$$

(3) 设分法 T_1 是分法 T 增加一个分点而得,它使分法 T 的区间 Δ_k 变成 Δ_k',Δ_k'' 两个区间,令 M_k' 与 m_k' 是 $f(x)$ 在 Δ_k' 上的上、下确界, M_k'' 与 m_k'' 是 $f(x)$ 在 Δ_k'' 上的上、下确界,由于 M_k 与 m_k 是 $f(x)$ 在 Δ_k 上的上、下确界,因而有

$$m_k \leqslant m_k',\ m_k \leqslant m_k'';\quad M_k' \leqslant M_k,\ M_k'' \leqslant M_k.$$

从而得

$$m_k\Delta_k = m_k(\Delta_k' + \Delta_k'') \leqslant m_k'\Delta_k' + m_k''\Delta_k'', \tag{1}$$

$$M_k'\Delta_k' + M_k''\Delta_k'' \leqslant M_k(\Delta_k' + \Delta_k'') = M_k\Delta_k, \tag{2}$$

而两个分法 T 与 T_1 在其他小区间上的下、上确界都一样,由(1),(2)式,可得

$$s(T) \leqslant s(T_1) \leqslant S(T_1) \leqslant S(T). \tag{3}$$

这就是说,当分法 T 增加了一个分点后,小和变大,大和变小. 如果分法 T 中增加有限个分点得分法 T',T' 可看成由 T 经有限次增加一个分点而得,每次增加一个分点都有公式(3)的性质,从而,对 T' 也有性质

$$s(T) \leqslant s(T') \leqslant S(T') \leqslant S(T). \tag{4}$$

设 T 与 T' 是任意的两个分法. 我们把 T' 的分点都插入 T 所得的分法记作 $T+T'$,由(4)式我们有

$$s(T) \leqslant s(T + T') \leqslant S(T + T') \leqslant S(T').$$

这就是说,**任意一个分法 T 的小和都不超过任意一个分法 T' 的大和**.

(4) 由(3)容易看出,所有小和组成的集合有上界,因而有上确界,记作 I_0,称为 $f(x)$ 在 $[a,b]$ 上的**下积分**;同样,所有**大和**组成的集合有下界,因而有下确界,记作 I^0,称为 $f(x)$ 在 $[a,b]$ 上的**上积分**. 由 $s(T)\leqslant S(T')$ 可得

$$I_0 \leqslant I^0.$$

这就是说，**有界函数在闭区间的下积分总不超过上积分**.

§2 函数可积的判别准则

定理 1 函数 $f(x)$ 在 $[a,b]$ 上可积的充要条件是

$$\lim_{\lambda(T)\to 0}[S(T)-s(T)]=0, \tag{5}$$

其中 $\lambda(T)$ 是分法 T 的最大的小区间的长度.

注 函数 $f(x)$ 在区间 Δ_k 上的上、下确界之差"$\omega_k=M_k-m_k$"称为函数 $f(x)$ 在 Δ_k 上的**振幅**. 由 $S(T)$ 与 $s(T)$ 的定义，(5)式可以写成

$$\lim_{\lambda(T)\to 0}\sum_{k=1}^{n}\omega_k\Delta_k=0.$$

证 必要性 假定 $f(x)$ 在 $[a,b]$ 上可积，设积分值为 I. 因而 $\forall\ \varepsilon>0$，$\exists\ \delta>0$，当 $\lambda(T)<\delta$ 时，对分法 T 的任一积分和 $\Sigma(T)$，有

$$I-\varepsilon<\Sigma(T)<I+\varepsilon,$$

因为 $S(T)=\sup\{\Sigma(T)\}$，$s(T)=\inf\{\Sigma(T)\}$；因而也有

$$I-\varepsilon\leqslant S(T)\leqslant I+\varepsilon,\quad I-\varepsilon\leqslant s(T)\leqslant I+\varepsilon;$$

所以，当 $\lambda(T)<\delta$ 时，有

$$\begin{aligned}|S(T)-s(T)|&\leqslant I+\varepsilon-(I-\varepsilon)\\&=2\varepsilon.\end{aligned}$$

这就证明了 $\lim\limits_{\lambda(T)\to 0}[S(T)-s(T)]=0$.

充分性 由条件知，对 $\forall\ \varepsilon>0$，$\exists\ \delta>0$，当 $\lambda(T)<\delta$ 时，有

$$|S(T)-s(T)|<\varepsilon.$$

由于

$$s(T)\leqslant I_0\leqslant I^0\leqslant S(T),$$

而只要 $\lambda(T)$ 足够小时，$S(T)-s(T)$ 可以任意小，所以 $I_0=I^0$，把它记作 I. 于是对任意的分法 T，有

$$s(T)\leqslant I\leqslant S(T).$$

又因为 $s(T)\leqslant\Sigma(T)\leqslant S(T)$，所以，当 $\lambda(T)<\delta$ 时，有

$$|\Sigma(T)-I|\leqslant S(T)-s(T)<\varepsilon.$$

这就证明了 $f(x)$ 在 $[a,b]$ 上可积. ▌

定理 1 说明，函数 $f(x)$ 在 $[a,b]$ 上可积的充要条件是

$$\lim_{\lambda(T)\to 0}\sum_{k=1}^{n}\omega_i\Delta_i=0.$$

在几何上它表示：对于任意的分割 T，当 T 的最大小区间的长 $\lambda(T)$ 充分小时，在小区间 $[x_{i-1},x_i]$ 上我们分别用以 $\omega_i=M_i-m_i$ 为高，以 Δ_i 为长的矩形来盖住曲线 $y=f(x)$（图 1），如果这些小矩形面积之和能任意小，那么函数 $f(x)$ 在 $[a,b]$ 上可积.

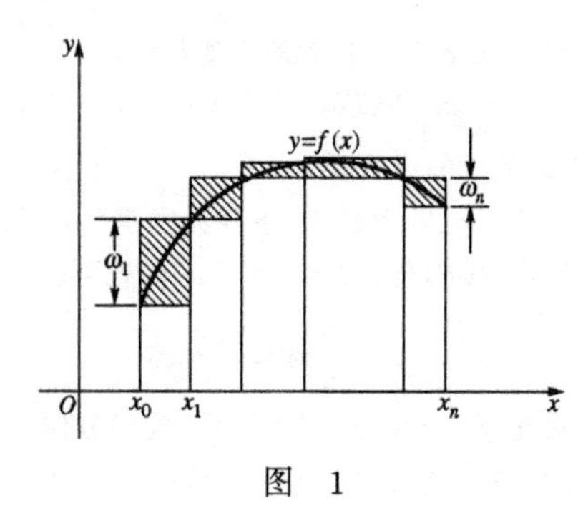

图 1

定理 2（达布定理） 设 $f(x)$ 在 $[a,b]$ 上有界，则对 $[a,b]$ 的任意分割 T，有

(1) $\lim\limits_{\lambda(T)\to 0} s(T)=I_0$；

(2) $\lim\limits_{\lambda(T)\to 0} S(T)=I^0$.

证 (1) 设 M,m 分别为 $f(x)$ 在 $[a,b]$ 上的上、下确界. 由 I_0 的定义知，$\forall\ \varepsilon>0$，$\exists$ 分割 T^*，使得

$$I_0-\frac{\varepsilon}{2}<s(T^*)\leqslant I_0.$$

设 T^* 有 n 个分点，我们取正数 δ，使得

$$n\delta(M-m)<\frac{\varepsilon}{2}.$$

对 $[a,b]$ 的任意分割 T，且相应的 $\lambda(T)<\delta$，记 T' 为把 T^* 的分点插入 T 后得到的分割. 如果分割 T 的小区间 $[x_{k-1},x_k]$ 中增加了 T^* 的若干分点 $x_k^1,x_k^2,\cdots,x_k^l$. 设 $f(x)$ 在 $[x_{k-1},x_k]$ 中依次的子区间上的下确界为 m_k^i $(i=1,2,\cdots,l+1)$. 于是，对分割 T' 的小和在 $[x_{k-1},x_k]$ 中的诸项与 T 的这一项之差为

$$\begin{aligned}0\leqslant\ & m_k^1(x_k^1-x_{k-1})+m_k^2(x_k^2-x_k^1)+\cdots\\&+m_k^{l+1}(x_k-x_k^l)-m_k(x_k-x_{k-1})\\\leqslant\ & M(x_k^1-x_{k-1})+M(x_k^2-x_k^1)+\cdots\end{aligned}$$

$$+M(x_k-x_k^l)-m(x_k-x_{k-1})$$
$$=(M-m)(x_k-x_{k-1})<(M-m)\delta.$$

由于这种区间$[x_{k-1},x_k]$最多有 n 个,从而

$$0\leqslant s(T')-s(T)<n\delta(M-m)<\varepsilon/2,$$

显然 $s(T^*)\leqslant s(T')\leqslant I_0$, 所以

$$|I_0-s(T)|=I_0-s(T)=I_0-s(T')+s(T')-s(T)$$
$$\leqslant I_0-s(T^*)+s(T')-s(T)$$
$$<\frac{\varepsilon}{2}+\frac{\varepsilon}{2}=\varepsilon.$$

类似可证(2). ▌

达布定理是说,有界函数的小和之极限为下积分;大和之极限为上积分.

由定理 1 与 2 立即可得到

定理 3 函数 $f(x)$在$[a,b]$上可积的充要条件是 $I_0=I^0$.

定理 4 函数 $f(x)$在$[a,b]$上可积的充要条件是: 任给 $\varepsilon>0$,存在$[a,b]$的一个分割 T,使得 $S(T)-s(T)<\varepsilon$.

证 必要性是显然的. 下面证充分性. 由于

$$s(T)\leqslant I_0\leqslant I^0\leqslant S(T),$$

所以$|I^0-I_0|\leqslant S(T)-s(T)<\varepsilon$,因此 $I_0=I^0$,故 $f(x)$在$[a,b]$上可积(记作 $f\in R[a,b]$). ▌

§3 函数可积性的讨论

定理 1 若 $f\in R[a,b]$,则$|f(x)|\in R[a,b]$.

证 设 T 是$[a,b]$的任一分割,令 M_k 与 m_k,M_k' 与 m_k' 分别是 $f(x)$,$|f(x)|$在 Δ_k 上的上、下确界,设 ω_k 与 ω_k' 为相应的振幅. 由确界的性质知,存在 $x_n,x_n'\in\Delta_k$,使得$|f(x_n)|\to M_k'$,$|f(x_n')|\to m_k'$. 所以

$$\lim_{n\to\infty}[|f(x_n)|-|f(x_n')|]=M_k'-m_k'=\omega_k',$$

显然有 $|f(x_n)|-|f(x_n')|\leqslant|f(x_n)-f(x_n')|\leqslant\omega_k$. 令 $n\to\infty$得

$$\omega_k'\leqslant\omega_k.$$

由于$\sum_k\omega_k\Delta_k$ 可任意小,可得$\sum_k\omega_k'\Delta_k$ 任意小. 所以$|f(x)|\in R[a,b]$. ▌

定理 2 若 $f,g\in R[a,b]$,则 $f(x)\cdot g(x)$ 在 $[a,b]$ 上可积.

证 由条件知 $f(x),g(x)$ 在 $[a,b]$ 上都有界,不妨设当 $x\in[a,b]$ 时,$|f(x)|\leqslant M$,$|g(x)|\leqslant M$. 设 T 是 $[a,b]$ 的任一分割,$\omega_k,\omega_k',\omega_k^*$ 分别是 $f(x),g(x),f(x)\cdot g(x)$ 在 Δ_k 上的振幅,显然

$$\omega_k=\sup_{\substack{x_k\in\Delta_k\\ x_k'\in\Delta_k}}\{f(x_k)-f(x_k')\}=\sup_{\substack{x_k\in\Delta_k\\ x_k'\in\Delta_k}}\{|f(x_k)-f(x_k')|\}.$$

对任意的 $x_k,x_k'\in\Delta_k$,由于

$$\begin{aligned}&|f(x_k)g(x_k)-f(x_k')g(x_k')|\\ &\quad\leqslant|f(x_k)|\cdot|g(x_k)-g(x_k')|\\ &\qquad+|g(x_k')|\cdot|f(x_k)-f(x_k')|\\ &\quad\leqslant M\omega_k'+M\omega_k,\end{aligned}$$

因此 $\omega_k^*\leqslant M\omega_k'+M\omega_k$,从而

$$\sum_k\omega_k^*\Delta_k\leqslant M\sum_k\omega_k'\Delta_k+M\sum_k\omega_k\Delta_k.$$

因为 $\sum\limits_k\omega_k'\Delta_k$,$\sum\limits_k\omega_k\Delta_k$ 都可任意小,所以 $\sum\limits_k\omega_k^*\Delta_k$ 也可任意小. 于是由 §2 定理 4 知,$f(x)\cdot g(x)$ 在 $[a,b]$ 上可积. ▌

定理 3 设 $a<c<b$. 则 $f(x)$ 在 $[a,b]$ 上可积的充要条件是 $f(x)$ 在 $[a,c]$ 与 $[c,b]$ 上分别可积.

证 定理的必要性是显然的. 事实上,如果 $f(x)$ 在 $[a,b]$ 上可积,由可积的充要条件知,$\forall\ \varepsilon>0$,$\exists\ \delta>0$,对 $[a,b]$ 上的任意分割 T,只要 $\lambda(T)<\delta$,总有

$$\sum_T\omega_i\Delta_i<\varepsilon.$$

因此对 $[a,c]$ 的分割 T_1,$[c,b]$ 的分割 T_2,只要 $\lambda(T_1)<\delta$,$\lambda(T_2)<\delta$. 设 T_1+T_2 组成 $[a,b]$ 的分割为 T,这时显然也有 $\lambda(T)<\delta$,所以

$$\sum_{T_1}\omega_i\Delta_i+\sum_{T_2}\omega_i\Delta_i=\sum_T\omega_i\Delta_i<\varepsilon,$$

从而

$$\sum_{T_1}\omega_i\Delta_i<\varepsilon,\quad\sum_{T_2}\omega_i\Delta_i<\varepsilon,$$

即 $f(x)$ 在 $[a,c]$ 与 $[c,b]$ 上都可积.

现在证定理的充分性. 设 $f(x)$ 在 $[a,c]$,$[c,b]$ 上都可积,由 §2 定理 4 知,$\forall\ \varepsilon>0$,分别存在 $[a,c]$,$[c,b]$ 的分割 T_1,T_2,使得

$$\sum_{T_1}\omega_k\Delta_k<\frac{\varepsilon}{2},\quad \sum_{T_2}\omega_k\Delta_k<\frac{\varepsilon}{2}.$$

设 T_1 与 T_2 合起来组成 $[a,b]$ 的分割 T，于是

$$\sum_{T}\omega_k\Delta_k=\sum_{T_1}\omega_k\Delta_k+\sum_{T_2}\omega_k\Delta_k<\frac{\varepsilon}{2}+\frac{\varepsilon}{2}=\varepsilon.$$

仍由 § 2 定理 4 知 $f\in R[a,b]$. ▌

定理 4 若 $f(x)$ 在 $[a,b]$ 上连续，则 $f\in R[a,b]$.

证 由条件知，$f(x)$ 在 $[a,b]$ 上一致连续，因而，对 $\forall\ \varepsilon>0$，$\exists\ \delta>0$，当 $|x_1-x_2|<\delta$ 时，有

$$|f(x_1)-f(x_2)|<\varepsilon.$$

这样，对于任意的分法 T，只要 $\lambda(T)<\delta$，每一小区间上的振幅就小于 ε，这时，我们把相应于图 1（见第 466 页）中盖住曲线 $y=f(x)$ 的小矩形都落到 x 轴上，容易看出，这些小矩形面积之和就小于 $\varepsilon(b-a)$. 这数可以任意小，因此 $f(x)$ 可积.

事实上，由于 $f(x)$ 是连续的，它在分法 T 的每一个区间 Δ_k 上取到最小值 $f(\eta_k)$ 与最大值 $f(\xi_k)$；显然 $f(\eta_k)=m_k$，$f(\xi_k)=M_k$，于是

$$\sum_{k=1}^{n}\omega_k\Delta_k=\sum_{k=1}^{n}[f(\xi_k)-f(\eta_k)]\Delta_k.$$

但 ξ_k 与 η_k 均是取自同一个区间 Δ_k，而 Δ_k 的长度小于 δ，因此 $f(\xi_k)-f(\eta_k)<\varepsilon$，于是我们得到

$$\sum_{k=1}^{n}\omega_k\Delta_k<\sum_{k=1}^{n}\varepsilon\Delta_k=\varepsilon(b-a).$$

这就是说 $\lim\limits_{\lambda(T)\to 0}\sum\limits_{k=1}^{n}\omega_k\Delta_k=0$. 由 § 2 定理 1 得 $f\in R[a,b]$. ▌

定理 5 若 $f(x)$ 在 $[a,b]$ 上是只有有限个间断点的有界函数，则 $f\in R[a,b]$.

证 设 $f(x)$ 的间断点与 a,b 按大小顺序排列分别为

$$a=a_0<a_1<a_2<\cdots<a_l=b.$$

因此，当 $k=1,2,\cdots,l$ 时，$f(x)$ 在区间 $[a_{k-1},a_k]$ 上除端点外都连续. 不妨设 $f(x)$ 在 $[a,b]$ 上的振幅 $\omega>0$，对任意的 $\varepsilon>0$，取

$$\delta=\min\left\{\frac{\varepsilon}{3\omega},\frac{1}{3}(a_k-a_{k-1})\right\},$$

显然 $f(x)$ 在 $[a_{k-1}+\delta,a_k-\delta]$ 上连续. 由定理 4 知，存在 $[a_{k-1},a_k]$ 上的一个分

割 T，使得

$$S(T) - s(T) = \sum_i \omega_i \Delta_i < \varepsilon/3.$$

设 T 与端点 a_{k-1}, a_k 组成分割 T'，所以

$$S(T') - s(T') \leqslant \omega \cdot \delta + \sum_i \omega_i \Delta_i + \omega \cdot \delta$$

$$< \frac{\varepsilon}{3} + \frac{\varepsilon}{3} + \frac{\varepsilon}{3} = \varepsilon.$$

由 §2 定理 4 知 $f \in R[a_{k-1}, a_k]$ $(k=1,2,\cdots,l)$. 再由定理 3 知

$$f \in R[a,b]. \quad \blacksquare$$

定理 6 在 $[a,b]$ 上单调的函数可积.

证 不妨设 $f(x)$ 在 $[a,b]$ 是单调上升的. 这时，对任意的分法 T，

$$\omega_i = f(x_i) - f(x_{i-1}),$$

从而当 $\lambda(T) < \delta$ 时，有

$$\sum_{k=1}^{n} \omega_k \Delta_k = \sum_{k=1}^{n} [f(x_k) - f(x_{k-1})] \Delta_k$$

$$\leqslant \delta \sum_{k=1}^{n} [f(x_k) - f(x_{k-1})]$$

$$= \delta [f(b) - f(a)].$$

由于 $\delta[f(b) - f(a)]$ 可任意小，由 §2 定理 1 知，$f \in R[a,b]$. $\blacksquare$

附表　简单积分表

一、简单不定积分表

1. $\int \mathrm{d}x = x + C$

2. $\int x^{\alpha}\mathrm{d}x = \frac{1}{\alpha+1}x^{\alpha+1} + C \ (\alpha \neq -1)$

3. $\int \frac{1}{x}\mathrm{d}x = \ln|x| + C$

4. $\int \mathrm{e}^{x}\mathrm{d}x = \mathrm{e}^{x} + C$

5. $\int a^{x}\mathrm{d}x = \frac{1}{\ln a}a^{x} + C$

6. $\int \sin x\mathrm{d}x = -\cos x + C$

7. $\int \cos x\mathrm{d}x = \sin x + C$

8. $\int \tan x\mathrm{d}x = -\ln|\cos x| + C$

9. $\int \cot x\mathrm{d}x = \ln|\sin x| + C$

10. $\int \sec^{2}x\mathrm{d}x = \int \frac{1}{\cos^{2}x}\mathrm{d}x = \tan x + C$

11. $\int \csc^{2}x\mathrm{d}x = \int \frac{1}{\sin^{2}x}\mathrm{d}x = -\cot x + C$

12. $\int \sec x\mathrm{d}x = \int \frac{1}{\cos x}\mathrm{d}x = \ln|\sec x + \tan x| + C = \ln\left|\tan\left(\frac{x}{2} + \frac{\pi}{4}\right)\right| + C$

13. $\int \csc x\mathrm{d}x = \int \frac{1}{\sin x}\mathrm{d}x = \ln|\csc x - \cot x| + C = \ln\left|\tan\frac{x}{2}\right| + C$

14. $\int \sec x\tan x\mathrm{d}x = \sec x + C$

15. $\int \csc x\cot x\mathrm{d}x = -\csc x + C$

16. $\int \frac{1}{\sqrt{a^{2}-x^{2}}}\mathrm{d}x = \arcsin\frac{x}{a} + C$ 或 $-\arccos\frac{x}{a} + C \ (a > 0)$

17. $\int \frac{1}{a^{2}+x^{2}}\mathrm{d}x = \frac{1}{a}\arctan\frac{x}{a} + C$

18. $\int \frac{1}{(x+a)(x+b)}\mathrm{d}x = \frac{1}{b-a}\ln\left|\frac{x+a}{x+b}\right| + C \quad (b \neq a)$

19. $\int \frac{1}{x^{2}-a^{2}}\mathrm{d}x = \frac{1}{2a}\ln\left|\frac{x-a}{x+a}\right| + C$

20. $\int \frac{1}{\sqrt{x^{2}\pm a^{2}}}\mathrm{d}x = \ln|x + \sqrt{x^{2}\pm a^{2}}| + C$

21. $\int \sqrt{x^{2}\pm a^{2}}\mathrm{d}x = \frac{x}{2}\sqrt{x^{2}\pm a^{2}} \pm \frac{a^{2}}{2}\ln|x + \sqrt{x^{2}\pm a^{2}}| + C$

22. $\int \sqrt{a^{2}-x^{2}}\mathrm{d}x = \frac{x}{2}\sqrt{a^{2}-x^{2}} + \frac{a^{2}}{2}\arcsin\frac{x}{a} + C$

23. $\int e^{ax}\sin bx\,dx=\frac{e^{ax}}{a^2+b^2}(a\sin bx-b\cos bx)+C$

24. $\int e^{ax}\cos bx\,dx=\frac{e^{ax}}{a^2+b^2}(a\cos bx+b\sin bx)+C$

25. $\int \sin^n x\,dx=-\frac{\sin^{n-1}x\cos x}{n}+\frac{n-1}{n}\int \sin^{n-2}x\,dx$

26. $\int \cos^n x\,dx=\frac{\cos^{n-1}x\sin x}{n}+\frac{n-1}{n}\int \cos^{n-2}x\,dx$

27. $\int \frac{dx}{\sin^n x}=-\frac{\cos x}{(n-1)\sin^{n-1}x}+\frac{n-2}{n-1}\int \frac{dx}{\sin^{n-2}x}$

28. $\int \frac{dx}{\cos^n x}=\frac{\sin x}{(n-1)\cos^{n-1}x}+\frac{n-2}{n-1}\int \frac{dx}{\cos^{n-2}x}$

29. $\int \mathrm{sh}x\,dx=\mathrm{ch}x+C$　　30. $\int \mathrm{ch}x\,dx=\mathrm{sh}x+C$

31. $\int \mathrm{th}x\,dx=\ln\mathrm{ch}x+C$　　32. $\int \mathrm{cth}x\,dx=\ln|\mathrm{sh}x|+C$

二、简单定积分表（m,n 为自然数）

1. $\int_{-\pi}^{\pi}\cos nx\,dx=\int_{-\pi}^{\pi}\sin nx\,dx=0$　　2. $\int_{-\pi}^{\pi}\cos mx\sin nx\,dx=0$

3. $\int_{-\pi}^{\pi}\cos mx\cos nx\,dx=\int_{-\pi}^{\pi}\sin mx\sin nx\,dx=\begin{cases}0 & (m\neq n)\\ \pi & (m=n)\end{cases}$

4. $\int_{0}^{\pi}\cos mx\cos nx\,dx=\int_{0}^{\pi}\sin mx\sin nx\,dx=\begin{cases}0 & (m\neq n)\\ \pi/2 & (m=n)\end{cases}$

5. $I_n=\int_0^{\frac{\pi}{2}}\sin^n x\,dx=\int_0^{\frac{\pi}{2}}\cos^n x\,dx=\begin{cases}\frac{(n-1)!!}{n!!} & (n\text{ 为奇数})\\ \frac{(n-1)!!}{n!!}\cdot\frac{\pi}{2} & (n\text{ 为偶数})\end{cases}$

6. $\Gamma(\alpha)=\int_0^{+\infty}x^{\alpha-1}e^{-x}dx=2\int_0^{+\infty}t^{2\alpha-1}e^{-t^2}dt\ (\alpha>0)$

7. $B(p,q)=\int_0^1 x^{p-1}(1-x)^{q-1}dx=2\int_0^{\frac{\pi}{2}}\cos^{2p-1}x\sin^{2q-1}x\,dx\ (p>0,q>0)$

8. $\Gamma(\alpha+1)=\alpha\Gamma(\alpha)$，$\Gamma(n+1)=\int_0^{+\infty}x^n e^{-x}dx=n!$，$\Gamma\left(\frac{1}{2}\right)=\sqrt{\pi}$

9. $B(p,q)=\frac{\Gamma(p)\Gamma(q)}{\Gamma(p+q)}$

10. $\int_0^{\frac{\pi}{2}}\sin^{2m+1}x\cos^n x\,dx=\frac{m!\ 2^m}{(n+1)(n+3)\cdots(n+2m+1)}$

11. $\int_0^{\frac{\pi}{2}}\sin^{2m}x\cos^{2n}x\,dx=\frac{(2n-1)!!\ (2m-1)!!}{(2m+2n)!!}\cdot\frac{\pi}{2}$

习题答案与提示

习 题 1.1

A 组

1. (1) 以(a,c),(a,d),(b,c),(b,d)为顶点的矩形;
   (2) 以$(1,0)$为圆心,以 1 为半径的带圆周的圆;
   (3) 以$(0,1)$为圆心,以 1 为半径的带圆周的圆;
   (4) 以$(2,0)$为圆心,以 2 为半径的带圆周的圆.
2. (1) $[2,7]$; (2) $(0,+\infty)$;
   (3) $(-\infty,-3)\cup(3,+\infty)$; (4) $(x_0-\delta,x_0)\cup(x_0,x_0+\delta)$;
   (5) $(x_0-\delta,x_0+\delta)$; (6) $[-4,6]$.
3. (1) 不一样; (2) 不一样; (3) 不一样;
   (4) 一样; (5) 不一样; (6) 一样;
   (7) 一样.
4. 定义域为 $\boldsymbol{R}$,值域为$[-1,1]$.
5. (1) $(-\infty,-1)\cup(-1,+\infty)$; (2) $[-1/2,+\infty)$;
   (3) $[0,3]$; (4) $[-2,2]$;
   (5) $(-\infty,+\infty)$; (6) $x\geqslant 1$,且 x 不是整数;
   (7) $(2,+\infty)$; (8) $(-\infty,2)\cup(2,+\infty)$;
   (9) $(-\infty,-2]\cup[2,+\infty)$.
6. (1) $[0,100]$; (2) $(-\infty,1]$;
   (3) $[0,1/2]$; (4) $(1,+\infty)$.
7. (1) $f(0)=0$, $f(1)=9$, $f(\lg 2)=1$;
   (2) $f(-x)=\dfrac{1+x}{1-x}$, $f(x+1)=\dfrac{-x}{2+x}$,
   $f\left(\dfrac{1}{x}\right)=\dfrac{x-1}{x+1}$, $f(x^2)=\dfrac{1-x^2}{1+x^2}$;
   (3) $f(-2)=-1$, $f(0)=1$, $f(2)=4$;

(4) $f(-1)=0$, $f(-0.001)=-6$, $f(100)=4$.

8. $g\left(\frac{\pi}{6}\right)=\frac{1}{2}$, $g\left(\frac{\pi}{4}\right)=g\left(-\frac{\pi}{4}\right)=\frac{\sqrt{2}}{2}$, $g(\pi)=0$.

10. (1) $\frac{1}{2}ab\sin\alpha$, $\alpha\in(0,\pi)$;

(2) $\frac{R^3}{24\pi^2}\sqrt{4\pi\alpha-\alpha^2}(2\pi-\alpha)^2$, $\alpha\in(0,2\pi)$,其中 R 为圆半径;

(3) $10+2t$, $t\in[0,45]$.

14. (1) 严格单调下降; (2) 严格单调上升;

(3) 严格单调下降; (4) 严格单调下降;

(5) 严格单调上升; (6) 严格单调上升.

16. (1) 奇函数; (2) 非奇非偶函数;

(3) 偶函数; (4) 奇函数;

(5) 偶函数; (6) 奇函数;

(7) 奇函数; (8) 非奇非偶函数.

B 组

1. 解 令 $t=10^x-1$,

$$x=\lg(t+1),\quad f(t)=\lg^2(t+1)+1,$$

答:$f(x)$的定义域为$(-1,+\infty)$.

2. 解 令 $t=\frac{x+1}{2x-1}$,反解得 $x=\frac{t+1}{2t-1}$,从而有

$$f(t)=2f\left(\frac{t+1}{2t-1}\right)+\frac{t+1}{2t-1},$$

于是得

$$\begin{cases}f(x)-2f\left(\dfrac{x+1}{2x-1}\right)=\dfrac{x+1}{2x-1},\\ -2f(x)+f\left(\dfrac{x+1}{2x-1}\right)=x,\end{cases}$$

解得

$$f(x)=\frac{4x^2-x+1}{-3(2x-1)}.$$

3. (1) **证** 由条件知$\frac{f(x_1+x_2)}{x_1+x_2}\leqslant\frac{f(x_1)}{x_1}$,从而有

$$\frac{x_1}{x_1+x_2}f(x_1+x_2)\leqslant f(x_1), \qquad ①$$

同理

$$\frac{x_2}{x_1+x_2}f(x_1+x_2)\leqslant f(x_2). \qquad ②$$

①+②得

$$f(x_1+x_2)\leqslant f(x_1)+f(x_2).$$

(2)的证明类似.

4. 证 若结论不成立,则有 $x_0\in(-\infty,+\infty)$,使得 $f(x_0)\neq x_0$,不妨设 $f(x_0)>x_0$,由 $f(x)$的严格上升性得 $f[f(x_0)]>f(x_0)$,即 $x_0>f(x_0)$,矛盾.

5. 解

$$\begin{aligned}f(x)+f(-x)&=g(x)\left[\frac{1}{a^x-1}+\frac{1}{2}\right]\\&\quad+g(-x)\left[\frac{1}{a^{-x}-1}+\frac{1}{2}\right]\\&=g(x)\left[\frac{1}{a^x-1}+\frac{1}{2}-\frac{1}{a^{-x}-1}-\frac{1}{2}\right]\\&=g(x)\left[\frac{1}{a^x-1}+\frac{a^x}{a^x-1}\right]\\&=g(x)\frac{a^x-1+2}{a^x-1}\\&=g(x)\left[1+\frac{2}{a^x-1}\right]=2f(x),\end{aligned}$$

所以 $f(x)$是偶函数.

习 题 1.2

A 组

1. x^4, 2^{2^x}, 2^{2x}, 2^{x^2}.

2. (1) 0; (2) $f(x)$; (3) $g(x)$.

3. $f(0)=0$, $f(-1)=-\pi$, $f\left(\dfrac{\sqrt{3}}{2}\right)=\dfrac{2}{3}\pi$, $f\left(-\dfrac{\sqrt{2}}{2}\right)=-\dfrac{\pi}{2}$,

$f(1)=\pi$.

4. $g(0)=\dfrac{\pi}{6}$, $g(-1)=\dfrac{2}{9}\pi$, $g(\sqrt{2})=\dfrac{\pi}{12}$, $g(-\sqrt{3})=\dfrac{5}{18}\pi$,

$g(-2)=\dfrac{\pi}{3}$.

5. $f[g(x)]=\begin{cases}1, & x\in(-\infty,0),\\ 0, & x=0,\\ -1, & x\in(0,+\infty);\end{cases}$

$g[f(x)]=\begin{cases}\mathrm{e}, & |x|<1,\\ 1, & |x|=1,\\ \mathrm{e}^{-1}, & |x|>1.\end{cases}$

6. (1) $x=y+\sqrt{1+y^2}$, $y\in(-\infty,+\infty)$;

(2) $x=10^{y-1}-2$, $y\in(-\infty,+\infty)$;

(3) $x=\log_2\dfrac{y}{1-y}$, $y\in(0,1)$;

(4) $x=\ln(y+\sqrt{1+y^2})$, $y\in(-\infty,+\infty)$;

(5) $x=\ln(y+\sqrt{y^2-1})$, $y\in[1,+\infty)$;

(6) $x=-\ln(y+\sqrt{y^2-1})$, $y\in[1,+\infty)$.

B 组

1. (1) **解** 由 $y=\sin x=-\sin(x-\pi)$ 得 $\sin(x-\pi)=-y$.

当 $x\in[\pi/2,3/2\pi]$ 时，$x-\pi\in[-\pi/2,\pi/2]$，所以

$$x-\pi=\arcsin(-y)=-\arcsin y,$$

因此,反函数为

$$x=\pi-\arcsin y,\quad y\in[-1,1].$$

(2) **解** 由 $y=\cos x=-\cos(x+\pi)$ 得 $\cos(x+\pi)=-y$.

当 $x\in[-\pi,0]$ 时，$x+\pi\in[0,\pi]$,所以 $x+\pi=\arccos(-y)$，因此,反函数为

$$x=\arccos(-y)-\pi,\quad y\in[-1,1].$$

2. **解** 当 $x<1$ 时,值域为 $y<1$；当 $1\leqslant x<4$ 时,值域为 $1\leqslant y<16$；当 $4\leqslant x<5$ 时,值域为 $16\leqslant y<2^5$. 所以,反函数为

$$x=\begin{cases} y, & y<1,\\ \sqrt{y}, & 1\leqslant y<16,\\ \log_2 y, & 16\leqslant y<2^5. \end{cases}$$

3. $f[g(x)]=4x^2$，$x\leqslant 0$.

4. **解** 当 $x\geqslant 1$ 时,值域为 $y\in[1,+\infty)$，由 $y=\dfrac{1}{2}\left(x+\dfrac{1}{x}\right)$ 反解得 $x=y\pm\sqrt{y^2+1}$，又因 $x\geqslant 1$,所以取 $x=y+\sqrt{y^2+1}$；

当 $x\leqslant -1$ 时,值域为 $y\in(-\infty,-1]$，由 $y=\dfrac{1}{2}\left(x+\dfrac{1}{x}\right)$ 反解得 $x=y\pm\sqrt{y^2+1}$,又因 $x\leqslant -1$,所以取

$$x=y-\sqrt{y^2+1}.$$

因此,反函数为

$$x=\begin{cases} y+\sqrt{y^2+1}, & y\in[1,+\infty), \\ y-\sqrt{y^2+1}, & y\in(-\infty,-1]. \end{cases}$$

5. 证 用反证法分别证存在性与惟一性.

(1) 若 $f(x)$没有不动点,即任意的 $x\in\boldsymbol{R}$,$f(x)\neq x$. 令 x_0 是 $f[f(x)]$的不动点,即 $f[f(x_0)]=x_0$,令 $f(x_0)=x_1$,由假设知 $x_0\neq x_1$. 而

$$f(x_1)=f[f(x_0)]=x_0,$$

所以 $f[f(x_1)]=f(x_0)=x_1$, 即 x_1 也是 $f[f(x)]$的不动点. 这与函数 $f[f(x)]$只有惟一的不动点矛盾. 矛盾说明, $f(x)$有不动点.

(2) 若 $f(x)$的不动点不惟一,即有 $x_1\neq x_2$,x_1 与 x_2 都是函数 $f(x)$的不动点,容易证明 x_1 与 x_2 也是函数 $f[f(x)]$的不动点,这也与 $f[f(x)]$的不动点的惟一性矛盾.

习 题 2.1

A 组

3. 证 由条件知,任给 $\varepsilon>0$,存在正整数 N_1,当 $n>N_1$ 时,有

$$|x_{2n}-A|<\varepsilon; \qquad ①$$

存在正整数 N_2,当 $n>N_2$ 时,有

$$|x_{2n+1}-A|<\varepsilon. \qquad ②$$

取 $N=\max(2N_1,2N_2+1)$,当 $n>N$ 时,

当 n 为偶数时,$n=2m>N>2N_1$,这时 $m>N_1$,由①式

$$|x_n-A|=|x_{2m}-A|<\varepsilon;$$

当 n 为奇数时,$n=2m+1>N\geqslant 2N_2+1$,这时 $m>N_2$,由②式

$$|x_n-A|=|x_{2m+1}-A|<\varepsilon.$$

由极限定义 $\lim\limits_{n\to\infty}x_n=A$.

4. 不能,因为 ε 不是任意的正数.

5. 数列 x_n 有极限 a.

9. 解 极限 $\lim\limits_{x\to 0}f(x)$不存在,因为 $f(0+0)=0$,$f(0-0)=-1$;因为 $f(1+0)=1$,$f(1-0)=1$,所以 $\lim\limits_{x\to 1}f(x)=1$.

10. 解 $f(0+0)=1$, $f(0-0)=-1$.

B 组

1. (1) **证** 若 $q=0$,结论显然成立.设 $|q|>0$,由条件,可设 $|q|=\frac{1}{1+\alpha}$,其中 $\alpha>0$.要使

$$|nq^n|=\frac{n}{(1+\alpha)^n}=\frac{n}{1+n\alpha+\frac{1}{2}n(n-1)\alpha^2+\cdots}\leqslant\frac{n}{\frac{1}{2}n(n-1)\alpha^2}$$

$$=\frac{2}{(n-1)\alpha^2}<\varepsilon, \tag{①}$$

只要 $n-1>\frac{2}{\varepsilon\alpha^2}$,即 $n>\frac{2}{\varepsilon\alpha^2}+1$,取正整数 $N>\frac{2}{\varepsilon\alpha^2}+1$.

当 $n>N$ 时,有 $n>\frac{2}{\varepsilon\alpha^2}+1$,从而①式成立.所以 $\lim\limits_{n\to+\infty}nq^n=0$.

(2) **证** 由例 7 知,对任意的 $a>0$,都有 $\lim\limits_{n\to+\infty}\frac{a^n}{n!}=0$.对任意的 $\varepsilon>0$,我们有 $\lim\limits_{n\to+\infty}\frac{(1/\varepsilon)^n}{n!}=0$.于是,存在正整数 N,当 $n>N$ 时,有 $\left|\frac{(1/\varepsilon)^n}{n!}\right|<1$, 从而 $\sqrt[n]{\frac{(1/\varepsilon)^n}{n!}}<1$, 即 $\frac{1}{\varepsilon\sqrt[n]{n!}}<1$, 因此 $\frac{1}{\sqrt[n]{n!}}<\varepsilon$, 所以结论成立.

2. **证** 不妨设 $0<x<1$,于是 $\frac{1}{x}>1$,设 $\frac{1}{x}=n+\alpha$,其中 n 为正整数, $0\leqslant\alpha<1$.这时 $\left[\frac{1}{x}\right]=n$,从而 $x\left[\frac{1}{x}\right]=\frac{n}{n+\alpha}$,当 $x\to0+0$ 时, $n\to\infty$.因此

$$\lim_{x\to0+0}x\left[\frac{1}{x}\right]=\lim_{n\to\infty}\frac{n}{n+\alpha}=\lim_{n\to\infty}\frac{1}{1+\frac{\alpha}{n}}=1.$$

3. **分析**
$$\left|\frac{a_1+\cdots+a_n}{n}-a\right|=\left|\frac{a_1+\cdots+a_n-na}{n}\right|$$
$$=\left|\frac{a_1+\cdots+a_N-Na+(a_{N+1}-a)+\cdots+(a_n-a)}{n}\right|$$
$$\leqslant\left|\frac{a_1+\cdots+a_N-Na}{n}\right|+\frac{|a_{N+1}-a|}{n}+\cdots+\frac{|a_n-a|}{n}.$$

证 由条件知,对任给的 $\varepsilon>0$,存在正整数 N_1,当 $n>N_1$ 时,有

$$|a_n-a|<\varepsilon/2.$$

由于 $a_1+a_2+\cdots+a_{N_1}-N_1a$ 为常数,显然

$$\lim_{n\to\infty}\frac{a_1+a_2+\cdots+a_{N_1}-N_1a}{n}=0.$$

于是，存在正整数 N_2，当 $n>N_2$ 时，有

$$\left|\frac{a_1+a_2+\cdots+a_{N_1}-N_1a}{n}\right|<\frac{\varepsilon}{2}.$$

取 $N=\max(N_1,N_2)$，当 $n>N$ 时

$$\left|\frac{a_1+\cdots+a_n}{n}-a\right|=\left|\frac{a_1+\cdots+a_N-Na}{n}+\frac{a_{N+1}-a+\cdots+a_n-a}{n}\right|$$

$$\leqslant\left|\frac{a_1+\cdots+a_N-Na}{n}\right|+\left|\frac{a_{N+1}-a}{n}\right|+\cdots+\left|\frac{a_n-a}{n}\right|$$

$$<\frac{\varepsilon}{2}+\frac{n-N}{n}\cdot\frac{\varepsilon}{2}<\frac{\varepsilon}{2}+\frac{\varepsilon}{2}=\varepsilon.$$

4. 证 设 $\lim\limits_{n\to+\infty}x_{2n}=A$，$\lim\limits_{n\to+\infty}x_{2n+1}=B$，$\lim\limits_{n\to+\infty}x_{3n}=C$. 因为 x_{6n}是 x_{2n}的子列，也是 x_{3n}的子列，所以

$$\lim_{n\to+\infty}x_{6n}=A \quad 且 \quad \lim_{n\to+\infty}x_{6n}=C,$$

由极限的惟一性知，$C=A$.

又因为 $x_{6n+3}=x_{2(3n+1)+1}$是 x_{2n+1}的子列，且 $x_{6n+3}=x_{3(2n+1)}$也是 x_{3n}的子列，所以

$$\lim_{n\to+\infty}x_{6n+3}=B \quad 且 \quad \lim_{n\to+\infty}x_{6n+3}=C,$$

由极限的惟一性知，$C=B$.

于是 $C=A=B$，由 A 组第 3 题知 $\lim\limits_{n\to+\infty}x_n=A$，即极限 $\lim\limits_{n\to+\infty}x_n$ 存在.

习 题 2.2

A 组

1. (1) 1； (2) 1/3； (3) 1/3； (4) 1/2；

(5) 当 $k=m$ 时为$\dfrac{a_0}{b_0}$，当 $k<m$ 时为 0；

(6) $\max\{a_1,a_2,\cdots,a_k\}$；

(7) 当 $a=1$ 时为 0，当 $0<a<1$ 时为 -1，当 $a>1$ 时为 1.

2. (1) 1/2； (2) 2/3； (3) 2/3； (4) 3/2；

(5) 1/2； (6) 15/2； (7) 5/3； (8) $1/\sqrt{2a}$；

(9) $\max\{a_1,a_2,\cdots,a_k\}$； (10) $-1/2\sqrt{2}$； (11) -1.

B 组

证 (1) $a>1$ 时，

$$0 \leqslant \frac{a^n}{(1+a)(1+a^2)\cdots(1+a^n)} \leqslant \frac{a^n}{(1+a^{n-1})(1+a^n)} \leqslant \frac{a^n}{a^{n-1}a^n}$$

$$= \frac{1}{a^{n-1}} \to 0 \quad (n \to +\infty),$$

这时原式成立；

(2) $0<a<1$ 时，

$$0 \leqslant \frac{a^n}{(1+a)(1+a^2)\cdots(1+a^n)} \leqslant a^n \to 0 \quad (n \to \infty),$$

这时原式成立；

(3) $a=1$ 时，

$$\lim_{n\to\infty} \frac{a^n}{(1+a)(1+a^2)\cdots(1+a^n)} = \lim_{n\to\infty} \frac{1}{2^n} = 0,$$

总之,原式成立.

习　题　2.3

A　组

2. (1) 2;　　(2) $(1+\sqrt{5})/2$;　　(3) 0.

3. (1) α/β;　　(2) $-\sin a$;　　(3) $\cos\alpha$;　　(4) 1;

(5) 1;　　(6) 1/2;　　(7) 1;　　(8) 0.

5. (1) e^{-2};　　(2) e^{mk};　　(3) e^{-8};

(4) $a=\ln 2$;　　(5) e^{-1}.

B　组

1. 解　$\lim\limits_{x\to\pi/2}[\sec x-\tan x]=\lim\limits_{x\to\pi/2}\dfrac{1-\sin x}{\cos x}\left(令\ x-\dfrac{\pi}{2}=t\right)$

$$=\lim_{t\to 0}\frac{1-\sin(\pi/2+t)}{\cos(\pi/2+t)}=\lim_{t\to 0}\frac{1-\cos t}{-\sin t}$$

$$=\lim_{t\to 0}\frac{2\sin^2(t/2)}{-2\sin(t/2)\cos(t/2)}$$

$$=-\lim_{t\to 0}\tan(t/2)=0.$$

2. 解　$\lim\limits_{x\to 0}\dfrac{\sqrt{1+\tan x}-\sqrt{1+\sin x}}{x^3}=\lim\limits_{x\to 0}\dfrac{\tan x-\sin x}{x^3[\sqrt{1+\tan x}+\sqrt{1+\sin x}]}$

$$=\lim_{x\to 0}\frac{\sin x-\sin x\cos x}{2x^3\cos x}=\frac{1}{2}\lim_{x\to 0}\frac{\sin x}{x}\lim_{x\to 0}\frac{1-\cos x}{x^2}=\frac{1}{4}.$$

3. 解 令 $\frac{\pi}{4}-x=t$，则

$$\lim_{x\to\frac{\pi}{4}}\tan 2x\tan\left(\frac{\pi}{4}-x\right)=\lim_{t\to 0}\tan\left(\frac{\pi}{2}-2t\right)\tan t$$

$$=\lim_{t\to 0}\cot 2t\tan t=\lim_{t\to 0}\frac{1}{\tan 2t}\tan t=\frac{1}{2}.$$

4. 解 $\lim\limits_{x\to\frac{\pi}{4}}(\tan x)^{\tan 2x}=\lim\limits_{x\to\frac{\pi}{4}}[1+\tan x-1]^{\tan 2x}$. 因为 $\lim\limits_{x\to\frac{\pi}{4}}(\tan x-1)=0$，且

$$\lim_{x\to\frac{\pi}{4}}(\tan x-1)\tan 2x=\lim_{x\to\frac{\pi}{4}}\frac{\sin x-\cos x}{\cos x}\frac{\sin 2x}{\cos 2x}$$

$$=\lim_{x\to\frac{\pi}{4}}\frac{(\sin x-\cos x)2\sin x\cos x}{\cos x(\cos^2 x-\sin^2 x)}=\lim_{x\to\frac{\pi}{4}}\frac{-2\sin x}{\cos x+\sin x}=-1,$$

所以原式$=e^{-1}$.

5. 解 $\lim\limits_{x\to\infty}\left(\cos\frac{a}{x}\right)^{x^2}=\lim\limits_{x\to\infty}\left[1+\cos\frac{a}{x}-1\right]^{x^2}$. 因为 $\lim\limits_{x\to\infty}\left(\cos\frac{a}{x}-1\right)=0$,且

$$\lim_{x\to\infty}\left(\cos\frac{a}{x}-1\right)x^2=\lim_{x\to\infty}(-2)\left(\sin^2\frac{a}{2x}\right)x^2$$

$$=-2\lim_{x\to\infty}\frac{\sin^2(a/2x)}{(a/2x)^2}\left(\frac{a}{2}\right)^2=-\frac{a^2}{2},$$

所以原式$=e^{-a^2/2}$.

习 题 2.4

A 组

1. (1) 不一定； (2) 不一定； (3) 是； (4) 是.

3. (1) 2； (2) 1/2； (3) 1； (4) 3；
(5) 1/3； (6) 1； (7) 1； (8) 3.

B 组

1. 解
$$\sqrt{1-\cos x}+\sqrt[3]{x\sin x}=\sqrt{2\sin^2(x/2)}+\sqrt[3]{x\sin x}$$
$$=\sqrt{2}\,|\sin(x/2)|+\sqrt[3]{x\sin x}.$$

由 $x\to 0$ 时，$\sqrt{2}\,|\sin(x/2)|$ 是 $\sqrt[3]{x\sin x}$ 的高阶无穷小可看出 $p=2/3$，于是

$$\lim_{x\to 0}\frac{\sqrt{1-\cos x}+\sqrt[3]{x\sin x}}{x^{2/3}}=\lim_{x\to 0}\frac{\sqrt{2}\,|\sin(x/2)|+\sqrt[3]{x\sin x}}{x^{2/3}}$$

$$=\lim_{x\to 0}\frac{\sqrt{2}\,|\sin(x/2)|}{x^{2/3}}+\lim_{x\to 0}\frac{\sqrt[3]{x\sin x}}{x^{2/3}}=0+1=1.$$

2. 解 $(1+x)(1+x^2)\cdots(1+x^n)$是$n(n+1)/2$次多项式,因此取$p=n(n+1)/2$. 因此可设

$$(1+x)(1+x^2)\cdots(1+x^n)=x^p+a_1x^{p-1}+\cdots+a_n,$$

于是有

$$\lim_{x\to+\infty}\frac{(1+x)(1+x^2)\cdots(1+x^n)}{x^p}=\lim_{x\to+\infty}\frac{x^p+a_1x^{p-1}+\cdots+a_n}{x^p}$$

$$=\lim_{x\to+\infty}\left[1+\frac{a_1}{x}+\cdots+\frac{a_n}{x^p}\right]=1.$$

3. 解 由

$$\sin(2\pi\sqrt{n^2+1})=\sin(2\pi\sqrt{n^2+1}-2n\pi)=\sin\frac{2\pi}{\sqrt{n^2+1}+n}$$

可看出应取$p=1$. 于是有

$$\lim_{n\to\infty}\frac{\sin(2\pi\sqrt{n^2+1})}{\pi/n}=\lim_{n\to\infty}\frac{\sin[2\pi/(\sqrt{n^2+1}+n)]}{\pi/n}$$

$$=\lim_{n\to\infty}\frac{\sin[2\pi/(\sqrt{n^2+1}+n)]}{2\pi/(\sqrt{n^2+1}+n)}\cdot\frac{2\pi/(\sqrt{n^2+1}+n)}{\pi/n}$$

$$=\lim_{n\to\infty}\frac{2\pi/(\sqrt{n^2+1}+n)}{\pi/n}=\lim_{n\to\infty}\frac{2n}{\sqrt{n^2+1}+n}$$

$$=\lim_{n\to\infty}\frac{2}{\sqrt{1+(1/n^2)}+1}=1.$$

习 题 2.5

A 组

1. (1) $x=1$,第一类; (2) $x=-1$,第二类;

(3) $x=1$,可去间断点;

(4) $x=\frac{\pi}{2}\left(k-\frac{1}{6}\right)$, k为整数,第二类;

(5) 无间断点; (6) $x=0$,第一类;

(7) $x=0$，可去间断点；　　(8) $x=0$，第二类.

2. (1) $a=1$；　　(2) $a=-2$.

4. (1) $\frac{1}{2}\lg 2$；　(2) $\frac{2}{\ln 3}$；　(3) $\pi/2$；　(4) $1/2$；　(5) e.

5. (1) $3/2$；　(2) $1/\sqrt{2}$；　(3) 8；　(4) e^{ka}.

B 组

1. 证　取 $x_0\in(a,b)$，令 $M=|f(x_0)|+1$，由 $\lim\limits_{x\to a+0}f(x)=\lim\limits_{x\to b-0}f(x)=+\infty$ 知，对此 $M>0$，存在 $\delta>0$（不妨设 $\delta<(b-a)/2$），当 $x\in(a,a+\delta)$，$x\in(b-\delta,b)$时，有 $f(x)>M$.

显然，$x_0\in[a+\delta,b-\delta]$. 由于 $f(x)$在$[a+\delta,b-\delta]$上连续，$f(x)$在$[a+\delta,b-\delta]$上存在最小值，此最小值也必是 $f(x)$在(a,b)上的最小值.

2. 证　(1) 设 $x>0$，

$$\begin{aligned}x-f(x)&=x-[f(x)-f(0)]-f(0)\\&\geqslant x-|f(x)-f(0)|-f(0)\geqslant x-q|x|-f(0)\\&=x(1-q)-f(0)\to+\infty\quad(\text{当 } x\to+\infty).\end{aligned}$$

因为 $1-q>0$，所以上式右端成立. 因此，$\lim\limits_{x\to+\infty}[x-f(x)]=+\infty$.

(2) 设 $x<0$，

$$\begin{aligned}x-f(x)&=x-[f(x)-f(0)]-f(0)\\&\leqslant x+|f(x)-f(0)|-f(0)\leqslant x+q|x-0|-f(0)\\&=x(1-q)-f(0)\to-\infty\quad(\text{当 } x\to-\infty).\end{aligned}$$

因此，$\lim\limits_{x\to-\infty}[x-f(x)]=-\infty$.

(3) 令 $g(x)=x-f(x)$，显然 $g(x)$在$(-\infty,+\infty)$上连续，由于

$$\lim_{x\to+\infty}g(x)=+\infty,\quad\lim_{x\to-\infty}g(x)=-\infty,$$

所以存在 $x_1>0$，使得 $f(x_1)>1$；存在 $x_2<0$，使得 $f(x_2)<-1$.

由于 $g(x)$在$[x_2,x_1]$上连续，由连续函数的介值定理知，存在 $\xi\in[x_2,x_1]\subset(-\infty,+\infty)$，使得 $g(\xi)=0$，即 $f(\xi)=\xi$.

3. 证　证 $y=\ln x$ 在$(0,1)$上不一致连续.

存在 $\varepsilon_0=1$，对任意的 $\delta>0$，取 $x_1=\frac{e}{10^n}$，$x_2=\frac{1}{10^n}$，这时 $x_1,x_2\in(0,1)$，当 n 充分大时，可使 $|x_1-x_2|=\frac{e-1}{10^n}<\delta$，而

$$|\ln x_1 - \ln x_2| = \ln \frac{x_1}{x_2} = \ln e = 1,$$

所以，$y=\ln x$ 在$(0,1)$上不一致连续.

4. 证 任取 $x_0\in(0,+\infty)$，取 $x^2=x_0$，这时 $x=\sqrt{x_0}$，由条件 $f(x^2)=f(x)$知 $f(x_0)=f(\sqrt{x_0})$；再取 $x^2=\sqrt{x_0}$，这时 $x=\sqrt[4]{x_0}$，由条件 $f(x^2)=f(x)$知 $f(\sqrt{x_0})=f(\sqrt[4]{x_0})$，于是有

$$f(x_0) = f(\sqrt[2n]{x_0}), \quad n = 1,2,\cdots.$$

而 $\lim\limits_{n\to\infty}\sqrt[2n]{x_0}=1$，由于 $f(x)$在 $x=1$ 点连续，所以

$$f(x_0) = \lim_{n\to\infty} f(\sqrt[2n]{x_0}) = f(1).$$

由 x_0 的任意性知，$f(x)=f(1)$，$x\in(0,+\infty)$.

习 题 3.1

A 组

1. $\frac{\mathrm{d}T}{\mathrm{d}x}$. **2.** $\frac{\mathrm{d}w}{\mathrm{d}t}$. **3.** $l'(t)/l(t)$.

4. (1) a； (2) $-\frac{1}{x^2}$； (3) $\frac{1}{2\sqrt{x}}$； (4) $2x+1$； (5) 0.

7. $a=\frac{3m^2}{2c}$，$b=-\frac{m^2}{2c^3}$.

9. (1) $1-x+x^2$； (2) $-x^{-2}-\frac{1}{2}x^{-3/2}-\frac{1}{3}x^{-4/3}$； (3) $\frac{ad-bc}{(cx+d)^2}$；

(4) $(x-b)^2(x-c)^3+2(x-a)(x-b)(x-c)^3$
$+3(x-a)(x-b)^2(x-c)^2$；

(5) $\sin x+x\cos x+\frac{x\cos x-\sin x}{x^2}$；

(6) $10x^x(1+x\ln 10)$.

10. (1) 不对，应$-\frac{1}{x^2}\cos\frac{1}{x}$； (2) 不对，应 $\sin(1-x)$；

(3) 不对，应 $\ln(2x+1)+\frac{2x}{2x+1}$； (4) 不对，应 $1+\frac{1}{\sqrt{3+2x}}$.

11. (1) $e^{ax}(a\sin bx+b\cos bx)$； (2) $\frac{\mathrm{sgn}\,a}{\sqrt{a^2-x^2}}$；

(3) $\frac{1}{a^2+x^2}$； (4) $-5\cos^4x\sin x$；

(5) $\frac{6}{\sin 6x}$;

(6) $\frac{2+t^2}{t(1+t^2)}$;

(7) $\frac{2\operatorname{sgn}(1-x^2)}{1+x^2}$, $x\neq\pm 1$;

(8) $\frac{1}{a+b\cos x}$;

(9) $\frac{1}{x^2-a^2}$;

(10) $\sqrt{x^2+a^2}$;

(11) $\sqrt{x^2-a^2}$.

12. (1) $-\sqrt{\frac{y}{x}}$;

(2) $\frac{ay-x^2}{y^2-ax}$;

(3) $\frac{-\sin(x+y)}{1+\sin(x+y)}$;

(4) $\frac{y\cos x+\sin(x-y)}{\sin(x-y)-\sin x}$;

(5) $\frac{e^y}{2-y}$;

(6) $-\frac{2\sqrt{xy}+y}{2\sqrt{xy}+x}$;

(7) $-(y/x)^{1/3}$.

13. (1) -2;

(2) $-1/2$.

14. (1) $\sqrt[x]{\frac{1-x}{1+x}}\left[\ln\frac{1-x}{1+x}-\frac{2x}{1-x^2}\right]$;

(2) $\frac{x(4+6x+4x^2+x^3)}{2(1+x)^2(1+x+x^2)}\sqrt{\frac{x+1}{1+x+x^2}}$;

(3) $\prod_{i=1}^{n}(x-b_i)^{a_i}\cdot\sum_{j=1}^{n}\frac{a_i}{x-b_i}$;

(4) $(1+x^2)^x\left[\ln(1+x^2)+\frac{2x^2}{1+x^2}\right]$;

(5) $f(x)^{g(x)}\left[g'(x)\ln f(x)+\frac{f'(x)}{f(x)}g(x)\right]$.

15. (1) $2|x|$;

(2) $1/x$.

B 组

1. 解 $P_n(x)=[x+x^2+\cdots+x^n]'=\left[\frac{x(x^n-1)}{x-1}\right]'$

$$=\frac{nx^{n+1}-(n+1)x^n+1}{(x-1)^2},\quad x\neq 1,$$

当 $x=1$ 时，$P_n=\frac{1}{2}n(n+1)$；$Q_n(x)=P_n(x)+xP_n'(x)$.

2. 证 $f(x)$是奇函数的情形,即 $f(-x)=-f(x)$,两边对 x 求导得

$$-f'(-x)=-f'(x),\quad 即\quad f'(-x)=f'(x).$$

因此，$f'(x)$是偶函数.

对 $f(x)$ 是偶函数的情形，证明类似.

3. 证 由 $\frac{\mathrm{d}}{\mathrm{d}x}f(x^2)=\frac{\mathrm{d}}{\mathrm{d}x}f^2(x)$ 可得

$$f'(x^2)2x = 2f(x)f'(x),$$

$x=1$ 代入得 $f'(1)=f(1)f'(1)$，移项得 $[f(1)-1]f'(1)=0$. 因此，或者 $f(1)=1$，或者 $f'(1)=0$.

4. 证 由题设条件得

$$\begin{aligned}
&\left|\frac{f(x_0+\alpha_n)-f(x_0-\beta_n)}{\alpha_n+\beta_n}-f'(x_0)\right| \\
&=\left|\frac{f(x_0+\alpha_n)-f(x_0)-[f(x_0-\beta_n)-f(x_0)]-\alpha_n f'(x_0)-\beta_n f'(x_0)}{\alpha_n+\beta_n}\right| \\
&=\left|\frac{\alpha_n}{\alpha_n+\beta_n}\left[\frac{f(x_0+\alpha_n)-f(x_0)}{\alpha_n}-f'(x_0)\right]\right. \\
&\quad\left.+\frac{\beta_n}{\alpha_n+\beta_n}\left[\frac{f(x_0-\beta_n)-f(x_0)}{-\beta_n}-f'(x_0)\right]\right| \\
&\leqslant\left|\frac{f(x_0+\alpha_n)-f(x_0)}{\alpha_n}-f'(x_0)\right|+\left|\frac{f(x_0-\beta_n)-f(x_0)}{-\beta_n}-f'(x_0)\right| \\
&\to 0 \quad (n\to+\infty),
\end{aligned}$$

因此 $$\lim_{n\to+\infty}\frac{f(x_0+\alpha_n)-f(x_0-\beta_n)}{\alpha_n+\beta_n}=f'(x_0).$$

习 题 3.2

A 组

1. (1) $3/2$； (2) 0； (3) $1/2$； (4) $0,2$.

2. (1) 3； (2) $9,1$.

3. $y-\sqrt{3}\,b=\frac{2}{\sqrt{3}}\frac{b}{a}(x-2a)$. **4.** $a=\mathrm{e}^{1/\mathrm{e}}$，在点 (e,e) 处. **5.** $1/\mathrm{e}$.

6. 当 $0<t<2$ 或 $t>3$ 时向前，当 $2<t<3$ 时向后.

7. $t=5/2$ s. **9.** 6.4 km/h. **10.** $\frac{4.5}{\sqrt{22.75}}$ m/s.

11. (1) $4\cdot 6!,0$； (2) $a_0 n!,0$； (3) $-\frac{6}{x^4}$；

(4) $2^{50}\left(-x^3\sin 2x+75x^2\cos 2x+\frac{3675}{2}x\sin 2x-14700\cos 2x\right)$；

(5) $(-1)^n\mathrm{e}^{-x}[x^2+(2-2n)x+n^2-3n+2]$；

(6) $2^{n-1}\cos\left(2x+\frac{n}{2}\pi\right)$； (7) $-2^{n-1}\cos\left(2x+\frac{n}{2}\pi\right)$.

12. (1) $\dfrac{n!}{(1-x)^{n+1}}$; (2) $(-1)^n\dfrac{n!}{(1+x)^{n+1}}$;

(3) $\dfrac{1}{2}\dfrac{n!}{(1-x)^{n+1}}+\dfrac{1}{2}(-1)^n\dfrac{n!}{(1+x)^{n+1}}$;

(4) $\dfrac{n!}{(1-x)^{n+1}}$; (5) $(-1)^{n+1}\dfrac{n!}{(1+x)^{n+1}}$;

(6) $\sum\limits_{k=0}^{n}(-1)^k\dfrac{n!}{(n-k)!}\cdot\dfrac{e^x}{x^{k+1}}$.

14. (1) $\dfrac{-1}{(1-\cos t)^2}$; (2) $\dfrac{-b}{a^2\sin^3 t}$; (3) $\dfrac{1}{4t}(1+t^2)$; (4) $-\dfrac{b}{a^2}\dfrac{1}{\operatorname{sh}^3 t}$.

15. (1) $\pm\dfrac{8}{3\sqrt{3}}\cdot\dfrac{1}{R}$; (2) $e^{2y}\dfrac{3-y}{(2-y)^3}$.

B 组

1. 解 方程可变为 $px+q=-\dfrac{1}{x^2}$,此方程有三个实根,可将它们转化为由曲线 $y=-\dfrac{1}{x^2}$ 与直线 $y=px+q$ 相交的三个交点(见下图).

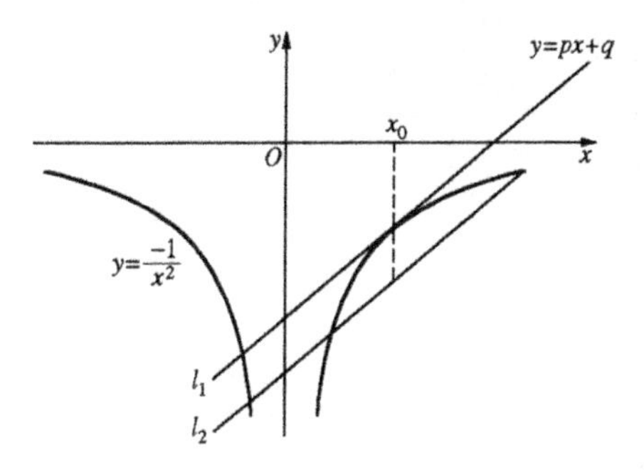

不妨设 $p>0$ ($p<0$ 时是第三象限的情形). 设 l_1 是直线 $y=px+q$ 为曲线 $y=-\dfrac{1}{x^2}$在第四象限中的切线,l_2 与 l_1 平行,且在 l_1 的下方,因此,l_2 与曲线 $y=-\dfrac{1}{x^2}$有三个交点.

求 $y=-1/x^2$ 在$(x_0,-1/x_0^2)$处的切线 $y=px+q$,这时

$$y'|_{x=x_0}=(-x^{-2})'|_{x=x_0}=2x_0^{-3}=p,$$

从而 $x_0^3=2/p\Longrightarrow x_0=\sqrt[3]{2/p}$,切线方程为

$$y-(-1/x_0^2)=p(x-x_0),$$

其中 $x_0=\sqrt[3]{2/p}$. 当

$$px_0+q<-1/x_0^2 \qquad ①$$

时，$y=px+q$ 变为 l_2，这时 l_2 与 $y=-\frac{1}{x^2}$有三个交点.

因为 $x_0=\sqrt[3]{2/p}$，代入①式得 $p\sqrt[3]{2/p}+q<-\frac{1}{(2/p)^{2/3}}$，即

$$q<-(p/2)^{2/3}-p(2/p)^{1/3}=-2^{-\frac{2}{3}}p^{\frac{2}{3}}-2\cdot 2^{-\frac{2}{3}}p^{\frac{2}{3}},$$

因此

$$q<-3\sqrt[3]{p^2/4}.$$

这就是曲线 $y=-\frac{1}{x^2}$与直线 $y=px+q$ 有三个交点或方程$\frac{1}{x^2}+px+q=0$ 有三个实根的条件.

2. 证 因为 $\frac{\mathrm{d}x}{\mathrm{d}y}=1\Big/\frac{\mathrm{d}y}{\mathrm{d}x}$，所以

$$\frac{\mathrm{d}^2x}{\mathrm{d}y^2}=\frac{\mathrm{d}}{\mathrm{d}y}\left(\frac{\mathrm{d}x}{\mathrm{d}y}\right)=\frac{\mathrm{d}}{\mathrm{d}y}\left(1\Big/\frac{\mathrm{d}y}{\mathrm{d}x}\right)=\frac{\mathrm{d}}{\mathrm{d}x}\left[1\Big/\frac{\mathrm{d}y}{\mathrm{d}x}\right]\frac{\mathrm{d}x}{\mathrm{d}y}$$

$$=-\frac{1}{\left(\frac{\mathrm{d}y}{\mathrm{d}x}\right)^2}\frac{\mathrm{d}^2y}{\mathrm{d}x^2}\frac{\mathrm{d}x}{\mathrm{d}y}=-\frac{1}{\left(\frac{\mathrm{d}y}{\mathrm{d}x}\right)^3}\frac{\mathrm{d}^2y}{\mathrm{d}x^2}.$$

由条件 $\frac{\mathrm{d}^2y}{\mathrm{d}x^2}+\left(\frac{\mathrm{d}y}{\mathrm{d}x}\right)^3=0$ 可得 $\frac{\mathrm{d}^2x}{\mathrm{d}y^2}=1.$

3. 证 令 $y=x^m\mathrm{e}^{-x}$，于是

$$xy'=x[mx^{m-1}\mathrm{e}^{-x}-x^m\mathrm{e}^{-x}]=my-xy,$$

即

$$xy'=(m-x)y.$$

对上式两边求 $m+1$ 阶导数得

$$xy^{(m+2)}+(m+1)y^{(m+1)}=(m-x)y^{(m+1)}+(m+1)(-1)y^{(m)},$$

即

$$xy^{(m+2)}+(x+1)y^{(m+1)}+(m+1)y^{(m)}=0. \qquad ②$$

由于 $L_m=\mathrm{e}^xy^{(m)}$，从而

$$L_m'=\mathrm{e}^xy^{(m)}+\mathrm{e}^xy^{(m+1)},\quad L_m''=\mathrm{e}^xy^{(m+2)}+2\mathrm{e}^xy^{(m+1)}+\mathrm{e}^xy^{(m)},$$

代入方程左端得

$$xL_m''+(1-x)L_m'+mL_m=x\mathrm{e}^xy^{(m+2)}+2x\mathrm{e}^xy^{(m+1)}+x\mathrm{e}^xy^{(m)}$$

$$+(1-x)\mathrm{e}^xy^{(m)}+(1-x)\mathrm{e}^xy^{(m+1)}+m\mathrm{e}^xy^{(m)}$$

$$=\mathrm{e}^x[xy^{(m+2)}+(x+1)y^{(m+1)}+(m+1)y^{(m)}],$$

由②得 $xL_m''+(1-x)L_m'+mL_m=0.$

4. 证 令 $y=(-1)^m e^{-x^2}$，于是

$$y'=(-1)^m(-2x)e^{-x^2}=(-2x)y.$$

对上式两边求 $m+1$ 阶导数得

$$y^{(m+2)}=-2xy^{(m+1)}+(m+1)(-2)y^{(m)},$$

即

$$y^{(m+2)}+2xy^{(m+1)}+2(m+1)y^{(m)}=0. \qquad ③$$

由于 $H_m=e^{x^2}y^{(m)}$，从而

$$H_m'=2xe^{x^2}y^{(m)}+e^{x^2}y^{(m+1)},$$

$$H_m''=e^{x^2}y^{(m+2)}+2(2x)e^{x^2}y^{(m+1)}+(2e^{x^2}+4x^2e^{x^2})y^{(m)}.$$

代入方程左端得

$$\begin{aligned}H_m''-2xH_m'+2mH_m&=e^{x^2}y^{(m+2)}+4xe^{x^2}y^{(m+1)}+(2+4x^2)e^{x^2}y^{(m)}\\&\quad-4x^2e^{x^2}y^{(m)}-2xe^{x^2}y^{(m+1)}+2me^{x^2}y^{(m)}\\&=e^{x^2}[y^{(m+2)}+2xy^{(m+1)}+2(m+1)y^{(m)}],\end{aligned}$$

由③式知 $H_m''-2xH_m'+2mH_m=0$.

习　题　3.3

A　组

1. (1) $-\frac{1}{x^2}dx$；　(2) $-\sin x dx$；　(3) $a^x\ln a dx$；

(4) $\frac{1}{x}dx$；　(5) $\frac{2-\ln x}{2x\sqrt{x}}dx$；　(6) $\frac{x}{\sqrt{x^2+a^2}}dx$；

(7) $(2\tan^3x+\tan x)dx$；　(8) $2e^{x^2}\cos^3x(x\cos x-2\sin x)dx$.

2. (1) 0.02；　(2) 0.005；　(3) 0.01.

3. 0.2005，0.2.

4. (1) $\left[(2x+4)(x^2-\sqrt{x})+(x^2+4x+1)\left(2x-\frac{1}{2\sqrt{x}}\right)\right]dx$；

(2) $\frac{x(2-x)}{(x^2-x+1)}dx$；　(3) $\frac{1}{1-\sin x}dx$；

(4) $-2x\sin x^2dx$；　(5) $\frac{1}{|x|\sqrt{x^2-1}}dx$；

(6) $\frac{1}{x(1+\ln^2 x)}\mathrm{d}x$.

5. (1) $uv\mathrm{d}w+uw\mathrm{d}v+vw\mathrm{d}u$；　(2) $\frac{u\mathrm{d}u+v\mathrm{d}v}{u^2+v^2}$；

(3) $\frac{v\mathrm{d}u-u\mathrm{d}v}{u^2+v^2}$；　(4) $3(u\mathrm{d}u+v\mathrm{d}v+w\mathrm{d}w)\sqrt{u^2+v^2+w^2}$；

(5) $\mathrm{e}^{uv}(u'v+uv')\mathrm{d}x$；　(6) $\mathrm{e}^{v}(u'\cos u+v'\sin u)\mathrm{d}x$；

(7) $\mathrm{e}^{\arctan(uv)}\frac{uv'+vu'}{1+(uv)^2}\mathrm{d}x$.

6. (1) $-\frac{b^2x}{a^2y}\mathrm{d}x$；　(2) $-\sqrt{\frac{y}{x}}\mathrm{d}x$；

(3) $-\frac{\sin(x+y)}{1+\sin(x+y)}\mathrm{d}x$；　(4) $\frac{y^x\ln y-yx^{y-1}}{x^y\ln x-xy^{x-1}}\mathrm{d}x$.

7. (1) 1.006；　(2) $6\left(1-\frac{1}{36}\right)$；　(3) 0.8104.

8. $300\pi\ \mathrm{cm}^2$.　**9.** $\pi\ \mathrm{cm}^2$.

10. $g_0\left(1-\frac{2h}{R}\right)$.　**11.** $\frac{p-p_0}{p_0}$.

12. (1) $-b\sin t(\mathrm{d}t)^2$；　(2) $\frac{2t}{(1+t^2)^2}(\mathrm{d}t)^2$.

B 组

1. 证 $\sqrt[n]{A^n+B}=A\left[1+\frac{B}{A^n}\right]^{\frac{1}{n}}$. 当$|x|$很小时，由近似公式 $(1+x)^\alpha\approx 1+\alpha x$ 得

$$\sqrt[n]{A^n+B}=A\left[1+\frac{B}{A^n}\right]^{\frac{1}{n}}\approx A\left[1+\frac{B}{nA^n}\right]=A+\frac{B}{nA^{n-1}}.$$

2. 证 设口径两端点为 A,B，中点为 C（右图），O 为球面的球心，$OA=R$，$\overline{AC}=\overline{CB}=H$，$\overline{OC}=R-D$. 由勾股定理知：

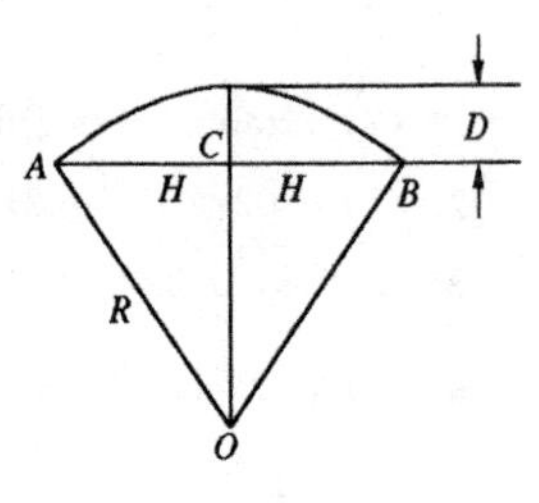

$$R-D=\sqrt{R^2-H^2}=R\left[1-\frac{H^2}{R^2}\right]^{\frac{1}{2}},$$

于是　$$D=R-R\left[1-\frac{H^2}{R^2}\right]^{\frac{1}{2}}.$$

由于$\left|-\frac{H^2}{R^2}\right|=\frac{H^2}{R^2}$很小，由近似公式得

$$D \approx R - R\left[1 - \frac{H^2}{2R^2}\right] = \frac{H^2}{2R}.$$

3. 解 设圆柱的高为 h,底半径为 r,体积为 V,侧面积为 S. 由圆柱体体积公式有 $V=\pi r^2 h$,因而有

$$\delta = \pi(r + \Delta r)^2 h - \pi r^2 h = \pi h[2r\Delta r + (\Delta r)^2].$$

相对误差为

$$\frac{\delta}{V} = \frac{\pi h[2r\Delta r + (\Delta r)^2]}{\pi r^2 h} = \frac{2r\Delta r + (\Delta r)^2}{r^2}.$$

将 $r=20\,\mathrm{cm}$,$\Delta r=0.05\,\mathrm{cm}$ 代入上式得体积的相对误差为

$$\frac{\delta}{V} = \frac{2.0025}{400} \approx 0.5\%.$$

由侧面积公式有 $S=2\pi rh$,这时

$$\delta = 2\pi(r + \Delta r)h - 2\pi rh = 2\pi\Delta rh,$$

相对误差为

$$\frac{\delta}{S} = \frac{2\pi\Delta rh}{2\pi rh} = \frac{\Delta r}{r}.$$

将 $r=20\,\mathrm{cm}$,$\Delta r=0.05\,\mathrm{cm}$ 代入上式得侧面积的相对误差为

$$\frac{\delta}{S} = \frac{0.05\,\mathrm{cm}}{20\,\mathrm{cm}} = 0.25\%.$$

4. 解 设球体积为 V,由体积公式得 $V=\frac{4}{3}\pi R^3$,于是 $R=\sqrt[3]{\frac{3V}{4\pi}}$.

半径 R 的相对误差为

$$\left|\frac{\Delta R}{R}\right| = \left|\left[\sqrt[3]{\frac{3(V + \Delta V)}{4\pi}} - \sqrt[3]{\frac{3V}{4\pi}}\right] \Big/ \sqrt[3]{\frac{3V}{4\pi}}\right|$$

$$= \left|\frac{\sqrt[3]{V + \Delta V} - \sqrt[3]{V}}{\sqrt[3]{V}}\right| = \left|\sqrt[3]{1 + \frac{\Delta V}{V}} - 1\right|$$

$$\approx \left|1 + \frac{1}{3}\frac{\Delta V}{V} - 1\right| = \frac{\Delta V}{3V}.$$

由于 $\Delta V=0.01\,\mathrm{V}$,代入所得半径 R 的相对误差是

$$\left|\frac{\Delta R}{R}\right| \approx \frac{0.01\,\mathrm{V}}{3\,\mathrm{V}} = 0.3\%.$$

5. 解 对方程 $x^2+y^2-3xy=0$ 两边求微分得

$$2x\mathrm{d}x + 2y\mathrm{d}y - 3x\mathrm{d}y - 3y\mathrm{d}x = 0,$$

解得

$$\mathrm{d}y = \frac{3y - 2x}{2y - 3x}\mathrm{d}x. \qquad ①$$

再求微分得

$$\begin{aligned}
\mathrm{d}^2y &= (\mathrm{d}x)\mathrm{d}\left[\frac{3y-2x}{2y-3x}\right] \\
&= (\mathrm{d}x)\frac{(2y-3x)\mathrm{d}(3y-2x)-(3y-2x)\mathrm{d}(2y-3x)}{(2y-3x)^2} \\
&= (\mathrm{d}x)\frac{(2y-3x)(3\mathrm{d}y-2\mathrm{d}x)-(3y-2x)(2\mathrm{d}y-3\mathrm{d}x)}{(2y-3x)^2} \\
&= (\mathrm{d}x)\frac{(-5x)\mathrm{d}y+5y\mathrm{d}x}{(2y-3x)^2},
\end{aligned}$$

由①式代入得

$$\mathrm{d}^2y=\frac{10(x^2+y^2-3xy)}{(2y-3x)^3}(\mathrm{d}x)^2.$$

习 题 4.1

B 组

1. 证 假设 $f(x)$在$(a,+\infty)$上一致连续,则对任意的 $\varepsilon>0$,存在 $\delta>0$,当 $x_1,x_2\in(a,+\infty)$,只要$|x_1-x_2|<\delta$时,都有

$$|f(x_1)-f(x_2)|<\varepsilon. \qquad ①$$

设 $x\in(a,+\infty)$,取 $x_1=x,x_2=x+\frac{\delta}{2}$,这时$|x_2-x_1|=\frac{\delta}{2}<\delta$,代入①式左端得

$$|f(x_1)-f(x_2)|=\left|f(x)-f\left(x+\frac{\delta}{2}\right)\right|=|f'(\xi_x)|\frac{\delta}{2},$$

当 $x\to+\infty$时,$\xi_x\to+\infty$. 又因为

$$\lim_{x\to+\infty}|f(x_1)-f(x_2)|=\lim_{x\to+\infty}|f'(\xi_x)|\frac{\delta}{2}=+\infty$$

与①式矛盾. 矛盾说明,$f(x)$在$(a,+\infty)$上不一致连续.

2. 证 因为

$$f'(x)=\ln(1+x)+\frac{x}{1+x},$$

所以 $$\lim_{x\to+\infty}f'(x)=\lim_{x\to+\infty}\left[\ln(1+x)+\frac{x}{1+x}\right]=+\infty.$$

由上题知,$f(x)$在$(0,+\infty)$上不一致连续.

3. 证 (1) 我们不妨设 $f'_+(a)>0, f'_-(b)<0$. 因为 $f'_+(a)=$

$\lim\limits_{x\to a+0}\dfrac{f(x)-f(a)}{x-a}>0$,由保序性定理知,存在 $\delta_1>0$ $\left(设\ \delta_1<\dfrac{b-a}{2}\right)$,当 $a<x<a+\delta_1$时,有

$$\frac{f(x)-f(a)}{x-a}>0.$$

取 $x_1\in(a,a+\delta_1)$,使得$\dfrac{f(x_1)-f(a)}{x_1-a}>0$,这时 $x_1-a>0$,从而

$$f(x_1)>f(a). \qquad ②$$

又因为 $f'_-(b)=\lim\limits_{x\to b-0}\dfrac{f(x)-f(b)}{x-b}<0$,由保序性定理知,存在 $\delta_2>0$ $\left(设\ \delta_2<\dfrac{b-a}{2}\right)$,当 $b-\delta_2<x<b$ 时,有

$$\frac{f(x)-f(b)}{x-b}<0.$$

取 $x_2\in(b-\delta_2,b)$,使得$\dfrac{f(x_2)-f(b)}{x_2-b}<0$,这时 $x_2-b<0$,从而

$$f(x_2)>f(b). \qquad ③$$

显然 $x_1,x_2\in(a,b)$, $f(x)$在闭区间$[a,b]$上连续,因此 $f(x)$在闭区间$[a,b]$上有最大值. 由②,③式知,最大值一定在(a,b)的内部某点 c 上达到. 这时,$f(c)$也是 $f(x)$的极大值,由费马定理知 $f'(c)=0$.

(2) 不妨设 $f'_+(a)<f'_-(b)$,这时 $f'_+(a)<k<f'_-(b)$. 取函数 $g(x)=f(x)-kx$,显然

$$g'_+(a)=f'_+(a)-k<0,\quad g'_-(b)=f'_-(b)-k>0,$$

由本题结论(1)知,存在 $c\in(a,b)$,使得 $g'(c)=0$. 而 $g'(c)=f'(c)-k=0$,即 $f'(c)=k$.

4. 假设 $f'(x)$在区间 I 上不同号,即存在 $x_1,x_2\in I$,使得 $f'(x_1)\cdot f'(x_2)<0$. 由第 3 题(1)的结论知,在 x_1 与 x_2 之间,存在 c,使得 $f'(c)=0$,与条件矛盾. 矛盾说明, $f'(x)$在区间 I 上不同号.

5. (1) **证** 令 $g(x)=f(a+xh)-f(a-xh)$,由条件知,$g(x)$在$[0,1]$上连续,在$(0,1)$上可导,由拉格朗日中值定理得,

$$\begin{aligned}f(a+h)-f(a-h)&=g(1)-g(0)=g'(\theta)\\&=hf'(a+\theta h)+hf'(a-\theta h)=h[f'(a+\theta h)+f'(a-\theta h)],\end{aligned}$$

其中 $\theta\in(0,1)$. 移项可得结论.

(2) **证** 令 $g(x)=f(a+xh)+f(a-xh)$,对 $g(1)-g(0)$用拉格朗日中值定理可证结论.

习 题 4.2

A 组

1. $\frac{m}{n}a^{m-n}$. 2. 2. 3. $-1/8$.

4. $-\frac{1}{6}$. 5. $\frac{16}{9}$. 6. $-\frac{e}{2}$.

7. $\frac{2e}{e-1}$. 8. 2 9. 1.

10. $(a/b)^2$. 11. 0. 12. 1.

13. 0. 14. 1. 15. e^{-1}.

16. $e^{-2/\pi}$. 17. $e^{-2/\pi}$. 18. $e^{\frac{1}{6}}$.

19. 1/2. 20. 1/2. 21. $-1/3$.

22. 1. 23. 2. 24. 4.

25. 1. 26. $\ln^2 a$. 27. 1.

28. 2^{-7}. 29. 0.

30. (1) $x+x^2+\frac{1}{2!}x^3+\cdots+\frac{1}{n!}x^{n+1}+o(x^{n+1})$, $x\to 0$;

(2) $1+\frac{1}{2!}x^2+\frac{1}{4!}x^4+\cdots+\frac{1}{(2n)!}x^{2n}+o(x^{2n+1})$, $x\to 0$;

(3) $2x+\frac{2}{3}x^3+\frac{2}{5}x^5+\cdots+\frac{2}{2n-1}x^{2n-1}+o(x^{2n})$, $x\to 0$;

(4) $1-\frac{2}{2!}x^2+\frac{2^3}{4!}x^4+\cdots+(-1)^m\frac{2^{2m-1}}{(2m)!}x^{2m}+o(x^{2m+1})$, $x\to 0$;

(5) $-1-3x-3x^2-4x^3-4x^4-\cdots-4x^n+o(x^n)$, $x\to 0$;

(6) $1-\frac{1}{2!}x^4+\frac{1}{4!}x^8+\cdots+(-1)^m\frac{1}{(2m)!}x^{4m}+o(x^{4m+2})$, $x\to 0$.

31. $x+\frac{1}{3!}x^3+\frac{3^2}{5!}x^5+\cdots+\frac{[(2m-1)!!]^2}{(2m+1)!}x^{2m+1}+o(x^{2m+1})$, $x\to 0$.

32. (1) $1+x-\frac{1}{3}x^3-\frac{1}{6}x^4+o(x^4)$, $x\to 0$;

(2) $x-\frac{1}{3}x^3+o(x^4)$, $x\to 0$;

(3) $x-\frac{1}{3}x^3+o(x^3)$, $x\to 0$;

(4) $-x-x^2-3x^3+o(x^3)$, $x\to 0$;

(5) $1+2x+2x^2-2x^4+o(x^4)$, $x\to 0$;

(6) $x^2+\frac{1}{2}x^3-\frac{1}{8}x^4+o(x^4)$, $x\to 0$.

33. (1) $|R_n(x)|\leqslant\frac{1}{(n+1)!}\mathrm{e}$; (2) $|R(x)|\leqslant\frac{1}{16}$;

(3) $|R(x)|\leqslant\frac{1}{3840}$.

34. $|x|\leqslant\frac{1}{10}\sqrt[4]{24}$.

B 组

1. 证法 1

$$\lim_{h\to 0}\frac{f(x+2h)-2f(x+h)+f(x)}{h^2}\quad(\text{由洛必达法则})$$

$$=\lim_{h\to 0}\frac{2f'(x+2h)-2f'(x+h)}{2h}$$

$$=\lim_{h\to 0}\frac{f'(x+2h)-f'(x+h)}{h}$$

$$=\lim_{h\to 0}\frac{f'(x+2h)-f'(x)-f'(x+h)+f'(x)}{h}$$

$$=2\lim_{h\to 0}\frac{f'(x+2h)-f'(x)}{2h}-\lim_{h\to 0}\frac{f'(x+h)-f'(x)}{h}\quad(\text{由二阶导数定义})$$

$$=2f''(x)-f''(x)=f''(x).$$

证法 2 由局部的二阶泰勒公式得

$$f(x+2h)=f(x)+f'(x)2h+\frac{1}{2}f''(x)(2h)^2+o(h^2)\quad(h\to 0),$$

$$f(x+h)=f(x)+f'(x)h+\frac{1}{2}f''(x)h^2+o(h^2)\quad(h\to 0),$$

代入下式得

$$\lim_{h\to 0}\frac{f(x+2h)-2f(x+h)+f(x)}{h^2}$$

$$=\lim_{h\to 0}\frac{1}{h^2}[2f''(x)h^2-f''(x)h^2+o(h^2)]=f''(x).$$

2. 证 设 $x_0=\frac{1}{n}(x_1+x_2+\cdots+x_n)$，由拉格朗日余项的一阶泰勒公式得

$$f(x_i)=f(x_0)+f'(x_0)(x_i-x_0)+\frac{1}{2}f''(\xi_i)(x_i-x_0)^2,\quad i=1,2,\cdots,n.$$

相加得

$$\sum_{i=1}^{n}f(x_i)=nf(x_0)+f'(x_0)\sum_{i=1}^{n}(x_i-x_0)+\frac{1}{2}\sum_{i=1}^{n}f''(\xi_i)(x_i-x_0)^2. \tag{①}$$

由于

$$f'(x_0)\sum_{i=1}^{n}(x_i-x_0)=f'(x_0)\left[\sum_{i=1}^{n}x_i-nx_0\right]=0,$$

因为 $f''(\xi_i)>0$,所以

$$\frac{1}{2}\sum_{i=1}^{n}f''(\xi_i)(x_i-x_0)^2\geqslant 0,$$

因此 $\sum\limits_{i=1}^{n}f(x_i)\geqslant nf(x_0)$,即

$$\frac{1}{n}\sum_{i=1}^{n}f(x_i)\geqslant f\left(\frac{x_1+x_2+\cdots+x_n}{n}\right).$$

3. 证 因为 $f''(x)<0$,由上题答案中①式得 $\sum\limits_{i=1}^{n}f(x_i)\leqslant nf(x_0)$,即

$$\frac{1}{n}\sum_{i=1}^{n}f(x_i)\leqslant f\left[\frac{x_1+x_2+\cdots+x_n}{n}\right].$$

4. 证 $f(x)=-\ln x$, $f'(x)=-\frac{1}{x}$, $f''(x)=\frac{1}{x^2}$,所以 $f''(x_i)>0$,由第 2 题结论知

$$f\left(\frac{1}{n}\sum_{i=1}^{n}x_i\right)\leqslant\frac{1}{n}\sum_{i=1}^{n}f(x_i),$$

即 $-\ln\left(\frac{1}{n}\sum\limits_{i=1}^{n}x_i\right)\leqslant\frac{1}{n}\sum\limits_{i=1}^{n}[-\ln x_i]=-\sum\limits_{i=1}^{n}\ln\sqrt[n]{x_i}=-\ln\sqrt[n]{x_1x_2\cdots x_n}$,

亦即
$$\ln\left(\frac{1}{n}\sum_{i=1}^{n}x_i\right)\geqslant\ln\sqrt[n]{x_1x_2\cdots x_n},$$

因此
$$\frac{1}{n}\sum_{i=1}^{n}x_i\geqslant\sqrt[n]{x_1x_2\cdots x_n}. \tag{②}$$

当 $y_i>0$ 时得 $\frac{1}{n}\sum\limits_{i=1}^{n}y_i\geqslant\sqrt[n]{y_1y_2\cdots y_n}$. 取 $y_i=\frac{1}{x_i}$,得($x_i>0$)

$$\frac{\sum\limits_{i=1}^{n}\frac{1}{x_i}}{n}\geqslant\sqrt[n]{\frac{1}{x_1x_2\cdots x_n}}=\frac{1}{\sqrt[n]{x_1x_2\cdots x_n}},$$

从而 $$\frac{n}{\dfrac{1}{x_1}+\dfrac{1}{x_2}+\cdots+\dfrac{1}{x_n}}\leqslant\sqrt[n]{x_1x_2\cdots x_n}. \qquad ③$$

由②、③式即得结论.

习 题 5.1

2. (1) 在$(-\infty,0]$与$[2,+\infty)$上分别严格单调下降，在$[0,2]$上严格单调上升. $f(0)=0$ 为极小值，$f(2)=4$ 为极大值；

(2) 在$(-1,0]$上严格单调下降，在$[0,+\infty)$上严格单调上升. $f(0)=0$ 为极小值；

(3) 在$(-\infty,c]$上严格单调上升，在$[c,+\infty)$上严格单调下降. $f(c)=a$ 为极大值；

(4) 在$(-\infty,0]$上严格单调上升，在$[0,+\infty)$上严格单调下降. $f(0)=-1$ 为极大值；

(5) 在$(0,e^{-2}]$上严格单调下降，在$[e^{-2},+\infty)$上严格单调上升. $f(e^{-2})=-2\sqrt{e^{-2}}$为极小值.

3. (1) 在点 a 取极小值 $2a$，在点 $-a$ 取极大值 $-2a$；

(2) 在点 1 取极大值 e^{-1}；

(3) 在点 e^2 取极大值 $4e^{-2}$.

4. (1) 在$(-\infty,1)$上为凹函数，在$(1,+\infty)$上为凸函数. $x=1$ 为扭转点；

(2) 在$(-\infty,-1)$与$(1,+\infty)$上分别为凸函数，在$(-1,1)$为凹函数. $x=1$，与 $x=-1$ 为扭转点；

(3) 在$(-\infty,+\infty)$上为凹函数. 无扭转点；

(4) 在$(-\infty,2)$上为凸函数，在$(2,+\infty)$上为凹函数. $x=2$ 为扭转点.

7. $\left(2-\dfrac{2}{3}\sqrt{6}\right)\pi$. **8.** 距离 M 点$\dfrac{ah}{a+b}$处. **9.** 20 km/h.

10. 矩形的边长分别为 $a\sqrt{2}$，$b\sqrt{2}$.

11. $\dfrac{1}{n}(a_1+a_2+\cdots+a_n)$.

12. 设两面长度相等的墙为宽，则长∶宽应为 2∶1.

13. $\pi/4$.

14. (1) 2； (2) $\dfrac{3}{2}\sqrt[3]{2}$； (3) $\dfrac{4}{3}\sqrt[4]{3}$.

15. (1) $\frac{1}{2}a^2$；　(2) $\frac{2}{9}\sqrt{3}\,a^3$；　(3) $\frac{3}{16}\sqrt{3}\,a^4$.

16. (1) $\frac{1}{4}\sqrt{2}$；　(2) 2；　(3) $\frac{2}{3a}$；　(4) $\frac{1}{a}$.

17. $\frac{1}{18}37^{3/2}$.

18. $\frac{1}{2a^2+r^2}(a^2+r^2)^{3/2}$.

19. $r\sqrt{1+m^2}$.

20. $(x-3)^2+(y+2)^2=8$.

21. $\frac{2}{9}\sqrt{3}$.

22. $p-pv^2\frac{8h}{gl^2}$.

习　题　6.1

1. $\frac{8}{15}x^{15/8}+C$.

2. $\frac{625}{3}x^3-125x^4+30x^5-\frac{10}{3}x^6+\frac{1}{7}x^7+C$.

3. $a\ln|x|-\frac{a^2}{x}-\frac{a^3}{2x^2}+C$.

4. $\frac{4}{7}x^{7/4}+4x^{-1/4}+C$.

5. $-3x^{-1/3}-\frac{9}{2}x^{2/3}+\frac{9}{5}x^{5/3}-\frac{3}{8}x^{8/3}+C$.

6. $-\frac{1}{x}-\frac{1}{5}x^{-5}+C$.

7. $-\frac{2}{\ln5}5^{-x}+\frac{1}{5\ln2}2^{-x}+C$.

8. $a\operatorname{ch}x+b\operatorname{sh}x+C$.

9. $\frac{1}{2}x|x|+C$.

10. $\pm\frac{x^2}{2}\mp\ln|x|+C$.

11. $\frac{5}{2}t^2-\frac{1}{3}t^3+2t$.

12. $\frac{1}{2}x^2+\frac{5}{2}$.

13. $\frac{1}{2}x-\frac{1}{2}\sin x+C$.

14. $\sin x-\cos x+C$.

15. $-\frac{1}{x}-\arctan x+C$.

16. $\frac{1}{2}\ln|2x+5|+C$.

17. $\frac{1}{303}(3x-1)^{101}+C$.

18. $-\frac{1}{3}(2x+11)^{-\frac{3}{2}}+C$.

19. $\frac{1}{\sqrt{6}}\arctan\sqrt{\frac{3}{2}}x+C$.

20. $\frac{1}{\sqrt{5}}\arcsin\sqrt{\frac{5}{2}}x+C$.

21. $\arcsin(2x-1)+C$.

22. $\ln(2+e^x)+C$.

23. $2\arctan e^x+C$.

24. $\ln\left|\operatorname{th}\frac{x}{2}\right|+C$.

25. $\frac{1}{3}\ln^3x+C$.

26. $\ln[\ln(\ln x)]+C$.

27. $\tan\frac{x}{2}+C$.

28. $\tan\left(\frac{x}{2}+\frac{\pi}{4}\right)+C$.

29. $-\frac{1}{12}(8x^3+27)^{-1/2}+C$.

30. $-x-2\ln|x-1|+C$.

31. $\frac{1}{2}\ln\left|\frac{x-3}{x-1}\right|+C$.

32. $\frac{1}{3}\ln\left|\frac{x-1}{x+2}\right|+C$.

33. $\frac{1}{4}\ln\frac{e^{2x}}{e^{2x}+2}+C$.

34. $-2\ln|\cos\sqrt{x}|+C$.

35. $-\frac{1}{5}(x^5+1)^{-1}+\frac{1}{5}(x^5+1)^{-2}-\frac{1}{15}(x^5+1)^{-3}+C$.

36. $\frac{1}{n}x^n+\frac{1}{n}\ln|x^n-1|+C$.

37. $\frac{1}{an}\ln\left|\frac{x^n}{x^n+a}\right|+C$.

38. $-\frac{1}{2}[\ln(x+1)-\ln x]^2+C$.

39. $\frac{1}{2a}\ln\left|\frac{x-a}{x+a}\right|$.

40. $-\sqrt{a^2-x^2}+C$.

41. $\frac{2}{3}(\ln x-2)\sqrt{1+\ln x}+C$.

42. (1) $-\frac{1}{3a^4x^3}(a^2+x^2)^{3/2}+\frac{1}{a^4x}\sqrt{a^2+x^2}+C$;

(2) $-\frac{1}{a^2x}\sqrt{a^2-x^2}+C$.

43. (1) $a\ln\left|\frac{a-\sqrt{a^2-x^2}}{x}\right|+\sqrt{a^2-x^2}+C$;

(2) $a\ln\left|\frac{x}{a+\sqrt{a^2+x^2}}\right|+\sqrt{a^2+x^2}+C$.

44. (1) $\frac{1}{a}\ln\left|\frac{x}{a+\sqrt{a^2+x^2}}\right|+C$; (2) $\frac{1}{a}\arccos\frac{a}{x}+C$.

45. $-\frac{x}{2}\sqrt{a^2-x^2}+\frac{a^2}{2}\arcsin\frac{x}{a}+C$.

46. $-\frac{1}{3x^3}(1+x^2)^{\frac{3}{2}}+\frac{1}{x}\sqrt{1+x^2}+C$.

47. $\frac{1}{3}\ln|x^3+\sqrt{1+x^6}|+C$.

48. $x-\ln(1+\sqrt{1+e^{2x}})+C$.

49. $\frac{4}{7}(1+e^x)^{7/4}-\frac{4}{3}(1+e^x)^{3/4}+C$.

50. $\arcsin\frac{1}{\sqrt{21}}(2x-1)+C$.

51. $\frac{2x-1}{4}\sqrt{2+x-x^2}+\frac{9}{8}\arcsin\frac{2x-1}{3}+C.$

52. $2\arcsin\frac{x-2}{2}-\sqrt{4x-x^2}+C.$

53. $\ln|x-1+\sqrt{x^2-2x+10}|+C.$

54. $\sqrt{x^2+x+1}+\frac{1}{2}\ln\left|x+\frac{1}{2}+\sqrt{x^2+x+1}\right|+C.$

习　题　6.2

1. $x\arcsin x+\sqrt{1-x^2}+C.$　　　　2. $x\operatorname{sh}x-\operatorname{ch}x+C.$

3. $-\frac{1}{4}e^{-2x}(2x^2+2x+1)+C.$

4. $x\ln(x+\sqrt{1+x^2})-\sqrt{1+x^2}+C.$

5. $x(\arcsin x)^2+2\sqrt{1-x^2}\arcsin x-2x+C.$

6. $\frac{x^2}{2(1+x^2)}\ln x-\frac{1}{4}\ln(1+x^2)+C.$

7. $\frac{2}{3}\sqrt{x^3}\arctan\sqrt{x}-\frac{1}{3}x+\frac{1}{3}\ln(1+x)+C.$

8. $\frac{x}{\sqrt{1-x^2}}\arcsin x+\frac{1}{2}\ln|1-x^2|+C.$

9. $-\cos x\ln|\tan x|+\ln\left|\tan\frac{x}{2}\right|+C.$

10. $\frac{1}{4}x^4\left[(\ln x)^2-\frac{1}{2}\ln x+\frac{1}{8}\right]+C.$

11. $-e^{-x}\arctan e^x+x-\frac{1}{2}\ln(1+e^{2x})+C.$

12. $\frac{1}{2}(x-1)e^x-\frac{x}{10}e^x(2\sin 2x+\cos 2x)+\frac{1}{50}e^x(4\sin 2x-3\cos 2x)+C.$

13. $\frac{-1}{\sqrt{1+x^2}}\arctan x+\frac{x}{\sqrt{1+x^2}}+C.$

14. $x\arcsin\sqrt{1-x^2}-\operatorname{sgn}x\sqrt{1-x^2}+C.$

15. $-\frac{1}{x-2}-\arctan(x-2)+C.$

16. $\arctan x+\frac{5}{6}\ln\frac{x^2+1}{x^2+4}+C.$

17. $\frac{1}{5}x^5-\frac{1}{4}x^4+\frac{1}{3}x^3-\frac{1}{2}x^2+x-\ln|x+1|+C.$

18. $\dfrac{1}{2\sqrt{6}}\ln\left|\dfrac{\sqrt{3}x+\sqrt{2}}{\sqrt{3}x-\sqrt{2}}\right|+C.$

19. $\dfrac{1}{10\sqrt{2}}\ln\left|\dfrac{x-\sqrt{2}}{x+\sqrt{2}}\right|-\dfrac{1}{5\sqrt{3}}\arctan\dfrac{x}{\sqrt{3}}+C.$

20. $\dfrac{1}{4}\ln|x^4-x^2+2|+\dfrac{1}{2\sqrt{7}}\arctan\dfrac{2}{\sqrt{7}}\left(x^2-\dfrac{1}{2}\right)+C.$

21. $\dfrac{1}{2}\ln|x+2|-\dfrac{1}{4}\ln|x^2+2x+2|+\dfrac{1}{2}\arctan(x+1)+C.$

22. $\dfrac{b}{a^2+b^2}\arctan\dfrac{x}{b}-\dfrac{a}{a^2+b^2}\ln|x+a|+\dfrac{a}{2(a^2+b^2)}\ln|x^2+b^2|+C.$

23. $\dfrac{1}{2}\ln|1+x^2|+\arctan x+\dfrac{1}{x}-\dfrac{1}{3}x^{-3}+C.$

24. $\dfrac{1}{2n}\left[\arctan x^n-\dfrac{x^n}{1+x^{2n}}\right]+C.$

25. $\dfrac{1}{2}\ln|x^2-1|+\dfrac{1}{x+1}+C.$

26. $x+\dfrac{1}{6}\ln|x|-\dfrac{9}{2}\ln|x-2|+\dfrac{28}{3}\ln|x-3|+C.$

27. $\dfrac{1}{3}\ln|x-1|-\dfrac{1}{6}\ln|x^2+x+1|+\dfrac{1}{\sqrt{3}}\arctan\dfrac{2}{\sqrt{3}}\left(x+\dfrac{1}{2}\right)+C.$

28. $\dfrac{1}{3}\ln|x+1|-\dfrac{1}{6}\ln|x^2-x+1|+\dfrac{\sqrt{3}}{3}\arctan\dfrac{2}{\sqrt{3}}\left(x-\dfrac{1}{2}\right)+C.$

29. $\dfrac{1}{2}\ln|x+1|-\dfrac{1}{x+2}-\dfrac{1}{2}\ln|x+3|+C.$

30. $-\dfrac{2}{5}\ln|x+2|+\dfrac{1}{5}\ln|x^2+1|+\dfrac{1}{5}\arctan x+C.$

31. $\dfrac{3}{5}\sin\dfrac{5}{6}x+3\sin\dfrac{x}{6}+C.$

32. $-\dfrac{1}{10}\cos\left(5x+\dfrac{1}{12}\pi\right)+\dfrac{1}{2}\cos\left(x+\dfrac{5}{12}\pi\right)+C.$

33. $\dfrac{1}{4}x+\dfrac{1}{24}\sin 6x+\dfrac{1}{16}\sin 4x+\dfrac{1}{8}\sin 2x+C.$

34. $\dfrac{3}{8}x+\dfrac{1}{4}\sin 2x+\dfrac{1}{32}\sin 4x+C.$

35. $\sin x-\dfrac{2}{3}\sin^3 x+\dfrac{1}{5}\sin^5 x+C.$

36. $\dfrac{1}{3}\sin^3 x-\dfrac{2}{5}\sin^5 x+\dfrac{1}{7}\sin^7 x+C.$

37. $\cos x+\dfrac{1}{\cos x}+C.$

38. $\dfrac{1}{16}x-\dfrac{1}{64}\sin 4x+\dfrac{1}{48}\sin^3 2x+C.$

39. $\frac{1}{\sqrt{2}}\ln\left|\tan\left(\frac{x}{2}+\frac{\pi}{8}\right)\right|+C.$ 40. $\frac{1}{\sqrt{2}}\arcsin\left(\sqrt{\frac{2}{3}}\sin x\right)+C$

41. $-\frac{1}{2}\arctan(\cos 2x)+C.$

42. $\frac{1}{2}\frac{\sin x}{\cos^2 x}+\frac{1}{2}\ln\left|\frac{1+\sin x}{\cos x}\right|+C.$

43. $-\frac{1}{2}\frac{\cos x}{\sin^2 x}+\frac{1}{2}\ln\left|\frac{\cos x+1}{\sin x}\right|+C.$

44. $-\frac{2}{5}\cos^5 x+C.$

45. $\frac{1}{\sqrt{5}}\arctan\frac{3}{\sqrt{5}}\left(\tan\frac{x}{2}+\frac{1}{3}\right)+C.$

46. $\frac{2}{\sqrt{1-\varepsilon^2}}\arctan\left[\sqrt{\frac{1-\varepsilon}{1+\varepsilon}}\tan\frac{x}{2}\right]+C.$

47. $\frac{1}{2}(\sin x-\cos x)-\frac{1}{2\sqrt{2}}\ln\left|\tan\left(\frac{x}{2}+\frac{\pi}{8}\right)\right|+C.$

48. $\tan x+\frac{1}{3}\tan^3 x+C.$ 49. $\frac{1}{2\sqrt{2}}\ln\left|\frac{\sin 2x+\sqrt{2}}{\sin 2x-\sqrt{2}}\right|+C.$

50. $\frac{2}{3}\operatorname{sh}^3 x+C.$ 51. $\frac{1}{8}\operatorname{sh}4x+\frac{1}{4}\operatorname{sh}2x+C.$

52. $\arcsin x-\sqrt{1-x^2}+C.$

53. $6t-3t^2-2t^3+\frac{3}{2}t^4+\frac{6}{5}t^5-\frac{6}{7}t^7+3\ln(1+t^2)-6\arctan t+C$，

其中 $t=\sqrt[6]{x+1}$.

54. $\frac{1}{2}x^2-\frac{x}{2}\sqrt{x^2-1}+\frac{1}{2}\ln|x+\sqrt{x^2-1}|+C.$

55. $6[\ln|t|-\ln|2t+1|]+C$，其中 $t=\sqrt[6]{x}$.

56. $-\frac{3}{2}\left(\frac{x+1}{x-1}\right)^{\frac{1}{3}}+C.$

57. $\sqrt{x^2-x+2}+\frac{1}{2}\ln\left|x-\frac{1}{2}+\sqrt{x^2-x+2}\right|+C.$

58. $-\frac{5}{18}(1+t)^{-1}-\frac{1}{6}(1+t)^{-2}+\frac{3}{4}\ln|t-1|-\frac{16}{27}\ln|t-2|$

$-\frac{17}{108}\ln|t+1|+C$，其中 $t=\frac{1}{x+1}\sqrt{x^2+3x+2}$.

59. $\frac{1}{8}\left[\frac{1}{3}(t-1)^3+\frac{1}{3}(t-1)^{-3}+(t-1)^2-(t-1)^{-2}+t-1\right.$

$+(t-1)^{-1}\Big]+\dfrac{1}{2}\ln|t-1|+C$，其中 $t=x+\sqrt{x^2-2x+2}$.

60. $\dfrac{1}{\sqrt{2}}\ln\left|\dfrac{\sqrt{2}\sqrt{1+x^2}+x-1}{1+x}\right|+C.$

61. $\dfrac{-x}{\sqrt{x-x^2}+x}-\arctan\dfrac{\sqrt{x-x^2}}{x}+C.$

62. $\dfrac{6}{11}t^{11}-\dfrac{10}{3}t^9+\dfrac{60}{7}t^7-12t^5+10t^3-6t+C$，其中 $t=(x^{1/3}+1)^{1/2}$.

习　题　7.1

A　组

1. (1) $\dfrac{c}{2}(b^2-a^2)+d(b-a)$；　(2) 3；　(3) $\dfrac{1}{4}$.

2. (1) $\dfrac{1}{2}(b^2-a^2)$；　(2) $\dfrac{\pi}{8}(b-a)^2$；　(3) $\dfrac{1}{4}(b-a)^2$.

5. (1) $\dfrac{15}{4}$；　(2) $\dfrac{\pi}{4}$；　(3) $\dfrac{1}{5}t^5$；　(4) $-\ln 2$；

(5) $\dfrac{45}{4}$；　(6) $\dfrac{1}{a}\ln\dfrac{3}{2}$；　(7) $\dfrac{4}{3}a^3$；　(8) $a+b$；

(9) 1；　(10) $\dfrac{1}{3}\pi$；　(11) π^2-4；　(12) $\dfrac{1}{6}$；

(13) 1；　(14) $\mathrm{e}^x(x+1)-\dfrac{1}{2}(\ln 2+1)$；　(15) $\dfrac{4}{3}(\sqrt{2}-4)$；

(16) $\dfrac{1}{4}$；　(17) $\dfrac{3}{16}\pi$；　(18) $1-\mathrm{e}^{-x}$.

6. (1) $|x|$；　(2) $\dfrac{1}{2}x|x|$；

(3) 当 $x\leqslant 0$ 时 $f(x)=\dfrac{1}{2}-x$，当 $0<x<1$ 时 $f(x)=x^2-x+\dfrac{1}{2}$，

当 $x\geqslant 1$ 时 $f(x)=x-\dfrac{1}{2}$；

(4) 当 $x\leqslant 0$ 时 $f(x)=\dfrac{1}{3}-\dfrac{1}{2}x$，当 $0<x<1$ 时 $f(x)=\dfrac{1}{3}x^3-\dfrac{1}{2}x+$

$\dfrac{1}{3}$，当 $x\geqslant 1$ 时 $f(x)=\dfrac{x}{2}-\dfrac{1}{3}$.

7. $\dfrac{1}{3}(b^3-a^3)+b-a$.　　**9.** $\dfrac{25}{2}g$.

10. (1) $\dfrac{1}{4}\pi$；　(2) $\dfrac{2}{\pi}$；　(3) $\dfrac{2}{3}(2\sqrt{2}-1)$；　(4) $\dfrac{1}{p+1}$.

13. $\cot t$.　　　**14.** $0, 0, -\pi$.

15. (1) $x\sqrt{1+x^2}$;　　(2) $-\mathrm{e}^{-x^2}$;　　(3) $2x\sqrt{1+x^4}$;

(4) $3x^2\dfrac{1}{\sqrt{1+x^{12}}}-2x\dfrac{1}{\sqrt{1+x^8}}$;　　(5) 0.

16. $-\cos x\mathrm{e}^{-y^2}$.

B 组

1. 证 令

$$h(\lambda)=\int_a^b(f+\lambda g)^2\mathrm{d}x=\lambda^2\int_a^b g^2\mathrm{d}x+2\lambda\int_a^b f\cdot g\mathrm{d}x+\int_a^b f^2\mathrm{d}x,$$

$h(\lambda)$是λ的二次三项式,且非负,即$h(\lambda)\geqslant 0$. 我们知道若二次三项式$a\lambda^2+b\lambda+c\geqslant 0$,则其判别式$b^2-4ac\leqslant 0$,即

$$4\left[\int_a^b f\cdot g\mathrm{d}x\right]^2-4\int_a^b g^2\mathrm{d}x\int_a^b f^2\mathrm{d}x\leqslant 0,$$

于是有
$$\left|\int_a^b f\cdot g\mathrm{d}x\right|\leqslant\sqrt{\int_a^b f^2\mathrm{d}x}\sqrt{\int_a^b g^2\mathrm{d}x}.$$

2. 证
$$\begin{aligned}\int_a^b(f+g)^2\mathrm{d}x&=\int_a^b f^2\mathrm{d}x+2\int_a^b f\cdot g\mathrm{d}x+\int_a^b g^2\mathrm{d}x\\&\leqslant\int_a^b f^2\mathrm{d}x+2\left|\int_a^b f\cdot g\mathrm{d}x\right|+\int_a^b g^2\mathrm{d}x\\&\leqslant\int_a^b f^2\mathrm{d}x+2\sqrt{\int_a^b f^2\mathrm{d}x}\sqrt{\int_a^b g^2\mathrm{d}x}+\int_a^b g^2\mathrm{d}x\\&=\left[\sqrt{\int_a^b f^2\mathrm{d}x}+\sqrt{\int_a^b g^2\mathrm{d}x}\right]^2,\end{aligned}$$

所以
$$\sqrt{\int_a^b(f+g)^2\mathrm{d}x}\leqslant\sqrt{\int_a^b f^2\mathrm{d}x}+\sqrt{\int_a^b g^2\mathrm{d}x}.$$

3. 证 应证明$\int_a^b[g(x)-f(x)]\mathrm{d}x>0$. 设$g(x_0)\neq f(x_0)$,不妨设$x_0\in(a,b)$,由条件知$g(x_0)-f(x_0)>0$. 由连续性知

$$\lim_{x\to x_0}[g(x)-f(x)]=g(x_0)-f(x_0)>\frac{1}{2}[g(x_0)-f(x_0)]=\alpha>0.$$

由保序性定理得,存在$\delta>0$,当$x\in(x_0-\delta,x_0+\delta)$时,有

$$g(x)-f(x)>\alpha>0.$$

取δ充分小,使得$(x_0-\delta,x_0+\delta)\subset(a,b)$. 于是有

$$\int_a^b [g(x)-f(x)]\mathrm{d}x = \int_a^{x_0-\delta}[g(x)-f(x)]\mathrm{d}x + \int_{x_0-\delta}^{x_0+\delta}[g(x)-f(x)]\mathrm{d}x + \int_{x_0+\delta}^{b}[g(x)-f(x)]\mathrm{d}x$$

$$\geqslant \int_a^{x_0-\delta} 0\mathrm{d}x + \int_{x_0-\delta}^{x_0+\delta}\alpha\mathrm{d}x + \int_{x_0+\delta}^{b} 0\mathrm{d}x = 2\delta\alpha > 0,$$

即 $\int_a^b [g(x)-f(x)]\mathrm{d}x > 0$.

4. 证 令 $\int_a^{ab} f(x)\mathrm{d}x = g(b)$. 两边对 a 求导得 $f(ab)b - f(a) = 0$,即

$$f(ab) = \frac{f(a)}{b}.$$

令 $a=1$ 得 $f(b)=\frac{f(1)}{b}$,即 $f(x)=\frac{f(1)}{x}$.

5. 解 $\lim\limits_{n\to+\infty}\frac{1}{n^3}[1^2+3^2+\cdots+(2n-1)^2]$

$$= \lim_{n\to+\infty}\frac{1}{2}\left[\left(\frac{1}{n}\right)^2+\left(\frac{3}{n}\right)^2+\cdots+\left(\frac{2n-1}{n}\right)^2\right]\frac{2}{n}$$

$$= \lim_{n\to+\infty}\frac{1}{2}\left[\left(\frac{1}{n}\right)^2\frac{1}{n}+\left(\frac{3}{n}\right)^2\frac{2}{n}+\cdots+\left(\frac{2n-1}{n}\right)^2\frac{2}{n} + 2^2\frac{1}{n}\right] + \lim_{n\to+\infty}\frac{1}{2}\left(\frac{1}{n}\right)^2\frac{1}{n} - \lim_{n\to+\infty}\frac{1}{2}\left(2^2\frac{1}{n}\right)$$

$$= \frac{1}{2}\int_0^2 x^2\mathrm{d}x + 0 - 0 = \frac{4}{3}.$$

习 题 7.2

1. $\frac{1}{26}(2^{13}-1)$.

2. $\frac{1}{2}\ln 3 - \frac{\pi}{2\sqrt{3}}$.

3. $\frac{5}{27}e^3 - \frac{2}{27}$.

4. $\frac{1}{6}$.

5. 1.

6. $2-\frac{2}{e}$.

7. $\frac{5}{6}$.

8. $\frac{1}{3}a^3 - 2a + \frac{8}{3}$.

9. 4.

10. $\frac{1}{6}\pi^3 - \frac{1}{4}\pi$.

11. 0.

12. $\frac{1}{4}a^2\pi$.

13. $\frac{1}{\sqrt{2}}\ln(1+\sqrt{2})$.

17. 当 $m\neq n$ 时为 0,当 $m=n$ 时为 π.

18. 0.

19. 同 17 题.

20. $\frac{3}{16}\pi$.

22. 12.　　23. $\frac{(2n)!!}{(2n+1)!!}$.　　24. $\frac{1}{2}$.

25. $\frac{\pi}{4}-\frac{2}{3}$.　　26. $\frac{\pi}{2}-1$.

27. $\pi\ln(\pi+\sqrt{\pi^2+a^2})-\sqrt{\pi^2+a^2}+|a|$.

28. $\frac{4}{3}$.　　29. $\frac{1}{72}\pi^2+\frac{\sqrt{3}}{6}\pi-1$.　　30. $\frac{63}{512}\pi^2$.

31. $\frac{21}{2048}\pi$.　　32. $\frac{63}{512}\pi$.　　33. $\frac{\pi^2}{16}-\frac{\pi}{4}+\frac{1}{2}\ln 2$.

34. $\frac{4}{3}\pi-\sqrt{3}$.

习　题　7.3

A　组

1. $\frac{1}{2}$.　　2. $\ln 2$.　　3. π.

4. $\pi\frac{(2n-3)!!}{(2n-2)!!}$.　　5. $\frac{1}{2^{n+1}}(-1)^n n!$.　　6. $\frac{\pi}{2}$.

7. $\frac{a+b}{2}\pi$.　　8. $\frac{1}{4}\pi+\frac{1}{2}\ln 2$.　　9. $\frac{\pi}{3}$.

10. 1.　　11. $\frac{2}{3\sqrt{3}}\pi$.　　12. π.

13. 2.　　14. $-\frac{1}{2}$.　　15. $\frac{\pi}{2}-1$.

16. $\frac{1}{2ab(a+b)}\pi$.　　17. $\frac{\pi}{2}$.　　18. $\frac{44}{3}$.

19. 收敛.　　20. 收敛.

21. $n-m>1$ 时收敛，$n-m\leqslant 1$ 时发散.

22. 收敛.　　23. 收敛.　　24. 收敛.

25. 收敛.　　26. 发散.　　27. 收敛.

28. 当 $\max\{p,q\}>1$ 且 $\min\{p,q\}<1$ 时收敛,其他情况发散.

29. 当 $\alpha>1$ 时收敛,当 $\alpha\leqslant 1$ 时发散.

30. 当 $\min(\alpha,\beta)<1$ 时收敛,其他情况发散.

31. 发散.　　32. $n\in(1,2)$时,收敛.

35. $\frac{1}{4}$.　　36. $\frac{1}{r}\,km$.

37. (1) $\frac{3}{128}\sqrt{\pi}$; (2) $\frac{1}{\alpha\sqrt{\alpha}}\frac{\sqrt{\pi}}{2}$; (3) $\frac{2}{35}a^7$; (4) $\frac{1}{8}\pi$.

38. $\frac{1}{4}\mathrm{B}\left(\frac{1}{4},\frac{1}{2}\right)$. **39.** $\frac{1}{4}\mathrm{B}\left(\frac{3}{4},\frac{1}{2}\right)$.

40. $\frac{1}{2}\mathrm{B}\left(\frac{\alpha+1}{2},\frac{1}{2}\right)$. **41.** $\frac{1}{3}\Gamma\left(\frac{2}{3}\right)\Gamma\left(\frac{1}{3}\right)$.

42. $\frac{1}{4}\Gamma\left(\frac{1}{4}\right)\Gamma\left(\frac{3}{4}\right)$. **43.** $\frac{1}{n}\Gamma\left(1-\frac{1}{n}\right)\Gamma\left(\frac{1}{n}\right)$.

44. $\frac{1}{4}\Gamma\left(\frac{1}{4}\right)\Gamma\left(\frac{3}{4}\right)$. **45.** $\Gamma(\alpha)$.

46. $\frac{1}{n}\Gamma\left(\frac{m+1}{n}\right)$. **47.** $\frac{1}{3}\mathrm{B}\left(\frac{4}{3},\frac{1}{2}\right)$.

B 组

1. 解
$$\begin{aligned}\int_2^{+\infty}\frac{x\ln x}{(x^2-1)^2}\mathrm{d}x &= -\frac{1}{2}\int_2^{+\infty}\ln x\mathrm{d}\,\frac{1}{x^2-1}\\ &= -\frac{1}{2}(\ln x)\frac{1}{x^2-1}\Big|_2^{+\infty}+\frac{1}{2}\int_2^{+\infty}\frac{1}{x(x^2-1)}\mathrm{d}x\\ &= \frac{1}{6}\ln 2+\frac{1}{2}\int_2^{+\infty}\left[\frac{x}{x^2-1}-\frac{1}{x}\right]\mathrm{d}x\\ &= \frac{1}{6}\ln 2+\left[\frac{1}{4}\ln(x^2-1)-\frac{1}{2}\ln x\right]\Big|_2^{+\infty}\\ &= \frac{1}{6}\ln 2+\ln\frac{\sqrt[4]{x^2-1}}{\sqrt{x}}\Big|_2^{+\infty}\\ &= \frac{1}{6}\ln 2-\ln\frac{\sqrt[4]{3}}{\sqrt{2}}=\frac{2}{3}\ln 2-\frac{1}{4}\ln 3.\end{aligned}$$

2. 解 令 $x=2t$,则有
$$\begin{aligned}\int_0^{\frac{\pi}{2}}\ln\sin x\mathrm{d}x &= 2\int_0^{\frac{\pi}{4}}\ln\sin 2t\mathrm{d}t=2\int_0^{\frac{\pi}{4}}[\ln 2+\ln\sin t+\ln\cos t]\mathrm{d}t\\ &= \frac{\pi}{2}\ln 2+2\int_0^{\frac{\pi}{4}}\ln\sin t\mathrm{d}t+2\int_0^{\frac{\pi}{4}}\ln\cos t\mathrm{d}t.\end{aligned}$$
对第三个积分作变换 $t=\frac{\pi}{2}-u$,则有
$$\begin{aligned}\int_0^{\frac{\pi}{2}}\ln\sin x\mathrm{d}x &= \frac{\pi}{2}\ln 2+2\int_0^{\frac{\pi}{4}}\ln\sin t\mathrm{d}t+2\int_{\frac{\pi}{4}}^{\frac{\pi}{2}}\ln\sin u\mathrm{d}u\\ &= \frac{\pi}{2}\ln 2+2\int_0^{\frac{\pi}{2}}\ln\sin t\mathrm{d}t,\end{aligned}$$

所以 $\int_0^{\frac{\pi}{2}} \ln \sin t \mathrm{d}t = -\frac{\pi}{2}\ln 2$.

3. 解 令 $x=\frac{\pi}{2}-t$,则有

$$\int_0^{\frac{\pi}{2}} \ln \cos x \mathrm{d}x = \int_{\frac{\pi}{2}}^0 \ln \cos\left(\frac{\pi}{2}-t\right)[-\mathrm{d}t]$$

$$= \int_0^{\frac{\pi}{2}} \ln \sin t \mathrm{d}t = -\frac{\pi}{2}\ln 2.$$

4. 解 设 $a>1$,

$$\int_1^{+\infty} \frac{\mathrm{d}x}{x^p \ln^q x} = \int_1^a \frac{\mathrm{d}x}{x^p \ln^q x} + \int_a^{+\infty} \frac{\mathrm{d}x}{x^p \ln^q x}.$$

考查 $\int_1^a \frac{\mathrm{d}x}{x^p \ln^q x}$ 的收敛性. 由于

$$x^p \ln^q x = x^p \ln^q(1+x-1) \sim (x-1)^q, \quad x \to 1+0,$$

所以当 $q<1$ 时,此积分收敛,当 $q\geqslant 1$ 时此积分发散.

考查 $\int_a^{+\infty} \frac{\mathrm{d}x}{x^p \ln^q x}$ 的收敛性. 当 $p>1$,取 $\varepsilon>0$,且使 $p-\varepsilon>1$,对任意的 q,

$$\lim_{x\to+\infty} \frac{\frac{1}{x^p \ln^q x}}{\frac{1}{x^{p-\varepsilon}}} = \lim_{x\to+\infty} \frac{1}{x^{\varepsilon} \ln^q x} = 0.$$

因为积分 $\int_a^{+\infty} \frac{1}{x^{p-\varepsilon}} \mathrm{d}x$ 收敛,所以 $\int_a^{+\infty} \frac{\mathrm{d}x}{x^p \ln^q x}$ 也收敛.

当 $p=1$ 时,

$$\int_a^{+\infty} \frac{\mathrm{d}x}{x \ln^q x} = \int_a^{+\infty} \frac{\mathrm{d}\ln x}{\ln^q x} = \int_{\ln a}^{+\infty} \frac{\mathrm{d}t}{t^q},$$

这时此积分当 $q>1$ 时收敛, $q\leqslant 1$ 时发散.

综合以上讨论得,当 $q<1$ 且 $p>1$ 时,原积分收敛,其他情况都发散.

5. 解 设 $a>0$,

$$\text{原式} = \int_0^{+\infty} f(x)\mathrm{d}x = \int_0^a \frac{x^m \arctan x}{2+x^n}\mathrm{d}x + \int_a^{+\infty} \frac{x^m \arctan x}{2+x^n}\mathrm{d}x.$$

考查 $\int_0^a \frac{x^m \arctan x}{2+x^n}\mathrm{d}x$ 的收敛性, $x=0$ 可能是瑕点. 当 $x\to 0+0$ 时,

$$\frac{x^m \arctan x}{2+x^n} \sim \frac{1}{2x^{-(m+1)}}.$$

因此,当 $-(m+1)<1$ 即 $m>-2$ 时,积分 $\int_0^a f(x)\mathrm{d}x$ 收敛;当 $m\leqslant -2$ 时,积

分 $\int_0^a f(x)\mathrm{d}x$ 发散.

考查 $\int_a^{+\infty}\frac{x^m\arctan x}{2+x^n}\mathrm{d}x$ 的收敛性. 当 $x\to+\infty$时,

$$\frac{x^m\arctan x}{2+x^n}\sim\frac{\pi}{2}\cdot\frac{1}{x^{n-m}}.$$

因此,当 $n-m>1$ 时,积分 $\int_a^{+\infty}f(x)\mathrm{d}x$ 收敛;当 $n-m\leqslant 1$ 时,积分 $\int_a^{+\infty}f(x)\mathrm{d}x$ 发散.

综合以上讨论得,当 $m>-2$ 且 $n-m>1$ 时,积分 $\int_0^{+\infty}\frac{x^m\arctan x}{2+x^n}\mathrm{d}x$ 收敛,其他情况发散.

6. 解 令 $x=\frac{1}{t}$, $t=\frac{1}{x}$, $\mathrm{d}x=-\frac{1}{t^2}\mathrm{d}t$,则

$$\text{原积分}=\int_0^1\frac{t}{\sqrt{1+t^{-5}+t^{-10}}}\frac{1}{t^2}\mathrm{d}t=\int_0^1\frac{t^4\mathrm{d}t}{\sqrt{t^{10}+t^5+1}}$$

$$=\frac{1}{5}\int_0^1\frac{\mathrm{d}t^5}{\sqrt{t^{10}+t^5+1}}=\frac{1}{5}\int_0^1\frac{\mathrm{d}u}{\sqrt{u^2+u+1}}$$

$$=\frac{1}{5}\int_0^1\frac{\mathrm{d}\left(u+\frac{1}{2}\right)}{\sqrt{\left(u+\frac{1}{2}\right)^2+\frac{3}{4}}}$$

$$=\frac{1}{5}\ln\left|u+\frac{1}{2}+\sqrt{u^2+u+1}\right|\Bigg|_0^1=\frac{1}{5}\ln\left(1+\frac{2}{\sqrt{3}}\right).$$

习 题 8.1

1. $\frac{40}{81}\sqrt{10}$. **2.** $\frac{84}{49}$. **3.** $\frac{2}{3}$.

4. $\frac{7}{6}$. **5.** $2\pi+\frac{4}{3}$, $6\pi-\frac{4}{3}$. **6.** $\frac{\pi}{2}$.

7. $3\pi a^2$. **8.** $\frac{3}{8}\pi a^2$. **9.** $\frac{ab}{2\sqrt{\pi}}\Gamma^2\left(\frac{1}{4}\right)$.

10. $\frac{\pi}{12}a^2$. **11.** $\frac{1}{2}$. **12.** $\frac{32}{5}\sqrt{2}\pi$, 2π.

13. $\frac{\pi}{2}a^3+\frac{\pi}{4}a^3\mathrm{sh}2$. **14.** $\frac{1}{2}\pi^2$. **15.** $5\pi^2a^3$.

16. $\frac{32}{105}a^3\pi$. **18.** $\frac{5}{12}\pi p^3$. **19.** $2\pi^2a^2b$.

20. $\pi^2-2\pi$. 21. $b\sqrt{1+4a^2b^2}+\frac{1}{2a}\ln(2ab+\sqrt{1+4a^2b^2})$.

22. $\frac{y_0}{2p}\sqrt{p^2+y_0^2}+\frac{p}{2}\ln|y_0+\sqrt{p^2+y_0^2}|$. 23. $6a$.

24. $\frac{1}{2}a\theta_0\sqrt{1+\theta_0^2}+\frac{1}{2}a\ln|\theta_0+\sqrt{1+\theta_0^2}|$.

25. $8a$. 26. $\sqrt{2}(\mathrm{e}-1)$. 27. $\ln 3-\frac{1}{2}$.

28. $4a\left[1+\frac{1}{\sqrt{2}}\ln(1+\sqrt{2})\right]$. 29. $\frac{a}{m}\sqrt{1+m^2}$.

30. $\ln|\sec a+\tan a|$. 32. $\frac{56}{3}a^2\pi$. 33. $2\pi a^2(2-\sqrt{2})$.

34. $2\pi a\left[b+\frac{a}{2}\operatorname{sh}\frac{2b}{a}\right]$, $2\pi a\left[b\operatorname{sh}\frac{b}{a}-a\operatorname{ch}\frac{b}{a}+a\right]$.

35. $\pi(\sqrt{5}-\sqrt{2})+\pi\ln\frac{(\sqrt{2}+1)(\sqrt{5}-1)}{2}$.

习 题 8.2

1. 75 kg. 2. $\frac{1}{3}(T^3+1-\cos 3T)$.

3. 若半圆周的方程为 $y=\sqrt{R^2-x^2}$,则半圆的质心为 $\left(0,\frac{4}{3\pi}R\right)$.

4. 质心在垂直于弦 AB 的半径上,与圆心的距离为 $\frac{1}{s}Rh$.

5. $\left(0,\frac{2}{5}a\right)$. 6. $\left(\frac{9}{20}a,\frac{9}{20}a\right)$.

7. $\left(\pi a,\frac{5}{6}a\right)$. 8. $\frac{7}{36}Ml^2$.

9. $\frac{1}{2}\pi\mu(R^4-r^4)$. 10. $\frac{5}{4}MR^2$.

11. $\frac{1}{3}ma^2$, $\frac{1}{6}m\omega^2a^2$. 13. -5 J, 5 J.

14. 0.3 J. 15. $9.8\times 1.25\times 10^6$ J.

16. $\frac{4}{3}\pi R^4\times 10$ J. 17. $\frac{kQ}{l}\ln\frac{b(a+l)}{a(b+l)}$.

18. 设 A,B,C 在平面直角坐标系的坐标分别为 $(0,0)$, $(l,0)$, $(0,h)$,则引力为

$$\left(\frac{GMm}{l}\left[\frac{1}{h}-\frac{1}{\sqrt{l^2+h^2}}\right],-\frac{GMm}{h\sqrt{l^2+h^2}}\right).$$

19. 引力的大小为$\frac{2GM}{\pi R^2}$,其中G为引力常数;方向由质点指向弧的中心.

21. $\frac{625}{4}$ m.

22. $2560 \cdot 10^3 \times 9.8$ N.

23. $2444\frac{4}{9}\times 9.8$ N.

24. $\frac{2}{3}a^2b$.

25. $\int_a^b xf(x)\mathrm{d}x$.

26. $\frac{c}{T}a$, $\sqrt{\frac{c}{T}}a$.

27. $\frac{1}{2}$ h, $\frac{1}{\sqrt{3}}$ h.

28. $\frac{U_0}{\pi}$.

29. I_m^2R.

30. $\frac{1}{2}k\pi a^4$.

附录一　习题答案与解答

1. 证　命题的必要性是显然的. 现证充分性. 由条件知,对任给的$\varepsilon>0$,存在$X>0$,当$x'>X$,$x''>X$时有

$$|f(x')-f(x'')|<\varepsilon.$$

取$x'=X+1$,对$x''>X$有

$$\begin{aligned}|f(x'')| &= |f(x'')-f(X+1)+f(X+1)| \\ &\leqslant |f(x'')-f(X+1)|+|f(X+1)| \\ &< \varepsilon+|f(X+1)|.\end{aligned}$$

即当$x\to+\infty$时, $f(x)$有界.

因此, $f(n)$是有界数列. 由外尔斯特拉斯定理知, $f(n)$有收敛子列. 设子列$f(n_k)$的极限$\lim\limits_{n_k\to+\infty} f(n_k)=A$. 所以,任给$\varepsilon>0$,存在$k_0>0$当$k>k_0$,且当$n_k\geqslant n_{k_0}>X$时有

$$|f(n_k)-A|<\varepsilon.$$

这时,当$x>X$时,有

$$\begin{aligned}|f(x)-A| &= |f(x)-f(n_k)+f(n_k)-A| \\ &\leqslant |f(x)-f(n_k)|+|f(n_k)-A|<\varepsilon+\varepsilon=2\varepsilon,\end{aligned}$$

即$\lim\limits_{x\to+\infty} f(x)=A$.

2. 提示　证法与上题类似.

6. 证　由条件知,存在$M>0$,使得$|a_k|\leqslant M$ $(k=1,2,\cdots)$. 设$n_2>n_1>0$,

$$|x_{n_1}-x_{n_2}|=|a_{n_1+1}q^{n_1+1}+\cdots+a_{n_2}q^{n_2}|\leqslant|a_{n_1+1}q^{n_1+1}|+\cdots+|a_{n_2}q^{n_2}|$$
$$\leqslant M[|q|^{n_1+1}+\cdots+|q|^{n_2}]$$
$$\leqslant M|q|^{n_1+1}[1+|q|+\cdots+|q|^n+\cdots]=M|q|^{n_1+1}\frac{1}{1-|q|}.$$

因为 $|q|<1$,所以

$$\lim_{n_1\to\infty}M|q|^{n_1+1}\frac{1}{1-|q|}=0.$$

即任给 $\varepsilon>0$,存在 N,当 $n_1>N$ 时,有

$$\left|M|q|^{n_1+1}\frac{1}{1-|q|}\right|<\varepsilon.$$

这时,对任给的 $\varepsilon>0$,存在上面的 N,当 $n_1>N,n_2>N$(不妨设 $n_2>n_1$)有

$$|x_{n_1}-x_{n_2}|\leqslant M|q|^{n_1+1}\frac{1}{1-|q|}<\varepsilon.$$

因此,数列 x_n 满足柯西准则.由有极限的充要条件知,极限 $\lim\limits_{n\to\infty}x_n$ 存在.

7. (1) $E=\left\{-1,\frac{1}{2},-\frac{1}{3},\frac{1}{4},\cdots\right\}$,所以 $\sup E=\frac{1}{2},\inf E=-1$.

(2) $E=\left\{0,\frac{6}{2},0,\frac{10}{4},\cdots,0,\frac{2(2n+1)}{2n},\cdots\right\}$,所以

$$\sup E=3,\quad \inf E=0.$$

(3)、(4) $\sup E=1,\inf E=0$.

(5) 无上确界,也无下确界.

8. 证 $\sup\limits_{x\in D}f(x)\leqslant\sup\limits_{x\in E}f(x)$,这时 $D\subset E$.对任意的 $x\in D$,有

$$f(x)\leqslant\sup_{x\in E}f(x),$$

即 $\sup\limits_{x\in E}f(x)$是 $f(x)$在 $x\in D$ 上的上界.而 $\sup\limits_{x\in D}f(x)$是 $f(x)$在 $x\in D$ 上的最小上界,因此 $\sup\limits_{x\in D}f(x)\leqslant\sup\limits_{x\in E}f(x)$.

9. 证 $\inf\limits_{x\in D}f(x)\leqslant\inf\limits_{x\in D}g(x)$,这时 $x\in D$ 时 $f(x)\leqslant g(x)$.对任意的 $x\in D$,有

$$\inf_{x\in D}f(x)\leqslant f(x)\leqslant g(x),$$

即 $\inf\limits_{x\in D}f(x)$是 $g(x)$在 $x\in D$ 上的下界.而 $\inf\limits_{x\in D}g(x)$是 $g(x)$在 $x\in D$ 上的最大下界,因此有 $\inf\limits_{x\in D}f(x)\leqslant\inf\limits_{x\in D}g(x)$.

10. 证 $\sup\limits_{x\in A}[f(x)+\beta]=\sup\limits_{x\in A}f(x)+\beta$.

对任意的 $x\in A$ 有 $f(x)\leqslant\sup\limits_{x\in A}f(x)$,从而对任意的 $x\in A$ 有

$$f(x)+\beta\leqslant \sup f(x)+\beta,$$

即 $\sup\limits_{x\in A}f(x)+\beta$ 是数集 $E=\{f(x)+\beta|x\in A\}$ 的上界.

由上确界的充要条件知,对任意的 $\varepsilon>0$,有 $x_0\in A$,使得

$$f(x_0)>\sup_{x\in A}f(x)-\varepsilon,$$

从而 $f(x_0)+\beta>\sup\limits_{x\in A}f(x)+\beta-\varepsilon$.

又由上确界的充要条件知, $\sup\limits_{x\in A}\{f(x)+\beta\}=\sup\limits_{x\in A}f(x)+\beta$.

11. 证 对任意的 $x\in A$,有 $\inf\limits_{x\in A}f(x)\leqslant f(x)$,所以

$$-\inf_{x\in A}f(x)\geqslant -f(x). \qquad ①$$

对任意的 $\varepsilon>0$,有 $x_0\in A$,使得 $\inf\limits_{x\in A}f(x)+\varepsilon>f(x_0)$,所以

$$-\inf_{x\in A}f(x)-\varepsilon<-f(x_0). \qquad ②$$

由①,②式得 $\sup\limits_{x\in A}\{-f(x)\}=-\inf\limits_{x\in A}f(x)$.

12. 不妨设 x_n 单调上升.

证 必要性 已知 $\lim\limits_{n\to\infty}x_n=A$,则 x_n 的任一子列 x_{n_k} 都有 $\lim\limits_{k\to\infty}x_{n_k}=A$.

充分性 已知有一子列 x_{n_k} 使得 $\lim\limits_{k\to\infty}x_{n_k}=A$. 由收敛数列必有界定理知, x_{n_k} 有界. 从而有上界,设 $x_{n_k}\leqslant M$, $k=1,2,\cdots$. 当 $n<n_k$ 时有

$$x_n\leqslant x_{n_k}\leqslant M,$$

即 x_n 也有上界,从而 x_n 有极限. 设 $\lim\limits_{n\to\infty}x_n=B$,从而 $\lim\limits_{k\to\infty}x_{n_k}=B$,即 $B=A$,所以 $\lim\limits_{n\to\infty}x_n=A$.

13. 提示 证明 $\lim\limits_{x\to+\infty}f(x)=\sup\limits_{x\in[a,+\infty)}f(x)$.

14. 证 不妨设 $f(x)$ 在 (a,b) 上单调上升. 先证 $f(x_0+0)$ 存在,其中 $x_0\in(a,b)$,考查数集 $E=\{f(x)|x\in(x_0,b)\}$. 由条件知,当 $x\in(x_0,b)$ 时,

$$f(x_0)\leqslant f(x),$$

即 E 是有下界的数集,从而有下确界. 设为 B,由下确界的等价定义知, $x\in(x_0,b)$ 有

$$B\leqslant f(x) \qquad ③$$

且对任意的 $\varepsilon>0$,存在 $x_1\in(x_0,b)$,使得 $f(x_1)<B+\varepsilon$. 取 $\delta=x_1-x_0$,当 $x_0<x<x_0+\delta=x_1$ 时,有

$$f(x)\leqslant f(x_1)<B+\varepsilon. \qquad ④$$

由③,④式知,当 $x\in(x_0,x_0+\delta)$ 时,有 $B\leqslant f(x)<B+\varepsilon$, 即

$$\lim_{x\to x_0+0} f(x) = B.$$

$f(x_0-0)$的存在性证明类似.

19. 证 必要性 因为$\{a_n\}$有界,所以存在a_n有收敛子列. 设$\{a_n\}$的子列$a'_{n_k}\to a'$. 因为$\{a_n\}$不收敛,所以a'不是a_n的极限. 即存在$\varepsilon_0>0$,对任意的$k>0$有$n_k>k$,使得

$$|a_{n_k} - a'| \geqslant \varepsilon_0, \quad k = 1,2,\cdots. \qquad ⑤$$

从而得一子列a_{n_k},使⑤式成立.

因$\{a_{n_k}\}$也是有界数列,从而有收敛子列. 设$\{a_{n_k}\}$的子列$a''_{n_k}\to a''$. 由⑤式

$$|a''_{n_k} - a'| \geqslant \varepsilon_0.$$

对上式令$k\to\infty$得$|a''-a'|\geqslant\varepsilon_0$,因此$a''\neq a'$,且$a'_{n_k}\to a'$,$a''_{n_k}\to a''$.

充分性 用反证法. 若$\{a_n\}$收敛,设$\lim\limits_{n\to\infty}a_n=a$. 从而$\lim\limits_{k\to\infty}a'_{n_k}=a$且$\lim\limits_{k\to\infty}a''_{n_k}=a$. 由极限的惟一性知$a'=a$,$a''=a$,得$a'=a''$. 与条件矛盾. 矛盾说明,$\{a_n\}$不收敛.